河南省“十四五”普通高等教育规划
煤炭高等教育“十四五”规划教材
河南省研究生精品教材

矿井特殊开采技术

主 编 郭文兵

Kuangjing Teshu Kaicai Jishu

中国矿业大学出版社
·徐州·

内 容 简 介

本书全面系统地总结了我国煤矿特殊地质采矿条件以及复杂困难条件下的采煤技术及实践经验，并阐述了煤与瓦斯共采、煤炭地下气化、煤矿智能化开采等最新研究成果；主要内容包括建筑物下采煤，水体下采煤，线型构筑物下采煤，承压水上采煤，薄煤层、大倾角煤层及深部煤层开采技术，煤与瓦斯共采技术，煤炭地下气化技术，煤矿智能化开采技术等。

本书可作为采矿工程、安全工程、测量工程、防灾减灾工程等专业研究生的教材或教学参考书，也可供从事煤矿特殊地质采矿条件以及复杂困难条件下开采技术研究的科研人员及矿山企业的工程技术人员阅读参考。

图书在版编目(CIP)数据

矿井特殊开采技术/郭文兵主编. —徐州：中国矿业大学出版社，2021.12

ISBN 978-7-5646-5164-0

Ⅰ. ①矿… Ⅱ. ①郭… Ⅲ. ①矿山开采 Ⅳ. ①TD8

中国版本图书馆 CIP 数据核字(2021)第 201734 号

书　　名 矿井特殊开采技术
主　　编 郭文兵
责任编辑 王美柱　潘俊成　周　红
出版发行 中国矿业大学出版社有限责任公司
(江苏省徐州市解放南路　邮编 221008)
营销热线 (0516)83884103　83885105
出版服务 (0516)83995789　83884920
网　　址 http://www.cumtp.com　**E-mail**:cumtpvip@cumtp.com
印　　刷 江苏淮阴新华印务有限公司
开　　本 787 mm×1092 mm　1/16　**印张** 27　**字数** 674 千字
版次印次 2021 年 12 月第 1 版　2021 年 12 月第 1 次印刷
定　　价 58.00 元

《矿井特殊开采技术》

编写人员名单

主　编　郭文兵

副主编　陈绍杰　杨　科　黄艳利

参　编　宋常胜　袁瑞甫　贠东风

刘　晓　苏发强　白二虎

谭　毅

前　言

煤炭是我国的基础能源和重要工业原料，2020年其消费量占我国能源消费总量的56.8%，是我国能源供应的“压舱石”和“稳定器”。面对我国建设现代化强国目标和落实碳达峰碳中和要求，必须走智能绿色低碳开发利用之路。因此，煤炭资源绿色智能安全高效开采领域的技术创新成为行业发展的主题和核心驱动力。近年来，我国在综合机械化长壁智能开采及放顶煤开采方面取得了重大进展，但在矿井特殊地质采矿条件以及复杂困难条件下的煤层开采方面还存在一些问题和挑战，主要表现在：建筑物下、水体下、铁路下与承压水上采煤（简称“三下一上”采煤）仍为中东部矿区开采的难题；薄煤层开采空间小、效率低，大量薄煤层煤炭资源仍处于搁置状态；大倾角煤层多为剧烈地壳运动形成的，褶曲断层发育，开采难度大；深部开采矿压显现剧烈，冲击地压、煤与瓦斯突出危险加大，地温升高，通风、提升与勘探困难，煤炭地下气化推广商业化应用尚存在一些技术难题等。因此，研究矿井特殊开采技术对于提高煤炭资源采出率、加快煤炭工业的绿色低碳转型、促进煤炭高新技术产业升级、推动绿色矿山与矿区生态文明建设均具有重要意义。

本书总结了我国近几十年来在“三下一上”煤层、薄煤层、大倾角煤层、深部煤层开采等特殊条件下采煤技术的实践经验，并归纳了煤与瓦斯共采、煤炭地下气化、煤矿智能化开采等最新研究成果。全书共分12章，第1章论述了建筑物保护煤柱留设、建筑物压煤开采等内容；第2章阐述了采动覆岩破坏规律与水体下采煤技术；第3章介绍了线型构筑物（铁路、公路、高压输电线路和管路等）下采煤技术；第4章论述了煤层底板破坏规律与承压水上开采技术；第5章阐述了充填采煤以及覆岩离层注浆减沉技术等；第6章介绍了条带开采、条带式旺格维利开采、房柱式开采和井下协调开采等减沉开采技术；第7章介绍了薄煤层开采技术；第8章论述了大倾角煤层开采“三机”选型、采煤工艺等；第9章介绍了深部开采矿压控制、冲击地压防治、热害控制技术等；第10章阐述了煤与瓦斯共采关键技术；第11章介绍了煤炭地下气化技术；第12章论述了我国煤矿智能化开采技术进展与发展趋势。

“矿井特殊开采技术”是一门实践性很强的综合性专业课程，与之配套的本教材是针对煤矿生产现场遇到的实际问题而编写的，各章节着重增加了一些工程案例。学习该课程前需要有一定的专业基础，可在掌握“煤矿开采学”“矿山压力与岩层控制”“煤矿开采损害与保护”等专业课程知识以后学习此课程。本教材主要作为煤炭高等院校的研究生教材，也可作为煤矿工程技术人员的学习用书。

本书由河南理工大学郭文兵教授任主编；山东科技大学陈绍杰教授、安徽理工大学杨科教授、中国矿业大学黄艳利教授任副主编。西安科技大学负东风教授，河南理工大学袁瑞甫教授、宋常胜副教授、刘晓副教授、苏发强副教授、谭毅副教授、白二虎老师参编。全书由郭文兵教授统稿、定稿，其中，第1章由宋常胜、郭文兵编写，第2章由郭文兵、白二虎编写，第3章由郭文兵、宋常胜编写，第4章由杨科编写，第5章由黄艳利编写，第6章由郭文兵、谭毅、白二虎编写，第7章由宋常胜编写，第8章由负东风编写，第9章由陈绍杰编写，第10章由刘晓编写，第11章由苏发强编写，第12章由袁瑞甫编写。

本书得到了国家自然科学基金(联合基金)重点项目(U21A20108)、中原科技创新领军人才项目(224200510012)的资助。在编写本书过程中，得到了美国工程院院士、河南理工大学特聘教授彭赐灯(Syd S. Peng)的热情指导和帮助。河南理工大学博士研究生郭明杰、马志宝、温蓬、吴东涛、王比比，硕士研究生赵高博、冯占杰、杨伟强、韩明振、徐曙光等参与了书稿的整理和编排工作。在此，一并表示衷心的感谢。

由于时间仓促，加之编者水平所限，书中可能存在不足之处，恳请读者批评指正！

编　者

2021年7月

目 录

第 1 章　建筑物下压煤开采技术

电子教案

建筑物一般指供人们进行生产、生活或其他活动的房屋或场所，如工业建筑、民用建筑、农业建筑和园林建筑等。构筑物一般指人们不直接在其内进行生产和生活活动的人工建造物，其不具备、不包含或不提供人类居住功能，如铁路、公路、隧道、高压线路、输油（气）管道、水塔、烟囱、栈桥、堤坝和蓄水池等。本章主要介绍建筑物下压煤开采的一般知识，在随后章节会介绍建筑物下压煤的减沉开采和线型构筑物下采煤等。

我国煤炭资源分布广泛，建筑物下、水体下、铁路下（简称“三下”）压煤量大，特别是东部和中部矿区。据 1998 年统计，全国“三下”压煤量达 140 亿吨，其中建筑物下压煤量就达 87.6 亿吨，占“三下”压煤量的 62.6%，居“三下”压煤量之首；我国村庄下压煤量超过亿吨的省份就有 9 个，见表 1-1。

表 1-1　九省村庄下压煤量　　单位：万吨

省名	压煤量	省名	压煤量	省名	压煤量
河北	95 111.3	河南	65 404.8	辽宁	37 817.2
山西	78 029.2	陕西	49 961.3	安徽	30 808.1
山东	75 688.6	黑龙江	48 248.8	江苏	20 907.5

河南、河北、山东、安徽、江苏五省压煤村庄达 1 094 个，住户约 11 万户。村庄压煤几乎遍及各个矿区，一般占矿井储量的 10%～30%。据统计，山东省煤炭储量占全国 2%、产量占 5%，剩余可采储量不足 40 亿吨，“三下”压煤却占到 58%；以兖矿集团为例，压煤村庄达 109 个，所压煤量 5.5 亿吨。在村庄稠密的平原矿区，每采出 1 000 万吨煤需迁移约 2 000 人。村庄下压煤不仅会损失煤炭资源，而且还会影响矿井的生产布局。建筑物下压煤开采一直是矿区面临的严重问题。

解决建（构）筑物下压煤开采问题，不论是从理论与技术上，还是从社会经济上，对发展煤炭科学技术和煤矿生产都有极为现实的意义。本章将分别阐述建（构）筑物保护煤柱留设、建筑物损坏程度评定、建筑物移动变形计算与观测、建筑物地面保护和建筑物下压煤开采设计，并介绍建（构）筑物下压煤开采的相关技术政策、技术措施和最新研究成果。

1.1　建（构）筑物保护煤柱留设

1.1.1　建（构）筑物的保护等级

按建（构）筑物的重要性、用途以及受开采影响引起的不同后果，将矿区范围内的不同建筑物、构筑物和铁路等级分为五级，见表1-2、表1-3和表1-4。

表1-2　矿区建筑物保护等级及围护带宽度

保护等级	主　要　建　筑　物	围护带宽度/m
特	国家珍贵文物建筑物、高度超过100 m的超高层建筑、核电站等特别重要工业建筑物等	50
Ⅰ	国家一般文物建筑物、在同一跨度内有两台重型桥式吊车的大型厂房及高层建筑等	20
Ⅱ	办公楼、医院、剧院、学校、长度大于20 m的二层楼房和二层以上多层住宅楼，钢筋混凝土框架结构的工业厂房、设有桥式吊车的工业厂房、总机修厂等较重要的大型工业建筑物，城镇建筑群或者居民区等	15
Ⅲ	砖木、砖混结构平房或者变形缝区段小于20 m的二层楼房，村庄民房等	10
Ⅳ	村庄木结构承重房屋等	5

注：凡未列入表1-2的建筑物，可以依据其重要性、用途等类比确定其等级归属。对于不易确定者，可以组织专门论证审定。

表1-3　矿区构筑物保护等级及围护带宽度

保护等级	主　要　构　筑　物	围护带宽度/m
特	高速公路特大型桥梁、落差超过100 m的水电站坝体、大型电厂主厂房、机场跑道、重要港口、国防工程重要设施、大型水库大坝等	50
Ⅰ	高速公路、特高压输电线塔、大型隧道、输油(气)管道干线、矿井主要通风机房等	20
Ⅱ	一级公路、220 kV及以上高压线塔、架空索道塔架、输水管道干线、重要河(湖、海)堤、库(河)坝、船闸等	15
Ⅲ	二级公路、110 kV高压输电杆(塔)、移动通信基站等	10
Ⅳ	三级及以下公路等	5

注：凡未列入表1-3的构筑物，可以依据其重要性、用途类比确定其等级归属。对于不易确定者，可以组织专门论证审定。

表1-4　铁路保护等级及围护带宽度

保护等级	铁　路　等　级	围护带宽度/m
特	国家高速铁路、设计速度200 km/h的城际铁路和客货共线铁路等	50
Ⅰ	国家Ⅰ级铁路、设计速度160 km/h及以下的城际铁路等	20
Ⅱ	国家Ⅱ级铁路等	15
Ⅲ	Ⅲ级铁路等	10
Ⅳ	Ⅳ级铁路等	5

注：为某一地区或者企业服务具有地方运输性质、近期年客货运量小于10 Mt且大于或等于5 Mt的铁路属于Ⅲ级铁路；为某一地区或者企业服务具有地方运输性质、近期年客货运量小于5 Mt的铁路属于Ⅳ级铁路。铁路车站按其相应铁路保护等级保护。其他铁路配套建筑物(构筑物)，可以依据其重要性、用途等划分其保护等级；对于不易确定者，可以组织专门论证审定。

在矿井、水平和采区设计时，对建筑物应当划定保护煤柱。保护等级为特级、Ⅰ级和Ⅱ级的建筑物必须划定保护煤柱。建筑物受护范围应当包括受护对象及其围护带。

建筑物受护范围边界用下列方法确定：

(1) 在平面图上通过受护对象角点作矩形，使矩形各边分别平行于煤层倾斜方向和走向方向；在矩形四周作围护带，该围护带外边界即受护范围边界。

(2) 在平面图上作各边平行于受护对象总轮廓的多边形；在多边形各边外侧作围护带，该围护带外边界即受护范围边界。

围护带宽度必须根据受护对象的保护等级确定，可按表 1-2 中规定的数值确定。

对于必须留设保护煤柱的建筑物，其保护煤柱边界可以采用垂直剖面法、垂线法或者数字标高投影法设计。特级建筑物保护煤柱按边界角留设，其他建筑物保护煤柱按移动角留设。当煤层为向斜、背斜构造时，应当根据建筑物与向斜、背斜构造的空间位置关系，用垂直剖面法设计保护煤柱。

在设计山区建筑物保护煤柱时，为防止采动引起山体滑坡和滑移的附加影响，应当采取下列措施：

(1) 位于可能发生采动滑坡和古滑坡地基上的或者可能受采动引起陡崖峭壁崩塌危害的建筑物，应当首先考虑采取搬迁措施，否则应当将可能发生采动滑坡的坡体划入受护范围，或者采取防治采动滑坡的技术措施。坡体受采动影响后是否会产生滑坡，可以用采动坡体稳定性分析方法结合本矿区积累的实践经验判定。

(2) 为防止山体采动滑移附加变形对受护建筑物的影响，当受护范围边界至煤柱边界范围内地表平均坡角大于 15°时，应当采用本矿区求得的山区移动角留设保护煤柱。如无本矿区实测资料而采用移动角留设保护煤柱时，建筑物上坡方向移动角应当减小 5°～10°，下坡方向移动角应当减小 2°～3°。

矿井在设计各类保护煤(岩)柱时，应当有相应的图纸和文字说明，其内容包括地质和开采技术条件、受护对象概况、留设煤柱的必要性、选取的参数及压煤量计算等。

1.1.2　保护煤柱留设使用的参数

1.1.2.1　移动角

在充分采动或接近充分采动的条件下，在移动盆地主断面上，地表最外的临界变形点和采空区边界点连线与水平线在煤壁一侧的夹角称为移动角。当有松散层存在时，应从地表最外的临界变形点用松散层移动角画线和基岩与松散层交界面相交，此交点至采空区边界点连线与水平线在煤壁一侧的夹角称为移动角。按不同断面，可将移动角分为走向移动角、下山移动角、上山移动角。在有实测资料的矿区，移动角选取本矿区实测值；在没有实测资料的矿区，可参照表 1-5 进行选取。

表 1-5　按覆岩性质区分的地表移动一般参数(煤层倾角 $\alpha<50°$)

覆岩类型	移动角/(°)			松散层移动角 φ/(°)
	走向移动角 δ	上山移动角 γ	下山移动角 β	
坚硬	75°～80°	75°～80°	$\delta-(0.7\sim0.8)\alpha$	45°
中硬	70°～75°	70°～75°	$\delta-(0.6\sim0.7)\alpha$	
软弱	60°～70°	60°～70°	$\delta-(0.3\sim0.5)\alpha$	

1.1.2.2　斜交剖面移动角

用垂直剖面法设计与煤层走向斜交的受护对象保护煤柱时，应使用斜交剖面移动角或者斜交剖面边界角。

如图 1-1 所示，假设有一条铁路线与煤层走向斜交，受护范围边界与煤层走向所夹锐角为 θ；沿Ⅰ-Ⅰ线作铁路线的垂直剖面，此时所作的断面与煤层走向斜交，该斜交剖面上的煤层倾角为伪倾角 α'，可以用式(1-1)计算：

$$\tan\alpha' = \tan\alpha \cdot \cos\theta \tag{1-1}$$

式中　α——煤层倾角；

θ——斜交剖面与煤层倾向所夹的锐角。

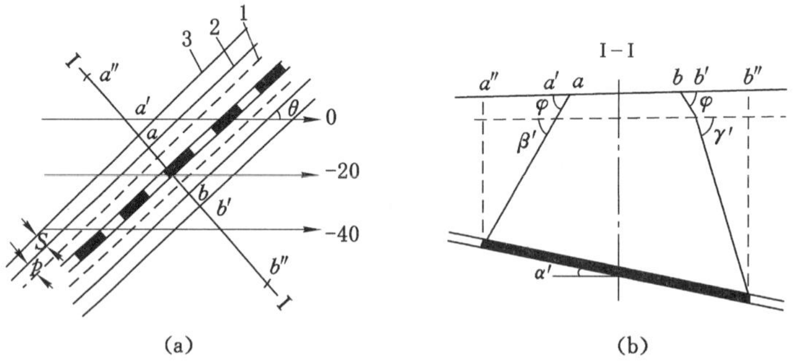

1—建(构)筑物边界；2—受护范围边界；3—松散层保护边界。

图 1-1　与煤层走向斜交的垂直剖面图

斜交剖面上的移动角 β' 和 γ' 可以分别采用式(1-2)和式(1-3)计算：

$$\cot\beta' = \sqrt{\cot^2\beta\cos^2\theta + \cot^2\delta\sin^2\theta} \tag{1-2}$$

$$\cot\gamma' = \sqrt{\cot^2\gamma\cos^2\theta + \cot^2\delta\sin^2\theta} \tag{1-3}$$

式中　β,γ,δ——分别为下山移动角、上山移动角和走向移动角。

斜交剖面上的边界角 β_0' 和 γ_0' 可以分别采用式(1-4)和式(1-5)计算：

$$\cot\beta_0' = \sqrt{\cot^2\beta_0\cos^2\theta + \cot^2\delta_0\sin^2\theta} \tag{1-4}$$

$$\cot\gamma_0' = \sqrt{\cot^2\gamma_0\cos^2\theta + \cot^2\delta_0\sin^2\theta} \tag{1-5}$$

式中　$\beta_0,\gamma_0,\delta_0$——分别为下山边界角、上山边界角和走向边界角。

1.1.3　保护煤柱留设的垂直剖面法

垂直剖面法是一种图解方法，其基本原理是：首先在平面图上确定受护对象的受护范围边界，然后过受护范围几何中心点作沿煤层走向方向和倾斜方向的垂直剖面，在剖面图上确定保护煤柱的边界位置，最后将剖面图上煤柱边界位置投影至平面图上，得出保护煤柱边界。

其设计步骤如下。

1.1.3.1　确定受护范围边界

(1) 如果建筑物边界和煤层走向、倾向平行，则在平面图上直接沿煤层走向、倾向留一定宽度的围护带，得受护范围边界[见图 1-2(a)]；

(2) 如果建筑物边界和煤层走向斜交，则通过建筑物四个角点，分别作与煤层走向或倾向平行的直线，再留围护带，得受护范围边界[见图 1-2(b)]；

(3) 如果地面有许多建筑物，则通过建筑群的最外角点，分别作和煤层走向或倾向平行的直线，再留围护带，得受护范围边界[见图 1-2(c)]。

采用垂直剖面法确定的受护范围边界，一般应与煤层走向、倾向平行。

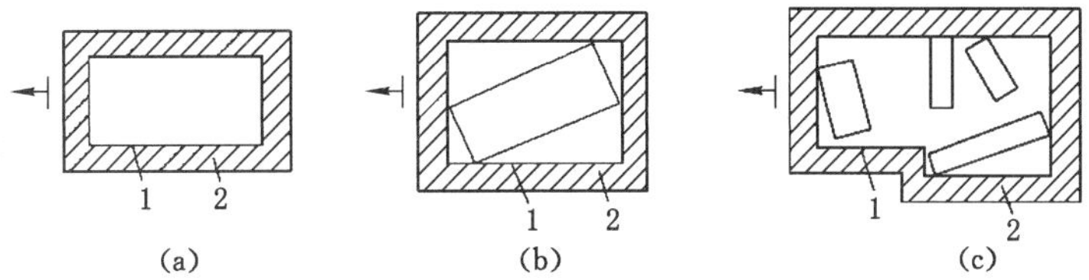

1—建筑物边界；2—围护带。

图 1-2　垂直剖面法受护范围边界的确定

1.1.3.2　确定保护煤柱边界

在受护范围边界与煤层走向平行或垂直时所作的垂直剖面上，首先在松散层内用 φ 画线交于基岩面，再在基岩内用 β、γ、δ 画线交于煤层，即可得出保护煤柱边界。

下面介绍一个垂直剖面法留设保护煤柱的例题。

[例 1-1]　如图 1-3 所示，要设计一个重要建筑物的保护煤柱，保护等级为Ⅱ级，保护范围的平面形状为矩形，尺寸为 100 m×200 m，长轴与煤层走向斜交成 60°。煤层倾角 $\alpha=30°$，煤层在保护范围中央处的埋藏深度(埋深)$H=250$ m。地面标高为 0，松散层厚度 $h=40$ m，煤层厚度 $M=2.0$ m，该地区的移动角为：$\beta=55°$、$\delta=\gamma=73°$、$\varphi=45°$。试用垂直剖面法留设该建筑物的保护煤柱。

方法和步骤如下：

(1) 确定受护范围边界。通过建筑群的角点作平行于煤层走向和倾向的四条直线，两两相交得一矩形受护对象。查表 1-2 得围护带宽度为 15 m，从矩形受护对象边界向外圈出一围护带(宽度 $S=15$ m)，其外缘 $abcd$ 即受护范围边界。

(2) 过受护范围边界 $abcd$ 的中心 O，作沿煤层走向和倾向的垂直剖面Ⅰ-Ⅰ、Ⅱ-Ⅱ。

(3) 在倾向剖面图上标出地表线、受护范围边界的位置(m、n 点)、松散层和煤层等，并标注出煤层的倾角 $\alpha=30°$，煤层的厚度 $M=2.0$ m，煤层的埋深 $H=250$ m。

(4) 在受护范围边界点 m、n，作松散层移动角 $\varphi=45°$，与基岩面相交于 m_1、n_1 点。再从 m_1、n_1 点分别作基岩移动角 $\gamma=73°$、$\beta=55°$，与煤层底面相交于 m_2、n_2 点，点 n_2、m_2 分别为煤层倾向剖面上保护煤柱的上、下边界。将 m_2、n_2 点投影到平面图上，即得点 M、N。

(5) 将平面图上Ⅰ-Ⅰ线与受护范围边界的交点 q、k 投影到走向剖面图Ⅰ-Ⅰ上，得 q、k 点。从 q、k 点以 $\varphi=45°$作直线，与基岩面相交于 q_1、k_1 点。再从 q_1、k_1 点以基岩移动角 δ 作斜线。

(6) 将Ⅱ-Ⅱ剖面上的 n_2、m_2 点分别水平投影到Ⅰ-Ⅰ剖面图上，与Ⅰ-Ⅰ剖面图上从 q_1、k_1 点以 δ 作出的斜线相交，得 q_2、k_2 和 q_3、k_3 点。q_2、k_2 点为煤柱上边界线在Ⅰ-Ⅰ剖面图上的投影，q_3、k_3 点为煤柱下边界线在Ⅰ-Ⅰ剖面图上的投影。

(7) 将 q_2、k_2 和 q_3、k_3 点分别投影到平面图上，得 B、C、D、A 点，依次连接 A、B、C、D 各

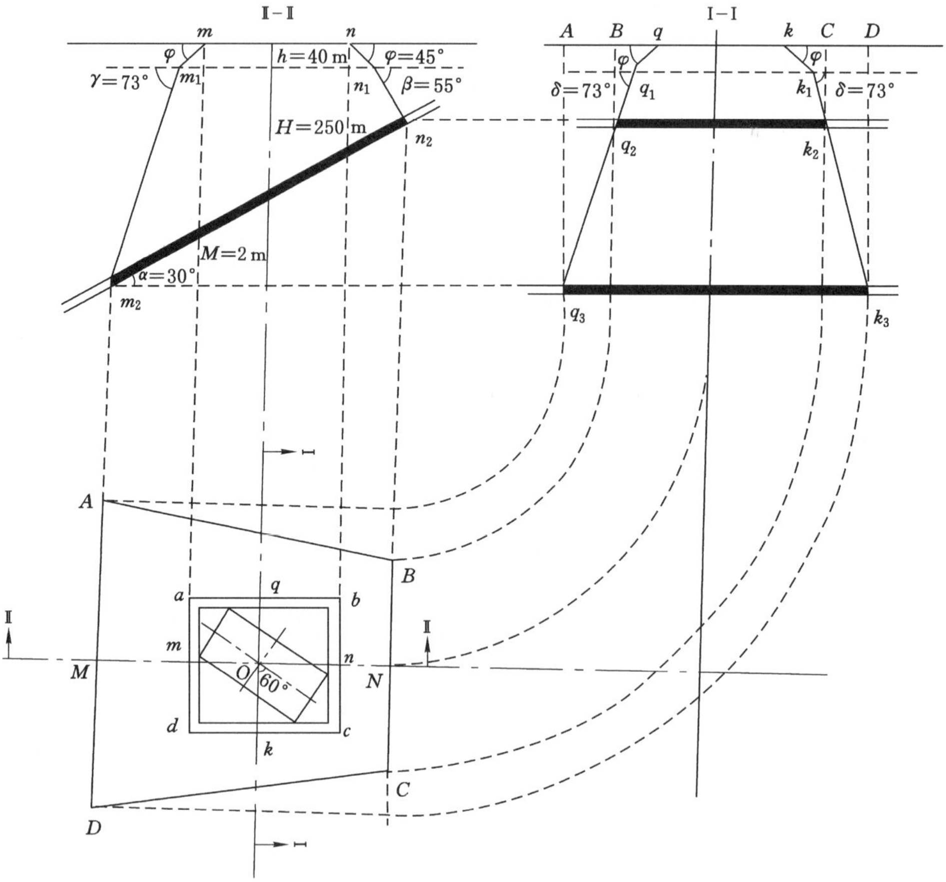

图 1-3　用垂直剖面法设计保护煤柱示例

点，该梯形即所求保护煤柱的平面图。

(8) 计算因留设保护煤柱而呆滞的煤量 Q，即

$$Q = \rho M \frac{A}{\cos \alpha} \tag{1-6}$$

式中　A——平面图上保护煤柱的面积；

ρ——煤的质量密度。

在煤矿生产实践中，保护煤柱的边界线均用红线表示。

[例 1-2]　铁路保护煤柱设计实例。

铁路保护煤柱的留设方法比较简单。

(1) 首先确定受护范围边界：在平面图上沿着线路圈出受护对象范围，再留出围护带，得到受护范围边界；

(2) 然后根据铁路线形状间隔选择适当剖面，采用斜交剖面移动角 γ'、β' 确定各个剖面上的煤柱范围(有松散层时先用松散层移动角 φ 画线至基岩面)；

(3) 最后将各个剖面上的煤柱边界投影到平面图上，相连后即得到铁路保护煤柱边界。

某矿区有国家一级铁路通过。铁路下方的煤层埋深为 120～310 m，厚度 M=2 m，倾角 α=15°。含煤地层坚硬，以砂岩、砂质页岩互层为主。铁路位置及煤层底板等高线详见

图 1-4。本区松散层为正常湿度的砂质黏土，厚度 $h=20$ m，地面平均标高为 $+70$ m。用垂直剖面法设计铁路保护煤柱，其具体步骤如下：

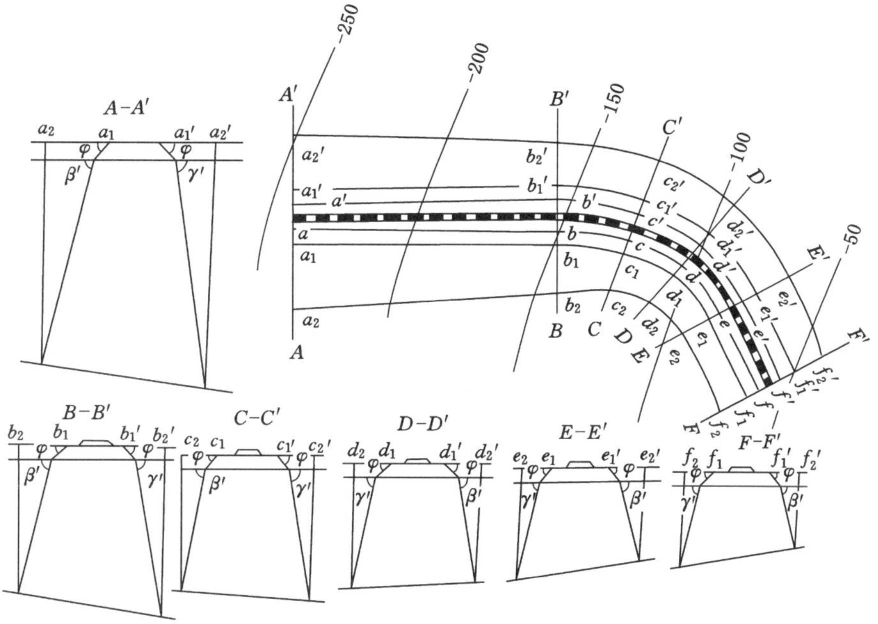

图 1-4　铁路保护煤柱留设图

(1) 受护范围边界的确定。在平面图上，对路堤部分以路堤坡脚外 1 m 为受护对象边界，由此得到 $abcdeff'e'd'c'b'a'$。围护带宽度取 20 m。在受护对象边界外围划出围护带，则得 $a_1b_1c_1d_1e_1f_1f_1'e_1'd_1'c_1'b_1'a_1'$ 为受护范围边界。

(2) 移动角选定：$\varphi=45°$，$\delta=\gamma=80°$，$\beta=80°-0.8\alpha=68°$。

(3) 根据线路特征，作 6 个横向竖直剖面：A-A'、B-B'、C-C'、D-D'、E-E'、F-F'。

(4) 在平面图上，根据煤层底板等高线求出各剖面上受护范围边界点下方煤层埋深(各点处的地面标高减去煤层底板标高)，列于表 1-6。

表 1-6　铁路线路各剖面特征

剖面	H_1/m	H_2/m	θ/(°)	β'/(°)	γ'/(°)
A-A'	309	314.5	67	77	80
B-B'	219	227	67	77	80
C-C'	195.5	199	86	80	80
D-D'	176	170	73	78	80
E-E'	157	145	51	74	80
F-F'	133	120	51	74	80

(5) 在平面图上量出各剖面处受护范围边界与煤层走向的夹角 θ，列于表 1-6。并计算各剖面上的斜交剖面移动角 β'、γ'，列于表 1-6。

(6) 作 A-A'横向竖直剖面图，在受护范围边界点 a_1、a_1'以 $\varphi=45°$作直线与基岩面相交，然后从该两交点分别以 $\beta'=77°$，$\gamma'=80°$作直线与煤层底面相交，得交点。在 A-A'剖面图上，将交点投影到地表上得 a_2、a_2'点，点 a_2、a_2'为该剖面图上铁路保护煤柱边界在地表的投影。

(7) 用同样的方法求出 B-B'、C-C'、D-D'、E-E'、F-F'剖面上的铁路保护煤柱边界在地表的投影 b_2b_2'，c_2c_2'，d_2d_2'，e_2e_2'，f_2f_2'。

(8) 将所求各点转绘到平面图上，用圆滑曲线连接各点，得曲线 $a_2b_2c_2d_2e_2f_2$ 和 $a_2'b_2'c_2'd_2'e_2'f_2'$。两曲线内的煤层为铁路保护煤柱。

1.1.4 保护煤柱留设的垂线法

垂线法是一种计算和作图相结合的解析方法。其基本原理是：先作受护范围边界的垂线，利用公式计算垂线长度，再在平面图上量出垂线长度，从而确定保护煤柱边界。设计步骤如下。

1.1.4.1 确定受护范围边界

首先在平面图上直接作平行于受护对象边界的直线、四边形或多边形，再在其外围画出围护带，得受护范围边界。采用垂线法确定的受护范围边界不需要与煤层走向或倾向平行，如图 1-5 所示。

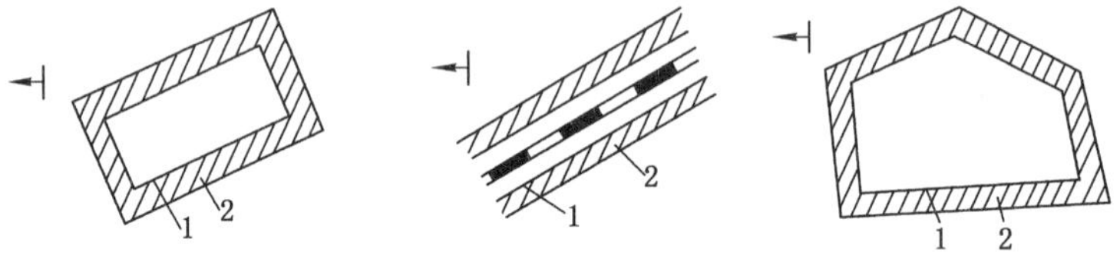

1—建筑物边界；2—围护带。

图 1-5 垂线法的受护范围边界确定方法

1.1.4.2 确定松散层保护边界

从受护范围边界向外量一段距离 s，得松散层保护边界。s 计算公式如下：

$$s = h\cot\varphi \tag{1-7}$$

式中 s——松散层保护边界宽度，m；

h——松散层厚度，m；

φ——松散层移动角，(°)。

1.1.4.3 计算垂线长度

采用垂线法留设保护煤柱时，在松散层保护边界各角点分别作保护边界的垂线，垂线指向上山方向时取长度 q，垂线指向下山方向时取长度 l，计算公式如下：

$$q = \frac{(H-h)\cot\beta'}{1+\cot\beta'\cdot\tan\alpha\cdot\cos\theta} \tag{1-8}$$

$$l = \frac{(H-h)\cot\gamma'}{1-\cot\gamma'\cdot\tan\alpha\cdot\cos\theta} \tag{1-9}$$

式中 H——计算点处煤层的埋深，可从煤层底板等高线图上量得；

h——松散层厚度，m；

θ——各受护范围边界与煤层走向所夹的锐角，(°)；

α——煤层倾角,(°);

β',γ'——斜交剖面上的斜交剖面移动角,(°)。

1.1.4.4　确定保护煤柱边界

在各垂线上,按比例分别截取各垂线段的计算长度,用直线分别连接垂线各端点,即得保护煤柱边界。下面举例说明垂线法留设保护煤柱的过程。

[例 1-3]　如例 1-1 中建筑物的保护煤柱也可用垂线法来留设,其方法和步骤如下。

(1) 确定受护范围边界。在平面图(见图 1-6)上先确定需要保护的范围,然后加围护带(宽度 S=15 m),得受护范围边界 1234。

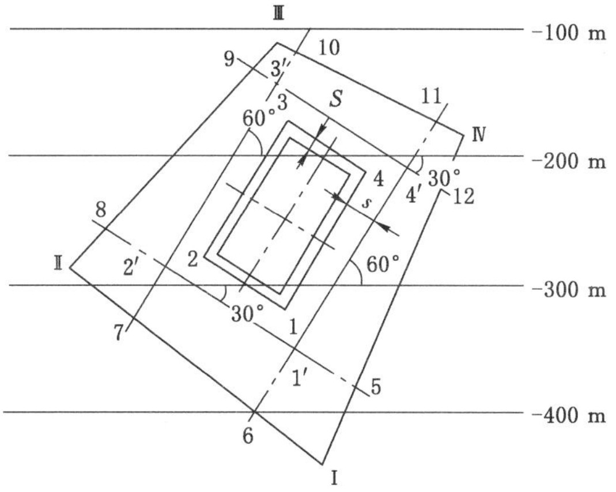

图 1-6　用垂线法设计保护煤柱示例

(2) 在受护范围边界各点 1、2、3、4 处,向外按宽度 $s=h\cot\varphi=40\ \text{m}\times\cot 45°=40$ m 画出矩形 1′2′3′4′,即得松散层与基岩接触面上的受护范围边界。

(3) 从 1′、2′、3′、4′各点分别作线段 1′2′和 1′4′、2′1′和 2′3′、3′2′和 3′4′、4′3′和 4′1′的垂线,垂线的长度 q(上山垂线长)、l(下山垂线长)通过计算获得,其具体的值列于表 1-7。

表 1-7　垂线长度 q、l 的计算结果

角点号	1′		2′		3′		4′	
H/m	350		290		145		205	
$(H-h)$/m	310		250		105		165	
垂线	1′5	1′6	2′7	2′8	3′9	3′10	4′11	4′12
θ/(°)	60	30	30	60	60	30	30	60
q/m				99	41	60	79	
l/m	104	112	90					55

注:垂线 3′10 指过 3′和 10 点的直线,垂线 4′11 指过 4′和 11 点的直线,垂线 4′12 指过 4′和 12 点的直线。

(4) 在各垂线上按比例截取垂线长度得点 5、6、7、8、9、10、11、12,依次连接 12 与 5 点、6 与 7 点、8 与 9 点、10 与 11 点形成直线并相交于Ⅰ、Ⅱ、Ⅲ、Ⅳ点。四边形ⅠⅡⅢⅣ即用垂线法留设的保护煤柱。

(5) 计算因留设保护煤柱而呆滞的煤量。

1.1.5 保护煤柱留设的其他方法

除上述方法外，保护煤柱留设的方法还有：数字标高投影法、临界面标高投影法、临界变形值法等。

其中，数字标高投影法根据地表移动角参数，采用标高投影的方法，绘制出各受护范围边界保护煤柱各侧平面的等高线，它与煤层底板等高线的交线，即保护煤柱的边界。数字标高投影法在煤层产状不规则及存在断层时应用比较方便，一般用于圈定延伸形建筑物或基岩面标高变化比较大时的保护煤柱。

保护煤柱设计的垂直剖面法、垂线法和数字标高投影法，都仅仅利用主断面上或少数几个斜交剖面上的移动角，这使得在建筑物的角点处留下了过多的呆滞煤量。随着矿体倾角的增大，角点处的多余煤柱急剧增大，甚至使保护煤柱的留设出现困难，此时可采用临界面标高投影法来设计保护煤柱。

此外，可直接利用开采沉陷预计方法（临界变形值法）来设计保护煤柱。该方法通过不断改变工作面的大小和位置，反复试算，直至受护建筑物处地表的变形值都小于临界变形值为止。此时的最小煤柱（开采范围最大），即受护建筑物的保护煤柱。

1.2 建筑物损坏程度评定

矿区地表产生移动变形的原因很多，有采矿因素，也有非采矿因素。地下开采会使地表产生沉陷和变形，从而导致建筑物损坏。建筑物损坏的主要表现形式是出现裂缝，建筑物的损坏有其规律性，不同的变形引起的建筑物损坏和裂缝形式不同。在矿区，正确区分开采引起的建筑物裂缝和自然因素导致的建筑物裂缝，掌握开采引起的建筑物裂缝发育、分布规律，对于指导建筑物下采煤、处理房屋损坏问题、协调工农关系、保证矿区社会稳定等都具有十分重要的意义。

采动区建筑物损坏评定指标对建筑物下采煤非常重要。在建筑物下采煤时，一般要先根据地质采矿条件预计地表移动变形，然后根据预计的移动变形值评定建筑物的损坏程度，采取相应的建筑物加固措施和井下开采措施，最后确定开采方案。

1.2.1 开采沉陷对地表建筑物的影响

地下采煤后，地表发生移动和变形，从而破坏建筑物与地基之间的初始应力平衡状态。伴随着力系平衡的重新建立，建筑物内产生附加应力，从而导致建筑物产生变形，变形较大时会使建筑物破坏。下面分述开采引起的地表下沉、倾斜、曲率、水平移动和水平变形对建筑物的影响情况。

1.2.1.1 地表下沉对建筑物的影响

地表的不均匀下沉会引起建筑物地基反力重新分布，并在建筑物中产生附加应力，导致地面建筑物受到破坏（见图 1-7）。相反，地表的均匀下沉不会使建筑物中产生附加应力，建筑物不会受到破坏。但当地下潜水位高、地表下沉量大时，均匀下沉可使建筑物积水或地基受水软化，从而影响建筑物使用，甚至使建筑物破坏（见图 1-8）。

图 1-7　地表的不均匀下沉引起建筑物的破坏现象

图 1-8　地表积水引起建筑物的破坏现象

1.2.1.2　地表倾斜对建筑物的影响

不均匀下沉使地表倾斜，地表倾斜会引起建筑物的歪斜。均匀倾斜不会使建筑物产生裂缝；对于普通建筑物，较小的均匀倾斜对其影响不大。

地下开采引起的地表倾斜对于底面积小而高度大的建(构)筑物(如水塔、烟囱、高压线塔等)有实际的影响(见图 1-9)。地表倾斜会使公路、铁路、管道、供排水系统等的坡度发生变化，从而影响它们的正常工作状态。地表倾斜会引起建筑物倾斜，在建筑物自重作用下会产生水平分力和倾覆力矩。如图 1-10 所示，对于截面 x-x 而言，建筑物自重引起的倾覆力矩 M_{P_x} 计算公式如下：

$$M_{P_x} = P_x i y_x \tag{1-10}$$

式中　P_x——塔形建筑物的计算截面 x-x 以上部分的重力，N；

y_x——重力 P_x 作用点到计算截面 x-x 的距离，m；

i——塔身的倾斜值，可近似取该处地表的倾斜值。

在倾覆力矩的作用下，建筑物构件上和地基中的应力状态发生变化。对于框架结构的建筑物，应考虑地表倾斜引起的附加应力的影响。

1.2.1.3　地表曲率对建筑物的影响

不均匀倾斜使地表产生曲率变形，地表曲率变形表示地表倾斜的变化程度。由于曲率变形，地表将由原来的平面而变成曲面形状。地表曲率变形会引起建筑物地基反力重新分布，使原来均匀的地基反力发生变化。不同曲率变形作用下的地基反力不同。在正曲率变形作用下，建筑物中心反力最大，两边卸载；在负曲率变形作用下，建筑物两边加载，中间卸载。这两种情况下的建筑物地基反力分布见图 1-11。

在地基反力重新分布的影响下，建筑物墙壁在竖直面内受到附加弯矩和剪力的作用，结构弱面(门、窗、洞口、砖缝)处产生裂缝。在地表负曲率变形影响下，建筑物基础的中间部分悬空，致使墙体产生正“八”字形裂缝[见图 1-12(a)]；在地表正曲率变形影响下，建筑物基础的两端悬空，使墙体产生倒“八”字形裂缝[见图 1-12(b)]。裂缝倾角一般为 60°～70°。

1.2.1.4　地表水平移动和水平变形对建筑物的影响

理论上讲，均匀的地表水平移动对地表建筑物没有影响，非均匀的地表水平移动形成地表拉伸或压缩的水平变形。地表水平变形主要通过两方面影响建筑物：(1) 在地基与基础

图 1-9　煤矿开采引起的古塔倾斜现象

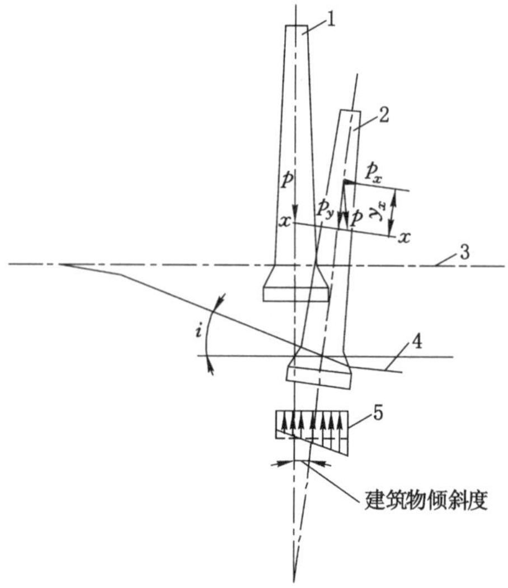

1—开采前的建筑物位置；2—开采后的建筑物位置；
3—采前地表；4—下沉盆地；5—地基作用力；p—建筑物自重。

图 1-10　地表倾斜对塔形建筑物的影响示意

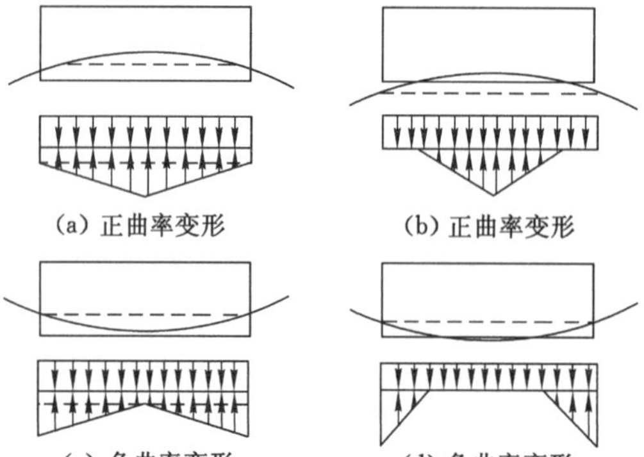

图 1-11　建筑物在地表曲率变形作用下的地基反力分布

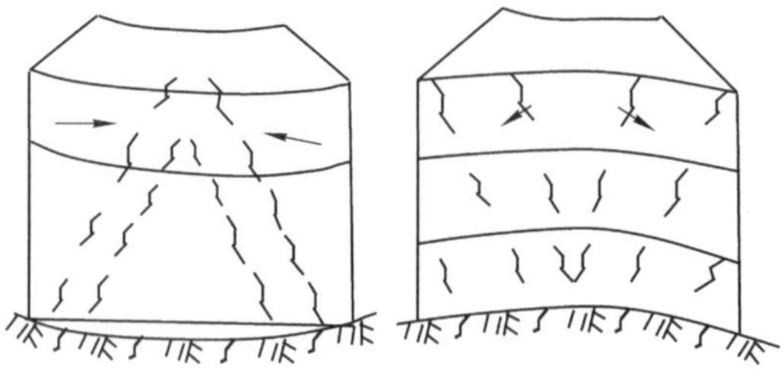

图 1-12　曲率变形对建筑物的影响

间摩擦力作用下，水平变形产生的拉、压应力传递给建筑物，使建筑物产生附加拉应力和剪应力，从而导致建筑物损坏；(2) 产生横向挤压力，使基础在平面内产生弯曲变形，从而使建筑物产生附加应力，进而导致建筑物损坏。

由于建筑物大多采用砌体结构，抗拉能力远低于抗压能力，一般当地表水平拉伸变形达 1 mm/m 时，建筑物就可能出现较细小的竖向裂缝。我国华东地区农村房屋多采用泥浆砌筑，当地表水平拉伸变形达 0.7 mm/m 时，房屋即出现裂缝。虽然建筑物抗压缩变形能力大于其抗拉伸变形能力，但当压缩变形较大时，建筑物的墙壁及地基会被压碎、地板会鼓起，产生剪切和挤压裂缝，门窗洞口被挤成菱形，砖砌体产生水平裂缝，纵墙或围墙产生褶曲，屋顶鼓起(见图 1-13)。

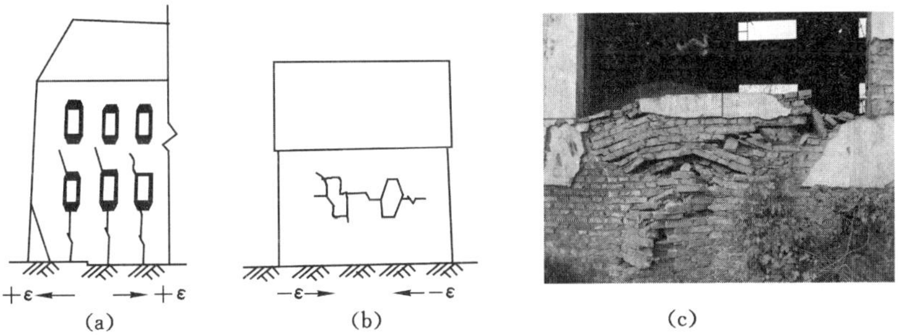

图 1-13　拉伸、压缩变形对建筑物的影响

综上所述，在地表下沉、倾斜、曲率、水平移动和水平变形等五种移动变形指标中，对建筑物影响最大的是地表曲率和水平变形。

1.2.2　开采沉陷引起的建筑物裂缝形式

裂缝是建筑物损坏最主要的表现形式。受开采影响，建筑物地板、墙体、屋顶会产生裂缝。建筑物上出现裂缝后，不仅有损美观，而且影响正常使用，严重时可使建筑物倒塌。

1.2.2.1　地板裂缝

建筑物的地板通常有土质地板、水泥地板、地砖地板等。地板裂缝通常和室外的地表裂缝连通。在拉伸变形作用下，地板会产生拉伸裂缝；当变形较大时，裂缝会出现台阶，台阶下陷一侧指向采空区。当采空区位于建筑物正下方时，室内地表可能出现大小不一的塌陷坑。在压缩变形作用下，地板会挤压鼓起；较大的压缩变形会使水泥地板、地砖地板等硬质地板被压碎。

1.2.2.2　墙体裂缝

不同的地表变形导致建筑物出现不同形式的裂缝，以下是几种常见的墙体裂缝类型。

(1) 斜裂缝

斜裂缝为地表变形引起的建筑物墙体裂缝中最常见的一种(见图 1-14)，主要由正、负曲率变形引起，呈“八”字形分布。正曲率变形引起倒“八”字形裂缝，负曲率变形引起正“八”字形裂缝，一般出现在门、窗、洞口的附近。从建筑物长度方向看，墙体中部斜裂缝较两端的少。从建筑物高度方向看，下层墙体斜裂缝比上层墙体斜裂缝多。

(2) 墙体顶部竖向裂缝

(a)

(b)

图 1-14　墙体斜裂缝

墙体顶部竖向裂缝一般出现在木屋架、瓦房顶的建筑物上。在墙体顶部未设钢筋混凝土圈梁或水平配筋砌体带的建筑物顶部，往往会出现此类裂缝，裂缝上宽下窄。在长轴方向上，墙身中部的此类裂缝较两端的多。产生此类裂缝的主要原因是，正曲率变形引起建筑物内横向拉应力超过砌体抗拉强度。如图 1-15 所示。

(3) 窗台裂缝

这种裂缝一般是从窗台向下发展的，具有上宽下窄的特点，在建筑物的中部较两端多。这类裂缝产生的原因是，受地表正曲率变形的影响，窗台墙起了反梁的作用，致使窗台受到弯曲变形，产生拉破坏。由于地表正曲率区和拉伸变形区重合，在地表拉伸变形作用下，建筑物勒脚处产生竖向裂缝，该竖向裂缝会与窗台上竖向裂缝相连。如图 1-16 所示。

图 1-15　墙体顶部竖向裂缝

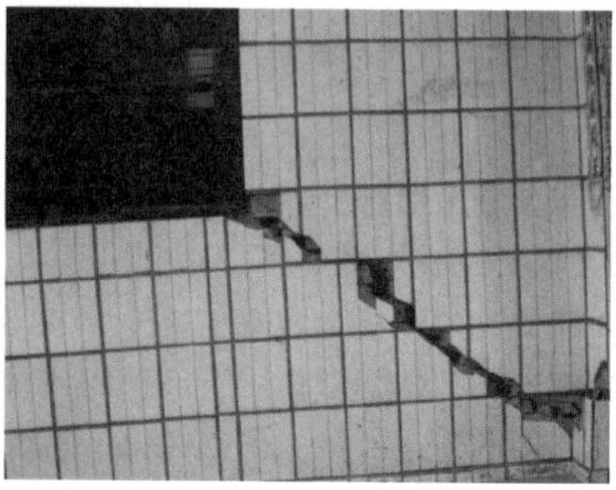

图 1-16　窗下角裂缝

(4) 勒脚上竖向裂缝

勒脚是外墙接近室外地面处的表面部分。勒脚上竖向裂缝大多出现在窗台墙下部的勒脚上，具有下宽上窄的特点。当建筑物受到拉伸变形作用时，地基与基础之间产生的摩擦力和附着力使墙体中产生拉应力，随着地表变形的增大，拉应力随之增大，因而在墙体下部抗拉能力较弱的窗台墙下部勒脚上出现竖向裂缝。

(5) 窗间墙上水平裂缝

窗间墙上水平裂缝一般出现在窗洞口的上、下水平处(见图 1-17)。裂缝的宽度在门窗洞口边缘处较大,且裂缝的上下部砌体一般不产生错动现象。墙体受到建筑物自身重力和地表曲率变形产生的弯矩作用,在门窗四角产生应力集中,形成局部拉应力,从而产生水平裂缝并扩展。

(6) 砖过梁上竖向裂缝

门窗过梁上的竖向裂缝多数出现在砖过梁中部,然后向上发展。裂缝在门窗洞口边缘处较宽,往上渐窄。此类裂缝一般在建筑物的中部较多,两端较少(见图1-18)。在地表曲率变形作用下,墙体产生弯曲,在砖过梁处产生拉应力,从而使砖过梁被拉开而产生竖向裂缝。平房或楼房的底层砖过梁,也可能由于地表水平拉伸变形引起的拉应力作用而被拉坏。

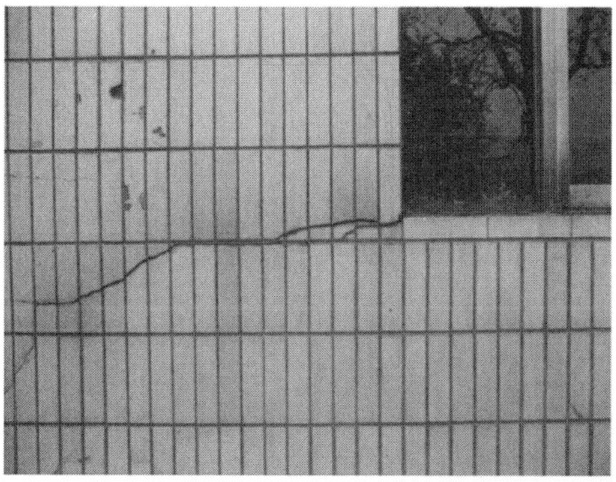

图1-17　窗间墙上水平裂缝

图1-18　砖过梁上竖向裂缝

另外,还有顶圈梁下部水平缝,出现在圈梁的下部,可以贯通整个建筑物。这是由于圈梁和墙体拉压、抗弯模量不同,在地表曲率变形作用下,建筑物弯曲,在圈梁与墙体之间产生剪应力,使其产生相对错动,从而出现裂缝。

1.2.2.3　屋顶裂缝

屋顶裂缝在平顶房屋中比较明显,在室内可见楼板出现楼板缝,多表现为楼板之间相互拉开,伴漏雨现象,对正常居住影响很大,其破坏力通常大于墙体裂缝的。出现屋顶楼板缝后,居住者通常在屋顶采用沥青涂刷。

总体而言,受开采影响的建筑物裂缝往往有以下特点:

(1) 通缝性。裂缝不只出现在建筑物的局部,而多上下贯通或前后贯通,俗称"通缝"。

(2) 整体性。当墙体出现裂缝时,往往地板或屋顶也出现对应裂缝,即建筑物整体出现裂缝。

(3) 区域性。裂缝不只出现在一栋房屋,周围整个区域的房屋均会出现裂缝,并表现出一定的规律性。

1.2.3　建筑物下布置工作面的原则

在分析地下开采对建筑物的影响时,应考虑建筑物在移动盆地中的位置,或者说建筑物与采煤工作面的相对位置关系。一般来说,建筑物和采空区有如下特点:(1) 建筑物短轴方向承受变形的能力大于长轴方向的,承受压缩变形的能力大于承受拉伸变形的能力;(2) 采空区边缘区为变形最大的区域,中间区下沉大但变形小;(3) 建筑物承受扭曲变形的能力最低。

当建筑物所处位置不同时,其损坏情况不同。如图1-19所示,位于采动区上方不同位置的 a、b、c、d、e 五幢建筑物，其所处位置的优缺点如下。

（1）房屋 a 处于盆地的中央部分，其长轴垂直于煤层走向。在工作面推进过程中，它受到的破坏较小，这是由于：

① 如图 1-19 中Ⅰ-Ⅰ′剖面图所示，沿煤层倾斜方向，盆地中央部分地表受到的是压缩变形（非充分采动时）。一般来说，建筑物承受压缩变形的能力较强，在房屋 2-2 位置不太可能出现较大裂缝。

② 沿煤层走向，当工作面推进到接近房屋 a 时，房屋受到拉伸变形，有可能在 1-1 位置出现裂缝。但是在工作面推过房屋 a 位置后，房屋 a 在沿煤层走向上将受到压缩变形，会使在 1-1 位置出现的裂缝闭合，这有利于房屋的维修。

③ 沿工作面推进方向，房屋 a 的尺寸较小，房屋 a 受到动态变形而产生的拉伸和压缩变形量也小。

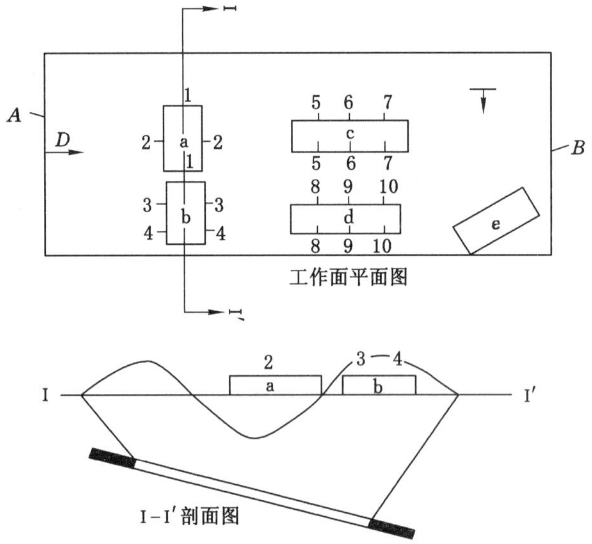

图 1-19　房屋位置与工作面的关系

（2）房屋 b 位于移动盆地边缘，其长轴垂直于煤层走向。沿煤层倾斜方向，由于工作面边界处地表拉伸变形最大，房屋 b 的长轴又和煤层倾斜方向一致，故房屋 b 受到的破坏较为严重，见图 1-19 中Ⅰ-Ⅰ′剖面图，沿长轴在 3-3、4-4 位置可能出现裂缝，并且最终不能闭合。沿煤层走向，工作面推进过程中，房屋 b 受到的变形影响在性质上和房屋 a 的相似，但程度上小一些。

（3）房屋 c 位于移动盆地中央，其长轴平行于煤层走向。沿煤层走向，由于在房屋 c 下面进行采煤工作的时间较长，房屋 c 受到动态变形而产生的拉伸和压缩变形量较大，裂缝出现较多，如 5-5、6-6、7-7 位置出现的裂缝。这些裂缝虽然在工作面推过后能闭合，但是与房屋 a 相比较，房屋 c 的强度大大降低，维修工作量也较大。

（4）房屋 d 位于移动盆地边缘，其长轴平行于煤层走向。沿煤层走向，房屋 d 会在 8-8、9-9、10-10 位置出现裂缝，但与房屋 c 的裂缝相比，在宽度上较小。房屋 d 沿煤层倾斜方向长度较短，出现类似房屋 b 的 3-3、4-4 位置的永久裂缝的可能性较小。

(5) 房屋 e 与工作面斜交，受到的破坏性较大。在工作面向前推进时，房屋一角先受到开采影响，最后房屋会受到扭曲作用，严重时在房屋的窗间墙上出现许多斜交裂缝或马尾状裂缝。

以上分析表明：房屋 a、d 位置最有利，b、c 次之，e 最不利。因此，在移动盆地中央的房屋，应使其长轴与煤层走向垂直；在移动盆地边缘的房屋，应使其短轴和煤层走向垂直。

在布置采煤工作面时应遵循以下原则。

(1) 尽量使主要受保护建筑物位于移动盆地的平底位置；

(2) 尽量使主要受保护建筑物的长轴与采煤工作面或开采边界平行；

(3) 避免建筑物与采煤工作面或开采边界斜交；

(4) 由建筑物的抗拉、抗压变形能力和移动盆地的拉伸、压缩变形区综合分析确定有利的开采方案；

(5) 由受保护建筑物的重要程度和分布情况分析确定开采方案。

1.2.4 采动区建筑物损坏程度评定

采动区建筑物损坏程度评定指标涉及地表变形、建筑物类型、地基性质、建筑物长度和高度等诸多因素，目前尚没有一个全面考虑这些因素的采动区建筑物损坏程度评定方法，均采用近似的评定方法。

在我国矿区中，大多数为砖混结构和砖木结构的建筑物。这些房屋大多数为平房且长度小于 20 m，针对这一情况，《建筑物、水体、铁路及主要井巷煤柱留设与压煤开采规范》规定，对于长度或变形缝区段内长度不大于 20 m 的砖混结构建筑物，其损坏等级按表 1-8 划分。

其他结构类型的建筑物可参照表 1-8 的规定执行。

表 1-8　砖混结构建筑物的损坏等级

损坏等级	建筑物损坏程度	地表变形值			损坏分类	结构处理
		水平变形 ε /(mm/m)	曲率 K /($10^{-3}m^{-1}$)	倾斜 i /(mm/m)		
Ⅰ	自然间砖墙上出现宽度 1～2 mm 的裂缝	≤2.0	≤0.2	≤3.0	极轻微损坏	不修或者简单维修
	自然间砖墙上出现宽度小于 4 mm 的裂缝，多条裂缝总宽度小于 10 mm				轻微损坏	简单维修
Ⅱ	自然间砖墙上出现宽度小于 15 mm 的裂缝，多条裂缝总宽度小于 30 mm；钢筋混凝土梁、柱上裂缝长度小于 1/3 截面高度；梁端抽出小于 20 mm；砖柱上出现水平裂缝，缝长大于 1/2 截面边长；门窗略有歪斜	≤4.0	≤0.4	≤6.0	轻度损坏	小修

表 1-8(续)

损坏等级	建筑物损坏程度	地表变形值			损坏分类	结构处理
		水平变形 ε /(mm/m)	曲率 K /($10^{-3}m^{-1}$)	倾斜 i /(mm/m)		
Ⅲ	自然间砖墙上出现宽度小于 30 mm 的裂缝,多条裂缝总宽度小于 50 mm;钢筋混凝土梁、柱上裂缝长度小于 1/2 截面高度;梁端抽出小于 50 mm;砖柱上出现小于 5 mm 的水平错动;门窗严重变形	≤6.0	≤0.6	≤10.0	中度损坏	中修
Ⅳ	自然间砖墙上出现宽度大于 30 mm 的裂缝,多条裂缝总宽度大于 50 mm;梁端抽出小于 60 mm;砖柱上出现小于 25 mm 的水平错动	>6.0	>0.6	>10.0	严重损坏	大修
	自然间砖墙上出现严重交叉裂缝、上下贯通裂缝,以及墙体严重外鼓、歪斜;钢筋混凝土梁、柱裂缝沿截面贯通;梁端抽出大于 60 mm;砖柱上出现大于 25 mm 的水平错动;有倒塌的危险				极度严重损坏	拆建

注:建筑物的损坏等级按自然间为评判对象,根据各自然间的损坏情况按表 1-8 分别进行。本表中砖混结构建筑物主要指矿区农村自建砖石和砖混结构的低层房屋。

开采导致的建筑物损坏,需由矿方进行补偿。我国规定的补偿比例见表 1-9。建筑物折旧率见表 1-10。

表 1-9 砖混结构建筑物补偿比例

损坏等级	损坏分类	补偿比例/%
Ⅰ	极轻微损坏	1~5
	轻微损坏	6~15
Ⅱ	轻度损坏	16~30
Ⅲ	中度损坏	31~65
Ⅳ	严重损坏	66~85
	极严重损坏	86~100

注:当地有具体补偿比例规定,按当地标准选用。

表 1-10 建筑物折旧率

建筑物年限/a	<5	5~10	11~15	16~20	21~40	>40
折旧率/%	0	5~15	16~25	26~35	36~65	>65

对于煤矿开采损坏赔偿问题,《建筑物、水体、铁路及主要井巷煤柱留设与压煤开采规

范》同时规定：

(1) 建筑物补偿费计算公式

$$A=\sum_{i=1}^{n}B(1-C)D_iE_i \tag{1-11}$$

式中　A——建筑物补偿费，元；

B——计算基数，指与当地有关部门协商确定的建筑物补偿单价，元/m^2；

C——建筑物折旧率，按表 1-10 确定；

D_i——建筑物受损自然间的补偿比例，按表 1-9 确定；

E_i——受损自然间的建筑面积，m^2；

n——建筑物受损自然间间数，间。

(2) 相关说明

煤矿开采损坏建筑物补偿是指对具有合法土地使用权，持有准建证和房产证的合法建筑物依法给予的合理经济补偿。对于在煤矿企业已办理土地征用手续的土地上，未经煤矿企业同意所兴建的一切非法建(构)筑物、工业设施等一律不予经济补偿。

《建筑物、水体、铁路及主要井巷煤柱留设与压煤开采规范》规定的建筑物损坏评定标准存在以下一些缺陷：

① 矿区建筑物类型不是单一的平房，还有楼房、厂房等，而不同类型建筑物的刚度不同，结构不同，长度、高度也不同，因此，相同的地表变形对不同类型建筑物造成的破坏并不相同。

② 我国疆域广阔，煤矿分布很广，各地建筑物的地基和建筑风格、质量各不相同，同样的地表变形造成相同类型建筑物的破坏是有差异的。由此可见，采用统一的损坏评定标准来判断建筑物损坏情况是不合理的，容易造成不必要的浪费。如按地表变形值预计建筑物达到Ⅲ级损坏，可建筑物却未达到Ⅲ级损坏，而按Ⅲ级损坏对建筑物进行加固，则增大了建筑物保护费用；或者建筑物实际达到Ⅳ级损坏，而按Ⅲ级损坏对建筑物进行加固，则达不到保护的目的。

鉴于此，我国部分矿区根据本矿区的建筑物下采煤实践，制定了本矿区建筑物损坏等级评定标准。表 1-11 为峰峰矿区建立的采动区建筑物损坏程度评定指标。

表 1-11　峰峰矿区地面建筑物损坏程度评定指标

损坏程度	损坏特征	地表变形值		
		倾斜 i /(mm/m)	曲率 K /($10^{-3}m^{-1}$)	水平变形 ε /(mm/m)
轻度	房屋墙壁出现微小裂缝，不修理不影响使用	3～5	0.15～0.25	1.5～3.0
中度	房屋墙壁出现明显裂缝，门窗变形，房屋结构未遭破坏，需要修理方可使用	5～10	0.25～0.60	3.0～6.0
严重	房屋墙壁出现大裂缝，房屋结构(如承重墙)受到破坏，房梁抽出，有倒塌危险，需要大修方可使用	>10	>0.6	>6.0

峰峰矿区还采用深厚比(深厚比指采深与采厚之比)和建筑物与工作面的相对关系、总

变形指标等方法来判别采动区建筑物的损坏程度。

峰峰矿区总变形指标 ΔL 采用式(1-12)计算：

$$\Delta L = L\sqrt{\varepsilon^2 + \left(\frac{H}{R}\right)^2} \tag{1-12}$$

式中 ΔL——总变形指标，mm；

L——建筑物长度，m；

H——建筑物高度，m；

R——地表曲率半径，m；

ε——地表水平变形，mm/m。

表 1-12 给出了峰峰矿区建筑物损坏程度与总变形指标 ΔL 的关系。

表 1-12　峰峰矿区建筑物损坏程度与总变形指标 ΔL 的关系

建筑物损坏程度	轻度	中度	严重
总变形指标 ΔL/mm	<150	150～250	>250

评定建筑物损坏程度的方法有多种，分别适用于相应的地区，但都不完善。合理的采动区建筑物损坏程度评定方法应综合考虑地表移动变形以及建筑物类型、刚度、地基性质等的影响，有待进一步研究。

1.3　建筑物移动变形计算与观测

1.3.1　地表移动变形计算

1.3.1.1　地表最大下沉值计算

充分采动和非充分采动条件下地表最大下沉值按式(1-13)和式(1-14)计算。

充分采动条件下地表最大下沉值：

$$W_{\mathrm{cm}} = qM\cos\alpha \tag{1-13}$$

非充分采动条件下地表最大下沉值：

$$W_{\mathrm{fm}} = qMn\cos\alpha \tag{1-14}$$

式中 W_{cm}——充分采动条件下地表最大下沉值，mm；

W_{fm}——非充分采动条件下地表最大下沉值，mm；

q——下沉系数；

M——煤层采厚，mm；

α——煤层倾角，(°)；

n——地表采动程度系数，$n=\sqrt{n_1 n_3}$ $n_1=k_1\dfrac{D_1}{H_0}$，$n_3=k_3\dfrac{D_3}{H_0}$，n_1 和 n_3 大于 1 时取 1；

k_1，k_3——与覆岩岩性有关的系数，坚硬覆岩 k_1、k_3 取 0.7，中硬覆岩 k_1、k_3 取 0.8，软弱覆岩 k_1、k_3 取 0.9；

D_1，D_3——分别为工作面倾向及走向长度，m；

H_0——工作面平均采深，m。

1.3.1.2　地表最大水平移动值计算

充分采动条件下地表最大水平移动值按式(1-15)和式(1-16)计算。

沿煤层走向的地表最大水平移动值：

$$U_{cm} = bW_{cm} \tag{1-15}$$

式中　U_{cm}——充分采动条件下地表最大水平移动值，mm；

b——水平移动系数。

沿煤层倾斜方向的地表最大水平移动值：

$$U_{cm} = b(\alpha)W_{cm} \tag{1-16}$$

或者

$$U_{cm} = (b + 0.7P_{松})W_{cm} \tag{1-17}$$

式中　$b(\alpha)$——随煤层倾角 α 变化的水平移动系数；

b——水平移动系数；

$P_{松}$——松散层系数，计算公式为，$P_{松} = \tan\alpha - \dfrac{h}{H_0 - h}$（$P_{松} < 0$ 时取 0）；

α——煤层倾角，(°)；

h——松散层厚度，m；

H_0——工作面平均采深，m。

1.3.1.3　地表最大倾斜值计算

充分采动条件下地表最大倾斜值按式(1-18)计算：

$$i_{cm} = \frac{W_{cm}}{r} \tag{1-18}$$

式中　i_{cm}——充分采动条件下地表最大倾斜值，mm/m；

r——主要影响半径，m，计算公式为，$r = \dfrac{H}{\tan\beta}$；

H——工作面采深，m；

$\tan\beta$——主要影响角正切。

1.3.1.4　地表最大曲率值计算

充分采动条件下地表最大曲率值按式(1-19)计算：

$$K_{cm} = \mp 1.52\frac{W_{cm}}{r^2} \tag{1-19}$$

式中　K_{cm}——充分采动条件下地表最大曲率值，$10^{-3}\,m^{-1}$。

1.3.1.5　地表最大水平变形值计算

充分采动条件下地表最大水平变形值按式(1-20)计算：

$$i_{cm} = \mp 1.52b\frac{W_{cm}}{r} \tag{1-20}$$

式中　i_{cm}——充分采动条件下地表最大水平变形值，mm/m。

1.3.2　地表移动变形计算参数求取

1.3.2.1　依据实测数据求取计算参数

(1) 下沉系数求取

在双向充分采动条件下，下沉系数 q 可由式(1-21)计算：

$$q = \frac{W_{cm}}{M\cos\alpha} \tag{1-21}$$

式中　M——煤层采厚；

α——煤层倾角；

W_{cm}——地表最大下沉值，可由实测得到。

(2) 水平移动系数求取

水平移动系数可由式(1-22)计算：

$$b = \frac{U_{cm}}{W_{cm}} \tag{1-22}$$

式中　U_{cm}——地表最大水平移动值，可由实测得到。

(3) 主要影响角正切求取

主要影响角正切可由式(1-23)得到：

$$\tan\beta = \frac{H_z}{r_z} \tag{1-23}$$

式中　H_z——走向主断面采深，m；

r_z——走向主断面上主要影响半径，m。

r_z的求取方法一：充分采动时，走向主断面上下沉值分别为 $0.16W_{cm}$和 $0.84W_{cm}$的点间距为 $0.8r$，即 $l=0.8r_z$，由此得 $r_z=\frac{l}{0.8}$。其中，l 为工作面走向计算长度，m。

r_z的求取方法二：充分采动时，$r_z=\frac{W_{cm}}{i_{cm}}$。其中，$W_{cm}$为实测地表最大下沉值，mm；$i_{cm}$为实测地表最大倾斜值，mm/m。

(4) 开采影响传播角求取

开采影响传播角可由式(1-24)计算：

$$\theta_0 = \arctan\left(\frac{W_{cm}}{U_{wcm}}\right) \tag{1-24}$$

式中　U_{wcm}——倾斜主断面上最大下沉值点的水平移动值，mm。

(5) 拐点偏移距求取

充分采动时，地表下沉盆地主断面上下沉值为 $0.5W_{cm}$、倾斜值最大和斜率为零的 3 个点的坐标 x(或 y)的平均值x_0(或y_0)为拐点坐标。将x_0(或y_0)向煤层投影(走向主断面按 90°、倾斜主断面按开采影响传播角投影)，其投影点至采空区边界的距离为拐点偏移距。

拐点偏移距分下山边界拐点偏移距S_1、上山边界拐点偏移距S_2、走向左边界拐点偏移距S_3和走向右边界拐点偏移距S_4。

上述参数也可以采用最小二乘法原理或趋势逼近法则，通过计算机程序拟合求取。

1.3.2.2　依据覆岩岩性条件选取计算参数

对于无实测资料的矿区，可依据覆岩岩性条件按表 1-13 选取概率积分法预计参数。

表 1-13 岩性与预计参数关系表

覆岩类型	覆岩性质		下沉系数 q	水平移动系数 b	主要影响角正切 $\tan\beta$	拐点偏移距 S/m	开采影响传播角 θ_0/(°)
	主要岩性	单轴抗压强度/MPa					
坚硬	大部分以中生代地层硬砂岩、硬石灰岩为主，其他为砂质页岩、页岩、辉绿岩	＞60	0.27～0.54	0.2～0.3	1.20～1.91	(0.31～0.43)H_0	90°－(0.7～0.8)α
中硬	大部分以中生代地层中硬砂岩、石灰岩、砂质页岩为主，其他为软砾岩、致密泥灰岩、铁矿石	30～60	0.55～0.84	0.2～0.3	1.92～2.40	(0.08～0.30)H_0	90°－(0.6～0.7)α
软弱	大部分为新生代地层砂质页岩、页岩、泥灰岩及黏土、砂质黏土等松散层	＜30	0.85～1.00	0.2～0.3	2.41～3.54	(0～0.07)H_0	90°－(0.5～0.6)α

注：H_0—工作面平均采深；α—煤层倾角。

1.3.2.3 依据覆岩岩性综合评价系数 P 求取计算参数

（1）覆岩岩性综合评价系数计算

$$P = \frac{\sum_{i=1}^{n} m_i Q_i}{\sum_{i=1}^{n} m_i} \tag{1-25}$$

式中 P——覆岩岩性综合评价系数；

m_i——覆岩 i 分层法向厚度，m；

Q_i——覆岩 i 分层的岩性评价系数，由表 1-14 查得。

表 1-14 分层岩性评价系数

覆岩类型	单轴抗压强度/MPa	岩石名称	初次采动 Q^0	重复采动	
				Q^1	Q^2
坚硬	≥90	很硬的砂岩、石灰岩和黏土页岩，石英矿脉，很硬的铁矿石，致密花岗岩，角闪岩，辉绿岩	0	0	0.1
	80	硬的石灰岩，硬砂岩，硬大理石，不硬的花岗岩	0	0.1	0.4
	70		0.05	0.2	0.5
	60		0.1	0.3	0.6
中硬	50	较硬的石灰岩、砂岩和大理石；普通砂岩、铁矿石；砂质页岩、片状砂岩；硬黏土质页岩、不硬的砂岩和石灰岩、软砾岩	0.2	0.45	0.7
	40		0.4	0.7	0.95
	30		0.6	0.8	1.0
	20		0.8	0.9	1.0
	＞10		0.9	1.0	1.1

表 1-14(续)

覆岩类型	单轴抗压强度/MPa	岩石名称	初次采动 Q^0	重复采动	
				Q^1	Q^2
软弱	≤10	各种页岩(不坚硬的)、致密泥灰岩; 软页岩、很软石灰岩、无烟煤、普通泥灰岩; 破碎页岩、烟煤、硬表土-粒质土壤、致密黏土; 软砂质黏土、黄土、腐殖土、松散砂层	1.0	1.1	1.1

(2) 下沉系数计算

$$q = 0.5(0.9 + P) \tag{1-26}$$

(3) 主要影响角正切计算

$$\tan\beta = (D_{岩} - 0.0032H_0)\cdot(1 - 0.0038\alpha) \tag{1-27}$$

式中 $D_{岩}$——岩性影响系数,其数值与覆岩岩性综合评价系数 P 的关系见表 1-15。

表 1-15 覆岩岩性综合评价系数 P 与岩性影响系数 $D_{岩}$ 的对应关系

坚硬覆岩	P	0	0.03	0.07	0.11	0.15	0.19	0.23	0.27	0.30
	$D_{岩}$	0.76	0.82	0.88	0.95	1.01	1.08	1.14	1.20	1.25
中硬覆岩	P	0.30	0.35	0.40	0.45	0.50	0.55	0.60	0.65	0.70
	$D_{岩}$	1.26	1.35	1.45	1.54	1.64	1.73	1.82	1.91	2.00
软弱覆岩	P	0.70	0.75	0.80	0.85	0.90	0.95	1.00	1.05	1.10
	$D_{岩}$	2.00	2.10	2.20	2.30	2.40	2.50	2.60	2.70	2.80

(4) 水平移动系数计算

开采水平煤层时,水平移动系数 b 变化不大,一般为 0.3。

依据开采煤层倾角确定水平移动系数时,水平移动系数 b_c 可按式(1-28)求得:

$$b_c = b(1 + 0.0086\alpha) \tag{1-28}$$

(5) 开采影响传播角计算

依据开采煤层倾角确定开采影响传播角时,开采影响传播角按式(1-29)计算:

$$\theta_0 = 90° - 28.5°(\sin 2\alpha)^2 \quad (0° \leqslant \alpha \leqslant 90°) \tag{1-29}$$

(6) 拐点偏移距计算

拐点偏移距可依据表 1-13 中的岩性条件选取。

1.3.3 建筑物变形与地表变形的关系

在采动过程中,地表建筑物损坏是由于地表的变形传递给基础,从而引起建筑物产生类似的变形。但由于建筑物具有一定的承受附加应力的能力,故地表变形与建筑物变形之间存在不一致性。两者之间的关系与建筑物基础的材料、长度、宽度、深度、载荷、地基性质,以及建筑物平面形状和上部结构的刚度等有关。若建筑物的变形值超过其允许的变形值,则建筑物将受到破坏。采动区建筑物变形与地表变形的关系和采动区建筑物损坏评定的标准是建筑物下采煤的基础。

由于建筑物采动损坏的估计比较复杂，各矿区建筑物类型又多种多样，因此，各矿区均应在实践中积累建筑物受采动损坏与地表变形关系的资料，并对资料进行综合分析，具体实施步骤如下：

(1) 在采动影响建筑物以前，设置地表移动和建筑物变形观测站。在建筑物墙体和基础上、建筑物附近设观测点，利用多次观测的结果确定不同时期地表和建筑物的移动变形值。

(2) 观测记录采动过程中建筑物基础上、墙体、楼板、门窗、屋顶等部位出现的损坏情况，按照时间记录裂缝宽度、位置及其他形式的破坏情况。

(3) 地表及建筑物测点的移动变形观测必须与建筑物损坏观测同步进行。

(4) 按照建筑物不同时期的不同损坏程度，列出对应的地表移动变形值，经认真分析研究确定它们之间的关系。

对于受开采影响的建筑物移动变形规律，通常通过建立建筑物观测站进行观测研究。国内外部分矿区对采动区建筑物移动变形与地表移动变形之间的关系进行了一些实测研究，获得了一些研究成果，下面对这些成果进行介绍。

1.3.3.1　建筑物下沉与地表下沉之间的关系

国内部分矿区对采动区建筑物下沉与地表下沉之间的关系进行了现场观测，获得了一些观测资料，得到的基本关系式为：

$$W_{建} = a_1 W_{地} + b_1 \tag{1-30}$$

式中　$W_{建}$，$W_{地}$——分别为建筑物下沉和地表下沉，mm；

a_1——与建筑物刚度及所处地质采矿环境等多种因素有关的下沉比例系数，见表 1-16；

b_1——与建筑物刚度及所处地质采矿环境等多种因素有关的下沉常数，mm，见表 1-16。

表 1-16　部分矿区 a_1、b_1 实测数据

矿名或建筑物	位置	a_1	b_1/mm	备注
资江俱乐部		0.97	0.49	抗变形建筑物
资江招待所		1.00	9.94	抗变形建筑物
资江二层楼		1.02	0.50	抗变形建筑物
阳泉三矿		1.01	0.50	抗变形建筑物
澄合董家河矿		0.993	3.57	
邢台东庞矿	拉伸区	0.868 5	0.049 7	抗变形建筑物
	压缩区	0.935	0.155 5	抗变形建筑物
徐州庞庄矿		1.01	1.80	抗变形建筑物
鹤壁二矿		0.96	0	
峰峰和村车站		0.994	0	

由表 1-16 可见，下沉比例系数 a_1 变化范围为 0.868 5～1.02，平均为 0.98，下沉常数 b_1 平均为 1.7 mm。可见，建筑物下沉与地表下沉近于相等。

1.3.3.2　建筑物倾斜与地表倾斜之间的关系

国内部分矿区现场实测数据统计分析表明，建筑物倾斜与地表倾斜具有如下关系：

$$i_{建} = a_2 i_{地} + b_2 \tag{1-31}$$

式中　$i_{建}$，$i_{地}$——分别为建筑物倾斜和地表倾斜，mm/m；

a_2——倾斜比例系数；

b_2——倾斜常数，mm/m。

部分矿区 a_2、b_2 实测数据见表 1-17。

表 1-17　部分矿区 a_2、b_2 实测数据

矿名或建筑物	a_2	b_2/(mm/m)	备　注
资江俱乐部	0.699	0	抗变形建筑物
资江招待所	0.854	0.566	抗变形建筑物
资江二层楼	0.991	0.082	抗变形建筑物
阳泉三矿	0.720	0.280	抗变形建筑物
邢台东庞矿	0.665	0.318	抗变形建筑物
徐州庞庄矿	1.070	0.410	抗变形建筑物
鹤壁二矿	1.010	0	

根据表 1-17，倾斜比例系数 a_2 变化范围为 0.665～1.07，平均为 0.86；倾斜常数 b_2 很小，平均为 0.24 mm/m，可以忽略不计。

从表 1-17 中可见，未加固的普通建筑物，其倾斜与地表倾斜差异较小；而抗变形建筑物的倾斜与地表倾斜差异较大。在地表下沉过程中，抗变形建筑物整体性能较好，在自重作用下，位于地表下沉小的一侧基础切入地基，变形趋于均匀，从而使建筑物倾斜稍小于地表倾斜。

1.3.3.3　建筑物曲率与地表曲率之间的关系

建筑物曲率与地表曲率的关系是非常复杂的，受建筑物的刚度、地基性质以及曲率性质等多种因素的影响。受基础切入地基的影响，地表曲率与建筑物曲率之间不存在很好的相关关系。

苏联通过对顿巴斯矿区受采动影响建筑物挠度与地基挠度的观测，得到如下经验关系式：

$$f_{基} = f_{地}(a_i L/H + c_i) + b_i \tag{1-32}$$

式中　$f_{基}$，$f_{地}$——分别为地基与基础的相对弯曲挠度；

L，H——建筑物的长度和高度；

a_i，b_i，c_i——系数，按表 1-18 选取。

表 1-18　基础与地基挠度关系系数

建筑物柔度组号	建筑物柔度平均指标 L/H	a_i	b_i/($\times 10^{-3}$)	c_i
1	1.25	0.50	0.008	0.69
2	2.80	0.56	0.01	0.58

表 1-18(续)

建筑物柔度组号	建筑物柔度平均指标 L/H	a_i	$b_i/(\times 10^{-3})$	c_i
3	3.75	0.60	0.04	0.72
4	6.40	0.70	0.03	0.96
5	7.50	0.70	0.05	0.88

表 1-19 中给出了我国部分矿区的实测资料统计结果。

表 1-19　部分矿区建筑物曲率(或挠度)与地表曲率(或挠度)关系

矿名或建筑物	关　系　式	备　　注
资江俱乐部	$f_{建}=0.230f_{地}+0.100$	
资江招待所	$f_{建}=0.266f_{地}+0.044$	
资江办公楼	$f_{建}=0.400f_{地}+0.170$	
资江二层楼	$f_{建}=0.460f_{地}+0.144$	
资江平房	$f_{建}=0.784f_{地}+0.131$	
阳泉三矿	正曲率区：$K_{建}=0.470K_{地}-0.015$	
	负曲率区：$K_{建}=0.213K_{地}+0.225$	
邢台东庞矿	正曲率区：$1.15\leqslant K_{建}\leqslant 1.34$	$2.28\leqslant K_{地}\leqslant 4.06$
	负曲率区：$-0.63\leqslant K_{建}\leqslant -0.49$	$-3.01\leqslant K_{地}\leqslant -2.79$

注：曲率(或挠度)的单位为 10^{-3}m^{-1}。

表 1-19 中 f 为挠度，K 为曲率，其关系可由式(1-33)表示：

$$f=\frac{L^2}{8R},R=\frac{1}{K} \tag{1-33}$$

式中　R——曲率半径；

　　L——变形区间长度。

由表 1-19 可见，建筑物曲率和地表曲率之间的关系可表示为：

$$K_{建}=a_3K_{地}+b_3 \tag{1-34}$$

式中　$K_{建}$，$K_{地}$——分别为建筑物曲率和地表曲率，10^{-3}m^{-1}；

　　a_3——曲率比例系数；

　　b_3——曲率常数。

表 1-19 中的数据表明，曲率关系式中常数项较小，系数项变化较大，建筑物曲率为地表曲率的 21.3%～78.4%。

建筑物曲率(或挠度)和地表曲率(或挠度)的关系与建筑物的刚度密切相关。国内外的观测资料证实，建筑物刚度越大，建筑物曲率和地表曲率的差异越大。这是由于建筑物刚度大，其抵抗曲率变形的能力大，加之基础易切入地基，基础曲率变形减小。

建筑物的刚度包括以下两层含义：① 建筑物高长比(H/L)越大，刚度越大；② 建筑物质量越好，刚度越大。

1.3.3.4　建筑物水平变形与地表水平变形之间的关系

根据相关实测资料，通过数理统计得出建筑物水平变形与地表水平变形之间的关系。

(1) 对于未加固的建筑物,基础拉伸变形与地表拉伸变形之间的关系为:

$$\varepsilon_{基} = 0.94\varepsilon_{地} - 0.12 \tag{1-35}$$

(2) 对于加固的建筑物,基础拉伸变形与地表拉伸变形之间的关系为:

$$\varepsilon_{基} = (0.25 \sim 0.3)\varepsilon_{地} \tag{1-36}$$

国内部分矿区通过对现场实测数据的统计分析,得到建筑物水平变形与地表水平变形的关系:

$$\varepsilon_{建} = a_4\varepsilon_{地} + b_4 \tag{1-37}$$

式中 $\varepsilon_{建}$,$\varepsilon_{地}$——分别为建筑物水平变形和地表水平变形,mm/m;

a_4——水平变形比例系数;

b_4——水平变形常数。

我国部分矿区建筑物水平变形与地表水平变形之间关系的实测表达式见表 1-20。

表 1-20 部分矿区建筑物水平变形与地表水平变形关系

矿名或建筑物	位置	表达式	备注
资江招待所		$\varepsilon_{建}=\pm0.3$	$-25.9\leqslant\varepsilon_{地}\leqslant16.5$,设滑动层
阳泉三矿		$\varepsilon_{建}=\pm0.4$	$-12.0\leqslant\varepsilon_{地}\leqslant15.0$,设滑动层
澄合董家河矿		$\varepsilon_{建}=\pm0.3$	$-10.0\leqslant\varepsilon_{地}\leqslant10.0$,设滑动层
邢台东庞矿	拉伸区	$1.3\leqslant\varepsilon_{建}\leqslant2.6$	$7.29\leqslant\varepsilon_{地}\leqslant24.66$,设滑动层
	压缩区	$-0.82\leqslant\varepsilon_{建}\leqslant-0.63$	$-37.96\leqslant\varepsilon_{地}\leqslant-21.27$,设滑动层
资江俱乐部	拉伸区	$\varepsilon_{建}=0.12\varepsilon_{地}-0.22$	抗变形建筑物,设滑动层
徐州庞庄矿	压缩区	$\varepsilon_{建}=0.07\varepsilon_{地}-0.06$	抗变形建筑物,设滑动层
鹤壁二矿	拉伸区	$\varepsilon_{建}=0.17\varepsilon_{地}-0.05$	加固
	拉伸区	$\varepsilon_{建}=0.84\varepsilon_{地}-0.09$	未加固
	压缩区	$\varepsilon_{建}=0.01\varepsilon_{地}+0.19$	加固
	压缩区	$\varepsilon_{建}=0.24\varepsilon_{地}-0.01$	未加固
焦作冯营矿	零拉伸区至最大拉伸区	$\varepsilon_{建}=0.71\varepsilon_{地}+0.28$	未加固
	最大拉伸区至零拉伸区	$\varepsilon_{建}=0.84\varepsilon_{地}-0.28$	未加固
	零压缩区至最大压缩区	$\varepsilon_{建}=0.57\varepsilon_{地}+1.11$	未加固
	最大压缩区至零压缩区	$\varepsilon_{建}=0.38\varepsilon_{地}+0.09$	未加固

注:水平变形的单位为 mm/m。

由表 1-20 可见,关系式中常数项较小,而系数项变化较大。建筑物水平变形与地表水平变形关系比较复杂,与建筑物刚度、地表水平变形的大小和种类、地基性质等多种因素有关。

建筑物刚度对建筑物水平变形与地表水平变形的关系具有明显影响。现场实测表明,对于加固的建筑物(刚度大),建筑物水平变形为对应地表水平变形的 1%～17%;对于未加固的建筑物(刚度小),建筑物水平变形为对应地表水平变形的 24%～84%,平均在 60%以上。可见,建筑物加固,可增大建筑物抵抗变形的能力,使建筑物变形减小,从而减轻采动导致的损坏。此外,从表 1-20 中的数据还可见,建筑物在设置滑动层后,不论地表水平变形有多大,建筑物水平变形均很小。

建筑物水平变形与地表水平变形的关系还与建筑物所受的变形类型有关，建筑物抗拉伸的能力小于抗压缩的能力。对于加固的建筑物(刚度大)，建筑物拉伸变形为对应地表拉伸变形的 17%以下，而建筑物压缩变形为对应地表压缩变形的 7%以下。对于未加固的建筑物(刚度小)，建筑物拉伸变形为对应地表拉伸变形的 71%～84%，而建筑物压缩变形为对应地表压缩变形的 24%～57%。

综上，由建筑物变形与地表变形关系的实测资料可见：不同矿区，建筑物变形与地表变形之间的关系各不相同；在同一矿区，不同建筑物变形与地表变形之间的关系也不相同。

1.3.4　建筑物移动变形观测站

在建筑物下采煤时，必须进行地表及建筑物移动变形观测研究工作。在建筑物下试采时的观测研究应当符合下列要求。

(1) 开采前设置地表和建筑物移动变形观测站。观测站设置及观测内容参照《煤矿测量规程》的相关规定执行。

(2) 在开采前和采动期间对地表裂缝和建筑物的损坏情况应当进行素描、摄影和摄像记录。

(3) 准确测定实际采厚、开采面积、采出煤量、采空区残留煤柱的位置和尺寸、工作面推进速度及其他有关技术指标。

试采结束后，对各项观测资料进行系统分析和总结，提出成果，上报原审批单位。

为了解建筑物下采煤的实施效果，掌握建筑物移动变形与地表移动变形之间的关系以及建筑物的损坏情况，需要进行相关的观测工作。

砖石结构建筑物观测站的测点一般布设在建筑物转角处、纵横墙连接处、承重墙和窗间墙的勒脚部位、变形缝和补偿沟的两侧、新旧房屋连接处等，建筑物每一侧测点的个数至少应不少于 3 个，测点间距为 3～6 m。建筑物观测点通常分为基础测点和墙壁测点。为便于比较，与建筑物测点相对应的地表处也应设置观测点，并与墙体相距约 1.5 m。

建筑物墙壁测点和基础测点用 ϕ20 mm 钢筋做成，全长约 200 mm，端面须平整，并刻出宽约 0.5 mm 的十字作为观测标志，用强度等级为 C20 的混凝土将钢筋埋设于砌体内。地表测点按地表观测站点的要求埋设。

建筑物观测站的形式参见图 1-20 和图 1-21。

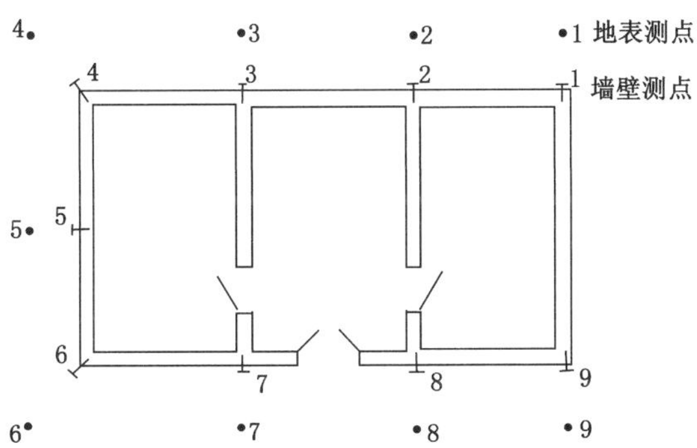

图 1-20　建筑物观测站平面示意

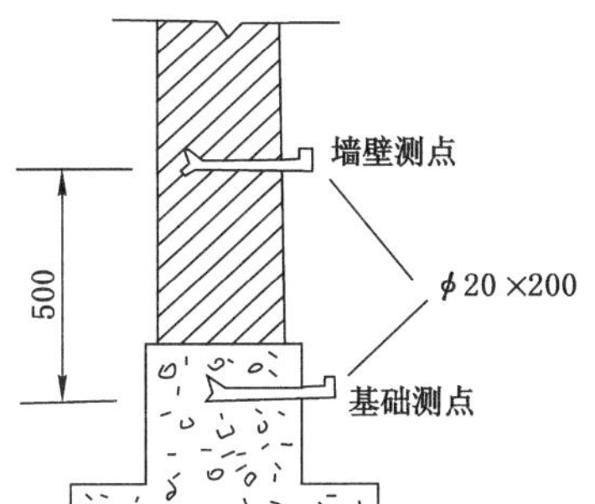

图 1-21　建筑物测点埋设示意

底面积较小、高度较大的高耸建筑物，对地表倾斜非常敏感。一般在这类建筑物的顶部设置观测标志，以观测其偏斜程度。

建筑物观测站的观测方法、精度要求与地表移动观测站相类似。建筑物观测站的观测包括距离测量和水准测量。在进行水准测量时，水准线路应围绕建筑物组成一个闭合环，环路闭合差应小于$\pm 2\sqrt{n}$(mm)(n为测站数)。点间距离应往返测量，互差不得大于2 mm。

还需要进行建筑物外部形态变化的描述，如对墙体的倾斜和鼓凹、门窗的变形、纵横墙连接处的拉脱、裂缝的大小与方位等进行素描与拍照等。

除了素描、拍照之外，还可以采用专门的裂缝监测仪来测定建筑物裂缝的宽度、深度和长度等的变化情况。除了进行建筑物移动变形、裂缝等监测外，有时还需要测量建筑物附加应力。建筑物附加应力测量常用的仪表有差动电阻式钢筋计、钢弦式钢筋计、钢弦式压力盒及电阻应变片等。

1.4 建筑物地面保护

1.4.1 建筑物加固防护措施

建筑物在采动过程中要受到地表动态变形的影响；移动稳定后位于均匀下沉区的建筑物，只要能够抵抗开采过程中地表动态变形的影响，一般就不会受到地表均匀下沉的损坏。

如图1-22所示，当工作面推进到A位置时，处于1位置的建筑物开始移动，此时经受地表拉伸和正曲率变形的影响；当工作面推进到B位置时，该建筑物位于动态下沉盆地中的2位置，此时经受地表压缩和负曲率变形的影响；当工作面推过B点$0.6H_0$(H_0为工作面平均采深)的距离时，该建筑物位于动态下沉盆地中的3位置，此时恢复原状，最终只产生整体垂直位移。

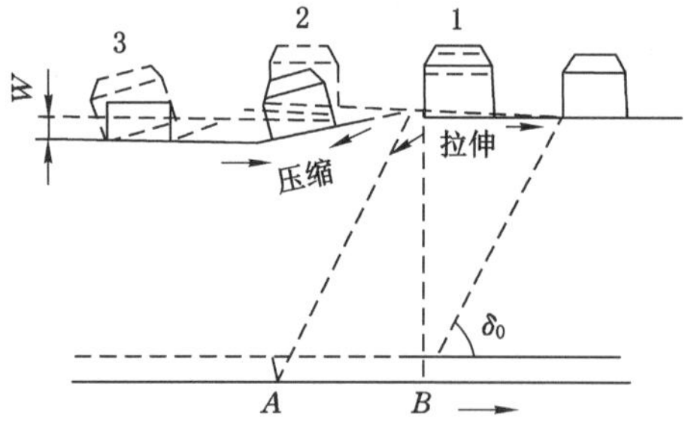

图1-22 建筑物受到动态变形影响状况

针对矿区建筑物因开采影响遭受的特有损坏，国内外科技工作者进行了长期的观察、分析和研究。通过对建筑物采取加固和修复措施，成功进行了很多建筑物下开采的实例，掌握了许多有效的采动区建筑物加固维修措施。

矿区建筑物保护研究和实践的成果表明，对建筑物的保护，应将地基与建筑物基础协同作为一个系统来研究，着眼地基与建筑物基础的协调工作，采取柔性保护措施吸收地表变形能，采用刚性保护措施抵抗地表变形，从而提高建筑物的抗变形能力。建筑物上部结构、基础和地基可作为一个系统，系统本身具有自组织能力，在受采动影响时，系统的平衡不断被打破，同时又不断建立新的平衡。基础切入地基能减缓地表变形对建筑物的影响，这是不争的事实，也是建筑物基础和地基获得新平衡的体现。

村庄、城镇建筑物的地上保护措施一般分为采前加固措施、采后维修措施和采用抗变形建筑结构措施。采前加固措施主要针对采矿前已经存在的建筑物，采用抗变形建筑结构措施主要针对在采动区新建的建筑物。

按施工时间，可将建筑物加固和修复分为采前加固、开采影响期间的维护以及采后维修三类。其中，采前加固属于防患于未然，其主要措施有墙壁支护、梁端加支柱、门窗洞支护、防墙体倾斜的钢拉杆和扶墙柱增设、局部拆除重砌和筒箍加固等。采后维修主要是指对已受地表变形影响的建筑物的维修，如倾斜建筑物调平扶正（成本约占建筑物造价的 40%）、基础圈梁下面加弹簧垫、墙壁裂缝修补、喷浆和建筑物加设钢拉杆等。建筑物加固和修复在低潜水位地区和地表变形较小情况下不失为有效和经济的方法。

对不同的地表变形，应采用不同的加固措施。采用加固措施时，应遵守下列基本原则：

（1）当预计建筑物受到Ⅱ级损坏时，一般只需要采取简单加固保护措施，如挖补偿沟，设置钢拉杆、钢筋混凝土圈梁，对长建筑物增设变形缝等。

（2）当预计建筑物受到Ⅲ级损坏时，应采取中等加固保护措施，即除上述简单加固措施外，还应增设钢筋混凝土基础梁（包括纵、横向梁及斜梁）、层间及檐口钢筋混凝土圈梁、钢筋混凝土柱等，并可采取一定的开采技术措施。

（3）当预计建筑物受到Ⅳ级损坏时，应采取专门加固保护措施，如增设钢筋混凝土基础锚固板等，必要时采取减小地表移动和变形的开采技术措施。

（4）每次开采前和地表移动稳定后，均需要对建筑物和设施及时进行检修和调整。

保护建筑物的结构措施大致可分为两类：一类是提高建筑物的刚度和整体性，增强建筑物抵抗变形的能力，如设置钢拉杆、钢筋混凝土圈梁、基础联系梁等；另一类是提高建筑物适应地表变形的能力，减小地表变形引起的建筑物附加内力，如设置变形缝、地表缓冲沟、滑动层等。

1.4.1.1　设置变形缝

在受到同样地表变形条件下，建筑物长度越大，损坏程度越大；为减轻建筑物的损坏程度，增强其抵抗地表变形的能力，必须减小建筑物的长度。设置变形缝是一项经济而有效的方法，在国内外建筑物下采煤中被广泛采用。设置变形缝可将建筑物自屋顶至基础分成若干个彼此互不相连、长度较小、刚度较大、自成变形体系的独立单体（见图 1-23），以减小地基反力不均匀对建筑物的影响。

（1）变形缝的位置

变形缝一般设在以下部位：

① 用变形缝将长度过大的建筑物分割为 15～20 m长的独立单元；

② 在平面形状复杂的建筑物的转折部位设置变形缝；

③ 在高度差异或载荷差异位置设置变形缝；

④ 在建筑物（包括基础）类型不同的位置设置变形缝；

⑤ 在地基强度有明显差异的位置设置变形缝；

⑥ 在局部地下室的边缘设置变形缝；

⑦ 在分期建造的建筑物交界处设置变形缝。

（2）变形缝的宽度计算

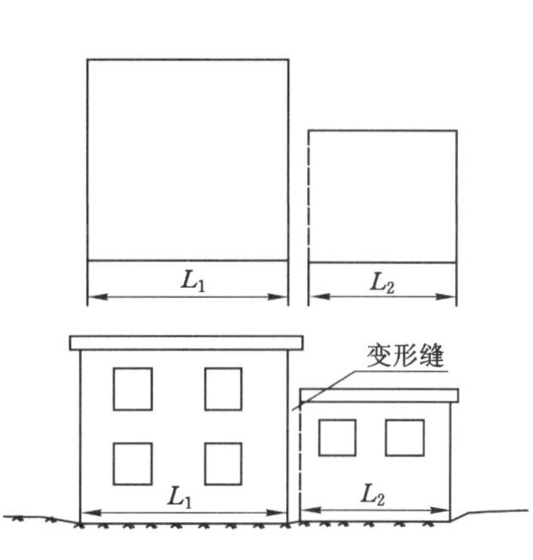

图 1-23　变形缝的设置位置示意

变形缝宽度计算的原则是，在受到地表变形影响后，变形缝不被挤死，以防止建筑物损坏。位于地表压缩变形-负曲率变形区的建筑物，其墙壁变形缝宽度 $\Delta_{墙}$ 用式(1-38)计算：

$$\Delta_{墙} = (\varepsilon + HK)\frac{L_1 + L_2}{2} \tag{1-38}$$

基础变形缝宽度 $\Delta_{基}$ 用式(1-39)计算：

$$\Delta_{基} = \frac{L_1 + L_2}{2}\varepsilon \tag{1-39}$$

式中 ε——地表压缩变形，mm/m；

K——地表曲率，$10^{-3}\,m^{-1}$；

H——单体高度，m；

L_1, L_2——分别为变形缝两侧单体的长度，m。

当建筑物位于地表拉伸变形或正曲率变形区时，变形缝的宽度应按建筑物的结构设置。即当建筑物层数为 2～3 层时，变形缝的宽度为 5～8 cm；当建筑物层数为 4～5 层时，变形缝的宽度为 8～12 cm；当建筑物层数为 5 层以上时，变形缝的宽度不小于 12 cm。一般情况下，无论建筑物位于何种地表变形区，变形缝的宽度均不应小于 5 cm。

(3) 变形缝的设置要求

设置变形缝时，必须将基础、地面、墙壁、楼板、屋面全部切开，形成一条通缝，以达到变形缝两侧的单体能够各自独立变位，而互不影响的目的。为此，在施工时，应严防砖石、砂浆、瓦片、木块等杂物落入变形缝内，以防止变形缝“挤死”现象。

变形缝一般设在已有的横墙附近，并在变形缝的一侧砌筑一道厚度不小于 24 cm 的横墙，以保证建筑物的空间刚度和稳定性，并用以支承被切断的楼板和屋面。若变形缝设置处无横墙，则应在变形缝两侧新砌筑两道横墙。

1.4.1.2 设置钢拉杆

钢拉杆可承受地表正曲率变形所产生的拉应力。设置钢拉杆是减小地表正曲率变形对建筑物墙体影响的有效措施之一。当建筑物受到地表正曲率变形作用时，在建筑物的上部产生拉应力，使其损坏。钢拉杆就是为增大地表正曲率变形区建筑物墙体的抗拉能力而设置的，以防止建筑物在正曲率变形作用下损坏。采用钢拉杆保护建筑物墙壁具有施工简单、工作量小以及地表移动稳定后可以回收钢材等优点。但钢拉杆不能承受横向力和扭转力的作用，仅能减轻横向力所引起的损坏程度。设钢拉杆断面应遵循以下原则：

① 钢拉杆应保证建筑物的墙体在受拉时变形分布比较均匀；

② 钢拉杆的抗拉强度必须大于被箍墙体的抗拉强度。

钢拉杆断面可按下列步骤选取。

(1) 钢拉杆内力计算

钢拉杆为轴心受拉构件，其受到的内力在等强度条件下按式(1-40)计算：

$$N = k_d d h \sigma_1 \tag{1-40}$$

式中 k_d——特殊组合系数，取 0.8；

d——墙体的厚度，m；

h——墙体的计算高度，m；

σ_1——墙体沿齿缝截面破坏时的轴心抗拉强度，MPa。

(2) 钢拉杆截面积计算

$$A_j = \frac{N}{n[\sigma]} \tag{1-41}$$

式中　A_j——钢拉杆的截面积,m^2;

n——钢拉杆的根数;

$[\sigma]$——钢拉杆的抗拉允许应力,MPa。

(3) 钢拉杆螺栓选择

钢拉杆螺栓应采用普通粗制螺栓,其有效截面积 F_j 可按式(1-42)计算:

$$F_j \geqslant \frac{N}{n[\sigma_L^l]} \tag{1-42}$$

式中　$[\sigma_L^l]$——螺栓连接的抗拉允许应力,MPa。

为了保证建筑物墙体在受拉时变形和应力分布比较均匀,应在钢拉杆与螺栓的连接处加垫承压板,其尺寸可按局部受压能力的检验方法来确定。

钢拉杆一般设于建筑物外的檐口或楼板水平上,并以闭合的形式将建筑物外墙箍住。当地表正曲率变形较大时,应在建筑物外墙两侧同时设置钢拉杆。当在两侧同时设置钢拉杆时,其直径应相同。钢拉杆可采用 2 号钢或 3 号钢,其直径按上述方法确定,一般为 10～30 mm。钢拉杆的设置如图 1-24 所示。

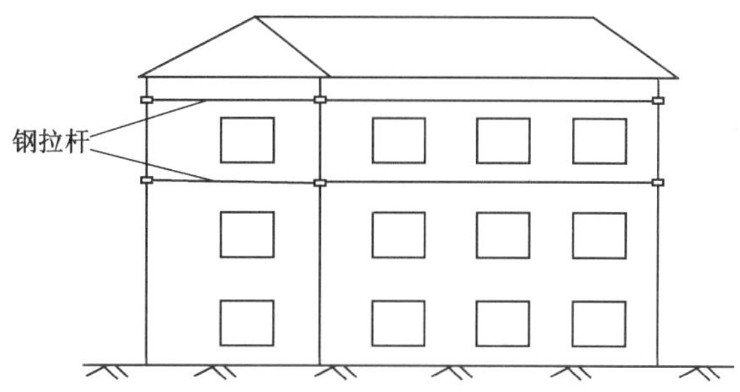

图 1-24　钢拉杆设置示意

1.4.1.3　设置钢筋混凝土圈梁

(1) 钢筋混凝土圈梁的作用

设置钢筋混凝土圈梁是提高建筑物抵抗地表变形能力的有效措施。钢筋混凝土圈梁的作用在于增加建筑物的整体性和刚度,提高砖石砌体的抗弯、抗剪和抗拉强度,在一定程度上防止或减少裂缝等损坏现象的出现。钢筋混凝土圈梁分为墙圈梁和基础圈梁两种。墙圈梁主要承受地表曲率变形引起的附加弯矩和附加剪力。基础圈梁主要承受地表水平变形引起的建筑物基础平面内和平面外的附加水平力以及地表曲率变形引起的附加弯矩和附加剪力。

(2) 钢筋混凝土圈梁的设置

对于已有的建筑物,钢筋混凝土圈梁一般设置在建筑物外墙上,基础圈梁一般设于地面以下基础的第一个台阶上,墙圈梁设于檐口以及楼板下部或窗过梁水平的墙壁上。任何部位的钢筋混凝土圈梁应在同一水平上连续设置,形成一个水平闭合系统,不应被门窗洞口切断。钢筋混凝土圈梁设置的数量,应视地表变形的大小及建筑物的状况而言。

对于已有的建筑物,钢筋混凝土圈梁一般设于墙壁或基础的一侧。位于建筑物外墙的基础圈梁,宜设于建筑物的外侧。为保证钢筋混凝土圈梁与砌体之间的牢固结合,应沿钢筋混凝土圈梁长度方向每隔 1.5 m 左右设置锚固键。钢筋混凝土圈梁由现浇混凝土捣固而成,其截面形状为矩形。一般基础圈梁的宽度为 25～40 cm,高度为 25～50 cm;墙圈梁的宽度为 15～20 cm,高度为 15～30 cm。选用钢筋混凝土圈梁加固时,要求房屋本身具有一定的强度。

对于新建建筑物，钢筋混凝土圈梁设于墙内。一般设顶、底圈梁，当变形较大时，加设腰带。钢筋混凝土圈梁的大小根据地表变形而定。目前，有加大底圈梁厚度以抵抗曲率变形的趋势。

1.4.1.4　设置水平滑动层

为减小地表水平变形引起的建筑物上部的附加应力，在基础圈梁与基础之间设置水平滑动层(见图 1-25)。水平滑动层的做法是：在砖石基础的顶部用 1∶3 水泥砂浆抹平压光，然后铺上两层油毡。为增加水平滑动层的效果，可在两层油毡之间和下层油毡与水泥砂浆找平层之间放置云母片或石墨。阳泉三矿进行的抗变形农村住宅试验表明，采用双层油毡作为水平滑动层，摩擦系数为 0.4，可使抗变形农村住宅基础圈梁因地表水平变形产生的附加应力降低 70%。

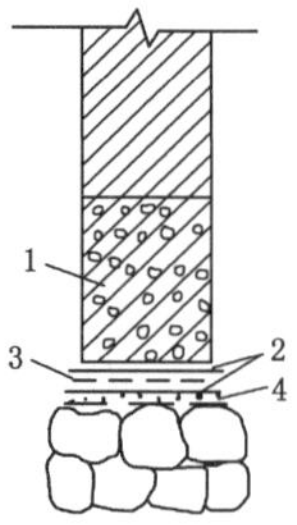

1—钢筋混凝土圈梁；2—油毡；
3—云母片；4—水泥砂浆找平层。

图 1-25　水平滑动层

1.4.1.5　设置双板基础

当地表变形很大，尤其是地表扭曲和水平剪切变形很大，在建筑物带形基础上设置钢筋混凝土圈梁和水平滑动层仍不能有效地抵抗地表变形引起的附加应力对建筑物的影响时，可采用双板基础(见图 1-26)。

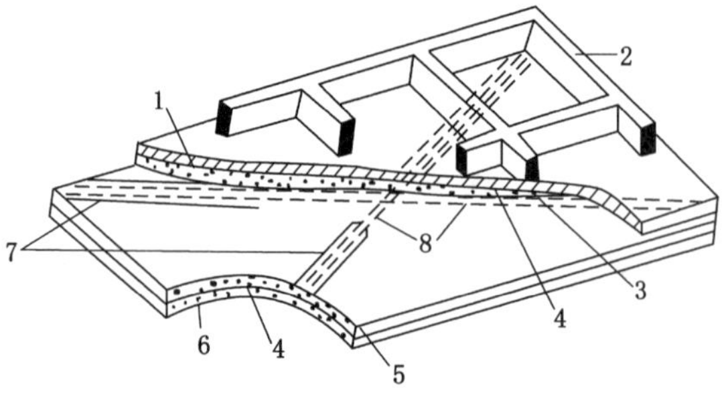

1—钢筋混凝土板；2—基础圈梁；3—5 cm 厚的板间砂层；4—两层油毡；5—混凝土板；
6—15～20 cm 厚的底部砂层；7—白铁皮；8—变形缝。

图 1-26　双板基础

双板基础的结构是：首先在平整夯实的地基上铺设一层厚度为 15～20 cm 的底部砂层，在底部砂层上铺两层沥青油毡隔离层，往上再浇灌一层混凝土板，并在该板的两对角线方向留设变形缝，变形缝内可不充填任何材料，在变形缝上部铺设三倍以上变形缝宽度的白铁皮，然后在混凝土板上铺设厚度不小于 5 cm 的板间砂层，板间砂层上部铺两层沥青油毡构成的隔离层，最后在沥青油毡上部浇灌整体钢筋混凝土板和基础圈梁。双板基础是保护采动区建筑物的有效结构。但由于其施工复杂，费用高，我国目前用得少，在英国等欧美国家常采用。

1.4.1.6　设置基础联系梁

当有柱下独立基础时，为减小基础之间的移动变形差，独立基础之间必须设置基础联系梁。当煤层回采方向与建筑物的主轴斜交时，建筑物遭受扭曲变形，尚应沿基础平面对角线设置斜向基础联系梁。

对于没有内墙或内墙间距较大的砖混结构，为减小纵墙基础圈梁所受的侧向附加弯矩，应间隔 6～9 m 设置横向基础联系梁，此时应注意基础联系梁与基础圈梁连接处以及基础圈梁转角处的加强。

基础联系梁与基础圈梁在同一水平上设置，截面尺寸一般同基础圈梁。基础联系梁底部应铺设 30 cm 厚的砂垫层，砂垫层底部应整平夯实，砂垫层上铺设两层干油毡。

1.4.1.7　设置构造柱

当地表曲率变形较大时，为提高墙壁的抗剪强度，增加建筑物的整体刚度，限制裂缝的延长，可在墙内设置钢筋混凝土构造柱。构造柱一般设置在建筑物各单体墙壁的转角处，以及承受较大附加剪力的墙壁位置。构造柱应与各墙壁圈梁连接，其上端和下端应分别锚固在钢筋混凝土楼盖(檐口)圈梁和基础圈梁内。

对于层数较低的砖混结构，地表变形在Ⅲ级以下(不包括Ⅲ级)时可不设构造柱；地表变形在Ⅲ级以上(包括Ⅲ级)时建议在每单元的外墙角处设置构造柱。

对于多层砖混结构，地表变形在Ⅲ级以下时，按抗震设防要求设置构造柱；地表变形在Ⅲ级以上时，楼梯间应增设构造柱，如内墙间距较大，尚应间隔 6～9 m 加密构造柱。

1.4.1.8　设置千斤顶调整基础

当受采动影响的地表发生不均匀沉降且倾斜变形较大时，为使建筑物免受超过其承载能力的附加作用力的影响和建筑物调平，可采用千斤顶及时调平基础，消除不均匀沉降引起的建筑物附加内力。

千斤顶一般设置在基础圈梁下部砌体中预留的千斤顶窝内。采用千斤顶调整基础时，应在基础圈梁下部设橡皮垫和工字钢，千斤顶下部亦应有足够大的支座垫板，以保证圈梁和下部基础砌体不因局部受压而破坏。千斤顶调整基础可用于新建建筑物和已有建筑物，国外应用较多。由于调整工作量大，目前一般只应用于重要建筑物，而对一般建筑物应用较少。

1.4.1.9　设置钢筋混凝土锚固板

对于已有的建筑物，不能像新建建筑物一样设置双板基础，但可采用钢筋混凝土锚固板加固。钢筋混凝土锚固板可以承受地表变形时产生的拉力和压力，保证锚固水平上的建筑物的几何形状不变。但是，由于对现有建筑物增设钢筋混凝土锚固板的方法在施工上往往很困难，造价也高，因此，该方法只用于地表变形达 12～15 mm/m 地区的重要建筑物的保护。

钢筋混凝土锚固板应采用一级钢筋和强度等级不低于 C15 的混凝土现浇捣固，厚度为 80～120 mm。在建筑物纵横方向墙壁的侧面以及每隔 1～2 m 锚固板内配置一组受力钢筋。每组受力钢筋应伸出外墙，并设置钢筋混凝土锚固端。此外，尚需在整个板内铺设一层直径为 8 mm，间距为 100～200 mm 的钢筋网(见图 1-27)。

1.4.1.10　堵砌门窗洞

建筑物在受到地表压缩和负曲率变形作用时，墙身产生压缩变形，墙身变形导致门窗洞口应力集中，从而导致门窗洞损坏。为减少这种影响，可采用堵砌门窗洞的办法，以提高其抵抗压缩变形的能力。该措施具有简便易行的优点，一般用于加固仓库等建筑物。

1.4.1.11　设置变形补偿沟

设置变形补偿沟，就是在建筑物周围的地表挖掘一定深度的沟槽。其目的主要是阻隔

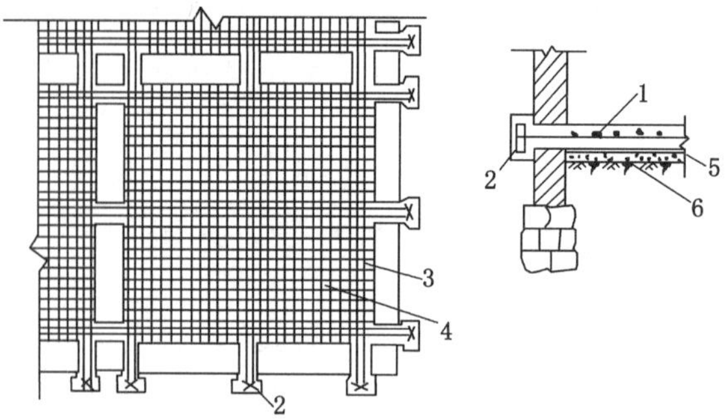

1—锚固板；2—锚固端；3—受力钢筋；4—钢筋网；5—两层油毡；6—砂层。

图 1-27　钢筋混凝土锚固板

地表水平压缩变形的传递，从而减小建筑物所受的水平变形，保护建筑物。变形补偿沟能有效地吸收地表的水平压缩变形，大大减小地表土体对基础埋入部分的压力，也可以减小水平变形对基础底面的影响。如鹤壁矿区在市内主要公路干线的英雄桥下采煤，在桥一端设置了变形补偿沟，该侧的桥梁未损坏，变形补偿沟吸收压缩量达 396 mm，占总压缩量的 41%；而在没有设置变形补偿沟的另一端，桥梁拱脚处出现裂缝。

当建筑物受到一个轴向的地表水平压缩变形影响时，可只沿着垂直于变形方向的建筑物所有墙的外侧设置变形补偿沟；而当建筑物受到两个轴向或斜向的地表水平压缩变形影响时，则应沿建筑物周围设置闭合的变形补偿沟（见图 1-28）。沟深应超过基础底面 20～30 cm，沟宽不小于 60 cm，沟的外缘距建筑物基础外侧 1～2 m。

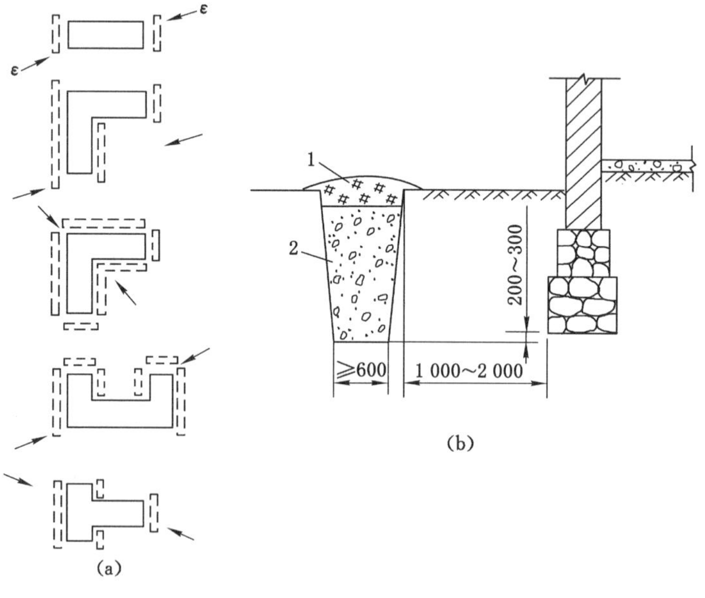

1—黏土；2—炉渣、锯末等。

图 1-28　变形补偿沟构造

另外，在建筑结构措施方面，还可采用抽砂调整建筑物基础沉降差；采用楔形基础增大基础切入量，减小不均匀沉降；采用可拼装的盒子式建筑等。总的来看，建筑物保护措施很多，但经济、合理、方便、简单的措施尚需进一步研究，特别是对于建筑材料的研究有待进一步加强。

1.4.2　建筑物维修补强技术

1.4.2.1　梁、柱补强技术

(1) 外包混凝土补强法

外包混凝土补强法是增大构件截面积和配筋量的一种加固方法，用以提高构件的抗弯强度、抗剪强度和刚度，也可用于修补混凝土上的裂缝。外包材料一般以普通混凝土为主，当外包层较薄、钢筋较密时，可采用细石混凝土。配筋除采用钢筋外，也可采用型钢和钢板。

新浇混凝土强度等级宜比原构件混凝土强度等级提高一级，在加固基础时不得低于 C15，在加固一般构件时不得低于 C20。骨料粒径不宜超过新浇混凝土最小厚度的 1/2 及钢筋最小间距的 3/4。纵向受力钢筋宜用螺纹钢筋，最小直径为 12 mm，最大直径为 25 mm。新浇混凝土的最小厚度一般为 5 cm。

(2) 外包钢加固补强法

外包钢加固补强法是在构件四周包以型钢的一种加固补强方法（见图 1-29）。它可在构件截面的四角沿构件通长或某一段设置角钢，沿横向用螺栓套箍将角钢连接成整体，成为外包于构件的钢构架。外包钢构架可以完全替代或部分替代原构件工作，达到加固补强的目的。

(a)　　　　(b)

图 1-29　外包钢加固结构

1.4.2.2　基础调整与托换技术

用千斤顶调整建筑物基础，可以完全消除曲率变形的影响，也可以防止和消除倾斜变形的影响。当利用千斤顶调整建筑物基础时，为了安置千斤顶，必须在建筑物内、外基础的底部预先设置钢板或钢盘水泥板，使建筑物在千斤顶作用下整体升降。此外，为了彻底消除地下开采对建筑物的影响，可以对建筑物的基础进行托换。如图 1-30 所示。

1.4.2.3　墙体补强技术

(1) 化学灌浆补强技术

当建筑物墙体出现裂缝时，可采用化学灌浆补强技术。该技术可以有效地恢复墙体的整体性，补强后墙体外观好。常用的化学灌浆材料有环氧树脂和甲基丙烯酸酯类等（见表 1-21）。

(a) (b)

图 1-30　建筑物调整与托换

表 1-21　主要化学灌浆材料性能

类别	主要成分	起始浆液黏度/(MPa・s)	可灌入裂缝宽度/mm	聚合体或固砂体的单轴抗压强度/MPa
环氧树脂	环氧树脂、胺类、稀释剂	7～10	0.1	40.0～80.0，1.0～2.0(黏合强度)
甲基丙烯酸酯类	甲基丙烯酸甲酯、丁酯	0.7～1.0	0.05	60.0～80.0，1.2～2.0(黏合强度)

(2) 水泥压浆补强技术

这种方法就是将水泥浆液压注到墙体裂缝、孔洞中，充填并固结这些缺陷，以达到补强加固的目的。水泥压浆具有结合体强度高、材料来源广泛、价格低以及压浆工艺简便等优点。

(3) 喷射混凝土补强技术

喷射混凝土的水灰比较低，喷射作用使其具有良好的物理力学性能(见表 1-22)。施工中若加入速凝剂，则喷射混凝土还具有凝结快(2～4 min 初凝，10 min 以内终凝)、早期强度高的特点。此外，由于高速高压作用，喷射混凝土能射入宽度 2 mm 以上的裂缝中，并与墙体紧密结合，形成整体。

表 1-22　喷射混凝土力学性能

<table>
<tr><th>项　目</th><th>指　标</th><th>备　注</th></tr>
<tr><td>密度/(kg/m³)</td><td>2 200～2 300</td><td rowspan="5">① 水泥采用强度等级为 32.5 或 42.5 的普通硅酸盐水泥；
② 混凝土配合比为 1∶2∶2；
③ 混凝土龄期为 28 d</td></tr>
<tr><td>单轴抗压强度/MPa</td><td>20.0～30.0</td></tr>
<tr><td>抗拉强度/MPa</td><td>1.5～2.5</td></tr>
<tr><td>黏结强度/MPa</td><td>1.5～2.0</td></tr>
<tr><td>弹性模量/MPa</td><td>(2.2～3.0)×10⁴</td></tr>
</table>

当墙体完整，仅出现 1～2 条裂缝且无错位时，可沿裂缝采用宽 400～500 mm、厚50 mm

的条带状喷射混凝土加固。必要时沿裂缝每隔 300～500 mm 抽去半砖，喷入混凝土形成锚固键。当承重墙出现较多裂缝且有错位、破坏严重时，可采用墙体双面配 ϕ6～8 mm 的钢筋网，喷 50～70 mm 厚的混凝土，再抹 20～30 mm 厚的水泥砂浆找平层的补强方法。若裂缝无明显错位，可采用单面配钢筋网喷射混凝土加固措施。

1.4.3　抗采动建筑物设计

在已有的采煤沉陷区或者未来的采动影响区新建建筑物时，应当进行采动影响下的场地稳定性、拟建建筑物的适宜性评价，并对建筑物采取相应的抗采动影响技术措施。

新建抗采动变形建筑物的场地宜选择地表移动和变形值相对较小的地段，应当避开可能会产生塌陷坑、台阶、裂缝等非连续变形或者长期积水的地带。有滑坡等潜在危险的地段，不得用作建筑场地。

新建抗采动变形建筑物的地基土要求均匀一致。当地基为承载力高的坚硬岩石时，应当在地基底面下设置一定厚度的碎石、砂或者灰土垫层。当地基承载力差异较大时，建筑物应当设置变形缝使其成为独立的单体。回填地基必须进行密实处理。

新建抗采动变形建筑物设计应当遵循下列原则：

(1) 在条件允许的情况下，建筑物长轴应当平行于地表下沉等值线。

(2) 建筑物体型应力求简单，单体长度不宜过长，平面形状以矩形为宜，避免立体高低起伏，必要时用变形缝分开。

(3) 建筑物承重墙体纵、横方向宜分别对称布置，尽量减小横向间距。

(4) 砖混结构建筑物应当设置钢筋混凝土基础、层间和檐口圈梁、立柱。墙体转角、丁字和十字连接处应当沿高度方向增设拉结钢筋，门窗洞口上下应当增设拉结钢筋。不允许采用砖拱过梁。

(5) 楼板和屋顶不应当采用易产生横向推力的砖拱或者混凝土拱形结构。

(6) 建筑物附属管网应当采取适当保护措施。

采动区建筑物地基的工程地质勘探，应结合建筑场地的矿山地质资料进行，应充分估计地表沉陷引起的建筑物地基标高和水文地质条件的变化，同时应考虑水文地质条件变化引起的地基土体物理力学性质的变化。

建筑物地基的土体要求均匀一致，如果表土层较薄或地基土体不均匀，则应回填黏土或换土。建筑物地基宜采用在采动后基础易切入的“软地基”，而硬岩石、大块碎石类土体以及密实黏土不应作为采动区建筑物的地基，应铺设黏土层或砂垫层。黏土层的厚度不应小于 100 cm，砂垫层的厚度不宜小于 50 cm。砂垫层宽度 D 按应力扩散角 θ、砂垫层厚度 d 及基底宽度 B 确定，即

$$D = B + 2d\tan\theta \tag{1-43}$$

1.4.4　其他措施

煤层开采引起村庄地表下沉，有可能造成区域原有的防排水体系受到破坏，如水排流方向发生改变、雨季排水不畅而长期积水及地下潜水位过高等。特别是高潜水位条件下的地区，由于地表沉陷，地下潜水位会上升到地面，降水也积存于沉陷盆地浸泡土地，使之减产甚至绝产；水浸泡房屋地基，使之强度降低，甚至倒塌。所以在该条件下采煤，除一般的防护措

施外，还要特别考虑村庄排水问题。因各地形、水文条件不同，要与当地水利、农业部门协作，制定具体排水措施。

当厚煤层开采或多煤层重复采动时，地表沉陷变形值较大，村庄大多数房屋都受到Ⅱ、Ⅲ级以上的损坏，影响安全居住，造成工农关系紧张；当补偿费用很高时，应考虑村庄的局部或整体搬迁。

在采取搬迁措施时应考虑以下几条主要原则：

(1) 选址要合理。如考虑井田范围扩大，新址不能压煤造成再次搬迁；新址不能选在地质构造带上，要有利于村民耕种、方便村民生活等。这是企业应考虑的，并征得政府部门同意。

(2) 与今后小城镇的建设和发展结合考虑，村民应集中，不宜太分散。以当地政府部门为主，结合发展规划，与企业共同协商。

(3) 村庄搬迁是件非常复杂的系统工程，一定要有专人负责，早做规划、具体设计、落实经费，以免不能按计划搬迁而影响生产接替。

1.5 建筑物下压煤开采设计

在进行建筑物下采煤之前，必须进行开采设计。此项设计一般应分为方案设计和初步设计两个步骤。对于生产矿井，方案设计应在提出开采计划后完成，初步设计则应在方案批准后编制。

1.5.1 建筑物下压煤开采设计原则

建筑物受开采影响的损坏程度取决于地表变形值的大小和建筑物本身抵抗变形的能力。对于长度或者变形缝区段内长度不大于 20 m 的砖混结构建筑物，其损坏等级按照表 1-8划分，允许的地表变形值一般为水平变形 $\varepsilon=\pm 2$ mm/m，倾斜 $i=\pm 3$ mm/m，曲率 $K=\pm 0.2\times 10^{-3}\text{m}^{-1}$。其他结构类型的建筑物可以参考表 1-8 执行。

符合下列条件之一者，建筑物压煤允许开采：

(1) 预计的地表变形值小于建筑物允许地表变形值。

(2) 预计的地表变形值超过建筑物允许地表变形值，但本矿区已取得试采经验，经维修能够满足安全使用要求。

(3) 预计的地表变形值超过建筑物允许变形值，但经采取本矿区已有成功经验的开采措施和建筑物加固保护措施后，能满足安全使用要求。

符合下列条件之一者，建筑物压煤允许进行试采：

(1) 预计地表变形值虽然超过建筑物允许地表变形值，但在技术上可行、经济上合理的条件下，经过对建筑物采取加固保护措施或者有效的开采措施后，能满足安全使用要求。

(2) 预计的地表变形值虽然超过建筑物允许地表变形值，但国内外已有类似的建筑物和地质、开采技术条件下的成功开采经验。

(3) 开采的技术难度虽然较大，但试验研究成功后对于煤矿企业或者当地的工农业生产建设有较大的现实意义和指导意义。

建筑物下压煤开采时，对于地表下沉造成的地表积水问题，应当采取有效控制地表沉降的井下开采措施或者地面疏排水措施。

1.5.2　建筑物下压煤开采的资料收集

进行建筑物下采煤设计，应当具备下列主要技术资料和工程图。

1.5.2.1　技术资料

(1) 地质、开采技术条件。包括开采煤层的层数、层间距、厚度、倾角、埋深、压煤量、岩石物理力学性质、地质构造、地下潜水位，现有的开采方法、巷道布置、生产系统以及邻区开采情况。

(2) 建筑物及其地基概况。建筑物的体型、面积、长度、宽度、高度、层数、结构类型、基础形式及埋置深度、松散层的厚度和地基的工程地质及水文地质参数；建筑时间和现有状况，使用要求，周围地形情况；建筑物原设计的有关资料。

(3) 配套的主要管线和重要设备的技术特征、技术要求及其支承或基础埋置方式。

(4) 有关的地表移动参数，老采区活化的可能性及其对地表和建筑物的影响。

1.5.2.2　工程图

(1) 井上下对照图。应包括以下内容：地形和煤层底板等高线、地质构造、邻近工作面位置及建筑物平面位置。

(2) 采掘工程平面图。

(3) 地质剖面图和钻孔柱状图。应标明地面标高，建筑物位置，煤层的层数、厚度、层间距、埋深、倾角和地质构造等。

(4) 建筑物的竣工图(或者施工图)。包括平面图、立面图、剖面图，主要承重构件(梁、柱、屋架、楼板、基础等)的支座连接方式，断面尺寸和配筋，管线接头构造及重要设备基础等。

1.5.3　建筑物下压煤开采的方案设计

1.5.3.1　方案设计

方案设计中应编写如下内容：

(1) 建筑物特征及压煤开采的必要性、可能性和安全可靠性。

(2) 实现建筑物下采煤的各种技术方案，主要包括采煤方法和顶板管理方法的选择和论证，地表移动和变形预计，建筑物采动影响分析与评价，建筑物加固和保护措施。地表移动和变形值预计应当阐明选用的计算方法和参数选取依据，并提供建筑物所在处地表移动和变形值的计算结果及必要的图表。

(3) 方案的技术、经济比较及费用概算。

(4) 方案的综合分析对比和选定。

(5) 地表移动及建筑物变形观测站设计。

(6) 安全技术措施。

1.5.3.2　初步设计

在设计方案得到上级主管部门批准后，即可针对所选定的开采方案进行初步设计。其主要内容如下：

(1) 开采方法设计。包括开采范围、采煤方法和顶板管理方法、工作面布置、推进方向、推进速度、开采顺序、有关的巷道布置与生产系统及必要的施工图。

(2) 地表移动和变形值预计及其对建筑物的影响程度分析。应阐明选用的计算公式及参数，建筑物所处位置的地表移动和变形值的计算结果及必要的曲线图，并结合建筑物的建筑特征和结构特征、现状及使用要求等进行综合分析。

(3) 建筑物加固和保护措施。应包括采前的加固保护措施，加固构件的设计说明和施工图，开采期间及开采后的维修措施。

(4) 地表及建筑物移动和变形观测站设计，包括观测的目的、观测点布置及埋设方法、观测的内容、精度和时间要求。

(5) 设计概算及经济效益的分析与评定。

(6) 安全技术措施。

1.5.4 建筑物下采煤的主要措施

建筑物下采煤的防护措施主要分为两方面：

其一，通过合适的开采方法或措施有效地减小或控制采动引起的地表沉陷，主要有减沉开采和协调开采两大类。其中，减沉开采包括条带开采、充填开采、柱式开采等，在后续章节中将详细介绍。

其二，通过采取建筑物结构保护措施，提高建筑物承受地表变形的能力。

这两方面措施常常联合使用，只有在进行综合经济技术比较后，才能确定着重采取哪方面的措施。

目前的地表沉陷控制措施还比较单一，还需要从以下几个方面加强综合减沉的研究。

(1) 地表综合减沉措施研究。

(2) 离层带注浆充填减沉的有关理论、工艺和参数研究。

(3) 现有开采沉陷控制理论和方法完善。

(4) 新的控制措施研究。

(5) 采空区充填控制沉陷技术研究。

在加强控制地表沉陷措施的同时，还需要完善采动区建筑物设计和保护理论。

1.5.4.1 采动区建筑物设计理论和方法研究

采动区建筑物地基反力和附加内力计算方法与实际存在差异，使得按现行的理论和方法计算出的建筑物加固配筋过大。主要原因是没有考虑建筑物基础与地基的协同作用，过高地估计了建筑物的地基反力和附加内力。因而建立符合实际的采动区建筑物地基、基础、上部结构协同作用理论和附加内力计算方法是非常必要的。只有在此基础上，才能合理地设计采动区建筑物和进行建筑物的加固，使建筑物下采煤迈上新的台阶。

1.5.4.2 新型建筑材料研究

目前的建筑材料单一，大多为砖石结构建筑物，其抗变形能力较弱，特别是抗拉伸变形的能力较弱，容易出现裂缝。因而，研究价廉、抗变形能力强的新型建筑材料成为提高建筑物下采矿水平的关键。

1.5.4.3 大型工业及民用建筑物的抗变形结构研究

大型工业建筑物由于结构复杂、平面尺寸大、要求高等，其抗变形能力相对较弱，目前对此研究不足。随着矿区的发展，今后将面临大型工业及民用建筑物下采煤及在塌陷区上方兴建大型工业园区的问题，如徐州已开始利用采煤塌陷地兴建大型工业园区，目前这方面的理论和实践较少。

1.5.4.4　抗变形结构措施研究

目前的抗变形结构措施有刚性措施和柔性措施，刚性措施主要有设置顶底圈梁、构造柱、联系梁、双板基础等，柔性措施主要包括设置变形缝、水平滑动层，对地基采取调整变形的措施等还需要深入研究。

1.5.4.5　农村城镇化研究

随着社会经济的发展，农村城镇化已成为一种趋势。结合农村的城镇建设，建造抗变形房屋，进行村庄的合理优化、组合成为必然。因此，结合村庄的搬迁，研究矿区农村城镇化的相关问题成为今后的一个重要研究方向。

第 2 章　水体下压煤开采技术

电子教案

2.1　水体下采煤概述

国内外水体下采煤已有 100 多年的历史，各主要产煤国家在海下、河流下、湖泊下、含水的松散层和岩层下、人工修建的蓄水工业建筑物下、充水的巷道与采空区下进行了大量的试验开采工作。英国、日本、加拿大、智利和澳大利亚还成功地进行了海下采煤；美国则非常重视长壁开采对地表河流甚至小溪的影响。

我国煤炭资源分布广，水体下压煤量很大。截至 2010 年，我国在各类水体下已安全采出超过 2 亿吨煤炭。如我国在淮河堤下采煤取得了巨大成功；郑州矿区已在水库下安全采出煤炭资源数百万吨；龙口矿区已经成功地进行了海底下采煤，成为我国第一个海底下采煤的矿区，也是世界上第六个海底下采煤的矿区。然而，地下煤层开采会导致覆岩移动及破坏，当破裂岩体接触到地下、地面水体时，产生导水通道，使水进入井下并淹没矿井，同时导致含水层的破坏或含水层的水位下降(见图 2-1)，地面河流、水库干涸等。

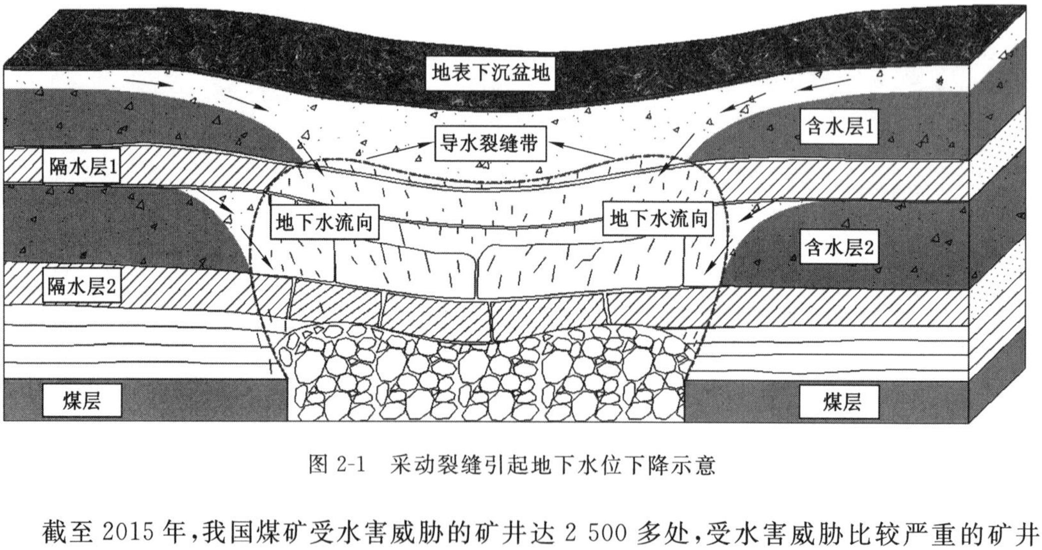

图 2-1　采动裂缝引起地下水位下降示意

截至 2015 年，我国煤矿受水害威胁的矿井达 2 500 多处，受水害威胁比较严重的矿井达 500 多处。2001—2015 年期间，全国煤矿共发生水害事故 653 起，造成 3 609 人死亡，直接经济损失达数亿元。2006—2010 年间共发生较大以上水害事故 140 起，主要有老空水害、地表水害、岩溶水害、冲积层水害与其他水害，造成 1 083 人死亡。其中，老空水害事故 129 起，造成 971 人死亡，分别占较大以上水害事故发生起数和死亡人数的 92.1% 和 89.7%；地表水害事故 7 起，造成 55 人死亡，分别占较大以上水害事故发生起数和死亡人数的 5%和 5.1%。2010 年，全国煤矿共发生水害事故 39 起，较大以上水害事故造成 200 人死亡，发生一次死亡 10 人以上的重大水害事故 4 起，一次死亡 30 人以上的特别重大水害事故 2 起。据统计，2011—2015 年发生的 16 起重大水害事故中，老空水害事故 14 起，占 87.5%。矿井水害防治和近水体煤层的安全开采已成为矿区生产中急需解决的重大实际和理论问题。

2.1.1　国外研究现状

国外对水体下采煤的理论进行了长期研究，并根据各国的实际情况制定了相关的规程与规定。英国是世界上海下采煤最早的国家，有 16 座海下矿井，在 1968 年前按采深来确定长壁采煤法允许的煤层采厚，如表 2-1 所示。后来，英国矿业局在 1968 年颁布了海下采煤条例，对覆岩结构和厚度、采厚以及采煤方法等作了相应的规定，其中，采用长壁开采全部垮落法管理顶板时，上覆岩层厚度应不小于 105 m，煤层容许开采的最大厚度为 1.7 m，海底最大拉伸变形不应超过 10 mm/m；采用房柱式开采法等部分开采方法时，容许的最小采深仅为 61 m，理论回采率仅 44%。

表 2-1　英国海下采煤采深与允许采厚的关系

采深 H/m	允许采厚 M/m	深厚比
81	0.75	108
108	1.2	90

日本曾有 11 个海下采煤矿井，海下采煤的水患防治措施严密，其安全规程针对冲积层的组成与赋存厚度作出了相关规定。首要安全措施是留足够的防水煤(岩)柱，如伊王岛煤矿海下采煤，规定防水煤(岩)柱高度与煤层采厚的比值，在浅部开采约为 100 倍，在深部开采为 34 倍时，可允许用长壁垮落法。为减小煤(岩)柱尺寸，日本使用过风力充填法，如福岛煤矿仅留垂高 80 m 防水煤柱，用风力充填成功地采出 2 m 厚的煤层，仅局部工作面淋水增大。

苏联根据规程与指南，规定水体下采煤应在安全深度下进行，其中，安全深度＝(20～75)×采厚。苏联于 1973 年出版了确定导水裂缝带(包括垮落带与裂缝带)高度的方法指南，1981 年颁布了有关水体下开采的规程，根据覆岩中黏土层厚度、采厚、重复采动等条件的变化来确定安全采深，但这些规定与规程大多属统计经验，并没有深入的理论与方法研究。

综合国外情况，其所规定的临界拉伸变形值与水体下安全开采有关，但不是主要因素，更重要的因素为第四纪黏土及隔水岩层的性质、位置及厚度，其次是煤层的产状和导水裂缝带的发育高度。

2.1.2　国内研究现状

20 世纪 60 年代以前，我国煤炭资源开采的重点多集中在开采技术条件较好的地区，但已有水体下采煤的尝试。60—80 年代，为适应水体下采煤技术的迫切需要，通过打设大量的专用观测孔来研究开采后导水裂缝带高度，并就观测孔中水位变化及水的漏失量等情况，提出了有效和无效导水裂缝的区分方法。我国许多矿区在裂缝高度现场观测和试验研究的基础上，结合煤层的采厚、岩体的强度类型等，总结出不同覆岩类型条件下，煤层采厚与垮落带高度、裂缝带高度的相关关系式，并以此来指导实际生产。

80年代以来，许多水体下(如淮河下、微山湖下等)积压的煤炭资源相继进入了开发阶段。在借鉴国内外经验的同时，大规模开展了水体下(包括含水层下)采煤导水裂缝带发育规律和防水煤(岩)柱留设的研究。我国制定的《建筑物、水体、铁路及主要井巷煤柱留设与压煤开采规范》详细规定了导水裂缝带高度的计算公式。

我国在各类水体下开采试验规模非常大，在开采过程中积累了大量的宝贵经验和科研数据。目前，我国水体下采煤技术在世界上已处于领先地位。其中，部分国内大型地表水体下采煤的成功开采实例如表2-2所示。由表2-2可以看出，在河床为透水层的条件下，凡是涌水量大的，采动以后裂缝均波及顶板砂岩、灰岩含水层，砂岩、灰岩原始渗透条件及露头位置决定井下工作面涌水量，这与在强含水砂砾层下采煤时顶板砂岩、砾岩、灰岩出水的情况接近。根据我国长期在各种水体条件下采煤的经验，导水裂缝带高度与初次一次采厚成正比。分层开采厚煤层时，其导水裂缝带高度的增长符合幂函数关系，即与累计采厚的1/2次方成正比，导水裂缝带高度与采厚的比值和开采的分层数呈双曲函数递减关系。因此，在水体下开采厚煤层时，采用分层开采是降低导水裂缝带发育高度较有效的措施之一。

另外，“保水开采”是在对陕北煤炭开采过程中的地下水保护进行叙述时首次提出的观点，包含水资源有效保护、水资源合理开发和高效利用、煤炭开采中的水害防治等多重内容，其内涵为：选择合理的采煤方法和工艺，使采动影响对含水层的含水结构不造成破坏；或虽受到一定的损坏，造成部分水流失，但在一定时间以后含水层水位仍可恢复，流失量应保证最低含水位不影响地表植物的生长，并保证水质没有被污染；把煤炭开采过程中的防治水与水资源的有效保护结合起来，把水资源的合理高效利用与生态、人文等环境保护结合起来，避免重复发达国家的先破坏、先污染与后恢复、后治理的老路，实现两种资源的协调、合理开发利用与生态环境的有效保护。

综上所述，我国从20世纪60年代初开始开展覆岩破坏规律及水体下采煤的研究，并进行了大量的覆岩破坏高度(导水裂缝带高度)现场实测，建立了适合我国实际情况的覆岩破坏高度计算理论和方法。在理论研究方面，已从经验方法向理论方法转变，开展了力学方法预测覆岩破坏高度的研究，初步建立了裂隙网络渗流理论。在此基础上，进行了河下、海下、含水砂层下等的采煤实践。完成了淮河堤及河漫滩下、水库下及大量的含水层下采煤，并正在进行近海下采煤试验。目前的研究成果，对于无大的地质构造、覆岩岩性分布均匀、无岩溶分布等简单地质采矿条件下的覆岩破坏高度预测可达到较高的精度，而对于复杂地质采矿条件下的覆岩破坏高度预测尚不能满足生产的需要。今后应进一步努力的方向为：建立裂隙岩体应力-渗流耦合关系；研究断层对岩体破坏规律的影响；研究工作面底板破坏规律；研究高效、廉价的覆岩破坏范围探测仪器、手段和方法等。

我国水体下采煤不仅解放了大量水体下煤炭资源，还获得了丰富的实践经验，发展了相关理论，形成了一套具有我国特点的理论体系。即从分析水体类型、特征、赋存条件及上覆岩层的水文地质条件和地层结构入手，根据地质采矿条件预计覆岩垮落带、导水裂缝带的高度、空间形态，掌握覆岩的移动破坏规律及“两带”(包括垮落带和裂缝带)与上覆水体之间的联系，从而确定煤层合理的开采上限。在确保矿井生产安全的条件下，实现煤炭资源利用的最大化和水资源的保护。

表 2-2　国内大型地表水体下采煤实例

水体名称	流量/(m^3/s)		河床性质	煤层产状要素				涌水量 Q/(m^3/h)		备　注
	最大	一般		煤厚 M/m	倾角 α/(°)	采深 H/m	深厚比 (H/M)	最大	一般	
辽宁阜新清河	278	0.22	砂砾层厚 3～6 m	1.6	5～12	268	167.5	工作面 360	工作面 50～80	煤层顶板上法向距离 60～90 m 处有砂岩含水层
辽宁本溪太子河	2 000	80	砂砾层厚 4～8 m	2.4～2.8	10～15	380	135.7	河下采区 162	河下采区 30～60	煤层顶板有 10～26 m 厚的砂岩含水层
重庆南桐浦河	711	60～80	大部分基岩直接出露	2.94	28～37	300	102	工作面 492	工作面 200 以下	上距含水长兴灰岩 48 m
河北井陉四矿南关斜井绵河	800	12～20	砂砾层厚 10～15 m，底部有黏土质砂	4 m，分 2 层采	3～8	18～30	4.5～7.5	工作面 216	工作面 30～120	水砂充填后采空区剩余空间高度 0.6～0.8 m
江西乐平乐安江	10 100		大部分基岩出露	2 层煤，累厚 4	15	97	24.3		工作面 0.8～1.2，矿井 10～15	断层多，岩性好，不导水
湖南娄底资水河	7 030	4.8	大部分基岩出露	3 层煤，累厚 4～5	25～30	121	24.2	工作面 27.93	工作面 3～8	河床出露
广西合山南洪水库	最大蓄水量为 2.2×10^6 m^3		水库底有 0～3 m 厚残积亚黏土及碎石	1.84	6～8	89	48.4	工作面 3.04	工作面 1.27～2.4	
安徽淮南淮河	10 800	164	河床底下有约 10 m 厚的泥灰岩	4 层煤，累厚 7.6	45～48	100.3	13.2	工作面 1.01	工作面 0.3～0.7	泥灰岩为隔水层

表 2-2(续)

水体名称	流量/(m^3/s)		河床性质	煤层产状要素				涌水量 $Q/(m^3/h)$		备　注
	最大	一般		煤厚 H/m	倾角 $\alpha/(°)$	采深 H/m	深厚比 (H/M)	最大	一般	
山西潞安漳河西源	80	2	河床底下有约 10 m 厚的砂土和砂砾岩	6.0,分2层综采	8～14	195	32.5	工作面 89.5	工作面 20～40	河水被上游水库拦截,流量变小
河北观台煤矿岳城水库	总的库容量为 1.2×10^9 m^3		库底有约 10 m 厚的砂砾层	4.5	10～20	274	60.9		工作面 10,矿井 100	综采放顶煤
河南米村煤矿宋沟水库	蓄水量为 2.0×10^5～3.0×10^5 m^3		库底有 55 m 厚的第四系砂质黏土隔水层	6.25	8～13	345	55.2		矿井 310	26061 工作面采用综采放顶煤,26071 工作面采用炮采放顶煤
河南新丰煤矿王堂水库	总的库容量为 5.2×10^6 m^3		库底第四系松散层厚 14 m左右,底部有砾石层	5.0	25	344	68.8	矿井 370	矿井 245	第四系黏土层不稳定,库底松散层采动后按透水层考虑
河南芦沟煤矿五星水库	总的库容量为 3.0×10^6 m^3		库底第四系松散层厚 3.19～18.5 m,底部有砾石层	5.66	18	460	81.3	工作面 30	矿井 444～1 168	直接充水含水层距二$_1$煤层顶板 70.9～148.9 m

2.1.3　水体类型

矿区水体主要分为地表水体和地下水体两大类。

2.1.3.1　地表水

地表水赋存在地球水圈中，有江河湖海、水库、灌渠、山谷冲沟、稻田、洪区、沼泽、坑塘以及地面沉陷积水区等。地表水属单一型水体。

2.1.3.2　地下水

赋存在地球岩石圈中，积聚在岩石空隙中的水称为地下水。地下水主要有古近系、新近系、第四系冲积层内的砂层水、砂砾岩水及砂石层水（统称松散层水）；基岩内的砂岩、砾岩、砂砾岩、石灰岩岩溶含水层及老采空区积水（统称基岩水）。从采矿工程角度出发，按埋藏条件可将地下含水层分为松散层内的含水层和基岩内的含水层两种。松散含水层的特点是流速小、流量小。基岩含水层的特点是含水层位于两个隔水层之间并承受静水压力，所以基岩含水层水称为承压水。

一般条件下，地表水体特别是大型地表水体储水量大，补给充分，且常常互相连通，较大的地表水体一旦与矿井采空区沟通，将严重威胁井下生产及人身安全或造成淹井事故。同时，开采疏漏地表及近地表水，会损坏区域生态环境，加剧荒漠化程度。地下水体比地表水体距开采煤层更近一些，且赋存情况不易搞清，其具有随机性、突发性和不可预测性。因此，地下水体对其下方煤层开采的安全威胁更大。

地表水体和地下水体在大多数情况下具有一定的联系，这种具有联系的水体称为复合型水体。根据地表水、松散层水和基岩水三者的联系不同，可将复合型水体分为：

（1）地表水和松散层水结合的水体；

（2）松散层水和基岩水结合的水体；

（3）地表水和基岩水结合的水体；

（4）地表水、松散层水和基岩水结合的水体。

2.1.4　水体下采煤特点

近水体采煤不仅会对矿井安全生产造成威胁，而且会引起水资源的破坏。回采位于水体下方的煤层，称为水体下采煤，包括地表水体、含水砂层水体及基岩水体下采煤。在水体下采煤时，既要防止上覆水体中水和泥砂溃入井下，又要防止因矿井涌水量增大而过多增加矿井排水费用。水体下采煤与建筑物下采煤相比具有自身的特点：

（1）水体下采煤着重研究岩层与地表的破坏规律以及可能造成的水力联系，而不考虑地表移动与变形情况。

（2）水体下采煤不仅要考虑岩层与地表破坏规律，而且要考虑水体的类型以及矿井地质和水文地质情况。

（3）水体下采煤的主要对策是“隔离”或“疏降”两类方案。前者适用于水量大、补给充分的条件；后者适用于水量小、补给有限的条件。因此，在水体下采煤时，要从安全、经济和煤炭采出率高等方面进行比较，确定合理的开采方案。

2.2 开采引起的上覆岩层破坏规律

2.2.1 采动覆岩“三带”划分及特征

在地下煤层被采出前，岩体在地应力场作用下处于相对平衡状态。当部分煤层被采出后，在岩体内部形成一个采空区，其周围岩体应力平衡状态受到破坏，引起应力重新分布，从而使岩体产生移动、变形和破坏，直至达到新的平衡。随着工作面的推进，这一过程不断重复。这是十分复杂的物理、力学变化过程，也是岩层产生移动和破坏的过程，这一过程和现象称为岩层移动。

由于岩层的移动和破坏，采空区周围应力重新分布，形成增压区（支承压力区）和减压区（卸载压力区）。在采空区边界煤柱及其边界上、下方的岩层内形成支承压力区，其最大压力为原岩应力的 3～4 倍。支承压力的作用，使该区煤柱和岩层被压缩，有时被压碎，煤层被挤向采空区。由于增压作用，部分煤柱被压碎，支承载荷的能力减弱，于是支承压力峰值区向煤壁深处转移，在采煤工作面的顶、底板岩层内形成减压区，其应力小于采前的原岩应力。由于减压作用，顶板下部岩层发生弹性恢复变形，上部岩层受下部岩体移向采空区的作用影响，可能会形成离层；而底板岩层在采空区范围内卸压，在煤柱范围内增压，在两种压力作用下，采空区底板可能出现向采空区隆起的现象。

根据工程的需要，在岩层移动和破坏稳定后，按其破坏的程度，可将其大致分为三个不同的开采影响带，即垮落带、裂缝带和弯曲带，如图 2-2 和图 2-3 所示。

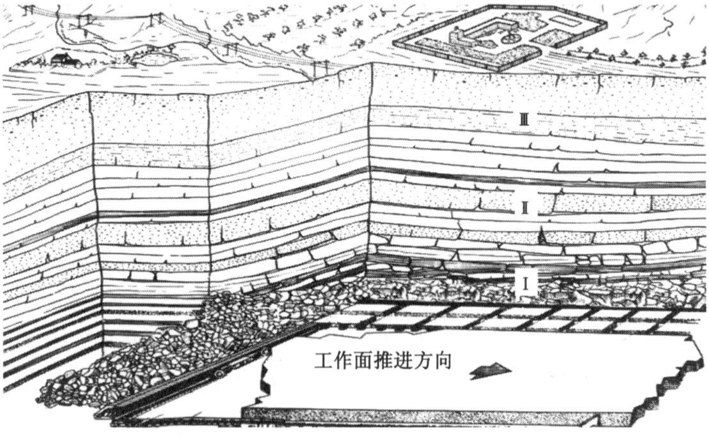

Ⅰ—垮落带；Ⅱ—裂缝带；Ⅲ—弯曲带。

图 2-2 采空区上覆岩层移动分带示意

2.2.1.1 垮落带

垮落带是指由采煤引起的上覆岩层破裂并向采空区垮落的岩层范围。随着煤层的开采，其直接顶在自重作用下发生法向弯曲，当岩层内部的拉应力超过岩石的抗拉强度时，便断裂、破碎成块而垮落，垮落岩块大小不一，无规则地堆积在采空区内。根据垮落岩块的破坏和堆积状况，可将垮落带分为不规则垮落带和规则垮落带两部分。在不规则垮落带内，岩

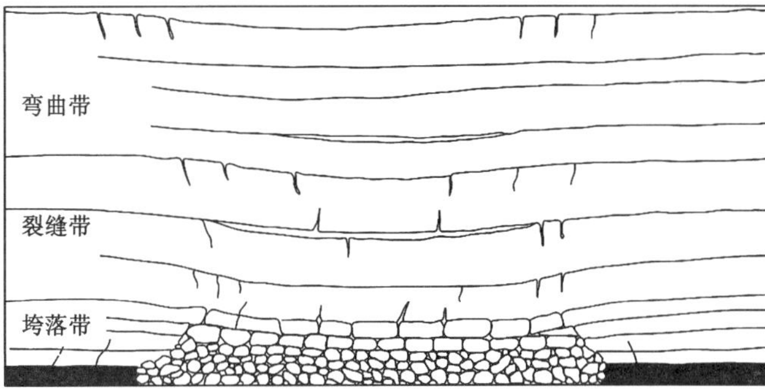

图 2-3　覆岩破坏“三带”示意

层完全失去原有的层位，在靠近煤层附近，岩石破碎、堆积紊乱。在规则垮落带内，岩层基本保持原有层次。规则垮落带位于不规则垮落带之上。

垮落带内岩层破坏特征：

(1) 在垮落带内，从煤层往上岩层破碎程度逐步减小。

(2) 垮落岩块间空隙较大，连通性好，有利于水、砂、泥土通过。

(3) 垮落岩石具有的碎胀性能使垮落自行停止。垮落岩石的碎胀性是指垮落岩石体积大于垮落前原岩体积的现象，常用岩石碎胀系数来表示。岩石碎胀系数是指从岩体中采掘或崩落下来的岩石，其整个体积与它在原岩体内的体积之比。岩石碎胀系数取决于岩石性质，坚硬岩石碎胀系数较大，软岩碎胀系数较小。碎胀系数恒大于 1，一般在 1.1～1.5 之间。

(4) 垮落带高度主要取决于采厚和上覆岩层碎胀系数，通常为采厚的 3～5 倍。薄煤层开采时垮落带高度较小，一般为采厚的 1.7 倍左右。顶板岩石坚硬时，垮落带高度为采厚的 5～6 倍；顶板岩石软弱时，垮落带高度为采厚的 2～4 倍。

(5) 垮落岩石间的空隙随着时间的延长和工作面推进距离的增加，在上覆岩层压力作用下，在一定程度上可得到压实。一般情况下，稳定时间越长，垮落岩石压实性越好，但永远不会恢复到原岩状态。

2.2.1.2　裂缝带

裂缝带是指在采空区上覆岩层中产生裂缝、离层及断裂，但仍保持层状结构的那部分岩层。裂缝带位于垮落带和弯曲带之间。根据垂直层理面裂缝的大小及连通性好坏，可将裂缝带内的岩层分为严重断裂、一般断裂和微小断裂三部分。严重断裂部分的岩层大多断开，但仍保持其原有层次，裂缝漏水严重。一般断裂部分的岩层很少断开，漏水程度一般。微小断裂部分的岩层裂缝不断开，连通性较差。

裂缝带内岩层产生较大的弯曲、变形和破坏，其破坏特征为：

(1) 裂缝带内的岩层不仅产生垂直于层理面的裂缝或断裂，而且还产生顺层理面的离层裂缝。

(2) 根据连通性的好坏，裂缝带一般导水，但不利于砂、泥土通过。

(3) 垮落带和裂缝带合称为“两带”，在研究和解决水体下采煤问题时，垮落带和裂缝带合称为导水裂缝带。两带之间没有明显的分界线，均属于破坏性影响区，一般情况下，上覆岩层离采空区越远，破坏程度越小。当采深较小、采厚较大、用全部垮落法管理顶板时，裂缝带可发展到地表，甚至垮落带达到地表。这时地表和采空区连通，地表呈现塌陷或崩落。

(4) 裂缝带高度与覆岩岩性有关。软弱岩石条件下,裂缝带高度为采厚的 9～12 倍;中硬岩石条件下为采厚的 12～18 倍;坚硬岩石条件下为采厚的 18～28 倍。准确地确定裂缝带高度,对水体下采煤至关重要。

(5) 裂缝带高度随着工作面推进距离的增加而增大,当采空区扩大到一定范围时,裂缝带高度达最大。此时,采空区继续扩大,裂缝带高度基本上不再增大;且随着时间的推移,当岩层移动趋于稳定时,裂缝带上部裂缝逐渐闭合,裂缝带高度随之降低。

2.2.1.3 弯曲带

弯曲带是指裂缝带之上直至地表的整个岩系。其岩层移动和破坏特征为:

(1) 弯曲带内岩层在自重作用下产生层面法向弯曲,在水平方向上处于双向受压状态,压实程度比较好。

(2) 弯曲带内岩层移动过程连续而有规律,并保持整体性和层状结构,不存在或极少存在离层裂缝。在竖直面内,各部分的移动值相差很小。

(3) 弯曲带一般情况下具有隔水性,特别是当其岩层岩性较软时,隔水性能更好,成为水体下采煤时的良好保护层。

(4) 弯曲带高度主要受采深的影响。当采深较小时,裂缝带直达地表,不存在弯曲带;当采深较大时,弯曲带高度可大大超过垮落带和裂缝带的高度之和,开采形成的裂缝带不会达到地表。

"三带"在水平或缓倾斜煤层开采时表现比较明显,由于地质采矿条件的不同,覆岩中的"三带"不一定同时存在。如我国西部矿区深厚比较小时,上覆岩层只产生垮落带、裂缝带,形成"两带"破坏模式,见图 2-4。

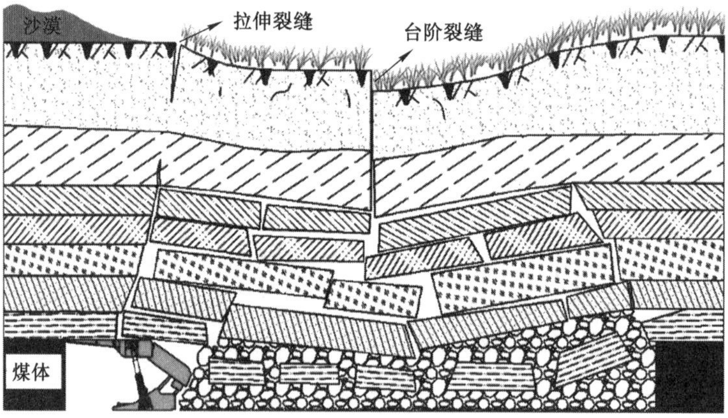

图 2-4　覆岩"两带"破坏模式

地下开采后岩层和土层的隔水性可能受到影响。当隔水层位于垮落带内时,其隔水性将会完全被破坏;当隔水层位于裂缝带内时,其隔水性也被破坏,破坏的程度由裂缝带的下部向上部逐渐减弱;当隔水层位于弯曲带下部时,其隔水性可能受到微小影响;当隔水层位于弯曲带中部或上部时,其隔水性不受采动影响。

采矿活动对上覆水体的影响有两方面:一是上覆岩层的移动和破坏,形成充水通道,使水体中的水渗透和溃入井下,影响矿井的安全生产;二是地表的移动、变形与破坏,使地表水体的附属建筑物受到影响，如堤坝下沉量很大或断裂时，河湖中的水就会出槽漫流。水体下采煤的重点之一，是要分析开采后覆岩垮落带和导水裂缝带对水体的影响。这种影响因开采地质条件的不同而不同。

2.2.2 影响覆岩破坏规律的因素

近水体采煤时覆岩破坏规律是指导水裂缝带的分布形态和最大高度。影响覆岩破坏规律的因素如下。

2.2.2.1 覆岩力学性质及结构的影响

覆岩破坏与覆岩力学性质密切相关。在相同的采煤条件下，覆岩强度是决定覆岩破坏的主要因素。因此，在研究覆岩力学性质对覆岩破坏高度的影响时，主要研究覆岩强度对覆岩破坏高度的影响。

上覆岩层若为坚硬岩层，则在采动影响下易产生断裂，岩体破坏高度大。而上覆岩层若为软弱岩层，则在采动影响下易产生变形但不容易断裂，岩体破坏高度小。因此，从岩体破坏的高度来看，上覆岩层软弱时岩体的破坏高度比上覆岩层坚硬时的小，对水体下采煤有利。

煤矿岩层大多为沉积岩，具有分层特性，各层岩体的性质不同，有时存在较大的差异。在水体下采煤时，按坚固性系数 f 不同，将覆岩分为三类：① 坚硬型（f 为 4～8）；② 中硬型（f 为 2～4）；③ 软弱型（f 为 1～2）。按直接顶和基本顶岩层的组合不同，将覆岩结构特征分为四种类型：① 坚硬-坚硬型；② 软弱-软弱型；③ 软弱-坚硬型；④ 坚硬-软弱型。下面分别讨论其对覆岩破坏的影响。

(1) 坚硬-坚硬型

该类型覆岩结构，从直接顶到基本顶全部为坚硬岩层，岩层不易弯曲下沉。开采空间几乎全靠垮落岩层的碎胀来充填，垮落过程发展最充分，岩层破裂后不易密合和恢复原有的隔水能力，导水裂缝带高度最大，一般可达采厚的 18～28 倍，碎胀系数小时可达 30～35 倍，甚至更大。

(2) 软弱-软弱型

该类型覆岩结构，从直接顶到基本顶均为软弱岩层，岩层塑性大，易弯曲下沉。在垮落发生、发展过程中，覆岩的下沉量较大，开采空间和垮落岩层本身的空间由于覆岩下沉而不断缩小。因此，垮落过程得不到充分发展，岩层破裂后易于密合和恢复隔水能力，导水裂缝带高度较小，为采厚的 9～12 倍。

(3) 软弱-坚硬型

该类型覆岩结构，直接顶为软弱岩层，基本顶为坚硬岩层。此种情况下，直接顶随采随垮，但基本顶的下沉速度、下沉量均较小，开采空间和垮落岩层本身的空间几乎全靠垮落的碎胀岩块充填。因此，垮落过程发展比较充分，导水裂缝带一般能达到基本顶的底面。

(4) 坚硬-软弱型

该类型覆岩结构，直接顶为坚硬岩层，基本顶为软弱岩层。在这种情况下，直接顶发生垮落后，基本顶随即下沉，可减小开采空间和垮落岩层本身空间。因此，垮落过程得不到充分发展，导水裂缝带高度比较小。

软弱-坚硬型和坚硬-软弱型覆岩，哪一种更有利于水体下采煤，要看软弱岩层所占的比例，软弱岩层所占比例越大越有利。

2.2.2.2　采煤方法和顶板管理方法的影响

采煤方法和顶板管理方法对覆岩破坏的影响主要表现在开采空间大小，岩体垮落、断裂的充分程度以及垮落岩体的运动形式等方面。

对于缓倾斜煤层，不论采用什么采煤方法，垮落岩体不会再次运动，覆岩破坏具有一定的规律性，对水体下采煤是有利的。对于急倾斜煤层，当采用的采煤方法不同时，岩体运动形式存在差异。

采用全部垮落法管理顶板时，覆岩破坏最充分，导水裂缝带高度最大，对水体下采煤最不利。采用充填法管理顶板时，覆岩破坏的充分程度与充填的密实度有关，充填得越密实，覆岩破坏高度越小，对水体下采煤越有利。水砂充填覆岩的破坏高度小于风力充填覆岩的破坏高度。采用留煤柱法（条带开采、房柱式开采、刀柱式开采）管理顶板时，覆岩破坏高度小于全部垮落法管理顶板时的；视采出率和采出空间的不同，覆岩破坏高度可能大于充填开采时的，也可能小于充填开采时的。

2.2.2.3　煤层倾角的影响

煤层倾角对覆岩破坏的影响主要表现在破坏形态上的不同。开采缓倾斜煤层（煤层倾角 α 为 0°～35°）时，垮落岩体不产生再次移动，就地堆积、压实，但由于工作面边界存在悬顶现象，垮落带、导水裂缝带呈中间低两端高的马鞍形[见图 2-5(a)]。开采中倾斜煤层（煤层倾角 α 为 36°～54°）时，垮落岩体在自重作用下向采空区下边界滑动，使下边界岩体垮落不充分，上边界岩体垮落超限，从而在倾斜方向上使垮落带、导水裂缝带呈抛物线形分布[见图 2-5(b)]。（本书对煤层倾角的划分，采用《建筑物、水体、铁路及主要井巷煤柱留设与压煤开采规范》中的方法）

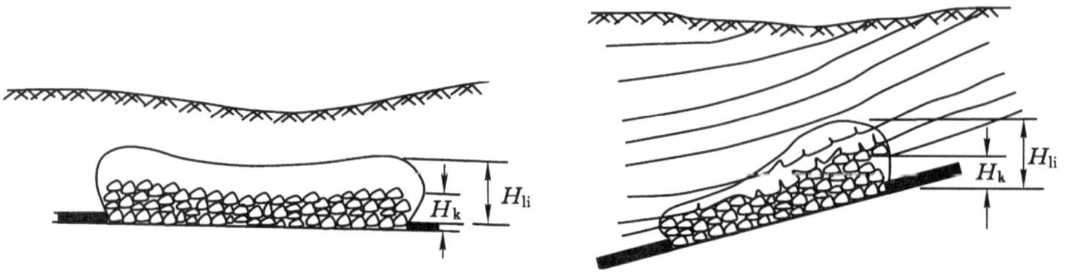

(a) 煤层倾角 α 为 0°～35°（缓倾斜煤层）　(b) 煤层倾角 α 为 36°～54°（中倾斜煤层）

H_k—垮落带的最大高度；H_{li}—导水裂缝带的最大高度。

图 2-5　不同倾角煤层开采覆岩破坏形态

2.2.2.4　采厚和采空区面积的影响

采厚和采空区面积是决定覆岩破坏范围的主要因素。现场实测表明：初次开采时，垮落带、导水裂缝带高度与采厚近似呈直线关系。分层重复开采时，垮落带、导水裂缝带高度与累计采厚近似呈分式函数关系。采厚等量地增加，垮落带、导水裂缝带高度增加的幅度却越来越小。在急倾斜煤层开采条件下，采厚越大，采空区上边界发生抽冒的可能性越大，垮落、破裂范围就越大。

采空区面积决定覆岩破坏充分程度。从覆岩破坏的角度来说，覆岩破坏达最大高度时的开采面积比地表达充分采动时的开采面积要小得多。一般来说，在中硬顶板条件下，工作面走向推进距离达 5～30 m 时，垮落带高度发展到最大；工作面走向推进距离达 20～90 m

时，导水裂缝带高度达最大。在分层开采条件下，垮落带、导水裂缝带达最大高度的开采面积要小一些。垮落带、导水裂缝带高度达最大后，就不再随采空区走向长度的增加而增大。

2.2.2.5　时间的影响

时间的长短决定覆岩破坏和重新压密的程度。导水裂缝带高度在发展到最大以前，随时间的延长而增大。对于中硬覆岩，一般在采煤工作面回柱放顶后 1～2 个月内，导水裂缝带高度达最大。在发展到最大高度后，由于破裂岩体在上覆岩层重力作用下重新压实，裂缝闭合，导水裂缝带高度随时间的延长而减小。导水裂缝带高度降低的幅度与岩性有关，一般情况为：覆岩坚硬，降低的幅度小；覆岩软弱，降低的幅度大。我国现场实测表明：对于坚硬覆岩，导水裂缝带高度稳定的时间（即回采结束起至观测时止）最少为 0.5～1.0 个月，最多为 96～240 个月。在软弱覆岩开采条件下，对开采单一煤层和厚煤层第一分层时现场导水裂缝带观测结果的分析表明，导水裂缝带最大高度稳定的时间最短为 0.73 个月，一般为6～9 个月，最长的为 12～17 个月。分析我国部分煤矿在软弱覆岩条件下同一地区、不同时间的钻孔观测结果得出，导水裂缝带高度降低速度大约为 0.4 m/月。当覆岩中硬时，导水裂缝带高度与时间过程没有十分明显的关系，随着时间的增加有的出现降低现象，有的则不出现降低现象。

时间过程除了对覆岩破坏高度的升高和降低起一定的作用外，还表现在能够减小破坏带内岩层的渗透性或恢复其原有的隔水性。这种作用在软弱覆岩条件下表现得最为明显。

2.2.2.6　重复采动的影响

初次开采使岩体产生破裂，岩体的性质发生变化；重复采动时，覆岩破裂的高度与累计采厚不成正比例关系。实测表明，逐次重复采动时覆岩破坏高度增长率分别为 1/6、1/12、1/20、1/30。可见，当重复采动次数达到一定值后，继续开采对覆岩破坏高度的影响很小。因此，开采厚煤层时，多分几层开采比少分几层开采有利。

2.2.3　覆岩破坏高度计算

覆岩破坏高度预测是水体下采煤的关键，但由于采动覆岩破坏规律的复杂性，目前常采用经验方法进行计算。下面对垮落带高度和导水裂缝带高度的计算方法进行介绍。

2.2.3.1　开采缓倾斜（0°～35°）、中倾斜（36°～54°）煤层时垮落带高度的计算

垮落带高度主要与采动破裂岩体的碎胀性、覆岩的移动量以及采动次数有关。

(1) 如果煤层顶板覆岩内有极坚硬岩层，采后能形成悬顶，则其下方的垮落带高度可采用式(2-1)计算：

$$H_{k}=\frac{M}{(k-1)\cos\alpha} \tag{2-1}$$

式中　H_k——垮落带高度，m；

M——煤层采厚，m；

k——垮落岩石的碎胀系数，一般为 1.3～1.5；

α——煤层倾角(°)。

(2) 当煤层顶板覆岩为坚硬、中硬、软弱、极软弱岩层或其互层时，开采单一煤层的垮落带高度采用式(2-2)计算：

$$H_{k}=\frac{M-W}{(k-1)\cos\alpha} \tag{2-2}$$

式中 H_k——垮落带高度，m；

W——垮落过程中顶板的下沉量，m。

(3) 当煤层顶板覆岩为坚硬、中硬、软弱、极软弱岩层或其互层时，厚煤层分层开采垮落带高度可采用表 2-3 中的公式计算。

表 2-3 厚煤层分层开采的垮落带高度计算公式

覆岩岩性(单轴抗压强度及主要岩石名称)/MPa	计算公式/m
坚硬(40～80，石英砂岩、石灰岩、砂质页岩、砾岩)	$H_k=\dfrac{100\sum M}{2.1\sum M+16}\pm 2.5$
中硬(20～40，砾岩、泥质灰岩、砂质页岩、页岩)	$H_k=\dfrac{100\sum M}{4.7\sum M+19}\pm 2.2$
软弱(10～20，泥岩、泥质砂岩)	$H_k=\dfrac{100\sum M}{6.2\sum M+32}\pm 1.5$
极软弱(<10，铝土岩、风化泥岩、黏土、砂质黏土)	$H_k=\dfrac{100\sum M}{7.0\sum M+16}\pm 1.2$

注：$\sum M$—累计采厚；公式应用范围：单层采厚 1～3 m，累计采厚不超过 15 m；计算公式中±号项为中误差。

(4) 当煤层顶板覆岩为坚硬、中硬、软弱岩层或其互层时，厚煤层放顶煤开采垮落带高度可采用表 2-4 中的公式计算。

表 2-4 厚煤层放顶煤开采的垮落带高度计算公式

覆岩岩性	计算公式	覆岩岩性	计算公式
坚硬	$H_k=7M+5$	软弱	$H_k=5M+5$
中硬	$H_k=6M+5$		

注：M—采厚；公式应用范围：单层采厚 3～10 m。

2.2.3.2 开采缓倾斜(0°～35°)、中倾斜(36°～54°)煤层时导水裂缝带高度计算

(1) 当煤层顶板覆岩为坚硬、中硬、软弱、极软弱岩层或其互层时，厚煤层分层开采导水裂缝带高度可采用表 2-5 中的公式计算。

表 2-5 厚煤层分层开采的导水裂缝带高度计算公式

覆岩岩性	计算公式之一/m	计算公式之二/m
坚硬	$H_{li}=\dfrac{100\sum M}{1.2\sum M+2.0}\pm 8.9$	$H_{li}=30\sqrt{\sum M}+10$
中硬	$H_{li}=\dfrac{100\sum M}{1.6\sum M+3.6}\pm 5.6$	$H_{li}=20\sqrt{\sum M}+10$
软弱	$H_{li}=\dfrac{100\sum M}{3.1\sum M+5.0}\pm 4.0$	$H_{li}=10\sqrt{\sum M}+5$
极软弱	$H_{li}=\dfrac{100\sum M}{5.0\sum M+8.0}\pm 3.0$	

注：$\sum M$—累计采厚；公式应用范围：单层采厚 1～3 m，累计采厚不超过 15 m；计算公式中±号项为中误差。

(2) 当煤层顶板覆岩为坚硬、中硬、软弱岩层或其互层时，厚煤层放顶煤开采导水裂缝带高度可采用表 2-6 中的公式计算。

表 2-6　厚煤层放顶煤开采的导水裂缝带高度计算公式

覆岩岩性	计算公式之一/m	计算公式之二/m
坚硬	$H_{li}=\dfrac{100M}{0.15M+3.12}\pm 11.18$	$H_{li}=30M+10$
中硬	$H_{li}=\dfrac{100M}{0.23M+6.10}\pm 10.42$	$H_{li}=20M+10$
软弱	$H_{li}=\dfrac{100M}{0.31M+8.81}\pm 8.21$	$H_{li}=10M+10$

注：M 为采厚，m；公式应用范围：采厚 3～10 m。

2.2.3.3　开采急倾斜(55°～90°)煤层时垮落带和导水裂缝带高度的计算

可采用表 2-7 中的公式计算。

表 2-7　急倾斜煤层垮落带、导水裂缝带高度计算公式

覆岩岩性	导水裂缝带高度/m	垮落带高度/m
坚硬	$H_{li}=\dfrac{100Mh}{4.1h+133}\pm 8.4$	$H_k=(0.4\sim 0.5)H_{li}$
中硬、软弱	$H_{li}=\dfrac{100Mh}{7.5h+293}\pm 7.3$	$H_k=(0.4\sim 0.5)H_{li}$

2.2.3.4　开采近距离煤层群时垮落带和导水裂缝带高度的计算

在开采近距离煤层群时，其垮落带、导水裂缝带高度的计算较为复杂，需要考虑上、下煤层开采的相互影响，即

(1) 当上、下两煤层的垂距 h 大于回采下层煤层引起的垮落带最大高度 H_k 时，下层煤层垮落带对上层煤层开采的影响很小，可按上下煤层开采各自的导水裂缝带高度，取其中标高最高者作为两煤层的导水裂缝带高度；垮落带高度取上层煤层的垮落带高度[见图 2-6(a)]。

(2) 当下层煤层的垮落带接触到或完全进入上层煤层时，上层煤层的导水裂缝带高度按本层的厚度计算，下层煤层的导水裂缝带最大高度则采用上、下煤层的综合采厚计算，取其中标高最大者作为两煤层的导水裂缝带高度[见图 2-6(b)]。

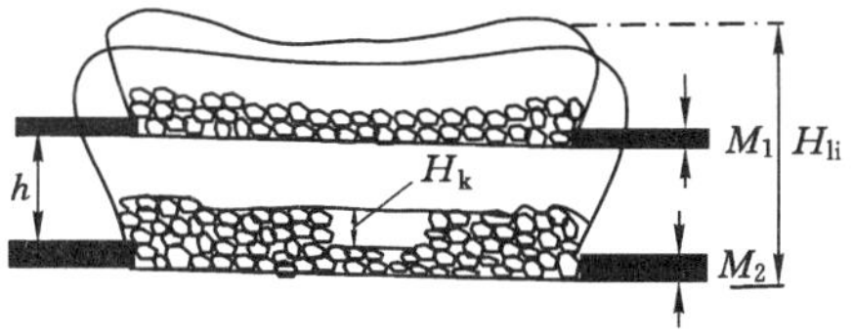

(a)

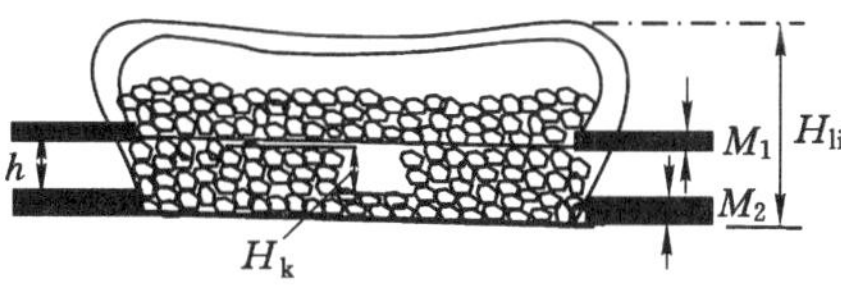

(b)

图 2-6　开采近距离煤层群时导水裂缝带和垮落带高度计算示意

上、下两煤层的综合采厚按式(2-3)计算：

$$M_{综1\text{-}2} = M_2 + (M_1 - \frac{h_{1\text{-}2}}{y_2}) \tag{2-3}$$

式中　M_1，M_2——上、下煤层的厚度，m；

$h_{1\text{-}2}$——上、下煤层的间距，m；

y_2——下层煤层的垮落带高度与采厚之比。

（3）当上、下煤层层间距很小时，综合采厚取两煤层厚度之和。

2.2.4　覆岩破坏充分采动与判据

覆岩破坏充分采动定义为某一工作面开采引起的覆岩破坏高度达到该采矿地质条件下的最大值，且随开采尺寸的增加覆岩破坏高度不再增加的阶段。因此，覆岩破坏充分采动的特征为：

（1）裂缝带与弯曲带之间的离层高度趋于零；

（2）覆岩破坏高度达最大值；

（3）覆岩破坏高度随着开采尺寸的增加不再增加。

相关文献提出了以工作面临界尺寸（临界推进距离）判断覆岩破坏是否达到充分采动，其计算公式为：

$$L = \sqrt[4]{\frac{384E_jI_j\left[M - \sum_{i=1}^{j-1} h_i(k_i - 1)\right]}{5q}} + \sum_{i=1}^{j-1} h_i \cot \varphi_1 + \sum_{i=1}^{j-1} h_i \cot \varphi_2 \tag{2-4}$$

式中　E_j——第 j 层岩层的弹性模量；

I_j——第 j 层岩层的截面矩；

M——采厚，m；

h_i——第 i 层岩层的厚度，m；

k_i——第 i 层岩层的残余碎胀系数；

φ_1，φ_2——分别为覆岩的前方和后方断裂角；

q——岩层自身载荷集度。

当工作面开采尺寸大于工作面临界尺寸时，覆岩破坏充分采动，覆岩破坏高度达该地质采矿条件下的最大值；当工作面开采尺寸小于其临界尺寸时，覆岩破坏非充分采动，覆岩破坏高度未达该地质采矿条件下最大值，覆岩破坏高度随着工作面开采尺寸的增加而增大。

根据式（2-4），影响覆岩破坏充分采动的因素主要有工作面开采尺寸、采厚、采深、覆岩岩性。为进一步分析覆岩破坏达到充分采动的判据，将覆岩破坏断面积简化为梯形的面积（与工作面推进距离、覆岩破断角及覆岩破坏高度有关），将采空区面积简化为矩形的面积（与工作面推进距离和采厚有关），如图 2-7 所示。

根据图 2-7 可知，当工作面推进至临界推进距离（L）时，基于空间守恒原理，采空区的面积（S_G）、上覆岩层破坏碎胀后的面积（S_O）、地表下沉面积（S_S）的关系如下：

$$S_G + S_O = S_O k + S_S \tag{2-5}$$

式中　k——覆岩破坏后的碎胀系数。

此时，覆岩破坏高度达最大值，得到覆岩破坏充分采动时覆岩破坏高度（H_{max}）理论计算公式[式（2-6）]：

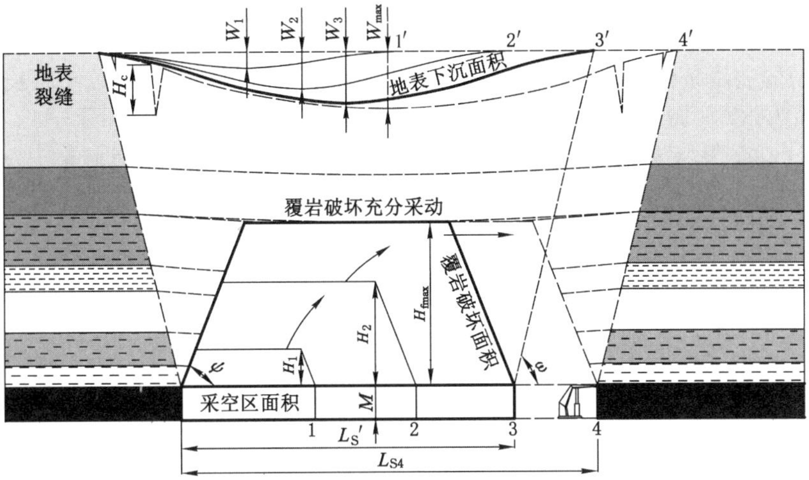

图 2-7　覆岩破坏充分采动示意

$$H_{max}=\frac{L\tan\psi}{2}\left\{1-\sqrt{\left[1-\frac{4(ML-S_S)}{(K-1)L^2\tan\psi}\right]}\right\} \tag{2-6}$$

$$\begin{cases} S_S=\int_{-r}^{L_S+r}[W(x)-W(x-L)]\mathrm{d}x \\ W(x)=\frac{W_{max}}{2}\left[\frac{2}{\sqrt{\pi}}\int_0^{\frac{\sqrt{\pi}}{r}x}\mathrm{e}^{-u^2}\mathrm{d}u+1\right] \end{cases} \tag{2-7}$$

式中　ψ——覆岩破断角均值,(°);

L_S——工作面推进距离,m;

r——主要影响半径,为采深(H)与主要影响角正切($\tan\beta$)的比值,m;

$W(x)$——走向主断面内的半无限开采地表下沉值。

另外,通过数值模拟研究不同因素对覆岩破坏充分采动的影响,结果表明:覆岩破坏充分采动时临界推进距离(L)与工作面倾向长度(L_D)、深厚比(H/M)成反比。综合分析得到工作面倾向长度与深厚比的乘积对覆岩破坏充分采动时推进距离的影响曲线(见图 2-8),得出了高强度开采工作面覆岩破坏充分采动的判定公式:

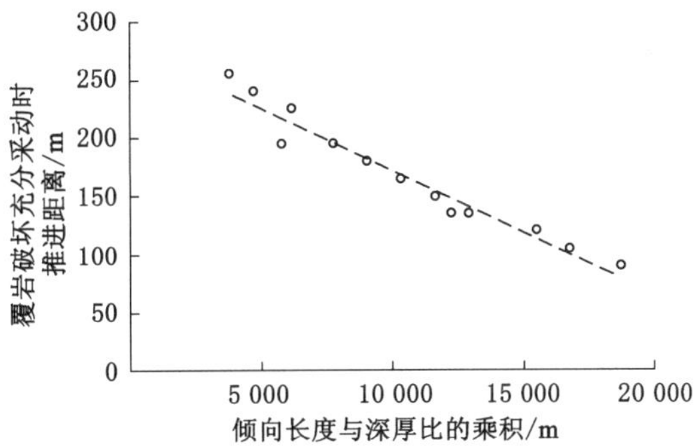

图 2-8　倾向长度与深厚比的乘积与覆岩破坏充分采动时推进距离的关系

$$L = -0.0107 L_D \frac{H}{M} + 279.3 \quad (R^2 = 0.955) \tag{2-8}$$

式(2-8)的适用条件为:覆岩岩性中硬,采厚为 3.5～15.5 m,工作面倾向长度为 180～300 m,采深为 180～580 m。

根据式(2-8),将工作面推进距离缩短至小于临界推进距离时可控制覆岩破坏高度,这为现场实测覆岩破坏高度、水体下安全采煤等提供了理论依据。

2.3 覆岩破坏高度现场观测和室内模拟

2.3.1 现场观测

在煤矿采空区上方可通过钻孔观测等试验方法准确得出覆岩破坏高度,通过观测钻进过程中钻孔冲洗液的漏失量及钻孔水位变化,以及利用钻孔彩色电视系统能够确定覆岩导水裂缝带高度,具体包括常规观测项目及仪器、观测钻孔设计与施工、观测方法、钻孔测量段要求、测量方法、冲洗液要求和数据处理方法等。覆岩破坏高度钻孔观测方法分为地面钻孔观测法和井下钻孔观测法两种。

2.3.1.1 地面钻孔观测法及其应用

(1) 观测项目及仪器

用钻孔冲洗液漏失量和钻孔彩色电视系统观测方法测定覆岩导水裂缝带高度的常规观测项目及相关的观测仪器见表 2-8。

表 2-8 观测项目及仪器

观测项目	观测内容	观测仪器及工具	观测精度
冲洗液漏失量	水源箱内原有水量、钻进过程中加入水量、水源箱内剩余水量、观测时间、钻进的进尺数、孔深	浮标尺、秒表、测尺、钻杆	孔深误差<0.15%,浮标尺读数误差<5 mm,进尺读数误差<10 mm,水位误差<100 mm
孔内水位	每次下钻前孔内水位、每次起钻后孔内水位、停钻期间孔内水位、观测时间	测钟、测绳、秒表、电测深仪	
冲洗液循环中断	冲洗液不能返回水源箱时的钻孔深度、时间。如果采用注水使冲洗液循环正常,则应记录注入水量	钻杆、测尺、秒表	
异常现象	向钻孔内吸风或瓦斯涌出、掉钻、卡钻、钻具振动及相应的孔深	钻具、测尺	
岩心鉴定	全岩取心、岩层层位、岩性、倾角、破碎状态、风化情况描述		
裂隙分布	钻孔内岩层岩性、水位、裂隙宽度和长度、破碎状况	钻孔彩色电视系统	

(2) 地面观测钻孔设计及施工

① 钻孔设计

包括孔位、孔数及孔径三方面的内容。

a. 孔位

缓倾斜煤层孔位：竖直钻孔均布置在采空区上方，要求钻孔所在采空区范围沿走向和倾向的长度均大于 50 m；采厚变化不大；钻孔距采煤工作面的始采线应大于 30 m，距终采线大于 15 m，并在回风巷和运输巷以内。俯斜钻孔参照竖直钻孔要求布置。缓倾斜煤层观测钻孔的孔位示意见图 2-9。

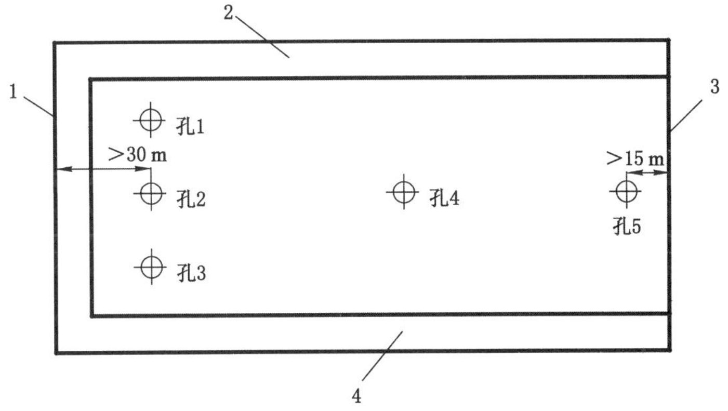

1—始采线；2—回风巷；3—终采线；4—运输巷。

图 2-9　缓倾斜煤层观测钻孔布置示意

b. 孔数

观测导水裂缝带最大高度及岩层破坏特征时，观测钻孔数至少为 2 个，见图 2-9 中孔 1 和孔 3；观测导水裂缝带高度及岩层破坏特征在工作面倾斜方向上的分布形态时，其观测钻孔不得少于 3 个，见图 2-9 中孔 1、孔 2 和孔 3；观测导水裂缝带高度及岩层破坏特征在工作面走向和倾斜方向的分布形态时，观测钻孔不得少于 5 个。必要时，应在采前布置对比钻孔 1～2 个。

c. 孔径

地面钻孔进入基岩观测段的孔径不得小于 91 mm。井下钻孔孔径不得小于 60 mm。

② 钻孔施工

根据覆岩的软硬程度，钻孔施工应滞后回采时间 1～2 个月。覆岩偏软时，则滞后时间偏短。整个钻孔施工过程如下。

a. 钻孔非观测段下套管止水

在钻孔穿过松散层或其他上部岩层到达基岩预计的止水段后，要对观测段以上的钻孔下套管止水。止水段要求在基岩稳定的隔水层中，而且视基岩风化带的厚度而定，高度不小于 5 m。

下套管止水后应做止水检查，检查分两步。第一步在扫孔前，洗孔至清水，观测并记录孔内水位变化，主要检查套管连接处的漏水情况；第二步扫孔，扫孔超过套管底口以下的深度不小于 200 mm，然后对止水效果进行检查。两次止水检查管内水位变化之差经过8 h不大于 40 mm 为止水合格。

b. 钻孔观测段钻进

在基岩观测段内钻进应用清水做冲洗液，每个回次的钻进长度不得超过 4 m，在裂缝带不得超过 2 m。在观测段钻进时，在未进入预计的导水裂缝带之前如遇原生裂缝带或含水带等地质异常引起钻孔冲洗液漏失量明显变化情况，则应采取堵漏措施，然后方可继续钻进。

c. 终孔

当孔底到达观测区所采煤层底板时，或孔底进入垮落带，并已知煤层底板标高时方可终孔。

d. 终孔电视观测

终孔结束，提钻后如孔内无水位，则直接进行终孔彩色电视系统观测；如孔内有水位，则先洗孔至水清，然后进行彩色电视系统观测

e. 封孔

全孔钻进完毕且观测、测井工作结束后，起拔套管后应对钻孔进行封闭，垮落带顶点以上孔段全部用水泥封堵。

(3) 地面钻孔观测方法

① 冲洗液漏失量观测

a. 观测系统

观测系统见图 2-10。要求水源箱、循环槽、沉淀池不得漏水，水源箱和沉淀池均为尺寸不小于 1 m×1 m×1 m 的正方体，水源箱内安设浮标式水位测尺。

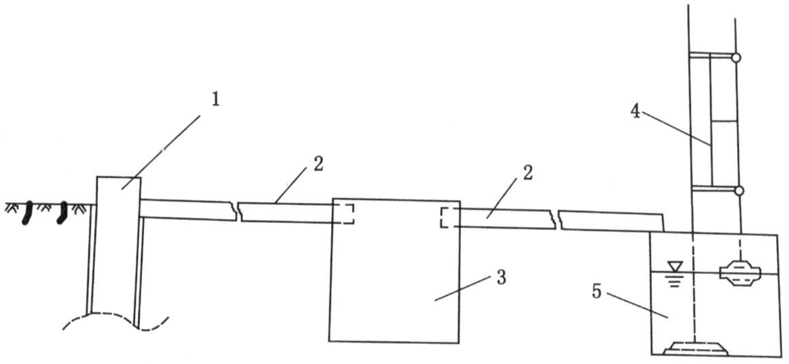

1—钻孔；2—循环槽；3—沉淀池；4—浮标式水位测尺；5—水源箱。

图 2-10　冲洗液漏失量观测系统示意

b. 观测方法

开钻后，当冲洗液形成循环时，测定一次水源箱的水位，并记录开钻时间、钻孔深度，每钻进 0.5 m 再测定和记录一次。当漏失量变化大时，可缩短为每 0.3 m 测定和记录一次。完成一个回次以后，再测定和记录一次，并用钢尺测出该回次的实际进尺，测定结果填入表 2-9中。

表 2-9　钻孔冲洗液漏失量观测记录表

钻孔号：　　　　观测日期：　　　　观测人员：　　　　记录人员：

孔深/m	进尺/m	钻进时间			水源箱水位/cm			冲洗液漏失量		备注
		开始	结束	用时	钻前	钻后	下降	单位时间漏失量/(L/s)	单位时间单位进尺漏失量/[L/(s·m)]	

注："孔深"栏记录开钻时的孔深。

② 孔内水位观测

在观测段钻进时，每次起钻后和开钻前均测定孔内水位。当停钻时间较长时，应每隔5～10 min观测一次水位。观测数据填入表2-10中。

表 2-10　钻孔水位观测记录表

钻孔号：　　　　观测日期：　　　　观测人员：　　　　记录人员：

孔深/m	进尺/m	观测时间			水位/m			水位下降速度/(m/min)	备注
		下钻前	下钻后	用时	下钻前	下钻后	升降		

③ 钻孔冲洗液循环中断状况观测

当冲洗液循环中断时，及时记录孔深和时间，并填入表2-9中；当冲洗液恢复循环时，同样记录孔深和时间。

④ 异常现象观测

当钻进到裂缝带时，每次起钻后，如有向钻孔内吸风或瓦斯涌出等现象，则应记录当时的孔深，并将异常现象填入表2-11中。

⑤ 岩心鉴定

观测段的取心率要求不低于75%，并要求准确判断岩层的层位、岩性、倾角及描述岩心的破碎状况，并填入表2-11中。

⑥ 注水试验

当钻孔内冲洗液循环中断时，应将钻具提出孔外，然后用泵直接向钻孔内注入清水，再通过水源箱测定水量的漏失情况，并将观测数据填入表2-9中。试验时要求注入量大于漏失量。

⑦ 钻孔彩色电视系统观测

钻孔要求：钻孔彩色电视系统观测要求在孔内无水或清水条件下进行。

观测内容：包括钻孔内水位以及钻孔内壁岩层岩性、裂隙长度、裂隙宽度等参数。

表 2-11　观测资料处理结果汇总表

钻孔号：　　　　　　观测日期：　　　　　　　观测人员：　　　　　记录人员：

层位	孔深/m	钻孔柱状	岩心长度/m	岩心描述、鉴定	异常现象	冲洗液漏失量与孔深关系曲线			水位与孔深关系曲线	
						冲洗液漏失量 0　10　20　30　40　50 L/s			孔内水位 0　100　200　300 m	

注："冲洗液漏失量"和"孔内水位"栏中的横线刻度要根据各钻孔实际量值标注。

(4) 地面钻孔观测数据处理

① 冲洗液漏失量计算

a. 单位时间漏失量按式(2-9)计算：

$$Q_t = \frac{Q_1 + Q_2 - Q_3}{t} \tag{2-9}$$

式中　Q_t——单位时间漏失量，L/s；

Q_1——水源箱内原有水量，L；

Q_2——钻进过程中加入水量，L；

Q_3——水源箱内剩余水量，L；

t——时间，s。

b. 单位时间单位进尺漏失量按式(2-10)计算：

$$Q_{tm} = \frac{Q_t}{h} \tag{2-10}$$

式中　Q_{tm}——单位时间单位进尺漏失量，L/(s·m)；

h——进尺，m。

以上计算均按每个回次单独进行，将计算结果填入表 2-9 中，并将冲洗液漏失量与孔深关系曲线绘入表 2-11 中。

② 水位观测资料的整理与计算

计算下钻前、后的水位变化速度，填入表 2-10 中，并将钻孔水位与孔深关系曲线绘入表 2-11中。

③ 注水试验资料的整理与计算

按式(2-9)计算做注水试验时的漏失量，并绘出注水量随时间变化的关系曲线。

(5) 导水裂缝带的顶点及高度的确定

导水裂缝带由裂缝带和垮落带上下两部分组成。两者应根据冲洗液漏失量、钻孔水位及钻孔彩色电视系统观测裂隙特征综合确定。

① 导水裂缝带顶点的确定

钻孔内导水裂缝带的顶点根据以下 4 个方面的资料并加以综合分析确定：

a. 冲洗液漏失量显著增加，并且基本上呈现随钻孔深度增加而增大的趋势；或者冲洗液全部漏失，经堵漏后再向下钻进时仍然如此。在一般情况下，应采取对比方法，即通过比较对比孔和本孔的正常段漏失量确定。

b. 钻孔水位显著降低，水位下降速度加快，有的钻孔内甚至无水。

c. 岩心有纵向裂缝及钻孔有轻微吸风现象。

d. 钻孔彩色电视系统观测资料。以高角度纵向裂缝为主，且裂缝宽度较大作为判断导水裂缝带顶点的依据。

② 垮落带顶点的确定

钻孔内垮落带的顶点应根据以下 5 个方面的资料并加以综合分析确定：

a. 掉钻次数频繁。

b. 钻进速度时快时慢，有时发生卡钻及钻具振动加剧现象。

c. 钻孔有明显的吸风现象。

d. 岩心破碎，采取率很低；有纵向裂缝和劈裂的岩心增多；岩心层理、倾角紊乱等。

e. 钻孔彩色电视系统观测垮落带内岩层的采动裂缝发育特征主要是：高角度纵向裂缝的宽度明显增大，裂缝的角度十分紊乱，岩块呈杂乱状，裂缝纵横交叉连通，岩层的层理和倾角混乱，岩层的张开错动十分明显，破碎岩块掉落现象普遍。

③ 导水裂缝带高度的确定

用钻孔所对应的开采煤层顶板的垂深减去导水裂缝带顶点所对应（采前）的垂深，即得出导水裂缝带高度。如果是厚煤层，则应该考虑钻孔地点的地表下沉值，按照式(2-11)计算：

$$H_{li} = H - h_1 + W \tag{2-11}$$

式中　H_{li}——导水裂缝带高度，m；

H——钻孔孔口距离煤层顶板的垂深，m；

h_1——导水裂缝带顶点距离钻孔孔口的垂深，m；

W——钻孔地点的地表下沉值，m。

④ 垮落带高度的确定

垮落带是包括在导水裂缝带之内的，其高度为钻孔所对应的开采煤层顶板的垂深减去垮落带顶点所对应（采前）的垂深。如果是厚煤层，则应该考虑钻孔地点的地表下沉值，按照式(2-12)计算：

$$H_k = H - h_2 + W \tag{2-12}$$

式中　H_k——垮落带高度，m；

H——钻孔孔口距离煤层顶板的垂深，m；

h_2——垮落带顶点距离钻孔孔口的垂深，m；

W——钻孔地点的地表下沉值，m。

(6) 地面钻孔观测工程案例

芦沟煤矿 32101 工作面走向长度约为 714 m，面长约为 104 m，井下标高为－271.5～－208.6 m，对应地面标高为＋220～＋232 m。工作面开采煤层为二$_1$煤，该煤层平均倾角为 14°，平均厚度为 6.4 m。工作面采用炮采放顶煤采煤法开采，采用全部垮落法管理顶板。工作面对应地表处为五星水库，32101 工作面与五星水库的相对位置关系见图 2-11。32101 工作面为水库下试采工作面，因此必须准确计算 32101 工作面导水裂缝带高度，为矿井水库水体下采煤提供安全保证。

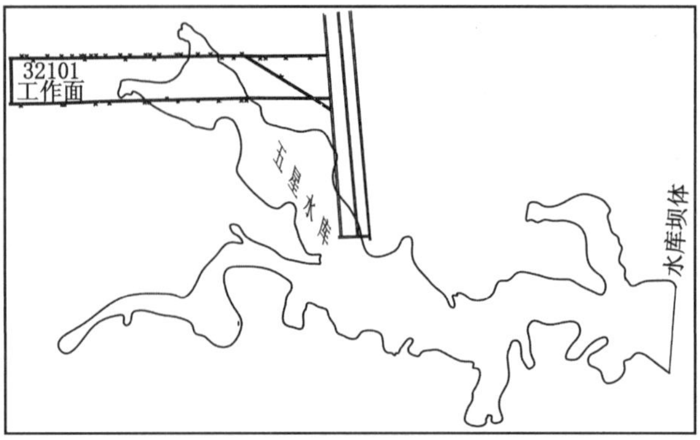

图 2-11　工作面与水库相对位置关系

考虑 32101 工作面对应地表地形条件，本次钻孔观测布置 1 个钻孔。沿走向，钻孔距开切眼距离为 364 m，距终采线距离为 350 m；沿倾斜方向，钻孔位于回风巷以内 28 m。钻孔与工作面的相对位置关系见图 2-12。

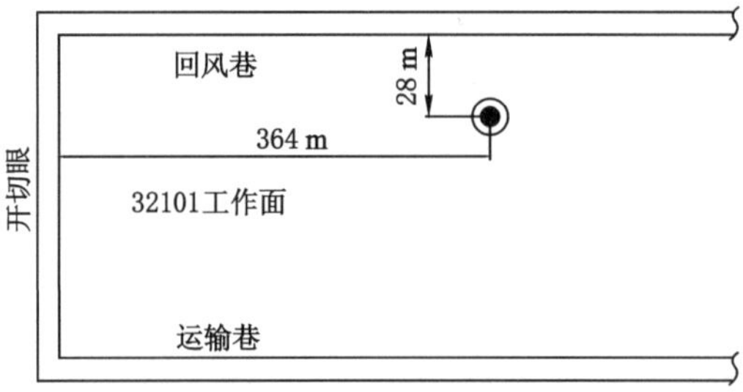

图 2-12　钻孔布置示意

根据钻孔冲洗液漏失量及水位与孔深的关系（见图 2-13 和图 2-14），确定导水裂缝带高度为 108.3 m。

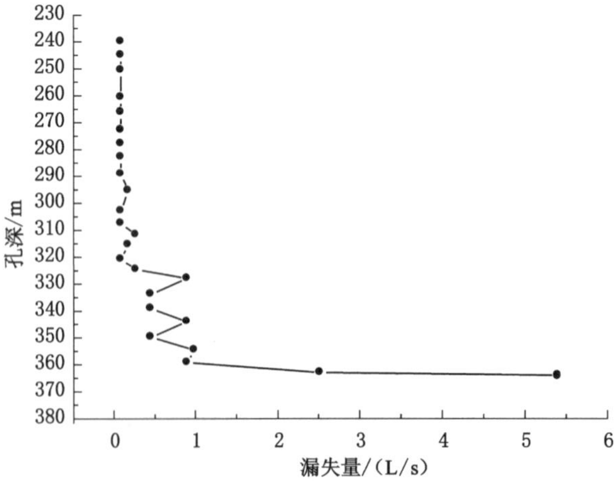

图 2-13　钻孔冲洗液漏失量与孔深的关系

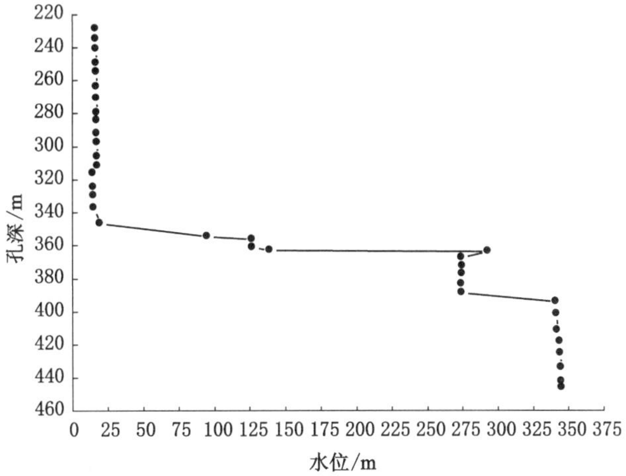

图 2-14 钻孔水位与孔深的关系

2.3.1.2 井下钻孔观测法及其应用

(1) 钻孔观测装置

井下钻孔观测法是指在采空区附近巷道合适位置布置一定数量的上仰孔，通过观测系统测定钻进注水漏失量及分析确定垮落带、导水裂缝带高度的方法。该方法的优点是工程量较小，不受地面施工条件限制；缺点是受井下环境限制，观测精度相比地面钻孔观测法略低。井下钻孔观测为上仰孔分段注水观测，采用钻孔双端封堵测漏装置系统。该观测系统由孔内封堵器和孔外测量仪表两部分组成。图 2-15 为井下钻孔观测系统示意。部分装置实物如图 2-16、图 2-17 和图 2-18 所示。

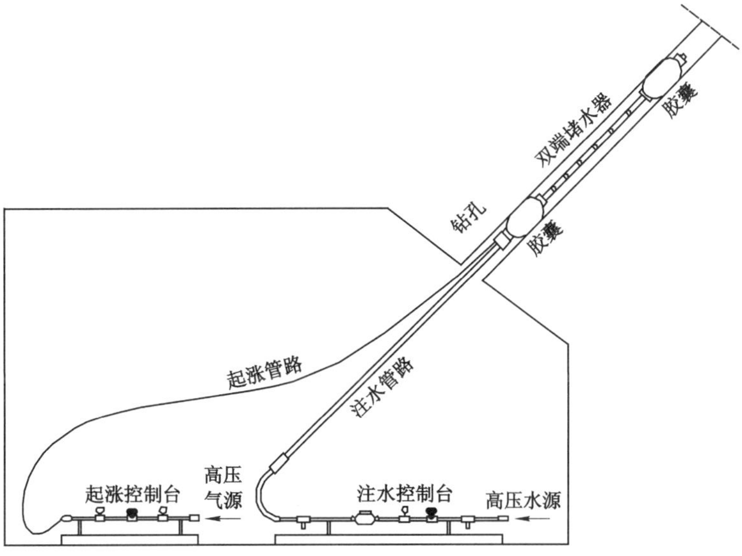

图 2-15 井下钻孔观测系统示意

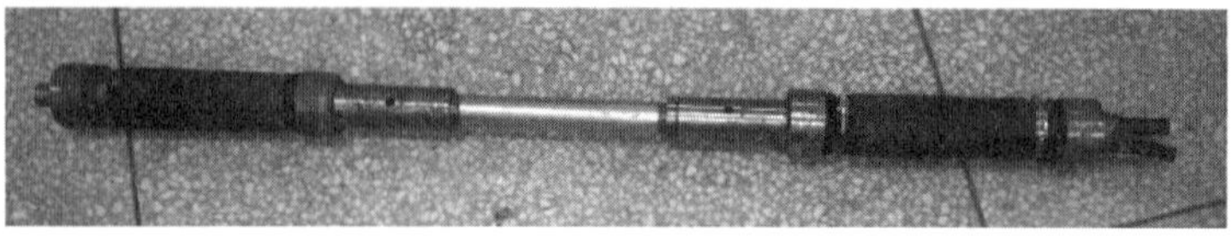

图 2-16 双端堵水器

图 2-17 起涨控制台

图 2-18 注水控制台

(2) 工程实例

① 工作面概况

某矿 11915 工作面平均埋深为 188 m，走向长度平均为 950 m，倾向长度平均为 76 m。工作面所采煤层属近水平煤层，采用综合机械化放顶煤采煤法开采，平均采厚为 5 m，采用全部垮落法管理顶板。经过分析得到煤层上覆岩层整体岩性为软弱。

② 井下钻孔观测方案设计

根据软弱岩性厚煤层放顶煤开采导水裂缝带高度计算的经验公式，预计 11915 工作面导水裂缝带高度平均为 54.2 m，因此，主要对该工作面上方 50 m 左右(±10 m)的覆岩采动影响情况进行探测。

在工作面回采前布置 1 个钻孔观测覆岩原始裂隙的发育情况，而且要留有一定的间隔时间(一般为一个半月至两个月)，在工作面回采结束后再次布置至少 2 个钻孔观测采动裂隙的发育情况。即井下钻孔数目至少 3 个，其中 1 个为采前原始裂隙观测钻孔(对比钻孔)，2 个为采动后裂隙发育观测钻孔。为防止特殊地质构造(如断层)引起的覆岩破坏高度过大现象，可适当加大钻孔长度，以便测出一定长度的不漏水孔段，作为确定导水裂缝带顶界的依据。11915 工作面井下钻孔施工三维示意如图 2-19 所示。

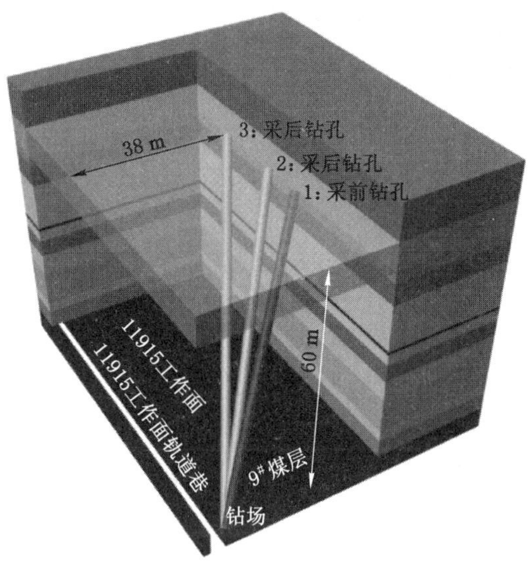

图 2-19　井下钻孔施工三维示意

③ 井下钻孔观测具体实施步骤

a. 工作前，将设备各部分组件组装连接，并确保各接口处的密封效果可靠。

b. 工作时，逐根连接推进杆，往里推送，并把软管与双端堵水器相连接，借助推进杆将双端堵水器送至指定计量深度。

c. 观测时，首先打开阀门，通过胶囊起涨将测试孔段两端封住，然后开启注水系统，给予一定的注水压力(要求小于胶囊压力)，待探测孔段的注水流量与注水漏失量达到动态平衡，最后通过流量仪表测得单位时间内的注水量，即注水漏失量。

d. 测试完毕后，打开胶囊放水阀门卸压，胶囊收缩，封闭段内的水流出，关闭注水阀门，并读出注水管路所在位置的静水压力。

e. 重复步骤 a-d，直至完成所有读数。

f. 根据所测得的注水漏失量来判断上覆岩层产生的裂隙情况，进而确定导水裂缝带的发育高度。

④ 井下钻孔观测结果及分析

按照上述钻孔观测实施步骤，获得井下各观测钻孔的漏失量，并绘制采前、采后井下上仰孔分段注水漏失量分布图，如图 2-20 所示。

通过对 1# 采前对比钻孔观测数据的分析，得到在 11915 工作面上覆岩层未破坏条件下，1# 采前对比钻孔注水流量平均为 4.75 L/min 左右。2# 采后钻孔注水漏失量达19.75～25.85 L/min。3# 采后钻孔注水漏失量达 14.03～14.60 L/min。根据实测结果，确定 11915 工作面导水裂缝带发育高度范围为 46.4～47.2 m。

2.3.1.3　*覆岩破坏高度钻孔观测数据*

我国部分煤矿工作面的地质采矿条件和覆岩破坏高度地面和井下钻孔观测数据分别列于表 2-12 和表 2-13，供类似工作面煤柱留设与压煤开采设计时参考。

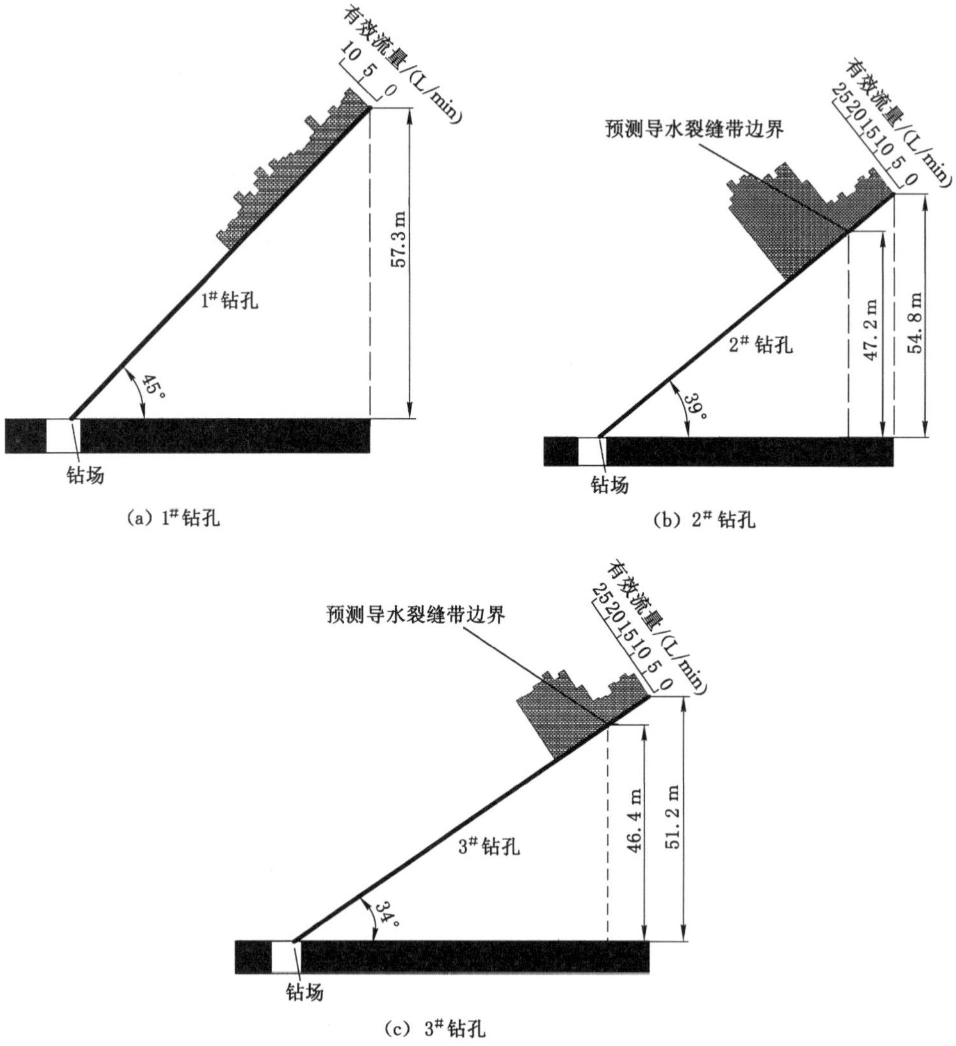

图 2-20 井下钻孔分段注水漏失量分布图

表 2-12 8 组地面钻孔观测数据汇总

序号	1	2	3	4	5	6	7	8
矿区	淮南	潞安	朔南	神东	多伦	焦坪	邢台	郑州
煤矿	潘一煤矿	郭庄煤矿	麻家梁煤矿	沙吉海煤矿	协鑫煤矿	玉华煤矿	邢台煤矿	芦沟煤矿
工作面	1402 工作面	2309 工作面	14101 工作面	B1003W01 工作面	1703-1 工作面	1405 工作面	7807 工作面	32101 工作面
采厚/m	2.2	6.5	5.0～11.0	6.8	9.1	8.0	6.4	6.4
覆岩岩性	软弱	坚硬	中硬		软弱	中硬	软弱	中硬
采煤方法	综采	综放	综放	综放	综放	综放	综放	炮采放顶煤
煤层倾角/(°)	6	14	2～4	10～16	7	5	20	14

表 2-12(续)

采深/m	414.6	390	500～628	285	310	476	300	520
松散层厚度/m	338.2	45	260～279	25		11.8	223	20
垮落带高度/m	7.3	23.8	74.9	19.7	51	61	9.5	
导水裂缝带高度/m	35.4	103	220.5	82.3	111	156	28.5	108.3
观测方法	地面钻孔观测	地面钻孔观测	钻孔冲洗液漏失量观测	钻孔冲洗液漏失量观测、钻孔彩色电视观测	钻孔冲洗液漏失量观测	地面钻孔观测	地面钻孔观测	地面钻孔观测

表 2-13　8 组井下钻孔观测数据汇总

序号	1	2	3	4	5	6	7	8
矿区	大屯	皖北	西山	焦作	开滦	兖州	巨野	邢台
煤矿	姚桥煤矿	任楼煤矿	斜沟煤矿	赵固二矿	钱家营煤矿	南屯煤矿	新巨龙煤矿	葛泉煤矿
煤层或工作面	7507工作面	7212工作面	18102工作面	二$_1$煤层	1672工作面	63$_上$10工作面	1302N工作面	11915工作面
采厚/m	4.9	4.7	5.8	6.2	3.0	5.8	8.6	6.5
覆岩岩性	中硬	中硬	中硬	软弱	中硬	中硬	中硬	中硬
采煤方法	综放	综放	综采	综采	综放	综放	综放	综放
煤层倾角/(°)	5	17	9～11	0～11	17	2～8	0～6	16
采深/m	355～390		233～463		484	342～394	850	190
松散层厚度/m	135.1				345			105
垮落带高度/m		21		15		26		16.1
导水裂缝带高度/m	63.6	56	74.8	51.4	40	70.7	94.7	46.7
观测方法	井下钻孔双端堵水器观测	井下仰斜孔观测	井下钻孔压水试验观测	井下仰斜孔观测	井下钻孔双端堵水器观测	井下仰斜孔观测	井下上仰孔双端堵水器观测	井下上仰孔双端堵水器观测

2.3.2　室内模拟

2.3.2.1　*覆岩破坏高度数值模拟*

(1) 覆岩破坏高度 FLAC^{3D}数值模拟

以同忻煤矿某工作面为工程实例，该工作面采深为 403～492 m，开采煤层倾角为2°～3°、厚度平均为 15.3 m，倾向长度为 193 m，可采走向长度为 1 406 m，采用综合机械化放顶煤采煤法开采，推进速度约为 5 m/d，年产量达 1 000 万吨。模拟采深为 460 m，采厚为 15 m，底板岩层厚度为 65 m。建立的工作面三维数值模拟模型如图2-21所示。

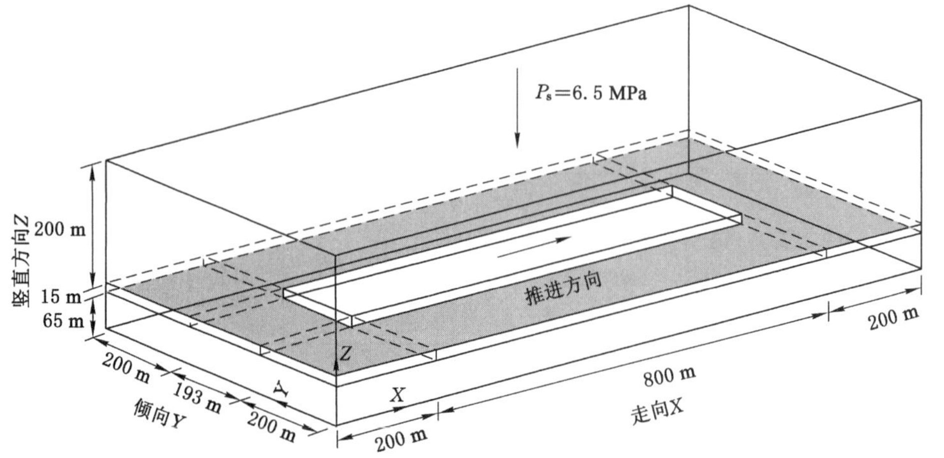

图 2-21　工作面三维数值模拟模型

模拟开采方案为：工作面倾向长度为 193 m，推进距离为 800 m。煤层开采范围位于模型的中心，四周分别留有 200 m 宽的煤柱用于消除边界效应。开挖步距为 50 m，共开挖 16 步。由于建模高度仅为 280 m，但采深为 460 m，所以在该模型的上表面均匀施加初始垂直应力(P_s)，计算得到 $P_s \approx 6.5$ MPa。将 FLAC^{3D} 数值模型假设为各向同性的弹性模型。固定模型的底部和侧面的位移。开挖模拟采用莫尔-库仑屈服准则，将覆岩破坏高度(H_f)视为等效于破坏区或塑性区的高度。图 2-22 是该工作面推进 50 m 和 350 m 时三维塑性区和垂直应力分布云图及其截面图。

工作面回采产生采空区且形成覆岩塑性区(剪切或拉伸)。当工作面推进 50 m 时[见图 2-22(a)]，采动覆岩破坏高度为 43 m。覆岩破坏高度随工作面推进距离的增加而增大。当工作面推进 350 m 时[见图 2-22(b)]，覆岩破坏高度发育至 135 m。随着工作面的继续推进，Y=296.5 m 截面塑性区分布如图 2-23 所示。当工作面推进 650 m 时[见图 2-23(a)]，覆岩破坏高度达最大值 165 m；随着工作面继续推进(推进 800 m)[见图 2-23(b)]，覆岩破坏高度仍为 165 m，没有继续增加。工作面推进 650 m 和 800 m 时三维垂直应力分布云图如图 2-24 所示。

(2) 覆岩破坏高度 3DEC 数值模拟

以沙吉海煤矿某工作面为原型建立 3DEC 三维数值模型。根据现场原岩应力实测数据，该工作面推进方向与最大主应力方向的夹角为 18°，开挖区域位于模型的中央。为去除数值模型的边界效应，设置边界煤柱的宽度范围为 100～193 m。模拟工作面上覆岩层范围为 180 m，因工作面采深为 280 m，所以在模型上方施加未模拟的 100 m 岩层载荷2.5 MPa；工作面底板厚度为 40 m。固定模型的底部和侧面的位移，开挖模拟采用莫尔-库仑屈服准则。三维数值模型尺寸(长×宽×高)为 550 m×511 m×226.5 m。其中，模型尺寸及工作面布置如图 2-25 所示。

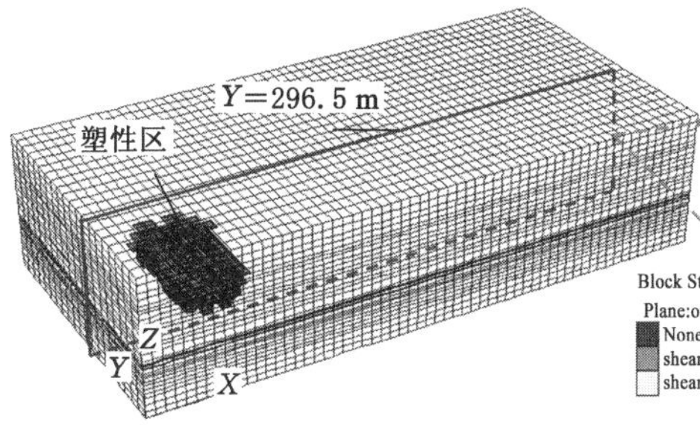

(a₁) 三维塑性区分布

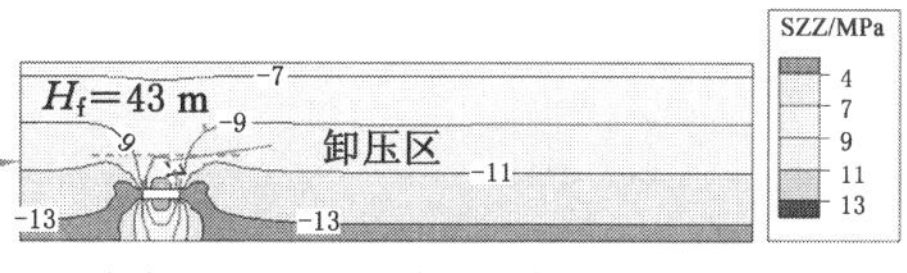

(a₂) Y=296.5 m截面垂直应力分布云图

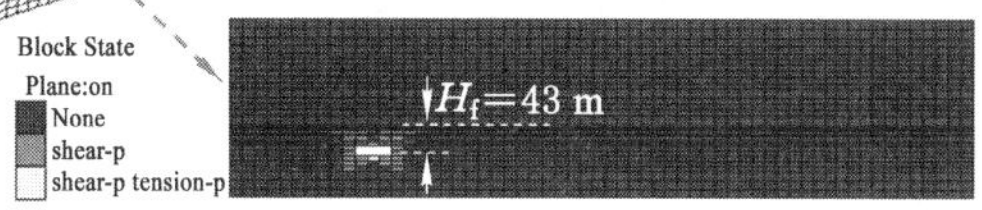

(a₃) Y=296.5 m截面塑性区分布

(a) 工作面推进50 m

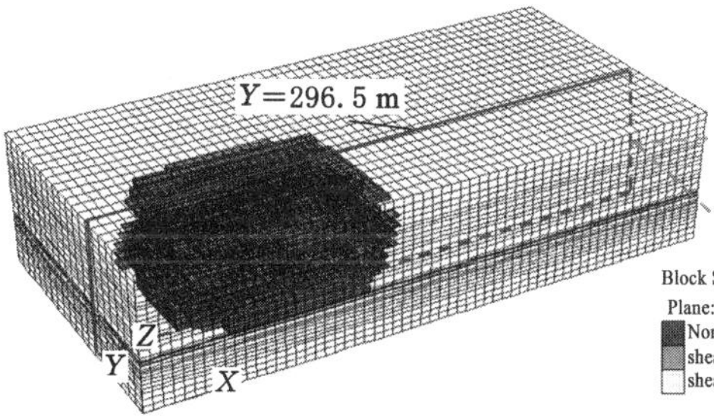

(b₁) 三维塑性区分布

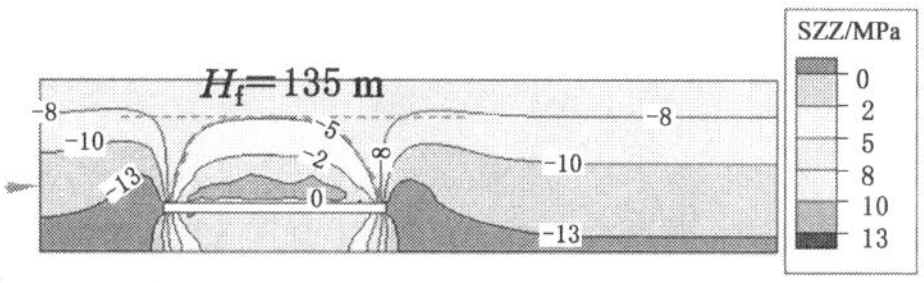

(b₂) Y=296.5 m截面垂直应力分布云图

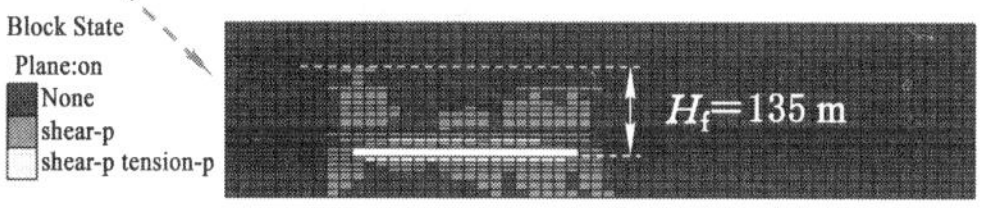

(b₃) Y=296.5 m截面塑性区分布

(b) 工作面推进350 m

图 2-22　工作面推进 50 m 和 350 m 时三维塑性区和垂直应力分布云图及其截面图

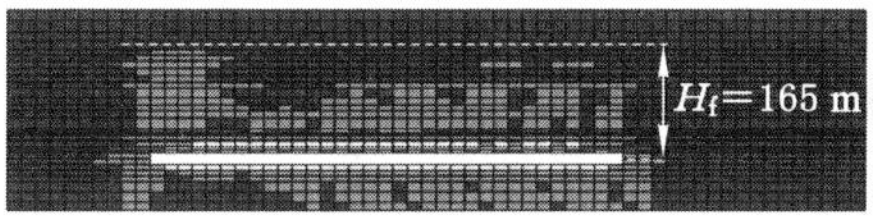

(a) 工作面推进650 m

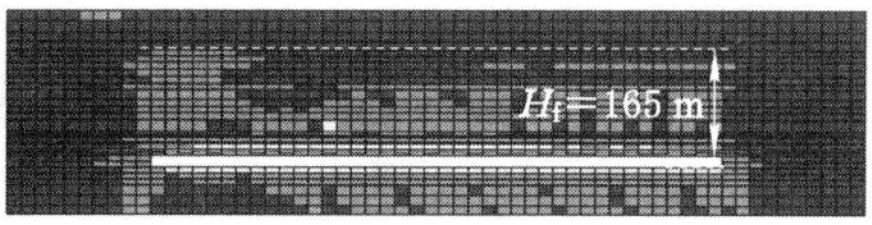

(b) 工作面推进800 m

图 2-23　工作面推进 650 m 和 800 m 时塑性区分布

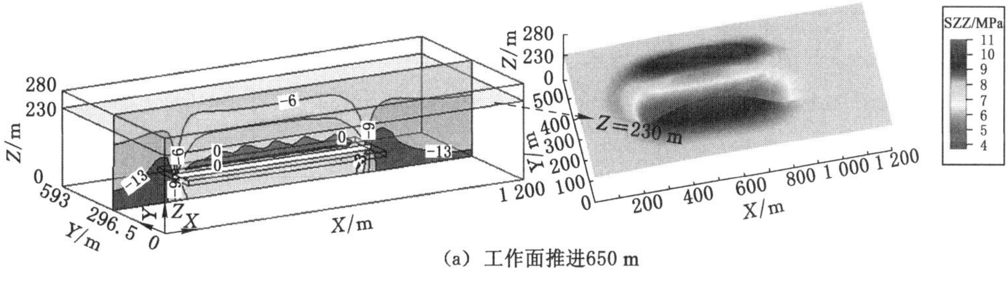

(a) 工作面推进650 m

图 2-24　工作面推进 650 m 和 800 m 时三维垂直应力分布云图

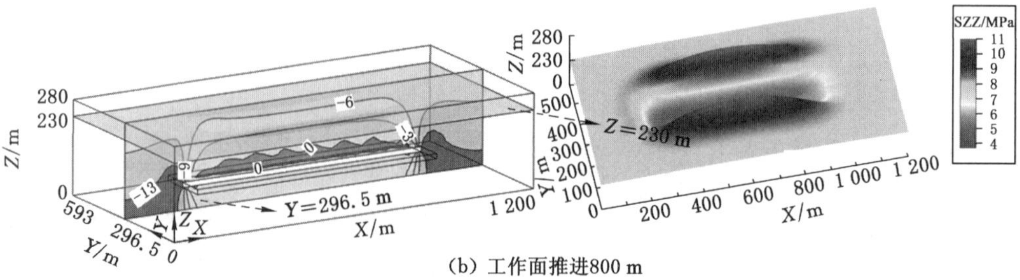

(b) 工作面推进800 m

图 2-24(续)

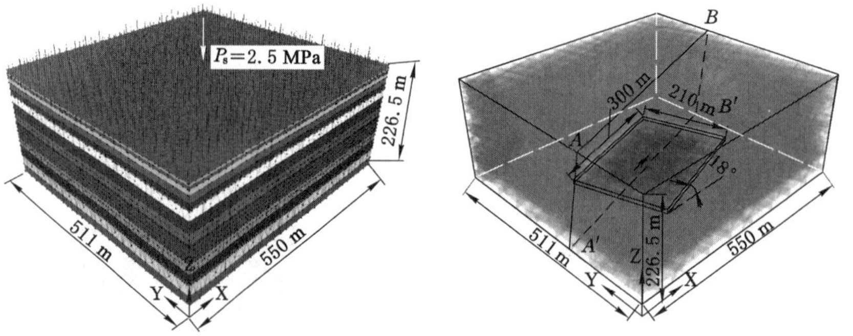

(a) 三维数值模型及工作面布置图

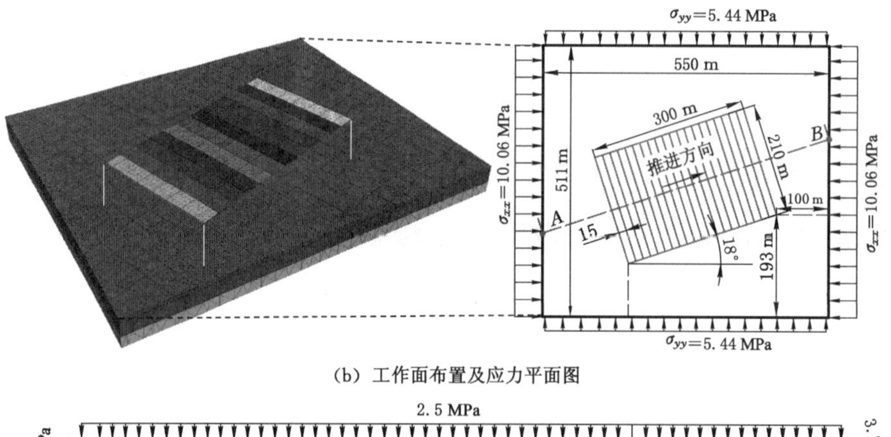

(b) 工作面布置及应力平面图

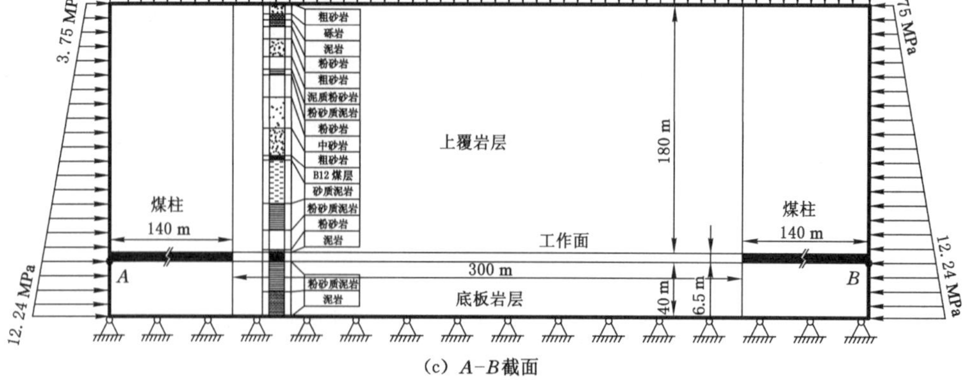

(c) A–B截面

图 2-25　三维数值模拟模型尺寸及工作面布置

基于工作面采矿地质条件，考虑最大水平主应力与最小水平主应力的比值(1.85)、最大水平主应力与垂直应力的比值(1.50)，模拟采厚为 6.5 m，工作面倾向长度为 210 m，采深为 280 m 时的覆岩破坏情况，并对模型进行校核。

一般从 3DEC 数值模拟结果得到垂直位移云图，进而得到覆岩破坏高度。该工作面推进 180 m 时的覆岩垂直位移和节理法向位移如图 2-26 所示。

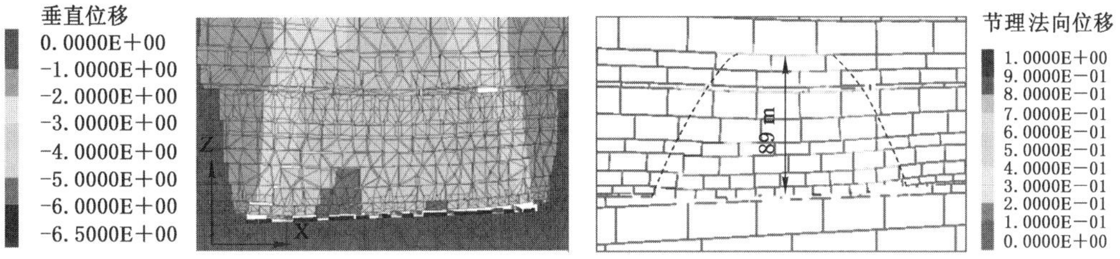

图 2-26　工作面覆岩垂直位移及节理法向位移

由图 2-26 可知，当工作面推进 180 m 时覆岩破坏高度为 89 m。根据数值模拟结果，得出该工作面覆岩破坏高度发育情况如图 2-27 所示。

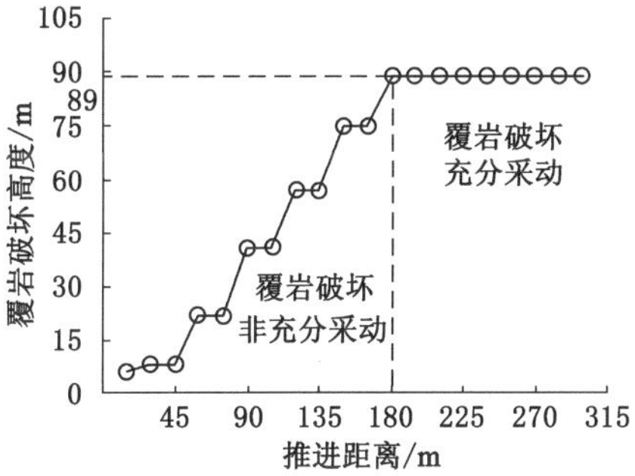

图 2-27　工作面覆岩破坏高度发育情况

2.3.2.2　*覆岩破坏高度相似模拟*

相似模拟试验具有以下优点：① 直观性强，可以直观地观测覆岩破坏的过程与现象；② 容易控制，可以固定其他影响因素，只研究其中一个因素，也可以多因素综合研究；③ 周期短，通过采用一定的时间相似比，原型较长周期内发生的运动可以在较短时间内完成。

相似模拟试验主要以相似理论、无量纲分析为依据，使模型与原型之间满足几何相似、运动学相似、动力学相似等，可以归纳为相似三定理。

(1) 相似第一定理

相似第一定理为相似正定理，即两个相似的现象之间的相似准则为一不变量。相似准则个数主要取决于研究问题的复杂性，对于复杂的问题，相似准则有多个。相似准则一般为无量纲的不变量，可用量纲分析中的 Π 定理表示，即无量纲性是相似第一定理的主要属性。

(2) 相似第二定理

相似现象的关系可以用相似准则 $\Pi_1,\Pi_2,\cdots,\Pi_n$ 组成的方程表达，即 $f(\Pi_1,\Pi_2,\cdots,\Pi_n)=0$。因此对于相似的现象，其相似准则关系是相同的。相似第二定理与量纲分析中 Π 定理相同，因此也称为 Π 定理。根据相似第二定理，可以得到现象的相似准则之间关系表达式，从而可对现象有更深入的理解。

(3) 相似第三定理

相似第三定理为相似逆定理，即对于都能用同样综合方程表达的同类现象，若单值条件相似且单值条件中的物理量的相似准则相同，则现象间必然相似。根据相似第三定理，当相似准则较多时，同时满足所有的相似准则比较困难。因此，应根据相似准则的条件，适当选择对问题影响比较大的相似准则；而影响很小或者基本没有影响的相似准则，可以适当舍弃，以简化模型。

由于覆岩中弱面的物理力学参数难以准确确定，而且实际中往往难以严格满足相似三定理，因此相似模拟在定性研究覆岩破坏规律时效果较好，而在定量分析时结果与实际差别较大。图 2-28 为覆岩破坏相似模拟结果。其中，图 2-28(a)为关键层未破断形成的覆岩“三带”破坏模式，图 2-28(b)为关键层破断形成的覆岩“两带”破坏模式。

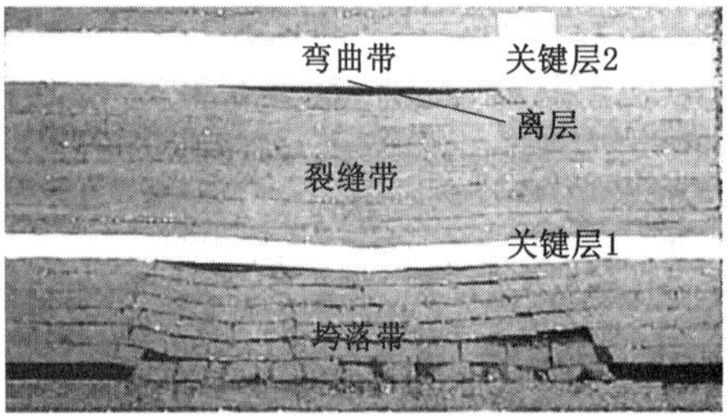

(a) 关键层未破断

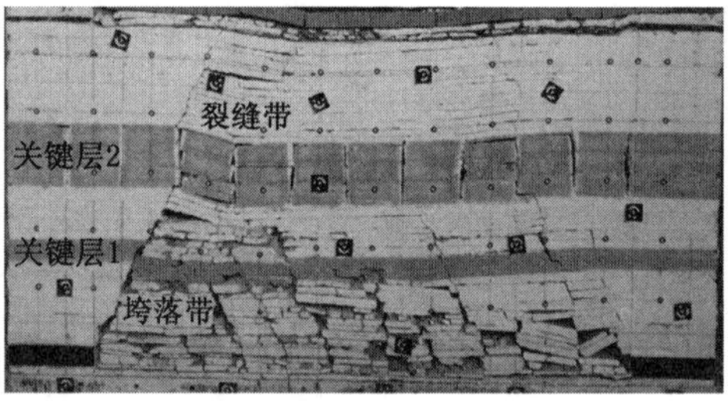

(b) 关键层破断

图 2-28　覆岩破坏相似模拟结果

2.4　水体下采煤的安全技术措施

水体下采煤技术涉及采矿、地质、水文地质、地球物理勘探、岩石力学、矿山测量、计算数学等多个学科领域。同时，它包含覆岩破坏规律、防水煤(岩)柱性能、防水煤柱留设技术、采掘工作面安全生产技术措施、经济效益与社会效益等相关内容的研究，目的是实现水体下的安全采煤。根据地质采矿条件及开采方案设计，进行综合计算、分析和评价，可以为实现水体下安全采煤提供技术保证。因此，正确评价和分析水体下采煤的安全性，实现水体下的安全采煤，对于确保煤矿安全生产，提高煤炭资源采出率，缓解矿井采掘接替紧张的矛盾，保护地表水和地下水资源等都具有十分重要的现实意义。

2.4.1　留设安全煤(岩)柱

地下开采后，覆岩及地表产生移动破坏，在覆岩内部产生导水裂缝带，在地表出现裂缝，当导水裂缝带与地表裂缝连通后，地表水体经采动裂缝进入井下，淹没矿井。留设安全煤(岩)柱的目的是使导水裂缝带不触及水体或触及水体但不会使水大量涌入井下，实现安全采煤。在水体和煤层开采上限之间留设的一定垂深的岩层块段和煤层，称为安全煤(岩)柱。根据保护目的不同，可将安全煤(岩)柱分为防水安全煤(岩)柱、防砂安全煤(岩)柱和防塌安全煤(岩)柱。

留设安全煤(岩)柱是实现水体下开采的重要技术环节，设计煤(岩)柱时应考虑：

(1) 对松散层和基岩中各层的含水情况、水力联系、补给关系等水文地质条件进行分析，根据各岩(土)层的岩性情况、力学结构、层位结构等，确定上覆岩层的基本类型。

(2) 根据煤层地质开采条件，选择开采方法、顶板管理方法、采区巷道布置方式与开采顺序等，并计算煤层开采后垮落带和导水裂缝带的最大高度以及保护层的厚度。

(3) 在标准剖面上，分别按井田、采区、煤层或煤层组，根据一般的或最不利的水文地质条件和计算出来的安全煤(岩)柱高度，用作图法确定开采上限的位置和标高。

(4) 进行试采并观测"两带"高度。预计"两带"高度的类比法和经验公式法，在应用中存在一定的误差。为了准确掌握"两带"高度，一般在大规模水体下开采时要先进行试验性开采，取得经验后再全面展开。在水体下试采阶段，应该进行一系列的综合观测，以便确定本地区导水裂缝带和垮落带的高度。

2.4.1.1　防水安全煤(岩)柱

为确保近水体安全采煤而留设的煤层开采上(下)限至水体底(顶)界面之间的煤岩层区段，称为防水安全煤(岩)柱，简称防水煤(岩)柱。防水安全煤(岩)柱适用于以下条件：

(1) 各种水体下采煤；

(2) 各类地表水体和第四纪、新近纪、古近纪松散含水层下开采急倾斜煤层；

(3) 厚度大、富水性强、补给充足的第四纪、新近纪、古近纪松散含水层下开采缓倾斜或中倾斜煤层；

(4) 水体与基岩间无隔水层或隔水层极薄条件下开采缓倾斜或中倾斜煤层；

(5) 含水丰富、补给充足的基岩含水层特别是岩溶水体下采煤；

(6) 水库、水源、水渠和池塘等生产、生活要求保护的水体下采煤；

(7) 矿井排水能力有限或矿井涌 2 水量增加会恶化工作面作业环境的条件下采煤。

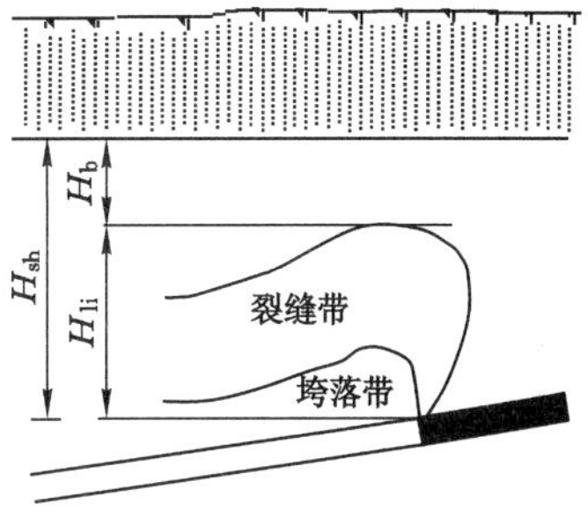

图 2-29　防水安全煤(岩)柱设计

防水安全煤(岩)柱的垂高应当大于或等于预计的导水裂缝带最大高度加上保护层厚度(见图 2-29)，即

$$H_{sh} = H_{li} + H_b \tag{2-13}$$

式中　H_{sh}——防水安全煤(岩)柱的垂高，m；

H_{li}——导水裂缝带最大高度，m；

H_b——保护层厚度，m。

如果上覆岩层无松散层覆盖或采深较小，则在留设防水安全煤(岩)柱时还应考虑地表裂缝深度，即

$$H_{sh} = H_{li} + H_b + H_{dili} \tag{2-14}$$

式中　H_{dili}——地表裂缝深度，m，根据经验确定。

如果松散层为强或中等含水层，且直接与基岩接触，而基岩风化带也含水，则在留设防

水安全煤(岩)柱时应考虑基岩风化含水层带深度,有:

$$H_{sh} = H_{li} + H_b + H_{fe} \tag{2-15}$$

式中 H_{fe}——基岩风化含水层带深度,m,根据勘探资料确定。

2.4.1.2 防砂安全煤(岩)柱

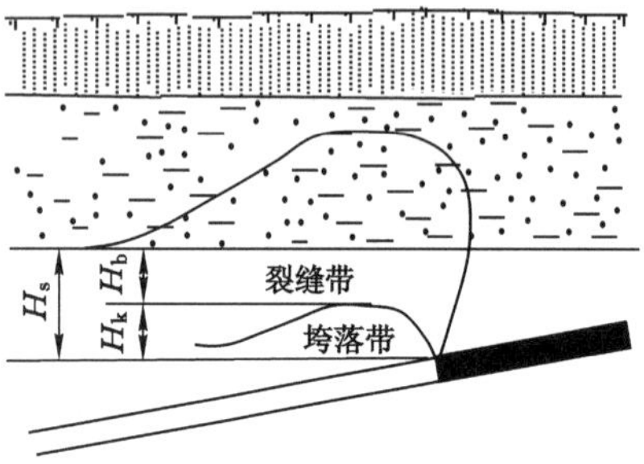

图 2-30 防砂安全煤(岩)柱设计

在松散弱含水层或固结程度差的基岩弱含水层底界面至煤层开采上限之间设计的用于防止水、砂溃入井巷的煤岩层区段,称为防砂安全煤(岩)柱,简称防砂煤(岩)柱。其作用是防止垮落带进入或接近松散层,确保泥砂不溃入井下,但可允许一部分导水裂缝带进入松散层中的弱含水层。矿井的涌水量可能会增加,但不会发生溃水、溃砂事故。防砂安全煤(岩)柱垂高(H_s)应当大于或等于垮落带最大高度加上保护层厚度(见图 2-30),即

$$H_s = H_k + H_b \tag{2-16}$$

式中 H_k——垮落带最大高度,m。

在开采急倾斜煤层时,一般只留设防水安全煤(岩)柱。只有在十分有利的条件下,才留设防砂安全煤(岩)柱,并且在留设时一定要考虑煤层本身的抽冒及重复采动的影响。

防砂安全煤(岩)柱适用条件为:

(1) 地表仅有规模较小的水体,补给有限,容易疏干或渗入量不大。

(2) 地表虽有规模大的水体,但水体和基岩之间有厚度较大的黏土、亚黏土层等。

(3) 古近纪、新近纪、第四纪松散层较厚,含水层和隔水层交错沉积。松散层中,仅下部有富水性弱、补给有限的弱含水层;或整个松散层为单一结构的弱含水层。

(4) 在基岩中有含水性弱、补给量小的含水层,并且其底界面至开采煤层顶面的隔水层最小厚度大于垮落带高度,而小于裂缝带高度的情况下,此时的煤(岩)柱也属防砂安全煤(岩)柱。

(5) 矿井排水能力富余时,允许矿井涌水量有递增的趋势,但其最大涌水量不超过实际的排水能力。

2.4.1.3 防塌安全煤(岩)柱

在松散黏土层或者已疏干的松散含水层底界面至煤层开采上限之间设计的用于防止泥砂塌入采空区的煤岩层区段,称为防塌安全煤(岩)柱,简称防塌煤(岩)柱。留设防塌安全煤(岩)柱时允许导水裂缝带和垮落带波及松散弱含水层底部,矿井的涌水量会增大。防塌安全煤(岩)柱垂高(H_t)应当接近或等于垮落带最大高度(见图 2-31),即

$$H_t \approx H_k \tag{2-17}$$

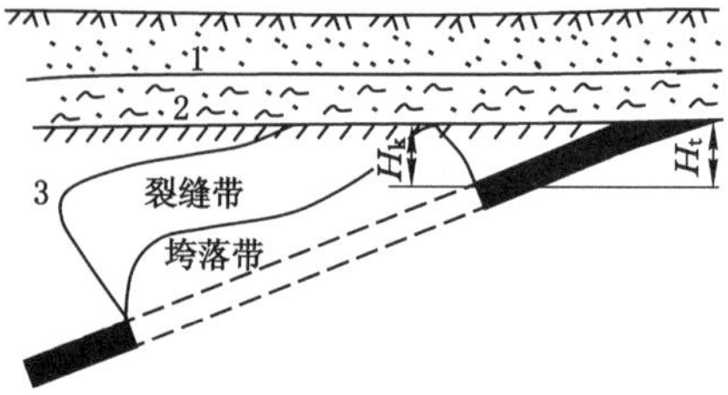

1—强含水层;2—弱含水层;3—基岩。

图 2-31 防塌安全煤(岩)柱设计

防塌安全煤(岩)柱的适用条件为:

(1) 地表水体小,补给不充分或无经常性补给,且水体与基岩之间全部或底部为厚度大的弱含水层与隔水层互层。

(2) 地表水体虽大，但系季节性或非经常性的，补给水源又进行了处理，且水体与基岩之间为厚度大的弱含水层与隔水层互层的松散层。

(3) 具有多层结构的松散层，且底部为厚层弱含水层。

(4) 煤层顶板为弱含水层，且补给不足，含水层与煤层的距离接近垮落带高度。

2.4.1.4　保护层厚度的确定

由于垮落带、导水裂缝带高度预测存在一定的偏差，因此在留设各类安全煤(岩)柱时，均要加进保护层厚度。现场应用表明，不同性质的覆岩应增加不同的保护层厚度。各种条件下保护层厚度选取方法如下：

(1) 在缓倾斜和中倾斜煤层开采条件下，防水安全煤(岩)柱和防砂安全煤(岩)柱的保护层厚度分别按表 2-14 和表 2-15 选取。

表 2-14　缓倾斜和中倾斜煤层防水安全煤(岩)柱的保护层厚度　　单位：m

覆岩岩性	松散层底部黏性土层厚度大于累计采厚	松散层底部黏性土层厚度小于累计采厚	松散层底部无黏性土层	松散层全厚小于累计采厚
坚硬	$4A$	$5A$	$7A$	$6A$
中硬	$3A$	$4A$	$6A$	$5A$
软弱	$2A$	$3A$	$5A$	$4A$
极软弱	$2A$	$2A$	$4A$	$3A$

注：$A=\frac{\sum M}{n}$；$\sum M$—累计采厚；n—分层层数。

表 2-15　缓倾斜和中倾斜煤层防砂安全煤(岩)柱的保护层厚度　　单位：m

覆岩岩性	松散层底部黏性土层或弱含水层厚度大于累计采厚	松散层全厚大于累计采厚
坚硬	$4A$	$2A$
中硬	$3A$	$2A$
软弱	$2A$	$2A$
极软弱	$2A$	$2A$

(2) 在急倾斜煤层开采条件下，防水安全煤(岩)柱和防砂安全煤(岩)柱的保护层厚度按表 2-16 选取。

表 2-16　急倾斜煤层防水及防砂安全煤(岩)柱的保护层厚度　　单位：m

覆岩岩性	$\alpha=55°\sim70°$				$\alpha=71°\sim90°$			
	a	b	c	d	a	b	c	d
坚硬	20	22	18	15	22	24	20	17
中硬	15	17	13	10	17	19	15	12
软弱	10	12	8	5	12	14	10	7

注：a—松散层底部黏性土层厚度小于累计采厚；b—松散层底部无黏性土层；c—松散层全厚小于累计采厚；d—松散层底部黏性土层厚度大于累计采厚。

表 2-17 为水体采动等级、允许采动程度及相应的安全煤(岩)柱类型，可供参考。

表 2-17　矿区的水体采动等级、允许采动程度及相应的安全煤(岩)柱类型

水体采动等级	水体类型	允许采动程度	要求留设的安全煤(岩)柱类型
Ⅰ	(1) 直接位于基岩上方或底界面下无稳定的黏性土隔水层的各类地表水体。 (2) 直接位于基岩上方或底界面下无稳定的黏性土隔水层的松散孔隙强、中含水层水体。 (3) 底界面下无稳定的泥质岩类隔水层的基岩强、中含水层水体。 (4) 急倾斜煤层上方的各类地表水体和松散层中强、中含水层水体。 (5) 要求作为重要水源和旅游地保护的水体	不允许导水裂缝带波及水体	顶板防水安全煤(岩)柱
Ⅱ	(1) 底部为具有多层结构、厚度大、弱含水的松散层,或松散层中上部为强含水层、下部为弱含水层的地表中小型水体。 (2) 松散层底部为稳定的厚黏性土隔水层或松散弱含水层的松散层中、上部孔隙强、中含水层水体。 (3) 有疏降条件的松散层和基岩弱含水层水体	允许导水裂缝带波及松散孔隙弱含水层水体,但不允许垮落带波及该水体	顶板防砂安全煤(岩)柱
Ⅲ	(1) 底部为稳定的厚黏性土隔水层的松散层中、上部孔隙弱含水层水体。 (2) 已经或者接近疏干的松散层或基岩水体	允许导水裂缝带进入松散孔隙弱含水层,同时允许垮落带波及该弱含水层	顶板防塌安全煤(岩)柱

2.4.2　水体处理

水体处理是水体下采煤的一项有效而又不得已的措施,主要包括两方面:疏降水体和处理水体补给来源。

2.4.2.1　疏降水体

在水体下采煤时,有时水体距离煤层很近,不可能采取留设防水安全煤(岩)柱和改变开采措施的方法进行开采,必须对水体进行疏降,以降低含水层水压和水量。疏降水体的方法有钻孔疏降、巷道疏降、联合疏降、回采疏降和多矿井分区排水联合疏降。

钻孔疏降、巷道疏降是指通过钻孔和巷道直接抽排含水层中的水,使含水层疏干或水位降低,然后进行开采。

联合疏降是指根据地质采矿条件、含水层特点,采用巷道、钻孔联合疏降水体。具体措施为先掘进疏水巷道和石门,然后在其中打钻孔穿过含水层放水进行疏降。

回采疏降是指回采离含水层远的工作面,使含水层水受这些工作面的采动影响而缓慢流出,以降低含水层水位,达到疏降的目的。回采疏降适合于弱含水层和补给来源有限的含水层。

多矿井分区排水联合疏降是指根据地下水连通的特点,采用多个矿井排水联合疏降,以达到快速疏水的目的。

2.4.2.2　处理水体补给来源

处理水体补给来源是指在回采前用水文地质、工程地质的方法对补给水体的主要来源进行处理。具体的方法有：

(1) 河流改道。即使河流不流经采空区上方，达到安全开采的目的。

(2) 帷幕注浆堵水。即通过成排的钻孔将水泥、黏土等材料注入含水层中，形成地下挡水帷幕，切断地下水补给的通道。该法适用于含水层厚度较小但流量较大、水文地质条件清楚并具备可靠的隔水边界的含水层下开采。

(3) 巷道截水。对于山地矿区或露天矿区，在岩层内开掘专门巷道截水，是切断含水层补给的一种有效方法。另外，还可在地面修筑拦洪坝、建水库、填裂缝、铺河床、修水渠等，使地表水与井下不连通。

2.4.3　开采技术措施

采用开采技术措施的目的是减小顶底板岩体的破坏范围，以实现安全采煤。开采技术措施主要有试探开采、充填开采、部分开采、分区开采、分层(分阶段)间歇开采、协调开采等，下面分别叙述。

2.4.3.1　试探开采

生产实践表明，试探开采是水体下开采的一个重要技术原则。试探开采是指先采远离水体、后采近邻水体的煤层；先采隔水层厚、后采隔水层薄的煤层；先采地质条件简单、后采地质条件复杂的煤层；先采较深部，后采较浅部的煤层。通过先易后难的试探性开采，逐步接近水体。这样，不仅能够在试采中确切地了解采动对防水煤(岩)柱的破坏程度，而且能够不断地摸索出适合本地区的最佳开采方法和措施。经验表明，在许多情况下，可先留设防水煤(岩)柱进行试采，然后在试采的基础上，变防水煤(岩)柱为防砂煤(岩)柱。这样，既可保证安全生产，又能多回收煤炭资源。试探开采包括以下几方面。

(1) 先远后近。例如，在河下采煤时，一般先采河床以外的地区，取得经验后，再进入河床下开采。在河床下开采浅部煤层时，应采取雨季远离河水开采，旱季近邻河水开采，或雨季多掘，旱季多采的方法。

(2) 先厚后薄。水体下开采时，在采深较小或煤(岩)柱尺寸较小的条件下，如果水体下面隔水层的厚度变化很大，或者对隔水层的隔水性能了解不够，则一般应先采隔水层厚度较大的地区，通过试验取得经验和数据后，再采隔水层厚度较小的地区。

(3) 先深后浅。在对地质和水文地质条件了解得不够的情况下，有时可采用先采下水平，后采上水平，或先采第一水平的下部阶段，后采上部阶段的方式。这种方式多用于松散含水层下开采的情况。这样，先采下阶段，还有可能达到将含水层疏干的效果。另外，在覆岩破裂高度不能准确确定的情况下，水体下开采，尤其是上覆水体较大时，先采深部水平，获得“两带”高度的数据后，再缩小安全煤(岩)柱的尺寸，开采浅部水平，以达到安全生产，提高煤炭资源回收率的目的。

(4) 先简单后复杂。在水体下开采地质构造破坏严重地带的煤层时，应先采地质构造简单的地区，后采地质构造复杂的地区。水体下开采实践表明，在煤系岩性坚硬，其上无松散层覆盖的条件下，断层及其导水性是影响水体下开采安全性和可靠性的关键。

2.4.3.2　充填开采

充填开采通过外来材料对采空区进行充填，以减小采出空间，减小覆岩移动破坏范围，从而达到安全采煤的目的。对水体上采煤而言，充填开采可减小支承压力、增加底板的压力、减小底板上鼓量和破坏深度，实现承压水上安全开采。现场实测表明：充填开采顶板压力集中系数是全部垮落法开采的 1/12～1/5，压力变化幅度为全部垮落法开采的 1/15～1/6，底板最大破坏深度为 5 m 左右。

2.4.3.3　部分开采

部分开采包括条带开采、房柱式开采、刀柱式开采等短壁开采方法。其目的是减小工作面的开采宽度，从而减小顶、底板的破坏范围，使破裂范围不触及含水层，实现安全采煤。理论和实践表明：在工作面条件基本相同的情况下，工作面面长增加 3.3 倍，底板破坏深度增加 4 倍；在底板隔水层厚度不变的前提下，减小工作面面长可减小底板破坏深度，增大相对隔水层厚度，增强底板抵抗水压的能力。目前，国内在水体上采煤时大多采用条带开采，有时也采用柱式开采。

2.4.3.4　分区开采

分区开采是水体下开采减少灾害损失的一个重要措施。分区开采有两种方法：一是在同一矿井（或井田）内隔离采区进行开采；二是建立若干单独矿井同时开采或分别开采。该方法的目的是使各采区相互独立，防止矿井突水时淹没整个矿井。在浅部开采和水源补给充足的条件下常采用此方法。

（1）同一井田内隔离采区进行开采

在水体下开采之前，在采区与采区之间的适当地点建立永久性防水闸门，一旦发生突水事故，可有效地控制水情，缩小灾害的影响范围。

防水闸门一般砌在井下的运输巷道内。正常开采时，闸门是敞开的；当突然发生水患时，关闭闸门，将水害限制在一个采区范围内。

同一井田内隔离采区进行开采的措施适用于有可能发生突然性涌水的矿井和采区。如石灰岩岩溶含水层或暗河下开采时，由于溶洞、暗河水具有水量大、来势猛的特点，有必要采用这种措施；另外，对于大型的地表水体（如江河湖海）下开采，因为上覆水量大、补给足，一旦涌水会很快淹没矿井，这种情况下也应隔离采区进行开采。

（2）建立若干单独矿井同时开采

这种方法，是指在具有不同特点和条件的水体下，采用独立的井口或采区进行单独开采和单独排水。这种措施一般根据水体的富水性和规模、防水煤（岩）柱尺寸及隔水层厚薄等条件，将水体下的煤层划分成若干个单独的井田和采区，采用不同的开采措施，同时开采、同时排水。这种方法适用于开采埋深小，水源补给充足的煤层。当水体规模大、水源补给充足时，可以几个井田联合同时开采、同时排水，这样可以收到缩短疏降时间，减少突水危险，降低排水费用的效果。

2.4.3.5　分层（分阶段）间歇开采

分层间歇开采是指将厚煤层分成几个分层进行开采的方法。从前面的垮落带、导水裂缝带高度计算式中可见，垮落带、导水裂缝带高度随煤层采动次数的增加，其增加幅度逐渐减小。即分层开采时覆岩的垮落带、导水裂缝带高度比一次采全厚时要小得多，同时整个覆岩破坏均衡，对水体下采煤有利。对于厚松散层下浅部煤层的开采或安全煤（岩）柱中基岩厚度较小的条件，分层间歇开采具有明显的效果。

在倾斜分层走向长壁开采时，要尽量减小第一、二分层的采厚，同时增大分层开采的时间间隔。上、下分层同一位置的回采间隔时间应大于 4～6 个月，如果覆岩坚硬，则间隔的时间还要长些。用分层间歇开采方法时，要注意减小第一、二分层的采厚，以便减小“两带”高度。实践证明，开采第三分层以后的各分层，导水裂缝带高度增长幅度比较小。

应用分层间歇开采法应注意：第一，要先探后采；第二，应尽量避免上、下煤层（或分层）开采边界的重叠，以消除变形的叠加和减小对其原有隔水性的破坏程度；第三，分层开采的间歇时间要合理，间歇时间应根据采区地质条件和岩层移动规律来确定。当覆岩是中等硬度的岩层时，垮落带、导水裂缝带内的岩层一般在采后 3～4 个月就基本趋于稳定，此后便可开采下一个分层。

2.4.3.6　协调开采

协调开采是水体上采煤减小底板采动破坏的有效方法。其目的是通过适当地布置两煤层的工作面，以减小采动支承压力和底板岩体破坏深度。协调开采可分为不同煤层的协调开采和同一煤层的协调开采。

采用全部垮落法管理顶板时，工作面控顶范围内的顶板有时出现断裂或超前断裂现象。如果煤层顶板为薄隔水层，其上面为含水层，且含水层位于导水裂缝带范围以内时，则顶板断裂会造成工作面淋水，恶化劳动条件。在这种情况下，应保持工作面的正常循环和连续均匀推进，避免推进速度太慢或时采时停，以便使工作面顶板不产生断裂，含水层的水随回柱放顶而涌向采空区。

除了以上方法外，还有减小采厚、改变工作面推进方向、减小工作面开采尺寸或调整工作面开采宽度、确定各工作面的位置和开采边界、确定各工作面的开采顺序和时间，采用跳采方式时确定各工作面的开采顺序、合理确定各工作面的推进速度等措施。各种方法都具有一定的优缺点和适用条件，在实际中应结合具体的条件，选取适当的方法，以达到安全、经济的目的。

水体下开采除了做好上覆水体的处理工作和选择合理的井下开采措施外，还必须建立完善的防排水系统。首先，矿井排水设备能力、排水管理系统、水仓储水能力以及下山开采的排水工程设施都要配套，能够适应疏水降压或增加矿井涌水量的需要，并保持一定的后备能力，防止突发事件发生；其次，要建立突水抢险制度，规定水害避灾路线，设置完备的安全出口，开采前应进行避灾演习。同时，要加强对职工的安全教育。

2.4.4　水体下采煤的相关要求

2.4.4.1　开采方案设计内容

水体下采煤必须进行开采方案设计，经审批后实施。开采方案设计应当包括以下内容：

（1）压煤开采的必要性、安全性和安全可靠性。

（2）水体下采煤的各种技术方案，主要包括水体特征分析，采煤方法和顶板控制方法选择与论证，顶板垮落带、导水裂缝带高度及发展特征预计，安全煤（岩）柱设计，开采技术措施和防治水安全措施。水体受采动影响程度分析与涌水量预计，必要时进行地表和岩层移动与变形预计，进行地质构造、大采深、大采高和高水压等特殊条件对安全煤（岩）柱影响的论证。

(3) 方案的技术、经济评价及费用概算。

(4) 方案的综合分析对比和选定。

(5) 井上、下水文地质长期观测网设计。

(6) 顶板垮落带、导水裂缝带高度观测预计。

(7) 必要时进行地表移动观测站设计。

(8) 必要时进行井下探放水工程、水文补勘工程设计。

2.4.4.2 开采方案设计所需资料

水体下开采方案设计，根据水体的具体情况应当具备下列有关技术资料和工程图：

(1) 技术资料

① 地表水体的水域、水深、水位动态、流量、流速、大气降雨量、补给水源及渗漏途径，地表洪水及防洪、排洪渠道系统。

② 采空区、旧巷积水区的范围、水量，老采空区的开采层数及范围，采空区积水的水源及其动态特征，与大气降水、地表水、地下水及上下煤层的水力联系；本煤层其他采空区和积水区之间的水力联系。

③ 松散层的成因类型；含水层、隔水层的组合结构及沉积特征；含水层的厚度、富水性(单位涌水量、渗透系数)、颗粒级配，在天然状态下的补给、径流、排泄条件及其在采动影响下可能产生的变化；隔水层的厚度、塑性指数及液性指数。

④ 基岩含水层和隔水层的组合结构和沉积特征，岩层裂隙、岩溶、断层和陷落柱的发育与分布规律，富水性、水质、水量、水位动态及在天然状态下的补给、径流、排泄条件和在采动影响下可能产生的变化；隔水层的厚度、岩性；岩石物理力学性质，岩石结构特征和矿物成分；地质断裂构造特征，断层、陷落柱的隔水性和导水性；穿透含水层钻孔的封孔质量；基岩面标高，风化带深度及其含水性评价。

⑤ 成煤时代，煤层稳定性，开采煤层层数、厚度、层间距、倾角、埋深及矿井开拓、采掘、排水系统。

⑥ 本矿井(区)或者类似条件下的顶板垮落带、导水裂缝带高度，采掘工作面矿压参数，地表移动与变形参数，地表塌陷、溃砂或者突水等资料。

⑦ 本矿井(区)的充水性特征，涌水量及其构成。

如果现有资料不能满足上述要求，应当进行补充调查和勘探。

(2) 工程图

井上下对照图、采掘工程平面图、地质剖面图、钻孔柱状图、矿井综合水文地质柱状图、矿井水文地质剖面图、矿井排水系统图、矿井充水性图、矿井涌水量与各种相关因素动态曲线图。

2.4.4.3 水体下开采观测研究

进行水体下压煤开采时，必须进行相应的观测研究工作。进行水体下压煤试采时，观测研究工作应当包括下列内容：

(1) 试采区巷道和工作面充水性，全矿井涌水量动态，分煤层、分水平、分采区、分工作面、分涌水点的涌水量定期观测及水质化验分析。

(2) 地表水和地下水(包括松散层、基岩和风化带含水层水)动态长期观测。观测工作在采前至少进行一个水文年。地表水的观测内容主要为水位标高、水质化验、流量等；地下水的观测内容主要为各含水层的水位标高、水质检验、流速及水力联系、补给通道等；此外，还应当收集或观测气象资料(降雨量、蒸发量等)。

(3) 顶板垮落带高度、导水裂缝带高度和分布形态及特征观测研究。

(4) 采煤工作面矿压、地表移动与变形观测，地表裂缝的素描与摄影、录像记录。

(5) 采厚、开采面积、工作面顶板垮落高度与特征、推进速度、基本顶初次与周期来压、顶板及煤柱稳定性和各项开采技术经济指标的计算与分析。

(6) 岩溶地区可溶岩层上方地表塌陷范围、塌陷坑分布状况和可能的塌陷检测：岩溶陷落柱分布范围、含水情况等。

(7) 地表下沉盆地积水区范围、水深及水量观测。

(8) 采空区积水的水位、水量及补给、排泄情况观测。

(9) 采煤工作面地质异常超前探测。

试采结束后，对各项观测资料进行系统分析和总结，提出成果，上报原审批单位。

对多次成功地进行过水体下压煤开采且掌握了数据和规律的矿井，上述工作可根据具体情况进行。

2.5 水体下采煤工程案例

2.5.1 米村煤矿水库下协调开采技术研究

2.5.1.1 米村煤矿及水库坝体概况

米村煤矿 26 扩大采区地表有宋沟水库及其堤坝。水库东南方向坝体使水库蓄水，坝体由料石和黄土堆积而成，坝体长度约为 113.5 m。26 扩大采区上限标高为－20.0 m，下限标高为－118.0 m，对应地面标高为＋272.5～＋280.6 m，走向长度为 200～1 050 m，倾向长度为 340～590 m，面积为 521 400 m^2。开采煤层为二$_1$煤层，厚度为 0.6～17.0 m。各工作面与水库坝体的位置关系示意如图 2-32 所示。水库坝体下各工作面参数如表2-18所示。

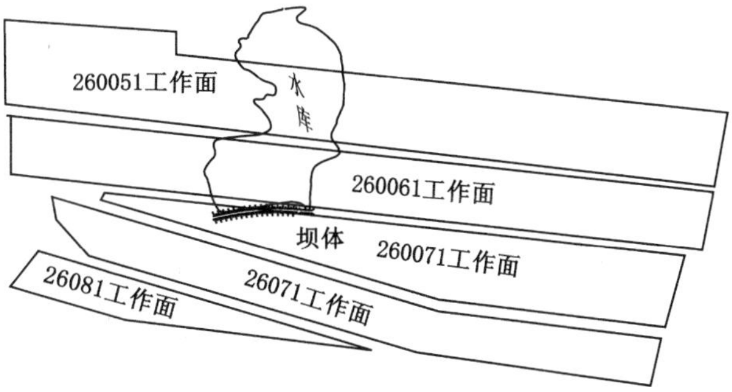

图 2-32　工作面与水库坝体的相对位置示意

表 2-18　水库坝体下各工作面参数

工作面名称	260061 工作面	26071 工作面	260051 工作面	26081 工作面	260071 工作面
工作面可采储量/t	474 430.0	765 562.7	800 004.4	116 814.1	319 771.3
煤层厚度$\left(\frac{最小—最大}{平均}\right)$/m	$\frac{2.8\sim10.1}{5.34}$	$\frac{0.9\sim16.0}{5.4}$	$\frac{0.7\sim17.0}{4.4}$	$\frac{1.0\sim13.0}{4.9}$	$\frac{0.6\sim9.4}{4.1}$
工作面标高/m	−66.35～−113.39	−71.1～−110.00	−89.11～+4.26	−61.0～−107.0	−116.7～−89.4
煤层倾角$\left(\frac{最小—最大}{平均}\right)$/(°)	10°(平均值)	$\frac{4^\circ\sim20^\circ}{10^\circ}$	$\frac{7^\circ\sim26^\circ}{10^\circ}$	$\frac{5^\circ\sim20^\circ}{9^\circ}$	$\frac{2^\circ\sim20^\circ}{9^\circ}$
平均采深/m	360	382	341	358	376
伪顶(碳质泥岩)厚度/m	0.7	0.7	0.7	0.6	0.7
直接顶(砂质泥岩)厚度/m	8.6	12.64	11.54	10.19	8.6
直接底(砂质泥岩)厚度/m	9.2	8.03	9.86	9.1	9.2
采煤方法	走向长壁综合机械化放顶煤一次采全高	走向长壁炮采放顶煤一次采全高	走向长壁炮采放顶煤一次采全高		

水库堤坝位于米村煤矿工业广场的西南方向。水库面积约为 3.2×10^4 m²，如图 2-33 所示，蓄水量为 $2.0\times10^5\sim3.0\times10^5$ m³。根据现场调查，该水库的水源主要为米村煤矿的井下排水和大气降水，最大水深为 17～18 m，水面标高一般约为+275 m。水库坝体迎水面边坡角为 40°～50°，边坡长度为 11～16 m，片石护坡。坝体长度约为 113.5 m，上部路面(坝)宽度为 8 m。路面与水库水平面高差一般约为 3 m，汛期水面会有上升。

图 2-33　宋沟水库

根据资料，水库大部分面积位于工业广场保护煤柱以内，坝体位于工业广场保护煤柱以外。如果要为坝体留设保护煤柱，则将对 26 扩大采区的多个工作面开采布局造成影响，压煤面积约为 2.0×10^5 m^2，26 扩大采区的多个工作面将不能开采，压煤量为 250 万吨左右。

2.5.1.2　工作面协调开采设计方案

根据协调开采设计，确定水库坝体下各工作面的开采顺序为：开采 260061 工作面→开采 26071 工作面→开采 260051 工作面→开采 26081 工作面→开采 260071 工作面。理由如下：

根据地表移动变形分布规律，先开采 260061 工作面，在坝体处引起的变形为压缩变形，这样坝体在第一次采动影响期间承受的变形为压缩变形，坝体不会出现裂缝，只承受动态移动变形的影响。首采工作面的宽度小于采深的 1/5，为非充分采动。

为减轻对坝体的采动影响，实行跳采方式，跳过 260071 工作面，第二个开采工作面为 26071 工作面，这样布置类似于大采宽条带开采，地表移动变形量大幅度减小，同时第一个工作面开采在坝体处形成的压缩变形与第二个工作面形成的拉伸变形得到部分抵消。

第三个开采工作面为 260051 工作面，由于距离坝体相对较远，同时 260061 工作面开采引起的地表移动已经基本结束，因此该工作面开采对坝体的影响较小。

第四个开采工作面为 26081 工作面，工作面开采宽度较小，距离坝体也相对较远，同时 26071 工作面开采引起的地表移动已经基本结束，因此该工作面开采对坝体的影响也较小。

最后开采 260071 工作面，由于工作面面长较小，两边的工作面开采引起的地表移动均基本稳定，该工作面开采以后坝体处下沉值增大，但由于为非充分采动，对坝体的影响很小。

2.5.1.3　上覆岩层破坏高度的计算

(1) 覆岩类型分析

根据 26 扩大采区内钻孔柱状图，26 扩大采区煤层上覆岩层主要由中细粒砂岩、粉砂岩、砂质泥岩、泥岩等岩层互层组成。经统计分析得，砂岩、粉砂岩、泥岩的比例大致为 0.31∶0.06∶0.63，再结合实际调查情况，了解到矿区泥岩约占 50%，故覆岩岩性属软弱偏中硬型。因此，按软弱和中硬两种岩性进行综合分析计算。

(2) 覆岩破坏高度计算公式的确定

根据分析得出的覆岩岩性及煤层埋藏条件，设计采用《建筑物、水体、铁路及主要井巷煤柱留设与压煤开采规范》给出的缓倾斜条件下厚煤层分层开采时的垮落带和导水裂缝带高度的计算公式进行计算。计算点分布如图 2-34 所示。计算结果如表 2-19 所示。

(3) 计算结果及分析

对于倾角为 0°～35°的缓倾斜煤层，煤层开采以后垮落带的边界位于采空区边界范围以内，导水裂缝带的边界位于采空区边界范围以外，一般超出采空区边界 5～8 m。垮落带和导水裂缝带均呈马鞍形，导水裂缝带的最高点位于采空区倾斜方向的上部。本扩大采区开采后上覆岩层的破坏空间形态符合一般规律。根据 26 扩大采区内靠近宋沟水库的钻孔柱状图，基岩顶部标高约为＋188 m，导水裂缝带顶点与基岩顶部之间的基岩岩柱厚度均在 200 m 以上，再加上约 55 m 厚的第四系砂质黏土的隔水作用，导水裂缝带不会波及地表宋沟水库水体，即导水裂缝带不会形成矿井突水的通道。

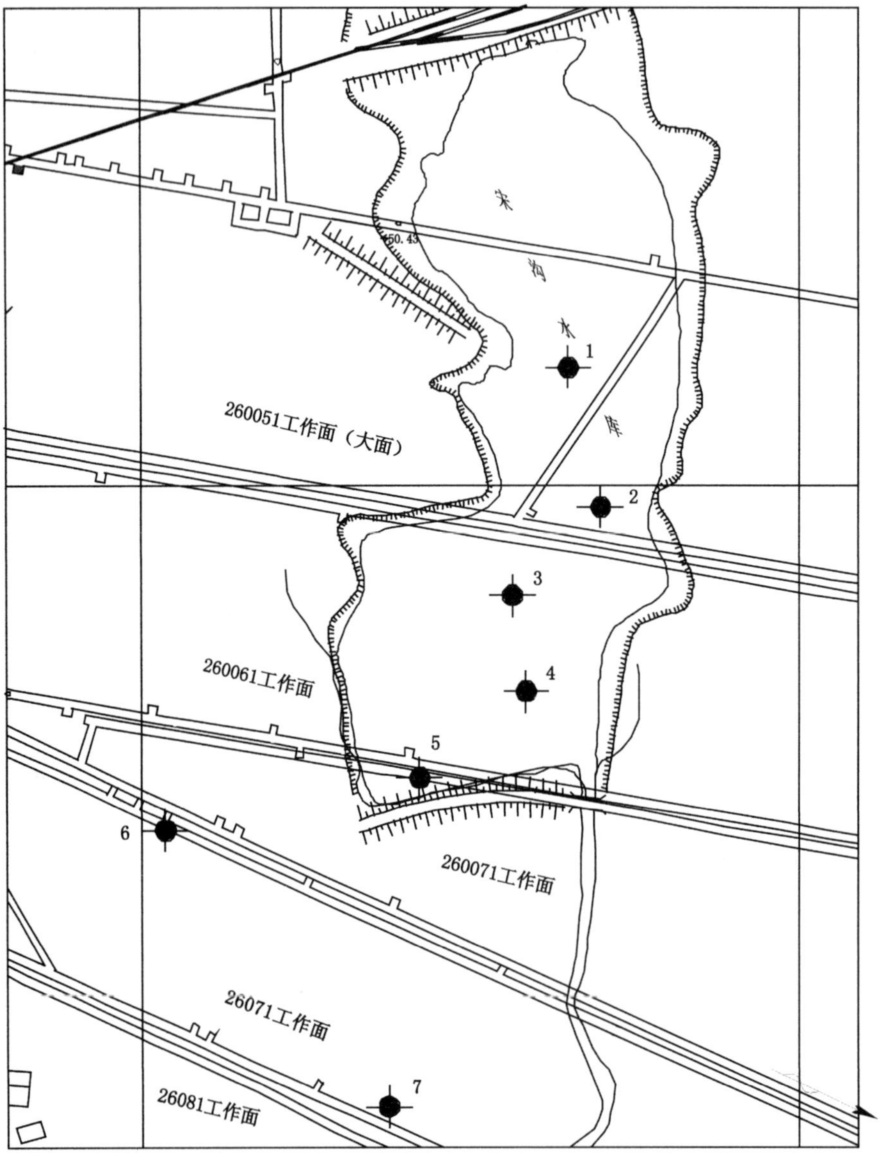

图 2-34　覆岩破坏高度计算点分布

表 2-19　覆岩破坏高度计算结果

计算点号	煤层底板标高/m	煤层厚度/m	垮落带高度 H_k/m		导水裂缝带高度 H_{li}/m		导水裂缝带顶点标高/m	
			软弱覆岩	中硬覆岩	软弱覆岩	中硬覆岩	软弱覆岩	中硬覆岩
1	−65	3.97	8.51	12.74	26.94	49.85	−38.06	−15.15
2	−75	4.20	8.74	13.04	27.31	50.99	−47.69	−24.01
3	−80	5.13	9.54	14.10	28.54	55.30	−51.46	−24.70
4	−88	5.13	9.54	14.10	28.54	55.30	−59.46	−32.70
5	−92	5.59	9.89	14.55	29.03	57.29	−62.97	−34.71
6	−90	8.00	11.30	16.33	33.28	66.57	−56.72	−23.43
7	−118	10.50	12.31	17.56	37.40	74.81	−80.60	−43.19

2.5.1.4　防水安全煤(岩)柱的留设

为了安全起见，在防水安全煤(岩)柱垂高计算过程中，对覆岩按中硬和软弱两种类型进行计算。根据上述公式计算各计算点防水安全煤(岩)柱垂高，结果如表 2-20 所示。

表 2-20　防水安全煤(岩)柱尺寸计算结果

计算点号	煤层底板标高/m	煤层厚度/m	导水裂缝带高度 H_{li}/m		防水安全煤(岩)柱垂高/m		安全系数 K	
			软弱覆岩	中硬覆岩	软弱覆岩	中硬覆岩	软弱覆岩	中硬覆岩
1	−65	3.97	26.94	49.85	34.88	61.76	5.25	2.96
2	−75	4.20	27.31	50.99	35.71	63.59	5.40	3.04
3	−80	5.13	28.54	55.30	38.80	70.69	5.10	2.80
4	−88	5.13	28.54	55.30	38.80	70.69	5.31	2.91
5	−92	5.59	29.03	57.29	40.21	74.06	5.22	2.84
6	−90	8.00	33.28	66.57	49.28	90.57	4.22	2.30
7	−118	10.50	37.40	74.81	58.40	106.31	4.04	2.22

从表 2-20 中的计算结果可知，各计算点的安全系数都大于 1，即各计算点的防水安全煤(岩)柱垂高均小于基岩岩柱垂高，且导水裂缝带均未波及宋沟水库水体，所以从导水裂缝带的发育情况看，26 扩大采区各工作面在开采上限下采煤是安全的。

针对水库堤坝受采动影响的情况，米村煤矿合理、及时有效地采取堤坝维护加固措施，如在水库坝体的迎水坡铺设土工膜防渗层以及坝体灌浆等技术措施。且在开采 260071 工作面后水面距坝顶最近，采取如加高加宽堤坝、疏放水等措施，以提高堤坝的有效拦水高度。

2.5.2　芦沟煤矿水库下采煤技术研究

芦沟煤矿 32 采区设计走向长度为 1 870 m，倾向长度为 770～1 340 m；煤层厚度为 1.80～10.86 m，平均为 5.66 m；煤层倾角为 15°～20°，平均为 18°，煤层呈单斜构造；煤层底板标高为−360～−140 m，对应地面标高为＋215～＋233.1 m，煤层埋深为 400～520 m。地表五星水库主要位于该采区的西翼；在该采区的东翼，地表水库位于采区下部，东翼采区上部开采对水库不会造成影响。另外，芦沟煤矿主要开采 32 采区的西翼，因此，对芦沟煤矿 32 采区西翼各工作面开采引起的导水裂缝带高度及安全煤(岩)柱垂高进行计算分析。

2.5.2.1　工作面及水库概况

32101 工作面为 32 采区设计的五星水库下采煤的首采面，该工作面位于五星水库上游地段下方。该工作面沿走向推进，设计的走向长度大约为 800 m，倾向长度约为 120 m。所采二$_1$煤层厚度为 4.00～10.86 m，平均为 7.50 m，倾角约为 7.5°；对应地面标高为＋219.6～＋233.1 m，平均约为＋226.4 m，煤层底板标高为−324.6～−252 m，平均约为−288 m，平均采深约为 514 m。该工作面采煤方法为炮采放顶煤，顶板管理方式为全部垮落法。根据采区设计，32103 工作面设计的走向长度大约为 800 m，倾向长度为 80～120 m，煤层倾角为 7.6°～15°；以工作面走向转折处为界，煤层厚度在左侧平均约为 6.0 m，在右侧约为4.0 m，采深为 455～465 m。32105 工作面设计的走向长度大约为 800 m，倾向长度为 80～120 m，煤层倾角为 14°～15.5°；以工作面走向转折处为界，煤层厚度在左侧平均约为

7.5 m，在右侧约为 3.5 m，采深为 445～460 m。开采顺序为先采 32101 工作面，然后跳采 32105 工作面，最后开采 32103 工作面。

五星水库面积约为 2.0×10^5 m²，库容量约为 3.0×10^6 m³，最大水深为 30 m，一般为15 m，压煤量约为 480 万吨。经现场调查，水库的地面现状如图 2-35 所示。32101 工作面为设计的五星水库下采煤的首采面，该工作面位于五星水库库尾下方，采区的最下部。水库上游地段没有库体上的钻孔资料，根据邻近的钻孔和井上下对照图，32101 首采工作面地表及附近区域最低的地面标高为＋215.5 m，所以库底标高约为＋185.5 m；根据周边钻孔资料，该区域第四系松散层厚度一般为 3.19～18.5 m，主要成分从上至下为黄土、粉质黏土，库底有砾石层。第四系松散层下为二叠系上、下石盒子组基岩地层。水库下游有大坝及相应的水利设施，由于距离 32101 工作面较远（约 1 200 m），这些水工构筑物不受 32101 工作面开采的影响。

图 2-35　五星水库

2.5.2.2　覆岩岩性分析

根据相关钻孔资料，统计二$_1$煤层顶板上覆的 518.11 m 地层，各类岩层垂直厚度及所占的比例如表 2-21 所示。

表 2-21　二$_1$煤层上覆岩层岩性统计结果

岩层名称	泥岩	砂质泥岩	粉砂岩	细砂岩	中粒砂岩	粗砂岩	煤层	表土层	风化砂岩	总计
厚度/m	57.66	246.34	41.87	63.22	79.66	9.48	0.49	18.5	0.89	518.11
所占比例/%	11.13	47.55	8.08	12.20	15.38	1.83	0.09	3.57	0.18	100

经计算可知：32101 工作面的覆岩综合评价系数 P 约为 0.59。同时，隔水性相对好的泥岩所占的比例为 11.13%，隔水性相对较好的泥岩、砂质泥岩、粉砂岩所占的比例为66.76%，因此，这对水体下采煤而言是比较好的软硬相间的岩层组合，对水体下采煤是有利的。

2.5.2.3　覆岩破坏高度的计算

在 32 采区范围内，选择 9 个点对各工作面开采引起的导水裂缝带高度及安全煤（岩）柱垂高进行计算分析。各点的位置分布情况如图 2-36 所示。

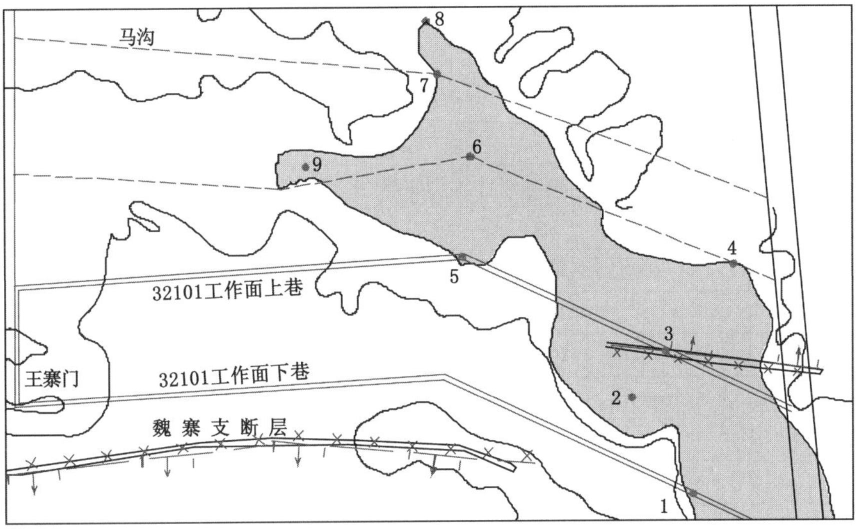

图 2-36　覆岩破坏高度计算点分布

根据《建筑物、水体、铁路及主要井巷煤柱留设与压煤开采规范》中的公式(见本章第 2 节“覆岩破坏高度计算”部分),结合《煤矿床水文地质、工程地质及环境地质勘查评价标准》(MT/T 1091—2008)中针对中硬及坚硬岩性的分层开采导水裂缝带高度计算公式[式(2-18)],对芦沟煤矿五星水库下 32 采区各工作面有代表性的有关区域的计算点分别进行了计算,得出了垮落带高度、导水裂缝带高度以及导水裂缝带顶点标高。覆岩按中硬岩性计算结果见表 2-22,按坚硬岩性计算结果见表 2-23,表中公式三即式(2-18)。

$$\begin{cases} H_{li} = \dfrac{100M}{3.3n + 3.8} + 5.1 & (\text{中硬岩性}) \\ H_{li} = \dfrac{100M}{2.4n + 2.1} + 11.2 & (\text{坚硬岩性}) \end{cases} \tag{2-18}$$

式中　n——分层层数。

表 2-22　覆岩破坏高度计算结果(按中硬岩性计算)

计算点号	煤层底板标高/m	煤层厚度/m	垮落带高度 H_k/m	导水裂缝带高度 H_{li}/m			导水裂缝带顶点标高/m
				公式一	公式二	公式三	
1	−294	8.5	16.62	55.02	68.31	124.82	−160.68
2	−287	7.5	16.02	53.68	64.77	110.73	−168.77
3	−283	4.0	12.78	45.60	50.00	61.44	−217.56
4	−260	3.0	11.26	41.31	44.64	47.35	−209.65
5	−281	5.0	13.96	48.70	54.72	75.52	−200.48
6	−267	4.5	13.41	47.27	52.43	68.48	−194.02
7	−240	4.5	13.41	47.27	52.43	68.48	−167.02
8	−220	4.5	13.41	47.27	52.43	68.48	−147.02
9	−264	6.0	14.91	51.05	58.99	89.61	−168.39

表 2-23　覆岩破坏高度计算结果(按坚硬岩性计算)

计算点号	煤层底板标高/m	煤层厚度/m	垮落带高度 H_k/m	导水裂缝带高度 H_{li}/m			导水裂缝带顶点标高/m
				公式一	公式二	公式三	
1	−294	8.5	27.61	78.57	97.46	200.09	−85.41
2	−287	7.5	26.12	77.08	92.16	177.87	−101.63
3	−283	4.0	18.89	67.72	70.00	100.09	−178.91
4	−260	3.0	15.95	62.47	61.96	77.87	−179.13
5	−281	5.0	21.37	71.40	77.08	122.31	−153.69
6	−267	4.5	20.18	69.71	73.64	111.20	−151.30
7	−240	4.5	20.18	69.71	73.64	111.20	−124.30
8	−220	4.5	20.18	69.71	73.64	111.20	−104.30
9	−264	6.0	23.48	74.12	83.48	144.53	−113.47

由计算结果可知,区域内水体下所取的计算点煤层底板标高最大的 8 号点的导水裂缝带顶点标高为:当覆岩为中硬岩性时其值为－147.02 m,当覆岩为坚硬岩性时其值为－104.30 m;32101 工作面水库下最大开采上限的导水裂缝带顶点标高为:当覆岩为中硬岩性时其值为－217.6 m,当覆岩为坚硬岩性时其值为－178.91 m。根据前面所分析的水库界底基岩顶部标高(＋165.5 m),可得导水裂缝带顶点与水库底部之间的基岩岩柱厚度均在 250 m 以上。因此,导水裂缝带不会波及地表五星水库底部,即开采造成的导水裂缝带不会成为地表水体突水的通道。

2.5.2.4　防水安全煤(岩)柱的留设

为了确保水体下采煤的安全,在五星水库下采煤前分别按中硬和坚硬覆岩来计算防水安全煤(岩)柱垂高。保护层厚度按水库底部无有效黏土隔水层考虑,对中硬覆岩而言,其保护层厚度应取厚煤层首采煤层或分层一次采厚的 6 倍;对坚硬覆岩而言,其保护层厚度应取厚煤层首采煤层或分层一次采厚的 7 倍。同时,基岩风化带深度取决于岩性、原生裂隙发育程度和后期被冲刷残留的厚度,根据芦沟煤矿提供的钻孔资料可知,基岩风化带裂隙发育深度为 2.3～19.4 m,为了安全基岩风化带深度取 25 m。

经计算,各计算点的残留安全煤(岩)柱垂高在覆岩岩性为中硬时均在 200 m 以上,在覆岩岩性为坚硬时除 1、2 号计算点相应为 166.41 m、189.63 m 以外,其他各计算点均在 200 m 以上,即各计算点的防水安全煤(岩)柱垂高均小于基岩岩柱厚度,且导水裂缝带均未波及五星水库底部,所以从导水裂缝带发育情况看,32 采区各工作面在开采上限下采煤是安全的。各计算点的相关计算参数见图 2-37 和图 2-38。

除煤层开采产生的导水裂缝带以外,煤矿顶板水害的导水通道还可能有不良封闭钻孔、上通式导水陷落柱、岩溶塌落洞、导水断层与裂隙等。如由构造断裂形成的断层破碎带,往往具有较好的透水性,会形成充水的良好通道。因此,位于水库下部的各开采工作面在采掘过程中,应制定专项技术措施,加强各工作面工程地质构造的研究、探测工作,并进行水文观测、水文地质综合勘探工作,制定矿井水害防治技术措施等。

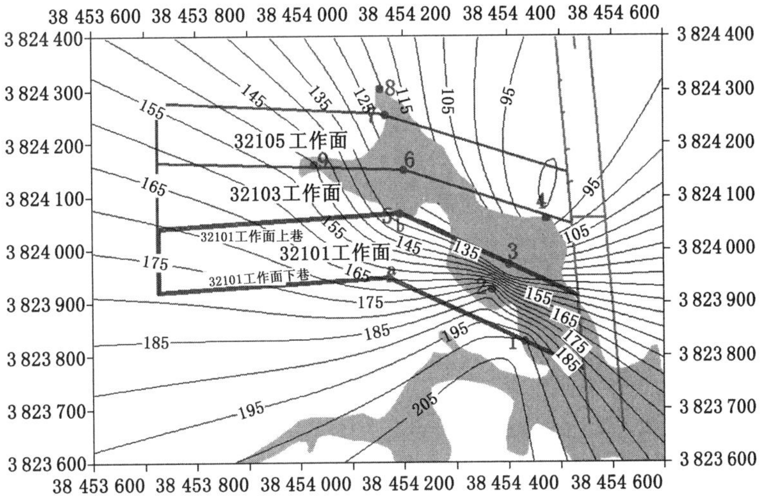

图 2-37　防水安全煤(岩)柱最大垂高等值线图(中硬覆岩)(单位:m)

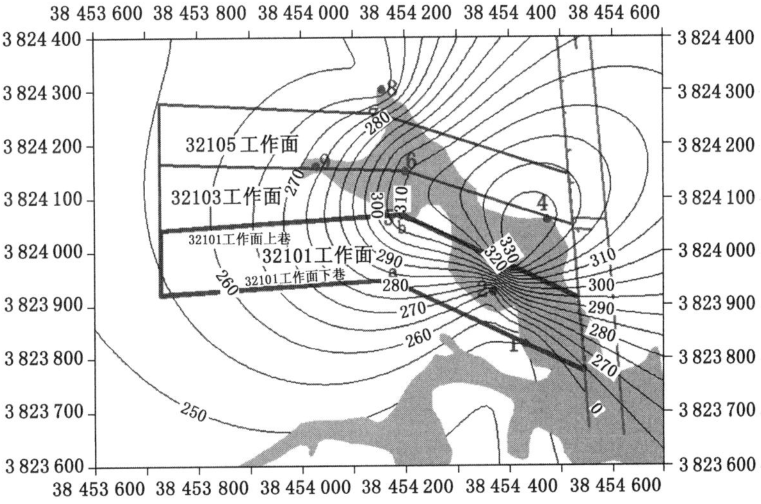

图 2-38　残留安全煤(岩)柱最小垂高等值线图(中硬覆岩)(单位:m)

第3章 线型构筑物下压煤开采技术

电子教案

近年来，我国公路、铁路、桥梁及隧道等交通基础设施建设飞速发展。截至2017年年底，我国公路通车总里程达4.773 5×10^6 km，高速公路通车覆盖97%的20万以上人口城市及地级行政中心。公路、铁路、高压输电线路以及各类管线等线型构筑物是国民经济的动脉。这些线型构筑物由于延伸长度大，留设保护煤柱时压煤量大。随着公路、铁路建设的发展，公路、铁路下压煤量不断增大。高压输电线路也已成为矿区就地消化煤炭资源、减少煤炭运输压力和远距离电力输送的主要渠道。铁路、公路、桥梁及隧道、高压输电线路以及各类管线等线型构筑物下压煤开采已成为煤炭企业面临的又一大问题。开采沉陷对铁路、公路、高压输电线路和各类管线可能会造成一定的损坏（见图3-1），进而引起次生事故和造成巨大的经济损失。本章根据开采沉陷引起的地表变形特点及其危害性，分述开采沉陷对铁路、公路等线型构筑物的损坏特征及保护技术。

(a)　　(b)

图3-1　铁路、公路的损坏状况

《建筑物、水体、铁路及主要井巷煤柱留设与压煤开采规范》规定：国家高速铁路、设计速度200 km/h的城际铁路和客货共线铁路、高速公路特大型桥梁、落差超过100 m的水电站坝体、大型水库大坝等为特级保护对象；国家Ⅰ级铁路、设计速度160 km/h及以下的城际铁路、高速公路、特高压输电线塔、大型隧道、输油（气）管道干线等为Ⅰ级保护对象；一级公路、220 kV及以上高压线塔、架空索道塔架、输水管道干线等为Ⅱ级保护对象；二级公路、110 kV高压输电杆（塔）等为Ⅲ级保护对象。

3.1　铁路下采煤技术

3.1.1　铁路下采煤的特点

铁路线路是特殊的地面构筑物，列车质量大、速度高，对线路规格要求严格，如果线路受到采动影响超过一定的限度，列车的安全就得不到保证。与一般建筑物下采煤相比，铁路下采煤具有以下一些特点：

(1) 铁路是延伸性建筑物，相互之间为一整体。如果某一区段出了问题，则必然会影响全线正常通车，必须全盘考虑。

(2) 铁路运输不能中断，必须保证采动过程中列车行车的安全。这就要求在短时间维修的条件下，保证铁路维修的质量。

(3) 铁路突然、局部陷落，对列车运行危害极大，可能导致列车行车事故，必须加以防止。

(4) 铁路的移动变形可通过及时维修消除。地下开采引起的线路移动和变形，可以在线路运营不间断的条件下，用起道、拨道、顺坡、调整轨缝等方法消除。

3.1.2　铁路下采煤的条件

在我国，煤矿区开采影响的铁路主要分为三种：矿区(或厂区、林区等)专用线、铁路支线(国家三级铁路)和铁路干线(国家一、二级铁路和高速铁路、设计速度 200 km/h 的城际铁路和客货共线铁路等)。

矿区专用线服务对象是矿区本身，地下开采的影响只涉及矿区的利益，加之铁路行车速度慢、技术质量要求低，因此，矿区铁路专用线下采矿较易开展。目前，我国的铁路下采煤大多是在矿区专用线下开展的。

铁路支线的技术标准和重要程度多比矿区专用线的高。但是，与铁路干线相比，其重要程度、行车速度都较低，且车次少。铁路支线下采煤在我国已进行了多次试验，取得了丰富的经验。

铁路干线是国家的交通命脉。列车行车速度快、车次多、线路技术标准高、线路间歇时间短，维修工作不易进行，因此在铁路干线下采煤是非常困难的。我国已在铁路干线下进行了试采。

《建筑物、水体、铁路及主要井巷煤柱留设与压煤开采规范》规定，取得铁路下压煤试采成功经验的矿区，符合下列条件之一者，铁路压煤允许采用全部垮落法进行开采。

(1) Ⅲ级铁路：

薄及中厚单一煤层的采深与单层采厚比大于或者等于 60；

厚煤层及煤层群的采深与分层采厚比大于或者等于 80。

(2) Ⅳ级铁路：

薄及中厚单一煤层的采深与单层采厚比大于或者等于 40；

厚煤层及煤层群的采深与分层采厚比大于或者等于 60。

(3) 不满足上述条件，但本矿井在铁路下采煤有成功经验和可靠数据的铁路。

符合下列条件之一者，铁路(指有缝铁路)压煤允许采用全部垮落法进行试采。

(1) 国家Ⅰ级铁路：

薄及中厚单一煤层的采深与单层采厚比大于或者等于150；

厚煤层及煤层群的采深与分层采厚比大于或者等于200。

(2) 国家Ⅱ级铁路：

薄及中厚单一煤层的采深与单层采厚比大于或者等于100；

厚煤层及煤层群的采深与分层采厚比大于或者等于150。

(3) Ⅲ级铁路：

薄及中厚单一煤层的采深与单层采厚比大于或者等于40，小于60；

厚煤层及煤层群的采深与分层采厚比大于或者等于60，小于80。

(4) Ⅳ级铁路：

薄及中厚单一煤层的采深与单层采厚比大于或者等于20，小于40；

厚煤层及煤层群的采深与分层采厚比大于或者等于40，小于60。

(5) 不满足上述条件但本矿井在铁路下采煤有成功经验和数据的铁路。

铁路下压煤开采时，应当及时维修受采动影响的铁路。铁路线的维修标准和要求应当按照铁路管理部门有关规定执行，并满足铁路安全运营要求。

铁路压煤开采应当有开采方案设计，在征得铁路运输企业同意，方案得到批准后实施。方案设计应当包括下列基本内容。

(1) 铁路特征及压煤开采的必要性、可能性和安全可靠性。

(2) 实现铁路下采煤的各种技术方案，其中包括采煤方法和顶板管理方法的选择与论证，开采技术实施、行车安全措施及铁路的维修方法。

(3) 地表移动与变形值预计，包括选用的计算公式和参数，铁路所在处地表的下沉、下沉速度、纵向和横向移动及水平变形值计算结果及曲线图。

(4) 铁路路基及其上部建筑的维修方法与维修周期。

(5) 开采技术方案及维修方案的技术、经济评价和费用概算。

(6) 方案的综合分析对比和选定。

(7) 铁路及地表移动观测站设计。

铁路压煤开采方案设计应当具备下列技术资料和工程图。

(1) 地质开采技术条件。煤层的层数、层间距、倾角、埋深、开采范围、压煤量、上覆岩层性质、地质断裂构造位置及落差、流砂、溶洞、老采空区的空间位置、活化的可能性及其对地表和线路的影响等。工程图有井上下对照图、采掘工程平面图、地质地形图、地质剖面图及钻孔柱状图等。

(2) 受采动影响铁路的技术特征。铁路等级、股道数量、运输量、每昼夜列车通过对数、最高行车速度、最小行车间隔时间、线路路基及上部建(构)筑物的构成，线路标高、边坡点、坡度以及线路直线段、曲线段和缓和曲线段的位置。曲率半径、曲线长度、道岔、信号和通信设备及线路周围地形等。工程图有线路平面图和纵、横剖面图等。

(3) 铁路其他建(构)筑物的技术特征。对于铁路桥，应当标明桥梁及桥墩、台的结构、材质、建筑年月、过水断面、桥下最高洪水位及流量等。工程图有桥梁的平面位置图，桥梁、墩、台的结构图，支座构造图等。

在铁路下试采时，必须建立铁路观测站，对线路进行相应的巡视及观测研究工作，观测数据及分析报告应当及时抄送铁路运输企业。试采结束后，对各项观测资料进行系统分析和总结，提出成果，上报原审批单位，并抄送铁路运输企业。铁路线路观测的主要内容有线路下沉量、下沉速度及纵横向水平移动等。

3.1.3　路基移动变形特征

铁路线路主要由路基、道床、轨枕和钢轨组成，如图 3-2 所示。路基是铁路线路的基础，是为了满足轨道铺设和运营条件而修建的土工构筑物。路基的基本结构如图 3-3 所示。路基承受来自轨道、机车车辆及其载荷的压力和传播列车的动应力。因此，路基必须填筑坚实，经常保持干燥、稳固和完好状态，必须保证足够的强度和稳定性。地下开采引起地表移动，带动路基移动变形，从而导致线路的上部构筑物如道床、轨枕、钢轨、连接零件和道岔等产生一系列移动变形，造成线路行车事故。

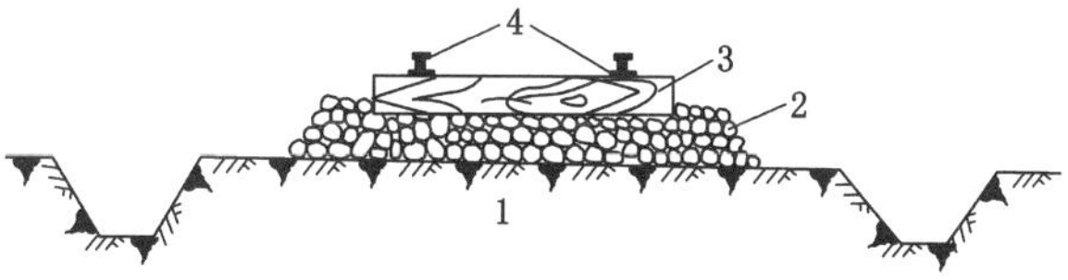

1—路基；2—道床；3—轨枕；4—钢轨。

图 3-2　铁路横断面图

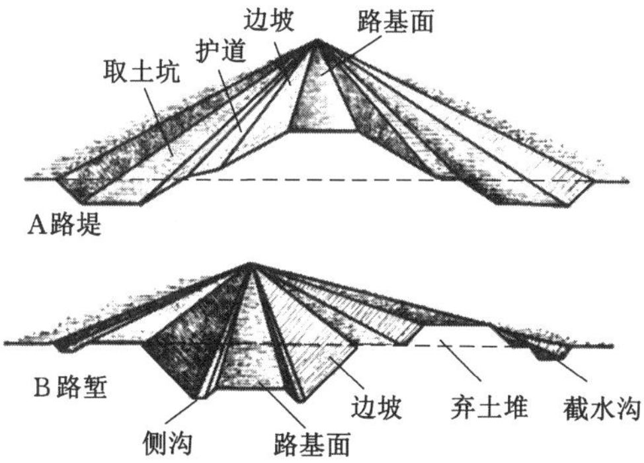

图 3-3　路基的基本结构

采空区上覆岩层的移动波及地表以后，位于采空区上方的路基开始下沉。随着采煤工作面的推进，路基下沉量逐渐增大，下沉范围亦不断扩展。在路基最大下沉点和下沉边界之间下沉呈连续渐变的规律分布。观测表明，路基在下沉过程中在竖直方向上不会产生松动和脱层等损坏，路基是随着地表的下沉而连续下沉的。

采动过程中的地表下沉、倾斜、曲率变形、水平移动和水平变形，都会对路基产生不同程度的影响。其中，影响最大的是水平方向（包括沿路基轴线的方向和垂直于路基轴线的方向）的移动和变形。

3.1.3.1　路基的下沉特征

地下开采的影响传播到路基，引起路基移动变形。当深厚比较大（大于 20）时，路基的移动是连续、渐变的，一般不会出现突然的、局部的下陷。只有当地质采矿条件满足产生塌陷坑的条件时，路基才有可能出现塌陷坑，此时进行铁路下采煤，应采取特别的安全措施。

路基在竖直方向上的移动是连续、渐变的，不存在松动、脱层等现象。

采动过程中地表的倾斜、拉伸变形对路基的稳定性都会产生一定的影响。影响程度可根据地表移动变形预计结果评价。对稳定性较差的高路堤、陡坡路堤和深路堑，应进行滑坡的可能性验算。

由以上分析可看出，一般情况下，采动影响下铁路路基的移动变形在空间上是连续分布的，在时间上是连续渐变的，可以通过维修消除开采的影响，保证铁路行车的安全，这是铁路下采煤的基础。

3.1.3.2 路基的水平移动特征

路基在下沉的同时，还将产生水平移动。垂直于线路方向的水平移动将改变线路的原有方向。沿线路方向的水平移动，将使路基产生拉伸和压缩变形。在拉伸区，路基的密实度降低，但在列车动载荷的作用下，路基在竖向上再压缩，使其在采动过程中始终保持足够的强度。在压缩区，路基的密实度将增大。而路基土体有一定的空隙，能吸收一部分压缩变形，因此不会对路基造成影响。

与下沉一样，一般情况下路基的水平移动在时间和空间上是连续渐变的。

3.1.3.3 线路上部建筑的移动变形

线路的上部建筑是指钢轨、轨枕、道床、连接部件、道岔、防爬设备等。其中，钢轨是主要部分。地下开采将引起线路产生如下变化。

(1) 线路坡度的变化

路基的不均匀下沉，使路基产生倾斜，从而导致线路原有坡度变化。当地表倾斜方向和线路的方向一致时，线路坡度增大；反之，线路坡度减小，或形成反坡。线路坡度的增减将使列车运行阻力增减。铁路下采煤时，必须保证线路在开采后的坡度满足列车运行允许的坡度。《铁路技术管理规程》规定的客货共线Ⅰ、Ⅱ级铁路区间线路的最大允许坡度如表 3-1 所示。

表 3-1 客货共线Ⅰ、Ⅱ级铁路区间线路最大限制坡度 单位:‰

铁路等级		牵引种类	
		电力	内燃
Ⅰ	一般	6.0	6.0
	困难	15.0	12.0
Ⅱ	一般	6.0	6.0
	困难	20.0	15.0

(2) 竖曲线半径的变化

线路倾斜的不均匀变化，会导致线路竖曲线半径的变化。地表移动的正曲率可使线路的凸竖曲线半径减小，使原有凹竖曲线半径增大，使长坡道变成凸竖曲线。地表移动的负曲率可使线路的凸竖曲线半径增大，使原有凹竖曲线半径减小，使长坡道变成凹竖曲线。《铁路技术管理规程》对线路纵断面的设计、曲线形式、曲线半径等作出了明确的规定，如表 3-2 所示。实际进行铁路下采煤时，由于地表曲率变化缓慢，只要采取及时的措施，就可以消除曲率的影响，保证行车的安全。

表 3-2　客货共线Ⅰ、Ⅱ级铁路区间线路最小曲线半径

铁路等级	路段设计行车速度/(km/h)	最小曲线半径/m	
		一般	困难
Ⅰ	200	3 500	2 800
	160	2 000	1 600
	120	1 200	800
Ⅱ	120	1 200	800
	80	600	500

(3) 钢轨下沉差的影响

两条钢轨下沉不等，使两条钢轨出现下沉差，会改变两条钢轨原有的超高。当超高超过允许值或出现反超高时，对列车运行将产生极为不利的影响，甚至会导致列车翻车事故。《铁路工务安全规则》规定：曲线超高度的最大限度不得超过 150 mm；单线上、下行列车速度相差悬殊时不得超过 125 mm，两轨面的实际超高度与设计超高度相比较，起差值不得超过±4 mm。我国铁路的标准轨距为 1 435 mm。为使两轨超高变化量小于 4 mm，垂直于线路方向的地表倾斜值应小于 2.8‰。

(4) 线路横向移动变形的影响

线路的横向移动与线路相对工作面的位置有关。具体为：

① 当线路方向与工作面推进方向平行，且位于地表移动盆地主断面上时，线路的横向移动量较小。

② 当线路方向与工作面推进方向垂直，且位于地表移动盆地主断面上时，线路的横向移动规律为：当工作面向线路推进时，线路的横向移动方向与工作面推进方向相反，横向移动量逐渐增大；当工作面推过线路并逐渐远离时，线路的横向移动方向逐渐转向工作面推进方向，横向移动量由原来的最大值逐渐减小，最终将越过原来的位置而稳定在终采线一侧(见图 3-4)。

③ 当线路方向与工作面推进方向平行或垂直，但不位于地表移动盆地主断面上时，线路的横向移动方向总是指向采空区方向，会增大或减小线路的平面曲线半径或使直线变为曲线(见图 3-4)。

④ 当线路方向与采煤工作面斜交(见图 3-5)时，线路的横向移动会使线路变成“S”形的，出现两条反向的曲线。

从理论上讲，线路的横向移动还将引起曲线正矢、轨距的变化，但这种变化较小，且线路处在维修之中，可通过维修加以调整。

(5) 线路纵向移动变形的影响

线路的纵向移动变形主要表现为线路的爬行和轨缝的变化。线路的爬行量一般小于地表水平移动量。出现爬行的范围要大于地表移动的范围。线路爬行的方向、大小与地表水

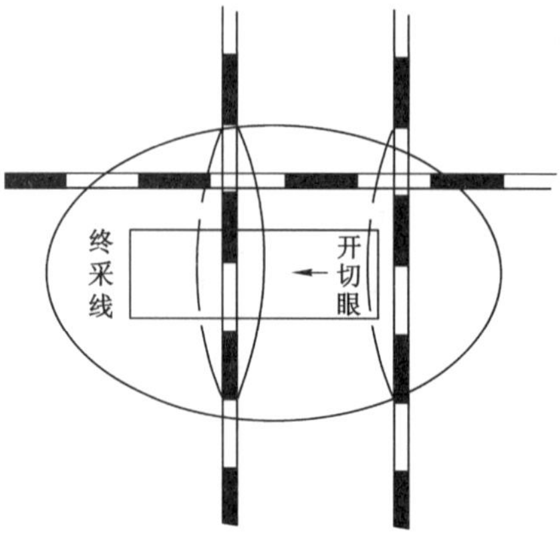

图 3-4　线路横向移动示意

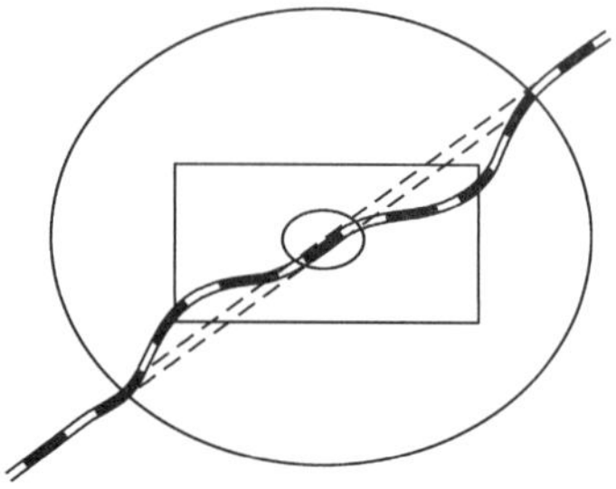

图 3-5　线路方向与工作面斜交示意

平移动的方向和大小有关，此外，还受线路的坡度、重车运行方向和线路锁定状况的影响。

轨缝的变化与地表水平变形有关。在地表拉伸区，轨缝增大，如果变形太大，则能使轨缝达到或超过线路的允许值，并能将鱼尾板拉断或将螺栓切断。在地表压缩变形区，轨缝减小，如果压缩变形值太大，则轨缝挤死，出现瞎缝，使接头和钢轨内产生很大的应力，甚至出现“涨轨”现象，导致脱轨事故。《铁路工务规则》规定，线路上大轨缝（超过下列标准的轨缝为大轨缝：对于 12.5 m 钢轨，夏季为 8 mm，冬季为 16 mm；对于 25 m 钢轨，夏季为 12 mm，冬季为 17 mm）不得超过 5%。在钢轨未达到最高轨温情况下，不允许有连续三个以上的瞎缝。

3.1.4　铁路下采煤的技术措施

铁路下采煤的技术措施主要有两类：开采措施和维修措施。开采措施用于减小地表的移动变形和下沉速度。维修措施用于消除开采对铁路线路的影响，保证铁路的安全运行。

3.1.4.1　开采措施

开采措施包括以下一些方法：采用充填开采、柱式开采减小地表移动变形；选取合理的开采方法和顶板管理方法，防止地表突然下沉；合理布置工作面，尽量不使线路与工作面斜交，使线路位于地表移动盆地的有利位置，减小线路的移动变形和维修工作量；控制工作面推进速度，减小地表下沉速度，以便及时维修。

3.1.4.2　维修措施

铁路线路变形要进行及时的维修，主要措施有加宽、加高路基，保证路基的稳定性；用起道和顺坡的方法消除地表下沉对线路的影响；用拨道、改道的方法消除横向水平移动对线路的影响（见图 3-6 和图 3-7）；用串道的方法消除纵向水平移动变形对线路的影响，调整轨缝等。一般要求是：

（1）预计线路的移动与变形。其目的是分析铁路下开采的可能性及难度，预计维修工程量，确定维修队伍，以及准备维修所需的材料。

（2）组织维修力量。成立临时养路工区或维修班组，专门负责沉陷区段的维修工作。

（3）加宽路基。根据预计的下沉量和横向水平移动量，计算路基加宽量，并进行加宽施工。如果土质有渗水性，则应设置排水沟。

图 3-6　拨道作业

图 3-7　自动抄平、起道、拨道、捣固车

(4) 检查与加固线路上部建筑，对钢轨、鱼尾板、螺栓、轨枕进行全面检查，更换失效和有损伤的部件、增设轨距杆和轨撑，并准备足够的更换备件。

(5) 为将下沉后的线路抬起到一定的高度，应准备足量的道砟，并制定出道砟的调运计划。

(6) 为及时掌握线路动态情况及确定维修计划，应设置地表和线路移动观测站。

(7) 对线路附近的小煤窑进行调查，采取措施，以防止发生突然塌陷。

(8) 全面整修线路，加固受到开采影响的桥梁涵洞，跨度较小的桥梁可改为涵洞。

3.1.4.3　观测工作

在铁路下采煤时，应事先在地表设置专门的铁路观测站。其目的一是随时掌握路基和线路的移动动态，为铁路维修提供依据；二是为研究路基和上部建筑的移动规律提供资料，以指导今后的铁路下采煤工作。

铁路观测站应由两条观测线组成：一条设在钢轨上，称为轨道观测线；另一条与钢轨平行设置在路基面上，称为路基观测线，见图 3-8。

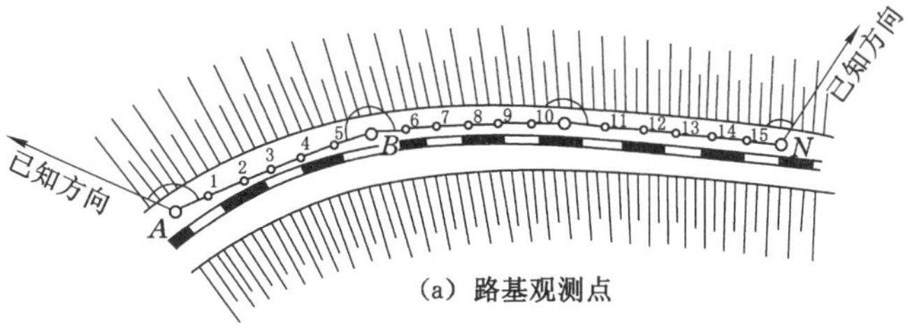

(a) 路基观测点

(b) 轨道观测点

图 3-8　铁路观测站

(1) 轨道观测线

轨道观测线的测点选在钢轨轨头的外侧，设置一个小圆坑，作为平面观测的位置。

测点间距：在直线段与单根钢轨长度相适应，即 12.5 m 或 25 m；在曲线段与正矢点相对应，即每 10 m 或 20 m 设一点。测点可选在轨节编号处，以便寻找。轨面即高程观测时的立尺位置。

（2）路基观测线

路基观测线应设在与轨道观测线同侧的路基面上。图 3-8 中的 $A,B,\cdots$ 为导线点，1，2，3，… 为工作测点。确定测点露出地表的高度应考虑测点不因路基下沉而被埋没。为便于观测，路基观测点至钢轨的距离应尽量小，一般为 1.5～2.0 m。测点结构和埋设要求与地表观测站的相同。路基观测线的直线部分应设置成直线，曲线部分要与线路的曲线相协调。观测线两端应设置不少于两个控制点。

设置好观测站之后，要进行高程观测和平面观测。发现铁路开始移动后，要定期进行观测，从首次观测到末次观测，其间要根据具体情况进行多次测量。根据实测的轨面标高，绘制线路纵断面图，供线路维修时确定起道量用。根据轨道观测线的平面测量结果，绘制线路横向移动图，供线路维修时确定拨道量用。

在采取以上措施后，铁路下采煤是安全的。有关车站、隧道、桥梁等下的采煤问题可归结为建（构）筑物下采煤问题。

3.1.5 铁路下采煤工程实例

3.1.5.1 *矿区专用铁路下采煤工程实例*

（1）地质采矿条件

郑煤集团超化煤矿首采区为位于矿井西翼的 11 采区，矿区专用铁路从 11 采区上方穿过，贯穿整个采区。矿区专用铁路是指宋大线至超化煤矿矿井地面装车站这段线路，专用于超化煤矿的煤炭外运。11 采区的首采工作面为 11051 工作面，矿区专用铁路在 11051 工作面上方 11 采区上山东侧 40 m 处与上山斜交穿过，并与通向外部的南北向公路在 11051 工作面上方相交，且此处建有一个 6 m 跨度的钢筋混凝土交通箱涵。11051 工作面走向长度为 750 m，倾向长度为 150 m，开采煤层为二$_1$煤，煤层厚度为 2.55～11.05 m，平均为 7.5 m，煤层倾角为 10°，煤的坚固性系数 $f<1.0$，属“三软”煤层。工作面采用放顶煤采煤法开采，煤层顶板为灰色泥岩、砂质泥岩、砂岩，再往上为三者的互层，第四系为厚 33 m 的黄土砾石层。工作面上方地表较平坦，对应地面标高为＋175～＋190 m。铁路与 11051 工作面相交处的工作面采深为：上部 206 m，下部 232 m。

根据地表移动变形预计结果，11051 工作面综采放顶煤限高 7.0 m，从铁路下推过后，铁路线路最终的最大下沉值将达 3 158 mm，最大下沉速度将达 35.9 mm/d，最大纵向倾斜将达 35.78 mm/m，最大横向倾斜将达 35.78 mm/m，最大纵向水平移动将达 815.6 mm，最大横向水平变形将达 728.4 mm/m，最大纵向水平变形将达 25.4 mm/m。因此，11051 工作面开采对铁路线路影响严重，需要对铁路进行维修。

（2）铁路加固维修方案

在 11051 工作面回采过程中，对其上部受采动影响的铁路和路基采用帮填的方法维修。铁路路基的下沉值（3.2 m），横向水平移动值（最大值 728.4 mm）都较小，所以路基的帮填量均不大。故在 11051 工作面采动过程中路基的帮填材料采用超化煤矿矸石和当地的黄土。在工作面采动过程中，用黄土加宽路基，用矸石起垫路基，道床也用矸石铺设；路基面宽度单线段保持在 5.7 m 以上；堤高小于 8 m 的路段边坡坡率保持在 1∶1.5；堤高大于 8 m 的路基，8 m 以下段保持边坡坡率 1∶1.75。当铁路路基下沉趋于稳定时，道床材料改用石渣，即形成矸石黄土路基、石渣道床。

原设计该段铁路线路的 6.0 m 跨度交通箱涵处，路基肩标高为 183.99 m，此处往北 300 m处为一起坡点，该处的路基肩标高为 180.33 m，该段路基坡度为 12.2‰。而 6.0 m 跨度交通箱涵处又作为下一坡度的起坡点，此处往南 900 m 处路基肩标高为 185.33 m。按理论计算，如 6.0 m 跨度交通箱涵处地下采厚为 7.0 m，则此处最大下沉值达 3.2 m；而按实际情况，6.0 m 跨度交通箱涵处如能平稳下沉 2.4 m，则能与其南北两侧起坡点呈 4‰的坡度，而三级铁路线路最大坡度限制为 15‰。因此，在 11051 工作面开采过程中，对 6.0 m 跨度交通箱涵处两侧及铁路线路加大观测频次，待其最大下沉值达 2.4 m 后再考虑对铁路线路起垫，由此可见，该段铁路路基的起垫量不大。

帮填路基的矸石，取用矸石山上的矸石，将矸石由铁路提前运至需要帮填路基的地段。当 11051 工作面推过铁路，且刚刚离开铁路下方时，路基的下沉量开始增大，最大下沉值达 618 mm；当工作面推过铁路 80 m 时，铁路路基最大下沉值已达 2 m 以上。在这段时间内，路基的帮填量较大，有时每天达 200 m^3。将对路基的帮填与铁路线路的拨道相结合，垫过后及时铺平砸实。铁路线路的拨道量每次不超过 40 mm，对路基的起垫也采用多次少垫的方法。在路基下沉剧烈期改为每四个小时巡视一次，发现问题及时解决。由于对路基采用提前填帮、多次少垫、及时砸实与拨道的办法，并在该段下沉剧烈期慢速行车，在 11051 工作面推过铁路期间，铁路的运营照常进行。

经计算，该段铁路线路在 11051 工作面开采过程中的最大横向水平移动为 728.4 mm，移动最终方向为朝向 11 采区上山一侧（即向西），该段铁路线路在此处转向（向西侧），曲线段的曲线半径 $R=300$ m，故在采动过程中，线路的横向水平移动对该段铁路线路影响不大，仅仅加大了铁路线路的曲线半径。在回采过程中应加紧对其观测，不让线路出现硬弯，如发现线路出现硬弯或超过《铁路工务规则》规定的范围，则采用拨道的方法消除，一次拨道量不超过 40 mm。

用调整轨缝的方法消除铁路线路纵向水平移动对线路的影响。在 6.0 m 跨度交通箱涵的北侧，铁路向南移动，两侧线路均向中间移动。故在中部 6.0 m 跨度交通箱涵处，线路易形成瞎轨缝，在开采过程中，如发现该段有三个以上的连续瞎轨缝，则应根据《铁路工务规则》进行调整。

为了及时掌握 11051 工作面开采对铁路及桥涵的影响程度，更加及时地指导铁路及桥涵的加固维护工作，在该段铁路路基上及两旁布设了长 660 m 的观测线，布设观测点 112 个。在 11051 工作面对铁路产生采动影响之前，开始对观测线各测点进行首次观测，每周观测一次各测点高程和支距，并及时整理观测数据，为铁路及桥涵的加固维护提供可靠的依据。矿方组织成立了多方参加的“三下开采办公室”和“铁路加固维护领导小组”及专业队伍，以便掌握铁路及桥涵的安全状况，及时进行加固维修。

3.1.5.2　铁路干线下采煤工程实例

沈丹线是国家一级干线，行车频繁、铁路下压煤属本溪煤田。可采煤层为七层和八层，累计厚度为 4.4 m，倾角为 11°～15°，上覆岩层以砂岩、页岩为主，采区地质构造复杂，断层发育。煤层采用走向长壁全部垮落法开采。通过预计分析，采取了以下开采措施：

(1) 限厚开采，将采厚限制在 2.4 m 以内；

(2) 限制工作面推进速度，规定工作面日推进度不超过 1.2 m；

(3) 为不扰动本溪站北部正线道岔，本溪矿五坑将原规定试采范围缩短 166 m；

(4) 为保证铁路桥不受采动影响，将沈丹线路西侧煤柱线沿走向西移 100 m；

(5) 试采区内立交桥留设保护煤柱。

此外，成立专门养路工区。设置 3 条铁路观测线，包括 257 个路基观测点，255 个轨道观测点，先后观测 92 次，及时将结果通报有关单位。还对立交桥、高柱信号机进行了定期观测，并经常清理试采区内沿线的水沟及涵洞。

路基移动和变形值：最大下沉值为 448 mm；最大倾斜值为＋2.4 mm/m、－1.8 mm/m；最大曲率值为$+0.03\times10^{-3}\ \mathrm{m}^{-1}$、$-0.05\times10^{-3}\ \mathrm{m}^{-1}$；最大水平移动值为＋121 mm、－99 mm；最大水平变形值为＋0.6 mm/m、－1.6 mm/m；最大下沉速度为 1.1 mm/d，最大下沉移动时间持续三年零一个月。在这期间，线路保持正常安全运行。

3.2 公路下采煤技术

截至 2017 年年底，全国公路通车总里程达 $4.773\ 5\times10^{6}$ km，高速公路覆盖 97％的 20 万以上人口城市及地级行政中心，国省干线公路连接了全国县级及以上行政区。公路是国民经济的基础设施，是交通体系的重要组成部分。地下开采会对公路造成一定的影响，使公路路面损坏、坡度改变等，必须采取相应的保护措施。特别是近年来发展起来的高速公路具有路面结构特殊、行车速度快、对地表变形敏感、造价高等特点，高速公路下采煤已成为“三下”采煤的新课题，必须加以研究。

公路下采煤的研究主要是借鉴建筑物、铁路下采煤的一些相关经验和措施，利用概率积分法对公路下采煤引起的沉陷进行预测，并结合相关地表移动和变形的观测和一些相关的地质、采矿资料，从而得出公路采动沉陷的破坏类型，最后对地表沉陷和采空区对公路的危害进行分析。公路下采煤与铁路下采煤一样，可采用两种技术措施：地面维修措施和井下开采措施。

3.2.1 地下开采对公路的影响

3.2.1.1 公路等级的划分

公路按行政等级可分为：国家公路（简称为国道）、省公路（简称为省道）、县公路和乡公路（简称为乡道）、村公路（简称为村道）以及专用公路六个等级。一般把国道和省道称为干线，县道和乡道称为支线。根据使用任务、功能和相应的交通量，将公路划分为五个等级：高速公路、一级公路、二级公路、三级公路和四级公路。高速公路为专门供汽车分方向、分车道行驶并全部控制出入的干线公路，分为四车道、六车道、八车道高速公路。一级公路为通往重点工矿区、港口、机场，专供汽车分方向、分车道行驶并部分控制出入的公路。二级公路为连接政治、经济中心或大矿区、港口、机场等地的公路。三级公路为沟通县以上城市的公路。四级公路为沟通县、乡（镇）、村的公路。公路主要技术指标见表 3-3。

表 3-3　各级公路主要技术指标

公路等级		地形	计算行车速度/(km/h)	行车道宽度/m	路基宽度/m		极限最小半径/m	停车视距/m	最大纵坡/%
					一般值	变化值			
汽车专用公路	高速公路	平原微丘	120	2×7.5	26.0	24.5	650	210	3
		重丘	100	2×7.5	24.5	23.0	400	160	4
		山岭	80	2×7.5	23.0	21.5	250	110	5
			60	2×7.0	21.5	20.0	125	75	5
	一级公路	平原微丘	100	2×7.5	24.5	23.0	400	160	4
		山岭重丘	60	2×7.0	21.5	20.0	125	75	6
	二级公路	平原微丘	80	8.0	11.0	12.0	250	110	5
		山岭重丘	40	7.5	9.0		60	40	7

3.2.1.2　地下开采对公路的影响

地下开采对公路的影响可分为垂直移动变形和水平移动变形对公路的影响。

(1) 垂直移动变形对公路的影响

地表下沉差导致公路倾斜,使公路的坡度发生变化。当公路坡度的倾向与地表倾斜一致时,可增大公路的坡度,可能使公路坡度超标;当公路坡度的倾向与地表倾斜相反时,可减小公路的坡度,对公路有利。另外,倾斜有可能加大坡长。公路对坡长有一定的限制,主要原因是:当坡度达到一定值后,汽车上坡时为发挥最大的牵引力,大多采用低速挡,如坡长过长,则长时间使用低速挡会使发动机过热而导致效率降低、水箱沸腾、行驶无力。而下坡时,坡度过陡、坡段过长则会使刹车频繁,影响行车安全。《公路路线设计规范》(JTG D20—2017)规定,公路的最大纵坡应不大于表 3-4 的规定。

表 3-4　公路的最大纵坡

设计速度/(km/h)	120	100	80	60	40	30	20
最大纵坡/%	3	4	5	6	7	8	9

注:① 设计速度为 120 km/h、100 km/h、80 km/h 的高速公路,受地形条件或其他特殊情况限制时,经技术经济论证,最大纵坡可增加 1%;② 改扩建公路设计速度为 40 km/h、20 km/h 的利用原有公路的路段,经技术经济论证,最大纵坡可增加 1%;③ 四级公路位于海拔 2 000 m 以上或积雪冰冻地区的路段,最大纵坡不应大于 8%。

地表曲率对公路的竖曲线有一定的影响,可改变竖曲线半径。从行车安全、舒适性以及视距的要求出发,对竖曲线半径提出了要求。根据凹凸曲线对行车的影响不同,对凹凸曲线最小半径和最小长度作出了规定(见表 3-5)。

沿公路横断面的倾斜可改变公路路拱的坡度,导致公路排水不畅,使弯道处的超高发生变化,对行车造成隐患。《公路路线设计规范》规定高速公路、一级公路的最大超高值为 10%,其他公路的最大超高值为 8%;在积雪、严寒地区,由于汽车启动、刹车时会产生打滑现象,因此规定各级公路的最大超高值不宜大于 6%。

沿公路横断面的倾斜还可改变公路涵洞的坡度,使排水不畅,导致发生洪水时淹没、冲毁公路。

表 3-5　竖曲线最小半径和最小长度

公路等级			汽车专用公路								一般公路					
			高速公路				一级公路		二级公路		二级公路		三级公路		四级公路	
地形			平原微丘	重丘	山岭		平原微丘	山岭重丘	平原微丘	山岭重丘	平原微丘	山岭重丘	平原微丘	山岭重丘	平原微丘	山岭重丘
竖曲线半径/m	凸形	极限最小值	11 000	6 500	3 000	1 400	6 500	1 400	3 000	450	3 000	450	1 400	250	450	100
		一般最小值	17 000	10 000	45 000	2 000	10 000	2 000	4 500	700	4 500	700	2 000	400	700	200
	凹形	极限最小值	4 000	3 000	2 000	1 000	3 000	1 000	2 000	450	2 000	450	1 000	250	450	100
		一般最小值	6 000	4 500	3 000	1 500	4 500	1 500	3 000	700	3 000	700	1 500	400	700	200
竖曲线最小长度/m			100	85	70	50	85	50	70	35	70	35	50	25	35	20

(2) 水平移动变形对公路的影响

均匀水平移动对公路的影响较小,不均匀水平移动产生的水平变形对公路的影响较大。拉伸变形使公路路面被拉坏、产生裂缝。当大的裂缝出现时,往往伴随着台阶,影响行车的速度和安全,特别是对高速公路的影响较大。压缩变形使公路路面受压,当压缩变形较大时,路面会被压坏,甚至上鼓,从而导致行车不畅。

不均匀的水平移动可改变线路的方向和圆曲线的半径,使行车安全出现隐患,但这种影响与对铁路的影响相比是较小的,可通过汽车行驶来调整。

水平变形可使公路桥梁、涵洞被拉坏或压坏,导致交通中断,使涵洞排水不畅,在洪水时淹没公路。

(3) 公路和高速公路的允许地表变形值

根据《采空区公路设计与施工技术细则》(JTG/T D31-03—2011),不同工程类型公路的允许地表(路基)变形值按表 3-6 确定。

表 3-6　公路的允许地表(路基)变形值

			水平变形 ε /(mm/m)	倾斜 i /(mm/m)	曲率 K /($10^{-3}m^{-1}$)
路基	高速公路、一级公路	高级路面	3.0	4.0	0.3
	二级及二级以下公路	高级及次高级路面	3.0～4.0	4.0～6.0	0.3～0.4
		简易路面	6.0	10.0	0.6
桥梁	简支结构		2.0	3.0	0.2
	非简支结构		1.0	2.0	0.15
隧道			2.0	3.0	0.2

注:该表不包括对变形有严格要求的复杂结构桥梁和隧道工程。

3.2.2　公路下采煤技术措施

公路下采煤与铁路下采煤一样，可采用两种技术措施：地面维修措施和井下开采措施。根据实际情况，可以采用其中一种措施或两种措施联合使用。

地面维修措施主要有：加高、加宽路基，灌浆处理采动裂缝，调整超限的坡度、竖曲线、平面圆曲线和超高；修理不平整的路面和损坏的涵洞等；在采动前，为减小采动损坏，增加路面抗变形能力，在混凝土路面上设置变形缝，减小混凝土路面单体的长度；对重要的涵洞进行采前加固，或改为管涵，以增加涵洞的抗变形能力；对下沉的桥梁，抬高、加大桥墩，以满足发生洪水时的过水断面要求。

井下开采措施主要有：为减小地表沉陷，可采用柱式开采、充填开采和离层注浆减沉等措施；为减小地表变形，可适当地布置工作面，使公路、桥、涵洞所受变形最小，以减小采动损坏；对特别重要的桥、涵洞，留设保护煤柱等。

总的来说，公路与铁路相比，对采动变形的要求较低、维修更方便。只要采取一定的措施，在公路下采煤是安全和可行的。

高速公路下采煤，除满足压煤开采或者试采相应要求外，还应当满足下列条件：

(1) 路面采后不积水，不形成非连续变形，预计地表变形值符合《公路工程技术标准》(JTG B01—2014)的有关规定。

(2) 高速公路隧道、桥梁与涵洞的预计地表变形值小于允许变形值，或者预计的地表变形值大于允许变形值，但经过维修加固能够实现高速公路安全使用要求。

开采影响区新建高速公路时，其抗采动变形设计应当包括下列措施：

(1) 路基路面尽量采用柔性基层路面。

(2) 桥梁尽量选用简支梁，其跨度不宜大于 30 m。

(3) 涵洞应当采用箱涵或者圆管涵，不宜采用拱涵。

(4) 隧道需对二次衬砌切割变形缝，并对二次衬砌进行配筋。

高速公路下压煤开采方案设计应当具备下列资料和工程图：

(1) 地质采矿资料和图纸：煤层的层数、层间距、厚度、倾角、埋深、压煤量；岩石物理力学性质、地质构造、地下潜水位；现有的开采方法、巷道布置、生产系统以及邻区开采情况；矿井的地表移动参数，老采空区活化的可能性及其对地表和建筑物的影响；井上下对照图、采掘工程平面图、地质剖面图和钻孔柱状图。

(2) 行车速度、路基宽度及组成、行车道宽度、坡度、防洪标高、线路标高、桥梁形式、基础、结构、隧道长度、隧道宽度、衬砌结构、围岩等级等；高速公路平面图、纵断面图、路基路面横断面图，隧道衬砌轮廓图，桥梁平、立面图，桥梁、墩、台的结构图等。

3.2.3　公路下伏采空区治理方法

采空区的处治技术首先要安全可靠，其次要注意施工设备与施工技术的复杂程度与技术经济上的合理性。因此，研究适合不同采空区条件的处治技术，为公路设计及施工提供科学的技术方法是十分必要的。目前，公路安全通过采空区可以采取下列方法：

(1) 架设桥梁跨越采空区。具备一定地质采矿条件(如有保护煤柱等)且采空区范围不大的采空塌陷区可以采用，但因对下伏采空区有一定要求，造价较高，较少采用。

(2) 对采空区进行处理。对采空区进行全部充填或在采空区内灌注材料支撑，减少采空区上部岩土层因高速公路修建及运营而产生的沉降。因其安全性较高，工程造价相对较低，故国内外常采用此法来处理采空区。根据加固原理的不同，其又可分为支撑式加固法和充填式加固法。

① 支撑式加固法。其原理与煤柱支撑式开采的原理相同。采用支撑式加固法的前提是顶板坚硬，完整程度高，厚度较大。符合这些条件，且具备洞内人工施工条件的地下空洞，可用柱墩式支撑构件支撑空洞顶板；在不具备洞内人工施工条件的地下空洞中，可通过钻孔将混凝土用泵送入洞内，在采空区顶底板之间形成柱墩式支撑。需要指出的是，由于采空区内柱墩式支撑的截面不易控制，且需要分次灌入混凝土浇筑，施工技术较为复杂，该法的使用需慎重。

② 充填式加固法。其原理是用外来材料充填采空区，承担起原来煤层作为受压层的功能。在洞内具备人工施工条件时，可采用干砌或浆砌片石充填；否则，可以通过钻孔压入水泥浆、水泥砂浆、水泥粉煤灰浆、水泥黏性土浆以及其他材料的拌合浆，充填采空区。用干砌片石充填，在洞内施工，工程造价较低，应优先采用。但老采空区，尤其是富水地区的老采空区，一般不具备洞内施工条件，只能利用钻孔对采空区进行灌注，所以国内对老采空区处治用干砌或浆砌片石充填的较少，用注浆充填的居多。该治理方案已在江苏徐州、陕西、河南等地进行了成功的工程实践，但最大注浆深度小于 300 m。在 205 国道莱芜至新泰高速公路莱芜连接线下伏采空区治理方案设计中，其煤层埋深在 300～600 m，也采用了注浆方案。

目前，国内外对不稳定的老采空区加固一般采取灌浆法(灌浆充填法、灌浆支撑法)。如美国宾夕法尼亚州西部城市有几座建筑物下采空区就采用了灌浆充填法及灌浆支撑法控制建筑物沉降。美国怀俄明州煤炭储量丰富，采矿历史悠久，为控制采空区大面积地表沉降，使用了灌浆充填法进行处治，效果良好。苏联地质注浆专业公司用灌浆技术成功地处理了一些矿井大楼下伏采空区。其他国家和地区也有类似的报道，但均未见对高速公路下伏采空区进行工程处治的参考资料。目前，国内部分公路下伏采空区的治理情况见表 3-7。

表 3-7　公路下伏采空区治理情况一览表

工程名称	采空区规模	分层情况	治理方法	选择的材料
晋焦高速公路山西段	7 个采空区沿公路中轴线，长 1 660 m	单层	注浆充填	水泥粉煤灰浆液
乌奎高速公路乌鲁木齐西山四道岔段	埋深 30～50 m，采厚 0.7～3.0 m	单层	注浆充填	水泥黄土浆液
石太高速公路柏井、冶西采空区	埋深 60～140 m，采厚 4～8 m	单层	干砌片石、浆砌片石注浆充填	水泥黏土浆液，水泥粉煤灰浆液
河北保阜高速公路下伏采空区	埋深 25～48 m，采厚平均 3.8 m	二层	注浆充填	水泥粉煤灰浆液

3.2.4　公路治理范围的确定

公路治理范围包括沿公路轴线方向上的治理长度、垂直公路轴线方向上的治理宽度及垂向上的治理深度。参照目前国内相关规范，公路治理范围多采用如下方法确定：治理长度一般取沿公路轴线方向上采空区及采空区覆岩上、下山方向移动角影响长度，见图 3-9。

目前，公路治理宽度参照《建筑物、水体、铁路及主要井巷煤柱留设与压煤开采规范》及铁路工程的有关规程，应用垂直剖面法进行计算，水平煤层开采、填方路堤情况下计算简图如图 3-10 所示。

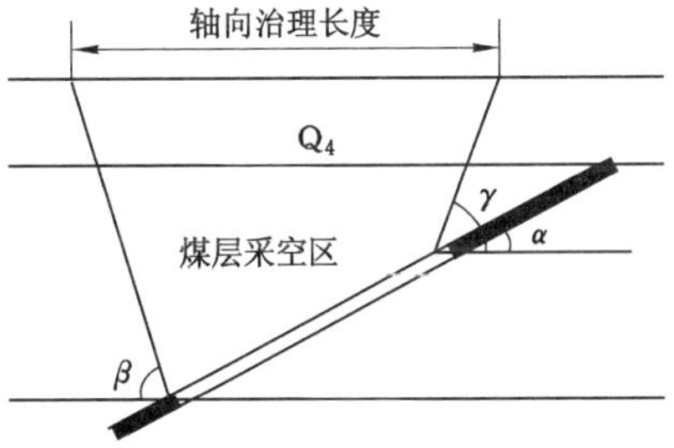

α—煤层倾角；β—下山方向移动角；
γ—上山方向移动角。

图 3-9　公路轴向治理长度计算示意

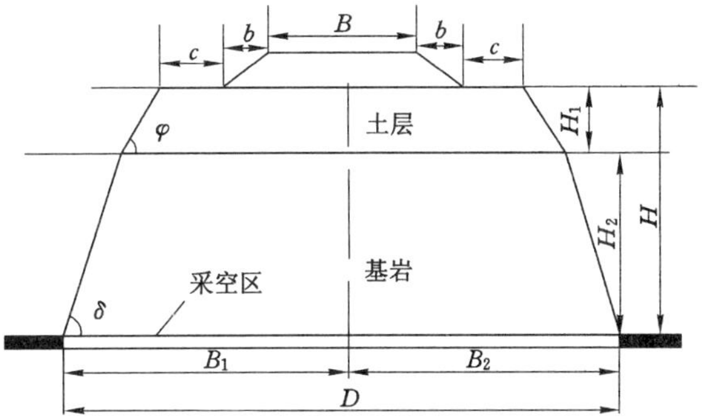

图 3-10　公路治理宽度计算简图

高速公路不稳定范围的确定必须充分重视现场地质测绘、变形观测及地质调查工作，在取得高速公路和邻近采空区空间分布范围及“三带”分布特征的基础上，结合变形预计工作来进行。是否进行处治？治理范围多大？这些问题要在计算时予以考虑。而且公路不稳定范围受煤层倾角影响很大，有必要研究水平煤层、缓倾斜（倾角<35°）煤层、急倾斜（倾角>55°）煤层条件下的公路不稳定范围的计算预测方法。

$$D = B_1 + B_2 \tag{3-1}$$

$$B_1 = B/2 + H_1 \cot \varphi + H_2 \cot \delta + b + c$$

$$B_2 = B/2 + H_1 \cot \varphi + H_2 \cot \delta + b + c$$

式中　D——公路治理宽度，m；

B_1, B_2——分别为公路左、右幅治理宽度，m，水平煤层开采时 $B_1 = B_2$，倾斜煤层开采时 $B_1 \neq B_2$；

B——路基设计宽度，m；

H_1——路基下土层高度，m；

H_2——基岩顶面至采空区底板的垂距，m；

φ——第四系土层移动角，可取 45°；

δ——走向移动角，参照矿山开采经验值确定；

b——路基护坡宽度，m；

c——路基外侧保护带宽度，m，一般取 5～10 m。

3.3 高压输电线路下采煤技术

随着我国经济建设的高速发展，高压输电线路已成为矿区就地消化煤炭资源、减小煤炭运输压力和远距离电力输送的主要渠道，也是经济建设的重要命脉（见图 3-11）。如目前特高压（1 000 kV）输电线路已经成为建设的热点，我国首条 1 000 kV 晋东南—南阳—荆门特高压交流试验示范工程自 2008 年正式投运以来，运行良好；若该线路满负荷运行，则每年可就地转化原煤 1 800 万吨。高压输电线路是工矿企业最基本的配套工程和基础设施，长度少则几十千米，多则几百千米，是一种特殊结构的构筑物，是由导线、避雷线、绝缘子、高压线塔、基础、拉线、横担、金具和接地装置等组成的连续、耦合的空间体系结构。

(a)

(b)

图 3-11 矿区高压输电线路

高压输电线路在为国民经济建设输送电能的同时，缓减了铁路的煤炭运输压力，但也不可避免地使线路通过煤炭储存区，导致大量煤炭资源被压。目前，我国各大矿区几乎所有的煤矿井田上方均有高压输电线路通过，如兖州矿区南屯煤矿、济宁二号井，高压输电线路压占 2 189 万吨煤炭可采储量。在煤炭开采的影响下，高压线塔因地表移动变形使基础沉降、塔身变形而倾覆失稳，进而导致高压输电线路各设施发生变形，如线路档距和近地距离变化、悬垂绝缘子串偏斜等问题，有可能导致倒塔、断线等严重安全事故，引发次生灾害。若为高压线塔留设保护煤柱，则会损失大量的煤炭资源，并严重影响煤矿井下开拓开采布局。而采取搬迁高压线路（改线）措施不仅投资大、涉及面广、实施难度大，而且存在新路径选择困难、重复压煤、施工周期长等复杂问题。由于高压输电线路分布的特殊性，尤其是高压线塔对开采引起的地表移动变形敏感，高压输电线路的安全性显得十分重要。

高压线塔是高压输电线路上最重要的设施，属于高耸构筑物，同时它的移动变形要受到基础和高压线的约束。根据规定，220 kV 及以上高压线塔属于Ⅱ级保护构筑物。国内外有关高压线塔下压煤开采理论的研究相对还比较少，美国弗吉尼亚州艾兰克里克（Island Creek）煤炭公司进行过一例高压线塔下采煤的工程实例，采用注浆充填采空区控制地表沉陷和变形；R. W. Bruhn 等研究了钢结构高压线塔对地表移动的响应情况。澳大利亚已将高压线塔作为地表重要特征物之一，对其受采动影响情况进行了调查与分析。我国在高压线塔下采煤实践、开采对高压输电线路及高压线塔变形影响特征、高压线塔保护技术等方面已积累了宝贵的经验数据，取得了丰富的研究成果。

3.3.1 高压输电线路的特点

高压线塔是高压输电线路上最常用的支撑物，是钢结构中的一种特种结构，属于高耸构筑物。煤矿区内高压输电线路电压等级一般在35～110 kV之间，输电线路的电杆基础主要是现浇钢筋混凝土基础，铁塔基础一般为4个独立台阶式钢筋混凝土基础。

高压线塔下采煤是建(构)筑物下采煤的实例。但高压线塔下采煤不同于一般工业与民用建筑物下采煤，有其自身的特点：

(1) 高压线塔属于点式高耸构筑物，铁塔基础规模相对不大、单塔占地面积较小，承受动载荷能力强、允许变形量大。

(2) 高压线塔对倾斜变形非常敏感。因倾斜偏心矩的作用，这种高耸构筑物在塔体任意截面内产生自重附加弯矩，在弯矩作用下，可能沿塔体中部某截面发生断裂破坏。

(3) 高压线塔作为高压输电线路的重要组成部分，其变形规律构成高压输电线路采动变形规律的主要内容，动态变形大小成为高压输电线路能否安全运行的关键。

(4) 高压线塔突然的、局部的陷落，可能导致高压线塔倾覆、断电等安全事故，必须加以防治。

(5) 高压输电线路属于延伸型空间三维结构，在采动影响下高压线塔、悬垂串、导线相互作用，刚性和柔性变形同时发生并相互影响，变形情况异常复杂。

(6) 高压输电不能中断，必须保证采动过程中高压输电的安全。这就要求在短时间维修的条件下，保证铁塔维修的质量。

(7) 高压线塔的移动变形可通过及时维修消除。

在我国，按照使用材料分类，架空线路使用的高压线塔包括钢筋混凝土杆和铁塔；按受力特点和用途分，可分为直线高压线塔、耐张高压线塔、转角高压线塔和终端高压线塔。

直线杆正常情况下只承受导线重力和侧向风力，断线时承受导线不平衡拉力。直线高压线塔的悬垂绝缘子允许偏斜，高压线塔也允许有一定的挠度。耐张杆除承受垂直载荷和水平载荷外，还能承受更大的顺线路方向的张力。耐张杆使用的耐张绝缘子串在断线时可以承受断线张力，限制事故范围的扩大。直线高压线塔和耐张高压线塔一般用在线路的直线段上，不兼转角。在特殊情况下需要兼转角时，直线杆转角不超过30°，耐张杆不超过5°，否则按照转角高压线塔设计。转角高压线塔用于线路转角处，其受力特点与耐张高压线塔的相同，但是其水平载荷包括角度合力，所以水平载荷较大。终端高压线塔用于线路的首末端，可以是耐张型或转角型的，受力特点与耐张和转角高压线塔的相同，但在正常运行情况下需要承受单侧顺线路张力。

3.3.2 开采沉陷对高压输电线路的影响

地下开采引起的岩层和地表移动是地表高压输电线路运行工况改变的主要原因，过大的地表移动变形可能导致高压输电线路各种运行参数超限，进而诱发安全隐患，严重时可能造成输电线路的严重破坏。煤矿开采产生的地表移动变形主要有垂直方向的移动和变形(下沉、倾斜、曲率、扭曲)，水平方向的移动和变形(水平移动、拉伸与压缩变形)以及地表平面内的剪应变三类不同性质的移动和变形。地表移动变形对高压线塔的影响破坏往往是两种或两种以上地表移动变形作用的结果。通常可采用地表下沉、倾斜、水平移动、水平变形和曲率等五个指标对地表移动变形过程分别进行描述。

3.3.2.1 地表下沉对高压线塔的影响

地下开采导致的地表下沉将引起高压线塔的基础下沉，实测表明，基础下沉量与该处的地表下沉量基本一致。特别是在高潜水位矿区，地表下沉将导致地下潜水位相对上升。当地表下沉致使潜水位接近或高于铁塔基础底面时，地基土被水浸泡软化和低气温情况下的冻胀现象都将严重威胁铁塔基础的稳定性。铁塔基础底面的不均匀沉降将导致上部铁塔内部产生附加应力，当铁塔构件的内力在附加应力的作用下超过材料的许可应力时，铁塔结构将产生破坏，从而引发安全事故。相邻铁塔的下沉不一致性对导线的近地距离也有一定的影响，这主要取决于沿线路的地形特征和相邻铁塔下沉的差异。铁塔位于采空区中间时，一般易引起铁塔基础下沉、内收、塔身变形；铁塔位于采空区边缘时，一般易引起铁塔基础一侧下沉较多，并向谷底滑落，塔身倾斜变形。

《架空输电线路运行规程》(DL/T 741—2019)规定了导线与地面的距离，在最大计算弧垂情况下，不应小于表 3-8 所列数值，否则会造成高压线塔的安全隐患。

表 3-8 110(66)～1 000 kV 线路导线与地面的最小距离

地区类型	导线与地面的最小距离/m						
	电压等级 110(66) kV	电压等级 220 kV	电压等级 330 kV	电压等级 500 kV	电压等级 750 kV	电压等级 1 000 kV	
						单回路	同塔双回路（逆相序）
居民区	7.0	7.5	8.5	14.0	19.5	27.0	25.0
非居民区	6.0	6.5	7.5	11.0(10.5)	15.5(13.7)	22.0(19.0)	21.0(18.0)
交通困难地区	5.0	5.5	6.5	8.5	11.0	15.0	

注：① 500 kV 线路对非居民区 11.0 m 用于导线水平排列的单回路，10.5 m 用于导线三角排列的单回路。② 750 kV线路对非居民区 15.5 m 用于导线水平排列单回路的农业耕作区，13.7 m 用于导线水平排列单回路的非农业耕作区。③ 1 000 kV 单回路对非居民区 22.0 m 用于农业耕作区，19.0 m 用于人烟稀少的非农业耕作区；1 000 kV 同塔双回路(逆相序)对非居民区 21.0 m 用于农业耕作区，18.0 m 用于人烟稀少的非农业耕作区。④ 交通困难地区是指车辆、农业机械不能到达的地区。

当基础发生不均匀沉降时，高压线塔可能产生两种反应：第一种是高压线塔结构在自身具有的刚体性能下作为一个刚体随基础而发生整体的移动和转动，这时高压线塔结构并未发生破坏；第二种是由于组成高压线塔材料的弹性特性，当附加应力超过材料的弹性极限时，高压线塔几何形状发生改变，以适应基础的不均匀沉降，这时高压线塔结构受到破坏，各节点的应力也会发生变化。

3.3.2.2 地表倾斜对高压线塔的影响

高压线塔基础底面积小，高度大，属于杆状构筑物，其对倾斜变形非常敏感。地表倾斜通过地基与高压线塔基础之间的相互作用传递到高压线塔，高压线塔倾斜导致倾覆力矩的增加以及档距、高差变化，改变输电线路的运行工况，从而产生诸如悬垂串倾斜、横担变形、导线弧垂超标等安全问题。地表倾斜对输电线路的影响比较复杂，影响的对象包括铁塔及其基础、悬垂串、线路档距等，主要体现在以下三个方面。

(1) 对高压线塔及其基础的影响。开采导致的地表倾斜将引起高压线塔基础发生相应的倾斜。由高压线塔基础倾斜引起的高压线塔倾斜增加了基础和高压线塔的倾覆力矩，从而影响高压线塔和基础的倾覆稳定。对于阶梯形基础，高压线塔的倾斜还会增加其台阶间的剪应力。

(2) 对档距、弧垂和悬垂串的影响。档距是指相邻两高压线塔中心线(或导线悬挂点)之间的水平距离,弧垂是指导线两悬挂点连接线上的任意一点至线间的垂直距离。一般所说的弧垂就是指档距中央的弧垂。高压线塔倾斜以后档距即相邻高压线塔端点在水平面上投影间的距离,高压线塔倾斜值的不一致,必然导致档距扩大或缩小。档距的变化相应地引起线路弧垂、近地距离发生变化。高压线塔倾斜引起导线中的应力重新分布,为了保持各档之间的应力平衡,悬垂串将发生偏移以平衡各档间的不平衡张力,悬垂串将向张力大的一侧偏斜,还可能引起导线对塔头放电事故。

(3) 对近地距离的影响。高压线塔倾斜导致的导线松弛和倾斜后高压线塔实际高度的减小,可能引起导线近地距离的不足。

根据《架空输电线路运行规程》及检修工艺规程等有关规定,交流线路杆塔倾斜度、杆(塔)顶挠度、横担歪斜最大允许值如表 3-9 所示。

表 3-9　交流线路杆塔倾斜度、杆(塔)顶挠度、横担歪斜最大允许值

类　别	钢筋混凝土电杆	钢管杆	角钢塔	钢管塔
直线杆塔倾斜度(包括挠度)/%	1.5	0.5 (倾斜度)	0.5(50 m 及以上高度铁塔), 1.0(50 m 以下高度铁塔)	0.5
直线转角杆最大挠度/%	—	0.7	—	—
转角和终端杆 66 kV 及以下最大挠度/%	—	1.5	—	—
转角和终端杆 110～220 kV 最大挠度/%	—	2.2	—	—
杆塔横担歪斜度/%	1.0	—	1.0	0.5

通过实地观测建立的一些经验公式可知:基础倾斜大于地基倾斜,这也是由于构筑物具有一定刚度,并不完全随地基移动而移动,地基部分卸载、部分加载使基础的倾斜和地基的倾斜产生差异。

3.3.2.3　地表水平移动对高压线塔的影响

地表的水平移动使高压线塔基础发生相应的平移。水平移动量的不一致使高压输电线路的档距增大或缩小,档距的变化在相邻档产生的不平衡张力导致悬垂串向导线绷紧的一侧偏斜。水平移动方向的不一致使高压线塔、横担受到扭力矩作用,导致高压线塔转角超限或横担变形。

3.3.2.4　地表水平变形对高压线塔的影响

地表水平变形通过高压线塔基础的底面和侧面,使塔基受到附加的拉伸或压缩应力作用。地表水平变形对塔基的破坏作用很大,尤其是拉伸变形的作用。塔基抵抗拉伸变形的能力远小于抵抗压缩变形的能力,所以较小的地表拉伸变形可能使塔基产生开裂性裂缝。

3.3.2.5　地表曲率对高压线塔塔基的影响

地表曲率变形表示地表倾斜的程度,由于出现了曲率变形,地表将由原来的平面而变成曲面形状。这样,塔基的载荷与土壤反力之间的初始平衡状态遭到破坏。在正负曲率作用下,各有两种情况:一种是塔基全部切入地基;另一种是塔基部分切入地基。在曲率变形影响下,地基反力重新分布,高压线塔各部分原有的应力平衡状态改变。地表曲率的影响将使塔基受到附加的弯矩和剪力作用。在正曲率作用下，塔基两端处于悬空状态，塔基中央所产生的应力大于原有的应力；在负曲率作用下，塔基中部处于悬空状态，塔基两端地表应力增大，易形成底部中央的裂缝。一般情况下，地表的拉伸变形和正曲率变形同时出现，地表的压缩变形和负曲率变形也同时出现。

通过上述分析可以看出，考虑高压输电线路由导线连接的点状构筑物组成，高压线塔与地表接触面积较小，故地表水平变形、曲率变形对其影响程度较轻。对输电线路有明显影响的变形指标是下沉、倾斜和水平移动。下沉、水平移动以及倾斜变形通过地基与高压线塔基础的相互作用改变高压线塔的空间位置，进而引起诸如档距、悬垂串偏斜、弧垂等运行参数超标。其具体影响过程如图 3-12 所示。

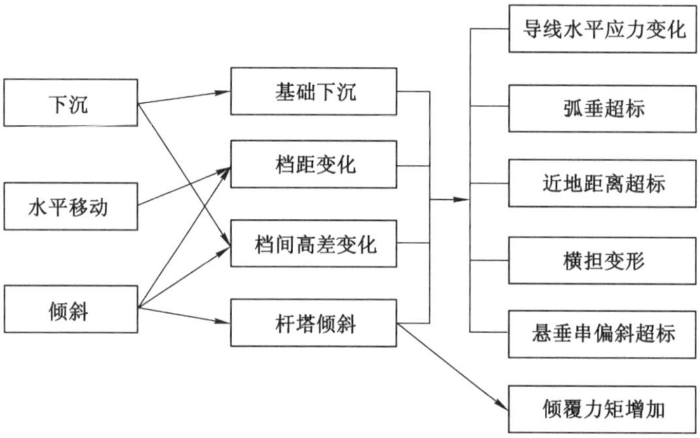

图 3-12　开采沉陷对高压输电线路的影响过程

3.3.3　高压输电线路的运行标准

地下开采引起的地表移动变形将不可避免地使输电线路杆塔产生移动、变形，进而引起一系列安全隐患，威胁线路的安全运行。为保证线路运行安全，采动影响下的高压输电线路必须满足有关运行规程的标准。根据《架空输电线路运行规程》及检修工艺规程等有关规定，位于采动影响区的架空输电线路的主要设施，包括杆塔、导线、避雷线、绝缘子及导线和避雷线弛度等运行状况应满足下述标准：

(1) 根据电力部门的实践经验，根开在 4～7 m 的自立式直线塔的不均匀沉降量必须控制在 12.7～25.4 mm 之间，才能保证其自身的稳定性。

(2) 钢筋混凝土电杆的倾斜度(包括挠度)最大允许值为 1.5%，横担歪斜度不超过 1%；50 m 以下高度铁塔的倾斜度(包括挠度)最大允许值为 1.0%，横担歪斜度最大允许值为1.0%，即要求地表顺线路方向的最大倾斜值为 10 mm/m，横线路方向的最大倾斜值为 10 mm/m。

(3) 导线、避雷线的弛度误差不得超过 3%或－2.5%。

(4) 220 kV 输电线与地面的距离，在居民区应不小于 7.5 m，在非居民区应不小于 6.5 m，在交通困难区应不小于 5.5 m。导线与建筑物之间的垂直距离，在最大计算弧垂情况下不小于6.0 m；边导线与建筑物之间的水平距离，在最大计算风偏情况下不小于5.0 m；导线在最大弧垂时与树木之间的安全距离为4.5 m，在最大风偏时与树木之间的安全距离为4.0 m；导线与山坡、峭壁、岩石的净空距离，在步行可以到达的山坡情况下不小于5.5 m，在步行不能到达的山坡、峭壁和岩石情况下不小于4.0 m。

(5) 导线最大弧度对地及障碍物的距离变化，不得超过设计所留的富余量。顺线路方向两相邻杆塔间的距离偏差不得大于档距的1/300。

(6) 直线杆塔转角不超过3°。

(7) 电杆结构根开偏差不得超过0.004*B*(*B*为根开)。

在进行高压输电线路下采煤时，需要采取措施保证线路各元素满足上述运行安全标准。

参照《架空输电线路运行规程》、《1 000 kV 交流架空输电线路运行规程》(DL/T 307—2010)、《±800 kV 直流架空输电线路运行规程》(GB/T 28813—2012)及《±660 kV 直流架空输电线路运行规程》(Q/GDW 547—2010)，输电线路杆塔的倾斜、水平位移的最大允许值见表3-10。

表3-10 输电线路杆塔的倾斜、水平位移的最大允许值

<table>
<tr><th>电压等级</th><th>变形类别</th><th>钢筋混凝土电杆</th><th>钢管杆</th><th>角钢塔</th><th>钢管塔</th></tr>
<tr><td>110(66)～750 kV
交流</td><td>直线杆塔倾斜度
(包括挠度)/%</td><td>1.5</td><td>0.5(倾斜度)</td><td>0.5 (50 m及以上
高度铁塔)，
1.0(50 m以下高度铁塔)</td><td>0.5</td></tr>
<tr><td rowspan="2">1 000 kV 交流</td><td>直线塔倾斜度/%</td><td></td><td></td><td colspan="2">0.3(100 m以下高度铁塔)，
0.15(100 m及以上高度铁塔)</td></tr>
<tr><td>直线猫头塔K节点
水平位移/mm</td><td></td><td></td><td colspan="2">75</td></tr>
<tr><td>±660 kV 直流</td><td>铁塔倾斜度
(包括挠度)/%</td><td></td><td></td><td>0.25(100 m以下高度铁塔)，
0.15(100 m及以上高度铁塔)</td><td>0.5</td></tr>
<tr><td>±800 kV 直流</td><td>杆塔倾斜度
(包括挠度)/%</td><td colspan="4">0.25(100 m以下高度杆塔)
0.15(100 m及以上高度铁塔)</td></tr>
</table>

注：35 kV交/直流输电线路可参照110(66)～750 kV交流输电线路变形允许值执行。

3.3.4 高压输电线路下采煤的技术措施

从采动对高压线塔及线路变形的影响情况分析，开采沉陷是高压输电线路发生变形的根源，开采沉陷引起的高压线塔变形是高压输电线路各运行参数发生变化进而超标的直接原因。高压输电线路下采煤的防护措施应以预防和控制高压线塔的变形为重心。在采动的影响下，高压输电线路的铁塔、档距、弧垂、导线应力、横担、悬垂串、基础等都会发生相应的变形。为保证高压输电线路下采煤时的线路安全，要求采动影响下的高压输电线路的主要设施包括铁塔、导线、避雷线、绝缘子及导线和避雷线弛度等变形不得超过《架空输电线路运行规程》等的有关规定。

高压输电线路下采煤，除了满足其压煤开采或者试采相应要求外，还应满足下列条件：

(1) 塔基不出现非连续移动变形。

(2) 高压输电线的采后弧垂高度、张力、对地距离达到高压线运行安全要求，或者采取措施能够实现安全使用要求。

(3) 塔基、塔杆的预计地表变形值小于允许变形值，或者预计的地表变形值大于允许变形值，但经过维修加固能够实现安全使用要求。

高压输电线路下采煤设计宜采用塔、线调整和减小地表变形相结合的技术措施。

高压输电线路下压煤开采方案设计应当具备下列资料和工程图：

(1) 地质采矿资料和图纸：煤层的层数、层间距、厚度、倾角、埋深、压煤量；岩石物理力学性质、地质构造、地下潜水位；现有的开采方法、巷道布置、生产系统以及邻区开采情况；矿井的地表移动参数，老采空区活化的可能性及其对地表和建筑物的影响；井上下对照图、采掘工程平面图、地质剖面图和钻孔柱状图。

(2) 高压输电线路技术资料和图纸包括输电电压、线塔形式和高度、高压线离地高度、塔基宽度、基础结构等，输电线路平面图、线塔位置图、线塔基础剖面图、线塔结构图等。

工程实践表明，采用开采前后加固、改造，结合开采过程中的及时维修措施，高压输电线路下压煤开采是完全可行的。目前，高压输电线路下安全采煤的技术措施主要包括井下开采措施和地面治理措施两类。

3.3.4.1 井下开采措施

开采引起的地表移动变形具有连续、渐变的特点，高压线塔的移动变形也具有连续、渐变的特点。井下开采措施是指通过采取井下开采技术措施控制和减轻地表沉陷和变形量、降低地表沉陷速度、防止地表出现突发性塌陷和非连续变形，以保证地面高压输电线路的采动变形控制在可进行调整维修的范围内。

井下开采措施包括以下一些方法：采用降低采厚、特厚煤层分层开采、匀速限厚开采、协调开采、条带开采、充填开采和离层注浆充填开采等方法减小地表移动变形；选取合理的开采方法和顶板管理方法防止地表突然下沉；控制工作面推进速度，减小地表下沉速度，以便及时维修。基于这种技术原理，我国在许多矿区实现了薄及中厚煤层或厚煤层分层开采条件下的高压输电线路下采煤，见表 3-11。

如阳泉矿区早在 20 世纪 80 年代就在 110 kV 高压线塔下进行了开采试验，采用井下分层垮落开采和地面维修等手段，保证了线塔的安全。邢台煤矿采取限厚开采等措施，并通过建立观测站观测，成功地进行了高压线塔下采煤。龙口洼里煤矿通过对 220 kV 高压输电线路的开采监测，初步得出了铁塔的移动规律，采取了降低采厚、均匀推进的措施，使铁塔受力均匀。兖州矿区济宁三号煤矿等已从多条高压输电线路下采出煤炭 669.2 万吨，保证了高压输电线路的安全运行和采掘工作面的正常接替，积累了宝贵的实践经验和理论数据。济宁二号煤矿为保护地面 110/220 kV 高压输电线路，在 4302 工作面进行了开采试验研究，开采时采用覆岩离层注浆技术控制地表沉陷；结果表明：覆岩离层注浆充填后地表减沉效果明显，高压输电线路安全正常运行。南屯煤矿采取特厚煤层分层开采等开采措施，并采取了采前加固、及时扶正高压线塔、垫高基础、及时调节金具、减小弧垂等综合治理维修技术，在井田内的南屯Ⅰ线、南屯Ⅱ线、南四线和罗北线四条高压输电线路下开采了 58 个长壁工作面，安全采出高压输电线路下压煤 2 231.0 万吨，并保障了各条高压输电线路的安全运行。

表 3-11 国内高压输电线路下采煤实例

矿名	工作面及其尺寸（走向长度×倾向长度）	采厚/m	倾角/(°)	采深/m	采煤方法、采煤工艺	输电电压/kV	高压线塔特征
阳泉三矿	72607、72609 工作面，825 m×183 m	2.46	7	227	走向长壁采煤法	110	铁塔，高 250 m
济宁二号煤矿	4302 工作面，800 m×180 m	3.59	3～15(平均 8)	572	综采放顶煤（离层注浆）	110/220	钢筋混凝土电杆，高 16 m
济宁三号煤矿	4301 工作面，177 m×1 347 m	6.88	0～11	575.4	综采放顶煤	110	钢筋混凝土电杆，高 16 m
邢台煤矿	7810 工作面，1 000 m×95 m	6.00	18	270	综采放顶煤	110	铁塔，高 31.2 m
龙口洼里煤矿	7101 工作面，260 m×109 m	1.45	4～11	113.6	走向长壁采煤法	220	铁塔，高 40 m
神东补连塔煤矿	31401 工作面，4 560 m×265.3 m	4.80～5.20	3	211～234	走向长壁采煤法	220	184#、185# 铁塔
陈四楼煤矿	2003、2100 工作面，825 m×83 m	2.20	14	371.7	炮采		铁塔，高 18 m
郑煤集团金龙煤矿	21081 工作面，450 m×100 m	6.06	9	372.1～481.6	走向长壁采煤法、炮采放顶煤	220	铁塔，高 42 m

3.3.4.2 地面治理措施

采动对高压输电线路的影响程度随着地表下沉和变形的加剧而逐步增加，通常不具有突变性，这为线路检修和维护提供了足够的时间。因此，只要在可靠的地表沉陷预计和实时监测指导下，及时对开采沉陷造成的高压输电线路各运行参数的变化情况进行调整，确保各运行参数始终处于安全许可范围内，就可以保证高压输电线路的正常运行，实现高压输电线路下安全采煤。

根据《架空输电线路运行规程》，高压输电线路的线路维修的主要项目及要求见表 3-12。

因此，对高压输电线路进行维修是高压输电线路下采煤的主要防护技术措施之一，目的在于提高高压输电线路的稳定性。

(1) 基础加固和纠偏

根据采空区不同位置调整铁塔基础形式，有高压线塔基础和结构补强、改造独立基础为联合基础或者可调式联体井字梁基础等措施；采用钻孔注浆、基桩和承台施工等纠偏技术，带电升高铁塔基础，以提高高压线塔稳定性。几种常用的铁塔基础加固方法如下：

① 可调式联体井字梁基础改造加固技术。采用钢筋混凝土井字梁将铁塔 4 个独立基础连为整体，将机械和混凝土结构结合起来，组成一套完整的可调整联体井字梁基础系统，如图 3-13 所示。

表 3-12 线路维修的主要项目及要求

序号	项目	要求
1	金属基础、拉线防腐	根据检查结果进行
2	更换或补装杆塔构件	根据巡视结果进行
3	杆塔铁件防腐	根据铁件表面锈蚀情况决定
4	杆塔倾斜扶正	根据测量、巡视结果进行
5	杆塔紧固螺栓	新线路投运 1 年内进行紧固检查 1 次； 在运行线路，根据实际情况必要时检查紧固
6	混凝土杆杆及混凝土构件修补	根据巡视结果进行
7	混凝土杆内排水，修补防冻装置	根据季节和巡视结果在结冻前进行
8	导线、地线损伤补修	根据巡视结果进行
9	调整导线、地线弧垂	根据巡视、测量结果进行
10	交叉跨越距离处理	根据测量结果进行
11	更换绝缘子	根据巡视、测试结果进行
12	绝缘子清扫	根据污秽情况、盐密测量、运行经验调整周期
13	瓷、玻璃绝缘子涂防污闪涂料	根据防污闪校核结果综合确定
14	防振器和防舞动装置维修调整	根据巡视结果调整周期进行
15	并沟线夹、跳线连板检修紧固	根据巡视、测试结果进行
16	间隔棒更换	根据检查、巡视结果进行
17	调整、更新拉线及金具	根据巡视、测试结果进行
18	砍修剪树、竹	根据巡视结果确定
19	修补防汛设施	根据巡视结果随时进行
20	修补巡线道、桥	根据现场需要随时进行
21	修补防鸟设施和拆除鸟巢	根据需要随时进行
22	各种在线监测设备维修调整	根据监测设备监测结果进行
23	接地装置和防雷设施维修	根据检查、巡视结果进行
24	补齐线路名称、杆号、相位等各种标志及线路标识	根据巡视结果进行

② 可调整联体井字钢梁基墩架构改造加固技术。在每一个基墩上采用 4 套长螺杆接 4 个基墩螺栓，采用钢结构将铁塔 4 个基座连为整体，组成一套完整的可调整联体井字钢梁基墩架构系统。

这两项技术已成功地应用于内蒙古乌海 220 kV 伊临线煤矿采空区 48#—50# 铁塔基础的改造加固和现场调平纠偏，以及西安 110 kV 北西线 25# 铁塔基础的改造加固和现场调平纠偏。图 3-14 为改造后伊临线煤矿采空区 50# 铁塔的情况。

此外，还有平板槽台井字梁可调基础加固和板式平台地脚螺栓纠偏基础等方法，适用于各电压等级各型铁塔基础在塌陷规模较大情况下的加固。采用此种加固方法，首先要对塌陷范围及程度的发展趋势进行预测，以确定加固方案的可行性。此种加固方法在乌海电业局已有两处实际应用的范例。板式平台地脚螺栓纠偏基础技术措施为：采用长、宽各为 8 m，厚度为 0.4 m 的水平板式基础，将原 4 个阶梯式基墩连为整体，水平板的下部填充石料并灌浆加固基础，使铁塔由原来 4 个离散的基墩支撑变为由 1 个扩大了底

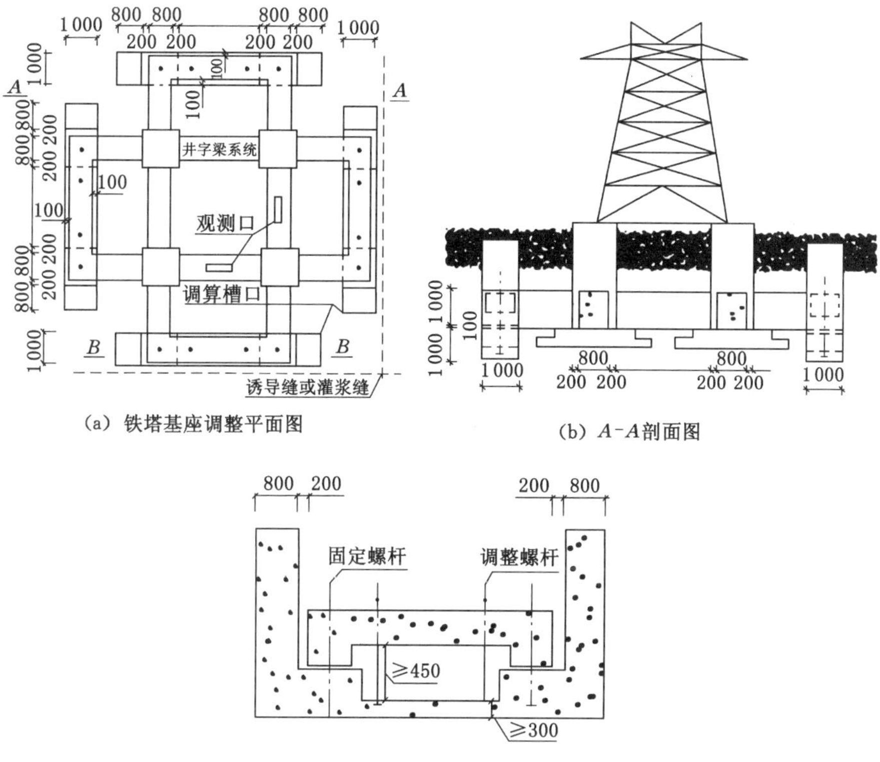

(a) 铁塔基座调整平面图　　(b) A-A剖面图

(c) B-B剖面图

图 3-13　可调整联体井字梁基础系统

面的整体基础支撑，达到铁塔基础加固的目的。铁塔纠偏措施：采用大型槽钢将 4 条塔腿连接，并在其对角线处用角钢连接，使塔腿连为整体；槽钢作为调整铁塔倾斜时的承力点，采用套式螺栓将地脚螺栓延长，并对 4 个塔脚地脚螺栓孔进行扩眼处理，使其孔径为加粗延长后地脚螺栓的 1.5 倍；在板式基础下岩基发生较小变化而导致铁塔倾斜时，先将地脚螺栓放松，再利用千斤顶顶升塔腿连接槽钢，调平后在塔脚下垫钢板，恢复地脚螺栓，实现铁塔调平。

图 3-14　改造后铁塔情况

(2) 增加临时拉线纠偏

工作面回采前，在铁塔预计倾斜反方向增设拉线，且在拉线上增加可调拉线金具。在地表变形过程中，通过可调拉线金具的调节作用来抵消或减小开采引起的变形对高压输电线路的损坏。按照用途，可以将拉线分为普通拉线、人字拉线、水平拉线、弓形拉线、共用拉线、V 形拉线、十字拉线等几种。由于开采引起的地表移动和变形是个动态过程，因此，对于沉陷区的铁塔，可以采用十字拉线。当铁塔一侧有倾斜时，可通过调整其他方向的 3 条拉线上的金具以抵消铁塔倾斜。

(3) 开采过程中的维修和调整措施

开采过程中主要通过线路日常巡检以及观测数据分析，对线路运行参数超标情况作出及时调节。每次开采前和地表移动稳定后，均需要对高压输电线路和设施进行及时检修和调整。主要措施包括以下几种。

① 基础带电复位和抬高基础。高压线塔的基础发生倾斜或基础下沉过多导致近地距离等参数超标时，可以采用千斤顶将基础提升，垫平提升后再复位高压线塔。为避免下沉后基础长期处于积水状态，可将基础适当抬高。

② 高压线塔平移。高压线塔在水平移动作用下偏离中心线后，可以采用整塔平移的方法将其恢复到原来位置，从而有效减小高压线塔的转角和承受的角度载荷。

③ 增加杆高。增加杆高主要是指通过技术手段增加铁塔或单杆的高度。对于铁塔，可在其下部增加一段金属构架；对于单杆，可在其上部加装 1 个金属帽，金属帽的长度视塌陷程度而定。

④ 电线弛度和悬垂串偏斜度调节。采动过程中可根据观测结果实时调节电线弛度，及时释放电线中的附加应力，及时减小悬垂串偏斜和消除近地距离不足的安全隐患。

3.3.5 高压线塔下采煤工程实例

3.3.5.1 研究区概况

图 3-15 高压线塔

某矿 21081 工作面开采煤层为二$_1$煤。工作面对应地面标高为＋221.1～＋295.6 m，井下标高为－151.0～－186.0 m，采深为 372.1～481.6 m，采深平均约为 430 m，煤层倾角为 9°。工作面走向长度为 450 m，倾向长度为 100 m。煤层厚度变化较大，一般厚度为 6～8.25 m。工作面采用走向长壁炮采放顶煤采煤法开采，采用全部垮落法管理顶板。工作面自 2008 年 1 月开始回采，2008 年 11 月推进至高压线塔下部，2009 年 10 月回采结束。

21081 工作面地表有 220 kV 高压输电线路通过，见图 3-15，顺线路方向与工作面推进方向成 11°夹角。受采动影响的高压线塔位于 21081 工作面靠近上部风巷位置的对应地表处，沿走向基本位于工作面中间，如图 3-16 所示。高压线塔基础标高为＋335.2 m。高压线塔为 ZTS＋3 型直线塔，塔高为 41.5 m，呼称高度为 35.5 m；高压线塔基础为独立式基础，宽侧基础间距（根开）为 6.0 m，窄侧基础间距为 5.6 m。该高压线塔在 21081 工作面的压煤量约为45 万吨。

3.3.5.2 移动和变形计算及安全性分析

结合工作面覆岩岩性及地质采矿条件等，分析该区域的覆岩综合评价系数 P。根据附近两钻孔的分层岩性评价系数得出覆岩综合评价系数 P 的平均值为 0.6，覆岩属中硬岩性。综合分析后取地表移动和变形预计参数：下沉系数 q 为 0.79；水平移动系数 b 为 0.28；主要影响角正切 $\tan\beta$ 为 2.6；拐点偏移距 S 为 $0.01H$；开采影响传播角 θ 取 85°。采用概率积分法对 21081 工作面开采后的地表移动和变形情况进行预计，地表下沉等值线图、地表倾斜等值线图分别如图 3-17 和图 3-18 所示。工作面开采后高压线塔的 4 个基础以及中心点沿线路方向和垂直线路方向的移动和变形值如表 3-13 所示。

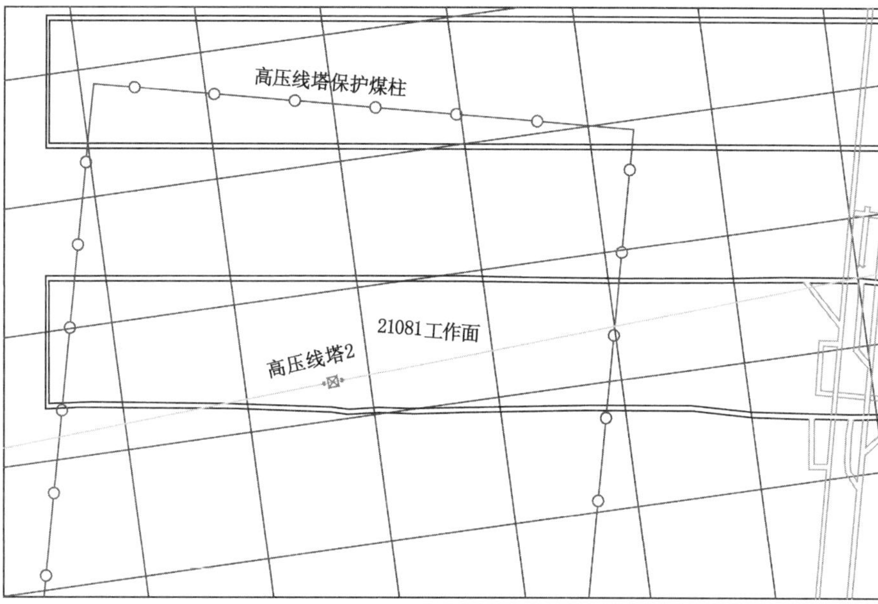

图 3-16　高压线塔与工作面相对位置示意

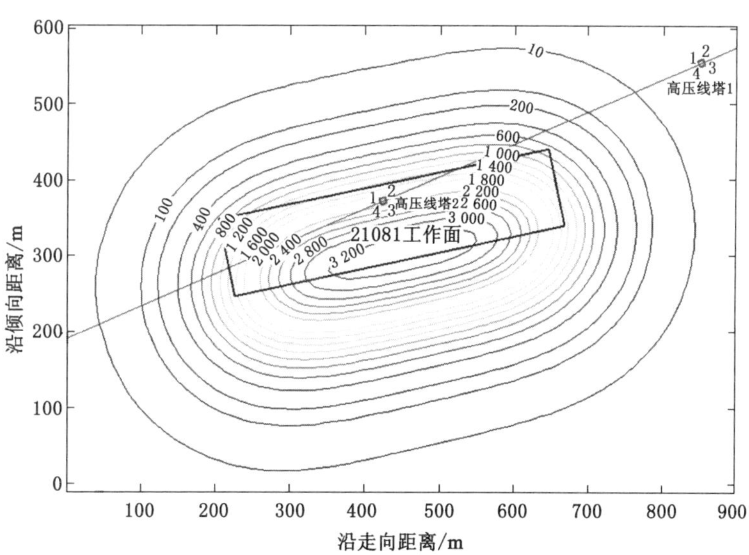

图 3-17　地表下沉等值线图

(1) 采动引起的高压线塔基础不均匀沉降

根据预计结果，受采动影响高压线塔基础处的地表下沉值不等。高压线塔西南基础下沉量为 1 930.7 mm，西北基础下沉量为 2 050.5 mm，东北基础下沉量为 2 142.3 mm，东南基础下沉量为 1 996.4 mm，最大不均匀沉降量达 211.6 mm，最大不均匀水平移动量达 24.5 mm。由于高压线塔基础为 4 个独立体，因此，高压线塔基础的下沉及水平移动不一致会造成塔基产生平面弯曲和扭转，导致上部高压线塔内部产生附加应力，对高压输电线路的近地距离等也有一定的影响。

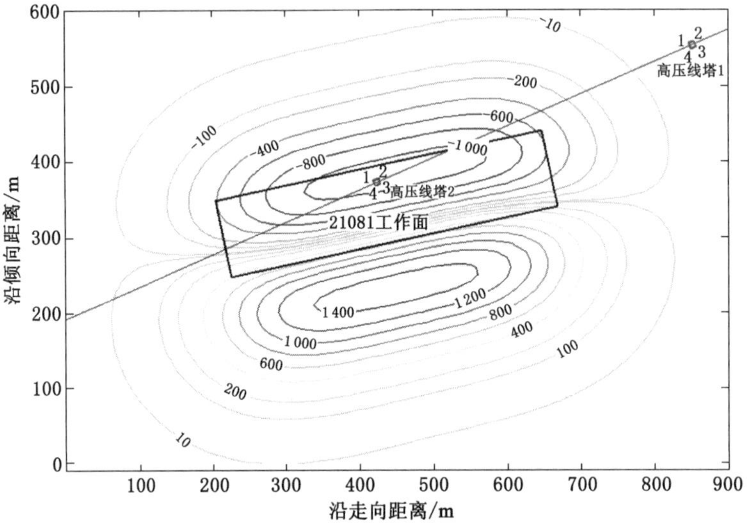

图 3-18　地表倾斜等值线图

表 3-13　高压线塔中心及基础处的地表移动变形预计值

位置	下沉 W/mm	水平移动 U/mm		倾斜 i/(mm/m)		水平变形 ε/(mm/m)	
		沿线路方向	垂直线路方向	沿线路方向	垂直线路方向	沿线路方向	垂直线路方向
1 号(东南)基础	1 996.4	−160.3	−1 082.4	−4.90	−18.46	−1.41	−2.47
2 号(西南)基础	1 930.7	−165.3	−1 080.6	−4.95	−24.63	−0.93	−1.56
3 号(西北)基础	2 050.5	−160.6	−1 073.8	−4.95	−27.65	−1.78	−3.27
4 号(东北)基础	2 142.3	−152.8	−1 056.1	−4.85	−20.89	−2.50	−4.69
高压线塔中心点处	2 023.5	−160.5	−1 078.1	−4.92	−27.17	−1.60	−2.86

(2) 采动引起的高压线塔的倾斜度

高压线塔的倾斜度是指高压线塔顶部中心偏移的水平距离与高压线塔高度的比值。对于高压线塔倾斜度的变形研究，少数矿区进行过高压线塔方面的变形监测，获得了一些监测成果，得出了地表倾斜和高压线塔倾斜呈线性关系的结论。工作面开采后，高压线塔在垂直线路方向上的倾斜度为 27.17 mm/m，倾斜度超过了“高压线塔的倾斜度(包括挠度)允许范围不超过 1.0%”(见《架空输电线路运行规程》)的规定。由于高压线塔基础底面积小，对倾斜变形敏感，倾斜可能会对高压线塔及其基础、线路的档距、弧垂、悬垂串及近地距离产生影响。

(3) 采动对高压线塔转角及根开的影响

工作面开采后该塔的 4 个基础均发生了水平移动。根据高压线塔 4 个基础处的地表水平移动值，得出采动影响后线路的转角及高压线塔的结构根开偏差：高压线塔的宽侧根开为

5.993 2 m，偏差为 6.8 mm，窄侧根开为 5.592 2 m，偏差为 7.8 mm。

依照高压输电线路安全运行标准，对高压线塔安全性的分析结果见表 3-14。综合上述分析结果：21081 工作面开采以后，高压线塔倾斜度不能满足《架空输电线路运行规程》要求。为避免意外情况发生，在工作面开采过程中加强了对高压线塔变形的现场监测，并提出了加固维修技术方案作为预案，确保高压线塔及线路的安全运行。

表 3-14　高压线塔安全性分析

	高压线塔倾斜度/%	基础不均匀沉降量/mm	高压线塔转角/(°)	高压线塔结构根开变化偏差/mm	
				宽基	窄基
《架空输电线路运行规程》要求	≤1.0	—	—	—	—
预计影响情况	2.794	211.6	0.132	6.8	7.8
安全性	不安全	—	—	—	—

3.3.5.3　高压线塔下采煤保护技术措施

在开采过程中采用控制地表变形和加强对高压线塔变形的监测相结合的措施，以确保高压输电线路（塔）下采煤取得成功，具体措施如下。

(1) 限厚开采

在采区内布置工作面时应考虑使高压线塔布置在下沉盆地中央，且 21081 工作面高压线塔煤柱只采底煤 3.02 m，不再放顶煤。

(2) 连续开采、匀速推进

当工作面推进到高压线塔下煤柱部分时，应连续开采，工作面推进速度不能过快，也不能过慢，应抓好正规循环作业，检修好采煤设备，做到不停产、连续开采、匀速推进。

(3) 增加临时拉线

在工作面回采前，在高压线塔预计倾斜反方向增设拉线，且在拉线上增加可调拉线金具。在地表变形过程中，通过可调拉线金具的调节作用来抵消或减小开采引起的变形对高压输电线路的损坏。

临时拉线对地夹角一般为 45°，受环境限制可适当增减，一般不超出 30°～60°。为预防高压线塔不平衡受力，提高高压线塔的稳定性，在计算的高压线塔地表处倾斜最大值相反的方向对称设置两条临时拉线，拉线上端通过拉线抱箍与拉线相连接，下部通过可调节的金具与埋入地下的拉线桩或拉线盘相连接。一般情况下，拉线采用专用镀锌 7 丝预应力钢绞线，由施工单位选用，钢绞线的规格如表 3-15 所示。在地表移动活跃阶段，要加强对现场高压线塔的监测和巡检，通过可调节的金具对高压线塔拉线的松紧度及时调节。

(4) 高压线塔变形监测

为确保高压线塔下采煤的安全，需要对高压线塔进行保护性观测，加强高压线塔的现场监测和日常管理工作，指派专门的技术人员定期对高压线塔及其基础进行排查。观测内容包括高压线塔及其附近裂缝情况，高压线塔 4 个基础下沉、水平移动情况，导线绷紧松弛、弧垂变化情况，高压线塔基础松动、变形情况。并在高压线塔处地表移动与变形进入活跃期后，要逐日进行现场观测，做好观测纪录，观测资料整理后及时通知有关部门，以便及时采取应急措施。矿方要与电力部门密切合作,根据观测情况及时采取相应的维修和防护措施,以确保高压输电线路的安全运行。

表 3-15 钢绞线的规格

结构	公称直径/mm	单丝直径/mm	截面积/mm^2	参考质量/(kg/hm)	钢绞线破断拉力/kN
1×7	10.5	3.5	67.35	53.48	92.27~105.74
	11.4	3.8	79.39	63.04	108.76~124.64
	12.0	4.0	89.60	69.54	120.50~138.10

3.3.5.4 高压线塔变形观察结果

在 21081 工作面开采过程中,严密监控高压线塔的变形情况,在高压线塔附近建立了观测站,加强对高压线塔的现场监测和日常管理,指派专门技术人员定期对高压线塔及其基础进行排查,以便及时采取维护技术措施。观测内容包括高压线塔 4 个基础下沉量,塔中及塔上、中、下横担两端的坐标,并记录了高压线塔附近地表裂缝情况及高压线塔倾斜情况,观测结果及分析如下。

(1) 高压线塔基础下沉量

当 21081 工作面推过高压线塔时,随着工作面与塔中距离的增大,其 4 个基础的不均匀沉降越加明显。至 2009 年 9 月 29 日,高压线塔西南基础下沉量为 1 383 mm、西北基础下沉量为 1 467 mm、东北基础下沉量为 1 528 mm、东南基础下沉量为 1 448 mm,最大不均匀沉降量为 145 mm。高压线塔 4 个基础下沉量与高压线塔和工作面的距离之间的关系如图 3-19所示。

(2) 高压线塔下沉速度

根据下沉量可以计算出开采过程中地表及高压线塔的下沉速度。经计算,工作面上方地表的最大下沉速度为 14.57 mm/d;高压线塔中心地表最大下沉速度为 12.0 mm/d,此时工作面推过塔中距离约为 27 m。随着工作面推过塔中距离的增大,高压线塔中心地表下沉速度 v 呈对数关系衰减,如图 3-20 所示,关系式见式(3-2):

$$v = -5.04\ln L + 28.5 \quad (R^2 = 0.913\,4) \tag{3-2}$$

式中 L——工作面推过塔中距离,m。

(3) 高压线塔的倾斜度

根据观测数据计算:高压线塔上部最大倾斜度为 2.186%,下部最大倾斜度为 2.166%,塔身总体最大倾斜度为 2.174%。21081 工作面开采结束后,高压线塔塔身各部位的倾斜基本一致。但在开采过程中曾出现高压线塔下部倾斜与上部倾斜不一致的现象,塔上部倾斜较大,塔下部倾斜较小。塔身产生了明显的挠度,这主要是高压线对高压线塔的约束作用所致。

通过对高压线塔下采煤技术的研究,得出了以下几点认识:

① 研究了放顶煤开采影响下高压线塔的安全性,指导了高压线塔下采煤,使高压线塔顺利度过地表移动的活跃期,高压输电线路及高压线塔在采动影响期间运行良好,实现了高压线塔下的安全采煤,提高了煤炭资源采出率。

② 研究了放顶煤开采引起的高压线塔基础不均匀沉降量以及高压线塔的倾斜、转角、根开、下沉速度等情况。结果表明:高压线塔 4 个基础处的不均匀沉降量、高压线塔处的地

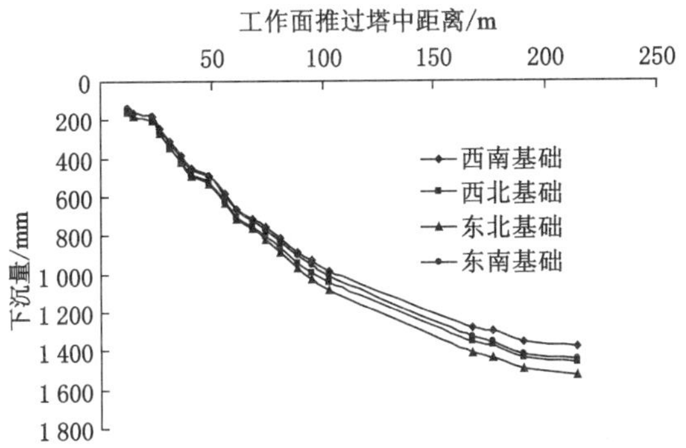

图 3-19　高压线塔 4 个基础下沉曲线

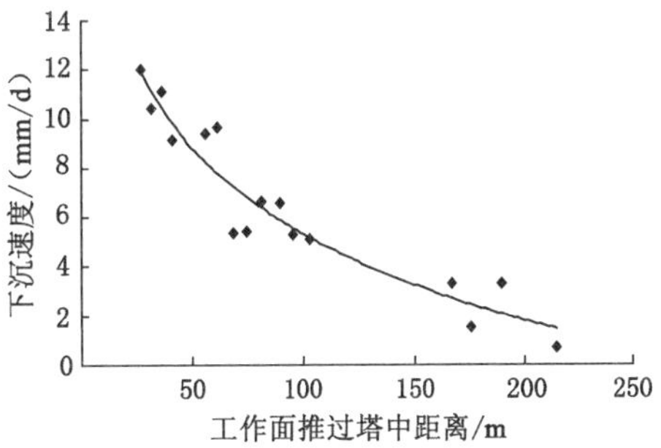

图 3-20　高压线塔中心地表下沉速度与工作面推过塔中距离的关系

表倾斜、高压线塔的倾斜均超过一般建筑物的Ⅳ级损坏标准，这说明高压线塔抵抗地表变形的能力大于一般建(构)筑物的抗变形能力。

③ 观测结果表明：当工作面推过塔中距离约为 27 m 时，高压线塔中心地表下沉速度最大，高压线塔中心地表下沉速度随工作面推过塔中距离的增大呈对数关系衰减。由于高压线对高压线塔的变形有约束和协同作用，采动过程中高压线塔塔身倾斜变形不一致，塔身产生了明显的挠度。

3.4　其他线型构筑物下采煤技术

3.4.1　开采沉陷对地下管线(道)的损坏

城镇地下管线(道)可分为带压管道(输油、供水、供气、供暖管道等)、自流管道(生活废水、工业废水、雨水排水管道等)、电缆(通信)管线三类。这些管线(道)对纵向水平变形和局部下沉形成的曲率变形比较敏感。带压管道多数为铸铁、钢、水泥材质的，这类管道在受到纵向水平拉伸、压缩及曲率变形作用时，管道连接处的套管、接头首先发生损坏，这是管线(道)下开采损坏的主要部分之一。在鲁尔矿区，为维修水管支线和下水道设备所支付的费用占消除采动损坏所需全部费用的 50%左右；在波兰的卡托维兹城下开采，为保护管道增加的保护装置及其安装的费用比正常条件下的供水管道增加 30%～50%。如果在开采之前这些管道已存在，则改造费用会更高。通常要根据采动地表变形情况及管道延伸的方向，通过预计确定开采对管道的损坏程度，采取相应的保护措施，如采用特制的柔性密封管道接头等。

自流管道除了受纵向水平变形影响外，局部下沉形成的倾斜、曲率变形会改变管路的自流方向，形成污水倒流、外溢、堵塞等情况。

采动地表移动一般对设置在地沟、电缆沟中的电缆影响很小，但埋设于土壤中的电缆会受到较大的影响。由于电缆导线的强度通常高于其包皮材料的强度，在拉伸区电缆导线的外包皮可能会先损坏，在压缩区内电缆弯曲部分的导线可能穿破绝缘层，从而导致导线接地或短路现象。

3.4.2 地下管线(道)下开采的要求

水工构筑物留设保护煤柱时,受护对象按下列要求确定:

(1) 河堤堤防,以堤基两侧的外边缘为界。

(2) 各级坝、泵站和水闸等,以其基础的外边缘为界。

长输管线留设保护煤柱时,受护对象按下列要求确定:

(1) 地埋管线,以埋线开挖沟外边缘为界。

(2) 架空管线,以架空管线基础的外边缘为界。

水工构筑物下采煤,除满足其压煤开采或者试采相应要求外,还应满足下列条件:

(1) 水工构筑物满足防洪工程安全的有关规定和要求。

(2) 水工构筑物的预计地表变形值小于允许变形值;或者预计的地表变形值大于允许变形值,但经过维修加固能够实现安全使用要求。

水工构筑物和长输管线下压煤开采方案设计应当具备下列资料和工程图:

(1) 地质采矿资料和图纸:煤层的层数、层间距、厚度、倾角、埋深、压煤量;岩石物理力学性质、地质构造、地下潜水位;现有的开采方法、巷道布置、生产系统以及邻区开采情况;矿井的地表移动参数,老采空区活化的可能性及其对地表和建筑物的影响;井上下对照图、采掘工程平面图、地质剖面图和钻孔柱状图。

(2) 水工构筑物技术资料和图纸:区域水文、气象资料,最高洪水位,流水库容量,堤坝结构形式,基础结构等;流域地形图、水工构筑物结构图、基础剖面图、河流断面图等。

(3) 长输管线技术资料和图纸:管线直径、管壁厚度、管道材质、连接方式、埋设深度、填埋材料和方式、变形要求等;长输管线位置图、敷设结构剖面图等。

参考《采空区油气管道安全设计与防护技术规范》(Q/SY 1487—2012),采空区油气管道稳定性与地表变形值之间的关系见表 3-16。符合以下条件之一时,应为管道及其附属设施或配套建(构)筑物留设保护煤柱:

(1) 管道安全校核不达标。

(2) 薄及中厚煤层的采深与单层采厚比小于 120。

(3) 厚煤层及煤层群的采深与分层采厚比小于 160。

(4) 管道隧道。

(5) 站场。

(6) 地下储库等。

表 3-16 采空区油气管道稳定性分级

稳定性级别	地表变形指标			危险程度
	水平变形 ε/(mm/m)	倾斜 i/(mm/m)	曲率 K/($10^{-3}m^{-1}$)	
Ⅰ	>9.0		>1.0	高
Ⅱ	6.0<~9.0	>6.0	0.4<~1.0	较高
Ⅲ	2.0<~6.0	3.0<~6.0	0.25<~0.4	一般
Ⅳ	0.5<~2.0	0.6<~3.0	0.05<~0.25	较低
Ⅴ	≤0.5	≤0.6	≤0.05	无

注:判定采空区油气管道所属稳定性级别时,只需要满足该级别各地表变形指标中的一项指标。

3.4.3 管道保护开采方案优化工程实例

西气东输一线工程是我国自行设计、建设的第一条世界级天然气管道工程，是国家西部大开发标志性工程，施工现场如图 3-21 所示。工程经过某矿采区边界附近，导致部分煤炭资源被压。由于输气管道分布的特殊性，输气管道的安全性显得十分重要。在此情况下，为西气东输管道合理留设保护煤柱，优化开采方案，以提高煤炭资源采出率就显得尤为重要。管道经过工作面的东部附近，其相对位置关系如图 3-22 所示。工作面位于西气东输管道工程西部，井下标高为＋363～＋420 m，对应地面标高为＋750～＋869 m，煤层厚度平均为 5.4 m，煤层倾角约为 7°，走向长度约为 739 m，面长约为 207 m，采用综合机械化一次采全高回采工艺。

图 3-21 西气东输工程施工现场

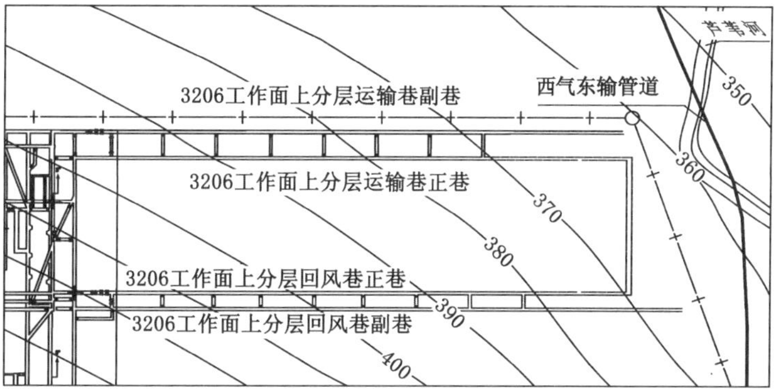

图 3-22 西气东输管道与工作面相对位置关系

根据《建筑物、水体、铁路及主要井巷煤柱留设与压煤开采规范》，输气管道干线保护等级为Ⅰ级，所以西气东输管道保护煤柱按岩层移动角留设，留设方法为垂线法。结合具体的地质采矿条件，确定岩层移动参数：走向移动角为 68.2°，下山移动角为 65.3°，上山移动角为 68.2°。保护煤柱留设结果如图 3-23 所示。为分析保护煤柱的合理性，采用概率积分法对工作面开采以后的地表移动和变形进行计算，概率积分法预计参数取值见表 3-17。

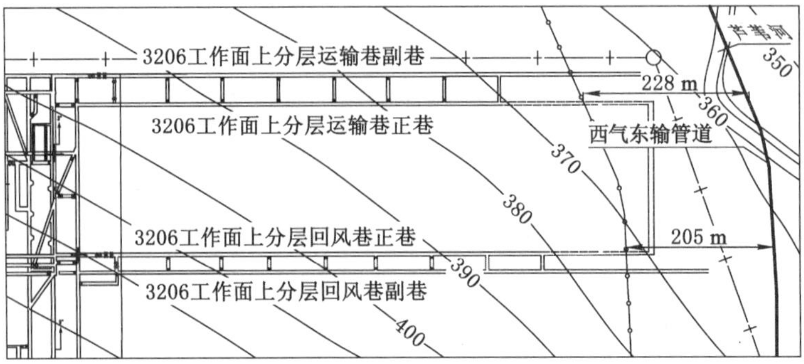

图 3-23　西气东输管道保护煤柱

表 3-17　概率积分法预计参数

煤层倾角/(°)	采厚/mm	下沉系数	主要影响角正切	开采影响传播角/(°)	平均埋深/m	水平移动系数
7	5 400	0.8	2.2	88.3	418	0.3

根据保护煤柱留设结果以及地表移动变形预计结果，对不同开采方案进行了优化。优化调整以后，计算了工作面开采引起的地表移动和变形值，地表下沉等值线如图 3-24 所示。开采引起西气东输管道处地表最大下沉值约为 30 mm，最大倾斜值约为 1.2 mm/m，最大水平移动值约为 55 mm，最大水平变形值约为 1.5 mm/m，最大曲率值小于 $0.05\times10^{-3}\ m^{-1}$。经过评价得出管道稳定性级别为Ⅳ级，危险程度较低。优化后的开采方案，既保证了西气东输管道受地表移动变形影响较小，又能最大限度地采出地下煤炭资源。同时，为确保西气东输管道的安全，在工作面回采时，应加强西气东输管道附近地表移动变形的监测工作，发现问题及时采取相应的措施。并且要求矿方与西气东输管道工程的主管单位加强信息沟通，确保煤矿的安全高效生产和西气东输管道工程的安全运行。

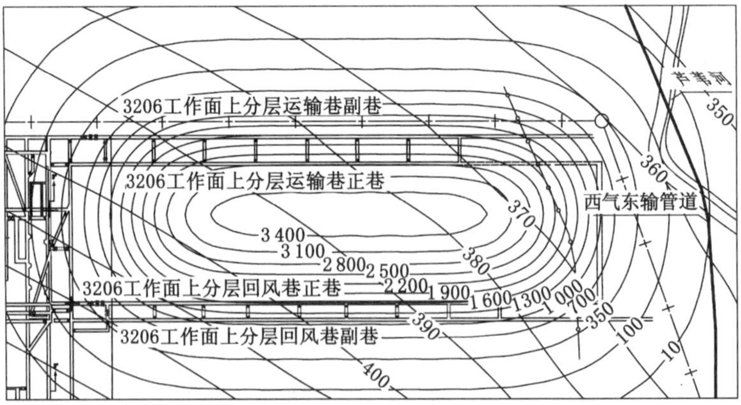

图 3-24　开采后地表下沉等值线

3.4.4　其他构筑物允许和极限地表(地基)变形值

暖卫工程管网的允许和极限地表(地基)变形值见表 3-18。

表 3-18　暖卫工程管网的允许和极限地表(地基)变形值

暖卫工程管网及其特征	允许变形值			极限变形值		
	水平变形 ε /(mm/m)	倾斜 i /(mm/m)	曲率 K /($10^{-3}m^{-1}$)	水平变形 ε /(mm/m)	倾斜 i /(mm/m)	曲率 K /($10^{-3}m^{-1}$)
1. 有接头的煤气管,接头与管体等强度						
(1) 地面干管	8.0			15.0		
(2) 地下干管和分送管						
① 钢管材质为 3 号钢,铺设在:						
a. 砂土上	2.5					
b. 砂质黏土上	2.0					
c. 中密实度黏土上	1.5					
d. 密实黏土上	1.0					
② 钢管材质优于 3 号钢,铺设在:						
a. 砂土上	3.5					
b. 砂质黏土上	2.5					
c. 中密实度黏土上	2.0					
d. 密实黏土上	1.5					
2. 有接头的输油管,接头与管体等强度						
(1) 地面干管	8.0			15.0		
(2) 地下干管,铺设在:						
① 砂土上	3.0			6.0		
② 砂质黏土和黏土上	2.0			4.0		
3. 供热管道						
(1) 地面干管	10.0			15.0		
(2) 设于地沟内	6.0	6.0		10.0	12.0	
(3) 无地沟的干管和分送管,铺设在:						
① 砂土上	4.0	5.0		7.0	8.0	
② 砂质黏土和黏土上	3.0	4.0		5.0	7.0	
4. 自来水管						
(1) 地面干管	10.0			15.0		
(2) 地下钢制管道和分水管,铺设在:						
① 砂土上	5.0			8.0		
② 砂质黏土和黏土上	4.0		0.05	6.0		
(3) 分区地下管	$\frac{c}{L}$					
(4) 有整体混凝土和钢筋混凝土管沟的	1.0					
5. 排水管网						
(1) 分区无压的	8.0			15.0		

表 3-18(续)

暖卫工程管网及其特征	允许变形值			极限变形值		
	水平变形 ε /(mm/m)	倾斜 i /(mm/m)	曲率 K /($10^{-3}m^{-1}$)	水平变形 ε /(mm/m)	倾斜 i /(mm/m)	曲率 K /($10^{-3}m^{-1}$)
(2) 有接头的钢制压力管道,接头和管道等强度						
① 地面的	4.0			6.0		
② 地下的,铺设在砂土、砂质黏土和黏土上	3.0			5.0		

注:c 为接头的补偿能力,mm;L 为管子的长度,m。

工业构筑物的允许和极限地表(地基)变形值见表 3-19。

表 3-19 工业构筑物的允许和极限地表(地基)变形值

构筑物及其特征	允许变形值			极限变形值		
	水平变形 ε /(mm/m)	倾斜 i /(mm/m)	曲率 K /($10^{-3}m^{-1}$)	水平变形 ε /(mm/m)	倾斜 i /(mm/m)	曲率 K /($10^{-3}m^{-1}$)
1. 地下蓄水池和沉淀池						
(1) 钢筋混凝土	$\frac{70}{L}$					
(2) 砖(有钢筋混凝土衬套)	$\frac{40}{L}$					
2. 塔形构筑物						
(1) 在钢筋混凝土基础上高度小于30 m的筒仓式构架		7.0			12.0	
(2) 在混凝土和毛石混凝土基础上的水塔	3.0	8.0		5.0	12.0	
(3) 煤仓		8.0				
(4) 砖和钢筋混凝土烟囱,高度:						
① 20 m		10.0				
② 30 m		8.0				
③ 40 m		7.0				
④ 50 m		6.0				
⑤ 60 m		5.0			14.0	
⑥ 70 m		4.5			10.0	
⑦ 100 m		4.0			10.0	
(5) 电视塔和无线电转播塔,高度:						
① ≤50 m						
② >50 m						
(6) 钢井架		6.0				
3. 变电所						

表 3-19(续)

构筑物及其特征	允许变形值			极限变形值		
	水平变形 ε /(mm/m)	倾斜 i /(mm/m)	曲率 K /($10^{-3}m^{-1}$)	水平变形 ε /(mm/m)	倾斜 i /(mm/m)	曲率 K /($10^{-3}m^{-1}$)
(1) 400 kV 室内变电所：						
① 有同步补偿器				6.0		
② 无同步补偿器				8.0		
(2) 露天变电所：						
① 110～400 kV				7.0	11.0	
② ＜110 kV				10.0	14.0	
4. 浅仓						
(1) 钢筋混凝土装载仓				6.0		0.33
(2) 钢制装载仓				9.0		0.5
5. 工业用炉 多排焦炉	$\frac{100}{L}$	4.0	0.1			
6. 坝和堤						
(1) 砖和混凝土				2.5		0.08
(2) 有溢水设施的土堤和坝	6.0			9.0		
(3) 无溢水设施的土堤和坝	4.0					
7. 索道						
(1) 牵引站				4.0		
(2) 有单独基础的支座				4.0		
(3) 在整体钢筋混凝土基础上的支座				7.0	12.0	

注：L 为构筑物的长度或直径，m。

技术装置的允许和极限地表(地基)变形值见表 3-20。其中，桥式天车的轨道横向的工作条件系数取值见表 3-21。

表 3-20　技术装置的允许和极限地表(地基)变形值

构筑物及其特征	允许变形值			极限变形值		
	水平变形 ε /(mm/m)	倾斜 i /(mm/m)	曲率 K /($10^{-3}m^{-1}$)	水平变形 ε /(mm/m)	倾斜 i /(mm/m)	曲率 K /($10^{-3}m^{-1}$)
1. 往复式压风机		4.0				
2. 桥式天车的轨道						
(1) 横向	$\frac{35H}{M_g Lh}$	5.0				
(2) 纵向		6.0	0.17			
3. 龙门吊车轨道						
(1) 横向			0.08			
(2) 纵向		3.0				
4. 矿井提升机						

表 3-20(续)

构筑物及其特征	允许变形值			极限变形值		
	水平变形 ε /(mm/m)	倾斜 i /(mm/m)	曲率 K /($10^{-3}m^{-1}$)	水平变形 ε /(mm/m)	倾斜 i /(mm/m)	曲率 K /($10^{-3}m^{-1}$)
(1) 滚筒直径为 5 m		6.0			8.0	
(2) 滚筒直径>5 m		4.0			6.0	
5. 矿井通风机						
(1) 轴流式				7.0	10.0	
(2) 离心式				9.0	12.0	
6. 锅炉						
(1) 立式水管式锅炉				8.0	10.0	
(2) 卧式水管式锅炉				12.0	2.0	
7. 长度大于 6 m 的旋床和大型龙门刨床	5.0					

注：H 为柱子由基础底面到上部结构支座的高度，m；h 为柱子由天车轨道到上部结构支座的高度，m；L 为桥式吊车的跨度，m；M_g 为工作条件系数，按表 3-21 选用。

表 3-21　工作条件系数 M_g

建筑物(分段)的长(宽)度/m	<15	15～30	31～45	46～60	>60
工作条件系数 M_g	1.00	0.85	0.70	0.60	0.50

电子教案

第 4 章　承压水上煤层开采技术

我国多数矿区普遍存在着太原群灰岩和奥陶系灰岩，南方一些矿区煤层之下有 140～170 m 厚的茅口组灰岩。我国有超过 60% 的煤矿不同程度地受到底板岩溶承压水的威胁，受水害的面积和严重程度均居世界各主要采煤国家的首位。焦作、峰峰、邯郸、邢台、开滦、淄博、肥城、新汶、枣庄、徐州、淮南等矿区都有承压水上采煤的问题，受奥灰岩溶承压水威胁的累计煤炭可采储量达 200 亿吨以上。近年来，一些矿区如肥城、淮南、峰峰、焦作矿区采用深降强排、疏水降压、底板加固、带压开采综合治理措施等方法，每年采出受承压水威胁的煤炭资源 600 万吨以上，解放承压水上煤炭资源数亿吨。其中，焦作矿区曾经平均每采出 1 t 煤要排出 60 t 水，九里山煤矿吨煤排水量高达 93 m^3。但随着采深的增加，地质条件日益复杂，深部矿井岩溶突水问题更加突出。据不完全统计，2010—2019 年间全国煤矿共发生 140 起水害事故，造成 718 人死亡，如图 4-1 所示。

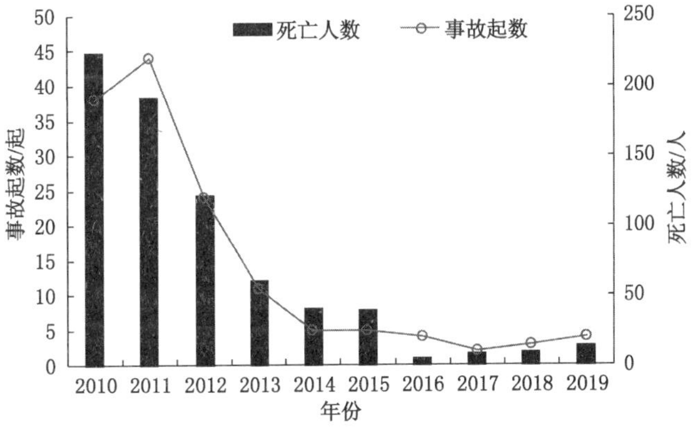

图 4-1　2010—2019 年全国水害事故统计

鉴于我国煤矿底板岩溶水的突水频率日趋上升，突水水量日趋增大，造成的损失也日趋严重，承压含水层上采煤成为我国当前应该特别重视的问题。为适应煤矿生产的迅速发展，加强煤矿底板岩溶水的研究，具有十分重要的现实与深远意义。

4.1　底板突水类型及底板破坏规律

4.1.1　基本概念

4.1.1.1　煤层底板岩溶水

赋存和运动于煤层底板岩溶地层空间中的水体和水流叫作煤层底板岩溶水，又称底板承压水。它不同于松散层内的孔隙水和基岩裂隙水，具有本身的径流特征和运动规律。

4.1.1.2　隔水层与等值隔水层

存在于含水层与开采煤层底板、巷道和采空区之间的能阻碍或减弱水流动的岩层，称作隔水层。该岩层内的孔隙不连通，地下水无运动条件，也称为保护层。由于隔水层的性质和结构不同，其隔水、阻水性能也不同。两个质量不同而厚度相同的岩层，在相同的水文地质边界条件下，隔水、阻水作用相等时，称为等值隔水层。开采煤层底板至含水层顶面之间隔水的完整岩层的厚度称为底板隔水层厚度。

4.1.1.3　突水系数

水压与底板隔水层厚度的比值，称为突水系数，即

$$T = \frac{p}{M} \tag{4-1}$$

式中　T——突水系数，MPa/m；

p——底板隔水层承受的水压，MPa；

M——底板隔水层厚度，m。

按式(4-1)计算，就全国实际资料看，底板受构造破坏块段突水系数一般不大于0.06 MPa/m，正常块段不大于0.1 MPa/m。部分矿区临界突水系数统计结果见表4-1。当突水系数超过表4-1中数值时，即有可能发生突水事故。

表4-1　部分矿区临界突水系数

矿区名称	峰峰	焦作	淄博	井陉
突水系数 T_s/(MPa/m)	0.066～0.076	0.06～0.10	0.06～0.10	0.06～0.15

4.1.1.4　安全水头

安全水头是指不致引起矿井突水的承压水头最大值。

掘进巷道底板隔水层安全水头压力按式(4-2)计算：

$$p = 2\sigma_t \frac{M^2}{L^2} + \gamma M \tag{4-2}$$

式中　p——安全水头压力，MPa；

M——底板隔水层厚度，m；

L——巷道宽度，m；

γ——底板隔水层的平均重度，MN/m^3；

σ_t——底板隔水层的平均抗拉强度，MPa。

采煤工作面底板隔水层安全水头压力按式(4-3)计算：

$$p = T_s M \tag{4-3}$$

式中　p——安全水头压力，MPa；

M——底板隔水层厚度，m；

T_s——临界突水系数，MPa/m。

T_s值应当根据本区资料确定，一般情况下，在有构造破坏的地段按0.06 MPa/m计算，隔水层完整、无断裂构造破坏地段按0.1 MPa/m计算。

4.1.1.5　探放水

探放水是指包括探水和放水的总称。探水是指采矿过程中用超前勘探方法，查明采掘工作面顶底板、侧帮和前方等水体的具体空间位置和状况。放水是指为了预防水害事故，在探明情况后采取钻孔等安全方法将水体放出。

4.1.1.6　带压开采

带压开采是指采用专门的技术和安全措施在含水层安全水头范围内开采其上的邻近层。

4.1.2　底板突水类型

4.1.2.1　按突水地点分类

按突水地点分，底板突水有巷道突水与采煤工作面突水两类。巷道突水多以构造破坏为主，承压水通过断裂或构造破碎带进入底板，形成充水，一旦巷道揭露出来后，承压水就迅速涌入。

采煤工作面突水以采煤破坏为主，矿山压力破坏和削弱底板隔水层的厚度和强度，造成与含水层的密切水力联系。

4.1.2.2　按突水动态表现分类

按突水动态表现，可将底板突水分为爆发型、缓冲型和滞后型三类。构造破坏是爆发型突水的主要原因，该类突水直接在采掘工作地点附近发生，一旦突水，突水量瞬间达到峰值，之后突水量趋于稳定或逐渐减小。爆发型突水来势猛、速度快、冲击力大，常有岩块碎屑伴水冲出，排水不及时可淹没采区、水平或整个矿井。

缓冲型突水发生在采掘工作地点附近，突水量由小到大逐渐增加，经几小时、几天甚至几个月才达峰值，地质构造、矿山压力、水压或它们的综合作用都可能是这类突水的原因。

滞后型突水发生在采掘工作面推进一定距离后，滞后时间为几天、几个月甚至几年。这类突水多由于矿山压力或水压力长期作用，隔水层逐渐破坏而发生。

4.1.2.3　按突水量分类

按突水量，可将底板突水分为特大型突水、大型突水、中型突水和小型突水等四类，它们的突水量如表4-2所列。

表4-2　按突水量的底板突水分类

突水类型	特大型	大型	中型	小型
突水量/(m^3/min)	≥50	20～49	5～19	<5

随着采深增加，底板突水量有加大的趋势。

4.1.3　底板岩层移动规律

在开采过程中，煤层底板应力重新分布造成底板岩层的变形与破坏，削弱了底板岩层的阻水能力，甚至形成突水通道。因此，研究开采后煤层底板的应力重新分布、变形与破坏规律，是底板突水防治的基础。

4.1.3.1　底板应力与变形规律

随着工作面推进，采空区中的垮落岩块被压实，底板重新处于增压区内，又从膨胀状态转为压缩状态。在工作面推进过程中,底板各处均要经受压缩、膨胀和再压缩的过程。底板沿工作面推进方向受到压缩、膨胀和再压缩的作用(见图 4-2)。

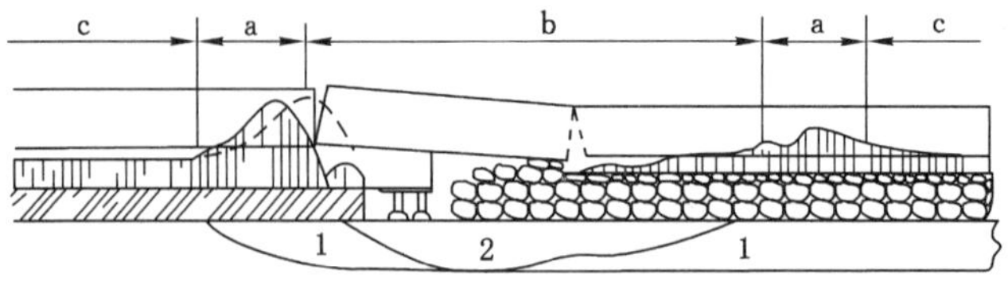

a—增压区;b—减压区;c—稳压区;1—压缩区;2—膨胀区。

图 4-2 工作面底板应力与变形示意

在支承压力的作用下,从工作面煤壁到采空区一定距离和一定深度范围内的底板中出现水平拉应力,在压缩区和膨胀区分界处的底板中出现剪应力,拉应力和剪应力使底板出现断裂。垂直断裂与顺层断裂交叉,形成底板破坏带。在采空区下方膨胀区内,断裂呈松弛和张开状态,成为底板突水的通道。

4.1.3.2 底板岩层中的“下三带”

根据煤层底板破坏情况及承压水的导升情况,在工作面连续推进后,煤层底板岩层可分为“下三带”(见图 4-3)。

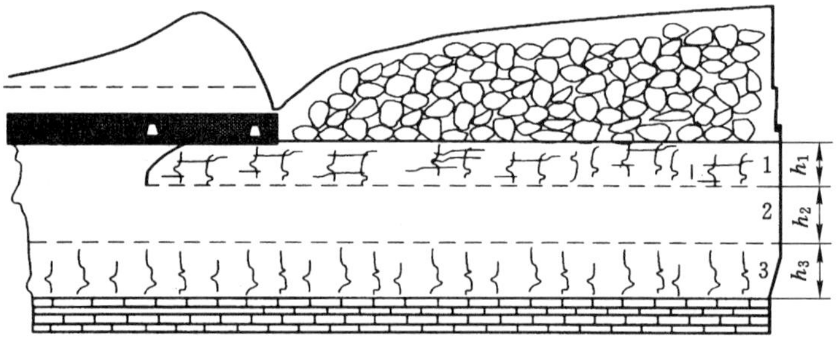

h_1—底板采动导水破坏带深度;h_2—阻水带厚度;h_3—承压水导升带高度;

1—底板采动导水破坏带;2—阻水带;3—承压水导升带。

图 4-3 “下三带”示意

(1) 底板采动导水破坏带。底板采动导水破坏带指邻接工作面的直接底板受到破坏,出现一系列沿层面和垂直于层面的断裂,导水能力增强的岩层范围。有关底板采动导水破坏带深度的研究较多,我国进行了大量的实测和理论研究。郭文兵等在综合分析煤层底板采动导水破坏带深度影响因素的基础上,依据实测样本应用人工神经网络方法对底板采动导水破坏带深度进行了计算。研究表明:底板采动导水破坏带深度与工作面面长、采深、煤层倾角、采厚、底板岩层的抗破坏能力、工作面内地质构造情况、采煤方法与顶板管理方法等有关。底板采动导水破坏带深度与工作面面长和采深的关系如图 4-4 和图 4-5 所示。

(2) 阻水带。阻水带(保护层带)位于底板采动导水破坏带之下,其岩层虽然受到支承压力的作用,甚至产生弹性或塑性变形,但仍然能保持连续性,阻水能力未发生变化。

(3) 承压水导升带。承压水导升带指底板含水层中的承压水沿隔水层裂隙上升的岩层范围,即由含水层顶面至承压水导升标高之间的岩层范围。承压水导升带高度,取决于承压

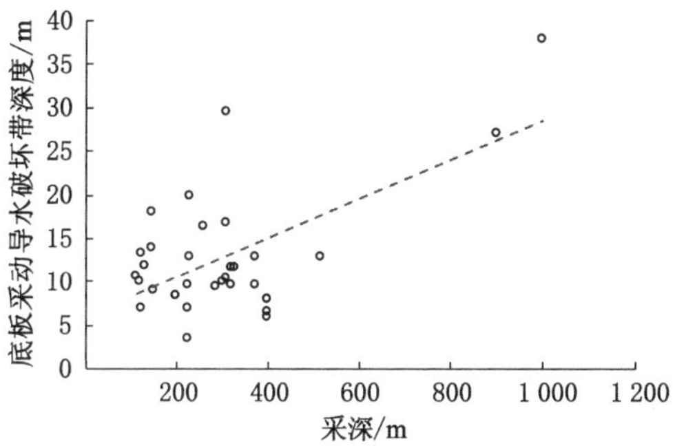

图 4-4　底板采动导水破坏带深度与采深的关系

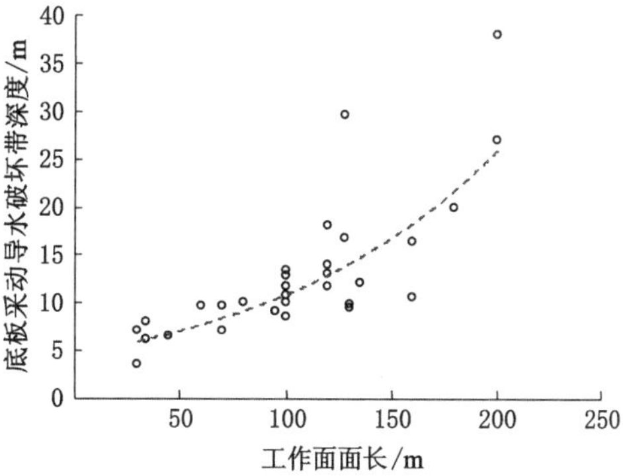

图 4-5　底板采动导水破坏带深度与工作面面长的关系

水的压力及隔水层裂隙的发育程度和受开采影响的剧烈程度。根据“下三带”理论，对承压水上采煤进行安全预测，存在 4 种情况(见表 4-3)。

表 4-3　根据“下三带”理论预测的承压水上采煤的安全情况

序号	1	2	3		4
类型	保护层厚、强度大	保护层薄、强度不够	无保护层		承压水导升带原始导高接近或切穿煤层
			底板采动导水破坏带与承压水导升带沟通	底板采动导水破坏带与含水层相接	
安全性	安全	不够安全	不安全	易突水	很危险
措施	正常开采	减小工作面面长，减小破坏深度，增大保护层厚度	缩小工作面面长，改变采煤方法，降低采出率，减小矿压破坏程度和破坏深度，甚至对底板进行注浆加固以求保留一定厚度保护层	留煤柱，改变采煤方法，对底板采动导水破坏带内的断裂封堵加固	
图示	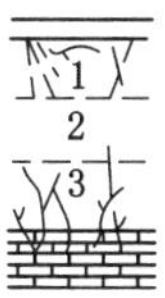	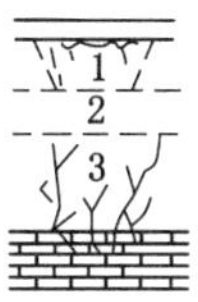	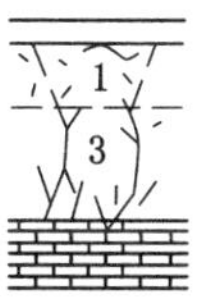	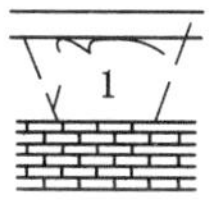	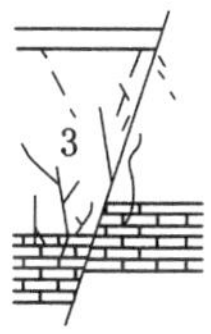

4.2　影响底板突水的主要因素

矿井水害是煤矿开采过程中的主要灾害之一，随着采深和开采强度的逐步加大，煤层受到多种水体的威胁，特别是奥陶系灰岩含水层，严重制约了矿井的安全生产。在采动附加应力和底板水压力作用下，底板岩体产生移动、破坏，在底板中形成“下三带”，依据“关键层”理论，阻水带的厚度、承压水的压力是决定底板突水的关键因素。国内有的学者提出底板突水的“六因素说”，即煤层底板含水层的富水性、含水层的水头压力、地质构造、底板隔水层的厚度与结构、矿山压力及开采方法。

4.2.1 地质条件

4.2.1.1 水源条件

水源条件包括水量和水压，水量是突水的物质基础，水压是突水的动力。水量越丰富，突水量越大，危害性也越大。水压的作用表现为：处于封闭状态的岩溶水不断地溶蚀、冲刷构造裂隙，形成通道，由含水层上升进入底板隔水层，从而破坏底板隔水层。水压越大，这种破坏作用越严重，承压水导升带高度就越大。

大型富水条件矿区以焦作、峰峰矿区为代表，地下水埋藏丰富，如焦作矿区曾经排水量为 500 m^3/d，相当于采 1 t 煤排 6 t 水，但地下水位无明显下降。截至 1995 年年底，焦作矿区发生突水量大于 1 m^3/min 的突水事故 500 次。中型富水条件矿区以淄博、肥城、邢台、井陉矿区为代表。小型富水条件矿区以新汶、徐州、豫西等矿区为代表。

4.2.1.2 地质构造

地质构造尤其是断层，是造成底板突水的主要因素之一。据对国内 4 个矿区 163 个底板突水工作面的统计，地质构造引起的突水事故占 67.5%。断层之所以成为底板突水的主要因素，有以下原因：

(1) 断层的存在，使底板岩体的连续性遭到破坏，在采动附加应力的作用下，岩体易沿断层移动，从而使采动破坏深度增大，造成突水。根据现场实测，断层破碎带岩体的底板采动导水破坏带深度是正常岩体的 2 倍左右。

(2) 断层的存在，会破坏底板岩体的完整性，降低岩体的强度。岩体容易破坏，底板采动导水破坏带深度增大。

(3) 断层上下盘错动，会缩短煤层与底板含水层之间的距离，有时甚至使断层一盘的煤层与另一盘的含水层直接接触，导致工作面易发生突水(见图 4-6)。

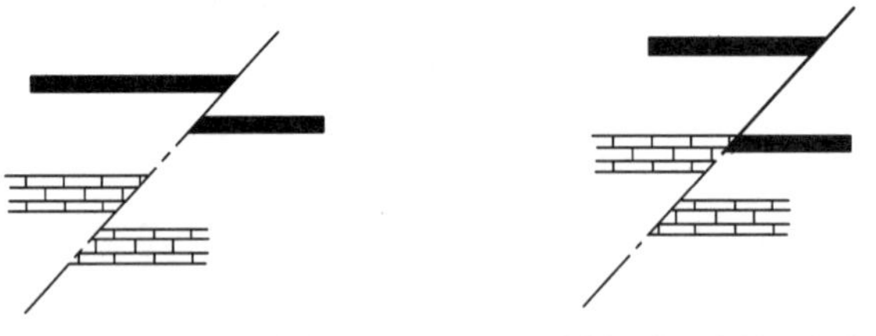

(a) 底板隔水层有效厚度减小　　(b) 底板隔水层有效厚度消失

图 4-6　断层对煤层与含水层相对位置的改变情况

(4) 若断层破碎带或断层影响带为充水或导水构造，工作面揭露断层时即会发生突水。断层是否导水与断层的性质有关。一般来说，在相同条件下，正断层较逆断层易导致工作面突水。当断层面与岩层面夹角较小或接近平行时，断层导水性较弱；当断层面与岩层面夹角较大或接近垂直时，则断层导水性较强。当断层两侧都是坚硬岩层时，断层导水性强；当断层一侧为坚硬岩体，另一侧为软弱岩体时，断层导水性弱；当断层两侧都是软弱岩体时，则断层带的充填情况较好，断层导水性很弱，甚至不导水。

焦作矿区地质构造为由多条断裂组成的地垒、地堑群，28 次较大突水的统计资料表明，断层密度大的矿井，突水次数多。如韩王煤矿突水 6 次，断层密度为 3 条/km^2；朱村煤矿突水 4 次，断层密度为 1.5 条/km^2；演马煤矿突水 1 次，断层密度为 0.34 条/km^2。

岩溶陷落柱是容易引起底板突水的另外一种地质构造。煤系之下的厚层可溶性岩层，在岩溶水作用下形成大溶洞，当溶洞顶部的自然拱不能支撑其上覆岩层时，则覆岩相继垮落，并逐步向上发展，其顶部可能切割煤系，形成几十至几百米高的柱状陷落体，因而称岩溶陷落柱。岩溶陷落柱的存在给开采造成了困难。华北地区揭露的岩溶陷落柱多数导水性和充水性不强，对突水影响不大；少数既充水，又导水，在与强含水层沟通的条件下，对安全生产威胁极大。

我国开滦范各庄矿 2171 工作面推进到隐存的岩溶陷落柱附近时，高压水突破煤壁，在 21 h 后将年产 300 万吨的大型矿井淹没，突水峰期平均涌水量为 2 053 m^3/min。

4.2.1.3　隔水层的阻水能力

隔水层的阻水能力取决于隔水层的强度、厚度和裂隙发育程度。强度越大、厚度越大、裂隙越少，隔水层的阻水能力越大。隔水层的阻水能力一般以单位厚度隔水层所能承受的水压表示，其单位为 MPa/m。根据现场实际资料，隔水层的阻水能力一般为0.1～0.3 MPa/m。

显然，底板隔水层厚度越大，抵抗水压、矿压的破坏能力越强，矿井开采底板突水的概率越小。隔水层岩体的强度越大，受采动影响后越不容易破坏，底板突水的可能性越小。底板突水除了与底板隔水层厚度、强度有关外，还与底板隔水层的结构有关。底板隔水层结构对底板突水有较大的影响，在承压水上开采时，应对底板隔水层结构仔细分析，根据不同情况，采取不同的处理方法。

如新汶华丰煤矿 41501 工作面主要开采 15 煤层，在其下部 50～60 m 处有一奥灰含水层，实测水压可达 3.2 MPa，采后突水危险性较高，威胁工作面的安全生产。如图 4-7 所示，需要对底板隔水关键层的隔水能力进行综合分析。

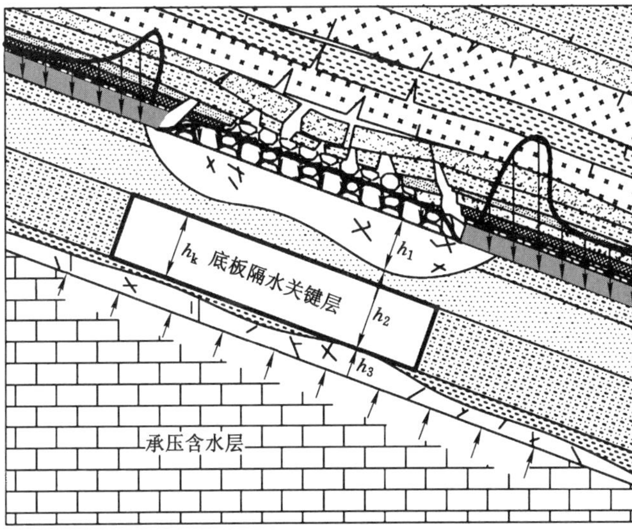

图 4-7　倾斜底板隔水关键层

4.2.2 开采条件

4.2.2.1 *开采方法*

开采方法对底板突水的影响主要表现在两方面：

(1) 工作面面长。工作面面长对底板突水的影响比采深、煤层倾角、底板岩层强度等都明显。工作面面长越大，底板岩层破坏深度越大(见表 4-4)，工作面越容易突水；反之亦然。

表 4-4　不同采煤方法的底板破坏深度

采煤方法及工作面面长	长壁，80～100 m	短壁，50 m	条带，20 m(采宽)
底板破坏深度/m	10～17	3.5～7	2.5～3

(2) 开采面积。工作面底板突水与开采面积关系十分密切，不同矿区有各自不同的突水面积。当开采面积大于突水面积后，底板要产生突水。因此，控制开采面积是控制底板突水的有效方法。一些矿区采用条带开采、巷式开采等方法减小开采面积，防止底板突水。

4.2.2.2 *矿山压力*

绝大部分工作面底板突水与矿压作用有直接关系，影响矿压作用的因素有顶板岩层结构、支护方式、控顶距等。矿山压力诱发底板突水，有如下规律：

(1) 无周期来压或周期来压不明显的顶板，支承压力较小，对底板破坏轻，突水事故较少；有周期来压的顶板，突水多发生在初次来压或周期来压期间，因为初次来压或周期来压期间底板破坏严重。统计分析华北地区煤田 72 次采煤工作面底板突水资料得出：工作面推进至距开切眼 20～30 m，即顶板初次来压时，底板发生突水事故的工作面比例为 44.4%；工作面推进至距开切眼 60 m 时，底板发生突水事故的工作面比例为 84.6%；工作面推进至距开切眼 100 m 以上时，底板发生突水事故的工作面比例为 7%。这就说明，在工作面推过开切眼 100 m 后，没有特殊情况，一般发生突水的可能性很小。

(2) 突水点的位置多数在工作面后部采空区边缘附近。因为该处顶板垮落不充分，底板处于膨胀状态，断裂张开，阻水能力最弱。突水点多位于采空区周边，靠近煤壁 4～7 m 处或最外一排支柱的外侧。这主要是由于采空区周围煤柱上产生支承压力，采空区周围底板岩层卸载，在支承压力的作用下向采空区突出、膨胀，产生竖向裂隙和层间裂隙(离层)。

(3) 顶板初次来压之前，在开切眼附近，由于基本顶厚且较长时间悬露，或直接顶岩层垮落后不接顶，底板岩层形成较大的自由面，从而为底板岩层的移动与破坏创造了条件。因此，开切眼附近是底板极易突水的位置之一。

(4) 工作面推进速度慢、工作面突然停止推进或在工作面终采线处，容易发生突水事故。这是由于工作面推进速度慢或停止推进时，支承压力作用的时间较长，底板岩层破坏严重。工作面推进速度快时，采空区底板还来不及形成较大的断裂就会由膨胀状态变为压缩状态，有利于防止底板突水。

(5) 区段煤柱承受工作面侧向支承压力，随工作面推进侧向支承压力越来越大，再加上区段煤柱边缘处采空区顶板垮落不充分，因此，区段煤柱附近也是极可能发生底板突水的位置之一。

矿山压力引起的底板破坏深度一般为 6～20 m。如淄博双沟煤矿的底板破坏深度为 10.5 m;肥城白庄煤矿为 8.5～11 m;峰峰二矿为 14 m;淮南新庄孜煤矿正常为16.8 m,有断层时为 29.6 m。

4.3　煤层下方承压水体采动等级及防水安全煤(岩)柱留设方法

4.3.1　煤层下方承压水体采动等级

《建筑物、水体、铁路及主要井巷煤柱留设与压煤开采规范》将煤层之下的承压水划分为两种采动等级,并规定了相应的允许采动程度和留设的安全煤(岩)柱类型,如表 4-5 所列。

表 4-5　煤层下方水体采动等级、允许采动程度及相应的安全煤(岩)柱类型

采动等级	水体类型	允许采动程度	要求留设的安全煤(岩)柱类型
Ⅰ	① 位于煤系之下的灰岩强含水体; ② 位于煤层之下的薄层灰岩具有强水源补给的含水体; ③ 位于煤层之下的作为重要水源或旅游资源保护的水体	不允许底板采动导水破坏带波及水体,或与承压水导升带沟通,并有能起到强阻水作用的有效保护层	底板强防水安全煤(岩)柱
Ⅱ	① 位于煤系之下的弱含水体,或已疏降的强含水体; ② 位于煤层之下的无强水源补给的薄层灰岩含水体; ③ 位于煤系或煤系底部其他岩层中的中、弱含水体	允许采取安全措施后底板采动导水破坏带波及水体,或与承压水导升带沟通,但防水安全煤(岩)柱仍能起到安全阻水作用	底板弱防水安全煤(岩)柱

4.3.2　水体上采煤的防水安全煤(岩)柱设计

设计防水安全煤(岩)柱的原则是:不允许底板采动导水破坏带波及水体,或者与承压水导升带沟通。

4.3.2.1　防水安全煤(岩)柱参数计算

(1) 底板采动导水破坏带深度(h_1)计算

底板采动导水破坏带深度为自煤层底板至底板采动导水破坏带最深处的法线距离。我国煤矿的观测结果表明,简单开采地质条件下,底板采动破坏程度主要取决于工作面的矿压作用,其影响因素有采深、煤层倾角、煤层采厚、工作面面长、开采方法和顶板管理方法等。另外,还与底板岩层的抗破坏能力(包括岩石强度、岩层组合及原始裂隙发育状况等)有关。表 4-6 列出了与底板采动导水破坏带深度关系最密切的工作面面长、采深和倾角等因素的实测参数,其统计范围:工作面面长为 30～205 m,采深为 100～1 000 m,倾角为 4°～30°,一次采厚为 0.9～5.4 m(分层开采总厚小于 10 m)。

表 4-6　实测工作面底板采动导水破坏带深度相关参数

序号	工作面地点	采深 H/m	倾角 α/(°)	采厚 M/m	工作面面长 L/m	底板采动导水破坏带深度 h_1/m	备　注
1	邯郸王风煤矿 1930 工作面	103～132	16～20	2.5	80	10.0	
2	邯郸王风煤矿 1830 工作面	123	15	1.1	70	6.0～8.0	
3	邯郸王风煤矿 1951 工作面				100	13.4	
4	峰峰二矿 2701 工作面	145	16	1.5	120	14.0	
5	峰峰三矿 3707 工作面	130	15	1.4	135	15.0	>10 m,取 15 m
6	峰峰四矿 4804、4904 工作面		12		100	10.7	协调面开采
7	肥城曹庄煤矿 9203 工作面	132～164	18		95～105	9.0	
8	肥城白庄煤矿 7406 工作面	225～249		1.9	60～140	7.2～8.4	面长取 80 m
9	淄博双沟煤矿 1024、1028 工作面	278～296		1.0	60	10.5	对拉面开采
10	澄合二矿 22510 工作面	300	8		100	10.0	
11	韩城马沟渠煤矿 1100 工作面	230	10	2.3	120	13.0	
12	鹤壁三矿 128 工作面	230	26	3.0～4.0	180	20.0	采二分层底板采动导水破坏带深度达 24 m
13	邢台煤矿 7802 工作面	234～284	4	3.0	160	16.4	
14	邢台煤矿 7607 工作面	310～330	4	5.4	60	9.7	
15	邢台煤矿 7607 工作面	310～330	4	5.4	100	11.7	
16	淮南新庄孜煤矿 4303 工作面	310	26	1.8	128	16.8	
17	井陉三矿 5701 工作面	227	12	3.5	30	3.5	断层带底板采动导水破坏带深度小于 7 m
18	井陉一矿 4707 大面	350～450	9	7.5	34	8.0	分层采厚为 4 m,底板采动导水破坏带深度约为 6 m
19	井陉一矿 4707 小面	350～450	9	4.0	45	6.5	采一分层
20	开滦赵各庄煤矿 1237 工作面	900	26	2.0	200	27.0	包括顶部 8 m 煤,实测底板岩层破坏深度约为 19 m
21	开滦赵各庄煤矿 2137 工作面	1 000	26	2.0	200	38.0	含顶部 8 m 煤,实测底板岩层破坏深度约为 30 m
22	新汶华丰煤矿 41303 工作面	480	30	0.94	120	13.0	
23	赵固一矿 11111 工作面	570	2	3.5	176	23.48	
24	赵固二矿 11011 工作面	710	3	3.6	180	25.8	
25	邢台邢东煤矿 2121 工作面	1 000	12	3.4	150	32.5	
26	淮南潘三煤矿 1237(1)工作面	590	14	3.0	205	14.6	
27	钱营孜煤矿 3213 工作面	630	9	3.5	200	17.0	
28	淮北青东煤矿 104 工作面	488.9	15	2.75	320.81	16.86	

表 4-6(续)

序号	工作面地点	采深 H/m	倾角 α/(°)	采厚 M/m	工作面面长 L/m	底板采动导水破坏带深度 h_1/m	备　注
29	皖南宁煤一矿 213 工作面	416	18	1.5	115	16.5	
30	新集二矿 1 煤首采工作面	650	10	4.5	150	19.17	
31	刘桥一矿Ⅲ423 工作面	450	9	1.94	170	21.0	
32	钱营孜煤矿 3212 工作面	650	9	3.5	150	24.3	
33	新汶良庄煤矿 51302 工作面	640	12	1.0	165	35.0	
34	肥城白庄煤矿 7105 工作面	520	10	1.5	80	21.56	
35	肥城曹庄煤矿 8812 工作面	420	20	1.97	120	18.5	
36	井陉一矿 4707 小面	400	9	7.5	34	8.0	
37	赵固二矿 11050 工作面	690	3	5.8	180	34.8	
38	王楼煤矿 11301 工作面	708	7	1.91	120	12.9	

另外，计算底板采动导水破坏带深度(h_1)的主要经验公式如下：

$$h_1 = 4.57e^{0.008L} \tag{4-4}$$

$$h_1 = 0.7007 + 0.1079L \tag{4-5}$$

$$h_1 = 0.303L^{0.8} \tag{4-6}$$

$$h_1 = 0.0085H + 0.1665\alpha + 0.1079L - 4.3579 \tag{4-7}$$

$$h_1 = \frac{0.00911H + 0.0448\alpha - 0.3113f + 7.9291\ln\dfrac{L}{24}}{1-D} \tag{4-8}$$

式中　H——采深，m。

L——工作面面长，m。

α——煤层倾角，(°)。

f——底板岩体坚固性系数。

D——采场底板损伤度，根据地质构造复杂程度进行估算。当地质构造复杂程度为简单时，$D<0.1$；当地质构造复杂程度为中等时，$0.1\leqslant D<0.15$；当地质构造复杂程度为复杂时，$0.15\leqslant D<0.5$；当地质构造复杂程度为极复杂时，$D\geqslant 0.5$。

根据断裂力学和塑性力学理论得出的底板采动导水破坏带深度(h_1)计算式如下：

$$h_1 = \frac{1.57\gamma^2 H^2 L}{4\sigma_c^2} \tag{4-9}$$

$$h_1 = 59.88\ln\frac{K_{\max}\gamma H}{\sigma_1} \tag{4-10}$$

$$h_1 = \frac{0.015H\cos\varphi_0}{2\cos\left(\dfrac{\pi}{4}+\dfrac{\varphi_0}{2}\right)}\exp\left[\left(\frac{\pi}{4}+\frac{\varphi_0}{2}\right)\tan\varphi_0\right] \tag{4-11}$$

式中　γ——底板岩层平均重度，MN/m^3；

σ_c——底板岩体单轴抗压强度，MPa；

σ_1——底板岩体最大主应力，MPa；

K_{max}——矿山压力最大集中系数，一般取 2～4；

φ_0——底板岩体内摩擦角，(°)。

(2) 阻水带厚度(h_2)计算

阻水带厚度是指煤层底板未受采动影响而能够起到阻隔底板承压水作用的岩层范围的厚度，其值可以通过试验方法和理论计算方法确定。

试验方法可按式(4-12)计算：

$$h_2 = p/Z \tag{4-12}$$

式中 p——作用在底板上的水压力，MPa；

Z——阻水系数，MPa/m。

其中，阻水系数可现场用钻孔水力压裂法测定，可按照式(4-13)计算：

$$Z = p_b/R, p_b = 3\sigma_h - \sigma_H + \sigma_t - p_0 \tag{4-13}$$

式中 R——裂缝扩展半径，m，一般取 40～50 m；

p_b——岩体破裂时的临界水压力，MPa；

σ_h——作用于岩体的最小水平主应力，MPa；

σ_H——作用于岩体的最大水平主应力，MPa；

σ_t——底板岩体抗拉强度，MPa；

p_0——岩体空隙中的水压力，MPa。

不同岩层阻水系数一般为：中、粗粒砂岩为 0.3～0.5 MPa/m，细砂岩约为 0.3 MPa/m，粉砂岩约为 0.2 MPa/m，泥岩为 0.1～0.3 MPa/m，石灰岩约为 0.4 MPa/m；断层带因充填物性质及胶结或密实程度不同，其阻水能力变化很大，按弱强度充填物考虑，其阻水系数为 0.05～0.10 MPa/m。

理论计算方法可由式(4-14)计算：

$$h_2 = \frac{\sqrt{\gamma^2 + 4A(p - \gamma h_1)\sigma_t} - \gamma}{2A\sigma_t} \tag{4-14}$$

式中 H——采深，m；

h_1——底板采动导水破坏带深度，m；

γ——底板岩层平均重度，MN/m^3；

p——作用在底板上的水压力，MPa；

σ_t——底板岩体抗拉强度，MPa；

A——计算系数，$A = \dfrac{12L^2}{L_y^2(\sqrt{L_y^2 + 3L^2})^2}$；

L——壁式工作面面长，m；

L_y——沿推进方向工作面基本顶初次来压步距，m。

(3) 承压水导升带高度(h_3)确定

承压水导升带高度是指煤层底板隔水岩层，在下部含水层中承压水长期作用下沿隔水底板中的裂隙或断裂破碎带上升的高度(即由含水层顶面到承压水导升上限之间的岩层厚度)。可采用物探和钻探方法确定承压水导升带高度，一般可在井下巷道中用电测方法进行探测，必要时用钻探方法验证。当井下物探与钻探条件受限制时，也可通过以往勘探钻孔资料分析确定。断层带附近的承压水导升带高度一般比正常岩层中的大，有时甚至可到达或超过煤层。

(4) 底板含水层顶部充填隔水带厚度(h_4)确定

底板含水层顶部充填隔水带是指岩溶石灰岩含水层顶部被泥砂等沉积物充填了的岩层段。充填隔水带厚度(h_4)可以采用物探和钻探方法综合确定，我国部分矿区奥陶系灰岩含水层顶部充填隔水带厚度实测结果如表 4-7 所列。

表 4-7　部分矿区奥陶系灰岩含水层顶部充填隔水带厚度实测结果

矿区	焦作	峰峰	邯邢	肥城	霍州	渭北、韩城
充填隔水带厚度/m	20～30	20	0～30	0～50	10～15	10～20
充填特征	黏土 充填裂隙	黏土或钙质 充填裂隙	局部充填	黏土充填， 含水性差	后期沉积物 充填	充填

4.3.2.2　防水安全煤(岩)柱厚度计算

(1) 底板含水层上部无承压水导升带

如果底板含水层上部无承压水导升带，则底板防水安全煤(岩)柱厚度(h_s)应大于或等于底板采动导水破坏带深度(h_1)与阻水带厚度(h_2)之和，如图 4-8(a)所示，即

$$h_s \geqslant h_1 + h_2 \tag{4-15}$$

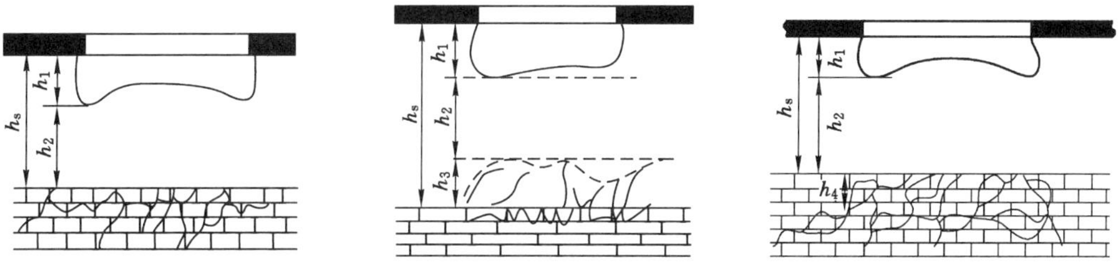

(a) 底板含水层上部无承压水导升带　(b) 底板含水层上部存在承压水导升带　(c) 底板含水层顶部存在充填隔水带

图 4-8　底板防水安全煤(岩)柱设计示意

(2) 底板含水层上部存在承压水导升带

如果底板含水层上部存在承压水导升带，则底板防水安全煤(岩)柱厚度(h_s)应大于或等于底板采动导水破坏带深度(h_1)、阻水带厚度(h_2)和承压水导升带高度(h_3)之和，如图 4-8(b)所示，即

$$h_s \geqslant h_1 + h_2 + h_3 \tag{4-16}$$

(3) 底板含水层顶部存在充填隔水带

如果底板含水层顶部存在被泥质物充填的厚度稳定的隔水带，则充填隔水带厚度(h_4)可以作为底板防水安全煤(岩)柱厚度(h_s)的组成部分，如图 4-8(c)所示，即

$$h_s \geqslant h_1 + h_2 + h_4 \tag{4-17}$$

(4) 底板岩层存在断层

在煤层位于含水层上方且断层导水的情况下(见图 4-9),防水煤(岩)柱的留设应当考虑两个方向上的压力:一是煤层底部隔水层能否承受下部含水层水的压力;二是断层水在顺煤层方向上的压力。

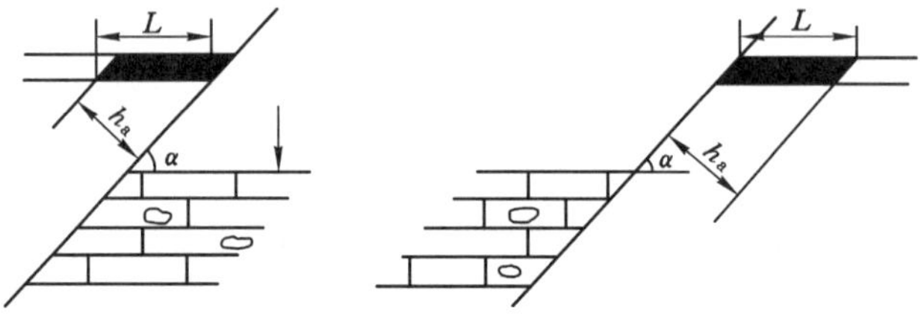

图 4-9　煤层位于含水层上方且断层导水时防水煤(岩)柱留设示意

当考虑底部压力时,应当使煤层底板到断层面之间的最小距离(垂距)大于底板防水安全煤(岩)柱宽度(h_a)的计算值,并不得小于 20 m。其计算公式为:

$$L = \frac{h_a}{\sin \alpha} \geqslant 20 \text{ m} \tag{4-18}$$

式中　L——防水煤(岩)柱宽度,m;

α—断层倾角,(°)。

如果断层不导水(见图 4-10),则防水煤(岩)柱的留设尺寸,应当保证含水层顶面与断层面交点至煤层底板间的最小距离,在垂直于断层走向的剖面上大于底板防水安全煤(岩)柱宽度(h_a),但不得小于 20 m。

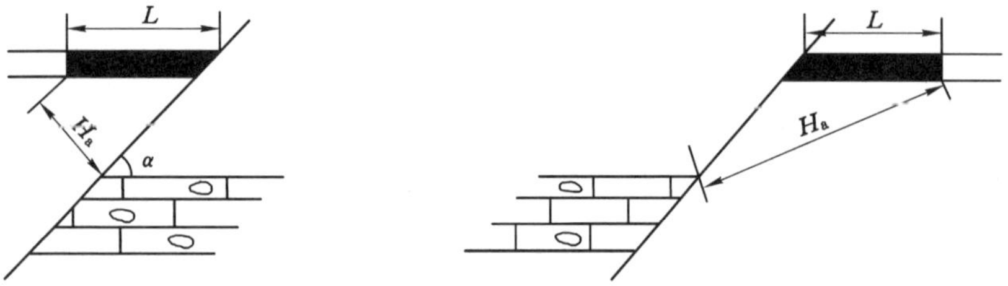

图 4-10　煤层位于含水层上方且断层不导水时防水煤(岩)柱留设示意

4.4　底板突水预测方法

承压水上安全开采的基本要求是不允许底板采动导水破坏带波及水体,或与承压水导升带沟通。在底板突水预测方面,我国普遍采用突水系数法。当突水系数小于临界突水系数时,可以实现安全开采。此外,采用安全隔水层厚度法和经验类比法,当计算所得的安全隔水层厚度大于煤层底板至含水层顶面之间的实际厚度时,则承压水上开采是不安全的。通过分析全国矿井水害矿区的底板突水资料,当底板所能承受的极限水头压力大于实际水头压力时不会发生突水,否则需要采取相应措施(如疏水降压、底板注浆加固、改造含水层等)。随着技术的进步,人们还提出了多种突水理论,对矿井底板水害治理起到重要指导作用。

4.4.1　突水系数法

在底板突水预测方面,我国矿区普遍采用突水系数法。该方法是从长期的、大量的突水实测资料和统计分析中得出的一种规律性的认识,并且逐步得到修正。

突水系数的计算、取值及部分矿区的临界突水系数见 4.1.1 小节。

式(4-1)适用于采煤和掘进工作面的底板突水系数计算。当计算的突水系数小于临界突水系数时,可以实现安全开采;否则,需要采用疏水降压、注浆加固等措施,以避免发生突水事故。

突水系数是用来判别突水与否的一个指标,由于底板突水原因的复杂性,式(4-1)包含的地质、开采和水文信息较少,在实际使用中还需要考虑其他影响因素,并不断补充和逐步完善。

4.4.2　安全隔水层厚度法

式(4-19)主要适用于掘进工作面的安全隔水层厚度计算。当计算所得的安全隔水层厚度 t 大于煤层底板至含水层顶面之间的实际厚度时,则承压水上开采是不安全的。

$$t = \frac{L(\sqrt{\gamma^2 L^2 + 8\sigma_t p} - \gamma L)}{4\sigma_t} \tag{4-19}$$

式中　t——安全隔水层厚度,m;

L——巷道宽度,m;

γ——底板隔水层的平均重度,MN/m^3;

σ_t——底板隔水层的平均抗拉强度,MPa;

p——底板隔水层承受的水头压力,MPa。

4.4.3　经验类比法

通过分析全国范围矿井水害相对比较严重的矿区的底板突水资料,得出了部分矿区底板实际厚度(h_d)与底板所能承受的极限水头压力(p_j)的关系式,如表 4-8 所示。当底板所能承受的极限水头压力(p_j)大于实际水头压力(p)时不会发生突水;否则需要采取相应措施(如疏水降压、底板注浆加固、改造含水层等),满足 $p_j > p$ 条件后才能开采。

表 4-8　部分矿区底板实际厚度与底板所能承受的极限水头压力关系式

矿　区	关系式	备　注
淄博	$p_j = 0.001\,77h_d^2 + 0.015h_d - 0.43$	黑山煤矿
	$p_j = 0.001\,6h_d^2 + 0.015h_d - 0.3$	石谷煤矿
	$p_j = 0.001h_d^2 + 0.015h_d - 0.158$	洪山煤矿、寨里煤矿
	$p_j = 0.000\,84h_d^2 + 0.015h_d - 0.186$	双山煤矿、埠村煤矿
焦作	$p_j = 0.001\,7h_d^2 - 0.025h_d + 0.33$	
峰峰	$p_j = 0.000\,6h_d^2 - 0.026h_d$	

4.4.4 理论计算法

采用式(4-20)计算底板岩层实际所能承受的极限水头压力 p_j：

$$p_j = \frac{12L^2}{L_y^2(L_y^2 + 3L^2 - L_y)^2}(h_d - h_1)^2\sigma_t + \gamma h_d \tag{4-20}$$

式中各符号意义同上。

当计算的极限水头压力(p_j)大于实际水头压力(p)时不会发生突水；否则需要采取相应措施(如疏水降压、底板注浆加固、改造含水层等)，满足 $p_j > p$ 条件后才能开采。

4.4.5 其他评价方法

随着技术的发展，人们还提出了多种突水理论，考虑多种影响因素，形成了“脆弱性指数”评价法和“五图-双系数”评价法等，对矿井水害治理起到重要指导作用。

“脆弱性指数”评价法是指将可确定底板突水多种主控因素权重系数的信息与具有空间信息分析处理功能的 GIS(地理信息系统)耦合于一体的煤层底板水害评价方法，它不仅考虑了煤层底板突水的众多主控因素，而且描述了多因素之间相互复杂的作用关系和对突水控制的相对“权重”比例，通过“脆弱性”的多级分区进行安全评价。

“五图-双系数”评价法通过底板破坏深度等值线图、底板保护层厚度等值线图、煤层底板上的水头等值线图、有效保护层厚度等值线图、带水头压力的开采评价图，以及分析得出的“带压系数”和“突水系数”进行工作面带压开采安全性评价。通过双系数配合判别突水与否、突水形式和突水量变化。

4.5 承压含水层上安全采煤的技术措施

4.5.1 承压水上采煤方案

在承压水上采煤，要根据具体的地质和开采技术条件，选择合适的治理方案。根据我国历年来的实践，主要有以下几种方案。

4.5.1.1 深降强排方案

所谓深降强排方案，是指设置各种疏水工程，如疏水井巷、疏水钻孔等，人为地将岩溶水水位降低到开采水平以下，以确保安全地进行开采。这种方案的优点是：防止底板突水效果最好，能确保矿井安全生产。其缺点是：疏水工程量大、设备多、电耗大，因而投资大、成本高；疏水引起的水位降低，使附近的工农业用水缺乏，并造成地表下沉。此外，当井田内奥灰水量极为丰富、补给来源充足时，深降强排方案难以实现。

我国南方煤田面积小、储量少，矿井规模不大，受底板茅口灰岩岩溶水的威胁，底板无隔水层，为解放受水威胁的煤层，采用深降强排方法，如煤炭坝煤矿。

4.5.1.2 外截内排方案

外截内排方案的实质是在井田内某一区域外围的集中径流带采用钻孔注浆的方法建

立人工帷幕，截断矿井的补给水，然后在开采范围内进行疏水，将承压水的水位降低到开采水平以下。这种方案可以确保矿井的安全生产，并且克服深降强排方案的缺点。但其只能适用于特定的条件，如水文地质条件清楚、补给径流区集中、帷幕截流工程易于施工等条件下。

如徐州矿区、新汶矿区、淄博矿区、邢台东庞煤矿、临城矿区及邵明煤田、峰峰九龙口煤矿等，采用帷幕截流后疏降开采取得了较好的效果。

4.5.1.3 带压开采方案

带压开采方案的实质是在开采过程中利用隔水层的阻水能力，防止底板突水。此时，承压水位高于开采水平，煤层底板隔水层要受到承压水压力的作用，因此称带压开采。带压开采无须事先专门排水，在经济上花费较少，并且可能做到安全开采。但带压开采不能确保不发生底板突水事故，特别是在水文地质条件复杂的地区，底板突水的可能性更大。因此，在采用带压开采方案时，首先要进行论证，并要采取一系列安全措施，还要有足够的备用排水能力。

如淄博矿区下组煤距离底板灰岩 23 m，但其间有一层 13～15 m 厚的黏土页岩，起到了良好的隔水作用，实现了带压开采；还有峰峰矿区大青、小青煤层在奥灰水的直接威胁下带压开采。

4.5.1.4 带压开采综合治理方案

带压开采综合治理方案的实质是在清查区域地质、矿井水文地质及构造地质情况的基础上进行带压开采。在开采之前，要在矿区外围堵截地下水的补给水源；在开采过程中，视矿井涌水量和水压，进行适当的疏水降压，从而达到安全开采的目的。这种方案具有相对安全、经济等优点，适用范围广。但要实现带压开采综合治理方案，还需要采取一系列安全技术措施。如先注浆加固底板，再采煤。

如著名的大水矿区焦作矿区有丰富的与水害作斗争的经验，曾制定了治水方针——以矿井为重点，查清条件，以防为主，疏堵结合。

4.5.2 承压水上采煤安全技术措施

4.5.2.1 防探水安全技术措施

(1) 做好矿井水文地质及构造地质勘探工作。要查清开采区域内的水文地质情况，如含水层与隔水层的赋存特征，承压水的径流、赋存及补给来源。并应系统、综合研究矿区的构造地质，分析断层分布规律与构造体系，同时查明断层的导水性能。

(2) 加强防探水工作。在开采受承压水威胁的煤层时，应坚持超前探水工作。防探水工作包括：探测底板隔水层厚度及其变化情况，探测底板含水层的含水性能及承压水导升高度，探测断层的含水性能、断裂裂隙分布规律及富水程度。

(3) 设置井上下水文工程设施。设置水文观测钻孔，建立水文观测制度，及时搜集和整理水文资料，做到全面掌握奥灰承压水的动态和变化规律。必要时，在井下开采水平设置专门的疏水巷道和疏水钻孔，要具备足够的备用排水能力。

如淮北矿业集团桃园煤矿应用高精度微震监测技术对承压水上倾斜煤层底板的采动破

坏特征进行了连续的动态监测(见图 4-11),实现了 1066 工作面安全开采,该工作面距太原组灰岩含水层 53 m 左右,底板含水层水压 3 MPa 左右。

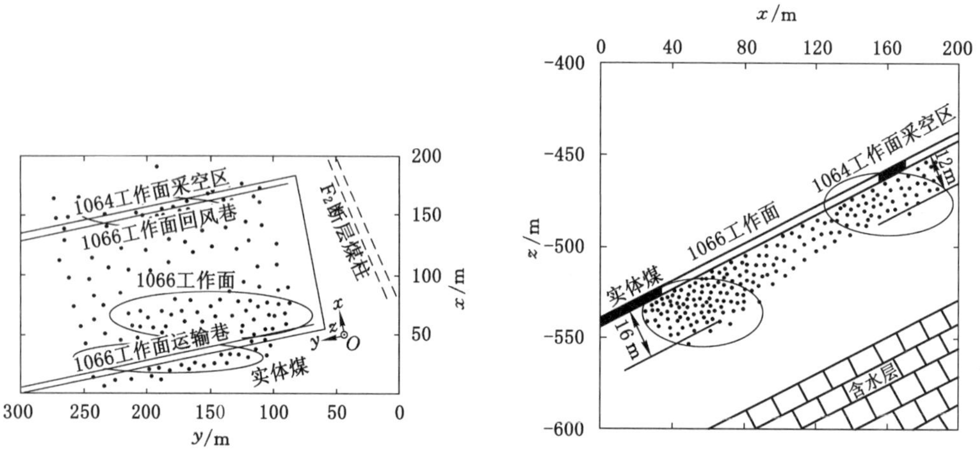

(a) 沿工作面走向　　(b) 沿工作面倾向

图 4-11　微震事件平面投影图

(4) 对底板进行注浆加固。通过钻孔进行注浆,堵塞石灰岩溶洞,加固破碎带和断裂带,并封闭奥陶系灰岩的补给通道,以实现在承压水上安全采煤。

如渭北煤田澄合矿区董家河煤矿,该矿开采 5# 煤层时,为了降低下伏奥陶系灰岩承压水威胁,基于单一钻孔试验的承压水体精准探测装备及配套技术,结合突水优势面理论研究,实施了底板精准注浆技术(见图 4-12),取得了良好效果。

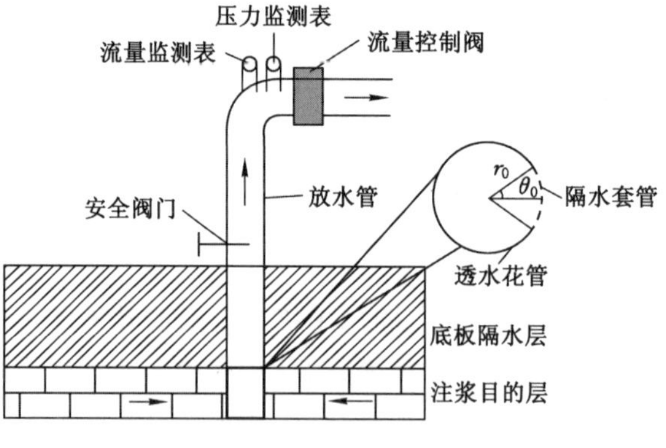

图 4-12　单一钻孔放水示意

4.5.2.2　开采安全技术措施

开采安全技术措施有:

(1) 选择开采。应本着先远后近、先易后难、由浅到深、先简单后复杂的原则,对受承压水威胁的煤层进行全面规划,划分成不同的水文地质单元进行开采。对于条件相同的煤层,应有计划地进行试采,总结经验,找出规律,再逐步推广应用。

(2) 分区隔离开采。在采区四周要留设隔离煤柱，采区之间要设置防水闸门，以缩小底板突水的影响范围。如峰峰、焦作、淄博等矿区利用不导水断层作为分区边界，还有邯郸矿区划分出独立的水文单元等。

(3) 改革采区巷道布置方式。在设计采区巷道布置方式时，要注意采掘巷道与断裂构造的空间位置关系。要尽可能地少穿过断层；交岔点和采煤工作面上下出口要尽量避开小断层；对于无法避开的小断层，若在掘进揭露时发现有渗水现象，则要在开采之前予以加固。

如焦作矿区赵固二矿开采二$_1$煤层时，L_8灰岩含水层距煤层底板26.00～28.67 m，岩溶裂隙发育，探明水压可达3.92 MPa。为了解决瓦斯抽采底抽巷与底板突水危险之间的矛盾，设计不同底抽巷布置方案，分析巷道围岩破坏范围(见图4-13)，优化了承压水上底抽巷的位置。

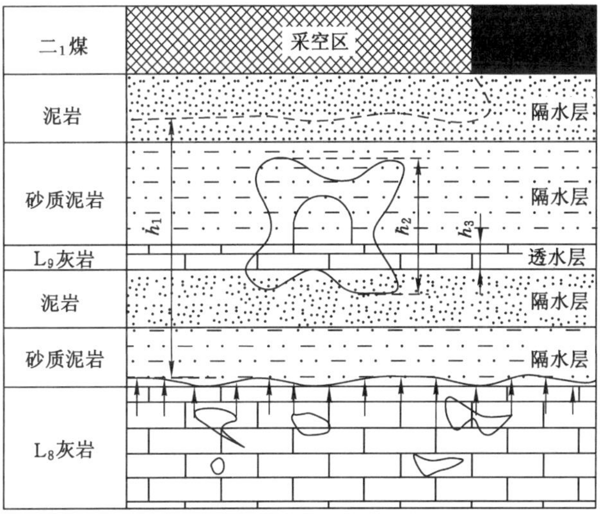

图4-13　底抽巷围岩破坏对隔水层厚度的影响

(4) 选择合理的采煤方法。充填开采和部分开采所保留的煤柱可支承一部分上覆岩层的载荷，减轻矿山压力对底板的破坏作用。沿仰斜推进的倾斜长壁采煤法，一方面可以减小工作面前方的支承压力对煤层底板的破坏作用；另一方面可使易发生突水的下部开采边界被矸石压实，从而防止突水通道的扩展。

如淄博矿区埠村煤矿受底板承压水威胁，最大突水系数大于0.1 MPa/m。为了解决承压水上开采问题，提高矿井煤炭资源采出率、延长矿井服务年限，采用高水充填置换开采承压水上条带煤柱，实现了资源安全开采(见图4-14)。

(5) 提高工作面推进速度、缩短工作面面长。提高工作面推进速度、缩短工作面面长，可以减小底板的破坏深度。提高工作面推进速度，可使采动后底板的裂隙得不到充分扩展，从而减小底板的破坏深度。此外，应尽量使工作面保持匀速推进，避免工作面长期停顿不采。

(6) 合理地确定工作面推进方向。在布置采煤工作面时，应尽量避免工作面的周边与高角度断层靠近和平行，避免工作面推进方向与高角度的断层走向垂直，目的是避免工作面的底板剪切带与断层带重合而形成良好的突水通道。

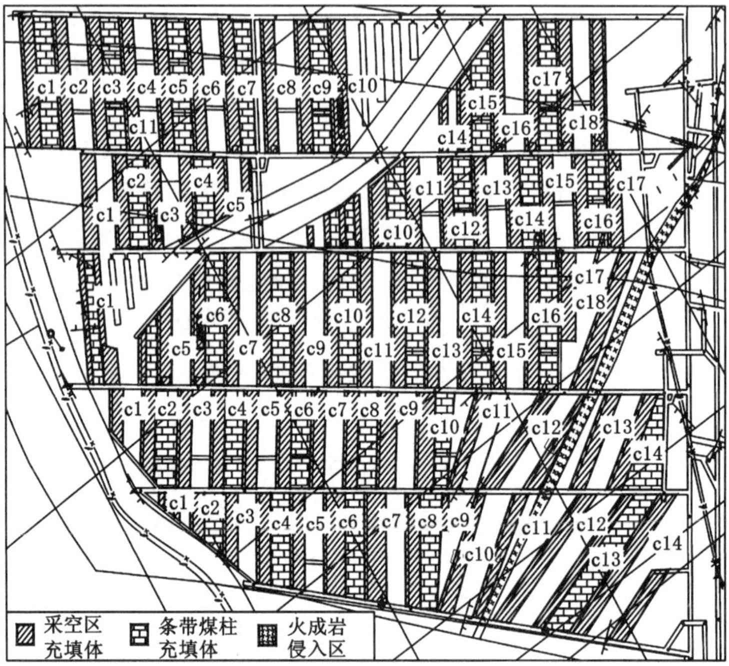

图 4-14　倾向间隔充填置换开采条带煤柱方案

4.6　承压水上采煤工程案例

4.6.1　突水概况

2013 年 2 月 2 日 17:30，淮北矿业集团桃园煤矿 1035 工作面机巷准备到位向上施工开切眼 28 m 时，迎头向后约 12 m 处底板底鼓渗水，到 18:00 水量稳定在 60 m^3/h左右，到 19:00水量增加到 150～200 m^3/h，之后一直稳定到次日 0:00。2 月 3 日 00:20，突水点水量突然剧增，估计突水量达 3.0×10^4 m^3/h 以上，现场监测人员汇报后带人撤离现场，矿调度室下达全矿撤人命令。2 月 3 日 1:00，一水平泵房电机被淹无法排水，1:53 二水平泵房被淹。

矿井主要充水含水层有：新生界松散层第四含水层，是矿井的间接充水含水层；二叠系煤系砂岩裂隙含水层，是矿井的直接充水含水层；石炭系太原组和奥陶系灰岩岩溶裂隙含水层，为矿井的间接充水含水层。其中，太原组灰岩含水层距煤层底板 49.46～72.36 m，平均 61.43 m；奥陶系灰岩含水层距煤层底板 261 m 左右。1035 工作面突水后，矿井奥灰水水位下降 40～60 m，水化学分析显示突水水质与奥灰水特征大体相符，且突水量巨大，因此，基本确定本次突水水源为奥陶系灰岩含水层的岩溶水。但根据突水情况、突水点附近构造发育特征以及突水点与奥灰含水层的相对位置分析，本次突水的通道应该为发育在煤层以下的一个隐伏导水陷落柱。

4.6.2　封堵方案

为了尽快恢复矿井生产，在确保堵水效果的条件下尽最大限度地节约治理时间。本次突水灾害治理采用截流与堵源同时进行的方案。

4.6.2.1　巷道截流工程

总体方案为通过大量灌注水泥浆在堵头巷道内建立 150 m 的堵水段，切断突水点与矿井间的水力联系，并对巷道顶底板岩层加固改造，形成能够抵挡奥灰水高水头压力的阻水墙，达到排水复矿的条件。具体步骤为：

(1) 巷道封口。在距开切眼 150 m 处的巷道下口实施"关门封口"钻孔截 1 孔，设计通过大量灌注骨料，在巷道内形成堆积体，减少后续钻孔大量注浆时的浆液无效扩散。

(2) 充填注浆。在距开切眼 80 m 和 20 m 位置实施注浆钻孔截 2 孔和截 3 孔，大量快速灌注水泥浆液，填充巷道空间。

(3) 升压加固注浆。在截 1 孔和截 2 孔之间实施检查加固钻孔截 4 孔，在截 2 孔和截 3 孔之间实施检查加固钻孔截 5 孔。并通过 5 个巷道截流孔对巷道顶底板上下 30 m 岩层及巷道内未充填空间进行加固，形成安全有效的堵水段。

4.6.2.2　堵源工程

总体方案为对陷落柱进行充填盖帽，盖帽完成后进行下延加固改造。具体步骤如下：

(1) 先期在突水点及其上山方向、走向方向布置 3 个探查注浆钻孔，用于查明陷落柱发育高度及范围。

(2) 利用先期探查注浆钻孔对陷落柱灌注水泥浆，形成顶部盖层。

(3) 分段(20～40 m)延伸探查注浆钻孔，注浆充填陷落柱，直至四灰底板以下 20 m，形成煤层下约 120 m 的止水塞。

(4) 布置检验钻孔对陷落柱止水塞进行质量检验和注浆加固。

在注浆堵水工程进行过程中，为进一步探查陷落柱发育高度和范围，新增堵源 4 孔、堵源 5 孔、堵源 6 孔和堵源 7 孔，用于查明隐伏陷落柱发育特征，并对陷落柱充填加固改造。

4.6.3　现场封堵钻孔施工

4.6.3.1　工作面机巷情况

5 个巷道截流孔以及后期的陷落柱探查孔的钻进情况表明，在未经开采扰动破坏的情况下，煤层顶板岩层较完整，裂隙发育高度和深度有限。

4.6.3.2　陷落柱发育特征探查

堵 1 孔见煤深度 500 m，钻进 520 m 以下冲洗液漏失，523 m 掉钻 1.0 m，证实该处陷落柱发育至煤层底板以下约 20 m。

堵 2 孔预计见煤深度 483 m，钻进 481 m 时掉钻 2.3 m(进入开切眼)，后又钻进 7.8 m，见硬岩，提钻注浆。首次注浆结束之后扫孔进尺至 507 m，506 m 以下岩性破碎，漏失严重。此后多次扫孔显示 506～583 m 段存在发育程度不同的破碎带，出现浆液大量漏失的情况，推测为陷落柱发育的西侧边缘。

堵 3 孔终孔测井显示 486.75～488.6 m 段为厚 1.85 m 的天然焦，491.15～494.25 m 段岩层破碎。扫孔至 525.8 m 后全漏，延伸至 574 m 岩层松软破碎，判定见陷落柱。

堵 4 孔终孔深度 575 m，见煤深度 479.2～481.89 m，煤层厚度 2.69 m，含一层厚0.8 m 的粉砂岩夹矸，终孔层位为三灰底板，地层结构完整正常。之后向堵 5 孔方向导斜，在 522 m 附近岩层开始破碎，并出现截 3 孔向堵 4 孔串浆的现象。判定进入陷落柱，该处为陷落柱的南侧边界。此后进一步延伸至 553 m，岩层破碎，返大量黑色泥岩岩粉，冲洗液大量消耗，判定在陷落柱内。

堵 5 孔终孔测井显示 486.38～488.31 m 段为天然焦(夹 0.36 m 厚的碳质泥岩夹矸)。511.5 m 处冲洗液全漏，煤层底板下 22 m 有岩石碎块，见卡钻、塌孔现象，分析 511.5 m 以下为陷落柱。

截 3 孔注浆过程中均发生向堵 1、堵 2、堵 4、堵 5 孔串浆的现象，这表明后四孔均在陷落柱内，并有通道相连。

堵 6 孔钻进 570 m，有少量消耗，堵 4 孔注浆时出现向堵 6 孔串浆的现象，判定堵 6 孔在陷落柱范围内。

堵 7 孔地层完整，判定陷落柱的北侧边界在堵 6 孔与堵 7 孔之间。

截 3 孔延伸至 581.13 m，截 5 孔延伸至 570 m，接近四灰，地层均正常，判定陷落柱的东侧边界在截 3 孔与堵 1 孔之间。

综上，如图 4-15 所示陷落柱四个边界分别在截 3 孔与堵 1 孔之间、堵 4 孔、堵 2 孔、堵 6 孔与堵 7 孔之间。陷落柱长轴方向为南北向，长度约为 70 m，短轴方向为东西向，长度约为 30 m，面积约为 2 100 m^2。陷落柱发育较高，始于 10 煤底板以下约 20 m 处，且与奥灰含水层存在明显水力联系。

4.6.3.3 奥灰含水层水位

5 月 9 日堵 5 孔延伸至 654 m，接近奥灰含水层，并在陷落柱内，该段与奥灰水存在水力联系。水位长期稳定在埋深 33～34 m 处(为区内奥灰水水位，根据奥灰 98 观 1 孔水位确定)。通过注水试验确定该水位为稳定的含水层水位，同时验证了该地区奥灰含水层水位。

4.6.3.4 封堵钻孔注浆量

桃园煤矿注浆堵水工程共施工注浆钻孔 12 个，包括 5 个截流孔和 7 个堵源孔。自 2013 年 2 月 24 日至 2013 年 5 月 26 日，共向注浆孔内注浆 220 843 t。各单孔注浆量及比例见图 4-16 和图 4-17，各注浆阶段注浆量及比例见图 4-18。

4.6.4 截堵效果

4.6.4.1 截堵工程效果分析

钻孔水位能够在一定程度上反映巷道截流与陷落柱封堵的效果。表 4-9 显示巷道内各截流孔结束注浆前的水位均与奥灰水水位埋深(33～34 m)差异较大，由此可推测巷道内附近区域已经与奥灰含水层不存在水力联系或联系大幅度减弱，截流工程效果明显。

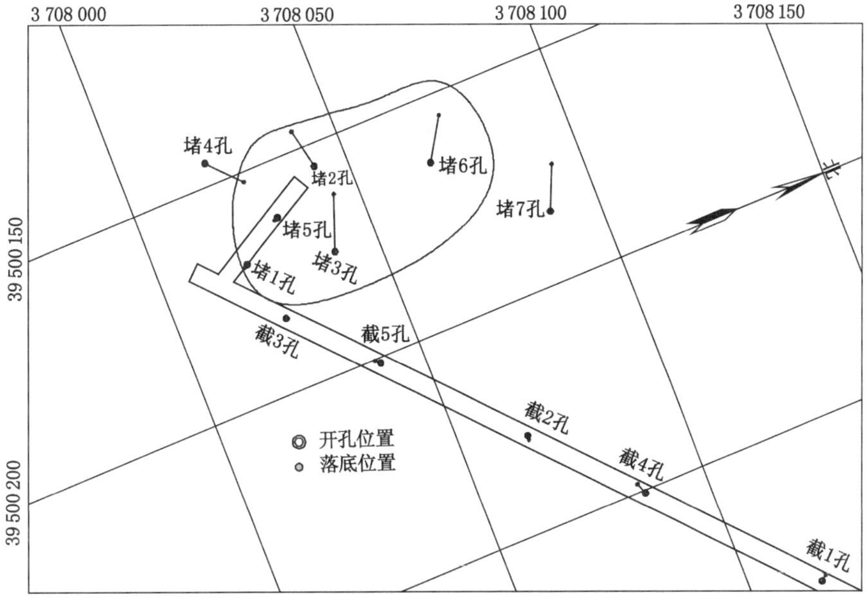

图 4-15　桃园煤矿截堵钻孔布置图

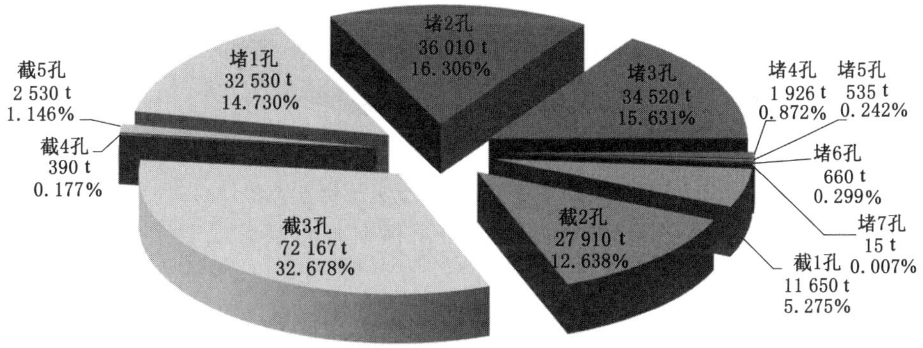

图 4-16　各单孔注浆量及比例饼状图(水泥加粉煤灰)

表 4-9　巷道截流工程中各截流孔结束注浆前孔内水位统计结果

钻孔编号	截 1 孔	截 2 孔	截 3 孔	截 4 孔	截 5 孔
钻孔水位埋深/m	82.3	86.0	43.5	98.5～100.7	103.0

表 4-10 显示陷落柱内堵 1 孔、堵 2 孔、堵 3 孔结束注浆前水位与奥灰水水位大体相当，这 3 个钻孔均钻进至四灰以下 20 m。从钻探施工、注浆压力以及单位吸水率等情况来看，四灰以上地层均已升压加固完毕。延伸至四灰以下 20 m 后，仍在陷落柱柱体内，与奥灰含水层存在水力联系，水位显示接近奥灰水水位。最终注浆加固形成自 10 煤底板至四灰以下 20 m 长达 120 m 的止水塞，有效阻隔奥灰水通过陷落柱通道进入井下。

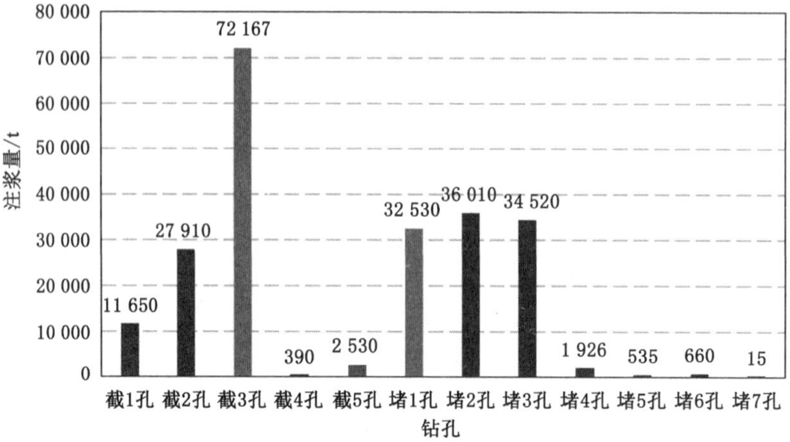

图 4-17　各单孔注浆量柱状图(水泥加粉煤灰)

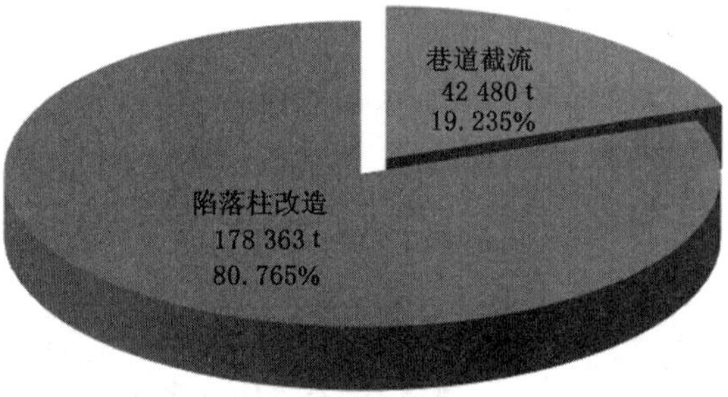

图 4-18　各注浆阶段注浆量及比例饼状图

由此可推测,巷道内附近区域已与奥灰含水层不存在水力联系或联系大幅度减弱,陷落柱封堵工程效果明显。

表 4-10　陷落柱封堵工程中各堵源孔结束注浆前孔内水位统计结果

钻孔编号	堵 1 孔	堵 2 孔	堵 3 孔	堵 4 孔	堵 5 孔	堵 6 孔	堵 7 孔
钻孔水位埋深/m	37.3	33.7	35.7	76.2	33.0～34.0	46.55	42.1

4.6.4.2　追排水分析

2 月 24 日 14:00 截 1 孔开始注浆 2 h 后(注浆量为 80 t),井筒水位停止上升,并开始下降,此时奥灰水水位为－51.44 m,井筒水位为－52.14 m,两者相差 0.7 m,截流效果即开始显现,见图 4-19。此后奥灰水水位逐步稳定上升,井筒水位持续下降,至 3 月 3 日 23:00,奥灰水水位为－34.92 m,井筒水位为－92.64 m,两者相差 57.72 m,即突水点内外水压差达 0.6 MPa。

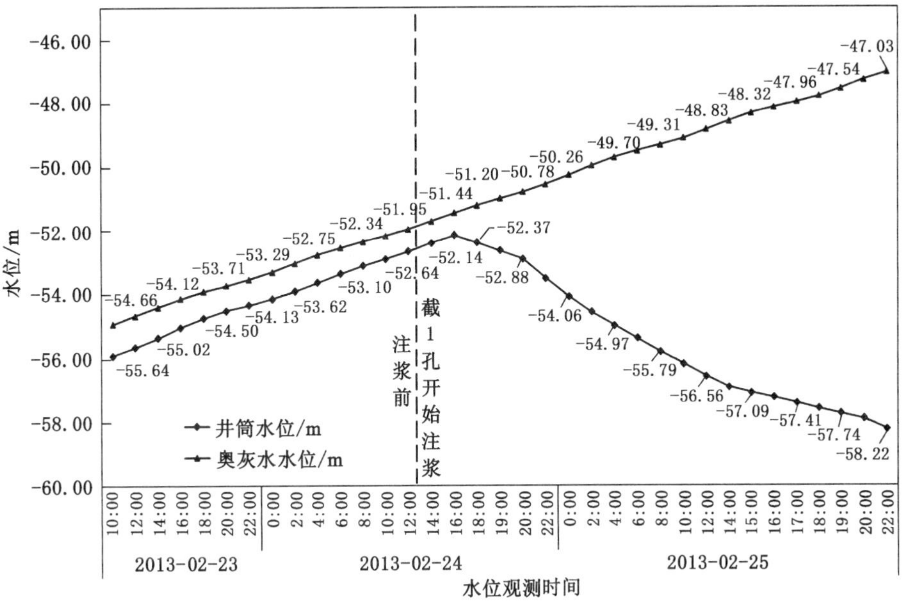

图 4-19　桃园煤矿注浆前后奥灰水水位和井筒水位变化曲线

电子教案

第5章　现代充填开采技术

现代充填开采技术主要包括综合机械化固体密实充填采煤技术、(超)高水材料充填开采技术、膏体充填开采技术、覆岩离层注浆技术等。本章主要阐述了四种常用的煤矿现代充填开采技术的主要系统布置、充填材料制备、充填设备选型、充填采煤工艺、推广应用实例等。

5.1　综合机械化固体密实充填采煤技术

5.1.1　综合机械化固体密实充填采煤系统布置

(1) 综合机械化固体密实充填采煤系统整体布置

综合机械化固体密实充填采煤技术的基本思想是将地面的矸石、粉煤灰、建筑垃圾、黄土、风积沙等固体废弃物通过垂直连续输送系统运输至井下，再用带式输送机等相关运输设备将其运输至充填工作面，借助充填物料转载输送机、充填采煤液压支架、多孔底卸式输送机等充填采煤关键设备实现采空区密实充填。井下掘进矸石破碎后，可以直接运输至工作面进行充填。综合机械化固体密实充填采煤系统布置如图 5-1 所示。

(2) 地面固体充填物料输送系统

一般地面固体充填物料输送系统分为三个环节：① 将矸石山矸石装载至输送机上。此环节主要采用推土机、装载机及装料漏斗等设备，把矸石山矸石装载至带式输送机或者刮板输送机上。② 破碎矸石。采用输送机把矸石运输至破碎系统，破碎粒径为 50～150 mm。③ 将破碎后的矸石运输至投料井口。破碎后的矸石，经带式输送机运输至投料井口。地面设有专用控制系统来调节矸石运输量，在必要的情况下需要设置地面矸石仓。地面固体充填物料输送系统如图 5-2 所示。

(3) 固体物料直接投放系统

由于投料落差一般在 50～900 m，需要对投料井的孔径、料仓、防冲击性及料管的耐磨性等方面进行优化设计。将地面矸石等固体物料经破碎等前期工序处理后运输至垂直投料输送系统井口，物料被投放至投料井内经缓冲装置缓冲后进入储料仓，工作面充填时将其通过给料机放出，再经带式输送机运至工作面，垂直投料输送系统的主要设备包括地面运输装置、缓冲装置、满仓报警装置、清仓装置、控制装置等。固体物料直接投放系统如图 5-3 所示。

5.1.2　综合机械化固体密实充填采煤关键设备

综合机械化固体密实充填采煤关键设备包括采煤设备与充填设备。其中，采煤设备主要有采煤机、刮板输送机、充填采煤液压支架等；充填设备主要有多孔底卸式输送机、自移式

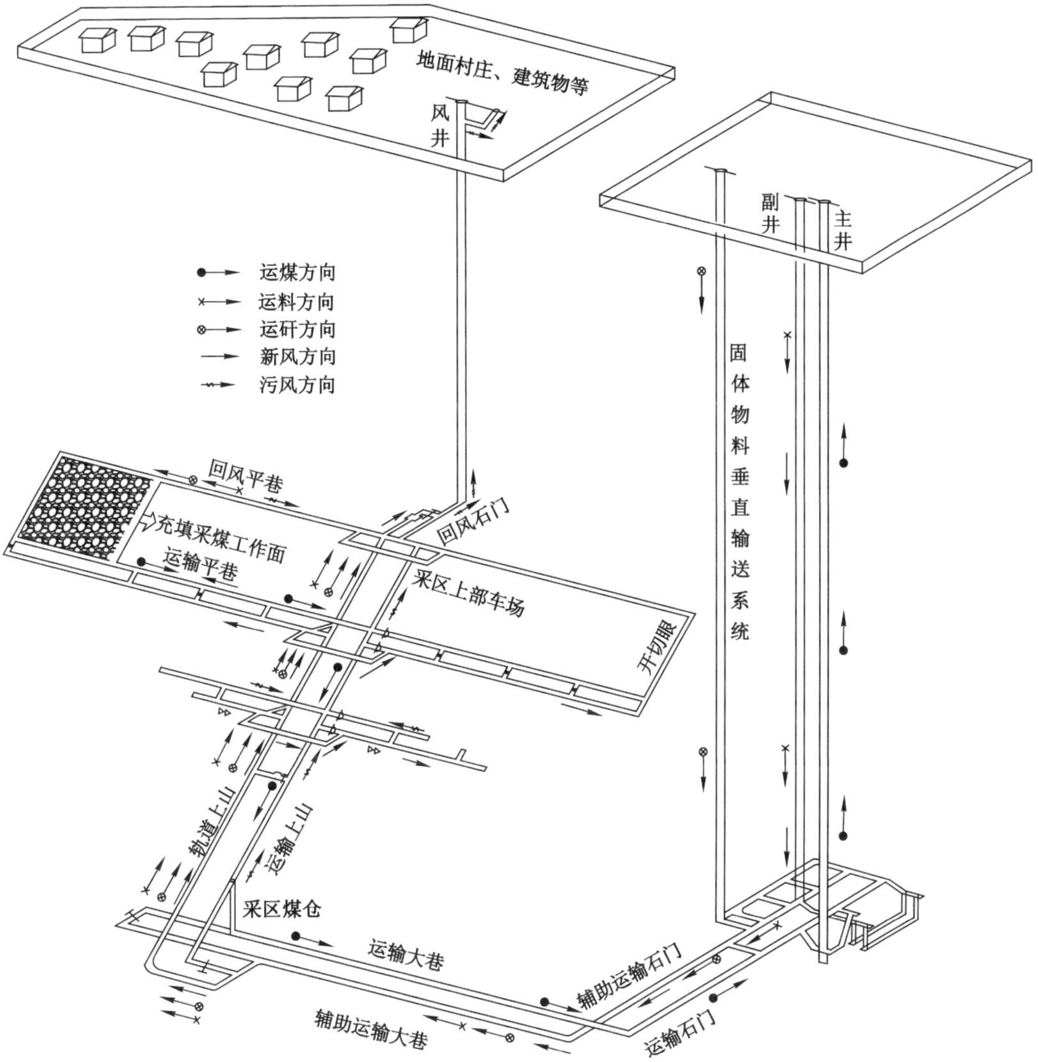

图 5-1　综合机械化固体密实充填采煤系统布置图

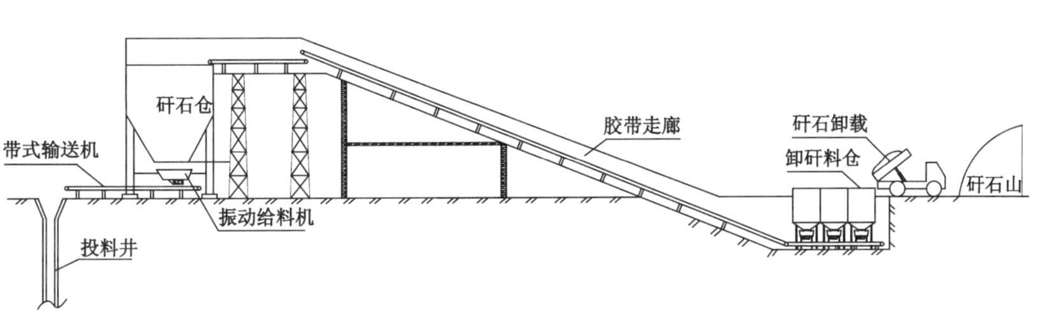

图 5-2　地面固体充填物料输送系统示意

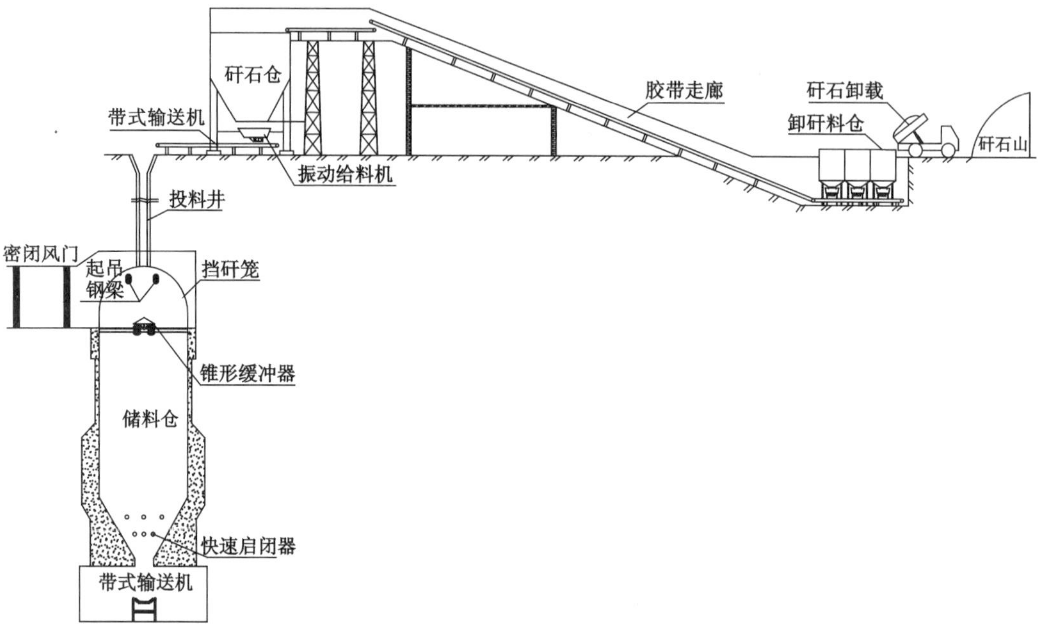

图 5-3　固体物料直接投放系统示意

充填物料转载输送机等。下面对充填采煤液压支架、多孔底卸式输送机、自移式充填物料转载输送机进行介绍。

(1) 充填采煤液压支架

充填采煤液压支架是综合机械化固体密实充填采煤工作面主要装备之一，它与采煤机、刮板输送机、多孔底卸式输送机、夯实机配套使用，起着管理顶板隔离围岩、维护作业空间的作用，与刮板输送机配套能自行前移，推进工作面连续作业。随着综合机械化固体密实充填采煤在我国各大矿区的进一步推广与应用，逐步形成了两种基本架型，分别是四柱与六柱支撑式充填采煤液压支架。六柱支撑式充填采煤液压支架结构原理如图 5-4 所示，四柱支撑式充填采煤液压支架结构原理如图 5-5 所示。

(2) 多孔底卸式输送机

多孔底卸式输送机是基于工作面刮板输送机研制而成的，其基本结构同普通刮板机类似，不同之处是在多孔底卸式输送机下部均匀布置卸料孔，用于将充填物料卸载在下方的采空区内。多孔底卸式输送机机身悬挂在充填采煤液压支架后顶梁上，与综采面上、下端头的机尾、机头组成整部的多孔底卸式输送机，用于充填物料的运输，与充填采煤液压支架配合使用，实现工作面的整体充填。夯实机安装在支架底座上，对多孔底卸式输送机卸下的充填物料进行压实。为了控制卸料孔的卸料量和卸料速度，在卸料孔下方安置液压插板，在液压油缸的控制下，可以实现对卸料孔的开启与关闭。

(3) 自移式充填物料转载输送机

为了实现固体充填物料自低位的带式输送机向高位的多孔底卸式输送机机尾的转载，自移式充填物料转载输送机由两部分组成：一部分是具有升降、伸缩功能的转载输送机；另一部分是能够实现液压缸迈步自移功能的底架总成。转载输送机铰接在底架总成上。可调

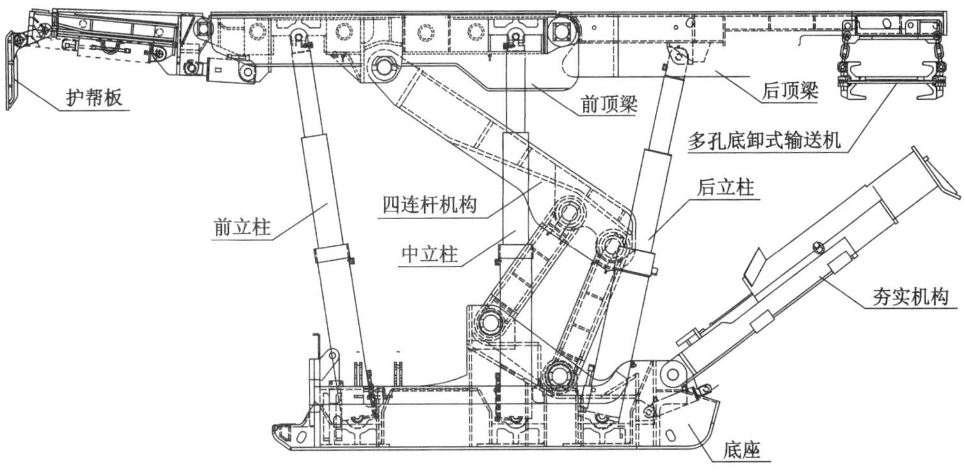

图 5-4　六柱支撑式充填采煤液压支架结构原理

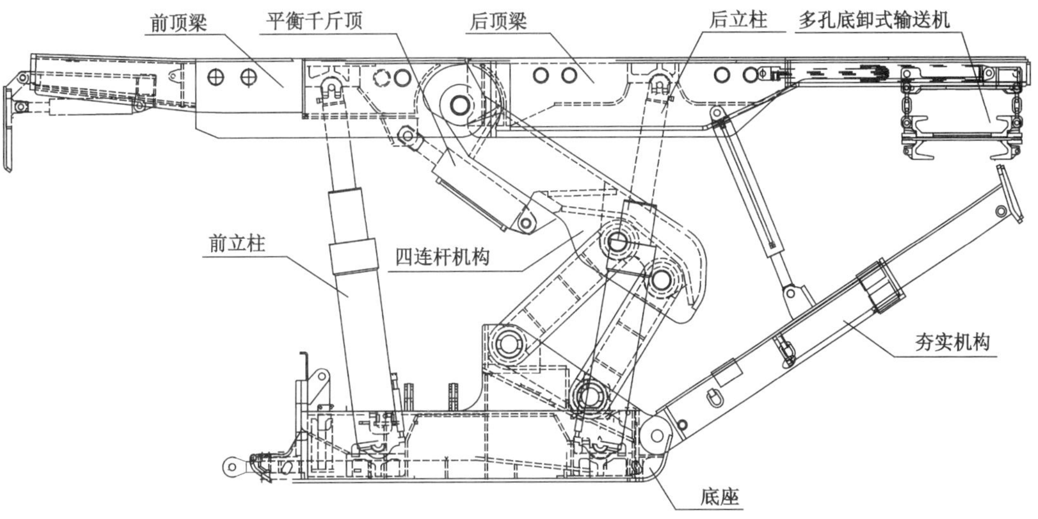

图 5-5　四柱支撑式充填采煤液压支架结构原理

自移机尾装置也由两部分组成：一部分是可调架体；另一部分也是能够实现液压缸迈步自移功能的底架总成。转载输送机和可调自移机尾装置共用一套液压系统，操纵台固定在转载输送机上。

5.1.3　综合机械化固体密实充填与采煤工艺

(1) 采煤工艺

采煤工艺与综合机械化采煤工艺相同。

(2) 充填工艺

充填工艺按照采煤机的运行方向相应分为两个流程：一是从多孔底卸式输送机机尾到机头；二是从多孔底卸式输送机机头到机尾。

① 当采煤机从多孔底卸式输送机机尾向机头割煤时

充填工艺流程为：在工作面刮板输送机移直后，将多孔底卸式输送机移至支架后顶梁后部，进行充填。充填顺序为由多孔底卸式输送机机尾向机头方向进行，当前一个卸料孔卸料到一定高度后，即开启下一个卸料孔，随即启动前一个卸料孔所在支架后部的夯实机千斤顶，推动夯实板对已卸下的充填物料进行夯实，如此反复几个循环（一般需要 2～3 个循环）直到夯实为止。整个工作面全部充满后，停止第一轮充填，将多孔底卸式输送机推移一个步距，移至支架后顶梁前部，用夯实机把多孔底卸式输送机下面的充填物料全部推到支架后上部，使其接顶并压实，最后关闭所有卸料孔，对多孔底卸式输送机的机头进行充填。第一轮充填完成后将多孔底卸式输送机推移一个步距至支架后顶梁后部，开始第二轮充填，其工艺流程如图 5-6 所示。

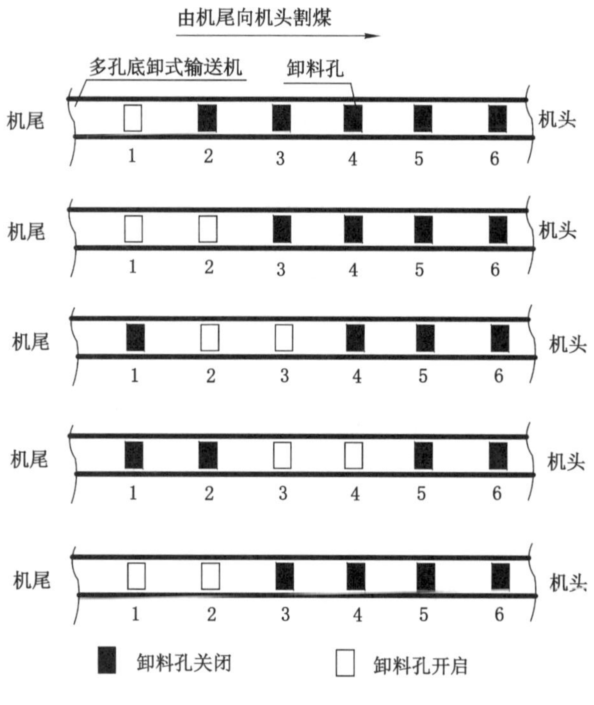

图 5-6　由多孔底卸式输送机机尾向机头割煤充填工艺示意

② 当采煤机从多孔底卸式输送机机头向机尾割煤时

充填工艺流程为：工作面充填顺序为整体由机头向机尾、分段局部由机尾向机头。在采煤机割完煤的工作面移架、推移刮板输送机，然后开始充填。首先在机头打开两个卸料孔，然后从机头到机尾方向将所有的卸料孔分组，每 4 个卸料孔为一组。首先把第一组机尾方向的第一个卸料孔打开，当第一个卸料孔卸料到一定高度后，即开启第二个卸料孔，随即启动第一个卸料孔所在支架后部的夯实机，对已卸下的充填物料进行夯实，直到夯实为止。此时关闭第一个卸料孔，打开第三个卸料孔，如此反复，直到第一组第四个卸料孔夯实时即打开第二组的第一个卸料孔进行卸料。按照此方法把所有组的卸料孔打开充填完毕后再把机头侧的两个卸料孔充填完毕，从而实现整个工作面的充填，其工艺流程如图 5-7 所示。

(3) 固体密实充填与采煤工艺优化组合

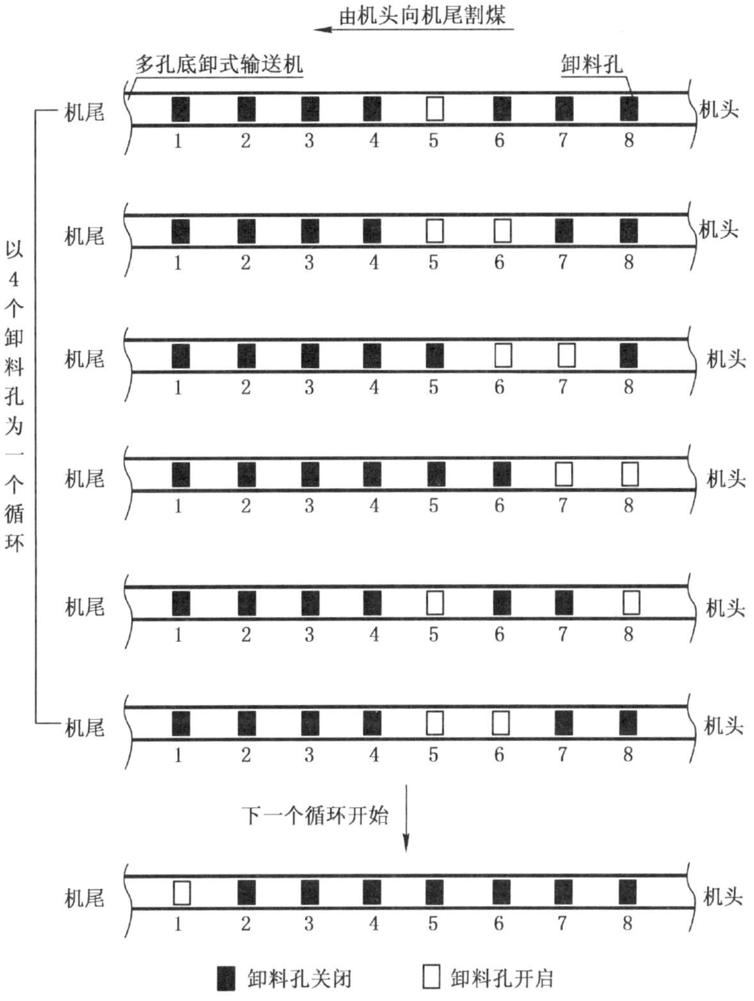

图 5-7　由多孔底卸式输送机机头向机尾割煤充填工艺示意

以长度为 100 m 的工作面为例，采用“三八制”循环作业方式，则每个采煤班均可以完成三次采煤、三次充填工艺的循环，即工作面每个班可以进三刀，充填三次。正规循环作业图表如图 5-8 所示。

5.1.4　平顶山天安煤业股份有限公司十二矿建筑群下综合机械化矸石密实充填采煤工程实例

平顶山天安煤业股份有限公司现有煤炭储量 12 亿吨，其中“三下”压煤（多数为稀缺优质资源）5 亿吨，占全部储量的 42%，现有堆积矸石和粉煤灰 7 000 万吨，每年还要排放 800 万吨；而平顶山天安煤业股份有限公司十二矿（以下简称平煤十二矿）各主要采区均已进入残采阶段，采深已经从 −150 m 延伸到 −800 m，埋深达 1 100 m，冲击地压、瓦斯突出等矿井灾害严重，现总剩余可采储量为 2 764 万吨，其中“三下”压煤量高达 1 234.3 万吨，占矿井总剩余可采储量的 44.7%。根据平顶山天安煤业股份有限公司关于开采具有煤与瓦斯

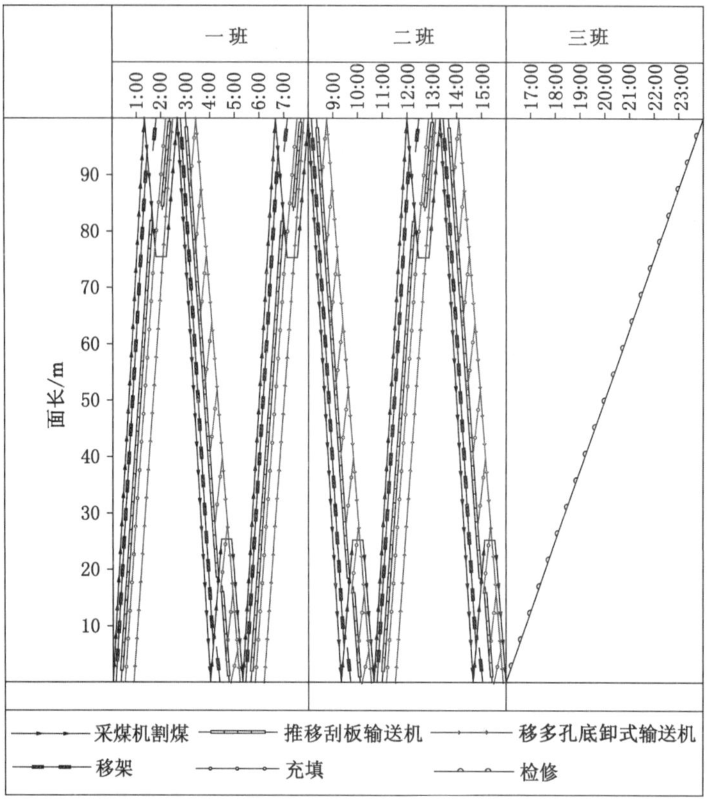

图 5-8 正规循环作业图表

突出危险区域的要求，平煤十二矿准备开采煤层赋存不稳定、平均煤层厚度为 0.5 m 且局部无煤的保护层，在 3 年左右的调整期内无法保证煤炭产量，势必开采部分建筑物下压煤以确保煤炭产量走回正轨。同时，平煤十二矿选煤厂年产分选矸石约 31 万吨，井下开拓以及保护层工作面每年产生掘进矸石 10.4 万吨，地表矸石山仍有 20 万吨的矸石储量，因此，研究一种解决建筑物下压煤规模性开采和矸石地面排放等问题的开采技术，是平煤十二矿亟待解决的重大科学与工程技术难题。

通过调研，平顶山天安煤业股份有限公司与中国矿业大学合作，提出对项目“建筑群下综合机械化矸石密实充填采煤与沉陷控制”的开发，具体包括采区布置设计、充填物料输送系统设计、成套技术装备设计与配套、岩层运动预计与地表沉陷控制等，采出率达 85%以上，延长矿井服务年限约 10 年。下面具体介绍一下建筑群下综合机械化矸石密实充填采煤与沉陷控制技术在平煤十二矿的应用情况。

5.1.4.1 *矿井概况及采矿地质条件*

(1) 矿井概况

平煤十二矿 1958 年建矿，设计生产能力为 0.3 Mt/a。1989 年经扩建，生产能力达 0.9 Mt/a，同年鉴定为煤与瓦斯突出矿井。至 2005 年，经过技术改造，生产能力达 1.4 Mt/a。设计充填开采区域主要为村庄保护煤柱块段（三采区）和工业广场保护煤柱西北角部分（六采区），初步设计生产能力为 0.6 Mt/a，其井上下对照图如图 5-9 所示。

图 5-9　开采区域井上下对照图

（2）充填区域采矿地质条件

① 东高皇保护煤柱块段

东高皇保护煤柱位于工业广场保护煤柱南面，东邻己三采区两条下山，南邻己四采区，西邻己六采区轨道下山和斜井，地面为东高皇村；东高皇村北边为平煤十二矿工业广场，南边为何庄煤矿工业广场，东部为蜜蜂王村，西边没有建筑物。煤层赋存稳定，该区段赋存己$_{15}$煤层、己$_{16\text{-}17}$煤层，己$_{15}$煤层平均厚度为 3.3 m，己$_{16\text{-}17}$煤层平均厚度为 1.5 m，倾角均为 8°左右，区段煤层圈定储量 99.4 万吨，其中己$_{15}$煤层储量 73.2 万吨，己$_{16\text{-}17}$煤层储量 26.2 万吨。该区段受 F_2 断层影响，F_2 断层在该区段东面分叉，落差为 0～30 m，其中一段将该区段煤层分开。

② 工业广场保护煤柱块段

为了有效地保护平煤十二矿工业广场，此次规划只考虑工业广场西北角部分。该区段煤柱东邻己七采区胶带上山，南邻斜井，北邻己七采区己$_{15}$-17020 工作面，西邻己六采区己$_{15\text{-}17}$-16023 工作面，地面为老上徐；老上徐东为新上徐及平煤十二矿工业广场，南部为矸石电厂、东高皇村及平煤十二矿路。该区段己$_{15}$煤层、己$_{16\text{-}17}$煤层合层，己$_{15\text{-}17}$煤层平均厚度为 6.2 m，倾角为 8°左右，区段煤层圈定储量 64.5 万吨，F_2 断层从该区段中部穿过。

设计首采区域为东高皇保护煤柱块段己$_{15}$煤层，煤密度为 1.4 t/m^3，自然发火期为 3～6 个月，煤尘具有爆炸危险性，在该区域没有煤与瓦斯突出危险。煤层倾角为 8°，煤层厚度为 1.8～3.5 m,平均厚度为 3.3 m。首采区域煤层顶底板情况见表 5-1。

表 5-1　首采区域煤层顶底板情况

顶底板名称	主要岩性	厚度/m
基本顶	白色砂岩、粉砂岩	12.5
直接顶	砂质泥岩	3.2
己$_{15}$煤层	煤	3.3
直接底	深灰色粉砂岩	0.7
老底	灰白色细砂岩	15.2
己$_{16\text{-}17}$煤层	煤	1.5

5.1.4.2　**充填采煤系统布置及关键设备**

(1) 充填采煤系统布置

设计充填采煤区域为东高皇保护煤柱(三采区)和工业广场保护煤柱西北角(六采区)。根据充填开采采区形状和周围保护煤柱的边界线,在两个采区两层开采煤层共规划布置 10 个充填综采工作面。工作面布置如图 5-10 所示。

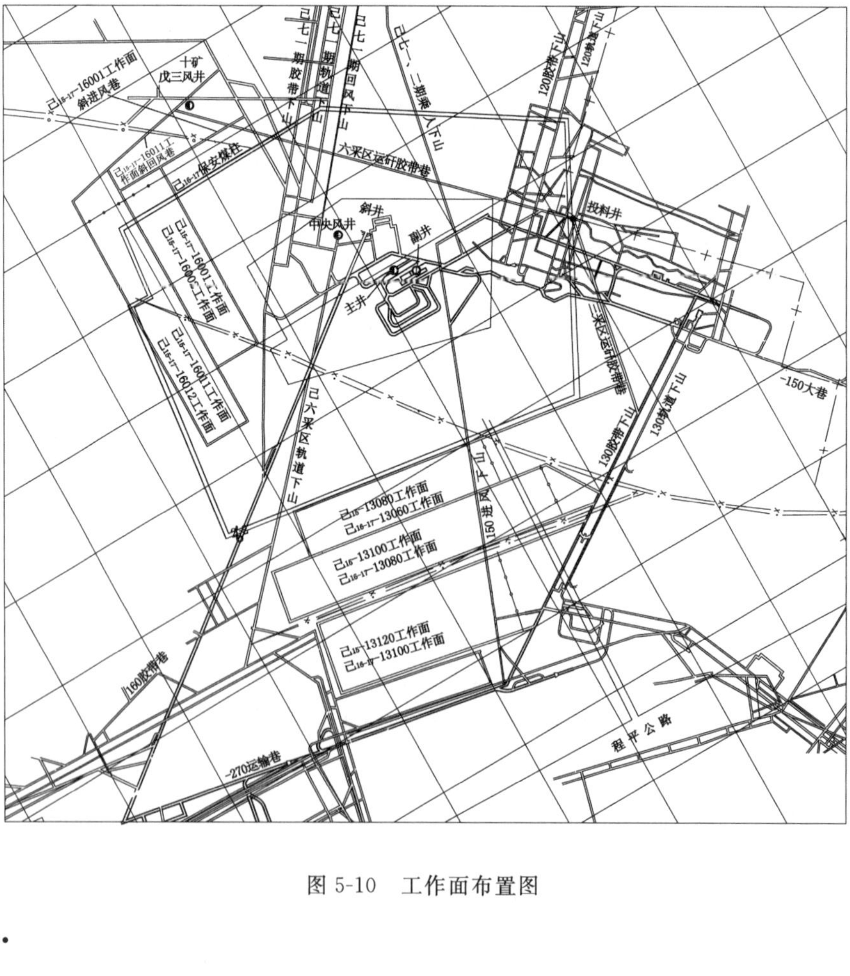

图 5-10　工作面布置图

设计充填开采工作面参数以及回采顺序编号见表 5-2。

表 5-2　工作面参数及回采顺序编号

规划工作面名称	回采顺序	可采走向长度/m	面长/m	采厚/m	储量/万吨
己$_{15}$-13080 工作面	1(首采工作面)	350	100	3.3	12.4
己$_{16\text{-}17}$-13080 工作面	4	430	80	1.5	6.7
己$_{15}$-13100 工作面	2	610	100	3.3	26.3
己$_{16\text{-}17}$-13100 工作面	5	590	80	1.5	9.2
己$_{15}$-13120 工作面	3	410	155	3.3	27.4
己$_{16\text{-}17}$-13120 工作面	6	390	135	1.5	10.3
己$_{15\text{-}17}$-16011 工作面	8	530	100	3.3	22.9
己$_{15\text{-}17}$-16012 工作面	10	510	800	2.7	14.4
己$_{15\text{-}17}$-16001 工作面	7	390	100	3.3	16.8
己$_{15\text{-}17}$-16002 工作面	9	370	80	2.7	10.4
合计					156.8

(2) 采煤与充填一体化液压支架选型与设计

平煤十二矿充填开采工作面所采用的液压支架为 ZZC8800/20/38 型,其主要技术参数见表 5-3。

表 5-3　采充一体式六柱支撑式液压支架技术参数

项　目	参　数	项　目	参　数
型号	ZZC8800/20/38	额定工作阻力/kN	8 800
支架高度/mm	2 000～3 800	支护强度/MPa	0.72
支架宽度/mm	1 430～1 600	对底板平均比压/MPa	2.21
支架长度/mm	7 824	支架质量/t	29.0
支架中心距/mm	1 500		

5.1.4.3　工程应用效果分析

(1) 实测矿压显现规律分析

通过对支架工作阻力监测数据的分析得出,整个回采过程中充填采煤液压支架平均工作阻力为 7 500～8 000 kN,未达额定工作阻力 8 800 kN,且变化较为平稳,没有出现工作阻力激增的现象,这说明充填采煤工作面回采过程中没有出现初次来压及周期来压现象,固体密实充填工作面所需支护强度明显小于传统综采条件下的。

由工作面巷道围岩变形实测分析结果可以看出,巷道围岩变形程度及影响范围比传统垮落法开采条件下的小得多。充填体应力实测分析表明,充填采煤过程中充填体有效支撑了上覆岩层,使上覆岩层呈现整体缓慢下沉的态势,只存在弯曲带和微小的裂缝带,而不存在垮落带。

(2) 地表沉陷分析

按照预定的计算方案，采用概率积分法(预计方向为南北方向，此方向平行于建筑物长轴方向)计算了首采工作面开采后的地表移动与变形情况。根据地表沉陷观测结果，首采工作面开采后，当矸石充填体被充分压实后，最终地表最大下沉值仅为 173 mm，其他各种移动变形最终的最大值也远低于一般建筑物破坏的临界变形值。这表明该充填开采工作面对上方村庄影响轻微，建筑物只会受到轻微的Ⅰ级采动损坏影响，不会出现明显的裂缝破坏，无须对地面建筑进行加固或维修。

5.2 (超)高水材料充填开采技术

5.2.1 (超)高水充填材料的基本性能

5.2.1.1 (超)高水充填材料的组成

通常将水体积分数在 70%(水灰比为 1.3∶1～3∶1)以上的水硬性材料称为高水材料，将水体积分数在 95%～97%(水灰比为 6.5∶1～11∶1)之间或以上的水硬性材料称为超高水材料。这些材料可用于煤矿充填开采，因此也称为(超)高水充填材料。

(超)高水充填材料含等量 A 和 B 两种组分，分别与复合超缓凝剂 AA 及复合速凝剂 BB 形成单一浆体，可数小时乃至数十小时不凝结，当两种浆体混合后，可快速凝固。凝结时间可根据需要在 20～90 min 内调节。

(1) A 粉料

主要由铝酸盐、硫铝酸盐、铁铝酸盐、硅酸盐等的一种或多种水泥、熟料或类水泥粉料，加入一定量的复合外加剂混磨形成。

(2) B 粉料

由各类石膏、石灰等矿物与一定量的复合外加剂粉磨而成。

(3) AA 粉料

主要由复合缓凝剂、悬浮分散剂等组分构成，与 A 料配合使用。

(4) BB 粉料

主要由速凝剂、缓凝剂、分散剂等组成，必要时加入一定量的活化剂，与 B 料配合使用。

5.2.1.2 (超)高水充填材料的力学性能

随着水化龄期的延长，(超)高水充填材料固结体的抗压强度会不断增长。水体积分数不同，固结体抗压强度不同，变化规律也有差异。由于(超)高水充填材料固结体含水量高，其中游离水在干燥环境下会因风化而快速失去，在此情形下，固结体的力学性能会受到较大影响。

在正常养护情况下，(超)高水充填材料固结体早强特征明显，7 d 早期强度可占最终强度的 66%～90%，7 d 后强度增长缓慢。在三面受限条件下，(超)高水充填材料固结体各龄期强度均有明显提高。固结体在井下三面受限的环境下应用，由于周围岩层的限制，大约能发挥其自身强度 125%的效果。

固结体受风化时，抗压强度随时间变化规律表现为 3 d 内受风化影响程度较小，但 3 d 后受风化影响程度非常显著，特别是 7 d 后强度迅速下降，且随着水体积分数的增加，固结体抗风化的能力变差。这说明(超)高水材料不适用于地面干燥环境，其强度会因失水而快速降低。当然，需要说明的是，材料的风化与受试试块的体积有直接关系。由于受试试块体积很小，置于外界环境下，会很快风化；若体积加大，则其风化速度会相对减慢。

5.2.1.3　(超)高水充填材料固结体的形变性能

(超)高水充填材料用于采空区充填后，固结体受到上覆岩层的作用。在这种受力条件下，固结体体积是否会发生收缩或膨胀，直接关系到能否对上覆岩层进行有效控制。

事实上，在外力作用下，一种物体的体积发生变化与否，主要看其体积应变是否为零或体积应变值的大小怎样。显然，一定体积的物体，若没有限制，则在外力作用下，其几何形状会发生一定的变化，但体积变化与否则与物体的固有特性有关。

(超)高水材料体积应变用 e 表示：

$$e = \frac{\Delta V}{V_0} \tag{5-1}$$

式中　V_0——物体的体积，m^3；

ΔV——物体变形前后体积的变化量，m^3。

(超)高水材料固结体是一个由固-液-气三相构成的多相结合体。固相部分有两类：一类是水化物相；另一类是残留的未及水化的物相。水(液相)主要包括结晶水、结合水与游离水。气相为在搅拌过程中混入或人为通过各种措施(如引气剂)引入的空气。体积应变中有实际意义的是其中的游离水与气相的含量。水是不可压缩流体，但其流体的性质使其在受压时有向压力减小的方向移动的属性。(超)高水材料由于水含量高，在受压时，游离水会从固结体未受力面溢出并以露珠的形式附着于试块表面。(超)高水材料固结体受压后，即便是考虑溢出水，其体积应变也很小。这是由于(超)高水材料含水量较高，内部孔隙相对较少，而水是不可压缩流体。与内部有孔隙的其他材料相比，(超)高水材料可压缩性自然较小，该性质对采空区充填十分有利。

5.2.1.4　(超)高水充填材料的流变性能

(超)高水充填材料由A、B两种组分组成。使用时，将其分别与一定量的水混合后分两路管道输送至混合装置混合，混合后流体再经管路输送至使用地点。(超)高水充填材料A、B料在混合前、后形成的流体的流变行为有很大的不同。混合前两种物料与水基本上是物理混溶，流体物性基本不随时间改变。混合后则完全不同，两股流体混合后水化反应迅速进行，并在一定时间内凝固成没有流动性的凝胶体。这一时间段的流体属时变流体。因此，可分为A、B料单浆及混合后浆体进行研究。

A、B两种浆液混合后，矿物迅速水化。形成浆体的流变性随着时间发生显著变化。(超)高水材料的凝结时间一般要求不大于90 min，且可以在90 min内随意调整。

5.2.2　(超)高水材料充填开采技术

5.2.2.1　(超)高水材料浆体制备与输送

(1) (超)高水材料浆体制备系统

浆体制备系统的作用是将(超)高水固体粉料制成液态的，便于管道长距离输送。该系统是充填系统的最重要环节。浆体制备系统应具备性能稳定、制浆配比准确等特点。根据浆体制备方式不同，可将浆体制备系统分为连续与半连续两种形式。

① 连续制浆系统

连续制浆，其系统可不断地制备出浆体，过程连续不断。连续制浆系统占用空间小，流程简单，但制浆配比不易调制，对设备可靠性要求高。

连续制浆系统由A料与B料两个制浆子系统构成。每个子系统均由制浆机、悬浮机、外加剂搅拌机、外加剂悬浮机及辅浆泵等构成。各自上料量由螺旋给料机控制，水源由水塔供给，水量由流量计控制。连续制浆系统井下布置示意如图5-11所示。

② 半连续制浆系统

半连续是指制备浆体过程是不连续的、间断的。半连续制浆系统由A料浆与B料浆两个制备子系统组成。各子系统都由水与粉料的供给及计量、搅拌、浆体缓存以及辅料(AA与BB)供给等部分组成。在使用时，多个搅拌桶交替工作，使料浆供给呈连续态，能始终保证有足量浆体供输送系统使用，满足料浆输送要求。半连续制浆系统平立面布置示意如图5-12所示。该制浆系统浆体配比易于控制，准确性高。

③ 制浆系统浆体制备能力

制浆系统浆体制备能力决定充填系统浆体输送能力，即充填能力。但确定制浆系统浆体制备能力时要考虑充填工作面充填工艺的制约。当采充不能同步进行时，制浆系统浆体制备能力至少应满足在给定时间内完成采空区给定空间的充填作业要求；当采充能够同步进行时，制浆系统浆体制备能力应满足工作面的最大推进速度要求。故确定制浆系统浆体制备能力时，应考虑充填工作面是否能够采充同步作业。

——采充能够同步作业时，制浆系统混合浆体制备能力Q为：

$$Q=\frac{LSnh}{t_1\eta} \tag{5-2}$$

式中 L——工作面面长(全部充填时，需含回采巷道宽度)，m；

S——正规循环推进长度，m；

n——日正规循环次数；

h——采厚，m；

t_1——工作面纯充填时间，h；

η——制浆系统实际效率，一般取80%。

——采充不能够同步作业时，制浆系统混合浆体制备能力Q为：

$$Q=\frac{LBh}{t_2\eta} \tag{5-3}$$

式中 B——充填步距，m；

t_2——每个充填步距下的纯充填时间(不含充填前准备及充填后清理时间)，h。

制浆系统中A、B子系统的单浆制备能力为混合浆体制备能力的一半。

[例5-1] 某矿充填试验工作面采用“三八制”作业方式，两班生产，一班充填。工作面平均采厚为2.9 m，最大充填长度(含两巷)为200 m，循环进尺为0.6 m，每天4个正规循环，制浆系统的产浆效率为80%，充填班准备(含挂包和面内管路铺设等)时间为2.5 h，后期清理时间为2 h。请确定制浆系统的浆体制备能力。

解： 根据题意可知，其充填工艺类型为采充不同步作业方式。

已知：平均采厚$h=2.9$ m，工作面充填长度$L=200$ m，充填步距$B=0.6\ \text{m}\times 3=1.8$ m，制浆系统实际效率$\eta=80\%$，每个充填步距下的纯充填时间$t_2=8\ \text{h}-2.5\ \text{h}-2\ \text{h}=3.5$ h。

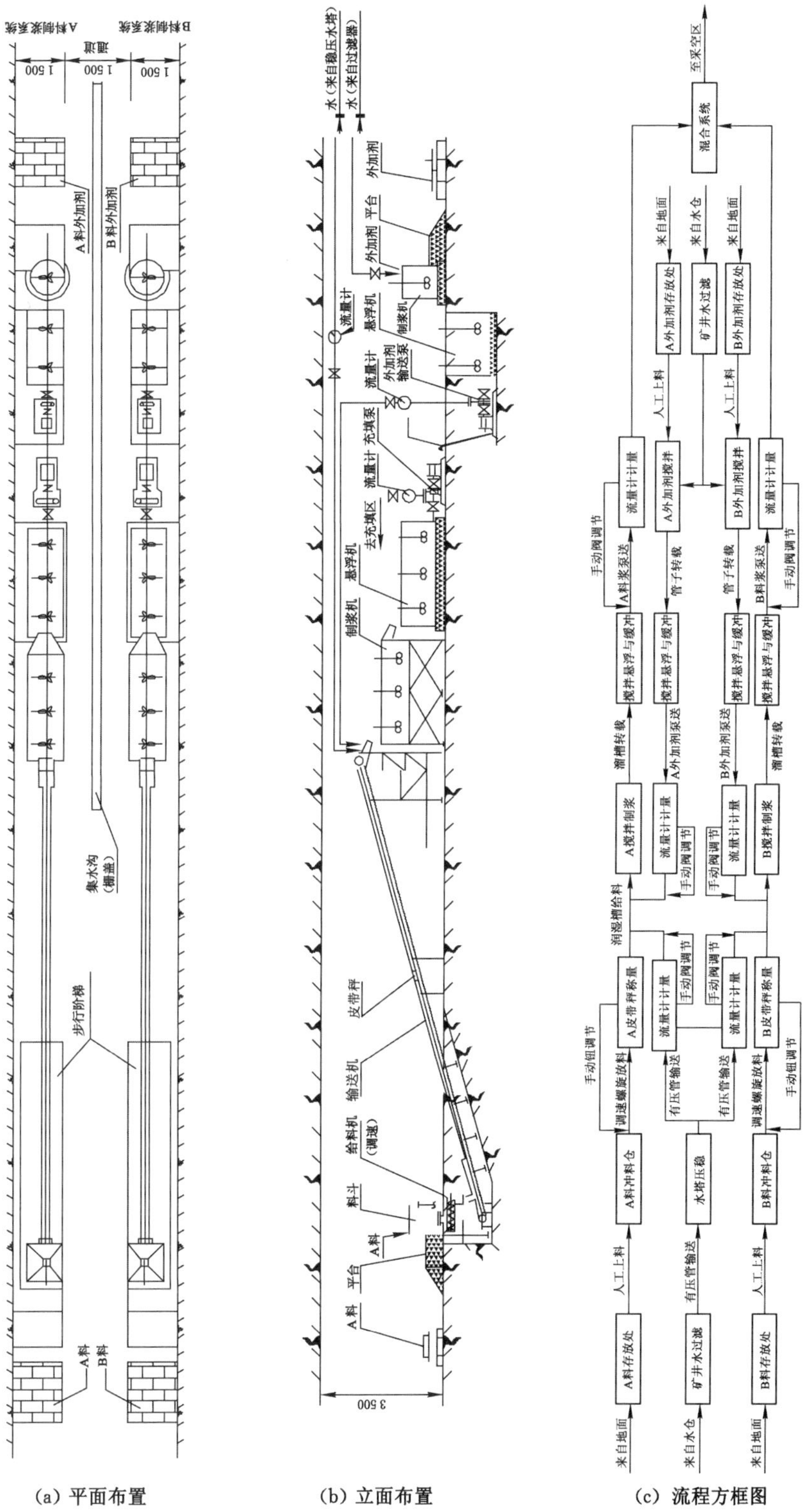

(a) 平面布置　　(b) 立面布置　　(c) 流程方框图

图 5-11　连续制浆系统井下布置示意

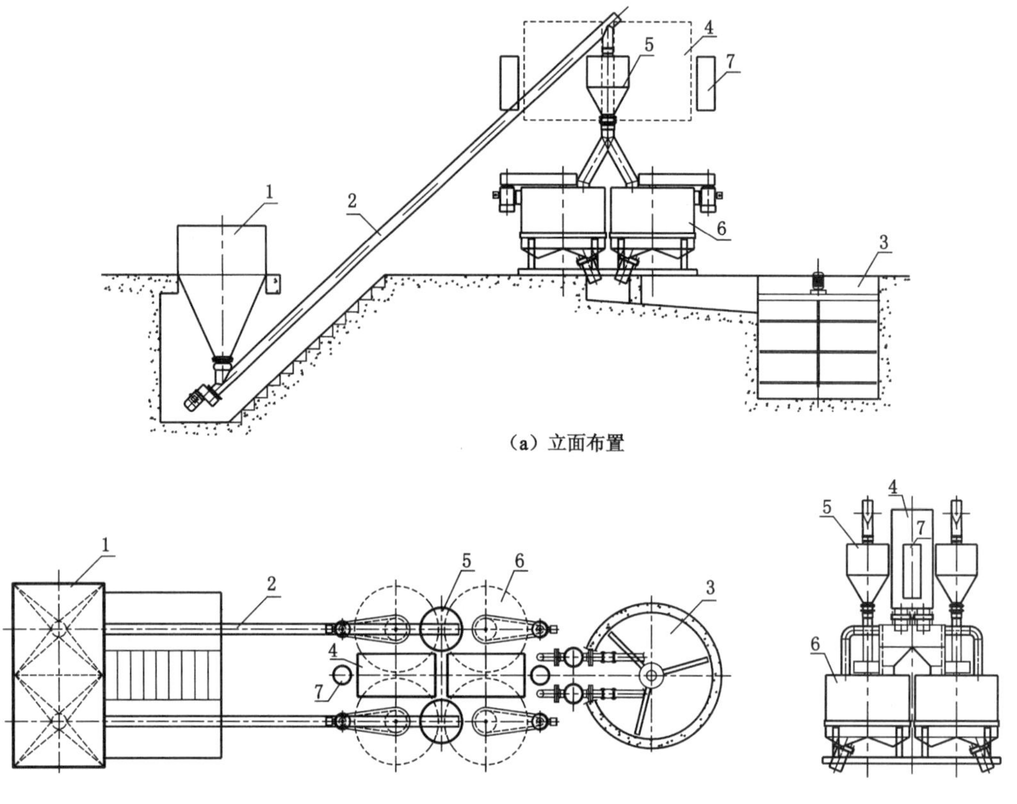

(a) 立面布置　　(b) 平面布置　　(c) 侧立面布置

1—粉料仓；2—上料装置；3—单浆储备池；4—水计量装置；

5—粉料计量装置；6—浆体搅拌机；7—辅料计量装置。

图 5-12　半连续制浆系统平立面布置示意

由式(5-3)，可计算得到制浆系统混合浆体的理论制备能力：

$$Q=200\times1.8\times2.9/(3.5\times80\%)=373\ (\mathrm{m^3/h})$$

则 A、B 单浆的理论制备能力为 $373\ \mathrm{m^3/h}\div2=186.5\ \mathrm{m^3/h}$。

(2) (超)高水材料浆体输送系统

(超)高水材料浆体输送系统，主要由输送动力与流量控制设备、输送管路及各种阀门构成，其中，输送动力与流量控制设备的选择根据制浆站的位置分为两种情况。如前所述，当制浆站位于井下时，可以在制浆站布置两台同型号的活塞泵实现 A、B 单浆的动力输送及流量控制；当制浆站位于地面时，一般可利用制浆站与充填点之间的自然压差，实现重力输送，不需要额外动力，但为保证 A、B 两种浆体仍按 1∶1 配合使用，需要在制浆站设置液体流量计进行流量控制。

[例 5-2]　某矿(超)高水材料充填制浆站布置于井上工业广场，地面标高为＋47 m，井下所有充填工作面的煤层底板标高范围为－500～－880 m，产生的自然水头高度为 547～927 m。初步判定，如果浆体输送过程中的总水头损失低于自然压力水头，则浆体输送依靠重力即可实现，无须提供额外动力。

如图 5-13 所示，浆体输送管路铺设沿程路线为：从储浆池经流量计控制进入相应的 A、B 单浆管→主井井筒→总回风巷→胶带石门→北翼回风大巷→CG101 工作面机巷→在距离工作面 60～100 m 处 A、B 单浆管连接混合三通进行混合→混合管（在工作面处接分管器）→分支管路→充填点。

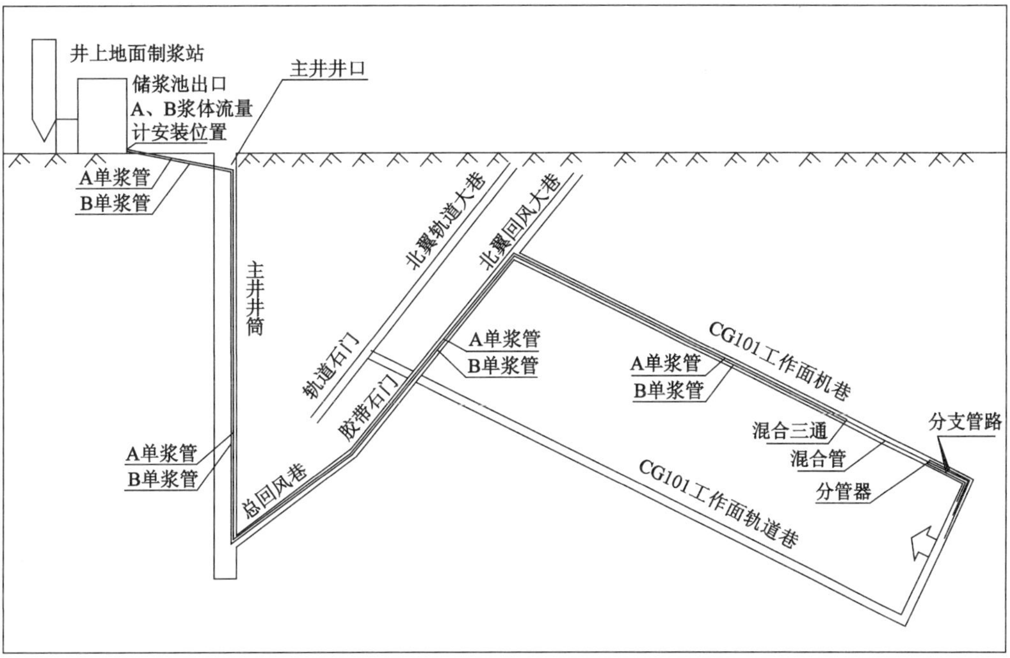

图 5-13　制浆站位于地面时充填管路布置示意

CG101 充填工作面 A、B 单浆管所需长度合计为 2 500 m×2＝5 000 m，混合管长度为 60～100 m，为保证混合效果要求混合管长度不低于 60 m。

浆体输送最小高差所在位置为 CG109 工作面。制浆系统处标高＋47 m，CG109 工作面充填点最高处标高为－550 m，自然水头高度 $h=597$ m。单浆管所需长度约为 3 750 m。

预计管路铺设沿程有 9 处拐弯，均按 90°参与计算，含 1 个闸阀（用于在管路变坡点放水），则：

全管路局部阻力系数为：

$$\xi=0.75\times9+0.17\times1=6.92$$

局部水头损失：

$$h_j=\xi\frac{v^2}{2g}=6.92\times\frac{2.39^2}{2\times9.8}=2.02\ (\text{m})$$

沿程水头损失：

$$h_f=\lambda\frac{l}{d}\frac{v^2}{2g}=0.032\times\frac{3\ 750}{0.1}\times\frac{2.39^2}{2\times9.8}=349.72\ (\text{m})$$

总水头损失：

$$h_w=h_j+h_f=2.02+349.72=351.74\ (\text{m})$$

输送浆体所需克服压力为：

$$p_g = \rho g(h_w - h) \times 10^{-6} = 1\ 100 \times 9.8 \times (351.74 - 597) \times 10^{-6} = -2.64\ (\text{MPa})$$

由计算结果可知，自然压力水头也能够克服沿程输送阻力，不需要额外输送动力。

故当该矿制浆站布置于工业广场时，自然压力水头产生的压力完全能够克服输送阻力，从而实现无动力输送充填。

(3) (超)高水材料混合系统

在 A、B 单浆液进入充填区之前，需用混合设备将 A、B 单浆液进行等比例混合，然后通过混合管把混合浆液输送到采空区。A、B 单浆液的混合效果将直接影响材料的凝结时间、凝结强度等，因此混合设备的作用不容忽视。

为了提高混合效率，实现浆液的连续输送，选用混合效率较高的在线混合设备。混合系统由三通、静态混合器和混合输送管三部分依次串联组合而成，经实践证实，混合效果良好，混合浆液的凝结时间、凝结效果均符合预期效果。

① 三通

三通混合元件是工业管路系统中常用的结构形式，是一种在线混合设备，它串接在物料输送管路中，以达到连续、快速混合的目的，其结构简单，两股流体接入支管上，混合后的流体从主管流出。

② 静态混合器

静态混合器(见图 5-14)是目前工业上应用较为广泛的一种在线混合设备，依靠内部不同结构的混合元件进行高效率的流体混合。其不需要消耗额外能源，混合能力强，操作简单方便，易维护。

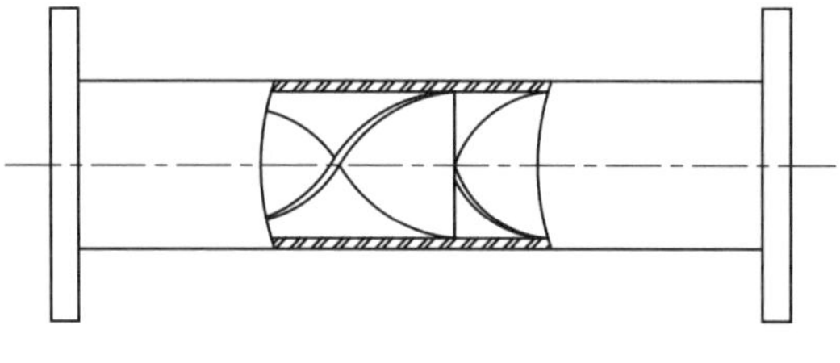

图 5-14　SK 型静态混合器

A、B 两种单浆液混合后，矿物迅速水化，浆体黏度随着时间的延长不断增大，因此应该选用可混合较高黏度流体的 SK 型静态混合器，且要求混合器内部叶片可拆卸，便于清洗。虽然 SK 型静态混合器的混合性能不及其他型号的，但它的优点是压力降小、不容易堵塞、易维护。

静态混合器的实际应用长度主要通过以下因素确定：a. 流体的混合难易程度；b. 工艺本身的需要；c. 试验研究及工程应用经验。SK 型静态混合器的推荐长度通常用经验公式 $L/D = 10 \sim 15$(L 为混合器长度，D 为管内径)来确定，具体应用型号需要通过查询 SK 型静态混合器参数表来进行计算选择。

5.2.2.2　(超)高水材料充填装备与工艺

(1) (超)高水材料充填空间围护结构

(超)高水材料充填过程中，由于浆体具有良好的流动性，为确保浆体流入给定的采空空间内并固结成形，针对不同的充填方法，需要采取相应的成形空间围护结构来容纳混合浆体。

① 开放式充填方法充填空间围护结构

开放式充填方法一般适用于煤层倾角较大，采厚适当，工作面便于仰斜布置且涌水量小，裸露顶板跨距小于基本顶初次垮落步距，或采取措施使其得到满足的条件。

a. 充填工作面悬顶空间构成

工作面仰斜布置时，充填工作面悬顶空间由工作面煤壁到顶板接触充填体的距离（倾向跨距）和工作面面长（走向跨距）形成。由理论研究可知，悬顶空间越大，顶底板移近量越大，而减小工作面面长，将导致巷道掘进工程量增加，开采不经济，故减小倾向跨距是开放式充填设计的关键。倾向跨距越小，越能使顶板尽早接触充填体，从而减缓顶板下沉。在（超）高水材料充填开采系统布置中，倾向跨距为通常的控顶距和后方的悬顶距之和，如图 5-15 所示。

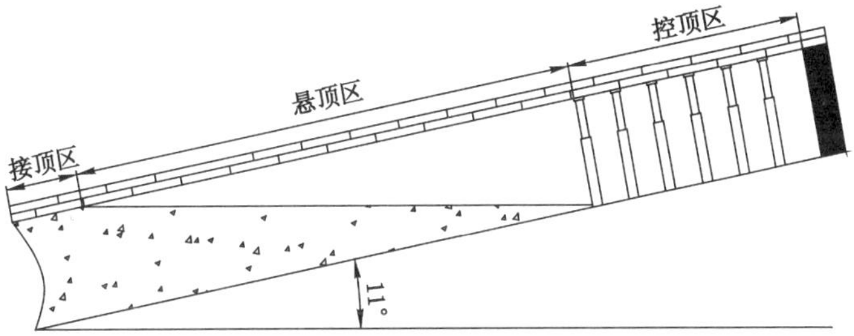

图 5-15　开放式充填倾向跨距分析图

b. 工作面倾向顶板变形分析

工作面仰斜开采时，倾向的顶板下沉表现为不同的形式：控顶区范围内，在支护强度满足要求的情况下，基本顶与直接顶表现为同步下沉；剩余范围通常表现为直接顶与基本顶之间出现离层，直至直接顶垮落，离层量从工作面切顶处向采空区逐渐加大，基本顶弯曲下沉、破断形成砌体梁结构。

下面以实例来说明围护结构的设计过程。

假设某仰斜布置工作面平均倾角为 11°。浆体水平液面从工作面后方超高水材料与顶板接触点开始，至工作面末排支柱底部，其距离约为 11.34 m。假设此时浆体固结并达到相应的承载强度，由直接顶初次垮落步距（7～12 m）可知，工作面会出现顶板垮落的可能。为此采取措施为：在末排支柱处支设挡浆板（并铺设阻燃隔水膜）来提高充填浆体液面，挡浆板净高度为 1.7 m，如图 5-16 所示。挡浆板可使充填浆体液面进一步提高 1.5 m，此时工作面后方悬顶跨距减小为 3.6 m。

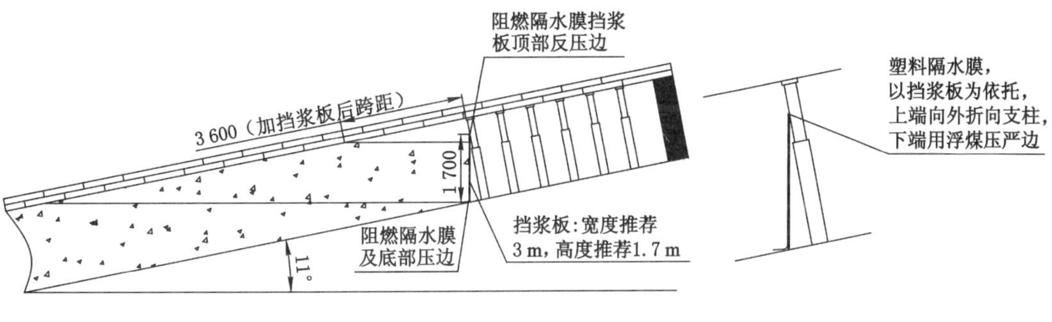

图 5-16　加挡浆板充填倾向距离分析图

② 袋(包)式充填方法充填空间围护结构

袋(包)式充填方法中浆体的收纳与成形空间围护结构由充填袋(见图 5-17)及相应的支架充填结构来完成。

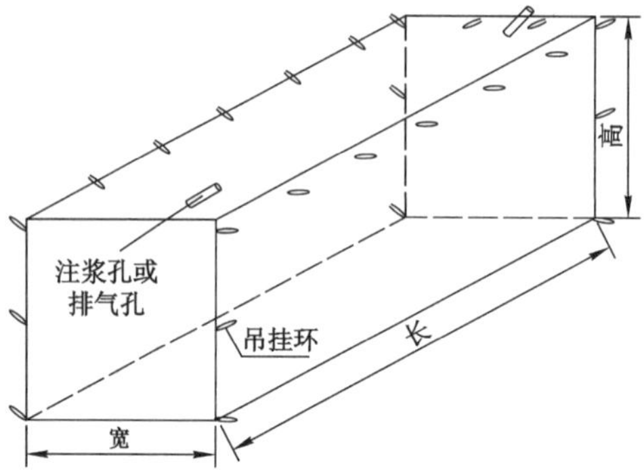

图 5-17　充填袋结构示意

如图 5-18 所示,袋(包)式充填时支架的充填结构由后顶梁、后伸缩挡板及袋(包)间分隔板和顶梁吊挂环等构成。后顶梁的后端伸入前期充填体中,以防止破碎顶板岩石滚入支架后方充填空间,从而实现在此空间内吊挂袋(包)时的作业安全。后伸缩挡板提供充填袋(包)的前部支撑,一般分为两块,分别为后上挡板和后下挡板,这样有利于吊挂袋(包)人员进入充填空间进行清底和吊挂作业。

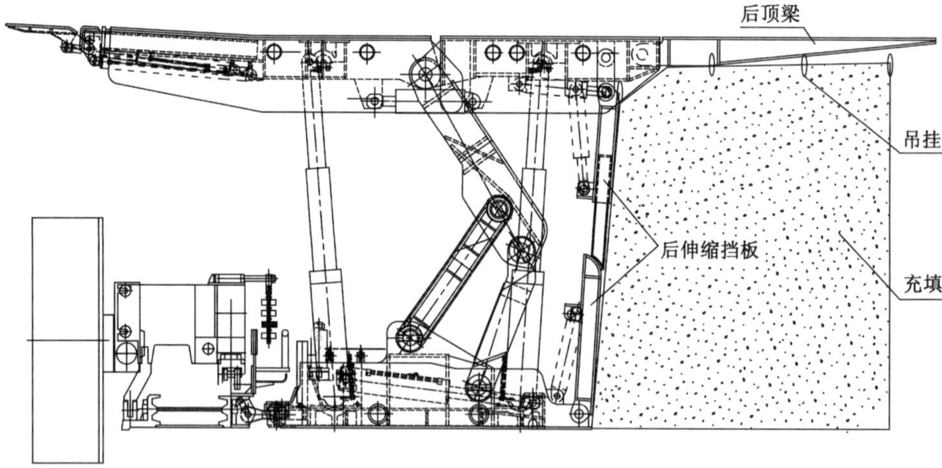

图 5-18　支架充填结构

一个充填袋(包)的长度少则十余米,多则二三十米。故充填空间内多个支架组合形成一个充填袋(包)的吊挂与充填空间。袋(包)之间采用如图 5-19 所示的袋(包)间分隔板实现充填(袋)包的侧支撑。

(2) (超)高水材料充填工艺过程

(超)高水材料充填工艺过程与充填方法密切相关,但其总体工艺过程类似,仅存在细节差别。其总体工艺过程分为四个阶段,分别为制浆站和工作面的准备作业、正常充填、管路

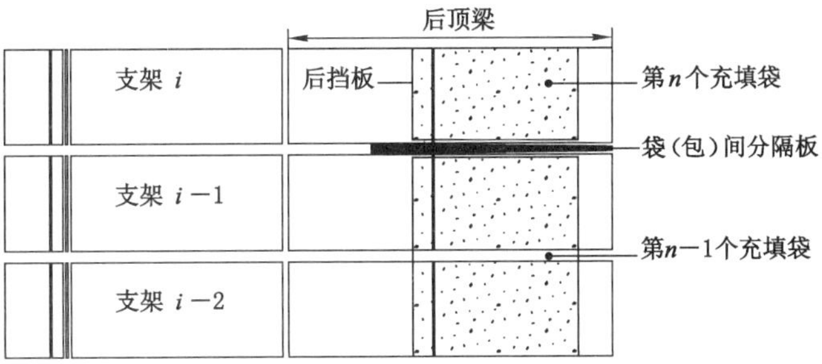

图 5-19　架间充填袋(包)分隔示意

清洗、现场整理。

① 开放式充填工艺过程

a. 制浆站准备工作

Ⅰ. 制浆站各设备工况与性能检查;

Ⅱ. 各粉料储备仓备料情况确认;

Ⅲ. 与工作面充填点确认制浆量。

b. 工作面准备工作

Ⅰ. 挡浆板和隔水膜铺设及质量检查;

Ⅱ. 主充填管路检查;

Ⅲ. 工作面充填管路铺设及闸阀开关状态检查;

Ⅳ. 与制浆站确认制浆量,并通知制浆。

c. 正常充填

Ⅰ. 制浆站接到工作面通知后开始制浆生产;

Ⅱ. 制浆站制好浆体后通知工作面;

Ⅲ. 工作面接到制浆站通知后,确认一切准备工作完成后通知制浆站开始供浆;

Ⅳ. 开始供浆后,工作面充填人员观察出浆口出料情况及面内有无漏浆现象,并及时采取相应的措施;

Ⅴ. 充填至最后阶段时,工作面充填点负责人及时分析待充填空间余量,考虑管路内浆量,与制浆站进行及时协调确认剩余供浆量。

d. 管路清洗

浆体输送完毕后清洗管路。待混合管出口见清水以后,通知制浆站停止清洗。

e. 现场整理

Ⅰ. 充填结束后,拆下所有工作面充填管路和接头,并用清水清洗,洗净后统一存放妥当;

Ⅱ. 充填结束后,制浆站进行必要的清理工作。

② 袋(包)式充填工艺过程

a. 制浆站准备工作

Ⅰ. 制浆站各设备工况与性能检查;

Ⅱ. 各粉料储备仓备料情况确认;

Ⅲ. 与工作面充填点确认制浆量。

b. 工作面准备工作

Ⅰ. 吊挂充填袋；

Ⅱ. 工作面充填管路布置；

Ⅲ. 主充填管路检查；

Ⅳ. 工作面充填管路及闸阀开关状态检查；

Ⅴ. 使用压风对充填袋进行鼓包作业，使充填袋与六面紧密贴合；

Ⅵ. 与制浆站确认制浆量，并通知制浆。

c. 正常充填

Ⅰ. 制浆站接到工作面通知后开始制浆生产；

Ⅱ. 制浆站制好浆体后通知工作面；

Ⅲ. 工作面接到制浆站通知后，确认一切准备工作完成后通知制浆站开始供浆；

Ⅳ. 开始供浆后，工作面充填人员观察出浆口出浆情况，待浆体混合均匀后将注浆管路放入充填袋内；

Ⅴ. 充填至最后阶段时，工作面充填点负责人及时分析待充填空间余量，考虑管路内浆量，与制浆站进行及时协调确认剩余供浆量。

d. 管路清洗

浆体输送完毕后清洗管路。待混合管出口见清水以后，通知制浆站停止清洗。

e. 现场整理

Ⅰ. 充填结束后，拆下所有工作面充填管路和接头，并用清水清洗，洗净后统一存放妥当；

Ⅱ. 充填结束后，制浆站进行必要的清理工作。

5.2.3 (超)高水材料充填开采工程实例

5.2.3.1 工作面概况

充 2 面位于陶一煤矿七采区南翼，西邻 F_{10}断层，东邻 12701 工作面采空区，南隔 5 m 为充 3 面采空区，北隔 4 m 为充 1 面采空区。工作面标高为－147.9～－187.0 m，开采范围为停驷头村保护煤柱，对应的地面位置在停驷头村东部，型煤厂西部，地表有民房建筑、冲沟、梯田，地面标高为＋175.3～＋182.9 m，煤层埋深为－316.2～－382.3 m。该工作面面长为 50 m，推进长度为 200 m 左右，沿煤层走向布置，仰斜推进。工作面平面相对位置见图 5-20。

工作面所采 2# 煤层为一单斜煤层，含煤地层为二叠系下统山西组。煤层倾向 N110°E 左右，倾角为 10°～13°，属高变质无烟煤。煤层厚度为 3.5～4.3 m，平均为 3.99 m 左右。煤层结构较复杂，中下部含一层不稳定夹矸，厚度为 0.07～0.13 m，平均为 0.09 m，其结构为 2.75(0.09)1.15。经河北省煤田地质研究所鉴定，煤层属Ⅲ类不易自燃煤层，煤尘无爆炸性。

工作面直接顶为粗粉砂岩，灰黑色，以石英为主，含黄铁矿结核，厚度为 5.63 m 左右；直接底为火成岩，厚度为 7.45 m，灰白色。煤层顶底板岩性如图 5-21 所示。

5.2.3.2 充填开采方案

(1) 采煤工艺与方法选择

工作面回采采用倾斜长壁采煤法，采厚为 3.5～4.3 m，平均为 3.99 m。

工作面采用综采一次采全高回采工艺，选用 MG300/700-WD 型双滚筒采煤机落煤、装

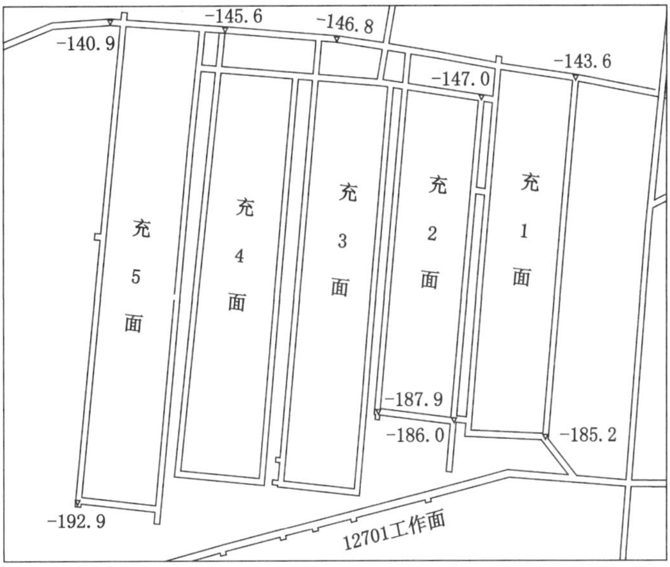

图 5-20　充 2 面相对位置示意

厚度/m	岩性柱状	岩层名称	岩性描述
7.45		粗粉砂岩	黑色，具水平层理，层面间含有机质及白云母
0.75		细砂岩	灰色，细粒石英砂岩，质地坚硬，呈薄层状
5.63		粗粉砂岩	灰黑色，具波状斜层理，含大量植物化石
2.75 (0.09) 1.15		2#煤层	厚层状，质地坚硬，断口呈贝壳状，局部地区火成岩呈透镜体侵入煤层中
7.45		火成岩	灰白色，呈岩床侵入，裂隙发育，为含水层
7.45		粗粉砂岩	灰黑色，具波状斜层理，含大量植物化石

图 5-21　煤层顶底板岩性柱状图

煤，SGZ764/400 型刮板输送机运煤，ZC6000/21/42 型支撑式充填液压支架支护顶板，(超)高水材料包式充填法处理采空区。工作面运输斜巷铺设 SGW-150C 型刮板输送机和 DSJ100/63/2×75 型带式输送机。工作面布置平面图见图 5-22。

(2) 充填设备选型

充填工艺系统主要由材料储运、浆体制备、浆体输送以及浆体混合等系统组成。

① 制浆站布置与制浆设备

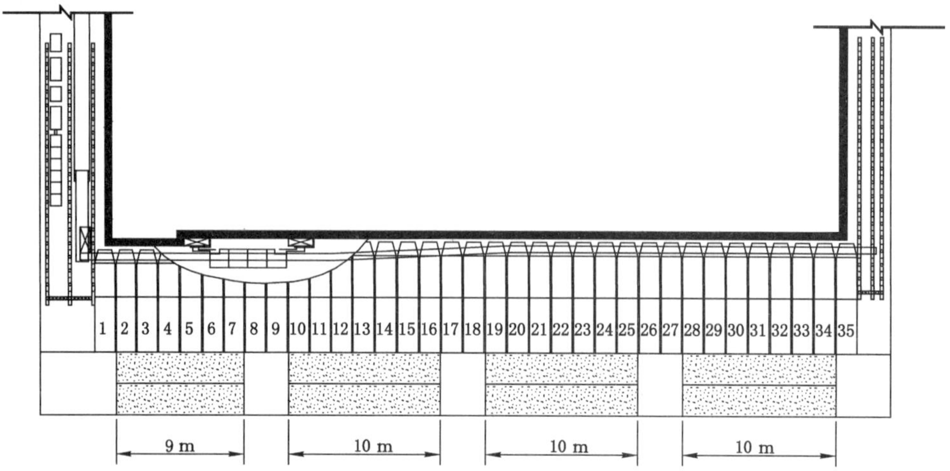

图 5-22　工作面布置平面图

制浆设备选用 NJ72-4D1200 型浆体充填生产线。井下制浆系统由 A 料浆与 B 料浆两个制备子系统组成。各子系统均分别由给料、水与粉料计量、搅拌、浆体缓存等部分组成。使用时，多个搅拌器交替工作。根据制浆设备生产能力及陶一煤矿井下巷道布置方式，将制浆站布置于距充填试验工作面 1 500 m 左右的七采区车场某段巷道中，如图 5-23 所示。

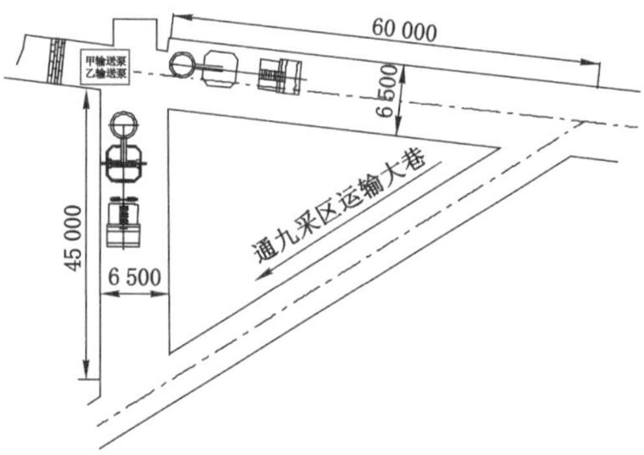

图 5-23　充填泵站井下布置位置示意

② 浆体输送系统

制浆站选用由石家庄煤矿机械有限责任公司生产制造的型号为 TBW-1200/7B 的柱塞式充填泵，共需 4 台，2 用 2 备。其主要技术参数见表 5-4。

表 5-4　TBW-1200/7B 型柱塞式充填泵主要性能参数

型号	公称流量/(L/min)	公称压力/MPa	吸浆管内径/mm	排浆管内径/mm	活塞直径/mm	动力系统	质量/kg	外形尺寸(长×宽×高)/mm
TBW-1200/7B	1 200	7	203	75	160	JS127-6 型 185 kW 电机	7 200	3 045×1 440×2 420，不含动力系统

充填材料通过管路输送至采空区。输送管路由两路管组成，分别输送 A、B 料浆，管道采用 4 英寸(1 英寸≈2.54 厘米)无缝钢管，单趟管路的输送能力为 60 m^3/h，每路长度约为 1 500 m。输送管路内各分段管路间用法兰盘连接。

③ 浆体混合系统

浆体混合系统采用管径为 6 英寸的三通，直接与进浆管路、出浆管路相连接，出浆管路连接自制螺旋混合装置，以保证充填料的混合效果。

④ 材料储运及其他辅助系统

制浆站建在井下时，(超)高水充填材料需要运送至井下充填泵站。井下储存空间需防潮。同时，材料堆放应分类，避免不同材料混放。井下每日所用充填材料需专人统计与保管，保证材料储量、品质均满足要求。

其他辅助系统包括供水、供电和通风系统等。

供水系统包括水源、制浆系统中水的加入等环节。(超)高水充填材料用水量较大，供水系统需稳定可靠。一般情况下，(超)高水充填材料所用水，既可取自井底水仓，也可利用充填泵站上位排放的污水。

制浆站供电系统应具有独立回路，不应与其他供电系统串联并用。

制浆站通风系统要完善，符合煤矿安全要求。

5.2.3.3　充填效果

充填开采效果的好坏直接体现在地表变形量上。充 2 面充填开采后，对地表变形情况及井下矿压显现情况都进行了观测。井下观测的内容主要有：工作面两巷的变形情况和支柱的受力情况。观测结果分析如下：

充 2 面于 2010 年 7 月回采完毕。该面充填开采完毕后，陶一煤矿已累计完成了 4 个充填工作面的回采和采空区充填工作。这 4 个工作面的回采顺序为：充 1 面→充 5 面→充 3 面→充 2 面。截至 2010 年 10 月，通过对地表的观测，得到了如图 5-24 所示的地表下沉等值线图。

由图 5-24 可知，地表下沉量较小。另外，通过对地表建筑物的观测可知，地面建筑物未受到明显损坏。

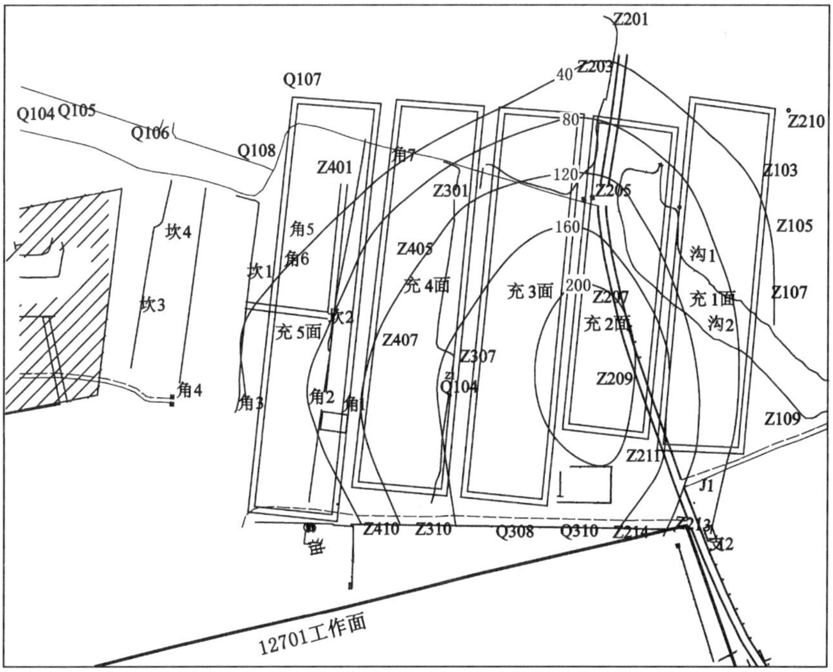

图 5-24　地表下沉等值线图(单位：mm)

5.3 膏体充填开采技术

5.3.1 膏体充填材料组成与利用

膏体充填材料主要由煤矸石、粉煤灰、胶结料、矿井水组成，本节主要介绍胶结料、矿井水的组成及相关特性。

5.3.1.1 胶结料

(1) SL 胶结料组成

SL 胶结料以矿渣为主要原材料，为充分激发其活性，须添加适量的石膏、石灰。复合改性剂可以使 SL 胶结料具有缓凝、速凝早强、低泌水率等特点。将这些原材料按适当的比例混合、均化，便可用作煤矿膏体充填的胶凝材料，满足不同条件下的充填开采需要。

① 矿渣

粒化高炉矿渣是将炼铁高炉的熔融矿渣，经急速冷却而成的松软颗粒，颗粒直径一般为0.5～5 mm。急冷一般用水淬方法进行，故又称水淬高炉矿渣。成粒目的在于阻止结晶，使其绝大部分成为不稳定的玻璃体，储有较高的潜在化学能，从而有较高的潜在活性。矿渣作为膏体胶结料的重要组成部分，主要利用其潜在胶凝活性。掺加激发剂，可激发矿渣活性，从而产生一定强度，使其变废为宝。

② 活性激发剂

常用的活性激发剂有石灰和石膏，均对矿渣的活性激发具有显著作用。在 SL 胶结料中掺加一定量的石膏，为 $3CaO \cdot Al_2O_3 \cdot CaSO_4$ 或 CA、CA2 等水化反应生成钙矾石提供必要的 $CaSO_4$；掺加一定量的石灰，为水泥熟料矿物水化反应生成钙矾石提供必要的 CaO。不仅如此，石灰的加入还直接影响钙矾石生成的速度和结晶的形态，在高碱度即 CaO 浓度增加情况下，特别是在硫铝酸盐过量的条件下，钙矾石生成反应是急剧的，反应速度非常快，而结晶呈细长针状，使浆体凝结迅速。

③ 复合改性剂

SL 胶结料中使用的复合改性剂需具有缓凝、速凝早强和保水等功能。胶结料中矿渣、石膏、石灰一经混合成浆后，应通过缓凝剂、速凝早强剂的合理配比，对水化反应过程调节控制使其满足要求。

(2) SL 胶结料固化体物理特性

SL 胶结料的强度受原材料种类、质量、配比等因素的影响。试验中引用下列标准：《水泥标准稠度用水量、凝结时间、安定性检测方法》(GB 1346—2011)、《水泥细度检验方法筛析法》(GB 1345—2005)、《水泥胶砂强度检验方法(ISO 法)》(GB/T 17671—1999)。将 SL 胶结料与强度等级为 42.5 和 52.5 的普通水泥进行对比试验，试验结果如表 5-5 和表 5-6 所示。

表 5-5 SL 胶结料的物理性能

胶凝材料	静浆稠度/cm	体积安定性	细度(0.08 mm 标准筛筛余)/%	凝结时间/min	
				初凝	终凝
强度等级为 42.5 的普通水泥	24	合格	3.853	155	275
SL 胶结料	23	合格	4.000	120	300

表 5-6 SL 胶结料的力学性质

胶凝材料	抗折强度/MPa			单轴抗压强度/MPa			抗折抗压强度比		
	3 d	7 d	28 d	3 d	7 d	28 d	3 d	7 d	28 d
强度等级为 42.5 的普通水泥	4.33	5.21	7.32	16.7	27.3	45.5	0.26	0.19	0.16
强度等级为 52.5 的普通水泥	4.52	6.0	6.83	18.4	40.2	53.5	0.25	0.15	0.13
SL 胶结料	6.76	6.85	7.03	37.3	40.9	43.1	0.18	0.17	0.16

注:水∶灰∶标准砂(质量比)为 0.42∶1∶2.5。

由表 5-5 和表 5-6 的试验结果可以看出:SL 胶结料 3 d 抗折强度达 6.76 MPa,28 d 抗折强度达 7.03 MPa,强度超过强度等级为 52.5 的普通水泥的;SL 胶结料 3 d 单轴抗压强度为 37.3 MPa,是强度等级为 52.5 的普通水泥的 2 倍左右,28 d 单轴抗压强度与强度等级为 42.5 的普通水泥的持平。普通水泥强度等级越高,抗折抗压强度比越小,而 SL 胶结料的 28 d 抗折抗压强度比高于强度等级为 42.5 和 52.5 的普通水泥的,这充分说明 SL 胶结料具有早强、高强和高抗折强度等力学性能。

(3) SL 胶结料亲泥特性分析

胶结料能够与含泥量高的各种集料正常凝结固化,并且强度很高,为最大限度地应用各种固体废弃物创造了十分有利的条件。煤矸石、山砂、河砂、海砂、戈壁砂、矿山分级尾砂或全尾砂甚至城市固体垃圾等材料可以直接用作集料,上述大块物料只需要简单的破碎加工处理,不需要脱泥处理。

表 5-7 为 SL 胶结料与普通水泥的固结对比试验数据。分析可知:相同条件下,对于不同含泥量的集料,与普通水泥相比,SL 胶结料都能够很好地固结并产生所需强度,这主要是因为两种胶凝材料水化反应的产物结构有着本质不同。

表 5-7 SL 胶结料与普通水泥的固结对比试验数据

骨料	胶凝材料	单轴抗压强度/MPa		
		1 d	3 d	7 d
金川尾砂	SL 胶结料	0.54	1.73	3.74
	普通水泥	0.31	0.84	1.04
霍州黄土	SL 胶结料	0.36	0.47	0.63
	普通水泥	—	0.16	0.31
煤矸石	SL 胶结料	0.66	0.90	1.30
	普通水泥	0.16	0.43	0.80
河砂	SL 胶结料	0.63	0.78	0.88
	普通水泥	0.12	0.15	0.42

5.3.1.2 矿井水

(1) 矿井水的来源

矿井水的形成一般是巷道直接揭露和采空区塌陷波及水源所致,其水源主要是大气降水、地表水、含水层水、断层水和采空区水。

(2) 矿井水的矿物组成

在煤炭开采过程中,地下水与煤层、岩层接触,加上人类活动的影响,发生了一系列的物理、化学和生化反应,因而水质具有显著的特征:含有悬浮物的矿井水的悬浮物含量远远高于地表水的,感官性状差;并且所含悬浮物的粒径小、相对密度小、沉降速度慢、混凝效果差;矿井水中还含有废机油、乳化油等有机物污染物。矿井水中的总离子含量比一般地表水中的高得多,而且很大一部分是硫酸根离子。矿井水往往 pH 特别低,常伴有大量的亚铁离子,增加了处理的难度。

(3) 矿井水的资源化利用

矿井水经适当处理后加以综合利用,即称为矿井水资源化。积极推进矿井水资源化,是节约水资源、解决矿区缺水问题的一条重要途径,对于缓解我国城市特别是缘矿而建城市供水紧张局面意义重大,也是煤矿实现清洁生产和可持续发展的必然选择。

目前,矿井水资源化利用主要有两个途径:一是通过简单处理(如净化处理)作为井上、下生产用水和附近农业灌溉用水;二是通过深度处理作为矿井居民或矿业城市居民生活用水。煤矿生产用水对水质要求不高,经适当处理的矿井水即可作为井下灌浆、降尘、消防、采掘机运转和液压支柱冷却等用水,也可供矿区地面绿化、道路洒水、煤矸石山降温降尘、选煤厂补充水、热电厂循环冷却水、矿区建筑施工等用水。

5.3.2 膏体(似膏体)充填开采技术

5.3.2.1 膏体(似膏体)制备与输送

(1) 充填材料的成分及粒径

煤矿膏体充填材料的来源主要为煤矸石、粉煤灰、工业炉渣、城市固体垃圾、河砂等固体废弃物,充填材料组成成分的作用为:① 煤矸石粒级的划分对膏体充填材料的强度影响很明显,而且在很大程度上决定该材料的可泵性和稳定性;② 添加剂作为膏体充填料浆的胶凝材料,能在极少用量的条件下使材料达到符合要求的强度;③ 粉煤灰用作减水剂,在一定范围内发挥作用,并有最佳用量;④ 河砂用作骨料时,由于其颗粒多近似球体,因此比尾砂和煤矸石更有利于提高料浆流动性。

为了制备成可泵送性好的充填稠料,对物料配合有比较严格的要求。目前,工业上常用的配方是:粗物料+细物料+超细物料。对于粒径较小的材料,简单处理(筛除粒径大于 20 mm 的块料及线状杂物等)就可进入料仓备用;对于煤矸石等大块材料,还需对其进行适当的破碎处理。煤矿膏体充填材料中胶结料掺量极少,按照一般混凝土的概念,是一种"极贫"混凝土,因此必须按照设计的浓度以及各种材料的配比准备制备充填浆体,并充分混合均匀,才能够保证充填材料的流动性能、凝结固化性能和一定强度,井下采煤工作面充填才能够达到预期的地表沉陷控制目标。

(2) 充填材料特性的要求

为了满足膏体充填材料泵送充填的要求,还需要解决膏体的可泵性和稳定性问题。

膏体的可泵性取决于混合物料的密度、粒级组成和颗粒形状等物理特性，但在实际应用中能够控制的参数只有混合物的用水量和粗细物料的比例。

膏体的稳定性受控于细物料的流变特性，细泥部分及其矿物组成对流变特性具有决定性影响。当充填物料中细料含量大于 40%，且其中 −25 μm 的超细物料含量达 25%时，在压力作用下可于管壁内侧形成一层润滑薄膜，同时使充填物料具有很高的抗沉淀能力，且稳定性好，在管道内存留一段时间仍然可以正常泵送。

充填物料的料浆稠度和流速决定泵送物料所需比压，而稠度取决于单方用水量和粗细物料的混合比。在坍落度较小的稠混合物料中，粗颗粒含量的增加将改善其流动性；而在坍落度较大的稀混合物料中，则产生反作用。

(3) 充填材料制备的控制

及时、准确地配料是保证充填材料性能稳定的关键，也是保证充填系统正常运行的关键。根据国内外充填经验，既要使充填浆体质量浓度尽可能高，尽量减少泌水，提高充填体强度，又要保证膏体充填料浆稳定可靠的泵送性能，料浆质量浓度变化范围应该小于±0.5%。

膏体充填料浆在管道输送中的一个重要特点是无临界流速，可以在很低的流速条件下长距离输送。流速过高，料浆流动需要克服的水力坡降大，管道磨损速度大，对泵送压力的要求也高；流速过小，则充填能力不能满足生产需要。一般膏体充填系统设计流速为 0.7～1.0 m/s。

为了保证膏体充填料浆流动性能、强度性能稳定，需要快速、准确地测定河砂、粉煤灰的质量变化情况，并及时调整配比。根据煤矿膏体充填材料的特点，选择周期式混凝土搅拌机强制搅拌，加料、搅拌、出料按周期循环作业，从而易于控制配比和搅拌质量。表 5-8 列出了国内外部分矿山膏体充填材料特性。

表 5-8　国内外部分矿山膏体充填材料特性

国别及矿山	充填材料	质量浓度/%	充填体强度/MPa
德国格隆德矿	重介质细石和浮选尾砂	85～88	1.5～2.0
加拿大多姆金矿	全尾砂	77～82	0.43
南非西德里方丹金矿	全尾砂	78	
加拿大国际镍公司	天然砂和全尾砂	81～86	1.63
苏联阿奇赛铅锌矿	全尾砂(添加胶凝剂)	80～83	
中国金川二矿区	分级尾砂，粉煤灰，棒磨砂	78～80	
中国金川二矿区	分级尾砂，粉煤灰，强度等级为 42.5 的水泥	77～79	>4.0
中国铜绿山铜矿	全尾砂，炉渣	87	
中国铜绿山铜矿	全尾砂，炉渣，水泥	84	>3.0
中国太平煤矿	河砂，粉煤灰，胶结料	79	>1.5

(4) 充填材料的输送

膏体充填料浆采用混凝土泵加压管道输送。搅拌机搅拌好的料浆先进入浆体缓冲斗，再靠浆体自重向充填泵进料斗加料，经充填泵加压后的膏体充填料浆通过充填管路，经过充填站附近的充填钻孔下井，然后沿布设在巷道中的充填管路输送到充填工作面，在充填工作面采用液压转换阀控制采空区充填顺序。充填泵和充填管路的选择应根据充填能力、充填管线长度、膏体充填料浆特性和流速等综合确定。

为了避免充填泵发生故障等造成严重管道堵塞事故，在地面充填站附近设立沉淀池，在充填钻孔孔底巷道开挖事故处理水沟，保证即使发生停机等事故，也能快速处理。

我国建成的膏体泵送充填系统中，济宁太平煤矿膏体充填站采用德国进口的充填泵；铜绿山铜矿选用的膏体充填料浆充填泵为德国公司生产的KSP80HD型液压双缸活塞式输送泵，泵缸内径为230 mm、行程为2 000 mm，设计输送能力为40～50 m^3/h，泵压为10.0 MPa。

5.3.2.2 膏体(似膏体)充填开采装备与工艺

(1) 膏体充填开采装备

充填系统包括破碎站、充填站、充填管路、计算机总控系统、充填液压支架五大部分。其中，破碎站通常包括原料输入、破碎筛分、粉尘处理、成品输出等子系统；充填站包括物料储存、给料运输、配比搅拌、膏体泵送、废料处理等子系统；充填管路包括地面管路、钻孔管路、井下干线管路、工作面管路、专用闸阀等子系统。破碎站、充填站、充填管路均通过计算机总控系统进行自动化控制。

① 充填泵

充填泵由液压系统、电控系统、冷却系统、泵送系统组成。目前，最好的充填泵是由德国普茨迈斯特公司和施维因公司生产的，特别是德国普茨迈斯特公司生产的BSM泵一直是世界上领先的充填泵，但价格较高。近年来，我国企业在充填泵的研制水平方面有了极大提高，如飞翼集团、三一重工、徐工集团、中联重科等企业。

② 膏体充填液压支架

膏体充填液压支架是集采煤区支护、待采区支护和隔离功能于一体的膏体充填采煤工作面专用设备。与传统的液压支架相比，其具有操作可靠、隔离封闭完善、隔离效率高、行人方便、可抵抗膏体侧向压力等特点。

③ 输送管道

输送管道目前有多种，如普通无缝钢管、陶瓷内衬钢管、聚乙烯内衬钢管等，膏体充填采用的输送管道主要为耐磨无缝钢管和普通无缝钢管。

④ 膏体专用管阀

膏体专用管阀是保障管道输送安全、预防堵管事故、故障快速甄别与处理、工作面管路免拆整体前移、干线管路快速安装的必要装备。膏体专用管阀包括压力监测卸料阀、流量调节阀、万向节、切换阀、排泄阀和伸缩阀等专业管阀。

(2) 膏体充填工艺

膏体充填技术具有“高安全性、高采出率、环境友好”及充填料浆稳定性好、不离析、不沉淀、进入采场后无须脱水、可实现长距离输送等显著优点，成为21世纪绿色采矿技术的重要发展方向。

膏体充填时，先将矸石破碎加工，然后把矸石、粉煤灰、水泥和水等物料按比例混合搅拌制成膏状浆体，通过充填泵和管道输送到采空区，形成一个由充填体和围岩共同支撑的体系。煤矿膏体充填工艺可以划分为矸石破碎仓储系统、管道泵送系统、工作面采煤和隔离系统 4 个基本环节。膏体充填工艺流程如图 5-25 所示。

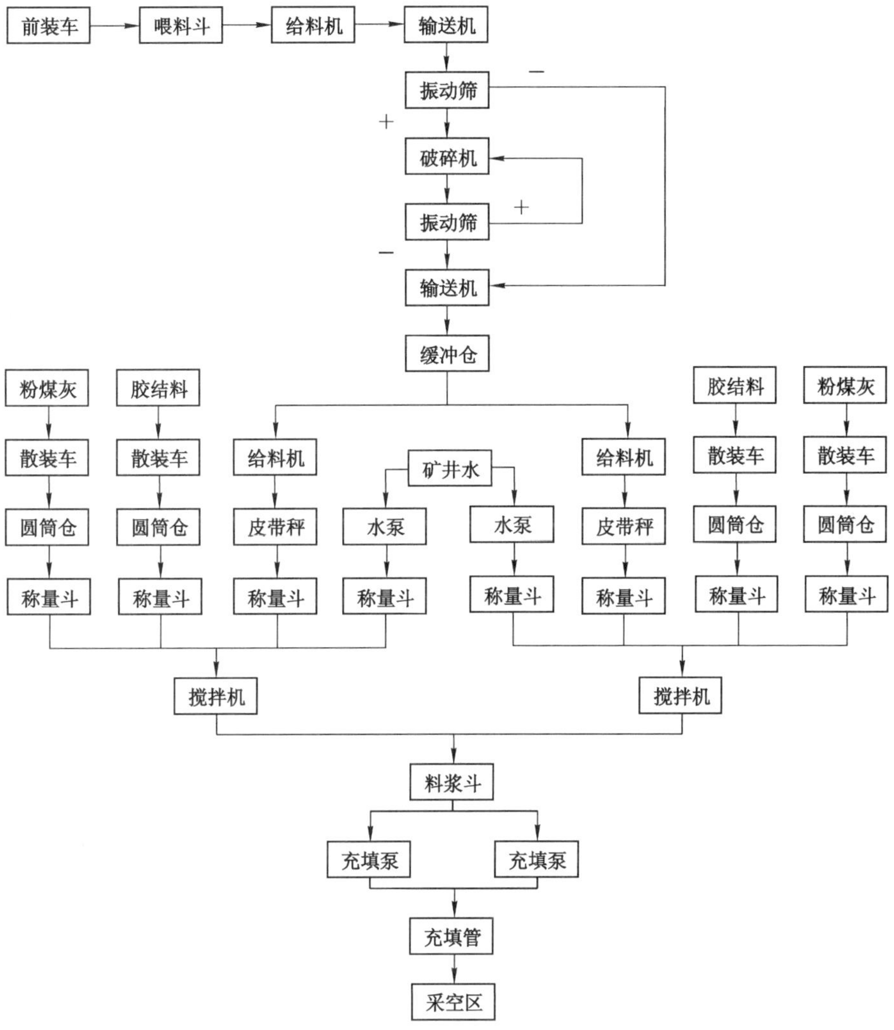

图 5-25　膏体充填工艺流程

5.3.3　膏体(似膏体)充填开采工程实例

5.3.3.1　建筑物下条带遗留煤柱膏体充填采煤

(1) 充填区煤层及覆岩条件

岱庄煤矿膏体充填开采选择在条带遗留煤柱数量较多的 2300 采区，该采区煤层及覆岩条件概括如下：

① 采区对应地表地势平坦，地面标高为＋38.03～＋39.69 m，平均标高为＋38.85 m。

② 开采的 $3_上$ 煤层底板标高为－354.56～－464.30 m，埋深为 393.39～502.80 m，平均埋深为 440.15 m，厚度为 1.67～3.36 m，平均厚度为 2.9 m，倾角一般为 3°～11°，平均倾角为 6°。

③ $3_上$ 煤层上覆基岩厚度为 159.67～247.17 m，平均为 191.98 m。

④ 第四系表土层厚度为 220.82～283.37 m，平均为 245.43 m，主要由黏土、砂质黏土、

黏土质砂、砂及砂砾层组成，属河湖相沉积。

⑤ $3_{上}$煤层下位直接顶与基本顶以粉砂岩和中砂岩为主，厚度为 7.3～16.97 m，局部见泥岩、黏土伪顶(厚度为 0.8～1.4 m)，裂隙发育。顶板岩石单轴抗压强度：粉砂岩为 33.1～64.5 MPa，平均为 48.5 MPa；中砂岩为 60.1～114.9 MPa，平均为 79.6 MPa；泥岩为 44.8～55.5 MPa，平均为 50.2 MPa。

一般条件下工作面直接顶垮落步距为 15 m 左右，基本顶初次来压步距为 23 m 左右，周期来压步距为 10 m 左右，来压不明显，总体上 $3_{上}$煤层顶板可归为Ⅱ至Ⅲ类中等稳定至稳定顶板。

⑥ $3_{上}$煤层底板以粉砂岩和中砂岩为主，厚度为 4.84～41.8 m；偶见泥岩伪底，厚度为 0.22～0.50 m。底板岩石单轴抗压强度：粉砂岩为 26.3～47.3 MPa，平均为 36.8 MPa；泥岩为 38.6 MPa。

(2) 充填区水文地质条件

$3_{上}$煤层受影响的主要含水层有两层：一是 $3_{上}$煤层顶底板砂岩层；二是太原组第三层灰岩(简称三灰)。理论计算和开采实践都证明，第四系砂砾层水对该区 $3_{上}$煤层开采构不成威胁。

$3_{上}$煤层顶界往上砂岩平均厚度为 21.71 m，直接顶和基本顶多为中砂岩，单位涌水量为 0.018 4～0.508 L/(s·m)。$3_{上}$煤层底板(为 $3_{下}$煤层顶板)砂岩平均厚度为 21.84 m，单位涌水量为 0.059 L/(s·m)。$3_{下}$煤层底板砂岩平均厚度为 19.16 m，单位涌水量为 0.003 38～0.504 L/(s·m)。从水文地质条件分析，$3_{上}$、$3_{下}$煤层顶底板砂岩含水性弱，均是以静储量为主的裂隙-裂隙岩溶承压含水层，补给条件差。

三灰位于 $3_{下}$煤层底板，平均厚度为 5.96 m，钻孔揭露岩石破碎情况较多，沿裂隙面有溶蚀现象，含裂隙岩溶承压水，富水性极不均匀，单位涌水量为0.000 73～0.114 L/(s·m)，属补给条件差，以静储量为主的含水层。对该含水层，在开采 $3_{下}$煤层时，应注意底鼓水。

$3_{上}$煤层顶底板砂岩层和三灰含水，在 $3_{上}$煤层采掘工作面多以淋水和底板渗水形式参与矿井充水，易疏干转为无压，只有遇断层使含水层对口相接时才有发生大的突水的可能，但突水量有限，对矿井的安全生产不会构成大的威胁。

(3) 地面建筑物情况

2300 采区膏体充填开采影响范围内地面有 6 个村庄，包括仙庄村、靳庄村、扬甑村、王堂村、张家庙村、八里屯村等；5 个工厂，即甜菊糖厂、海丰化工厂、酒厂、济宁磷肥厂、养鸡场；1 所学校，即仙庄小学；另外，G105 国道、唐口煤矿铁路专用线穿过采区地面，有一座唐口煤矿铁路专用线与 G105 国道相交的铁路立交桥。

5.3.3.2 膏体充填工艺系统

(1) 膏体充填系统与工艺流程

岱庄煤矿矸石膏体充填系统主要由以下四个子系统组成：矸石预处理子系统、膏体配比搅拌子系统、泵送管道子系统、自动控制子系统。

① 矸石预处理子系统

岱庄煤矿膏体充填矸石预处理子系统主要负责原状矸石的破碎、筛分、除杂、运输和储存，即负责膏体充填所用合格矸石骨料的生产。其工艺过程为典型的“两破一筛”，即原状煤矸石需经过一级粗破、二级细破和成品筛分等工艺环节。其中，一级粗破采用常规颚式破碎机，二级细破采用新型高细破碎机，成品筛分采用成熟高效筛分机，成品矸采用封闭钢板筒仓储存，各工艺环节之间采用带式输送机进行运输转载。

膏体充填所用成品矸粒径指标的确定应综合考虑以下几个方面的因素：一是粒径适中。成品矸粒径过大，难以配制性能良好的膏体；成品矸粒径过小，加工能耗较大，会增加材料成本。二是设备易选。选用常规成熟设备，能够满足成品矸加工粒径的需要，避免选用试验设备。三是系统可控。由于原状矸石岩性及粒径变化随机性大，所确定的成品矸粒径应能够通过设备调控装置来实现。四是效率高。原状矸石水分大，泥质成分多，成品矸粒径需满足高效透筛的需要。

根据材料配比试验和矸石预处理系统调试情况，最终确定岱庄煤矿矸石膏体充填系统成品矸最大粒径为 25 mm。

② 膏体配比搅拌子系统

膏体配比搅拌子系统主要包括原料储存、给料输送、称量投料、搅拌混合、粉尘处理等工艺环节。为了提高膏体配比搅拌子系统的可靠性，系统在数量上配套两套，即单套膏体配比搅拌子系统设计能力为所需设计能力的一半，并考虑一定的富余系数(1.2)，即使其中一套系统出现故障，仍可保障充填工作的继续运行。

膏体配比搅拌子系统所需的充填材料(成品矸、粉煤灰、胶结料、水)主要采用封闭钢板筒仓进行储存，充填物料采用带式输送机和螺旋输送机输送，搅拌混合设备主要采用进口强制式搅拌机，采用批次搅拌实现连续输送。

③ 泵送管道子系统

泵送管道子系统主要包括泵送设备、管路闸阀设备两部分，膏体充填泵选用的为德国普茨迈斯特公司生产的膏体充填泵，其规格如表 5-9 所示。

表 5-9　充填泵主要技术参数

型　号	KOS 25100 HP
电机功率/kW	2×400
最大输送量/(m^3/h)	150
最高泵送压力/MPa	14
工作压力/MPa	12
活塞冲程/mm	2 500
泵送缸直径/mm	360
冲程容积/L	254.3
泵出口管径/mm	250
最大冲程数/(次/min)	10.9
最短冲程时间/s	5.5
尺寸(长×宽×高)/mm	7 500×1 700×1 500
质量(不包括动力系统)/kg	8 000

充填管路闸阀是膏体料浆输送的咽喉要道，根据料浆输送的不同路段，将充填管路划分为钻孔管路、井下干线管路、工作面管路。

④ 自动控制子系统

自动控制子系统是膏体充填的中枢神经系统，也是膏体充填系统连续稳定工作的根本保障，采用膏体充填专用GTK-Ⅱ型自动化控制系统实现整个系统的自动控制。该系统控制范围包括：a.矸石预处理子系统自动控制；b.原料称量、投料、料浆搅拌、卸料、泵送自动控制；c.关键部位视频监控。

(2) 膏体充填采煤方法

① 充填工作面巷道布置

2351充填工作面煤层平均埋深为460 m、平均采厚为2.9 m。通过估算合理煤柱宽度，则可以得到理论计算条件下的最小煤柱宽度为13.12 m，才能保证置换开采后所留设煤柱一定有"核区"存在。

条带煤柱充填开采工作面布置受两侧条带采空区限制，在布置上主要是选择合适的回采巷道与条带采空区之间的护巷煤柱宽度。其方案如下。

a. 充填工作面的位置及尺寸：布置在各开采煤柱中央，工作面面长为95 m。

b. 充填工作面巷道位置与尺寸：工作面巷道2条，分别为轨道巷和运输巷。其中，巷道宽度为4 m(巷高与煤层厚度等同)，采用锚网索支护。

条带煤柱充填开采工作面巷道设计沿空留窄煤柱掘进，护巷煤柱宽度为3～5 m，以将巷道布置在卸压带内，便于维护。综合岱庄煤矿锚杆长度，确定巷道与老采空区间煤柱宽度为5 m，如图5-26所示。

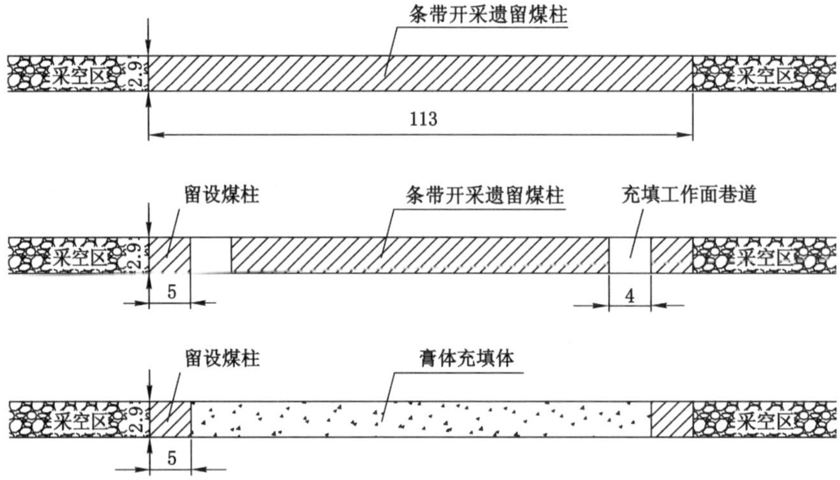

图5-26　条带开采遗留煤柱膏体充填方案示意(单位：m)

② 膏体充填综采工艺

a. 采煤工艺

Ⅰ. 破(落)煤方法：使用MG200/500-AWD型交流电牵引双滚筒采煤机沿顶板双向割煤，前滚筒割顶煤，后滚筒割底煤和扫浮煤，一刀一个循环。采煤机自开缺口斜切进刀(采用割三角煤的进刀方式)，斜切进刀段长度为30 m，滚筒截深为0.6 m。

Ⅱ. 装煤方法：MG200/500-AWD型交流电牵引双滚筒采煤机自行装煤，工作面刮板输送机前移配合装煤。

Ⅲ. 运煤方法：工作面采用SGZ-730/2×200型刮板输送机运煤。工作面运输巷采用

SZZ-764/160 型转载机和 SSJ-800/2×75 型可伸缩带式输送机配合运煤。

Ⅳ. 支护形式：选用 ZC5600/17/32 型四柱支撑掩护式充填液压支架支护。

Ⅴ. 采空区处理方法：采用全部膏体充填法管理顶板。

b. 充填工艺

按照综采工艺流程完成割煤、移架、推移刮板输送机，达到充填步距后，进入膏体充填工艺实施阶段。其主要工艺过程如下。

Ⅰ. 检查准备

通过井上下检查、联系，确认系统正常，设备完好，搅拌机与料浆斗被清水湿润，管路内充满清水以后，设定好当班充填量，方可进入下一步工作。

Ⅱ. 灰浆推水

在正式充填前，先泵送由粉煤灰和胶结料制成的粉煤灰膏体料浆，把管路内的清水排出，此过程充填管路前段为清水，后段为粉煤灰膏体料浆，即处于灰浆推水阶段。充填管路内清水经排水管路排到西翼胶带下山排水沟。

Ⅲ. 矸石浆推灰浆

少量粉煤灰膏体料浆不足以把管路内清水全部排出，主要起隔离正常充填的矸石粉煤灰膏体作用；待设计量的粉煤灰膏体料浆快泵送完时，要将正常配比的矸石粉煤灰膏体料浆(粗浆)放入缓冲料浆斗，继续泵送，此时充填管路前段为清水，中间段为粉煤灰膏体料浆，后段为矸石粉煤灰膏体料浆。

充填管路内清水继续通过运料道排水管排出，当管路内出现较浓的粉煤灰膏体料浆时，切换相关闸阀使粉煤灰膏体料浆流入充填区，完成灰浆推水过程，即可进入正常充填阶段。同时，利用防尘水将工作面排水管中少量低浓度粉煤灰膏体料浆排到西翼胶带下山排水沟，避免堵管。

Ⅳ. 正常充填

工作面正常充填由低处向高处进行。充填正式开始时，将轨道巷侧工作面第一个转换阀接通旁路，将第一根布料管从该阀旁路接口连接到第一个充填孔进行充填，在充填的同时准备将第二个转换阀接通旁路，并在第二个转换阀处连接好第二根布料管。在第一个充填孔充填完成后，将第一个转换阀接通直管部分，充填浆液即转而从第二根布料管充填采空区。在第二根布料管充填的同时，将第三个转换阀接通旁路。如此重复，直到完成整个工作面待充空间充填的任务。

充填过程中，如果发现已经充填的区域出现明显不接顶的现象，则可以部分打开该区域就近的布料管控制闸阀，进行必要的补充充填，确保充填体接顶质量和效果。充填已完成区域的布料管可根据料浆的凝固情况及时拆除与清洗，清除出来的料浆由于数量较少且已初凝，可直接在工作面处理。

Ⅴ. 灰浆推矸石浆

当泵送充填料浆达到设计充填量以后，如没有特殊情况，在地面充填站制备少量粉煤灰膏体料浆，适当降低泵送速度，待缓冲浆斗内的正常配比料浆快泵送完毕时，把粉煤灰膏体料浆放入缓冲浆斗，用粉煤灰膏体料浆把料浆斗和充填泵入口内的矸石粉煤灰膏体料浆全部推入充填管路中，使冲洗水不会与矸石膏体混合。

Ⅵ. 水推灰浆

在料浆斗内设计量的粉煤灰膏体料浆泵送完之前，向料浆斗放入清水，在粉煤灰膏体料浆后面泵送清水洗管。在工作面发现粉煤灰膏体料浆后，等到设计时间及时切换到工作面排水管，将后续的清洗水通过排水管排到西翼胶带下山排水沟，下山排水沟见清水后关闭控制阀门，完成管路清洗工作。这时管路中保持满管清水，可供下一个充填班灰浆推水使用。

③ 充填工作面循环作业方式

充填工作面实行“采煤—充填—凝固/检修”作业方式，循环作业图表如图 5-27 所示。采用“三八制”作业方式，一班采煤、一班充填、一班检修，充填循环进尺为 4.2 m，检修期间保证充填体在支架侧护作用下凝结固化时间不少于 6 h。

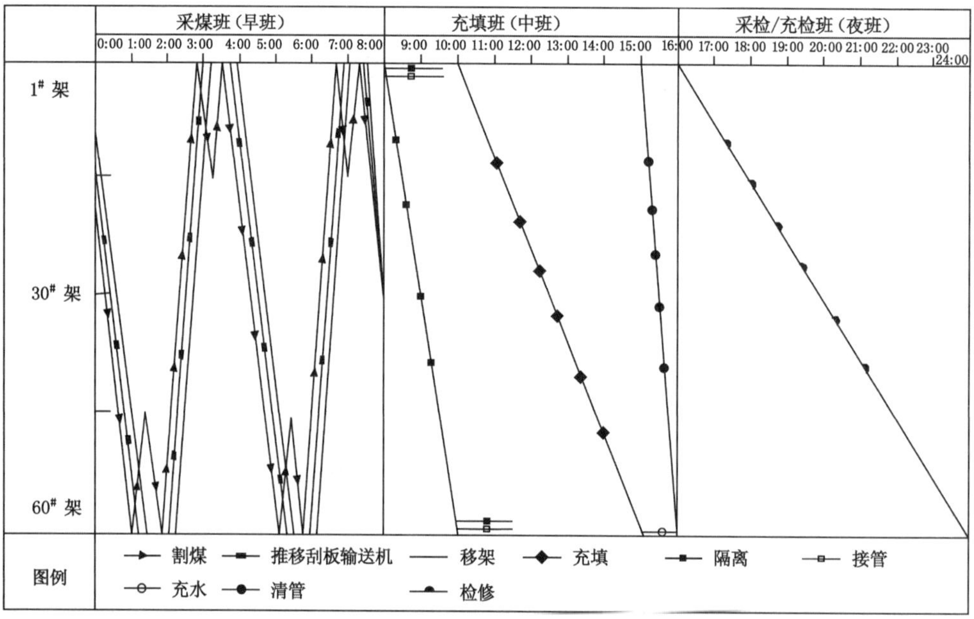

图 5-27　充填工作面循环作业图表

5.3.3.3　效果分析

2009 年年底，岱庄煤矿首先对 2351 工作面遗留煤柱实施了膏体充填开采，截至 2013 年年底已经安全回采 3 个条带开采遗留煤柱（2351、2352 和 2353 工作面）。煤层平均埋深为460 m，平均厚度为 2.9 m。

2351 工作面面长为 110 m，走向长度为 960 m，其左侧为 2301 长壁开采工作面（面长为 170 m）和 2302 长壁开采工作面（面长为 173 m）采空区，右侧为 2303 条带开采工作面（采宽为 50 m）采空区；2352 工作面面长为 180 m，走向长度为 1 040 m，位于 2303 工作面右侧；2353 工作面面长为 144 m，走向长度为 760 m，位于 2301 工作面左侧。充填开采后形成的开采范围，沿倾斜方向长度为 837 m，沿走向长度平均为 800 m，已经达到超充分采动。

统计与实测表明：2009 年年底至 2013 年年底期间，采空区充填率可达 98%左右，累计充填材料约 1.5×10^{6} m^{3}，充填采煤近 200 万吨，充填开采引起的地表最大下沉值为 203 mm，条带煤柱膏体充填开采地表下沉系数为 0.07，地表建筑物控制在Ⅰ级损坏程度无须维修范围内。部分充填率统计结果如图 5-28 所示。

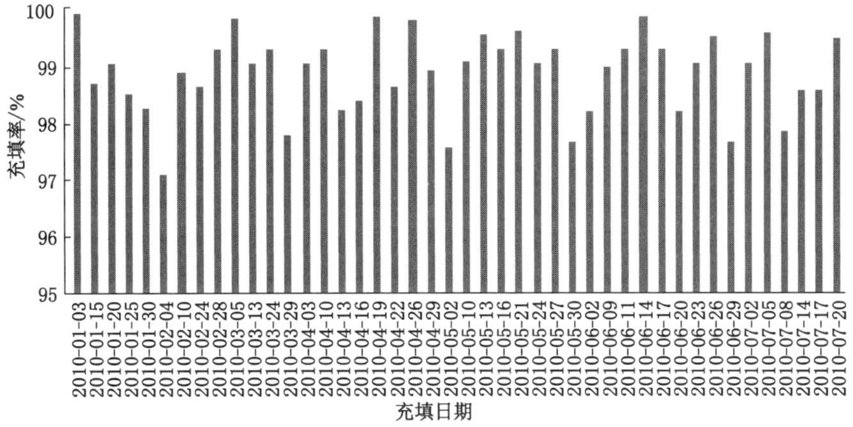

图 5-28　岱庄煤矿膏体充填的充填率统计结果

5.4　覆岩离层注浆技术

5.4.1　离层区注浆充填开采技术

采动覆岩移动过程中岩层层面产生分离的现象称为离层。这种离层可以在垮落带、裂缝带及弯曲带中产生，但垮落带、裂缝带中离层发育的时间较短且其空隙会逐渐被压实闭合，而弯曲带中一般离层范围较大、发育发展时间较长。

覆岩离层注浆的基本原理是：利用岩层移动过程中覆岩内形成的离层空隙，从地面布置钻孔将充填料浆液高压注入离层空间（见图 5-29），使浆液与裂隙岩体黏结成整体，对离层空间的上覆岩层形成支撑。向离层空隙中高压注入浆液的作用主要有两点：一是利用较软岩层中黏土质成分遇水崩解膨胀的特性，使岩层压裂充水后崩解，体积增加，充填离层空隙；二是利用浆液中的固结成分充填离层空隙（水在封闭空间里也起支撑作用）。随着井下开采活动的推进，离层空隙逐渐发育扩展，与此同时，连续不断地通过地面钻孔向离层空隙高压注入浆液，充填离层空隙，支撑离层区上部较坚硬、刚度较大岩层，使其移动变形量减小，从而有效地限制或减少上覆岩层的弯曲，抑制地表的沉陷量、沉陷范围和沉陷速度。

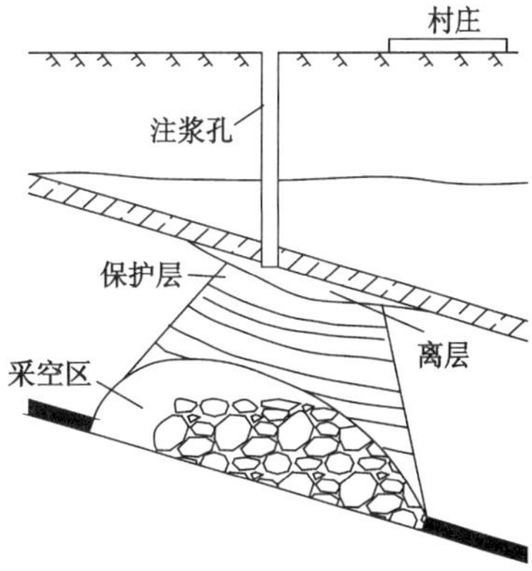

图 5-29　离层区注浆充填示意

离层区注浆充填的主要作用机理可概括为以下几点：

（1）支撑作用。通过地面钻孔向覆岩离层空隙高压注入混合浆液，水将固体充填物质输送到离层空隙中，固体充填物质脱水沉淀，体积和密实程度不断增加，支撑上覆岩层，阻止或减小其弯曲下沉，控制最大离层位置不再向上发展。

(2) 压实作用。注入离层空间内的高压浆液作用于四周的围岩，挤压其下部岩层，使岩层移动过程中所形成的裂隙和碎裂空间被压实，在注浆层位形成更大的可注浆离层空间，有利于增大充填量，减小沉降量，改善减沉效果。

(3) 减缓地表破坏程度。实施覆岩离层注浆充填技术，不仅可以减小开采引起的地表沉降和各种变形的绝对值，而且可以降低沉降速度，使地表下沉盆地平缓，从而降低对地面建筑设施的损坏程度。

离层区注浆充填开采技术在我国多个矿区进行了试验应用，表 5-10 列出了我国部分矿区开展离层区注浆充填开采试验的情况。

表 5-10　离层区注浆充填实例

试验地点		工作面尺寸/m		采深/m	煤层厚度/m	倾角/(°)	预计的地表最大下沉值/mm	注浆后实测地表最大下沉值/mm	采矿方法
		长度	宽度						
淮北	刘店煤矿 1044 工作面	500	150	600	2.8	15	1 000	130	倾向长壁综采垮落法
抚顺	老虎台煤矿 512 工作面	427	120	602	25.7	26	2 046	712	倾斜分层水砂充填
	老虎台煤矿 518 工作面	345	82	619	36.6	30	3 240	1 118	
	老虎台煤矿 511 工作面	415	85	621	27.3	28	2 254	843	
大屯	徐庄煤矿 7215 工作面	960	110	529	2.6	20～23	1 170	576	走向长壁综采垮落法
新汶	华丰煤矿 1406 工作面	575	112	686		27	2 310	1 483	分层综采注选矿尾矿水
	华丰煤矿 1407 工作面	1 100	292	787	2.2	30			
	华丰煤矿 1408 工作面	1 100	292	787	2.2	30			
开滦	唐山煤矿 3654 工作面	425	135	734	2.8	15			综采垮落法
兖州	东滩煤矿 14307 东工作面	926	179	560	6	1～4			综放垮落法
	东滩煤矿 14308 西工作面	854	179	545	5.4	2～3	1 776	1 159	

根据各矿区进行的离层区注浆充填开采试验来看，该方法仅在非充分采动时减沉效果较好；若开采区域达到充分采动状态，在充填效果较好的情况下减沉率虽可达 30%～50%，但尚无法满足建筑物下采煤的减沉要求。

5.4.2　覆岩离层分区隔离注浆充填开采技术

关键层理论研究结果表明，关键层运动对离层的产生、发展和时空分布起控制作用。关键层下离层的动态分布呈现图 5-30 所示的两阶段发展规律。

关键层初次破断前，该阶段内关键层下的离层量随着工作面推进不断增大，最大离层处位于采空区中部，离层比较发育。关键层初次破断后，该阶段内关键层在采空区中部的离层被压实，但在采空区两侧仍各自保持一个离层区，离层区最大宽度及高度仅为关键层初次破断前的 1/4～1/3。

由此可知，关键层初次破断前的离层比较发育，离层量大，离层区域稳定，此时容易进行

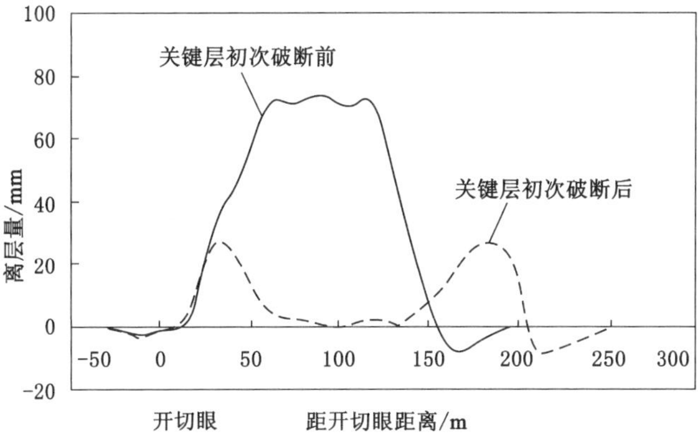

图 5-30　关键层破断前后的离层分布

离层区充填；关键层初次破断后采空区两侧的离层区域和离层量较小，中部趋于压实，此时难以实施离层区充填，而且由于关键层已破断，即使能够注入部分充填材料，减沉效果也不好。这也是我国许多煤矿开展离层区注浆充填减沉开采试验时，在非充分采动条件下减沉效果较好，而一旦达到充分采动条件后减沉效果明显降低的原因。

针对离层区注浆充填不能实现建筑物下采煤的问题，综合注浆充填与条带开采技术，提出了覆岩离层分区隔离注浆充填开采技术。该技术的基本原理是(见图 5-31)：依据可利用的关键层初次破断前所允许的极限跨距确定工作面的合理长度，留设一定宽度自身稳定的分区隔离煤柱隔离各个工作面，使工作面上方的关键层保持稳定，并使关键层下形成各自独立封闭的离层空间，从而保证充填材料注满离层区，充填体对关键层起到有效的支撑作用。分区隔离煤柱与条带开采留设煤柱的不同之处在于，分区隔离煤柱的宽度设计要求较低，只要能起到隔离离层空间作用并保持稳定就行。离层区充填后的充填体能够起到支撑作用，可承载上覆岩层的部分载荷。这样，“离层区充填体＋关键层＋分区隔离煤柱”构成共同承载体，事实上形成离层注浆充填与条带开采相结合的综合减沉方案。

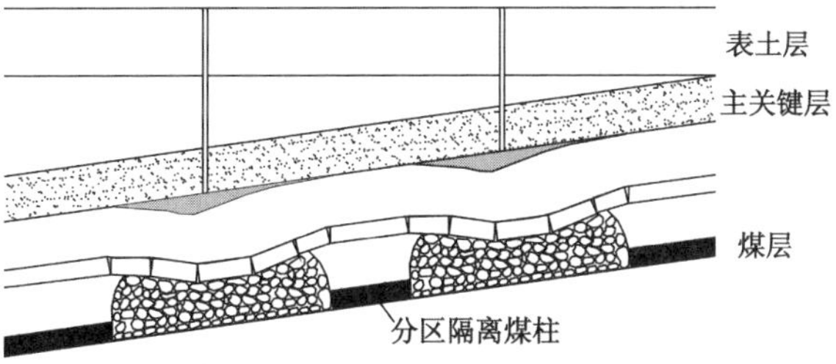

图 5-31　覆岩离层分区隔离注浆充填开采技术原理

电子教案

第6章　柱式减沉开采技术

6.1　条带开采技术

6.1.1　条带开采的基本概念

条带开采是一种部分开采方法，是煤矿“绿色开采技术”体系中的重要技术措施之一，如图6-1所示。它利用非充分采动地表沉陷的特点，将要开采的煤层区域划分为比较正规的条带形状，采一条、留一条，使留下的条带煤柱支撑上覆岩层的载荷，在整个开采条带全部采出后地表形成单一均匀的下沉盆地，地表下沉量显著减小，因此产生的地表变形量较小，从而达到保护地表建(构)筑物的目的(见图6-2)。

“绿色开采技术”
1. 水资源保护——保水开采
2. 地表建筑物保护——充填与条带开采
3. 瓦斯抽采——煤与瓦斯共采
4. 矸石的井下处理（煤层巷道支护技术）
5. 地下气化技术

图6-1　煤矿“绿色开采技术”体系

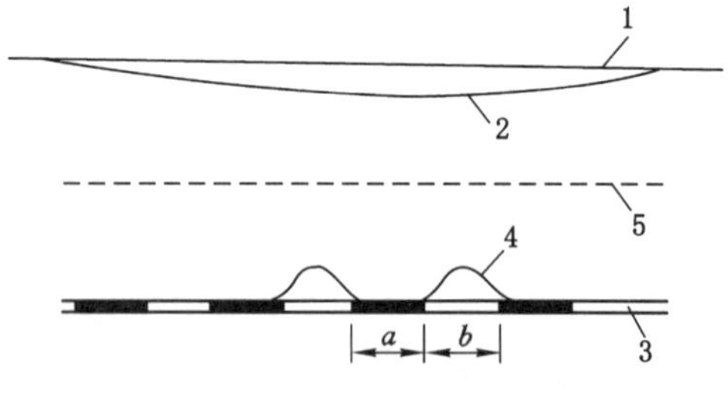

1—地表；2—地表下沉曲线；3—煤层；4—自然平衡拱；
5—波浪形与非波浪形下沉盆地的分界线。

图6-2　条带开采法示意

采宽 b 和留宽 a 之比 $\frac{b}{a}$ 称为采留比。$\rho=\frac{b}{a+b}$ 称为回采率，%。$s=\frac{a}{a+b}$ 为留设煤柱造成的面积损失率，%。

与长壁全部垮落法开采不同，条带开采的资源回收率偏低，且开采效率不高，一般仅在保护地表建(构)筑物、水体及铁路等特殊情况下才应用。

6.1.1.1　条带开采的类型

(1) 按条带布置方式划分

根据条带布置方式，条带开采可分为走向条带开采、倾向条带开采和伪斜条带开采三种(见图 6-3)。走向条带开采的条带长轴方向沿煤层走向布置，多用于水平或缓倾斜煤层，适用于煤层倾角较小(一般小于 20°)的缓倾斜煤层；当煤层倾角较大时，走向条带稳定性差；它的优点是工作面搬家次数少，工作面推进长度大。倾向条带是条带长轴顺煤层倾向布置方式，多用于倾斜煤层，煤柱的稳定性较好，其适应性强，应用较广泛，缺点是工作面搬家频繁。伪斜条带即条带长轴方向与煤层走向斜交，多用于倾角大于 35°的煤层。

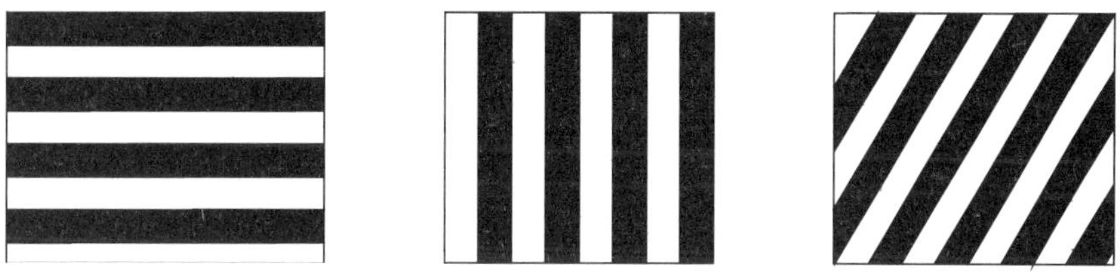

(a) 走向条带开采　　(b) 倾向条带开采　　(c) 伪斜条带开采

图 6-3　条带开采的类型

近水平煤层条件下，既可以沿走向划分条带，也可以沿倾向划分条带，条带工作面既可以沿走向推进，也可以沿倾向推进。在这种条件下，条带划分主要考虑如何有利于生产和利用原有生产系统以及减少工作面的搬家次数，以提高生产效率。

(2) 按采空区顶板管理方式划分

根据采空区顶板管理方式，条带开采可分为垮落条带开采、充填条带开采。垮落条带开采采出条带后用全部垮落法管理顶板，该方法因其简单应用较多。充填条带开采采出部分用充填法管理顶板，充填方法根据充填技术的发展不断改进。从最大限度地减小地表移动和变形角度看，充填条带开采效果较好，因采出部分充填后，可以保护留下的条带，减少或防止其两帮的垮落，使煤柱处于比较理想的三向受力状态，从而大大增强煤柱的稳定性。但这种方法的不足之处是工艺复杂、成本高，只有在要求地表移动变形非常小的情况下才使用。

(3) 按条带尺寸变化情况划分

根据条带采留尺寸，条带开采可分为定采留比条带开采、变采留比条带开采。定采留比条带开采在一个采区内采留比固定不变。它适用于采区采深变化不大、地质条件比较简单的地段。在多煤层、厚煤层分层开采时应采用定采留比，否则煤柱稳定性得不到保障。定采留比的条带布置要求严格。变采留比条带开采在一个采区内采留比不固定，根据需要而变化。在采区地质条件变化较大的地段，变采留比有一定的优越性。变采留比的条带布置比较灵活，适用于采深变化较大的单一煤层。

6.1.1.2　条带开采的适用条件

多年来，条带开采技术一直是我国不搬迁进行建(构)筑物下采煤时采用的主要开采方法。条带开采与一般长壁式采煤法相比，有采出率低、掘进率高、采煤工作面搬家次数多、效率偏低等缺点。而它的突出优点是开采后引起的围岩移动量小、地表沉陷小。条带开采技术主要适用于以下条件：

(1) 地面为密集建筑群、结构复杂建筑物或纪念性建筑物下采煤。

(2) 难以搬迁或无处搬迁的村庄下压煤开采。

(3) 铁路桥梁、隧道、输气管道、高压线塔、高速公路或铁路下采煤。

(4) 水体下采煤以及受岩溶承压水威胁的煤层开采。

(5) 采后地面积水且排水困难。

(6) 断层较少的区域。

条带开采技术理想的地质条件是煤层埋藏浅、地质条件简单、煤层单一、煤层厚度稳定、煤层及其顶底板比较坚硬。

6.1.1.3 条带开采的地表沉陷规律

(1) 覆岩中形成自然平衡拱

条带开采时,当顶板垮落后,其覆岩中形成自然平衡拱。

(2) 地表下沉系数小,下沉盆地单一平缓

条带开采只要尺寸选得合适,地表不会出现波浪形下沉盆地,而是出现单一平缓的下沉盆地。其他变形的分布规律与全采(不留条带全部采出)时的基本相似。实测资料及理论计算均表明,在一定深度的界限以上下沉盆地都是平缓的,在此界面以下呈波浪形。根据力学模型分析与实测,当开采宽度小于1/4采深时,地表一般不会出现波浪形下沉,而呈现单一的下沉盆地。

(3) 地表移动与变形值很小

通常情况下,在采出率为50%左右时,垮落条带开采的地表下沉系数为0.10~0.20,相当于长壁开采的1/6~1/4。由于条带开采引起的地表下沉值小,其他地表变形值也小。条带开采时主要影响角正切 $\tan\beta$ 一般较全采时的小,一般为1.0~2.0;水平移动系数 b 也较小,一般为0.2~0.3。

(4) 地表多次下沉,移动持续时间短

观测结果表明,条带开采时地表移动与变形的活跃期和移动持续时间都比较短,地表移动持续时间为长壁开采的40%~50%。

6.1.1.4 条带开采的应用

条带开采能有效控制上覆岩层和地表沉陷,保护地表建(构)筑物。国外如波兰、苏联、英国等欧洲主要采煤国家在20世纪50年代就开始应用条带开采法开采建筑物(尤其是村镇、城市)下压煤,取得了较为丰富的实践经验。国外条带开采的采深一般小于500 m,开采煤层厚度多为2 m左右,少数为4 m以上,个别达16 m;采出率一般为40%~60%;除个别因采留宽度太小(小于10 m)使地表下沉系数偏大以外,地表下沉系数一般小于0.1。顶板管理方法一般为全部垮落法,仅波兰在开采厚度为5.9 m以上的煤层时采用了水砂充填法。采用全部垮落法管理顶板时条带煤柱的宽高比为2.5~83.7不等,采用水砂充填法管理顶板时条带煤柱的宽高比为1.2~5.1。这些国家在实践方面做了不少工作,在条带煤柱设计理论方面曾有大量研究。

条带开采也曾是我国村庄下、城镇建筑物下及不宜搬迁建筑物下等压煤开采的有效途径。利用条带开采解放"三下"压煤,对充分合理利用呆滞煤炭资源,提高资源采出率,减轻采动损坏,保护地表建(构)筑物具有重要意义。我国在条带开采生产实践方面,先后在全国10多个省、数百个工作面进行了条带开采,取得了丰富的研究成果和实际观测资料。我国条带开采多采用垮落法管理顶板,采深一般小于400 m,采厚在6 m以下。除少数由于重复

采动、煤体强度低、采出率偏大等特殊原因影响，地表下沉系数偏大之外，我国条带开采地表下沉系数一般小于 0.2。国内外条带开采的实例分别见表 6-1 和表 6-2。

表 6-1　国内条带开采实例

名　称	采深/m	采厚/m	采宽/m	留宽/m	煤柱宽高比	顶板管理方法	采出率/%	地表下沉系数
阜新平安煤矿职工学校下	144	1.4	30～50	20	14.3	全部垮落法	64.0	0.150
吉林蛟河镇下（Ⅳ块）	85	1.0	12～20	10	10.0	全部垮落法	62.8	0.030
吉林蛟河镇下（Ⅵ块）	138	1.0	18～43	13～17	13.0～17.0	全部垮落法	68.9	0.070
鹤壁九矿工人村下	164	1.0	30～40	16	16.0	全部垮落法	54.0	0.164
	174	2.4	32～50	17～23	7.1～9.6	全部垮落法	44.8	0.206
大窑沟煤矿车间下	355	5.7	110	30	5.3	全部垮落法	78.6	0.029
峰峰一矿工人村下（北）	119	5.1	25～35	25～48	4.9～9.4	全部垮落法	52.0	0.073
峰峰一矿工人村下（南）	221	5.1	38～50	40	7.8	全部垮落法	57.0	0.095
峰峰二矿工业广场下（Ⅱ煤）	134	1.5	17～18	12～13	8.0～8.7	全部垮落法	58.3	0.069
峰峰二矿工业广场下（Ⅳ煤）	130	1.5	17	13	8.7	全部垮落法	56.7	0.024
峰峰二矿工业广场下（Ⅴ煤北）	154	1.7	15	15	8.8	全部垮落法	50.0	0.277
峰峰二矿工业广场下（Ⅴ煤南）	142	1.4	12	18	12.9	全部垮落法	40.0	0.129
峰峰三矿工业广场下（一、二段）	71～96	1.4	12～15	12～15	8.6～10.7	全部垮落法	50.0	0.087
峰峰三矿工业广场下（三段）	135	1.4	15	15	10.7	全部垮落法	50.0	0.130
南桐煤矿隧道下	280	1.45	12	12	8.3	全部垮落法	50.0	0.056
峰峰九龙煤矿朴子村下 203 工作面	573～596	2.4	120	120	50.0	全部垮落法	50.0	0.220
峰峰九龙煤矿朴子村下 207 工作面	648～702	2.4	160	160	66.7	全部垮落法	50.0	0.220
攀枝花太平煤矿	57～103	2.5	7～8	6.5～7.5	2.6～3.0	全部垮落法	51.8	0.060
岱庄福利院下	340	2.0～2.4	28～50	22～38	10.0～15.8	全部垮落法	55.4	0.050
岱庄煤矿 34102 工作面	430	1.2	100	60	50.0	全部垮落法	62.5	0.220
梨园焦化厂下　二$_2$煤	75	2.5	16	20	8.0	全部垮落法	44.4	0.026
梨园焦化厂下　二$_1$煤	80	2.0	18	18	9.0	全部垮落法	50.0	0.027
朝川一矿工业广场下	100	4.0	16	18	4.5	全部垮落法	47.1	0.032
沛县县城下（倾角 52°）	330	3.55	20	25	7.0	全部垮落法	44.4	0.040
安阳积善煤矿	115～196	2.25	31	32	14.2	全部垮落法	49.2	0.090～0.120
淄博双沟煤矿 9 煤	301	1.1	35	30	27.3	全部垮落法	53.8	0.061
澄合矿区 5# 煤	306～326	2.2	38	24	10.9	全部垮落法	61.3	0.140
长广查扉煤矿村庄下	120	1.45	15	15	10.3	全部垮落法	50.0	
湖州敢山煤矿学校下	100	1.0	10	16	16.0	全部垮落法	38.5	
岭东八井水库、铁路下	400	2.0	20	14	7.0	全部垮落法	58.8	

表 6-1(续)

名　称	采深/m	采厚/m	采宽/m	留宽/m	煤柱宽高比	顶板管理方法	采出率/%	地表下沉系数
微山矿村庄下	212	2.0	20	20	10.0	全部垮落法	50.0	
峰峰二矿村庄下(Ⅳ煤)	372	1.4				全部垮落法	61.5	0.320
安阳王家岭煤矿	71		24	11		全部垮落法	68.6	0.300
淄博洪山煤矿 1015 工作面	102		25	10		全部垮落法	71.4	0.100
淄博洪山煤矿 10235 工作面	108		23	12		全部垮落法	65.7	0.160
淄博洪山煤矿 10238 工作面	150		25	10		全部垮落法	71.4	0.280
淄博洪山煤矿 10237 工作面	130		25	10		全部垮落法	71.4	0.270
胜利煤矿石油一厂下	505	16.6	28	38	2.3	水砂充填法	42.4	0.040
胜利煤矿市区下	705	10.0	60	70	7.0	水砂充填法	46.2	0.034
临沂五寺庄煤矿	110	2.0	15	9	4.5	水砂充填法	62.5	0.042
湖州敢山煤矿村庄下	120	1.0	25	7	7.0	矸石充填法	78.1	

表 6-2　欧洲条带开采实例

名　称	采深/m	采厚/m	采宽/m	留宽/m	煤柱宽高比	顶板管理方法	采出率/%	地表下沉系数
卡塔日勒矿	280	8.6	27.5	32.5	3.8	水砂充填法	45.8	0.015
(波)某矿	450	8.0	20～30	18	2.3	水砂充填法	58.0	0.036
(波)波布勒克矿	442	10.0	30	30	3.0	水砂充填法	50.0	0.032
(波)和平矿	320	5.9	30	30	5.1	水砂充填法	50.0	0.014
(波)索斯洛维兹矿	250	8.5	30	30	3.5	水砂充填法	50.0	0.009
(波)萨瓦斯基矿	150	16	30	20	1.3	水砂充填法	60.0	
(波)W 矿	166	2.65	8	8	3.0	全部垮落法	50.0	0.285
(英)Wearmouth 矿	549	0.91	73.2	76.2	83.7	全部垮落法	49.0	0.090
(英)某矿	75	1.3	6～7	6～7	4.6～5.4	全部垮落法	50.0	0.275
(英)Wistow 矿	320	2.44	45	50	20.5	全部垮落法	47.4	0.080
(英)约克郡矿	90	1.3	12	13	10.0	全部垮落法	48.0	0.020
(英)约克郡矿	113	1.4	28	35～46	25.0～32.9	全部垮落法	40.0	0.030
(英)Barbara 矿	170	1.2	50	40	33.3	全部垮落法	55.6	0.050
(英)北英格兰矿	550	1.0	72	72	72.0	全部垮落法	50.0	0.060
(英)Wollaton 矿	220	1.37	45.7	45.7	33.4	全部垮落法	50.0	0.060
(英)某矿	686	1.7	72	108	63.5	全部垮落法	40.0	0.080
(英)Hucknall 矿	176	1.37	43.9	43.9	32.0	全部垮落法	50.0	0.050
(英)兰开夏矿	640	1.7	72	108	63.5	全部垮落法	40.0	0.087
(英)兰开夏矿	916	1.8	64	90	50.0	全部垮落法	41.6	0.160
(俄)斯维尔德洛夫矿	360	4.0	10	10	2.5	全部垮落法	50.0	0.088

表 6-2(续)

名　称	采深/m	采厚/m	采宽/m	留宽/m	煤柱宽高比	顶板管理方法	采出率/%	地表下沉系数
(俄)滨海煤管局某矿	158	2.5	4	4	1.6	全部垮落法	50.0	0.265
(俄)滨海煤管局三矿	265	2.5	4	4	1.6	全部垮落法	50.0	0.338
(波)波布勒克矿	150		35	27		全部垮落法	56.5	0.050
(波)上西里西亚	450		20～30	20～30		全部垮落法	50.0～60.0	0.050～0.100

通过实例分析可知,条带开采地表下沉系数在 0.009～0.338 之间变化,按全部垮落法开采的地表下沉系数为 0.75 计算,条带开采地表下沉系数为全部垮落法开采地表下沉系数的 1.2%～45.1%,地面建筑物损坏等级一般在I级以下;条带开采深度在 71～916 m 之间变化,条带采宽在7～110 m 之间变化,宽深比为 0.015 1～0.347 2,即采宽为采深的 1/66.23～1/2.88;采出率为 38.5%～78.6%;采厚最大为 16.6 m(充填条带开采)、5.7 m(垮落条带开采),煤柱宽高比为 1.3～72.0;煤层倾角为 5°～75°。

6.1.2　条带开采设计

应用条带开采技术,若开采条带宽度太大,留设煤柱太小,则煤柱不能支撑覆岩载荷,煤柱会被压垮,从而增大地表的移动和变形,地面建(构)筑物得不到有效保护。若开采条带宽度太小,留设煤柱太大,则回采率低,经济上不合理。有时如果煤柱宽度留设不当,则可能造成地表波浪形下沉,这对保护地面建(构)筑物也极为不利。因此,条带采留宽度的确定十分关键,它不仅关系到地面建(构)筑物的保护效果,也关系着煤炭开采的经济效益和效率。因此,必须正确地计算条带采留尺寸。

6.1.2.1　设计原则

条带开采时设计条带的采留尺寸应满足以下三个原则。

(1) 地表允许变形原则:即条带采出后,地表能够形成单一均匀的下沉盆地,而不出现波浪式下沉。地表产生的变形值要小于保护地面建筑物允许的变形值。

(2) 煤柱稳定性原则:即保证留设条带煤柱有足够的强度支撑覆岩的载荷,并且能够保持长期稳定。

(3) 尽量提高回采率原则:即在满足地表允许变形原则和煤柱稳定性原则的前提下,尽量提高采出率。

6.1.2.2　采宽和留宽的计算公式

条带的采宽和留宽密切相关、互相制约,在满足条带开采法基本原则的前提下,条带采留宽度合理尺寸的确定实质是一个优化设计问题,就是在同时满足地表允许变形原则和煤柱稳定性原则的条件下,求得条带采留宽度的最优值。在计算条带的采宽和留宽时,首先要考虑的是保留煤柱的强度问题。

(1) 采宽 b 的计算公式

① 经验公式法

国内外条带开采的经验表明,当采出条带宽度达到采深 H 的 1/4 时,地表会出现波浪形下沉盆地。为了保证条带开采后地表出现单一平缓的下沉盆地,采出条带宽度一般为:

$$b=(1/10\sim 1/4)H \tag{6-1}$$

为安全起见，一般采用工作面上边界采深。覆岩中表土层厚度越大或岩性越软，采宽应越小。

② 覆岩结构分析法

在进行条带开采尺寸设计时，应考虑覆岩结构中的关键层对岩层移动的控制作用。在煤系中，由于成岩时间和矿物成分等不同，各岩层厚度和力学性质等方面总存在着不同程度的差别。一些较为坚硬的厚岩层在采动岩体的变形和破坏中起主要控制作用，它们以某种力学结构（破断前为连续梁，破断后为砌体梁等）支撑上覆岩层，而它们的破断又直接影响岩层移动和地表沉陷程度。这种在岩层运动中起主要控制作用的岩层称为关键层。关键层的断裂将导致上覆岩层产生整体性剧烈运动。

在条带开采设计中，若设计的条带煤柱有足够的稳定性，则采出条带的宽度将直接影响上覆岩层移动的剧烈程度和地表沉陷与变形量。因此，在建筑物下条带采煤时，合理设计采出条带宽度，保证覆岩中关键层不破断，并限制其弯曲变形量，可有效地控制地表沉陷和变形量。保证覆岩中关键层不断裂的极限采宽 D 可按式(6-2)计算：

$$D\leqslant L_1+2H_1\cot\psi \tag{6-2}$$

式中 L_1——主关键层岩梁的极限跨距，m；

H_1——开采煤层至关键层底部的距离，m；

ψ——岩体垮落角，(°)。

根据实测资料，华东地区基本顶初次来压步距（极限跨距）多为 25 m 左右。根据相似材料模拟试验成果，对于中硬偏软覆岩条件，采动岩体垮落角大致为 80°。

③ 压力拱理论分析法

压力拱理论认为，由于采空区上方压力拱的形成，上覆岩层的载荷只有很少一部分作用到直接顶板上，其他部分覆岩重力会向工作面两侧的实体煤区（拱脚）转移，如图 6-4 所示。压力拱的内宽 L_{PA} 主要受上覆岩层厚度即采深 H 的影响，压力拱的外宽 L_{PB} 则受覆岩内部组合结构的影响。压力拱的内宽 L_{PA} 计算公式如下：

$$L_{PA}=3(H/20+6.1) \tag{6-3}$$

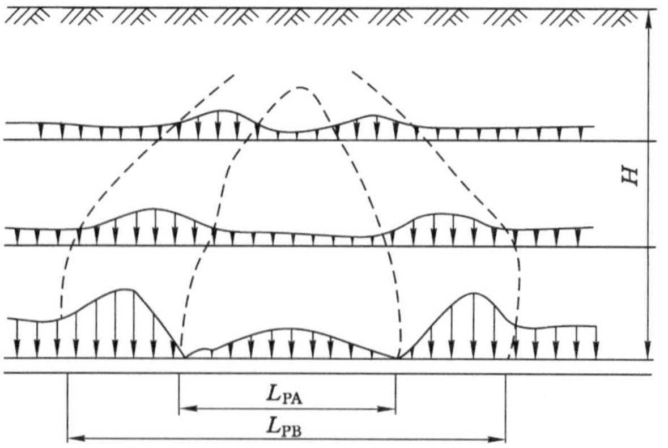

图 6-4 压力拱示意

如果采宽大于压力拱的内宽 L_{PA}，则载荷分布会变得很复杂，即一个拱脚在边侧实体煤上，另一个拱脚在采空区上，此时压力拱不稳定，可能崩塌并伴随大量的覆岩沉陷。根据国内外条带开采经验，若用“部分开采”方法控制地表沉陷，则条带采宽应不大于 $0.75L_{PA}$。

④ 最小下沉系数法

应用最小下沉系数法时，根据条带开采地表下沉系数与采深 H 的关系计算采宽。如图 6-5 所示，研究表明，当条带开采采出率在 50%左右时，宽深比与地表下沉系数的回归关系为：

$$q_{条} = 10.92\left(\frac{b}{H}\right)^2 - 2.2465\left(\frac{b}{H}\right) + 0.143 \tag{6-4}$$

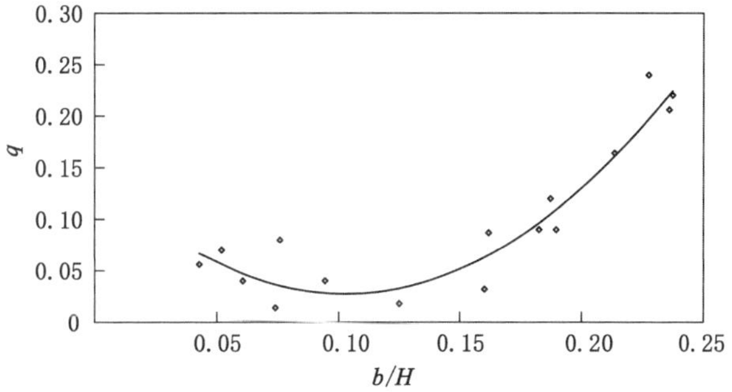

图 6-5　条带开采地表下沉系数与宽深比的关系

由式(6-4)可知，当 $b/H=0.104$ 时，条带开采的地表下沉系数达最小值。当宽深比小于此值时，随着宽深比减小，地表下沉系数增大，煤柱的稳定性降低，容易破坏失稳，从而导致地表移动量增大；当宽深比大于此值时，煤柱的稳定性提高，但随宽深比增大，顶板弯曲岩梁的长度增大，弯曲量增加，从而使地表下沉系数呈现增大趋势。

根据国内外有关条带开采的技术要求，结合煤矿地质采矿条件等，设计采宽应尽量大，以提高效率、降低掘进率或减少工作面搬家次数，经综合分析最终确定条带采宽 b。

(2) 留宽 a 的计算公式

若所采煤层的顶底板均为坚硬岩层，开采后采空区不能被垮落岩石充填或仅少量充填，则煤柱呈单向受力状态。此时煤柱尺寸应按单向受力状态计算。若采空区能被垮落岩石全部充填密实，或采用充填法管理顶板，则煤柱呈现三向受力状态。此时煤柱尺寸可按三向受力状态计算。

① 单向受力状态计算方法

单向受力状态下，留设条带煤柱的基本原理为：煤柱的单轴抗压强度应大于煤柱实际承受的载荷。煤柱实际承受的载荷可按“分载面积法”确定。图 6-6 中阴影部分($a+b$)为煤柱分载的面积，即条带开采后采出条带上方岩体的自重全部转移到煤柱上。其中：

$$\sigma_{压} = \frac{\gamma(a+b)H}{a} = \frac{\gamma H}{s} = \sigma_{煤} \tag{6-5}$$

$$s = \frac{\gamma H}{\sigma_{煤}} \times 100\% \tag{6-6}$$

则留宽计算公式为：

$$a = \frac{bs}{1-s} \tag{6-7}$$

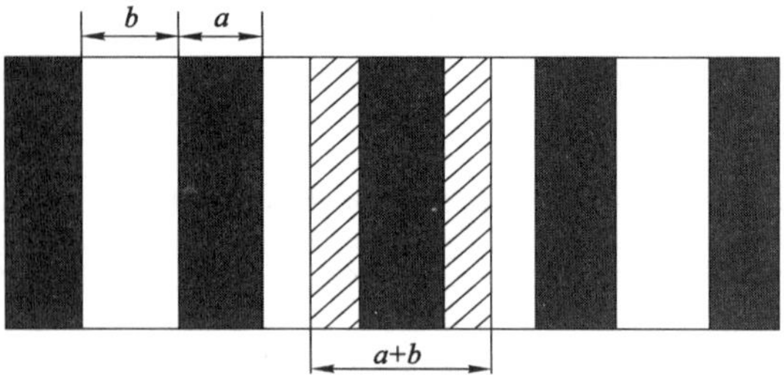

图 6-6 单向受力状态下留宽计算示意

式中 s——留设煤柱造成的面积损失率,%;

γ——上覆岩层平均重度,MN/m^3;

H——采深,m;

$\sigma_{煤}$——煤柱的单轴抗压强度,MPa。

② 三向受力状态计算方法

英国学者 A. H. 威尔逊认为,条带开采成功与否的关键在于保留条带煤柱的稳定性高低,经过室内及现场研究得出,条带煤柱两侧为屈服区,中间为核区(见图 6-7),中间核区处于三向受力状态。

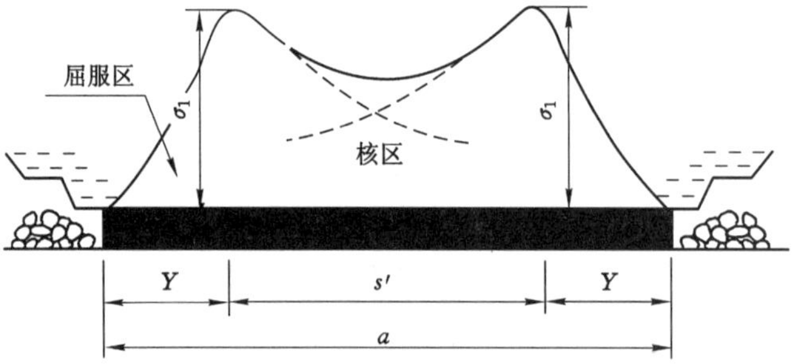

Y—屈服区宽度;s′—核区宽度。

图 6-7 煤柱应力分区

屈服区宽度与采深 H、采厚 M 有关:

$$Y = 0.005MH \tag{6-8}$$

因此,条带煤柱的宽度 a 应满足以下关系:

$$a \geqslant 2Y + s' \tag{6-9}$$

根据煤柱核区率不低于 60%,即 $s' \geqslant 0.6a$,可知:

$$a \geqslant 0.025MH \tag{6-10}$$

③ 安全系数法

若保留煤柱按长煤柱计算,则煤柱的极限承载能力为:

$$F_{长极} = 40\gamma H(a - 4.92MH \times 10^{-3}) \tag{6-11}$$

留设条带煤柱的实际载荷为:

$$N_{长实} = 10\gamma\left[Ha + \frac{b}{2}\left(2H - \frac{b}{0.6}\right)\right] \tag{6-12}$$

取煤柱的安全系数为 2.0，根据以上公式得条带煤柱留设宽度 a：

$$a = b + 9.84MH \times 10^{-3} - \frac{b^2}{1.2H} \tag{6-13}$$

④ 简易公式法

A. H. 威尔逊得出，在一般采深时条带煤柱宽度可取采深的 12% 或 10% 外加9.1～13.7 m(平均为 11.4 m)。

即　　$a=0.12H$ 或 $a=0.1H+(9.1\sim13.7)$

此外，伍德鲁夫提出条带开采时的煤柱宽度大约为 $0.13H$，与以上计算结果基本相同。

6.1.3　条带煤柱强度和稳定性影响因素

(1) 条带煤柱的宽高比：室内试验表明，当其他条件相同时，煤柱的抗压强度随其高度的增大而减小。一般选用的煤柱宽高比为：充填条带开采时宽高比大于 2，垮落条带开采时宽高比大于 5。

(2) 安全系数：保留条带煤柱按形状可分为长煤柱和矩形煤柱两种。长煤柱是沿走向或倾向所留设的完整煤柱；矩形煤柱是指在长煤柱中开有巷道，将煤柱切割成矩形的。按长煤柱计算，煤柱的极限承载能力按式(6-11)计算，留设条带煤柱的实际载荷按式(6-12)计算。

则煤柱稳定性安全系数为：

$$K_{长} = \frac{F_{长极}}{N_{长实}} = \frac{40\gamma H(a - 4.92MH \times 10^{-3})}{10\gamma\left[Ha + \dfrac{b}{2}(2H - b/0.6)\right]} \tag{6-14}$$

采用垮落法管理顶板时，如果顶板容易垮落，则可以减轻煤柱边缘的破坏程度，按三向受力状态公式计算时，应取安全系数 $K=1.5\sim2$。采用充填法管理顶板时，能大大增强煤柱的稳定性，使煤柱处于比较理想的三向受力状态，从而可提高煤柱的抗压强度。按三向受力状态公式进行计算时，取安全系数 $K=1$，一般是能保证安全的。

(3) 采出率或煤柱面积：合理的采出率取决于采留条带宽度、采深、采厚、煤层和顶板岩层的力学性质等因素。国内外成功的条带开采实例表明，采出率一般为 40%～68%，即条带煤柱面积占总开采面积的 32%～60%。采出率太高，条带煤柱会被压垮，地表下沉量会超过采厚的 30%，甚至发生顶板大面积垮落；采出率太低，经济上不合理。根据我国村庄下条带开采成功实例，当采出率为 40%～45%时，村庄普通砖混结构房屋基本不产生损坏。

(4) 采宽和留宽：在地质条件相同的情况下，如采出率不变，则选用的采宽和留宽越大，煤柱安全系数就越大。应选取最大的留宽和相应的采宽，使煤柱受力后有效支撑面积较大、稳定性增强且安全度提高。

(5) 采深：采用条带开采法开采时应考虑采深问题，采深的确定应考虑所采煤层覆岩裂缝带的最高点至地表有足够的距离，并以地表不出现塌陷坑或明显的波浪形下沉盆地为原则。实测资料表明，条带开采最大的采深为 916 m，较合适的采深为 400～500 m。

6.1.4　条带开采地表沉陷预计方法

条带开采的实测资料表明：条带开采地表移动和变形规律与全采的相似。因此，条带开采地表移动变形可采用概率积分法计算，预计参数求取普遍采用全采与条带开采地表移动预计参数关系的经验公式，或修正预计参数。

6.1.4.1 按条带开采区整体计算及其参数求取

条带开采区包括采出条带与留设条带煤柱，将整个条带开采区作为计算区域采用概率积分法计算地表移动和变形。此时概率积分法计算参数应根据面积采出率及采出条带宽度、留设条带煤柱宽度进行选取。一般可采用类似条件矿区实测条带开采参数类比确定；或在全部垮落法开采时概率积分法计算参数基础上进行修正确定，可按下述经验公式计算。

(1) 下沉系数 $q_{条}$

条带开采下沉系数可依据以下公式计算，当采用垮落条带开采法开采时（$2a \geqslant b$ 和 $b < 1/3H$）：

$$q_{条} = \frac{H-30}{5\ 000a/b - 2\ 000} q_{全} \tag{6-15}$$

$$q_{条}/q_{全} = 4.52M^{-0.78}\rho^{2.13}\left(\frac{b}{H}\right)^{0.603} \tag{6-16}$$

$$q_{条}/q_{全} = 0.266\ 3\mathrm{e}^{-0.575\ 3M}\rho^{2.688\ 7}\ln\left(\frac{bH}{a}\right) + 0.033\ 6 \tag{6-17}$$

式中 $q_{条}$，$q_{全}$——分别为垮落条带开采法和垮落全采法的下沉系数；

M——采厚，m；

ρ——条带开采采出率；

b——条带开采宽度，m；

a——条带开采留宽，m；

H——采深，m。

统计资料表明，条带开采地表下沉系数随采出率的增加而增大。地表下沉系数与采出率的关系如表 6-3 所示。

表 6-3 条带开采地表下沉系数与采出率的关系

采出率/%	地表下沉系数		
	坚硬覆岩	中硬覆岩	软弱覆岩
70	0.14～0.17	0.21～0.27	0.27～0.33
60	0.09～0.11	0.13～0.17	0.17～0.21
50	0.05～0.06	0.08～0.10	0.10～0.12
40	0.026～0.032	0.03～0.05	0.05～0.06

(2) 主要影响角正切 $\tan\beta_{条}$

条带开采法开采的主要影响角正切 $\tan\beta_{条}$ 主要随采深的不同而变化。条带开采区主要影响角正切的计算公式如下：

$$\frac{\tan\beta_{条}}{\tan\beta_{全}} = 0.784\ 7\mathrm{e}^{-0.001\ 2PH} \tag{6-18}$$

$$\tan\beta_{条} = (1.076 - 0.001\ 4H)\tan\beta_{全} \tag{6-19}$$

式中 P——上覆岩层综合评价系数；

$\tan\beta_{条}$，$\tan\beta_{全}$——分别为条带开采和全采的主要影响角正切；

H——采深，m。

(3) 拐点偏移距 $S_{条}$

条带开采法开采的拐点偏移距 $S_{条}$，随采深和采出率的增加而增大。根据我国煤矿条带开采的实测资料，当平均采深 $H_0>75$ m 时，拐点偏移距为：

$$S_{条} = \frac{1.56bH}{a(0.01H_0+30)} \tag{6-20}$$

$$S_{条} = 0.0673\frac{b^2H}{a(a+b)}+2.564 \tag{6-21}$$

式中　H_0——平均采深，m；

H——采深，m。

实际计算时，根据上下山、走向方向，相应地取 H_2、H_1 和 H_0 值。

(4) 水平移动系数 $b_{条}$

条带开采法开采的水平移动系数 $b_{条}$ 主要随采深的增加而减小，其他因素如采出率、采宽等对水平移动系数的影响很小。根据实测资料得到：

$$b_{条} = (1.29-0.0026H)b_{全} \tag{6-22}$$

$$\frac{b_{条}}{b_{全}} = -0.0002\frac{H(a+b)}{b}+0.8786 \tag{6-23}$$

式中　$b_{条}$，$b_{全}$——分别为条带开采和全采的水平移动系数。

(5) 开采影响传播角

条带开采区的开采影响传播角可取用类似地质条件下全部垮落法开采时的开采影响传播角。

条带开采法与全采法的参数之间的函数关系，还有待进一步研究。

6.1.4.2　按多个条带工作面叠加计算及其参数求取

分别将各条带开采工作面作为计算区域，采用概率积分法计算地表移动和变形；通过叠加获得整个条带开采区的地表移动和变形。此时，各条带工作面的概率积分法计算参数应根据工作面尺寸及充分采动程度进行调整。

若各条带工作面尺寸较小，则通常属于非充分采动条件（坚硬覆岩 $L_\theta/H_0\leqslant1.2$，中硬覆岩 $L_\theta/H_0\leqslant0.8$，软弱覆岩 $L_\theta/H_0\leqslant0.5$。其中，L_θ 为条带工作面宽度按开采影响传播角 θ 向地平面的投影长度，m；H_0 为平均采深，m）。此时，应分别采用坚硬、中硬和软弱覆岩的非充分采动条件参数与对应的充分采动条件参数的比值（$\tan\beta/\tan\beta_{充}$、$S/S_{充}$、$q/q_{充}$）与 L_θ/H_0的关系对各参数进行修正。$\tan\beta/\tan\beta_{充}$、$S/S_{充}$、$q/q_{充}$与 L_θ/H_0的关系，分别如图 6-8 至图6-10所示。

水平移动系数和开采影响传播角与工作面尺寸的关系不明显。

6.1.5　条带开采安全措施

为了使保留条带煤柱能够真正起到支撑顶板岩层的作用，采用条带开采技术时，还必须遵守以下原则：

(1) 回采过程中，应严格控制煤柱宽度，不得随意缩小煤柱尺寸，以避免减少煤柱的有效支撑面积。

(2) 尽量不在煤柱中穿切巷道，以免破坏煤柱的完整性，从而降低煤柱的强度。

(3) 在多煤层条件下采用条带开采法开采时，最好采用上行开采顺序，使保留下来的条

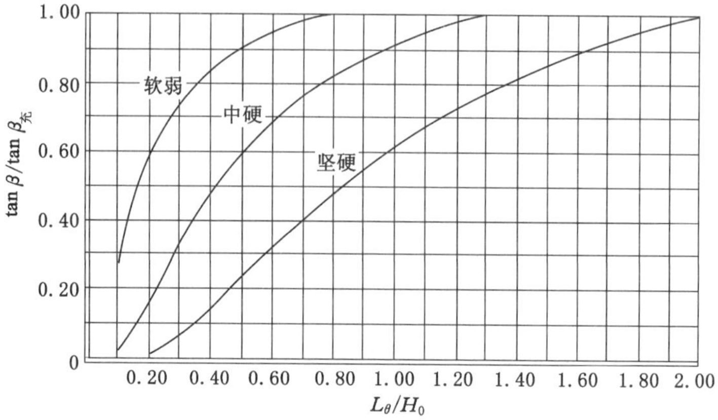

图 6-8　tan β/tan $\beta_{充}$与 L_θ/H_0的关系

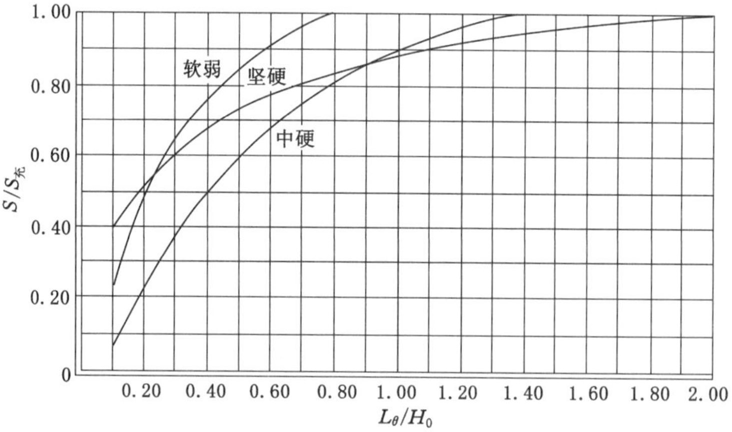

图 6-9　$S/S_{充}$与 L_θ/H_0的关系

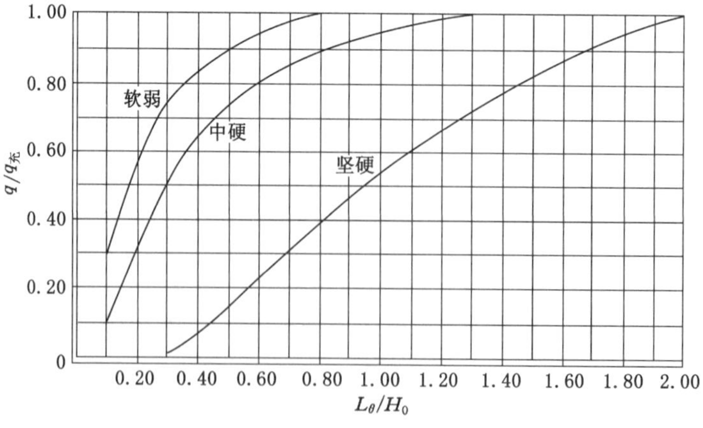

图 6-10　$q/q_{充}$与 L_θ/H_0的关系

带基本上不再受重复采动的影响。当层间距大于下层煤采厚的 20～30 倍时，则不受此限。

(4) 当煤层层间距较小或厚煤层分层开采时，上下层(或分层)的煤柱要对齐。在倾斜煤层条件下，上下层(或分层)的煤柱应以沿煤层的法线方向对齐布置为宜。

(5) 遇断层时，应按有关规定留设足够的断层煤柱，并将条带垂直于断层面布设，防止断层产生滑移。

(6) 对于断层过多、邻近层或本煤层邻近采区的开采已使煤柱的完整性受到破坏的煤层，不宜使用条带开采法开采。

近年来，由于煤矿工作面机械化装备水平的不断提升，条带开采技术的缺点越来越明显，尤其是掘进率高、采煤效率低、产量低，传统的采煤工艺已经不能适应煤矿生产的需要。因此，传统条带开采技术的应用越来越少。

6.1.6　条带开采工程案例

某矿 16 采区上部地面分布有于沟村新址建筑物，见图 6-11，建筑物采用混凝土结构，长边走向大致为东西向。如不采取技术措施，建筑物将会受到 16 采区开采的影响。为了有效保护地面建筑物，确保建筑物的安全，同时提高煤炭资源采出率，需要对 16 采区 16041 工作面进行条带开采方案设计及可行性分析。

图 6-11　于沟村新址居民楼

6.1.6.1　地质采矿条件

16 采区主体位于矿井的南部，走向长度约为 520 m，倾向长度约为 360 m，面积约为 $1.87\times10^5\ m^2$。采区对应地面标高约为＋239 m，煤层底板标高为－20～－120 m，煤层埋深为 259～359 m，平均埋深为 309 m。开采煤层为$二_1$煤层，根据附近 2-3 钻孔、16 采区运输下山及轨道下山揭露情况，煤层厚度变化较大，最薄 0.4 m，最厚 7.5 m，一般在 3～5 m 之间，平均厚度约为 3.18 m。该煤层属单斜构造，倾角为 13°～20°。根据附近钻孔柱状图及有关资料，煤层直接顶板为深灰色砂质泥岩或泥岩，底板为砂质泥岩，加上煤层本身为粉状的，属典型的“三软”煤层。据矿井采掘揭露，采区内小型断层可能较发育。

6.1.6.2　条带开采方案

考虑新址居民楼楼层较高，要求保护等级较高，按照《建筑物、水体、铁路及主要井巷煤柱留设与压煤开采规范》要求，应将地表的最大变形量控制在Ⅰ级采动损坏临界变形量范围内。为此，在设计过程中，条带开采在深部区域的设计开采宽度不宜过大，采出率不宜过高。根据条带开采设计原则和要求，结合工作面具体地质采矿条件，最终确定建筑物下条带开采方案，采宽和留宽均为 35 m，当工作面推至煤柱保护线外后沿煤柱保护线逐渐加宽工作面；然后在上部区域设计倾向条带，采宽为 26 m、留宽为 30 m，共 5 个条带开采工作面。据此计算，煤柱稳定性安全系数 $K_{长}$ 在 2 以上，采出率达 51.4%，既能兼顾采出率，又能满足煤柱稳定性要求。设计方案如图 6-12 所示。

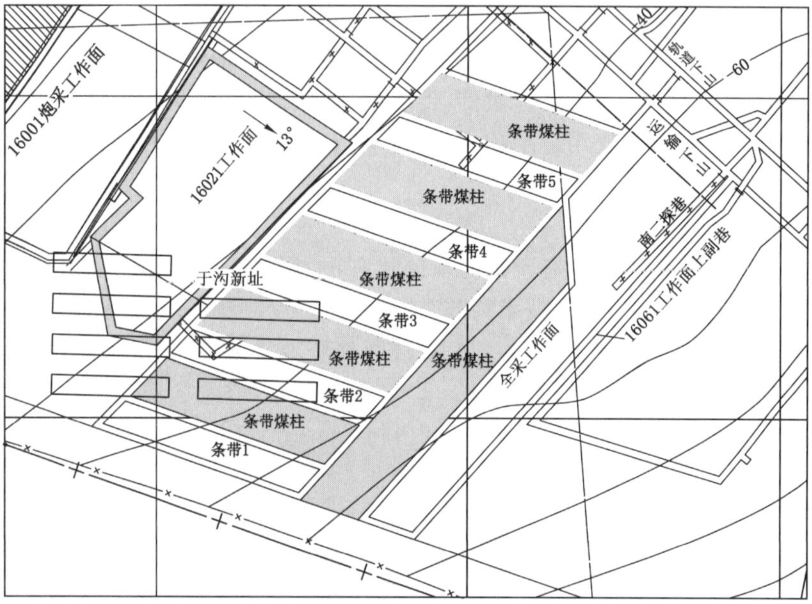

图 6-12　条带开采方案示意

采用概率积分法对条带开采区域进行地表移动和变形预计。根据垮落条带开采地表移动和变形预计的计算公式，综合分析确定条带开采工作面开采方案的地表移动和变形预计参数，如表 6-4 所示。

表 6-4　条带开采地表移动和变形预计参数

方案	采宽 /m	留宽 /m	采厚 /m	下沉系数 q	水平移动系数	主要影响角正切 $\tan\beta$	拐点偏移距 S/m	开采影响传播角/(°)	采深 /m
条带开采工作面	26	30	2.5	0.15	0.2	1.52	0	79.2	289.5

将条带开采区域视作一个整体，对开采区域地表移动和变形值进行计算，并将概率积分法预计结果可视化，得出地表下沉等值线图，如图 6-13 所示。

根据概率积分法预计结果可知：当条带工作面采后（考虑走向条带工作面的采掘活动影响），建筑物附近地表最大下沉值约为 145 mm，最大倾斜值约为 0.8 mm/m，无水平拉伸变形，最大水平压缩变形值约为 −0.35 mm/m，最大水平移动值约为 33 mm。因此，根据《建筑物、水体、铁路及主要井巷煤柱留设与压煤开采规范》，条带工作面开采后，地面建筑物的损坏等级应在Ⅰ级以内，不仅满足了条带开采的技术要求，而且满足了地表变形的要求。这说明条带开采参数对 16 采区 16041 工作面建（构）筑物下压煤开采是合适的。

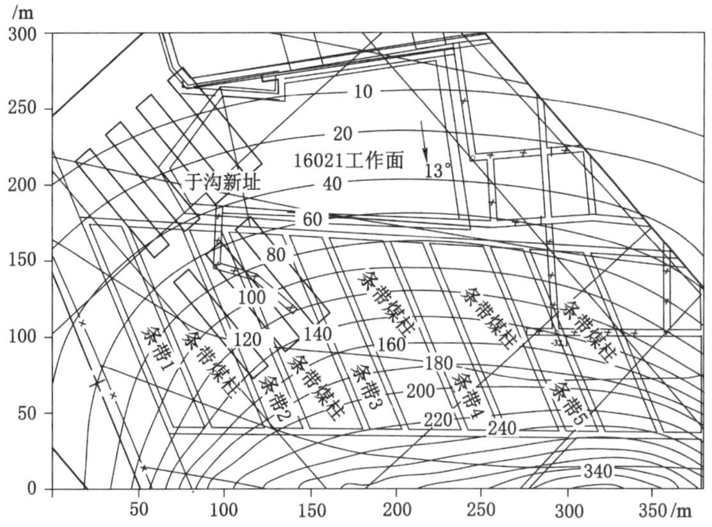

图 6-13　条带开采地表下沉等值线图

6.2　条带式旺格维利开采技术

6.2.1　条带式旺格维利开采技术简介

Wongawilli(以下称“旺格维利”)采煤法是在房柱式采煤的基础上形成的高效短壁柱式采煤方法,因最先在澳大利亚“Wongawilli”煤层中试采成功而得名,见图 6-14。旺格维利采煤法的最大特点是工作面布置灵活,可回收边角煤及综采不便回采的煤炭资源,具有设备投资少、出煤快、设备运转与工作面搬迁灵活、全员效率较高等优势。

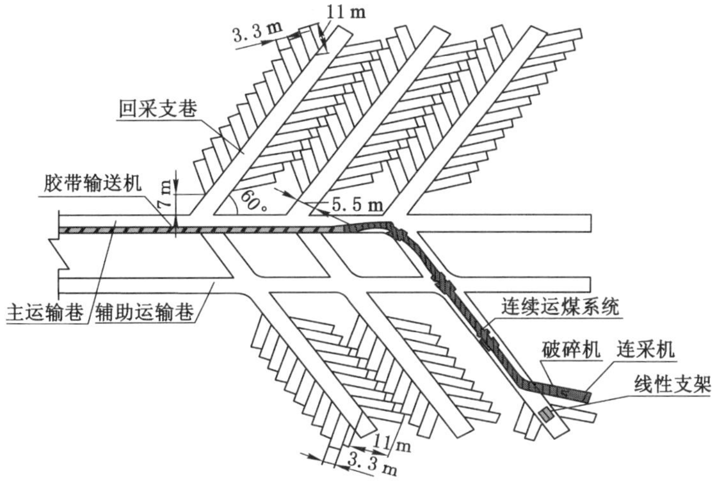

图 6-14　旺格维利采煤法示意

旺格维利采煤法是一种高效短壁柱式采煤方法，我国神东煤炭集团、兖矿集团等采用连续采煤机房柱式采煤法开采了不适于布置长壁工作面的边角煤。旺格维利采煤法与房柱式采煤法的区别是，工作面布置较灵活，基本不受断层等地质构造的影响，搬家速度快，采出率高，利用连续开采配套设备更容易实现高产高效。

随着采煤工作面技术装备的改进和开采效率的提升，传统的采煤工艺如普采、炮采已被淘汰。条带式旺格维利开采技术（见图 6-15）将条带开采的巷道布置方式与旺格维利开采工艺和设备相结合，通过连续采掘技术实现高产高效，为建（构）筑物下压煤的开采提供了新的方法。该技术既发挥了条带开采与短壁柱式采煤法有效控制地表下沉的优势，又实现了工作面快速搬家，并克服了条带开采工作面搬家频繁、掘进效率低以及旺格维利采煤法开采过程中通风条件差、不规则煤柱与刀间煤柱系统缺乏长期稳定性的弊端，实现安全高效回收建（构）筑物下压煤的目的。该技术是由郭文兵教授及其团队提出的适用于煤层赋存稳定、顶板条件较好的建筑物下高效采煤方法。该技术对解放“三下”压煤，提高煤炭资源采出率和开采效率，保护地表建（构）筑物及矿区生态环境具有重要意义。

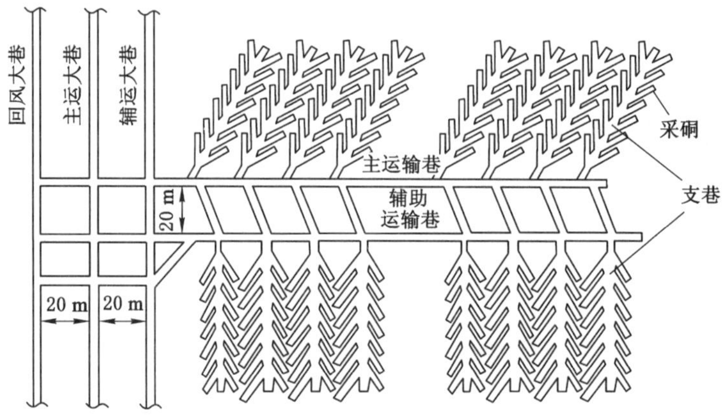

图 6-15　条带式旺格维利开采技术示意

条带式旺格维利开采技术可以发挥条带开采和旺格维利采煤法各自的优势，扬长避短，优势互补，实现“三下”压煤高效回收。因此，在我国部分煤矿建（构）筑物下压煤开采中得到了一定的应用。神东煤炭集团已应用该技术在大海则煤矿、哈拉沟煤矿、上湾煤矿、康家滩煤矿、榆家梁煤矿、补连塔煤矿、大柳塔煤矿的边角煤块段进行了开采，连续开采设备达 13 套，实现了高产高效目标。

6.2.2　条带式旺格维利开采巷道布置方式

条带式旺格维利开采巷道布置要点在于支巷单双布置、采硐单双翼分布及条带煤柱间隔程度，三者相互组合形成条带式旺格维利开采的几种巷道布置方式，如图 6-16 至图 6-20 所示。回采区域采用双“U”形布置，在内“U”形顺槽垂直方向（工作面开切眼方向）布置支巷；支巷宽度、采硐深度与单巷单翼巷道布置相同，支巷单侧布置回采采硐，每两条支巷和采硐之间采用条带煤柱（支撑煤柱）隔离。

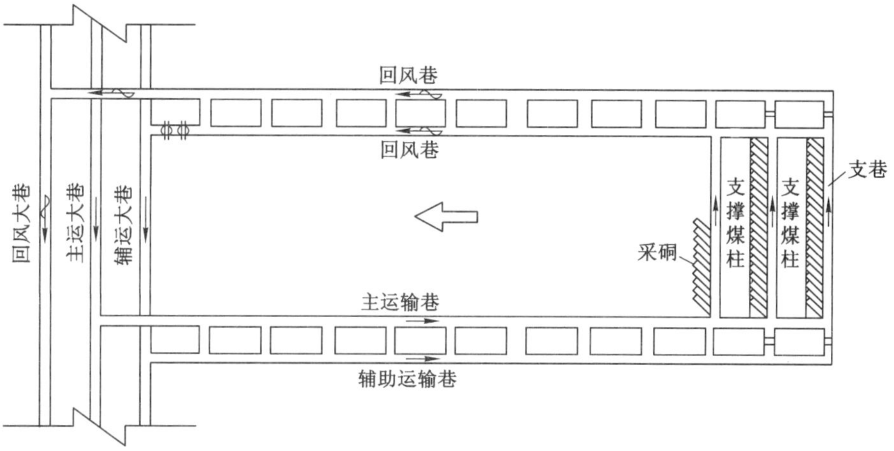

图 6-16　单巷单翼式布置方式

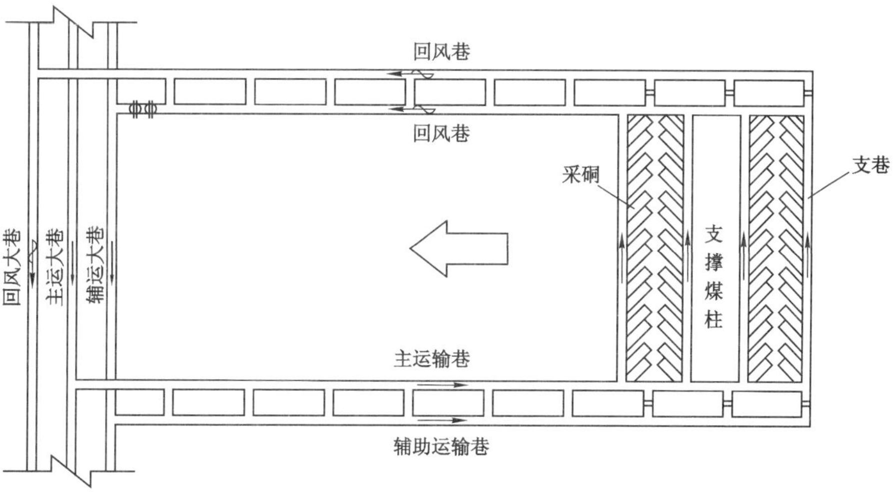

图 6-17　双巷单翼式布置方式

其中，巷道布置的支巷宽度一般为 4.5～6 m，采硐与支巷的夹角一般为 45°～60°，采硐宽度一般与连续采煤机滚筒宽度一致(宽 3.3 m)，考虑通风和顶板管理因素，采硐深度一般取 8～12 m；支撑煤柱宽度根据具体的采矿地质条件确定，一般为 15～25 m。条带式旺格维利开采是一种非充分开采，该技术的成功实施需要合理确定相关开采工艺参数，主要包括：条带式旺格维利工作面的开采宽度、保留煤柱宽度、围岩控制措施、旺格维利采煤技术方案及工作面布置方式、设备配套、回采工艺等参数。

除上述布置方式以外，如果采深较大，需要大尺寸的采宽和留宽时，则可以增加支巷数量，如采用三条及以上支巷进行双翼或单翼开采，这样开采条带宽度就会相应增加，条带煤柱尺寸相应也会增大，以确保条带煤柱的稳定性。根据具体的地质采矿条件及地表建(构)筑物保护等级要求，建(构)筑物下条带式旺格维利开采技术实施应包括如下步骤：

(1) 通过现场调研，结合数值模拟分析，系统研究影响条带式旺格维利开采技术地表沉

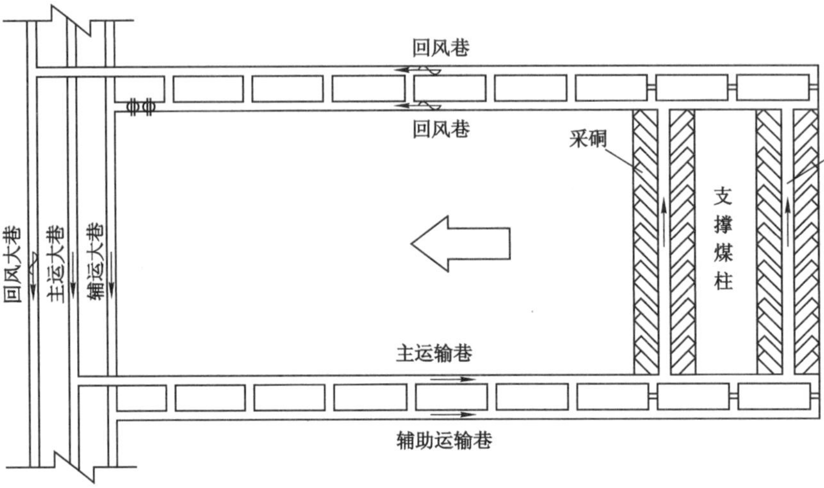

图 6-18　单巷双翼式布置方式

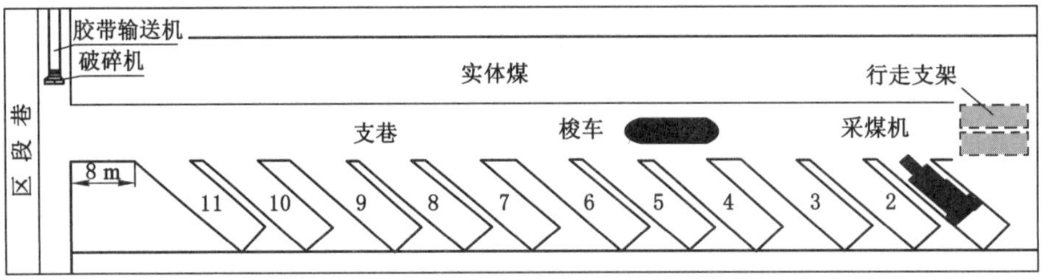

图 6-19　支巷单翼开采方式

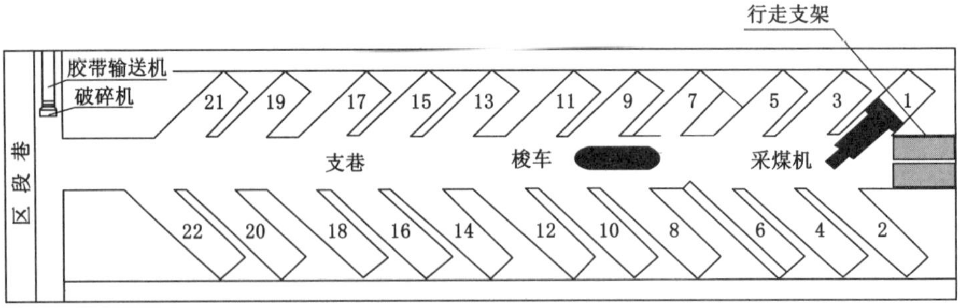

图 6-20　支巷双翼开采方式

陷规律的主控因素，研究分析上覆岩层破坏特征及地表沉陷特征与地质采矿条件(如采深、采厚、煤柱尺寸等)之间的关系，确定合理的工作面布置方式。可根据各矿区不同的地质采矿条件以及地表建筑物的保护等级，采用不同的工作面布置方式。

(2) 采用理论分析、数理统计等方法，在分析观测资料的基础上，研究条带式旺格维利开采技术地表沉陷规律及参数。研究条带式旺格维利开采技术的煤柱稳定性、顶板及围岩变形破坏特征、地表沉陷规律及参数。结合现场观测及资料分析，研究建立地表移动预测参数体系及模型。

(3) 采用实验室模拟计算与现场实际应用相结合的方法，分析验证条带式旺格维利开采技术地表沉陷规律及参数的准确性，从而实现“三下”压煤开采优化设计。

6.2.3　条带式旺格维利开采主要设备

设备配备采用房柱式开采的相关设备，按工作面运输方式一般分为两种。一种是连续式运输方式，工作面配置连续采煤机、锚杆机或锚杆钻车、连续运输系统、铲车、履带式行走支架及带式输送机（见图 6-21）。连续运输式开采适用于中等稳定以上顶板、底板平整、坡度小于 12°的条件，在神东矿区使用平均产量为 0.8～1.2 Mt/a，最高产量达 2.25 Mt/a，开采效率高、人员工效高。另一种是间断式运输方式，工作面配置连续采煤机、运煤车或梭车、给料破碎机（见图 6-22）、锚杆机、铲车、履带行走式支架及带式输送机。间断运输式开采采用梭车与给料破碎机代替连续运输系统，将连续采煤机采出的煤炭运至带式输送机；该工艺更加灵活，适合开采面积较小的边角煤和不规则块段，巷道设计宽度为 4.0～5.0 m 即可满足生产要求，产量为 0.5～0.8 Mt/a。

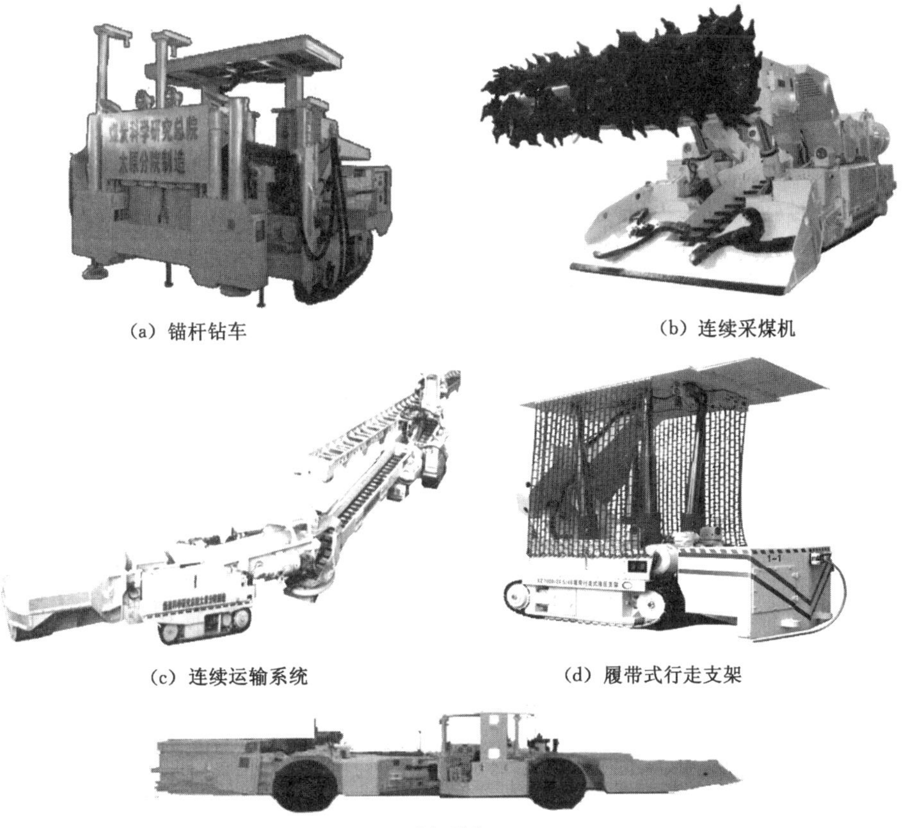

(a) 锚杆钻车　(b) 连续采煤机

(c) 连续运输系统　(d) 履带式行走支架

(e) 铲车

图 6-21　连续式运输方式配套设备

连续采煤机是装有截割臂和截割滚筒，能自行行走，具有装运功能，适用于短壁开采和长壁综采工作面采准巷道掘进，并具有掘进与采煤两种功能的设备。其在柱式采煤、回收边角煤以及长壁开采的煤巷快速掘进中得到了广泛的应用。连续采煤机具有截割能力强、装

(a) 梭车

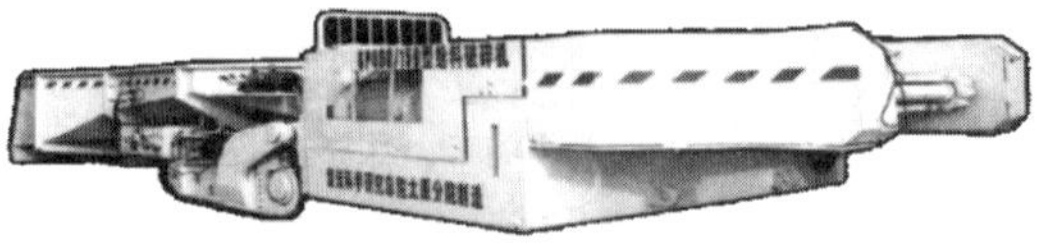

(b) 给料破碎机

图 6-22 间断式运输方式设备

运能力大、工作效率高等优点,已成为现代煤矿机械化开采的必备设备。连续采煤机由截割机构、行走机构、装载转载运输机构以及辅助装备等组成,是柱式采煤方法中掘巷和回采的最关键机械设备,其中以滚筒式连续采煤机使用最为广泛。梭车是房柱式采掘工作面的运煤设备,它往返于连续采煤机和给料破碎机之间,主要由箱体、行走机构、卸载装备等组成。梭车车厢容量一般为 7~16 t,车厢内的煤在给料破碎机处由梭车车厢内的双边链板输送机卸载,卸载时间一般为 30~45 s。梭车装有电缆卷筒(柴油机和蓄电池驱动的除外),一般电缆卷筒能缠绕 140~150 m 长的电缆,因而梭车可在不超过 150 m 的区间内往返穿梭运行,梭车运输距离越短,采煤效率越高。

6.2.4 条带式旺格维利开采工程案例

6.2.4.1 工作面地质采矿条件

试采区域选择在某矿 15# 煤层某工作面,煤层厚度为 2.0~3.3 m,平均约为 2.7 m。工作面对应地面标高为+837~+868 m,煤层底板标高为+629~+640 m,煤层埋深为 207~233 m,平均埋深约为 220 m。工作面煤层倾角为 1°~3°,平均约为 2°。煤层坚固性系数 f 为 2~4。煤层顶底板岩性如表 6-5 所示。

表 6-5 煤层顶底板情况

顶底板名称	岩石名称	厚度/m	岩性特征
基本顶	石灰岩	9.82	灰色,块状,上部夹燧石薄层。底部裂隙发育,含大量蜓类和少量腕足类化石,底部为泥质灰岩
直接顶			
直接底	泥岩	9.67	浅灰色,顶部呈灰黑色,块状。中部含少量黏土质,下部夹团块状黄铁矿,底部有 0.15 m 厚的“山西式铁矿”
老底	石灰岩	20.79	灰色,微带白色,块状。裂隙发育,具大量方解石脉,顶部夹团块状黄铁矿

6.2.4.2 工作面开采设计

(1) 条带布置参数确定

结合煤矿的地质采矿条件及条带开采的设计原则,综合分析确定开采设计参数,如表 6-6 所示。

表 6-6　工作面开采设计参数

布置类型	采深/m	采厚/m	采宽/m	留宽/m	采出率/%	煤柱核区宽度/m
双巷单翼式	207～233	2.7	25	20	40.6	12.46

(2) 工作面布置

工作面生产系统完善，设计开采方案为条带开采与旺格维利高效采煤工艺相结合，充分发挥条带开采保护地表建筑物以及旺格维利采煤设备运转灵活、工作面移动快的优势，实现建筑物下压煤高效开采。工作面巷道布置方式为双巷单翼式，具体参数为：采宽为 25 m，煤柱留宽为 20 m，采用连续采煤机掘进支巷和采硐回采，条带工作面开采时采用双巷(支巷)布置，回收煤柱时采用双巷单翼斜切进刀方式，在两支巷内向一侧单翼采硐，即采用双巷单翼斜切进刀采煤方式。支巷宽度为 4.6 m，高度为 2.7 m，采硐时每次割两刀，采硐间留 2 m 煤柱用于临时支撑顶板。采硐进刀宽度为 3.3 m、长度为 8.8 m，进刀角度为 45°。具体布置方案和参数如图 6-23 所示。

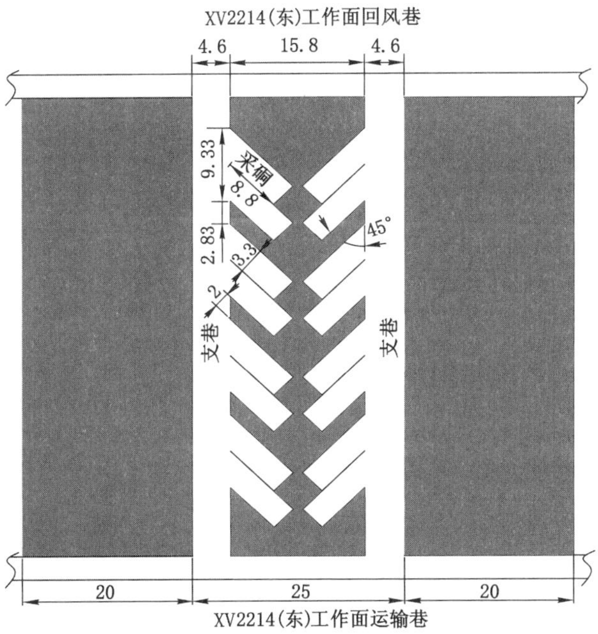

图 6-23　条带式旺格维利开采工作面布置方案(单位：m)

6.2.4.3　工作面设备配备

工作面设备应根据煤层赋存条件及设备适用条件选用。根据煤矿的设备配备情况，工作面采用间断式运输方式，工艺流程为：连续采煤机—梭车—破碎机—带式输送机，支护作业采用四臂锚杆钻车。主要设备如表 6-7 所示。

6.2.4.4　支巷断面与支护

支巷断面形状为矩形，宽度为 4.6 m，高度为 2.5 m。支巷采用锚杆锚索联合支护方式。具体支护平、断面图见图 6-24 至图 6-27。

表 6-7　设备名称及数量

序号	设备名称	规格型号	数量	作用
1	连续采煤机	EML340-1600/3500	1	掘进、采煤
2	梭车	SC10	1	运煤
3	四臂锚杆钻车	ZMF20-4	1	支护
4	防爆柴油铲运机	WJ-4FBA(B)	1	辅助工作
5	连运一号车	LY2000/980-10	1	转载、破碎

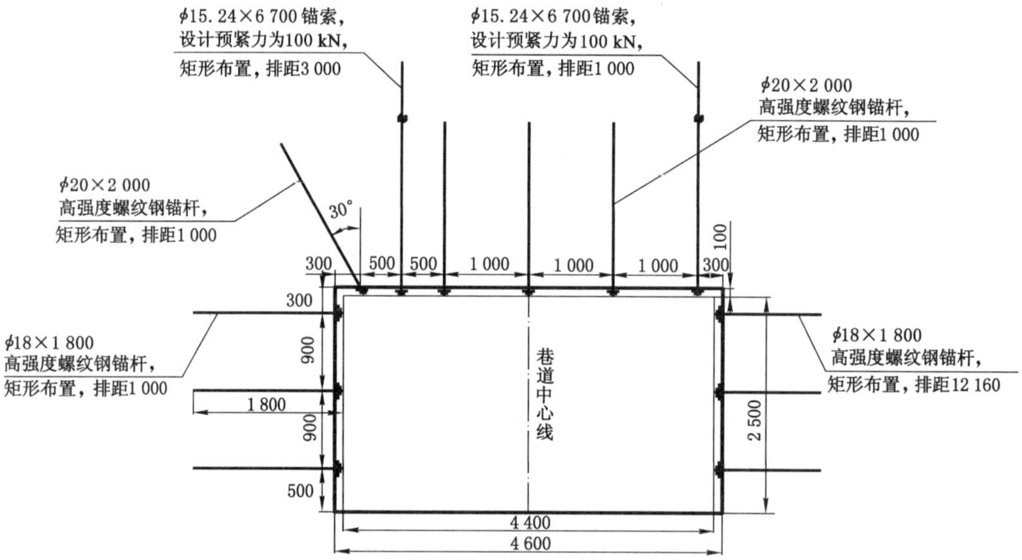

图 6-24　巷道支护断面图(采硐在右侧)

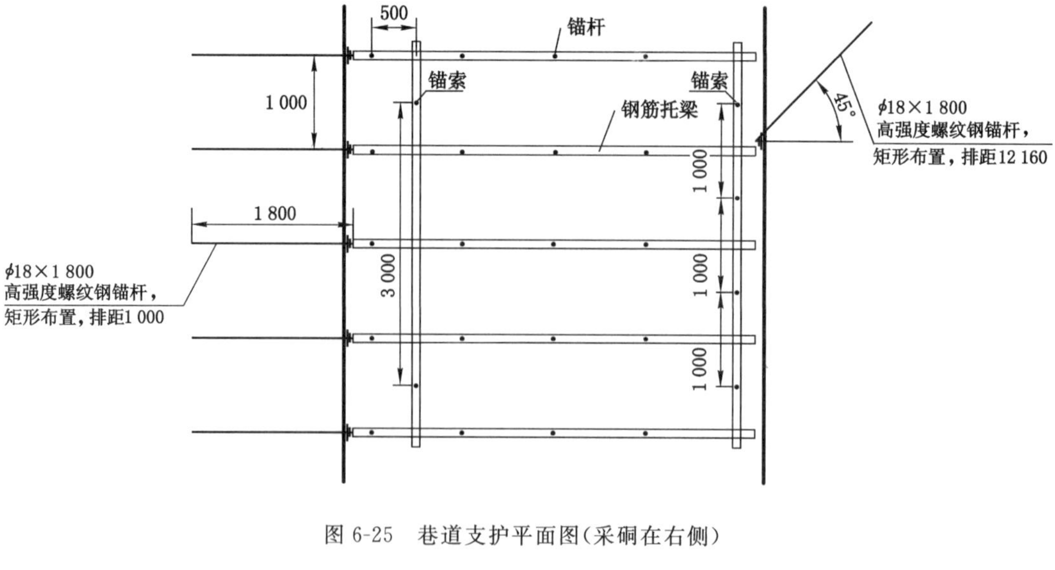

图 6-25　巷道支护平面图(采硐在右侧)

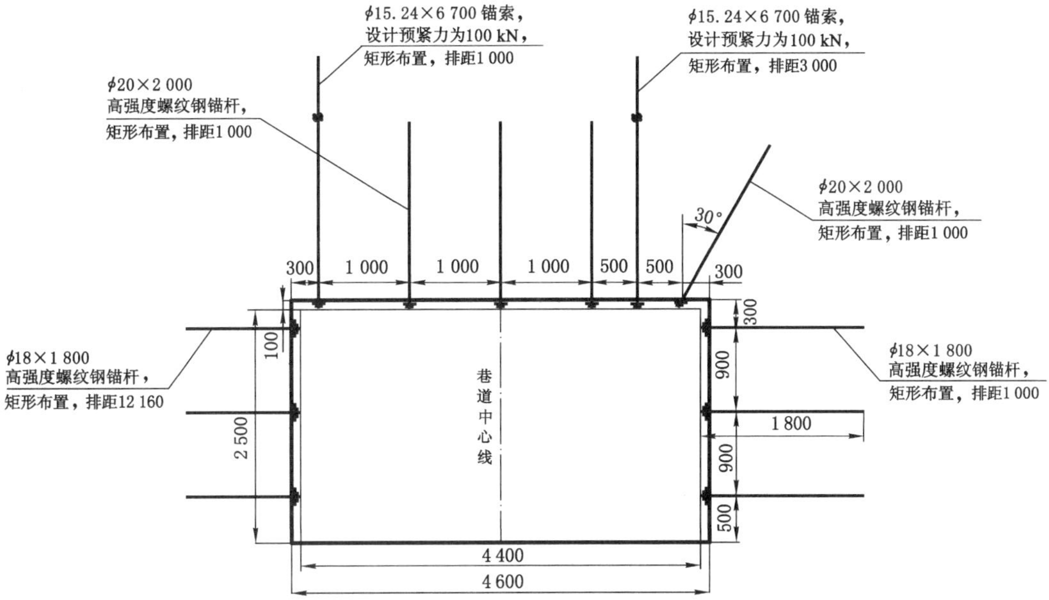

图 6-26　巷道支护断面图(采硐在左侧)

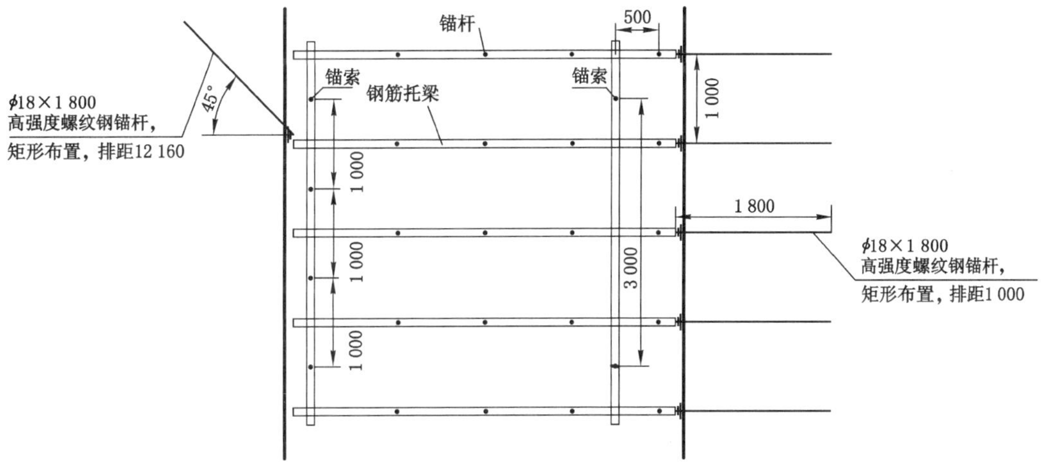

图 6-27　巷道支护平面图(采硐在左侧)

(1) 顶板支护

锚杆形式和规格:杆体直径为 20 mm,长度为 2 m。锚固方式:采用两支锚固剂,一支为 CK2335 超快锚固剂,另一支为 CK2360 超快锚固剂,钻孔直径为 30 mm。

锚杆布置:锚杆排距为 1 m,每排 4 根锚杆,顶板靠近实体煤一侧的锚杆距帮 300 mm。

锚索布置:顶板上靠近实体煤一侧的锚索排距为 3 m,靠近采硐一侧的锚索排距为1 m,靠近采硐一侧的锚索距帮 300 mm。

锚索形式和规格:锚索材料为直径 15.24 mm 高强度预应力钢绞线,长度为 6.7 m,采用一支 K2335 快速锚固剂和两支 Z2360 中速锚固剂树脂药卷锚固。

(2) 巷帮支护

锚杆形式和规格:杆体直径为 18 mm,长度为 1.8 m。锚固方式:采用两支锚固剂,一支为 CK2335 超快锚固剂,另一支为 CK2360 超快锚固剂,钻孔直径为 28 mm。

锚杆布置:在靠近实体煤的一侧,锚杆排距与顶板的一致,为 1 m,每排 3 根锚杆,间距为 900 mm,最上边的锚杆距顶板 300 mm,最下边的锚杆距底板 500 mm;在靠近采硐的一侧,锚杆布置角度与水平线呈 45°,排距为 12.16 m(包含两个采硐的宽度)。

6.2.4.5 支巷掘进及回采工艺

该采煤方法包括支巷掘进和条带内采硐回采,先掘进支巷,后采硐回收煤柱。

(1) 支巷掘进

支巷掘进采用双巷同时掘进的方式进行,巷道掘进包括割煤、装煤、运煤、清煤、调机五个过程。结合煤矿的煤层实际情况,确定连续采煤机掘进循环进尺为 2 m。在连续采煤机每次进入掘进巷道前,司机开动并调整连续采煤机至巷道前进方向的左侧顶板,以激光中线确定位置,切入煤体,从上而下正方向割煤,先升刀,然后扫顶,再进刀割煤。连续采煤机割完底煤后,使巷道底板平整,达到循环距离后退机,称为"切槽";完成后按照巷道设计宽度割完剩余部分的煤体,称为"采垛"。割煤时,煤落入收集头机构,耙爪连续运转,中部输送机构将煤运到后面的梭车内,完成装煤工序。梭车完成连续采煤机到破碎机之间的运煤工作,煤炭经破碎后转载到顺槽带式输送机上。

(2) 采硐回采工艺

当支巷掘进到位后即可进行煤柱采硐回收,采用双巷单翼进刀回收煤柱的方式。连续采煤机从支巷一端后退式开采,依次按 45°斜切进刀,回收支巷一侧煤柱,支巷宽度为 4.6 m,斜切进刀深度为 8.8 m、宽度为 3.3 m、高度为 2.5 m,采用进两刀留设 2 m 保护煤柱后退式回收方法。工作制度实行"三八制"作业方式,2 个班生产,1 个班检修,即 16 h 出煤,8 h 检修。生产班每班 12 人,检修班配备 9 人。支巷掘进时,平均日产 994 t,直接工效为 30.12 t/工。采硐时,平均日产 1 275 t,直接工效为 38.64 t/工。

6.2.4.6 地表移动和变形预计及分析

(1) 地表移动和变形预计参数

根据本区域上覆岩层岩性特点和地质采矿条件,结合该矿观测总结的地表移动和变形预计参数,得出全采时地表移动和变形预计参数。然后根据条带开采采留宽度、采出率等并结合条带式旺格维利开采技术的特点进行计算、分析,确定条带式旺格维利采煤方案地表移动和变形预计参数,如表 6-8 所示。

表 6-8 地表移动和变形预计参数

方案	平均采厚/m	下沉系数 q	拐点偏移距 S/m	主要影响角正切 $\tan\beta$	开采影响传播角/(°)	水平移动系数
全采	2.1	0.77	$0.05H$	2.3	88.5	0.3
条带式旺格维利开采	2.1	0.07	0	1.7	88.5	0.21

(2) 地表移动预计结果及分析

根据条带式旺格维利开采的地表移动和变形预计参数,对开采后地表移动和变形值进行了计算，分别给出地表下沉等值线图、地表水平移动等值线图、地表倾斜等值线图、地表水平变形等值线图等。其中，地表下沉等值线图如图 6-28 所示，采后地表移动和变形最大值如表 6-9 所示。

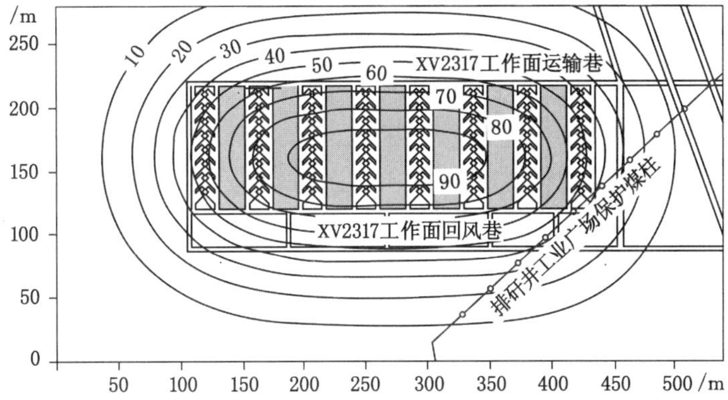

图 6-28　地表下沉等值线图

表 6-9　地表移动和变形最大值

最大下沉值/mm	最大倾斜值/(mm/m)	最大水平移动值/mm	最大水平变形值/(mm/m)	
95.6	0.9	28.2	−0.7	+0.3

由表 6-9 可知，根据条带式旺格维利开采结束后的工作面上方地表移动和变形值，对照砖石结构建筑物的损坏等级标准，地表移动和变形值在砖石结构建筑物Ⅰ级影响范围之内，这说明采用该技术进行建筑物下采煤是可行的。研究表明，条带式旺格维利开采技术代替条带开采解放“三下”压煤是可行的，其开采速度快、效率高、地表移动时间短，有利于地表建筑物的保护，具有较好的推广应用前景。

6.2.5　条带式旺格维利开采数值模拟分析

依据煤矿条带式旺格维利开采设计及地质条件，采用数值模拟方法分析锚杆(索)支护下巷道围岩应力分布情况及表面位移、深部位移和塑性区分布范围。通过分析得出应力、位移、塑性区等的变化规律。

6.2.5.1　模型边界条件

考虑模型边界效应对巷道的影响，确定模型尺寸为 65 m×40 m×96 m。该数值模型采用平面应变模型，用 ANSYS 软件划分网格然后导入 FLAC^{3D}中运算，应力施加在模型上部边界，模型水平边界限制 x，y 方向的位移，z 方向底边为固定约束。数值模拟模型及模型内部网格划分如图 6-29(扫描图右侧二维码获取彩图，下同)和图 6-30 所示。

6.2.5.2　模拟结果及分析

(1) 应力场分析

分别模拟了一条支巷采硐后和两条支巷均采硐后的情况，采硐后周围煤岩体最大主应力变化情况如图 6-31 所示。图 6-31(a)说明从左侧支巷采硐并进行支护后，最大主应力向

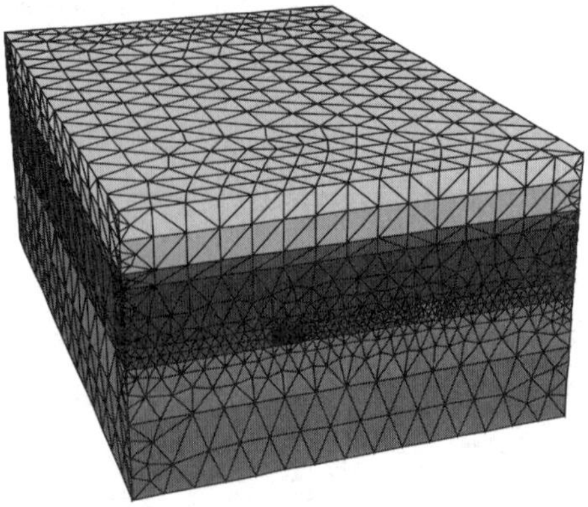

图 6-29　数值模拟模型

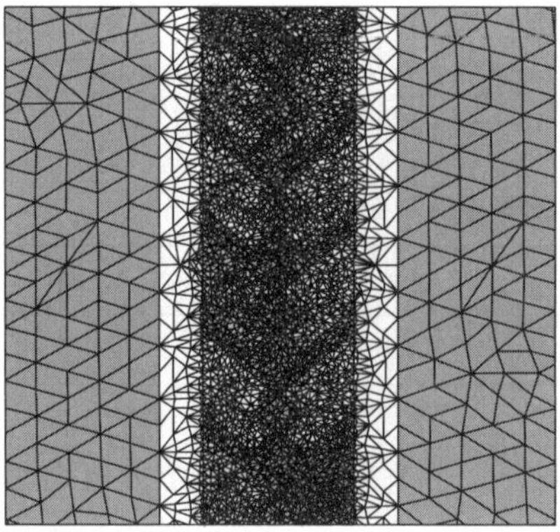

图 6-30　模型内部网格划分情况

模型中心较宽煤柱转移，中心不规则大煤柱依然具有很好的稳定性；如图 6-31(b)所示，当右侧支巷采硐后，中心不规则的小煤柱可能失稳。

(2) 位移场分析

一条支巷采硐后和两条支巷均采硐后的水平位移变化情况如图 6-32 所示。如图 6-32(a)所示，左侧支巷采硐后，巷道两帮移近量均为 10 mm 左右，左边不规则煤柱尖角位移较大，约为 60.95 mm；如图 6-32(b)所示，右侧采硐后，支巷围岩及煤柱水平位移进一步增大，中心不规则大煤柱的小矩形煤柱两对角尖位移分布基本对称，左侧水平位移稍大，这说明，由于左侧先期进行采掘，即使右侧采掘后，左侧围岩及煤柱所受的采动影响也较大，即采硐时间不对称造成围岩应力和位移分布不均。

(3) 塑性区分析

巷道开挖支护后应力重新分布，在支护结构与围岩共同作用下将达到新的平衡状态，在巷道或采空区周边会产生塑性区。理论和实践都证明，巷道围岩塑性区是决定其稳定性的重要因素。一条支巷采硐后和两条支巷均采硐后塑性区分布情况如图 6-33 所示。

如图 6-33(a)所示，左侧支巷采硐后，塑性区范围较小，支巷支护效果较为理想；如图 6-33(b)所示，右侧支巷采硐之后，中心煤柱塑性单元增加，应力向煤柱核区集中，中心煤

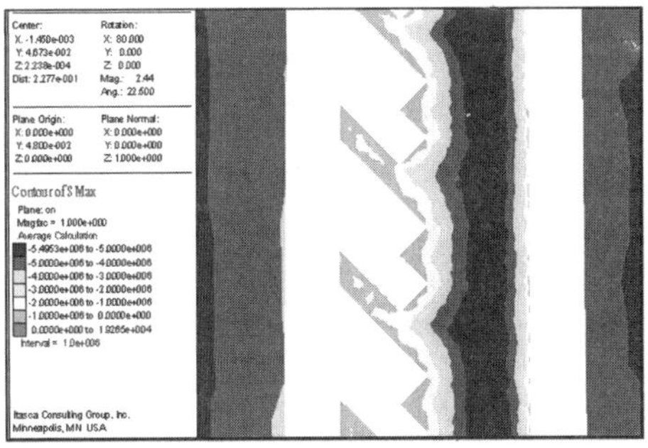

(a)

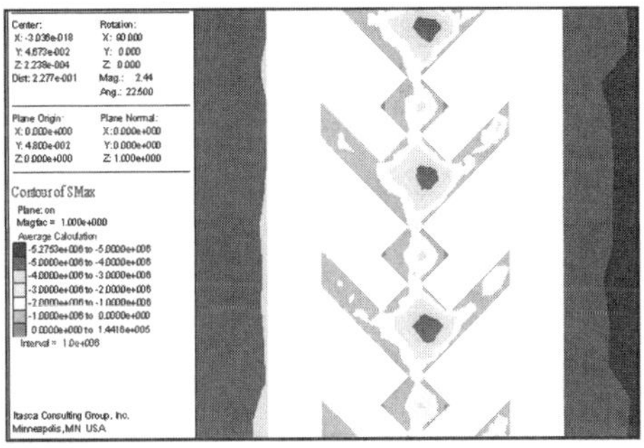

(b)

图 6-31　围岩最大主应力变化情况

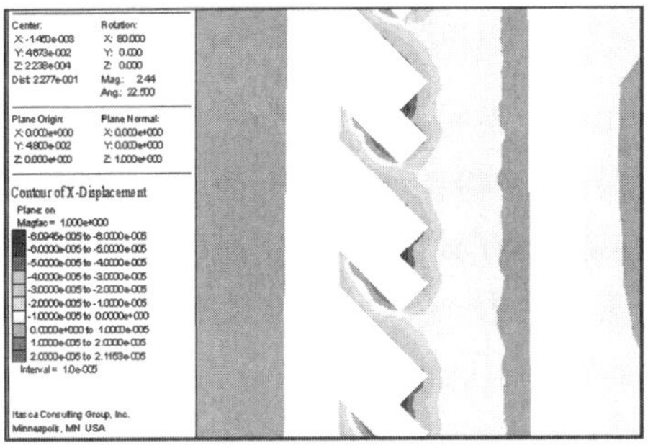

(a)

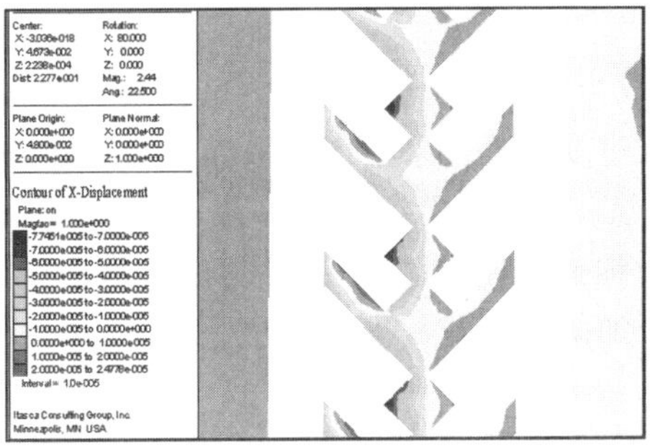

(b)

图 6-32　采硐后水平位移变化情况

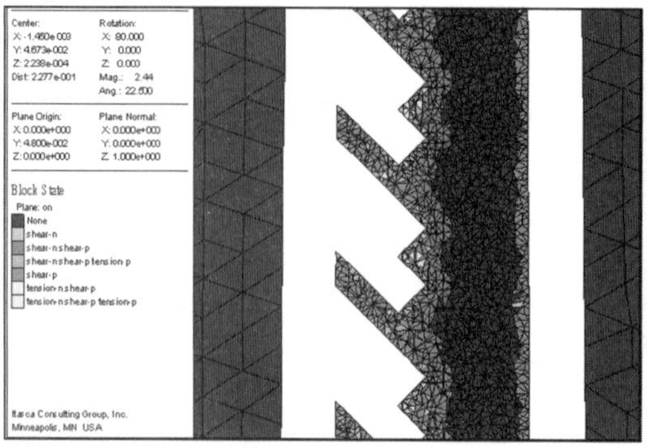

(a)

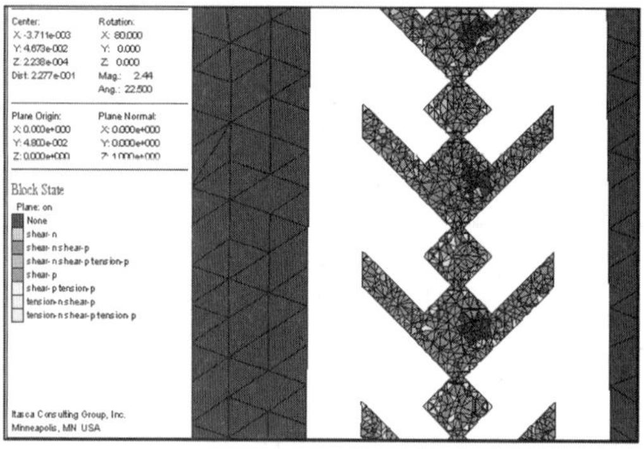

(b)

图 6-33　采硐后塑性区分布情况

柱仍有一定范围的煤体完好，这对于采硐安全管理是有利的。

通过综合比较应力场、位移场、塑性区及锚杆(索)应力的变化情况得出，支巷锚杆锚索联合支护结构在一定程度上改变了巷道表面围岩的单向受力状态，提高了围岩产生塑性变形以后的剩余强度，降低了深部围岩集中应力，使围岩的强度得到了提高，为条带式旺格维利开采支巷的维护和采硐期间顶板管理提供了参考依据。

6.3　房柱式开采技术

柱式采煤法一般以短工作面采煤为其主要标志，指采空区顶板利用采煤工作面周边或两侧的煤柱支撑，采后不随工作面推进及时处理采空区的采煤方法，其中常用的柱式体系采煤法为房柱式采煤法。为控制地表沉陷，可利用房柱式采煤法，只采煤房不回收煤柱(见图 6-34)，以煤柱支撑上覆岩层，有效地控制覆岩破坏，减少地表移动和变形，达到控制地表沉陷的目的，适合于不能搬迁又不便加固维修的密集建筑物下采煤。

6.3.1　房柱式采煤法

6.3.1.1　房柱式采煤法简介

房柱式开采是指在开采煤层内掘进一系列宽度为 5～7 m 的煤房，煤房间用联络巷相连，形成近似长条形的煤柱，煤柱宽度由几米至十多米不等。煤柱可根据条件留下不采，或

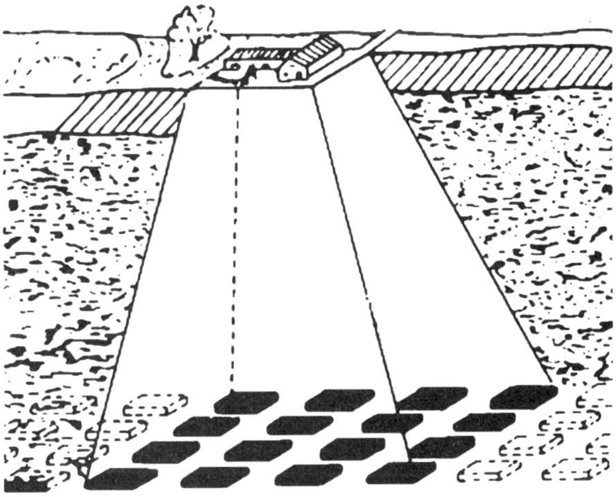

图 6-34　建筑物下房柱式开采示意

在煤房采完后按一定要求将部分煤柱采出，剩余的煤柱用于支撑顶板，布置方式见图 6-35。美国是世界上采用连续采煤机进行房柱式开采最早和产量最高的国家，回采率一般为 50%～60%，地表下沉系数为 0.35～0.68。

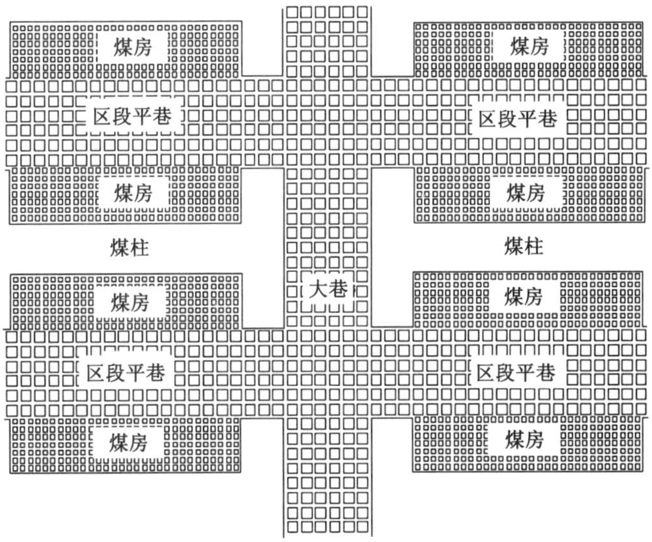

图 6-35　房柱式开采典型布置图

煤房的回采工艺有三种方式：① 用爆破法落煤，人工装煤，输送机或普通矿车运煤。这是一种最原始的工艺方式，以人工装煤为特征。② 机械掏槽和爆破落煤，用移动式装煤机装煤，梭车或带转载机的输送机运煤。这种方式以移动式装煤机装煤为特征。③ 用连续采煤机采煤（完成落煤、装煤工序），房内运输用带转载机的可伸缩带式输送机或梭车。这种方式以连续采煤机采煤为特征。工作面支护由围岩性质和煤房尺寸而定，有普通木柱支护、大跨度棚子支护、锚杆支护和无支护等多种形式。有的国家应用铝合金轻型顶梁配合单体液压支柱支护，采后以专用小车回收。

房柱式开采的煤柱尺寸稍大，一般取 6～12 m，采完煤房后，若不需要控制地表沉陷，则可将煤房两侧的部分或全部煤柱回采出来，顶板任其自行垮落(见图 6-36)。

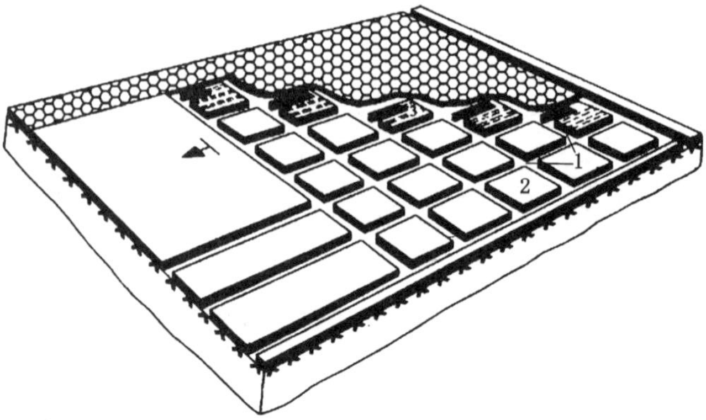

1—煤房；2—煤柱；3—采柱。

图 6-36　房柱式开采煤柱回收示意

6.3.1.2　*房柱式采煤法的回采过程*

具体来说，房柱式采煤法回采过程如下：图 6-37 是连续采煤机工作面情况，采煤顺序为从右到左。采煤机在第三个煤房完成一个采深后，移到第二个煤房开始采煤。锚杆机在第三个煤房内打锚杆。在第二个煤房内，连续采煤机已经开始采煤，第一部梭车在连续采煤机后面装煤，第二部梭车在已形成的第三个煤房等候。第一部梭车装满车以后，就沿电缆方向后退到给煤机旁，并开始卸煤。同时，第二部梭车移动到连续采煤机后装车。当连续采煤机完成了预定的采深以后，移到第一个煤房采煤。同时，锚杆机移到第二个煤房内在新暴露出的顶板上打锚杆。当连续采煤机在第一个煤房完成最后一刀后，移到最右边的煤房里面，开始另一个采煤循环。

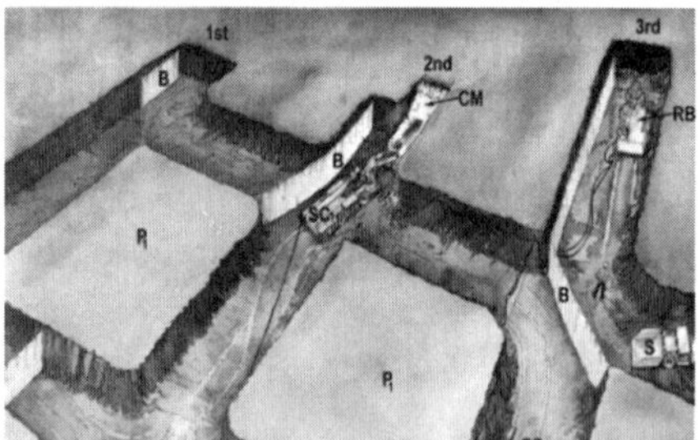

(a) 内部

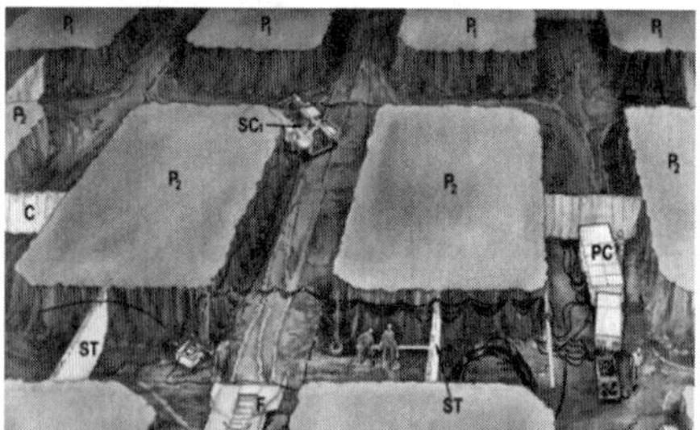

(b) 外部

图 6-37　连续采煤机工作面情况

6.3.1.3　房柱式采煤法的通风

在采掘工作面,风障悬挂在顶板到底板之间,用来引导风向,使风流从最后一个开通的联络巷依次经过采煤工作面。从工作面算起,第二个联络巷也是开通的,同样也用风障导风。在第三个联络巷里设置隔墙,通过风墙使巷道与巷道之间永久性隔离起来,通风线路简图如图6-38所示。

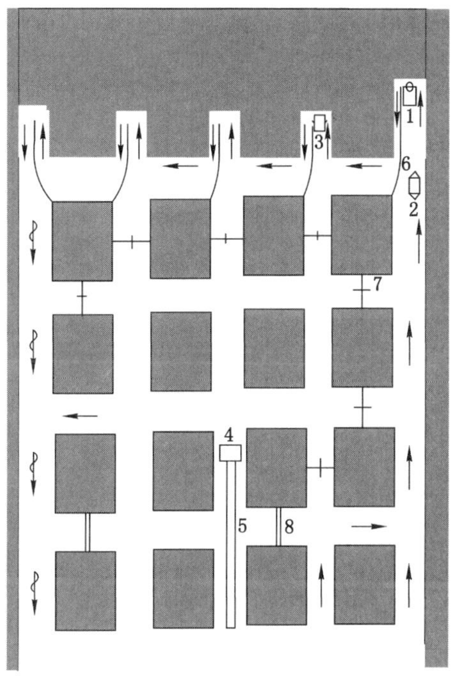

1—连续采煤机;2—梭车;3—锚杆机;4—转载机;5—带式输送机;6—风障;7—风帘;8—风墙。

图6-38　房柱式采煤的通风线路简图

房柱式采煤法存在与我国《煤矿安全规程》相抵触的地方:通风方式上存在串联风,新鲜风流经过多个掘进工作面之后才进入回风巷道;对于一个没有专门风机供风的掘进工作面,巷道长度不允许超过6.0 m。因此,要使房柱式采煤法既适应《煤矿安全规程》关于通风安全方面的规定,又能采房留柱,防止地表沉陷和保护地面建筑物,需要进行进一步的系统改进。

6.3.1.4　房柱式采煤法的优缺点及适用条件

房柱式采煤法有以下优点:

(1) 设备投资少。一般一套短壁综采设备的价格为长壁综采设备的1/6～1/5,而其单产一般为长壁综采设备的1/3～1/2。因此,建设一个相同规模的矿井,房柱式采煤法的设备投资较低。

(2) 采掘可实现合一,建设期短,出煤快。因房柱式采煤法在采煤、掘进过程中使用同一类型的机械设备,采掘基本合一,多巷(房)掘进即采煤,矿井开拓及准备工作量很小。

(3) 设备运转灵活,搬迁快。因房柱式采煤法利用煤柱维护顶板,采场压力小,支护较简单,这就为设备搬迁创造了有利条件。房柱式采煤设备多用履带或胶轮,可自行行走,移动十分方便灵活,可提高搬迁、拆装效率。因此,可以在不规则地带、综采不宜连续推进的条件下采用房柱式采煤法；尤其是开采或穿过断层、冲刷带及其他地质异常区域，连续采煤机工作面快速搬家的优越性更为突出。

(4) 巷道压力小，便于维护，支护简单，可用锚杆支护顶板。房柱式采煤法通常为单一煤层开采，开采速度快，加之巷道压力、变形小，用锚杆即可支护顶板，一般不使用昂贵的U型钢支护；也不掘岩巷，矸石量很少，少量矸石即在井下处理不外运，生产系统简单，地面无矸石山，有利于环境保护，可实现绿色开采。

(5) 当地面要保护农田水利设施和建(构)筑物时，采用房柱式采煤法有时可使总的吨煤成本降低。

(6) 全员效率较高，特别是中小型矿井更为明显。

房柱式采煤法的主要缺点：

(1) 采区采出率低，一般为50%～60%，回收煤柱时可提高到70%～75%。

(2) 通风构筑物多，漏风量大，采房及回收煤柱时，出现多头串联通风。

房柱式采煤法的适用条件如下：

(1) 采深较浅，一般不宜超过300～500 m。

(2) 顶板较稳定的薄及中厚煤层。

(3) 倾角在10°以下，最好为近水平煤层；煤层赋存稳定，起伏变化小，地质构造简单。

(4) 底板较平整，不太软，且顶板无淋水。

(5) 低瓦斯煤层，且不易自然发火。

6.3.2 房柱式采煤法的主要设备

房柱式采煤法工作面设备应根据煤层赋存条件及设备适用条件选用，与条带式旺格维利开采使用的设备类似。按工作面运输方式一般分为两种：一种是间断式运输方式，工作面配置连续采煤机、运煤车或梭车、给料破碎机、锚杆机、铲车、履带行走式支架及带式输送机；另一种为连续式运输方式，工作面配置连续采煤机、锚杆机、连续运输系统、铲车、履带式行走支架及带式输送机。美国久益(JOY)公司生产的12HM36型连续采煤机，其外形如图6-39所示。

图6-39　12HM36型连续采煤机

美国久益公司生产的12CM12型连续采煤机、12CM30型采锚一体机、履带行走式顶板支架，其外形分别如图6-40至图6-42所示。

连续采煤机后配套的间断运输设备主要有梭车、蓄电池运煤车和内燃机运煤车。目前，全球各主要梭车生产商生产的梭车外形及结构布置大同小异，并且随着新技术的应用，这种

图 6-40　12CM12 型连续采煤机

(a)　　　　(b)

图 6-41　12CM30 型采锚一体机

差别还在进一步缩小。总的来说，梭车具有以下特点：

(1) 车架采用整体式结构，卸料部可升降。

(2) 采用全轮驱动形式，动力分别由两台牵引电动机提供，单台电动机驱动同侧的两个车轮。

(3) 为有效减小转向半径，采用全轮转向形式。

(4) 转载全部采用输送机，原理与刮板输送机原理类似，输送减速器使用涡轮蜗杆来提高减速比，刮板链为双边滚子链条。

(5) 为完成梭车行驶过程中的电缆收放，一般都装有卷电缆装置。

梭车是房柱式采掘工作面的运煤设备，它往返于连续采煤机和给料破碎机之间，主要由箱体、行走机构、卸载装备等组成。梭车车厢容量一般为 7～16 t，车厢内的煤在给料破碎机处由梭车车厢内的双边链板输送机卸载，卸载时间一般为 30～45 s。梭车装有电缆卷筒(柴油机和蓄电池驱动的除外)，一般电缆卷筒能缠绕 140～150 m 长的电缆，因而梭车可在不超过 150 m 的区间内往返穿梭运行。梭车运输距离越短，采煤效率越高。而以蓄电池或柴

图 6-42　履带行走式顶板支架

油机为动力的运煤车，因没有电缆而可避免电缆扭伤或断裂等故障造成的停工停产，是其突出的优点。

美国久益公司生产的 10SC32A 型梭车，其外形参见图 6-43。

图 6-43　10SC32A 型梭车

给料破碎机由料斗、链条传送装置、破碎机构、履带式行走机构等部分组成，是连续采煤机房柱式开采的主要配套设备。其作用是接受梭车由工作面运载的煤炭，梭车可快速将其所载煤炭卸入给料破碎机料斗，卸入料斗的煤由传送装置送入破碎机构，大块煤被破碎均匀之后转载至与其相接的带式输送机外运。铲车主要用于搬运物料设备，清理工作面残留的浮煤和杂物，成为必不可少的辅助设备。

6.3.3　房柱式采煤法的运用

房柱式开采煤柱可根据条件留下不采，保留的煤柱用于支撑顶板。它不仅具有矿井开拓准备工程量小、出煤块、设备投资少、工作面搬迁灵活等优点，而且巷道压力小、上覆岩体破坏程度低、地表沉陷量小。尤其是采用房柱式连续采煤工艺时，采煤机、装载机、梭车和锚杆机协调作业，具有很高的生产效率。

6.3.3.1　房柱式采煤法在国外的运用

柱式体系采煤法在美国、澳大利亚、加拿大、印度和南非等广泛应用。美国是世界上采用连续采煤机房柱式开采最早和产量最高的国家，通常采用房柱式采煤法来保护地面建筑物。适当控制煤柱的回采比例就可防止地表塌陷，满足建(构)筑物及环境保护的要求，这对村庄下采煤或其他特殊条件下的采煤尤为重要。在美国的地下开采中，这种采煤方法的产量约占 50%。澳大利亚的房柱式采煤法所占的比例也较大。开采实践证明，采出率为 50% 左右时，煤柱能够支撑地表长期稳定不沉陷。英国、美国、南非等国家对房柱式开采煤柱的稳定性、尺寸留设方法进行了研究，获得了大量的研究成果，其中，重点研究了煤柱的高宽比对煤柱稳定性的影响。

美国、英国等国家采用这种方法在大型钢铁厂及其他重要建筑物下进行了卓有成效的开采。房柱式采煤法配有连续采煤机、转载机、梭车等成套机械化设备，生产效率较高。20 世纪 80 年代末在美国曾对房柱式开采与长壁工作面开采的矿井做过比较，以同是年产 136 万吨为基准，房柱式开采的矿井投资少、投产快，基建吨煤投资加上吨煤生产成本为 20.07美元/吨，比长壁工作面开采矿井的 21.03 美元/吨稍低。

6.3.3.2　*房柱式采煤法在我国的运用*

我国有一部分煤田的地质条件较适合采用柱式体系采煤法，特别在平硐开拓的中小型矿井中，应用较为有利。一些矿井基于“三下”严重压煤的实际情况，如条件适宜，可以采用柱式体系采煤法。但采用柱式体系采煤法，必须解决相应的设备配套问题并改进巷道布置，尽量提高采出率，在我国房柱式采煤法应用相对较少。

陕西陕煤黄陵矿业有限公司是我国第一个完全采用连续采煤机房柱式采煤法的大型矿井。山西焦煤西山煤电(集团)有限责任公司西曲煤矿为回收高压线塔下的压煤，采用连续式采矿设备(LN800 型采煤机、10SC-40B 型梭车、TD1-4S 型锚杆机)成功地回采了 2.2 m 厚的近水平煤层。兖矿集团南屯煤矿采用美国久益公司生产的 12CM18-10B 型连续采煤机采全厚房柱式开采(煤柱尺寸为 20 m×15 m，巷道宽度为 4.5 m)，选用澳大利亚生产的 CHDDR-AC 型锚杆机支护煤房对 1304 工作面进行了回采。鸡西矿业集团小恒山煤矿、同煤集团姜家湾煤矿也采用过房柱式采煤法。我国神东矿区大柳塔煤矿采用连续采煤机房柱式采煤法开采不适于布置长壁工作面的边角煤，月产量达 9 万吨。

潞安集团漳村煤矿曾针对国外房柱式开采通风条件差的缺点，结合我国煤矿实际，提出了长壁布置条件下的房柱式开采方法。某工作面上部有厂房、村庄等建筑物，压煤量约为 70 万吨(见图 6-44)。借鉴美国房柱式开采经验，结合煤矿具体地质采矿条件，进行房柱式开采优化设计研究：对房柱式开采生产系统、采煤工艺、设备配套、房柱设计、通风系统、运输系统等关键技术进行论证；在煤层及围岩物理力学性质研究的基础上，研究房柱式开采煤柱的尺寸、形式，通过数值模拟研究煤柱的稳定性，并进行房柱式开采地表沉陷的预测分析(见图 6-45)；研究不同开采设计对地表村庄建筑物的采动影响情况，评价建筑物的采动影响程度；进行房柱式开采的采出率、开采效率及技术经济效果分析，认为长壁布置条件下的房柱式采煤法能实现地表建筑物的安全正常使用，技术和经济上可行。长壁布置条件下房柱式开采技术的应用对合理开采建筑物下煤炭资源，提高煤炭资源回收率，延长矿井服务年限等具有重要意义。

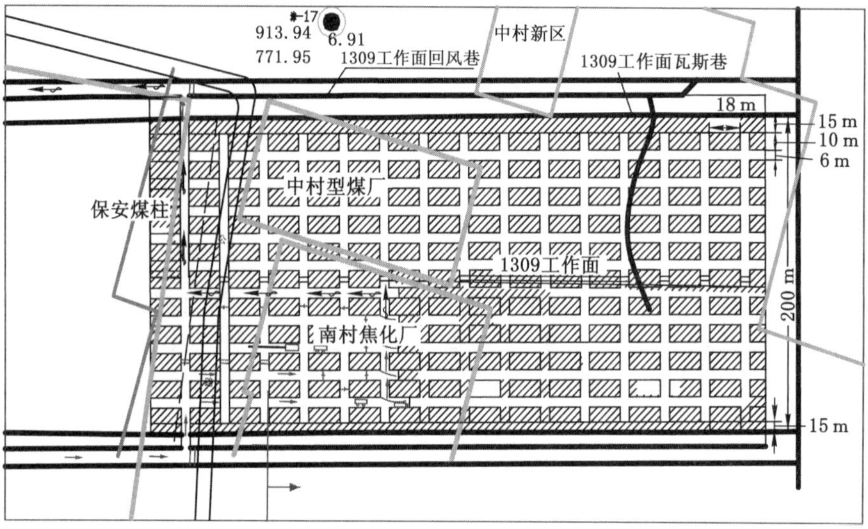

图 6-44　工作面地表建筑物情况

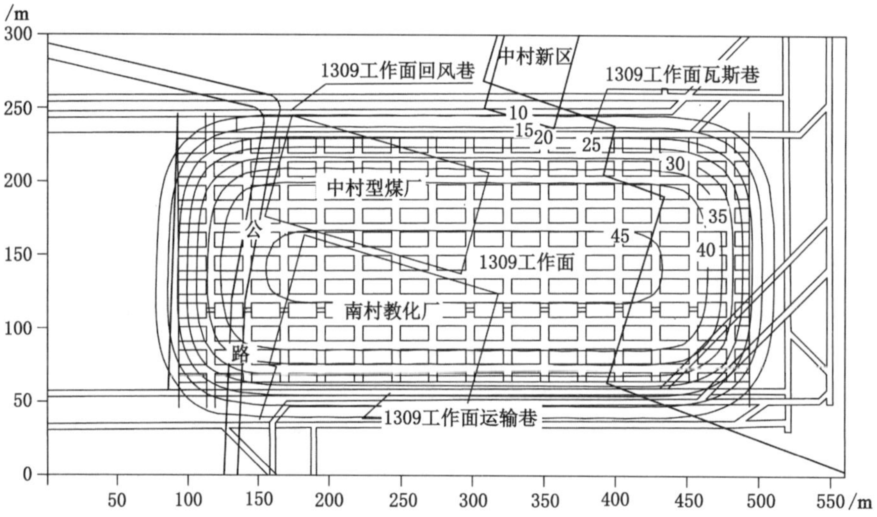

图 6-45　房柱式开采预计地表沉陷等值线图

6.4　协调开采技术

井下协调开采通过合理布置井下开采布局与开采顺序来达到减小地表变形的目的，包括全柱开采、工作面协调开采、择优开采、连续开采、适当安排工作面与建筑物长轴的关系、干净回采不留煤柱等。

6.4.1　全柱开采

全柱开采是指在建筑物下煤柱的整个范围内，用一个或多个工作面同时推进的开采方法，增大开采范围使建筑物最终位于移动盆地中央，建筑物虽然下沉量大，但只承受动态变形影响，最终变形量很小。全柱开采可以最大限度地减少开采引起的地表变形对受护建筑物的有害影响。为了实现全柱开采，最根本的要求是建筑物地下附近不出现永久性开采边界和不造成变形的累加。为此，必须实现长工作面开采和逐层(或逐分层)间歇开采。

6.4.1.1　长工作面开采

当工作面的尺寸远大于采深时，地表下沉呈现超充分特征，下沉盆地呈平底状。长工作面开采就是利用长工作面形成的地表下沉盆地中央区稳定后变形量很小的特点，使建筑物位于稳定后地表下沉盆地的中央区(见图 6-46)。这时，要求动态变形量小于建筑物允许变形量(开采引起的动态变形量一般为最大变形量的 65%左右)，还要求开采后潜水位的变化不影响建筑物的正常使用。长工作面开采通常适用于煤层厚度不大、采深较小的情况，同时要求工作面连续、匀速推进。

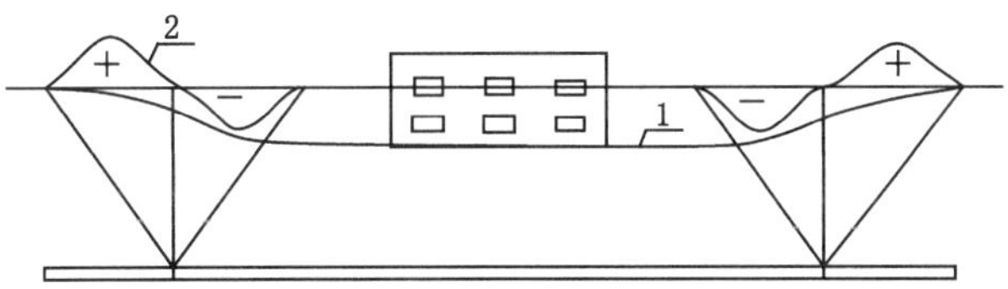

1—地表下沉曲线；2—地表水平变形曲线。

图 6-46　超充分采动条件下地表移动盆地和平底内的建筑物

长工作面开采布置方式有以下几种：

(1) 单一长工作面，是指在煤柱范围内只布置一个工作面，一般在煤柱面积较小时采用[见图 6-47(a)]。

(2) 台阶状长工作面，是指在煤柱范围内布置几个互相错开的台阶状工作面，一般在煤柱面积较大时采用这种方式，工作面超前距离应尽量减小[见图 6-47(b)]。

(3) 对拉工作面，是指采用两个工作面同时开采，煤炭对拉至两个工作面中间的巷道运出；当煤柱较大时，可以采用四个工作面组成双对拉工作面进行开采。

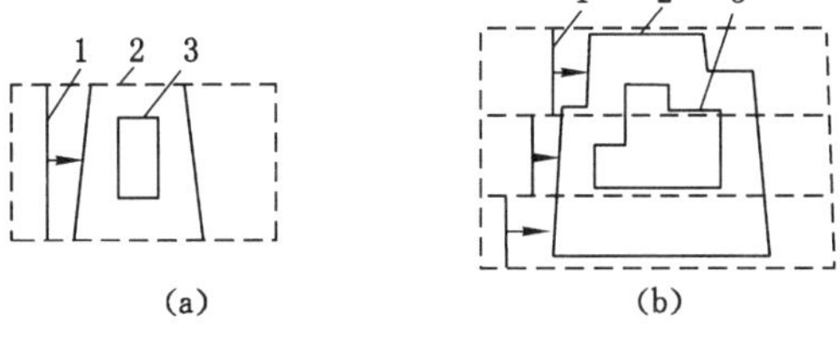

1—采煤工作面；2—建筑群煤柱边界；3—建筑群边界。

图 6-47　长工作面开采布置方式

6.4.1.2　间歇开采

间歇开采是指在煤柱内一次只开采一个煤层(或分层)。第二个煤层(或分层)的回采要在第一个煤层(或分层)回采结束、地表移动基本稳定后才能进行，以消除或减少多个煤层开采的累加和集中影响。

6.4.2 工作面协调开采

工作面协调开采是指利用两个或多个相邻采煤工作面，在时间和空间上保持一定关系向前推进，以部分抵消开采所导致的地表拉伸和压缩变形的开采方式。

6.4.2.1 两个煤层(或分层)的协调开采

上下两个煤层工作面保持一定错距，同时开采，使两个工作面开采引起的地表拉伸与压缩变形部分抵消，达到减少建筑物最大动态变形及开采影响次数的目的(见图 6-48)。

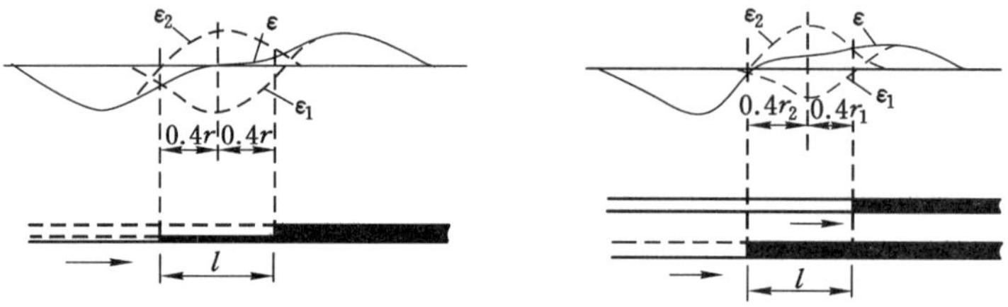

(a) 厚煤层两个分层的协调开采　　(b) 两个煤层的协调开采

图 6-48　协调开采下地表变形示意

上下两个煤层工作面互相错开的距离 l，可用式(6-24)计算：

$$l = 0.4(r_1 + r_2) = 0.4(H_1 + H_2)/\tan\beta \tag{6-24}$$

式中　r_1, H_1——上煤层的主要影响半径及采深，m；

r_2, H_2——下煤层的主要影响半径及采深，m；

$\tan\beta$——主要影响角正切。

厚煤层两个分层工作面互相错开的距离 l，则可由式(6-25)计算：

$$l = 0.8r = 0.8H_0/\tan\beta \tag{6-25}$$

式中　r——主要影响半径，m；

H_0——平均采深，m。

6.4.2.2 同一煤层多工作面的协调开采

如图 6-49 所示，采用一个大的工作面或几个工作面同时开采，使建筑物位于移动盆地的平底部位，建筑物只受动态变形的影响，从而保护建筑物。同时考虑多工作面开采过程中地表移动变形的动态影响，故将工作面按一定方式布置。

6.4.2.3 对称开采方法

在建筑物下开采时，如果建筑物抵抗压缩变形的能力较大，而对倾斜和拉伸变形又十分敏感，则可以采用对称背向开采的方法(见图 6-50)。例如，在受保护建筑物正下方布置两个背向开采的工作面。在这种情况下，建筑物一开始就处于下沉盆地中央的压缩变形区内，不承受拉伸变形，不产生倾斜。这种方法一般只在回采十分重要的单个建筑物下煤柱时才采用。

6.4.3 择优开采

当煤柱范围内有几个煤层时，不一定严格按照由上而下的顺序开采，可以根据煤层的间距、预计的地表变形值和建筑物的抗变形能力等因素，选择采深较大和采厚较小的煤层首先开采，待取得必要的数据和经验后，继续开采其他煤层。

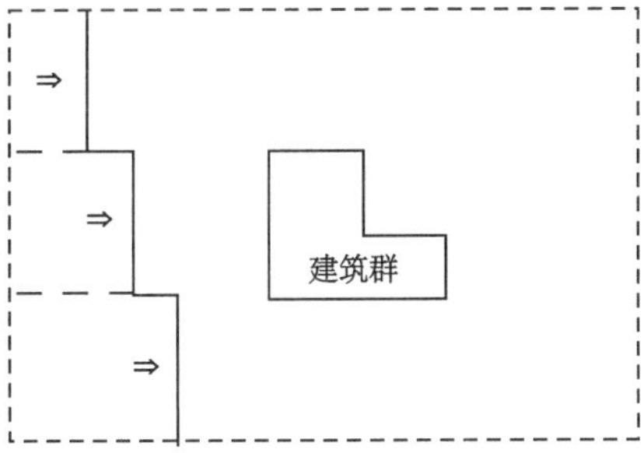

图 6-49　多工作面错距布置示意

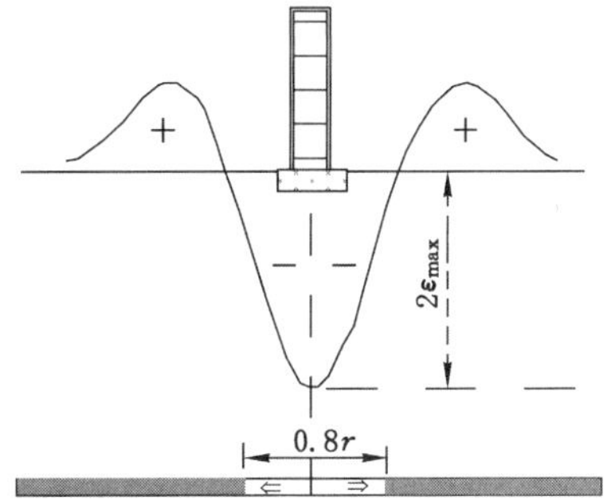

图 6-50　双工作面背向开采下地表变形示意

6.4.4　连续开采

在开采面积大的煤柱时，一般采取连续开采方式，不允许过久停顿。因为每过久停顿一次，就会形成一个永久性的开采边界，使本来只承受动态变形的地方发展为承受静态变形的影响。

6.4.5　适当安排工作面与建筑物长轴的关系

建筑物抗变形能力与它的平面形状有一定的关系。矩形建筑物长轴方向抗变形能力较小，短轴方向抗变形能力较大，可以利用这一特点来布置工作面。

(1) 当建筑物位于回采区段周边以内时，长壁工作面应垂直于建筑物长轴方向推进[见图 6-51(a)]。

(2) 当建筑物位于回采区段周边以外时，长壁工作面应平行于建筑物长轴方向推进[见图 6-51(b)]。

(3) 尽量避免工作面与建筑物长轴相交[见图 6-51(c)]。

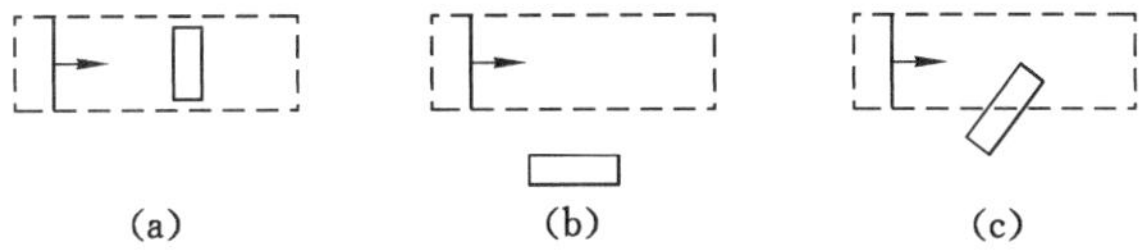

图 6-51　工作面推进方向与建筑物的位置关系

(4) 对于城市工业或住宅建筑群，应以其中主要的或大多数的建筑物、街道、设备的长轴方向为依据来布置长壁工作面(见图 6-52)。

6.4.6　干净回采，不留煤柱

理论分析及实测表明，残留在采空区内的煤柱宽度超过一定尺寸后，其上方地表会出现变形的累加现象。

由图 6-53 可以看出，当煤柱宽度大于或等于 $4r-2S$ 时，地表变形不叠加(r 为主要影响半径，S 为拐点偏移距)；当煤柱宽度为 $2r-2S$ 时，地表会出现变形叠加，但仍为原来的最大值；当煤柱宽度为 $0.8r-2S$ 时，地表变形叠加后达到煤柱两边开采引起的变形最大值的两倍；煤柱宽度继续减小，地表变形仍发生叠加，但两个峰值不再叠加在一起；当煤

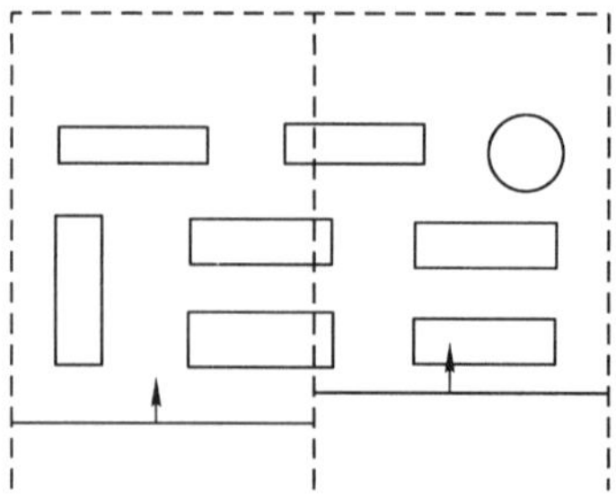

图 6-52　工作面推进方向与建筑群的位置关系

柱宽度减小到使煤柱完全丧失承载能力时，地表变形与无煤柱开采时的相同。因此，当采用全部垮落法管理顶板进行建筑物下采煤时，应尽量干净回采，不留煤柱，尤其不能残留 $0.8r-2S$ 宽的煤柱。

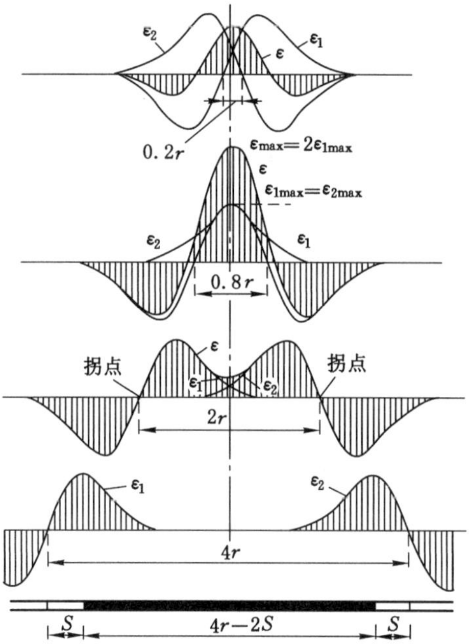

图 6-53　残留煤柱对地表变形的影响示意

第 7 章　薄煤层开采技术

电子教案

薄煤层是指地下开采时厚度在 1.3 m 以下的煤层，露天开采时厚度在 3.5 m 以下的煤层。按照我国煤层厚度分级，井工煤矿开采 0.8～1.3 m 的煤层为薄煤层，0.8 m 以下的煤层为极薄煤层。

7.1　薄煤层开采现状和发展趋势

7.1.1　薄煤层开采现状

我国薄煤层资源分布十分广泛，储量丰富。根据“十五”期间的统计，全国已探明的薄煤层可采储量约为 6.15×10^{9} t，约占煤炭总可采储量的 19.7%。其中，薄煤层占 86.2%，极薄煤层占 13.8%。

在一些地区薄煤层储量比例很大，见表 7-1。

表 7-1　我国主要薄煤层分布省份

序号	地区	薄煤层储量/($\times10^{8}$ t)	薄煤层储量所占比例/%
1	四川省	14.8	51.8
2	山西省	13.81	17.6
3	山东省	5.84	43.9
4	河南省	5.24	12.3
5	贵州省	4.64	37.2
6	湖南省	0.41	28.9

我国作为世界上重要的产煤基地，在厚煤层综采、综放开采方面取得了重大突破，处于国际领先地位，然而在薄煤层综采方面却相对薄弱。其主要的客观原因是薄煤层开采空间小、效率低、工人劳动强度大、安全事故多、经济效益低下，大量薄煤层煤炭资源处于搁置状态，回采产量占总产量的比例只有 10.4%，远低于储量所占的比例，而且有下降的趋势。加快薄煤层的安全高效开采显得非常紧迫，体现在如下几个方面：

(1) 各矿区在投产初期通常优先开采中厚煤层和厚煤层，甚至放弃了部分薄煤层，浪费了大量宝贵的煤炭资源，造成了生产接续和资源平衡开发的矛盾日益突出，也缩短了矿井的服务期限。为了实现矿区的健康协调发展，必须实现薄煤层高效开采。

(2) 煤炭是不可再生资源，随着开采的不断进行，煤炭资源越来越少。我国华东、华南、西南、东北等地区煤炭资源紧缺，薄煤层可采储量所占的比例大，为缓解煤炭供求关系紧张、运力紧张和运输成本高的局面，必须实现薄煤层高效开采。

(3) 薄煤层炮采工艺技术落后、生产效率低、劳动强度大、作业环境差，不符合以人为本的时代要求，必须以机械化、自动化、信息化安全高效开采为手段，研究和推广薄煤层高效综合机械化开采技术，才能体现出科学发展、以人为本的时代要求，并获得良好的经济效益。

(4) 在煤与瓦斯共采突出矿井，薄煤层开采是保护层开采的需要，可以消除瓦斯突出危险，保证区域消突和采掘衔接。

7.1.2 薄煤层开采发展趋势

我国薄煤层的开采经历了四个发展阶段。

第一阶段：20 世纪 50 年代，我国在薄煤层开采中主要使用炮采工艺。

第二阶段：20 世纪 60 年代，开始使用深截深截煤机掏槽爆破落煤，人工装煤，平面环行式薄煤层输送机运煤，木对柱或丛柱支护顶板，回柱绞车放顶的工艺系统。在鸡西、淄博等矿区使用爬底式改装 MLQ-64 型薄煤层采煤机，工作面单产达 6 000～8 000 t/月，回采工效达 2～4 t/工，比炮采工作面提高了 0.5～1 倍。

第三阶段：20 世纪 70 年代以来，薄煤层机组得到了较大的发展。1974 年开始研制新型薄煤层采煤机。80 年代以来，单体液压支柱的成功应用，促进了薄煤层机组的发展。BM-100、MLT-150、YRG 型等采煤机相继出现，并在鸡西、双鸭山、七台河和开滦等矿区使用，取得了较好的技术经济效果，使薄煤层产量和开采效率都有了很大提高。

第四阶段：21 世纪以来，我国薄煤层开采的综合机械化、自动化和智能化得到极大发展，在采用滚筒采煤机、刮板输送机和液压支架配套的采煤机综采机组，采用刨煤机、刮板输送机和液压支架配套的刨煤机综采机组，和采用螺旋钻机组这三个技术途径上取得进展，装备和技术水平得到提高。

缓倾斜薄煤层采煤方法，其适用条件及优缺点对比见表 7-2。

表 7-2 缓倾斜薄煤层各种采煤方法特点对比

类型	地质条件	煤层条件	特 点
薄煤层高档普采	普采对煤层赋存的地质条件适应性较综采强	厚度大于 0.6 m、倾角小于 30°的各种硬度的薄煤层	与综采相比设备投资少，机械化程度较综采低，劳动强度较综采大，采煤机完成落煤和装煤工序，工作空间支护和采空区处理都需要人工
薄煤层综采	地质构造简单，无大断层、褶曲；对地质条件的适应性较刨煤机和螺旋钻强	厚度大于 0.8 m、倾角小于 25°的各种硬度的薄煤层；煤层起伏变化小	采煤机机身矮，整机长度尽可能短，要有较高的整体结构强度和稳定性；输送机中部槽要低；破、装、运、支、处全部实现机械化

表 7-2(续)

类型	地质条件	煤层条件	特　点
薄煤层刨煤机开采	顶板稳定性好，顶板不黏顶煤；煤层中硫化铁块度小，含量不多，或分布位置不影响刨煤机刨煤；夹石层厚度小于 200 mm；底板平整，起伏不超过 10°，没有底鼓；沿煤层走向及倾斜方向无大的断层（断层落差小于 0.5 m）及褶曲	煤层厚度小于 2 m，煤层倾角小于 25°，最好小于 15°，煤质中硬以下（f 小于 1.8），硬煤及特黏性煤不宜用刨煤机开采	刨煤机结构简单可靠，便于维修；截深小（一般为 4～15 cm）；刨落煤的块度大，劳动条件好；工作面可实现无人操作，移架和移输送机工人的工作位置相对固定，通常刨进 10 次（600 mm）移一次液压支架，劳动强度小；对地质条件的适应性不如滚筒采煤机强；自动化程度高，要求操作者具备较高的知识水平
薄煤层螺旋钻采煤	螺旋钻采煤机组可用于有瓦斯和煤尘爆炸危险的薄煤层开采，也可用于不规则煤层和保安煤柱的开采，但不允许在有突出危险和自燃危险的煤层中应用	厚度为 0.4～1.0 m，倾角小于 27°，走向起伏小于 8°，各种硬度的薄和极薄煤层。主要采厚在 0.7 m 以下的极薄煤层	螺旋钻采煤机组布置在运输顺槽中；钻头割煤，螺旋钻杆掏煤，煤直接落在运输顺槽的刮板输送机上运出，采宽为 1.9～2.1 m，采深可达 85 m（向上钻深 85 m、向下钻深 45 m）。工作面无人开采，劳动条件好。达到设计采深或遇断层时退出钻杆，预留 0.5～1.0 m 宽煤柱后开始下一循环钻采

我国薄煤层开采面对自动化、信息化和智能化发展的历史潮流，在总体配套前要对开采方法适应性进行充分论证，优先选用薄煤层自动化设备进行开采，充分实现工作面的综合机械化、自动化和无人化开采。在装备和技术方面，还需要进一步完善薄煤层开采的成套装备，发展快速掘进机、高效掘锚机和高速连续采煤机等关键设备。争取在薄煤层 400 m 刨煤机长壁工作面和 300～500 m 滚筒采煤机长壁工作面开采方面取得突破，新型四、五钻头螺旋钻采煤机极薄煤层开采技术得到推广。

薄煤层是宝贵的煤炭资源，其安全高效开采是煤炭工业高质量发展的重要组成部分，一定要“精采细采”，绝不能“弃而不采”。薄煤层开采要拓宽煤炭开采的“空间界限”，促进煤炭生产的“机器换人”和“技术革命”。中国煤炭工业协会原会长王显政在全国煤矿薄煤层智能开采现场推进会上指出，面对自动化、信息化和智能化发展的历史潮流，煤炭行业要牢牢把握数字经济变革的新时代机遇，以高质量、高效率、高效益为核心，以清洁、绿色、低碳为主攻方向，加快推进薄煤层智能开采技术创新，为煤炭高质量发展注入强劲动力。

7.2　薄煤层综采工作面总体配套技术

《薄煤层综采工作面总体配套技术条件》(GB/T 37806—2019)标准适用于煤矿地下开采煤层厚度大于 0.8 m(含)且小于 1.3 m(含)薄煤层综采工作面总体配套（以下简称薄煤层工作面总体配套）。

7.2.1 一般要求

薄煤层工作面总体配套前应对开采方法适应性进行论证。优先选用薄煤层自动化设备进行开采。

薄煤层工作面总体配套前应先进行工作面设计，确定工作面生产能力、工作面基本参数，包括确定破煤设备、工作面走向长度、工作面倾角、工作面实体煤长度、工作面推进方向、设备运输巷道断面形式和尺寸、设备下井运输尺寸和质量。

薄煤层工作面总体配套应提供全套配套图，包括中部断面配套图、机头和机尾断面配套图、端头断面配套图(配有端头支架的工作面)、工作面平面布置图、运输巷道内设备布置关系图、工作面供液和供水接口要求图、"三机"配套技术协议和各设备技术协议。薄煤层开采总体配套流程见图 7-1。

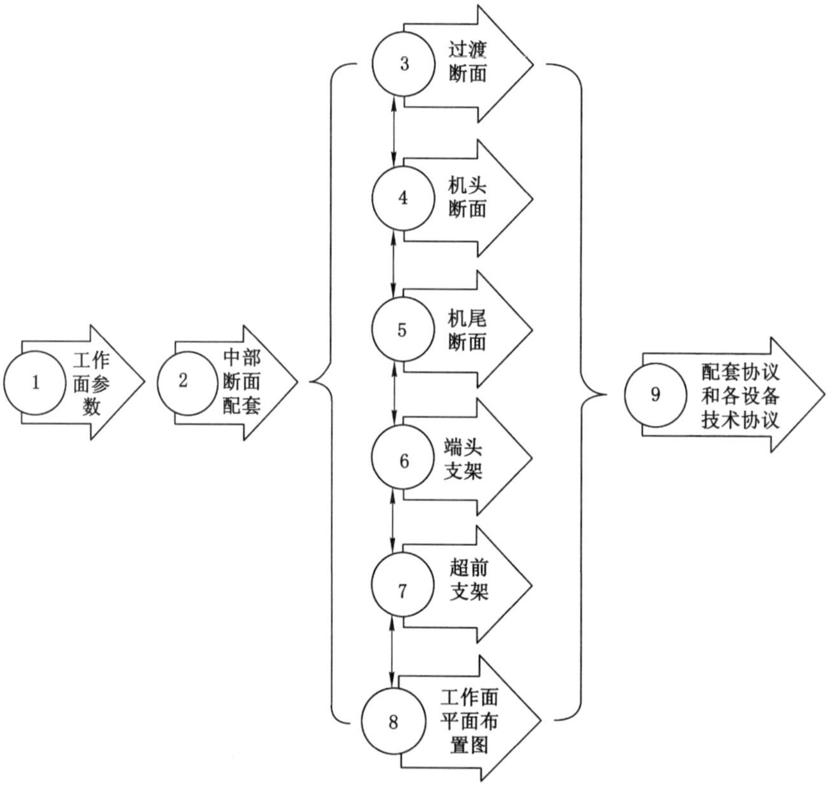

图 7-1 薄煤层开采总体配套流程

7.2.2 适用条件

工作面面长宜为 100～300 m。瓦斯煤层和突出煤层应预抽采，保证本煤层瓦斯含量不大于 6 m^3/t。开采易自燃煤层应测定煤层自燃参数，针对不同的自燃等级采取相应的防灭火技术措施。工作面开采煤尘爆炸指数宜小于 15%，煤尘爆炸指数大于 15%的工作面应采取防尘防爆措施。

7.2.3 生产能力

采煤机(刨煤机)生产能力应不小于工作面设计生产能力的110%。刮板输送机的输送能力应不小于采煤机生产能力的110%。液压支架的移架速度应与采煤机的正常割煤速度相匹配。乳化液泵站输出压力、流量应能满足液压支架初撑力及移架速度要求。转载机输送能力应不小于刮板输送机运输能力的110%。破碎机破碎能力应不小于转载机输送能力的110%。

7.2.4 单机要求

7.2.4.1　采煤机技术要求

采煤机应选用大功率、矮机身的薄煤层滚筒采煤机。采煤机滚筒直径应小于最大采厚。采煤机应安装内外喷雾装置。

7.2.4.2　刨煤机技术要求

刨煤机选型应符合《刨煤机 型式和基本参数》(MT/T 410—2017)规定。对于开采条件较好的薄煤层工作面,宜选用滑行刨煤机,滑行刨煤机刨头与滑架类型以及配合间隙尺寸应符合《滑行刨煤机 刨头和滑架》(MT/T 1118—2011)的相关规定。

7.2.4.3　液压支架技术要求

液压支架的结构形式应与煤层赋存条件相适应,支护强度应满足工作面矿压要求。液压支架的支护断面应满足工作面通风要求。液压支架应配备喷雾降尘装置。液压支架宜采用板式顶梁结构,顶板破碎情况下应选用板式伸缩梁结构。端头液压支架应保证工作面两端支护强度和支护空间的要求。根据工作面条件在两巷布置超前支架。液压支架最小结构高度应满足井下运输要求。液压支架最大结构高度应比配套最大采厚大100～200 mm。液压支架宜配备电液控制系统,工作面宜采用自动化开采。刨煤机工作面的液压支架与刮板输送机之间应设置调斜装置。

7.2.4.4　刮板输送机技术要求

刮板输送机应选用高强度刮板链、矮槽帮中部槽。刮板输送机与转载机应有合理的搭接卸载高度。刮板输送机链条宜采用紧凑型扁平链。

7.2.5 设备间的配套要求

7.2.5.1　滚筒采煤机薄煤层综采配套要求

(1) 采煤机与刮板输送机配套要求

采煤机行走轮节距应与刮板输送机销轨节距一致。最小采厚时采煤机过煤高度应不小于260 mm。在机头、机尾位置,当采煤机滚筒中心与煤壁重合时,滚筒卧底量不小于100 mm,确保割透机头、机尾三角煤。机头、机尾极限状态时,铲间距需要校核,极限状态间隙应不小于100 mm。采煤机支撑滑靴与刮板输送机槽帮之间的安全距离应不小于35 mm。采煤机行走箱与刮板输送机电缆槽之间的安全距离应不小于40 mm。刮板输送机机头和机尾处应布置变线槽,保证采煤机与刮板机在机头和机尾处不干涉。

(2) 液压支架与滚筒采煤机配套要求

弯摇臂采煤机,最大采厚时采煤机摇臂最大凸起处不与支架顶梁干涉。最大采厚时,采煤机应有不小于 50 mm 挑顶量。液压支架拉架后,采煤机机身上表面与液压支架顶梁下沿应有不小于 100 mm 安全过机空间。液压支架的支撑高度应符合《液压支架设计规范》(MT/T 556—1996)的规定。液压支架的移架步距应大于采煤机截深。滚筒采煤机螺旋叶片边缘到顶梁前端间的距离为滚筒采煤机配套液压支架梁端距,梁端距应满足式(7-1)要求。

$$D_1 = H\tan 5^\circ + (B_1 - B_2) + 50 \tag{7-1}$$

式中 D_1——滚筒采煤机配套液压支架梁端距,mm;

H——支架最大高度,mm;

B_1——采煤机滚筒最大宽度,mm;

B_2——支架移架步距,mm。

(3) 液压支架与刮板输送机配套要求

刮板输送机中部槽长度应与液压支架中心距保持一致。刮板输送机推移耳应设置斜长孔。刮板输送机电缆槽与液压支架的安全间距宜大于 150 mm。刮板输送机电缆槽下部与液压支架底座极限状态安全距离宜大于 50 mm。

(4) 刮板输送机与转载机配套要求

刮板输送机机头与转载机搭接方式宜采用端卸布置方式,地质条件适宜的矿区宜采用侧卸布置方式。采用端卸结构刮板输送机时,刮板输送机底座和转载机搭接部位水平与垂直距离应大于 50 mm。转载机一般沿底板布置,地质条件适宜的矿区可以采用转载机卧底方式来保证机头卧底深度。

7.2.5.2 刨煤机薄煤层综采配套要求

(1) 液压支架与刨煤机配套要求

液压支架拉架后,刨煤机机身上表面与液压支架顶梁下沿应有不小于 100 mm 的安全过机空间。刨头导轨前沿到顶梁前端间的距离为刨煤机配套液压支架梁端距,梁端距应满足式(7-2)要求。

$$D_2 = H\tan 5^\circ + 50 \tag{7-2}$$

式中 D_2——刨煤机配套液压支架梁端距,mm;

H——支架最大高度,mm。

液压支架推移杆上应设置调整孔来调整支架与运行轨道之间的距离,向采空区侧可调 100 mm,向煤壁侧可调 200 mm。最大采厚时,刨头应有 50 mm 挑顶量。

(2) 液压支架与刮板输送机配套要求

刮板输送机中部槽长度与液压支架中心距需一致。刮板输送机按一定行程定量推移,推移装置在全刨深及减小刨深情况下,导轨中的浮矸或煤粉不能给推移装置造成影响。液压支架推移杆和刮板输送机挡煤板上应设置调斜装置,每两节或每三节刮板输送机中部槽上安装一个轨道调斜千斤顶,以防止刨头漂刀或啃底。刮板输送机机头与转载机搭接方式一般采用侧卸布置方式,机头采用卧底方式以保证刨头割透三角煤。液压支架移架后,刮板输送机电缆槽与液压支架过桥水平距离应大于 300 mm。工作面两端过渡和端头液压支架结构形式与尺寸应满足刮板输送机传动部安装更换的需要。

(3) 刮板输送机与转载机配套要求

刮板输送机机头与转载机搭接方式一般采用侧卸布置方式。转载机一般采用卧底方式来保证刨头割透三角煤。

7.2.6 机头、机尾过渡配套要求

过渡液压支架结构形式与尺寸应满足刮板输送机传动部安装更换需要。过渡支架宜采用滞后布置方式。工作面沿底板掘进时，过渡支架与中部支架采用阶梯方式将采厚由巷道高度过渡到正常采厚时，过渡支架顶梁与中部支架顶梁间垂直距离应不大于200 mm。过渡支架与中部支架掩护梁侧护板在最大采厚时应有不小于100 mm水平距离搭接量。机头、机尾过渡支架推移点应设置一定间距的排孔，以满足机头、机尾上窜下滑调整支架间距时的需要。

7.2.7 端头配套要求

端头支架的最大高度应比巷道高度至少高200 mm。端头支架与巷帮之间安全行人空间不小于700 mm。端头支架、刮板输送机及转载机的推移步距要相适应。

7.2.8 超前支护配套要求

超前支护长度应不小于20 m。超前支架推移步距应与工作面液压支架推移步距相适应。

7.2.9 平面布置图配套要求

根据工作面面长、顺槽宽度及设备布置情况确定中部支架、过渡支架及端头支架的数量。确定合理的刮板输送机机头、机尾变线溜槽节数，确保采煤机滚筒将两端煤墙割透并留有一定的卧底量。运输平巷内配套设备与巷道下帮之间应留有不小于700 mm的安全行人空间。

其他安全要求：配套设备应有足够的行人空间且满足通风断面的要求，液压支架内行人通道的宽度和高度应符合《煤矿用液压支架 第2部分：立柱和千斤顶技术条件》(GB/T 25974.2—2010)的规定。采煤机和液压支架应有喷雾降尘系统，喷雾流量应当与机型相匹配，降尘效果、粉尘浓度应符合《煤矿采掘工作面高压喷雾降尘技术规范》(AQ 1021—2006)的规定。液压支架应采用邻架控制。转载机上的破碎机应有安全防护装置。可伸缩带式输送机应设置各种规定的保护。可伸缩带式输送机与转载机的搭接应可靠，应设置快速移动胶带自移机尾装置。

7.3 薄煤层综采工作面主要装备

世界上薄煤层开采技术先进的两个国家——美国和德国，全都采用综采设备进行薄煤层开采。德国主要采用刨煤机配备液压支架等综采设备进行薄煤层开采，美国则采用滚筒采煤机配备液压支架等综采设备进行薄煤层开采。

7.3.1 薄煤层滚筒采煤机

目前，国内外薄煤层和极薄煤层滚筒采煤机以骑输送机式为主，向大功率、大截深、高可靠性、多电机、无链牵引、电牵引和交流变频调速方向发展，单电机装机功率达250～

300 kW，多电机装机功率达 550～700 kW，牵引速度由 5 m/min 发展到 10 m/min，截深由 0.6 m 发展到 1 m。多电机横向布置、截割电机直接横向布置在摇臂上，可简化传动系统，缩短机身，提高装机功率，使整机结构在功率和空间尺寸上得到优化。

国内滚筒采煤机的主要生产厂家有鸡西煤矿机械有限公司、太原重型机械集团有限公司、天地科技股份有限公司上海分公司、上海创立股份有限公司、无锡煤矿机械股份有限公司等，国外的厂家有德国艾柯夫、日本小松和波兰柯派克斯等。

国产滚筒采煤机型号的组成及其代表意义：

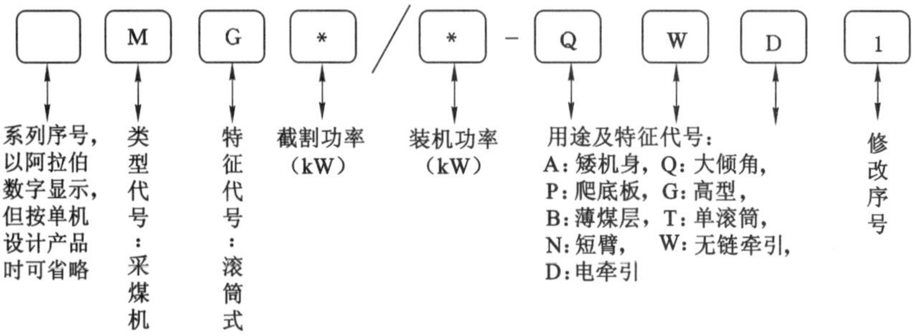

2014 年鸡西煤矿机械有限公司成功开发了一款薄煤层采煤机——MG350/811-WD 型，实现平均日产 5 000 t，满足年产 1.5×10^6 t；2015 年推出升级版的 MG400/951-WD 型薄煤层采煤机，目标直指年产 3.0×10^6 t。国产 MG132/310-BW 型薄煤层采煤机见图 7-2。

图 7-2　国产 MG132/310-BW 型薄煤层采煤机

艾柯夫公司早在 1985 年就开发了 EDW-300-LN 型薄煤层采煤机，2012 年开始开发新型的 SL300L 型薄煤层采煤机，并在 2015 年北京国际煤机展会上展示了 SL300L 型薄煤层采煤机，见图 7-3。SL300L 型薄煤层采煤机是爬底板式采煤机，机身悬空于煤壁侧，通过过桥连接采空区侧的牵引部。该采煤机配备了各类传感器和摄像头，可以实现自动化开采。

小松公司生产的 7LS0 型薄煤层采煤机的性能也十分强悍，见图 7-4。

国内外生产的部分薄煤层采煤机技术参数如表 7-3 所列。

经过数十年的发展，国产采煤机产品系列较为齐全，基本可满足国内煤矿生产的需要，其中，我国在薄煤层和大倾角煤层采煤机研制方面具有一定的优势。

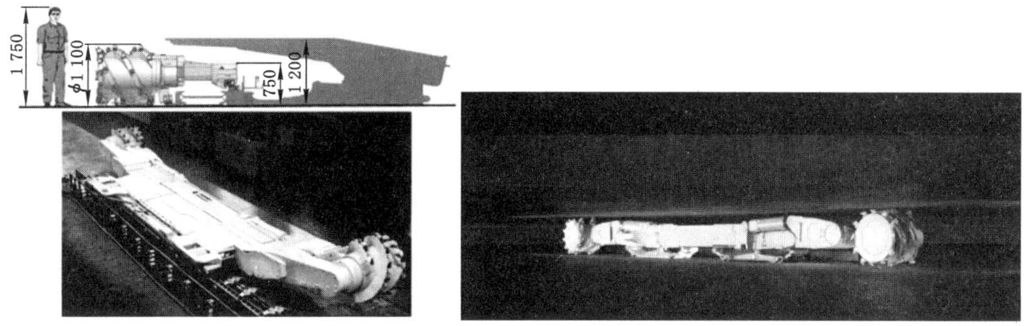

(a)　　　　　　　　(b)

图 7-3　艾柯夫公司的 SL300L 型薄煤层采煤机

(a)

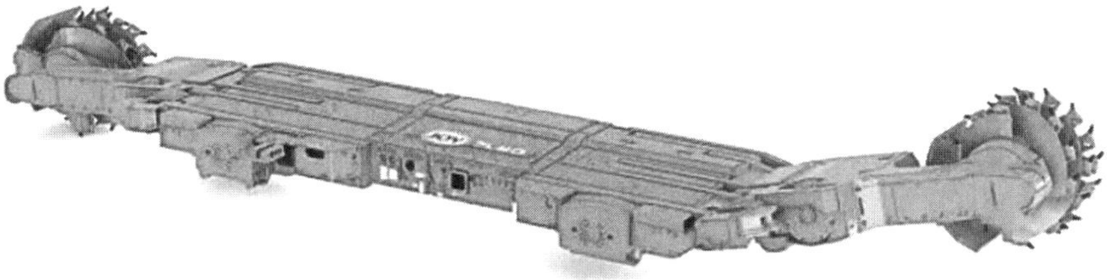

(b)

图 7-4　小松公司的 7LS0 型薄煤层采煤机

表 7-3　国内外生产的部分薄煤层采煤机技术参数

序号	名称	采厚/m	牵引速度/(m/min)	机面高度/mm	倾角/(°)	工艺方式	总体布置
1	MG80/200-BW	0.76～1.40	0～5	640	≤30	普采	
2	MG2×40/102-TDW	0.65～1.25	0～6	550	≤30	普采	
3	MG100/238-WD	0.75～1.30	0～6/10	580	≤25	综采	
4	MG180/420-BWD	0.85～1.40	0～7.7	664	≤35	综采	爬底板
5	MG150/350-PWD-TPD	0.52～0.62	0～3.6	440	≤30	综采	

表 7-3(续)

序号	名称	采厚/m	牵引速度/(m/min)	机面高度/mm	倾角/(°)	工艺方式	总体布置
6	MG132/310-BW	0.85～1.55	0～5	720	≤30	综采	
7	MG150/346-WD	0.95～1.70	0～5.7/9.5	700	≤25	综采	
8	MG150/350-PWD	0.7～1.3	0～7.8	520	≤45	综采	爬底板
9	MG200/456-WD	1.1～2.0	0～6/10	850	≤35	综采	单摇臂
10	MG200/450-BWD	1.2～1.8	0～6	850	≤35	综采	悬机身
11	MG350/811-WD	1.00～1.98	0～8.5	770	≤20	综采	
12	MG400/951-WD	1.00～2.05	0～10	770	≤20	综采	
13	SL300L	1.2～2.0	0～10/20	750	≤8.1(纵向),≤13.5(横向)	综采	
14	7LS0	1.3～2.6		890		综采	

滚筒采煤机由于适应性强、效率高和便于实现综合机械化作业,适应于煤层厚度变化大的工作面,对煤层顶底板起伏变化适应性强,对含有夹矸煤层的回采效果良好,过断层能力强。薄煤层滚筒采煤机是在中厚煤层滚筒采煤机的基础上发展起来的,它必须具备以下特点:

(1) 最小滚筒直径不大于 1 000 mm,机面高度不高于 750 mm。

(2) 薄煤层工作面采厚低,要求滚筒采煤机机身矮,且要有足够的功率;机身尽可能短,以适应煤层的起伏变化,并且要有足够的过煤和过机空间高度。

(3) 尽可能实现工作面不用人工开切口进刀,有较强破岩过地质构造能力,结构简单、可靠、便于维护和安装。

7.3.2 薄煤层刨煤机

1941 年,德国发明了刨煤机并在中厚煤层和薄煤层开采中进行了应用。卡特彼勒公司制造并将刨煤机系统在全球进行推广,其所生产的刨煤机采厚为 0.6～3 m,截深可达 300 mm,铺设长度达 300 m;可刨坚固性系数 $f=4$ 的煤层,刨速最高达 3 m/s,刨链直径为 42 mm,装机功率最大为 2×800 kW,刨头质量已由 2 t 增至 5～6 t,最重达 9 t。

德国的刨煤机工作面已经实现自动控制和无人化,由设置在工作面运输巷中的主控台 PROMOS 系统对刨煤机、破碎机、转载机、输送机及工作面通信、喷雾、冷却系统进行控制和监测,由安装在支架上的 PM4 支架控制单元控制和检测支架,使支架自动实现定量推进、降柱、拉架和升柱。在 1.3 m 和 1.5 m 厚的煤层中,德国刨煤机工作面日产达 6 000 t。硬煤层滑行式刨煤机如图 7-5 所示。波兰、俄罗斯和美国也是使用刨煤机较多的国家。在美国,美国钢铁公司的 50 号煤矿首先于 1989 年引进了第一套自动化刨煤机组,并在 1991 年引进了第二套,开采煤层厚度为 0.91～1.22 m,工作面只需两名矿工,而矿井年产量可达 200 多万吨。

根据世界 100 多处煤层可切性测量和刨煤机组运行状况,可得出刨煤阻力测量值和刨煤机组在运行时所需刨煤力之间的经验关系。图 7-6 表示的是各个可刨性级别的煤层,其工作面最长面长与建议装机功率之间的关系。

图 7-5　硬煤层滑行式刨煤机

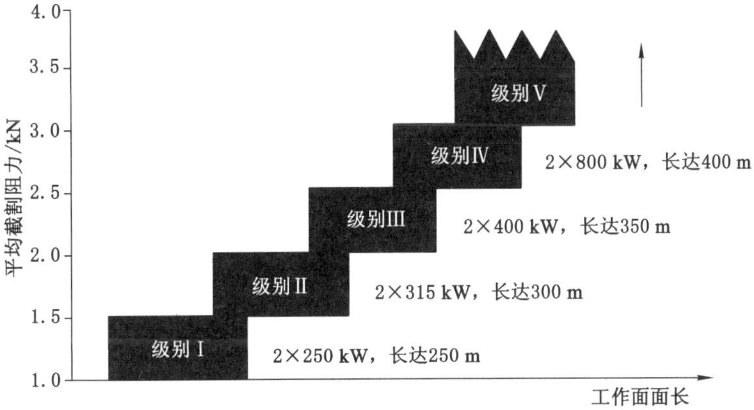

图 7-6　煤层可刨性级别和工作面面长的关系

刨煤机对地质条件要求较为苛刻，其使用的主要影响因素是煤层厚度、硬度、夹矸、倾角及地质构造等，主要表现在：

(1) 国内外一般观点是，煤层厚度小于 0.4 m 时使用刨煤机开采有利，煤层厚度超过 1 m 时使用滚筒采煤机有利。

(2) 硬煤、特黏性煤或煤层中夹矸厚度大于 0.2 m 时不宜采用刨煤机开采，煤层中硫化铁块度大、含量多或断层多、落差大的条件不宜采用刨煤机开采。

(3) 刨煤机工作面的煤层倾角应小于 25°，最好小于 15°，否则上行刨煤阻力加大，会造成机体稳定性下降。

我国学者对煤层的可刨性进行过系统的研究，研究结果如表 7-4 所列。由表 7-4 可知，随着煤层可刨性变差，刨煤机开采的技术经济效果必然要变差。

表 7-4　煤层的可刨性分类

序号	分类	说　明
1	极易刨 I_1	煤层赋存稳定，无夹矸，节理发育。底板无起伏，直接顶允许裸露宽度为 0.8～1.1 m，无护顶煤，不黏顶，不片帮。煤层厚度为 0.8～1.4 m，无地质构造影响，煤层倾角＜10°，无涌水现象。通风系统良好，地温及自然发火现象均不影响正常生产

表 7-4(续)

序号	分类	说　明
2	易刨 I_2	煤层赋存稳定,含少量夹矸但夹矸不硬,节理较发育,煤质较软。底板局部有起伏但变化较小,直接顶维护较容易,局部有护顶煤。周期来压明显,超前压力大。煤层厚度为 0.6～1.4 m,有地质构造但影响范围小,煤层倾角小于 10°。涌水、瓦斯不影响正常生产
3	一般 I_3	煤层赋存较稳定,存在夹矸与地质构造,但经过处理仍可保证生产,煤质中硬。底板有起伏,刨头刨煤时会发生刨刀啃底、飘刀现象。直接顶维护较容易,黏顶、周期来压期间易刨。煤层倾角、厚度变化较大,在局部地段倾角变大时,采取防滑措施可保证正常生产。底板水、瓦斯、自然发火现象都存在,但不影响生产
4	难刨 I_4	煤层赋存不稳定,倾角、厚度变化大,局部有缺失尖灭现象,地质构造发育且经提前处理仍影响正常生产,节理不发育,煤质较硬。底板起伏,啃底、飘刀、机电事故时有发生,底板松软,直接顶维护困难,倾角变大时,采取特殊防滑措施后仍难以组织正规循环作业。涌水量、瓦斯涌出量较大,自然发火期短,地温较高,影响生产
5	极难刨 I_5	煤层赋存不稳定,倾角、厚度变化大,地质构造复杂,一个工作面无法保证一次性采完,需要做搬家倒面工作,煤质坚硬,啃底、飘刀现象严重。底板松软,顶底板难以维护。涌水、瓦斯影响生产,安全状况不佳。现场管理水平要求高

我国自 20 世纪 60 年代制造和试验用于开采薄煤层的刨煤机以来,刨煤机采煤技术试验取得了成功。1964—1965 年,徐州矿务局韩桥煤矿进行了试验,成为使用国产刨煤机生产时间较长的矿井之一,工作面采用单体支柱支护,与刨煤机配合形成普采工艺,用以开采厚度为 0.8 m 以下的极薄煤层,工作面面长多为 80～150 m,平均月产为 16 000 t,最高月产为 27 000 t,平均回采工效为 5.6 t/工。

国内全自动刨煤机使用比较成熟的是铁法煤业(集团)有限责任公司(以下简称铁法集团),其始建于 1958 年,2015 年可采储量为 8.9 亿吨,可采煤层有 9 层。其中,薄煤层共 5 层,薄煤层可采储量为 2.1 亿吨,占总可采储量的 23.6%。1998 年铁法集团与德国 DBT 公司进行合作,引进国内首套自动化刨煤机产品及配套技术,2000 年率先在小青煤矿 W-703 工作面成功投入使用,填补了国内薄煤层高产高效机械化开采的空白,工作面可实现无人作业并创造了 9 126 t 的刨煤机日产纪录。由于引进国外刨煤机成套装备经济性差,各矿井积极性不高。

我国自 2000 年起至 2011 年共引进 9 套 DBT 刨煤机综采自动化装备,分别应用于铁法集团的小青煤矿和晓南煤矿、西山马兰煤矿、晋城凤凰山煤矿、大同晋华宫煤矿、沈阳红阳三煤矿、山西离柳朱家店煤矿等,其主要设备的型号见表 7-5。

表 7-5　DBT 刨煤机综采自动化装备使用情况

序号	应用地点	工作面面长/m	刨头型号	刨链规格/mm	刨头功率/kW	液压支架控制系统	支架型号	转载机型号	破碎机型号
1	大同晋华宫煤矿	210	GH9-38VE/5.7	ϕ38/137	2×400	PM-4 型电液控	ZY4600/7.5/16.5	SZ/800/250	PCM160
2	晋城凤凰山煤矿	220	GH9-38VE/5.7	ϕ38/137	2×400	PM-4 型电液控	ZY4400/9/21	SZ/764/200	PCM110

表 7-5(续)

序号	应用地点	工作面面长/m	刨头型号	刨链规格/mm	刨头功率/kW	液压支架控制系统	支架型号	转载机型号	破碎机型号
3	西山马兰煤矿	200	GH9-38VE/5.7	ϕ38/126	2×315	PM-4 型电液控	ZY4000/8.5/19	SZ/764/200	PCM110
4	铁法小青煤矿(第 4 套)	260	GH9-38VE/5.7N	ϕ38/137	2×400	PM-R 型电液控	ZY4800/06/16.5D	SZ/764/200	PCM110

注:刨头、“三机”控制系统均为 PROMOS 控制系统。

7.3.3 薄煤层螺旋钻机

螺旋钻采煤法是一种新型无人工作面采煤方法,也是一种开采缓倾斜薄煤层的新型采煤方法,具有投资较低和安全状况良好的优点,可将煤层可采厚度由 0.6~0.8 m 下延到 0.4 m,对开采松软煤层有极高的推广应用价值,可使平衡表外的储量得到开采,延长矿井的服务年限,提高矿井的经济效益和社会效益。

7.3.3.1 螺旋钻采煤机组的组成及工作原理

1979 年,苏联顿巴斯矿区顿涅茨克矿业研究院开发了薄煤层的螺旋钻采煤法,首先在顿巴斯矿区马斯宾斯克矿试验成功并推广应用。以乌克兰生产的 BSHK-2DM 型螺旋钻采煤机组为例,其已广泛应用于美国、俄罗斯、保加利亚、波兰和乌克兰等国家,在我国的淄博矿业集团有限责任公司埠村煤矿,山西焦煤西山煤电(集团)有限责任公司西曲煤矿,新汶矿业集团有限责任公司(以下简称新汶集团)鄂庄煤矿、潘西煤矿、孙村煤矿,山东阳光矿业有限公司崖头煤矿和兖矿贵州能化有限公司等也得到了应用。图 7-7 为 BSHK-2DM 型螺旋钻采煤机组外观。

图 7-7 BSHK-2DM 型螺旋钻采煤机组外观

螺旋钻采煤机组由主机、钻机动力设备、通风系统、钻头和移动装置等组成,如图 7-8 所示,其工作原理是:螺旋钻采煤机组是三轴联动式的,两边轴为可旋转的螺旋钻杆,用于向外排煤,中间轴为不可旋转的通风管道,用于向钻孔内通风、供水;由两台 110 kW 电动机分别驱动两边的螺旋钻杆钻进,中间钻头通过头部齿轮传动箱由一侧钻杆提供动力,实现三轴联动钻进;钻杆的安装、拆卸、储存是由安装在巷道内的单轨吊完成的;机组采下来的煤,由设置在巷道里的刮板输送机运输;螺旋钻采煤机组、操作台和动力装置连接在一起,沿巷道一起移动。

BSHK-2DM 型螺旋钻采煤机组特点:

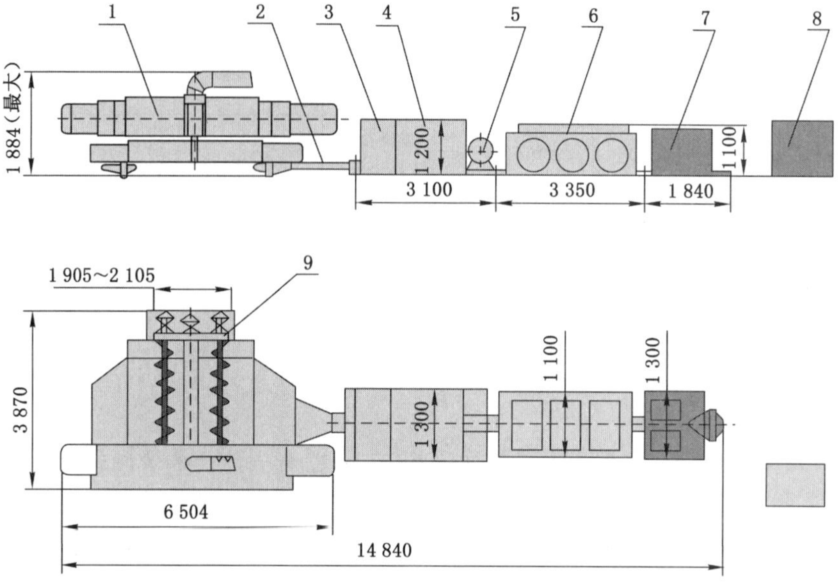

1—螺旋钻采煤机组主机;2—托架;3—操作台;4—液压系统;5—动力装置;
6—CYB-350AB型控制站;7—APSH.1型矿用接线开关;8—BMCH-4.5型风机通风系统;9—钻具。

图 7-8 螺旋钻采煤机组总装示意

(1) 钻头为三轴联动式的,每 5 节钻杆有一节稳定器。与单钻杆相比,三轴钻杆的刚性、稳定性和定向性好,侧向不易钻偏,钻孔截面大,采煤回收率较高。

(2) 钻杆连接采用内卡环式结构,换装钻杆时能实现机械化操作,拆、接钻杆时间短,可减少辅助时间,提高生产效率。

(3) 三轴的中间轴为通风管道,沿管道可敷设水管,实现向钻孔内通风及内喷雾降尘降温,提高钻头截齿的使用寿命,安全可靠,可在高瓦斯矿井使用。

(4) 钻杆前部装有微调装置,可适用于煤层倾角的起伏变化。

(5) 底盘有稳钻油缸和调斜油缸,可以方便地固定钻机,对煤层的适应性强;侧面设有集中控制操作台,一人便可操作。

(6) 钻机、液压泵站、电控装置等为分体式的,在巷道内形成链式布置,对巷道的适应性强。

7.3.3.2 螺旋钻具的结构

螺旋钻具由一些很容易组装、拆卸的构件组成,如图 7-9 所示。钻具为两组螺旋钻杆和通风管,它们都与螺旋钻机连接。右螺旋钻杆和通风管之间由减速箱连接,在左螺旋钻杆上安装了用刚性拉杆与减速箱壳体相连的轴承座。在右螺旋钻杆的轴承座前面及减速箱的输出轴上装有 3 个钻头,钻头轴之间的距离为 640 mm,两侧按煤层厚度采用不同直径(625 mm,725 mm 或 825 mm)的钻头,所有钻头有通用的连接节,以保证把钻头安装在减速箱和轴承座的输出轴上。螺旋钻杆和中间通风管 1.54 m 一节,每 5 节有一节连接三轴连接段(俗称眼镜框)。

执行机构的减速箱由两个轴齿轮和两个传递齿轮组成,把右螺旋钻杆的旋转动力传递给中心钻头。执行机构减速箱壳体上的通风管路端装了带法兰盘的控制箱,由法兰盘与通

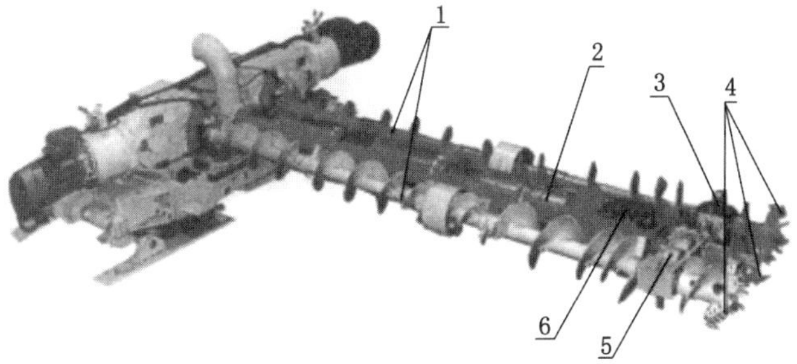

1—螺旋钻杆；2—中间通风管；3—轴承座；4—钻头；5—变速器；6—控制箱。

图 7-9　BSHK-2DM 型螺旋钻采煤机组钻具结构

风管连接，用齿轮泵来维持控制箱的运行。左边钻杆为右旋的，右边钻杆为左旋的。为了保持两个螺旋钻杆轴线之间距离稳定，安装一个稳定器。

BSHK-2DM 型螺旋钻采煤机组可用于有瓦斯和煤尘爆炸危险的薄煤层开采，也可用于不规则煤层和保安煤柱的开采，但不允许在有突出危险和自燃危险的煤层中应用，其技术参数见表 7-6。

表 7-6　BSHK-2DM 型螺旋钻采煤机组技术参数

序号	技术指标	参数	序号	技术指标	参数
1	生产率/(t/min)	≥1.5～2.5	9	向前进给作用力/kN	≤390
2	采厚/m	0.6～0.9	10	向后进给作用力/kN	≤290
3	煤的切割阻力/(kN/m)	350	11	额定总功率/kW	235
4	适应煤层倾角/(°)	<15°	12	采煤机质量/t	54.5～57.5
5	钻头直径/mm	625/725/825	13	钻机质量/t	31.3～34.3
6	采宽/mm	1 905～2 105	14	钻具质量/t	19.0～19.3
7	采深/m	85	15	整个机组尺寸(长×宽×高)/mm	14 840×3 310×2 240
8	主轴转速/(r/min)	55、60	16	钻机外形尺寸(长×宽×高)/mm	6 540×3 310×2 240

7.3.3.3　螺旋钻采煤机组开采的适用条件

螺旋钻采煤机组采宽为 1.905～2.105 m，向上钻深可达 85 m，向下钻深为 45 m，适用于倾角小于 15°的煤层，生产实践中在倾角为 27°的煤层中有应用。应用于倾角小于 8°，厚度为 0.4～1.0 m，坚固性系数小于 3 的薄和极薄煤层，单机设计日产量可达 250～350 t。

7.3.4　薄煤层液压支架

我国已开发研制几十种与薄煤层滚筒采煤机配套的综采液压支架，其额定工作阻力多为1 800～3 200 kN/架，最小支撑高度为 0.5 m，质量为 5～8 t，多为两柱掩护式或支撑掩护式的。

以 ZY2000/07/14 型薄煤层液压支架为例，其主要技术参数见表 7-7，具有以下特点：

(1) 采用开式刚性底座、叠加结构，结构设计合理，最低高度小；经过液压支架综合计算

表 7-7　ZY2000/07/14 型液压支架主要技术参数

支架形式	两柱掩护式	对底板比压(前端最大值)/MPa	1.26(f=0.2)
高度(最低/最高)/mm	700/1 400	支护强度/MPa	0.33～0.39
宽度/mm	1 440	适应煤层倾角/(°)	≤30
中心距/mm	1 500	泵站压力/MPa	31.4
额定工作阻力(p=39.3 MPa)/kN	1 700～1 930	质量/t	4.5
控制方式	手动邻架先导控制或电液控制		

程序优化四连杆机构，连杆受力小，梁端距变化小(仅 20 mm)，最低工作高度时支护效率高(80%)。

(2) 支架结构件采用高强度钢板制造，梁体薄，过采煤机和行人空间大，支架质量仅为 4.5 t，井下搬运方便。

(3) 邻架先导控制系统性能可靠，使用方便，主控阀操纵力矩小，操作省力，可实现邻架安全操作。支架配套性好，和 MG100/240-BW 型或 MG100/238-WD 型薄煤层采煤机、SGZ630/132 型可弯曲刮板输送机联合，可实现薄煤层工作面高效生产，设备配套见图7-10。

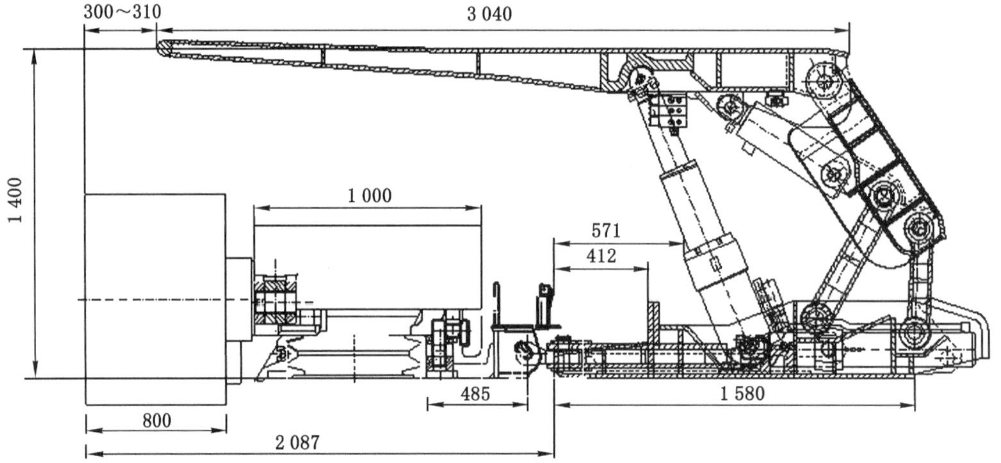

图 7-10　ZY2000/07/14 型液压支架配套断面图

薄煤层长壁工作面对液压支架的基本要求是：

(1) 支架在最低状态时，必须保证顶梁之下有高 400 mm、宽 600 mm 的人行道，移架速度快，控顶距小。

(2) 薄煤层长壁工作面的液压支架一般不设活动的侧护板，结构较为紧凑，多为两柱掩护式的，邻架操作，以保证安全和减小劳动强度。

(3) 顶梁和底座厚度小，但强度高，多采用分体式底座，以便于排矸。

(4) 多采用大流量电液控制系统，多为滞后支护。

7.4　薄煤层开采方法

薄煤层工作面总体配套前应对开采方法适应性进行论证。应优先选用薄煤层自动化设备进行开采。从一开始采区巷道系统布置到回采工艺的选择、再到安全技术措施的实施，应该进行综合考虑，优化设计，而这一切又必须以精密准确的地质资料为依据。

7.4.1　采区巷道布置

对于厚薄煤层搭配开采或开采保护层的矿井，在地质条件基本明确的条件下，采区尺寸应尽可能加大。建议在地质构造较好的地段，两翼采区走向长度可达 4 000 m，同时尽可能加大煤层层组的划分范围，增加采区内的可采煤层层数。这样，可增加采区储量，提高采区服务年限。煤层厚度为 1.0～1.3 m、地质条件比较好的矿区，如大同矿区侏罗系 7#、8#、9#、12-1#、14-3# 煤层，兖州矿区北宿煤矿和杨村煤矿，采区走向长度应尽可能长，采区一翼走向长度应不小于 1 500 m。煤层厚度小于 1.0 m 或赋存不稳定的矿区，如华蓥山矿区和徐州矿区，地质条件复杂，断层切割严重，多属高瓦斯或突出地区，采区一翼走向长度不超过 600～700 m，但也不应小于 300 m。

采区巷道布置的优化应本着方便生产，减少巷道工程量，不片面追求多送煤巷的原则进行。对于厚薄煤层配采的采区，年生产能力一般不超过 70 万吨，运输量小，因此考虑将 3 条上(下)山布置简化为机轨合一上(下)山布置。这样既可以减少巷道工程量，减少采区上(下)山煤柱，又可以减少上(下)山之间的各种联络巷道，巷道系统相对简单。

对煤层群布置的机轨上(下)山，为不受采动影响，应将其布置在岩层中。但是如果薄煤层处于煤层组的最上层或最下层且层间距大(一般大于 50 m)时，则可以沿薄煤层布置运输上山、轨道上山，三或四个区段(工作面)共用一个煤仓、一个轨道石门，与采区运输上山、轨道上山联系。这样可以减少全岩巷道工程量和带式输送机搬家次数，经济效益显著。

7.4.2　采煤方法选择

薄煤层一般采用壁式采煤法，国外有采用柱式采煤法的，但在我国试验效果不好。壁式采煤法在薄煤层中多是跟顶一次采全高，需要就前进和后退两种采煤方法的优缺点进行比较，以此选择合理的采煤方法。

后退式采煤法工序简单，推进速度快，利于上大功率机组设备，不保留工作面后部上巷，通风系统容易维护。但应用后退式采煤法首先要求了解煤层赋存情况，以便准确布置工作面；其次工作面上下巷为半煤岩巷，而工作面推进速度快，综掘机组难以施工，即使炮掘也不能全断面一次爆破，致使采掘比例增大，一般为 2.0～2.5。

前进式采煤法工作面准备时间短，可缓解采掘接替紧张局面；回采巷道服务时间短，维修次数少；运输巷掘出的矸石不需要升井，直接码石墙。但前进式采煤法工作面运输巷掘进超前工作面 4 m 左右，机头空间狭小，工序复杂，如果为高突煤层，则必须事先打探放钻孔，采空区石墙质量如果不好，则容易漏风；另外，过断层或陷落柱时，必须先探明煤层的走向。

通过对两种方法的比较，认为地质条件较好、采掘接替不紧张、生产能力大的采区，应采用后退式采煤法，如同煤集团晋华宫煤矿、铁法集团小青煤矿和新汶集团鄂庄煤矿三采区

$15^{\#}$层。而采掘接替紧张、断层切割严重、通风能力富余的采区则应采用前进式采煤法，如七煤集团东风煤矿二采区和乐山龙池煤矿 K_4 煤层等。

7.4.3 采煤工艺及设备选择

采煤工艺合理的选择是采煤工作面高产高效的决定性因素之一，它与选择的设备、员工的综合素质、煤层倾角有关。尽管采煤机械化水平是煤矿高产高效的必由之路，但薄煤层地质条件复杂，遇构造难以通过，故应根据实际情况选择合理的采煤工艺及参数，否则会出现采煤机组不适应地质条件或不配套、劳动作业循环不容易组织等情况。

(1) 对煤层厚度在 1.0～1.3 m 和赋存简单的缓倾斜或倾斜煤层，采用综合机械化开采是最佳选择。结合国内薄煤层刨煤机开采的实践，应用刨煤机全自动化开采系统是实现薄煤层高产高效的有效途径。由于采煤机截深大，自重不足，且有时需要挑顶割底，截齿磨损严重，因此采用截深浅、速度快、适应性强的刨煤机综采工艺是厚度 1.3 m 以下煤层高产高效的首要选择。

铁法集团小青煤矿 WE-703 综采工作面选择德国 DBT 公司制造的 GH9-34VE/4.7 型滑行刨，以及 PEZ.30/732 型刨头运行轨道系统、液压支架 PM4 电液控制系统，配套国产 ZY6400/09/200 型掩护式液压支架、SZZ-764/160 型转载机，平均日产为 3 417 t，最高日产达 5 300 t，达到了年产 120 万～150 万吨水平，实现了薄煤层开采的高产高效，创造了国内薄煤层开采史上的最高纪录。

(2) 对煤层厚度在 1.0～1.3 m 和赋存复杂，或煤层厚度在 1.0 m 以下的倾斜煤层，如果员工素养比较高，则优先选用螺旋钻采煤法。螺旋钻采煤法是一项新引进的技术，苏联和德国在 1970 年后就大量使用该技术，它适应于开采厚度为 0.45～1.5 m 和倾角在 12°～15°以下的煤层。该采煤工艺的特点是“二无、五高、五少”，即工作面无人、无固定设备，资源回收率高、劳动效率高、经济效益高、安全系数高、投资回收率高，系统环节少、用人少、掘进量少、设备配置少、材料消耗量少。

新汶集团潘西煤矿 1701 工作面、南冶煤矿 2000 年从乌克兰引进两台 BSHK-2DM 型螺旋钻采煤机组，在上下巷中采煤，每班 7 名作业人员，实现了单面单钻月产 5 800 t、工效 10 t/工，最大钻进 85 m，使薄煤层的回采率从 30%提高到 80%。因此，对于比较复杂的煤层，螺旋钻采煤法是一种极为有效的采煤技术，应予以推广。

7.4.4 巷道断面积及支护方式选择

根据对东北某地区薄煤层井巷的统计，60%巷道中高普遍不足 1.8 m，断面积不足 5.0 m^2，有时即使中高达到 1.8 m，由于煤层倾角较大，下帮侧往往仅有 1.4～1.5 m，如果在上帮悬挂水管或风筒，则会造成巷道断面缩小，严重影响工作面运输、通风，从而威胁井下的安全生产，而且回采巷道的多次返修，还是造成煤炭企业亏损、采掘接替紧张的主要原因之一。

据此，可以分为几种情况考虑：

(1) 对综采工作面、高档普采对拉工作面和使用螺旋钻的工作面，巷道净断面积按正常通风、运输要求选择，一般不小于 6 m^2。

(2) 由于采动影响，必须在工作面前方 30 m 范围超前支护，建议上巷采用单体液压支柱加金属铰接顶梁支护，上下贴帮各打一排，中间根据矿压大小打一到两排；下巷采用长 2.5～3.0 m 的工字钢加单体液压支柱支护，在保证行人和转载机运输的前提下，靠下帮 750 mm 补打一排单体液压支柱；上下巷沿巷道走向单体液压支柱排距为 1.1 m，这样不仅能回收支护材料，还能保证足够的支护能力。

(3) 为了提高资源回收率，薄煤层中多采用沿空留巷或沿空送巷，需要进行巷旁充填。对瓦斯涌出量低于 5 m^3/min 的采煤工作面，可以码石加涂抹黄泥充填；而对于有邻近层、瓦斯涌出量高于 5 m^3/min 的采煤工作面，可以采用高水速凝材料充填，这样既能够保证巷道净断面积，又能够减少采空区漏风。

7.5　薄煤层高产高效开采技术及工程案例

7.5.1　薄煤层综合机械化开采

薄煤层要实现综合机械化开采，必须配备成套设备，特别要把工作面“三机”配套搞好，否则综采生产将无法进行，勉强生产也达不到良好效果。以枣庄矿业集团有限责任公司(以下简称枣矿集团)薄煤层成套装备为例，介绍国产薄煤层综采工作面。

枣矿集团薄煤层综采工作面成套装备研制属“十一五”国家科技支撑计划课题(2006BAB16813)，由煤炭科学研究总院和枣矿集团共同研制开发，主要解决当时国内厚度为1.2 m 以下煤层高效开采无合适综采成套装备可供选择的难题。整套设备由 MG100/238-WD 型电牵引滚筒采煤机、ZY2000/6.5/13 型薄煤层液压支架、SGZ630/220B 型刮板输送机和电液控制系统组成，最低采厚小于 1 m，设备配套年生产能力为 80 万吨。薄煤层综合机械化采煤工作面布置如图 7-11 所示。

薄煤层综采工作面设备配套见表 7-8，“三机”配套如图 7-12 所示。

该套设备的主要特点如下：

(1) 采用多电机纵横向布置，即截割部采用单个截割电机纵向布置在摇臂煤壁侧，牵引部采用单个电机横向布置在机身煤壁侧，解决了装机功率、机面高度与过煤空间三者之间的矛盾。

(2) 刮板输送机行星减速器垂直布置，槽帮高度为 190 mm，解决了薄煤层综采配套设备对煤层厚度的适应性问题。

(3) 最低采厚为 0.8 m，使我国薄煤层国产综采设备突破了采厚 1.0 m 限制，解决了薄煤层国产综采成套装备研制难题，实现了上述煤层的安全高效开采。

以兖矿集团较薄煤层成套装备为例，介绍国产较薄煤层综采工作面。

该套装备由兖矿集团与煤炭科学研究总院共同开发，旨在解决 1.2～2.3 m 厚度(较薄煤层)安全高效开采难题。该套装备为我国首次自主研制开发的可适应 1.2～2.3 m 厚度薄及较薄煤层综采自动化成套装备。设备采用 ZY4000/10/23 型掩护式液压支架(配备 PM31 电液控制系统)、MG2×125/556 型薄煤层电牵引滚筒采煤机和 SGZ800/2×315 型刮板输送机，整套装备的最大特点在于跟机自动移架，实现了较薄煤层开采操作自动化，有效地解决了较薄煤层安全高效开采难题。

较薄煤层综采工作面设备配套见表 7-8，“三机”配套如图 7-13 所示。

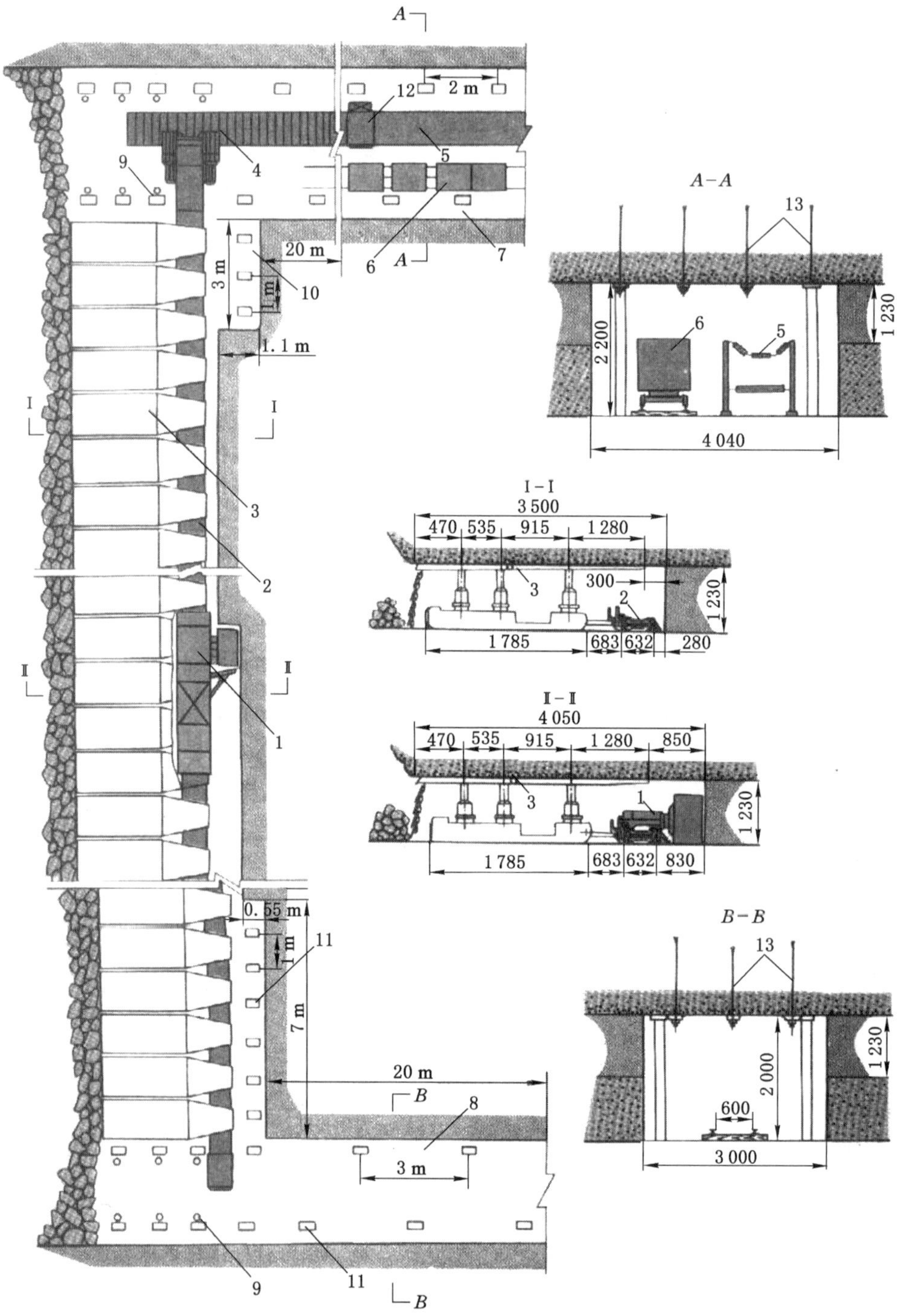

1—采煤机；2—刮板输送机；3—液压支架；4—转载机；5—带式输送机；6—电控设备；7—运输平巷；8—回风平巷；9—对柱；10—机窝；11—带帽点柱；12—破碎机；13—金属锚杆。

图 7-11　薄煤层综合机械化采煤工作面布置图

表 7-8　薄煤层综采工作面设备配套

煤　矿	设备型号		
	支架	刮板输送机	采煤机
枣矿集团薄煤层工作面	ZY2000/6.5/13	SGZ630/220B	MG100/238-WD
兖矿集团较薄煤层工作面	ZY4000/10/23 （配 PM31 电液控制系统）	SGZ800/2×315	MG2×125/556

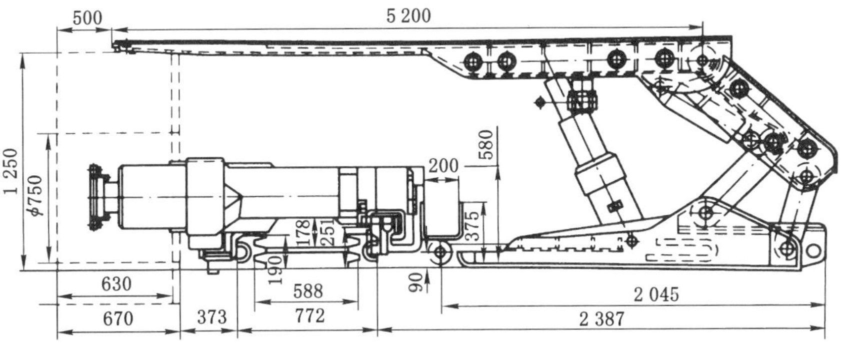

图 7-12　薄煤层综采工作面“三机”配套图

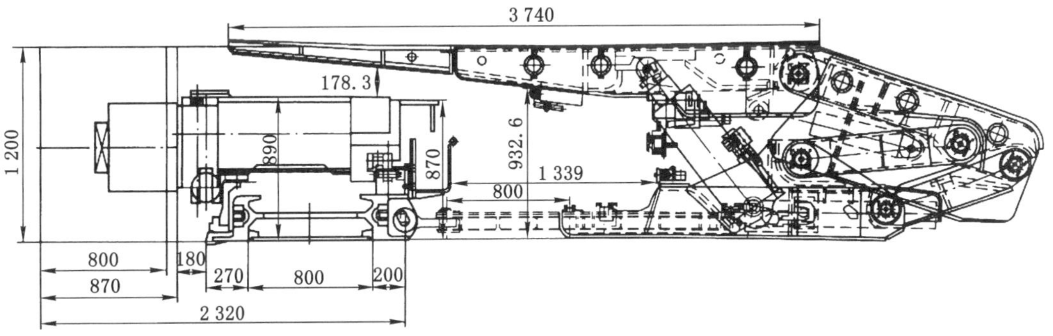

图 7-13　较薄煤层综采工作面“三机”配套图

该套设备在兖矿集团济宁二号煤矿 $93_{上}05$ 工作面和 $93_{上}08$ 工作面进行了历时 3 个月的井下工业性试验。该套设备的主要特点如下：

(1) 机面高度低，过机空间大。机面高度仅有 870 mm，推移刮板输送机后安全过机空间高度达 178 mm，有效地解决了较薄煤层综采设备“小机身、大功率”的难题。

(2) 行人空间通畅，通风断面大。未推移刮板输送机时，过桥前端到输送机电缆槽的距离为 539 mm，行人空间通畅，通风断面大，解决了薄煤层行人空间狭窄、通风断面不足的矛盾。

(3) 过煤空间大，运输能力足。研制开发了 ϕ34 mm×126 mm 特殊型高强度扁平链，将铲板槽帮高度由 315 mm 降低到 275 mm，使得正常过煤空间高度达 298 mm，远高于《煤矿安全规程》规定的 250 mm 要求，有效地解决了薄煤层综采设备过煤空间不足的难题。

(4) 既可用于 1.2 m 以上厚度的薄煤层开采，又可以用于 2.0 m 左右厚度的较薄煤层高效开采，整套装备具备 1.5 Mt/a 生产能力，解决了该厚度煤层长期以来高效开采无国产装备可供选择的难题。

(5) 首次在较薄煤层采用自移式平巷设备，通过在转载机落地段设置迈步自移装置，实现转载机的快速前移，满足了工作面高产高效开采需要。

7.5.2 刨煤机综合机械化开采

铁法集团于 2000 年引进了我国第一套采用德国 DBT 公司核心技术设备装备的全自动化刨煤机采煤系统，经过在小青煤矿 W_1E703 等 4 个工作面的试采，取得了圆满成功。该套全自动化刨煤机采煤系统引进了德国 DBT 公司的型号为 GH9-34VE/4.7 的滑行刨煤机，型号为 PF2.30/732 的输送机及计算机远程控制系统等先进设备和技术，其他配套设备由国内各生产厂家协助制造。2002 年 9 月铁法集团从德国 DBT 公司引进了第二套全自动化刨煤机综采系统，2003 年 7 月装备于晓南煤矿 $W_3$410工作面，此套设备在技术上做了诸多改进，增强了对地质条件的适应性。此套设备具有体积小、通风阻力小等优点，便于管理瓦斯和降低粉尘，有利于工作面的安全生产。

截至 2011 年，铁法集团拥有德国 DBT 刨煤机系统 4 套、国产刨煤机系统 1 套，在 5 个煤矿、37 个薄煤层工作面应用，开采煤炭 1 500 万吨，最高日产 9 126 t，最高月单产 16.56 万吨，创经济效益 20 亿元，实现刨煤工作无轻伤以上事故。刨煤机系统配备的液压支架最低支护高度从第一套的 900 mm 降至第五套的 550 mm，额定工作阻力达 4 400 kN；端头支架控制方式由第一套的手动操作，发展到第二、三套的 PM4 电液控制，直至第四、五套的 PMCR 电液控制，作业安全性得以提升，设备利用效率得到极大提高，见图 7-14。

图 7-14 铁法集团刨煤机工作面生产状况

2011 年，由三一重工自主研发的全自动刨煤机组 BH38/2×400(见图 7-15)在铁法集团晓明煤矿北二采区 419 工作面应用，在 71 d 的有效工作时间内，共计产煤 14.3 万吨，最高日进尺 8.25 m，最高日产 3 100 t，这标志着我国已经掌握了薄煤层开采的关键核心技术。

以铁法集团小青煤矿 W_1E703 工作面为例，介绍刨煤机综合机械化无人采煤。该工作面位于井田西部的 W_1E 采区，其设计格局与中厚煤层工作面基本相同，如图 7-16 所示。工作面走向长度为 905 m，面长为 150 m，回采 625 m 后工作面面长调整为 195 m。煤层厚度为 1.00～1.58 m，平均厚度为 1.3 m，倾角为 5°～8°。

图 7-15　BH38/2×400 型全自动刨煤机组

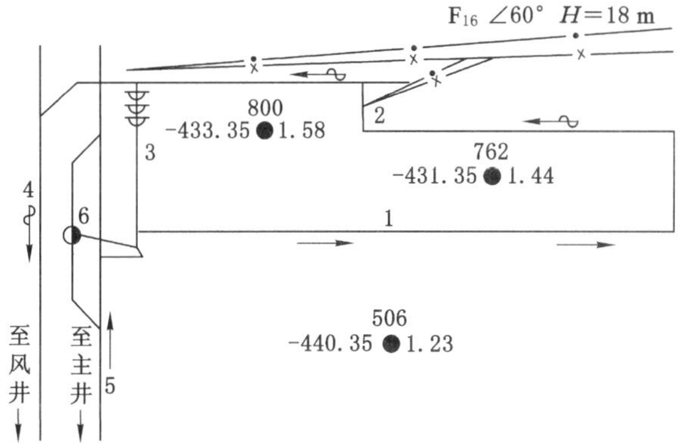

1—工作面运输巷；2—工作面回风巷；3—边切巷；4—W_1E 采区回风石门；5—W_1E 采区运输石门；6—采区煤仓。

图 7-16　小青煤矿 W_1E703 刨煤机试采工作面布置图

该工作面主要受控设备技术特征见表 7-9。

表 7-9　主要受控设备技术特征

序号	设备名称	型号	技术特征	单位	数量	受控隶属	备注
1	刨煤机	GH9-34VE/4.7	刨体尺寸：2 562 mm×(803～1 678) mm；额定生产能力：900 t/h；电机功率：2×3 151 kW；刨深：≤120 mm	台	1	PROMOS	德国DBT公司生产
2	输送机	PF2.30/732	额定生产能力：900 t/h；电机功率：2×3 151 kW；刨头滑行轨道可弯曲角度：水平 1.1°，垂直 6.0°	部	1	PROMOS	德国DBT公司生产
3	转载机	SZZ-764/160	长度：38 m	部	1	PROMOS	国产
4	破碎机	PEM1000×650		部	1	PROMOS	国产
5	液压支架	ZY6400/0.9/2.0D		组	135	PM4	国产
6	馈电开关	KE1004		台	2	控制系统中的部件	德国产

根据生产任务，结合采场地质条件等因素设定工作面参数，见表 7-10。

表 7-10　刨煤机试采工作面参数

刨煤机	上行	刨深/mm	120
		沿面刨速/(m/s)	1.76
	下行	刨深/mm	70
		沿面刨速/(m/s)	0.88
	采厚/m		1.30
	进刀方式		“Z”字形
输送机中部槽刮板速度/(m/s)			0.66
工作面控顶距/mm			680
支架和输送机推移步距			同刨深

全自动化刨煤机工作面设备安装完毕并验收后，即可进行回采工作，其回采工艺流程可概述如下：控制室遥控与监视→工作状态、条件信息反馈→工作面采、运、移自动化（无人作业）→在遇到设备不能适应的条件时需要人工停机，并派工作面巡检员和有关技术人员到现场处理，使之符合采、运、移自动化条件。刨煤机采煤工作面布置见图 7-17。

刨煤机在 PROMOS 的控制下，沿刨头的滑行道自动往返刨煤，刨削的煤流自然落入中部槽运走。工作面输送机的推移和支架的动作分别受 PROMOS 和 PM4 控制，尾随刨煤机同步向工作面推进方向推移，推移量等于刨煤机刨深。其中，支架的受控方式为每三架支架被一套 PM 控制。PROMOS 传输刨头当前的位置信息，结合自身传感元件使支架实现推移刮板输送机、降柱、拉架、升柱等功能。刨煤机工作期间的电机、减速机的冷却及跟踪刨体定长喷雾由 PHOMOS 系统监控。

总之，该刨煤机工作面的技术配置真正实现了计算机远程控制和自动化控制，在正常工作状态下，工作面实现了无人作业，最高日产 5 300 t，达到年产 1.2～1.5 Mt 的水平。安全效益与社会效益表现如下：

(1) 改善了井下安全生产环境，有利于煤矿安全生产。全自动化刨煤机开采技术是煤矿安全生产技术，工作面采煤时可实现计算机远程控制，人员在距工作面 150 m 外的主控室内操作，工作面内无人作业。刨煤机体积小，减少了通风阻力，杜绝了滚筒采煤机工作面上隅角瓦斯超限的现象，从源头上改善了煤矿安全生产环境。

(2) 实现了安全、经济、高产高效目标，为薄煤层合理回采开辟了一条最佳的技术途径。刨煤机工作面单产高，设备故障率低，配件、油等材料消耗量小，用人少，生产成本明显下降。由于采用浅截深多循环的落煤方式，顶板易于维护，没有顶底板岩石混入现象，减少了外在灰分混入，煤炭质量明显提高。

(3) 带动了煤炭行业整体技术水平的提高。小青煤矿全自动化刨煤机开采技术的使用成功，使中国成为世界上继德国、美国之后第三个拥有这种全自动化刨煤机先进开采技术的国家。同时，国外先进的全自动化技术和国产的综采设备配套使用，带动了国内煤机行业的研制工作和整体技术水平的提高。

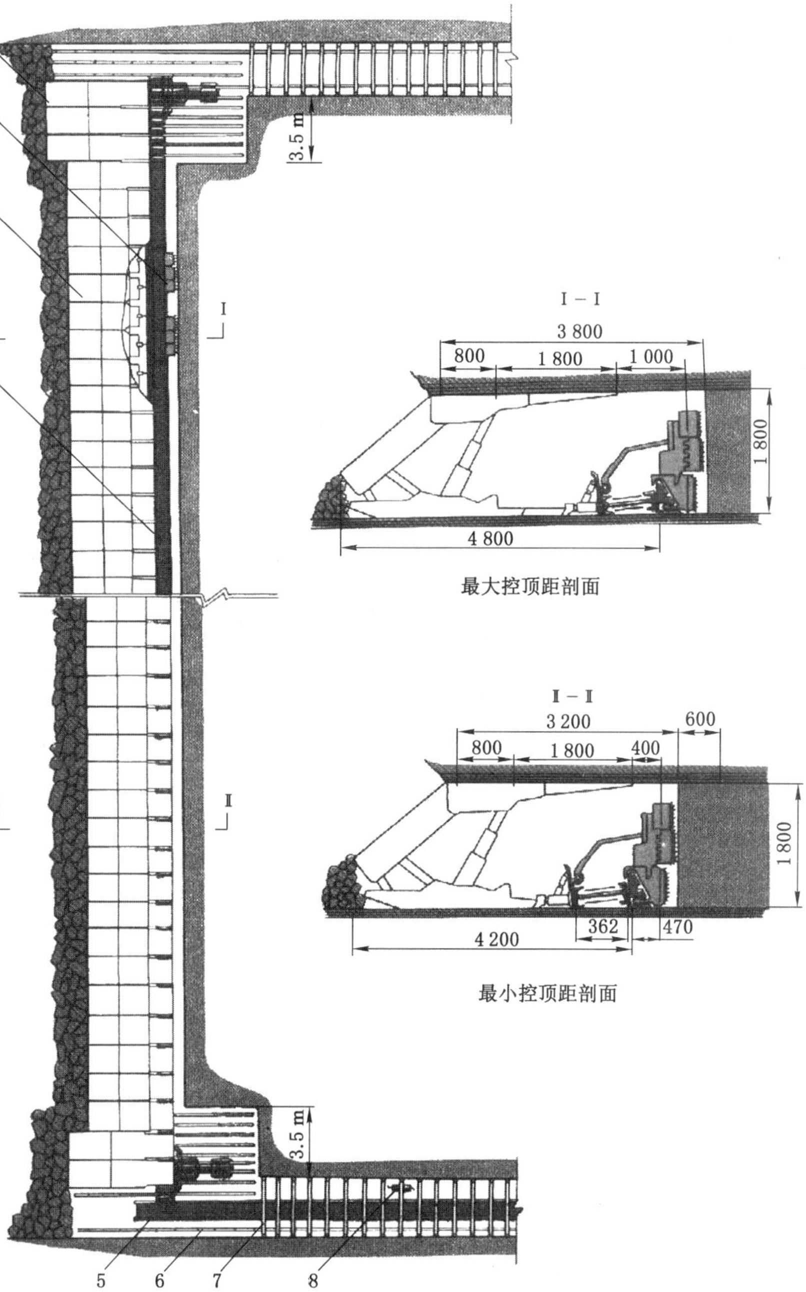

1—端头液压支架；2—刨煤机；3—中部液压支架；
4—刮板输送机；5—带式输送机；6—超前支护；7—破碎机；8—回柱绞车。

图 7-17　刨煤机采煤工作面布置图

7.5.3 螺旋钻机综合机械化开采

7.5.3.1 开采方法

螺旋钻采煤法的开采工艺为,螺旋钻机沿水平方向布置在顺槽中、沿倾斜方向钻进采煤。开采方法既可采用前进式也可以采用后退式。若采用前进式采煤,可边掘进巷道边钻采,先钻采下帮,并将掘进过程中起底破顶的矸石充填到下帮钻孔中,实现掘进矸石不上井,并提高煤质。后退式采煤的工艺方式为,沿上山方向钻采完后再退回调头钻采下山方向煤层。留煤柱尺寸为 0.5~1.0 m。

7.5.3.2 巷道支护与断面

钻采工作面运输顺槽沿煤层顶板起底布置,采用半圆拱形断面,净断面积不小于 12 m^2,坡度为±3°,卧底量不小于 0.6 m。顺槽主要用于钻采工作面的进风、运煤和运料,其支护方式根据矿井的实际情况确定。

7.5.3.3 回采工艺

螺旋钻机布置在运输顺槽中,先向上山(下山)方向煤层打钻,钻头割煤,螺旋钻杆掏煤,煤直接落在运输顺槽的刮板输送机上运出;该机一次采宽为 1.905~2.105 m,三轴联动钻杆 1.54 m/节,钻机本身自动接杆,达到设计采深或遇断层时退出钻杆;钻机整体前移,预留 0.5~1.0 m 宽煤柱后开始下一循环钻采。螺旋钻机后退、前进采煤及在顺槽中的布置如图 7-18所示。

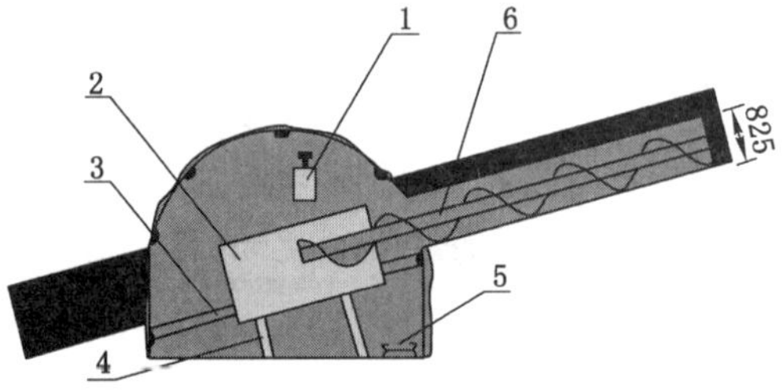

1—单轨吊;2—螺旋钻机;3—固定油缸;4—调斜油缸;5—刮板输送机;6—节式钻杆。

图 7-18 螺旋钻机在顺槽中的工作状态

通风方式为,采用局部通风机对迎头供风,将新鲜风流通过钻杆送到钻采工作面,避免由于瓦斯积聚而发生事故。另外,在钻机上还附有水管,可把清水喷到钻头上降尘、降灰。

7.5.3.4 工作面配套设备

工作面配套设备如图 7-19 所示(以新汶集团南冶煤矿 1203 西钻采工作面为例)。

螺旋钻机:螺旋钻机为 BSHK-2DM 型螺旋钻采煤机组。其主要技术参数:钻高为 0.825 m,钻宽为 2.105 m;向上钻深为 85 m,向下钻深为 45 m;电机功率为 235 kW;钻进速度为 1.0 m/min。在靠近钻采工作面处,设有移动开关站及螺旋钻采煤机组液压系统泵站等设备。

运输设备:靠工作面侧设置 SGW-40T 型和 SGW-30B 型刮板输送机各一部,SPJ-800 型带式输送机一部。

辅助运输设备:设置单轨吊一部,起吊质量为 2 t,爬坡角度为 6°;提升绞车选用 JD-40

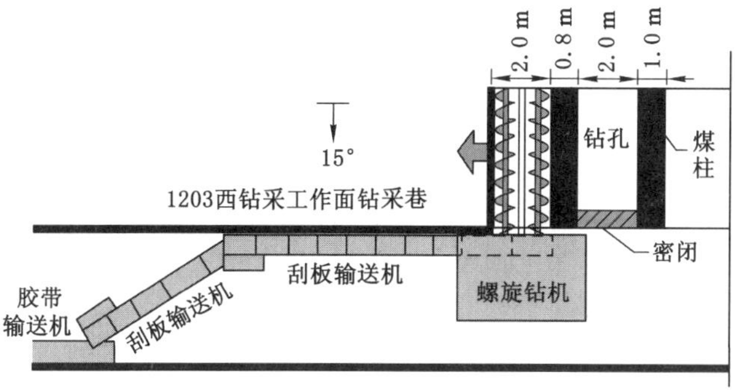

图 7-19　1203 西钻采工作面设备布置图

型调度绞车，矿车选用 1 t 固定式矿车。

螺旋钻采煤法的经济效益如下：

(1) 实现单巷开采，不用另外布置回风巷，可降低巷道掘进率，节省掘进、支护和维护的费用。在一条巷道中前面掘进，螺旋钻机滞后前进式采煤，有利于采掘接续。

(2) 实现煤炭洁净开采。钻采过程中遇到断层时退出钻杆，可减少开采过程中矸石采出量，提高煤质；采用前进式采煤，把在掘进过程中产生的矸石充填在下帮的采空区中，不仅可使矸石不出井，而且可减小地表下沉量。

(3) 实现回采工艺的单一化，减少劳动环节。螺旋钻机无人工作面开采工艺过程简单，将传统的回采工艺的破、装、运、支、处五大工序合并，由螺旋钻机统一完成。

(4) 改善煤炭开采的工作环境，降低劳动强度。螺旋钻机无人工作面开采可极大地改善工人的劳动条件和劳动环境，工人不再进入工作面，而在巷道中操纵机械，劳动强度小。

(5) 劳动生产率高，经济效益好。采用螺旋钻机无人工作面开采，用人少，占用设备也少，可节省工作面输送机、支架等设备，减小设备的故障率。

(6) 提高矿井安全生产程度，减小事故的发生率。工作人员不进入钻采孔内，可实现无人工作面独头采煤，从而杜绝占煤矿事故达 50% 的顶板事故。

(7) 社会效益显著。螺旋钻采煤法的应用，既能延长矿井的服务年限，又能提高资源的利用率。

螺旋钻采煤存在的主要问题：留设钻孔间煤柱和钻孔组间煤柱，导致采出率降低；接长和缩短钻杆所用的时间占工作总时间的比例较大。

2003 年以来，我国引进了一些螺旋钻采煤机组，取得了较好的经济效益。新汶集团从乌克兰引进的 2 台薄煤层螺旋钻采煤机组(适用于厚度为 0.6～0.9 m 的薄煤层)，在传统开采方法无法开采的薄煤层范围内开采取得了突破。

第8章　大倾角煤层开采技术

电子教案

8.1　概　　述

自20世纪80年代以来，随着采煤机械化迅速发展，“大倾角煤层”在我国煤炭行业频频出现。迄今，大倾角煤层尚无统一定义，一般认为倾角为35°～55°的煤层，跨传统的煤层按倾角分类的倾斜和急倾斜煤层两类。大倾角煤层的倾角下限35°为冒落矸石的自然安息角，上限55°是急倾斜厚煤层水平分段放顶煤采煤法底板脊背煤损失最小的临界角。

大倾角煤层多为剧烈地壳运动所形成的，褶皱断层发育，被国际采矿界公认为难采煤层，采用综采难度极大。20世纪70年代，德国、苏联、波兰、英国、法国等主要采煤国家致力于大倾角煤层机械化开采技术研究，取得了一些成果，促进了大倾角煤层综采技术的发展。随后，日本、西班牙、捷克等采煤技术较先进的国家也进行了大倾角煤层机械化开采的研究并取得了初步效果。采煤技术发达的美国除西部少量试验综采开采倾角较大的煤层外，基本不采大倾角煤层。其他采煤国家鲜见开采大倾角煤层的文献报道。

中国大倾角煤层储量较大，尤其在西部，储量占比更大，在有的矿井甚至某些矿区，几乎全部为大倾角煤层。在经济发达的中国东部，随着容易开采的近水平和缓倾斜煤层储量的枯竭，不得不转向大倾角煤层的开采。中国长期致力于大倾角煤层开采技术研究，20世纪80年代，煤炭科学研究总院北京开采研究所在沈阳红菱煤矿首次进行了大倾角煤层综采试验并通过鉴定，但试验工作面因断层错综复杂导致试验被迫中断。直到1998年，四川省华蓥山煤业股份有限公司联合西安科技大学针对绿水洞煤矿大倾角中厚煤层安全高效开采技术进行攻关，该类煤层走向长壁综采取得成功并通过鉴定。之后，大倾角厚煤层长壁综放在甘肃靖远王家山煤矿，大倾角厚煤层长壁大采高综采在新疆焦煤艾维尔沟2130煤矿，大倾角特厚煤层倾斜分层长壁综放在甘肃华亭东峡煤矿相继取得成功，对中国大倾角煤层长壁综采技术的推广应用起到了示范和带动作用。目前，中国大倾角煤层长壁综采成套技术与装备已被俄罗斯、印度、乌兹别克斯坦等国家引进。

大倾角煤层走向长壁综采技术包括能适应大倾角煤层综采或综放工作面条件的液压支架、采煤机和刮板输送机(简称“三机”)的整套装备和回采工艺技术。应以“大倾角”为基本点，通过全面系统充分的可行性论证确定装备与工艺参数。在此基础上，根据具体煤层开采技术条件周密精细地进行“三机”选型配套，并编制针对性强、特色鲜明且具操作性的相关实施技术资料，如《作业规程》《工作面质量标准化细则》和《扶正倾倒支架预案》等专项文档，确保大倾角煤层走向长壁综采技术效能得以发挥。

迄今，走向长壁综采依然是大倾角煤层安全、高效、绿色、智能开采的发展方向。本章主要讲述大倾角煤层走向长壁综采(放顶煤)技术。

8.2 “三机”及其选型配套关键技术

大倾角煤层综采“三机”及其选型配套除满足常规的要求外，关键是要满足大倾角条件下的特殊要求。本节仅阐述大倾角煤层综采“三机”及其选型配套的关键技术。

8.2.1 “三机”关键技术

大倾角煤层综采“三机”的关键技术是指“三机”能适应大倾角这一特殊条件的技术，即液压支架自身能防倒防滑，即使倒滑，通过调整也能安全快速复位；采煤机牵引力足够、制动可靠、润滑效果良好；刮板输送机强度能满足采煤机运行与制动的特别要求，且能抑制煤炭自溜使煤炭比较均匀运输。总之，“三机”在大倾角条件下的特殊要求就是可靠性要更高，即使出现故障，也能安全迅速维修好。

8.2.1.1 液压支架

大倾角煤层综采液压支架的关键技术在于支架在大倾角斜面上能够动态自稳，即支架在移架时能主动抗倒滑，也即顶得住、走得动、稳得好，才可采得出。这是大倾角煤层综采液压支架区别于近水平煤层长壁综采液压支架的最显著标志。为了实现大倾角煤层综采液压支架的动态自稳，从设计上应采用主动防倒防滑的稳定性控制技术。

大倾角煤层综采液压支架采用“液压支架参数优化设计软件系统”进行支架结构参数优化设计，对支架的主要结构、连接件作计算机综合强度校核及可靠性优化设计；选用工作阻力适中的支架和大推力双侧伸缩护板；采用高强度钢板，提高支架整体刚度；对支架质量进行控制，支架总质量降低20%～30%；使其在工作面来压时既能最大限度地阻止顶板下沉，又能较为有效地防止煤壁片帮，减少在大倾角条件下开采支架失稳；在支架之间设置防倒防滑、底调和可抬底及顶梁伸缩护帮等装置。

(1) 减轻支架质量

大倾角煤层综采液压支架的设计基本理念应为确定适中的支架工作阻力并提高侧向稳定性；而不宜像近水平煤层综采液压支架工作阻力持续增大以适应工作面长达300 m甚至接近500 m要求或浅埋煤层大采高的强矿压显现，朝重型化、巨型化方向发展。采用高强度钢板等措施降低支架质量，使支架轻型化，有利于防倒防滑或倒滑后复位。1996年，西安科技大学在四川华蓥山绿水洞煤矿大倾角煤层综采技术研究项目的可行性论证时，就将支架额定工作阻力确定为2 300 kN，支架质量控制在8.5 t。甘肃靖远王家山煤矿大倾角厚煤层综放技术研究的论证报告中确定支架额定工作阻力为4 800 kN，估计支架质量在15 t左右。因支架过重，必须将其拆解下井再组装。经过相似模拟试验与数值计算及理论研究分析，综合确定支架额定工作阻力为3 600 kN，支架部分构件采用高强度钢板，将支架质量降至12.3 t，实现整体支架下井安装并提高了工作面支架稳定性和可靠性。

应当指出，支架工作阻力与支架质量成正比。所以在设计大倾角煤层综采液压支架时，工作阻力应适中，而不应像浅埋近水平煤层大采高支架那样选过高的工作阻力。从支架稳定性控制方面考虑，高工作阻力的重型支架不宜用于大倾角煤层综采工作面。迄今，未发生过大倾角煤层综采支架被压坏的事故，但支架失稳(下滑倾倒)则出现较多。

此外，支架过重不利于大倾角煤层工作面安装和回撤，下滑与倾倒的安全隐患大，搬家速度慢，一般都需要一个多月。

应当指出，我国一直沿用计划经济时期的支架按重计价。招投标时支架按重计价是一项重要的商务评标与定标指标。待中标后用户与厂家仅就支架按重计价达成协议，支架出厂时用户与厂家双方在支架称重现场签字确认称重结果，依此结算支架购置费。这样无形中刺激厂家制造更重型支架，而不愿制造适宜大倾角煤层的轻型支架。通常出厂称重支架的质量要大于支架设计时的理论质量。

(2) 优先选用掩护式支架

矿压观测研究与分析表明，两柱掩护式支架较四柱支撑掩护式支架更能适应大倾角煤层条件。大倾角煤层综采工作面支架顶梁后部破碎顶板或顶煤极易滑落，从而造成四柱支撑掩护式支架后立柱工作阻力经常低于前立柱的，有时还受拉(即拔后柱)，如图 8-1 所示；严重时柱头销被拉脱，四柱支撑掩护式支架额定工作阻力并未发挥。20 世纪 90 年代后，四柱支撑掩护式支架在美国及欧洲已被两柱掩护式支架取代。甘肃窑街长山子煤矿的大倾角松散不稳定煤层综放工作面就采用两柱掩护式放顶煤支架，使用效果良好。我国有的矿区认为四柱支撑掩护式支架工作阻力大、行人空间也大而习惯选用。新疆焦煤艾维尔沟 2130 煤矿的大倾角硬顶软底软煤大采高综采支架选型时，矿方按习惯坚持选用四柱支撑掩护式支架。现场使用结果表明，后立柱受拉现象仍然频发，后来的新工作面就改用两柱掩护式支架。

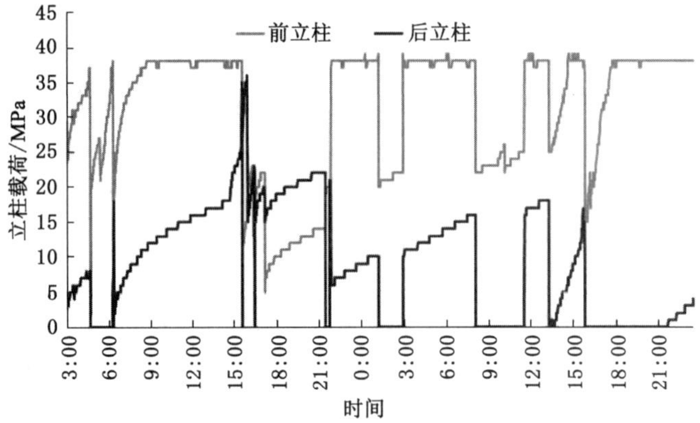

图 8-1 四柱支撑掩护式支架前后立柱载荷监测曲线

(3) 增加防倒防滑装置

为保证支架静动态稳定，特别是支架前移时的动态稳定，相邻支架顶梁下和底座上均设计安装防倒防滑千斤顶连接装置。因安装防倒防滑千斤顶后，支架前移及调架的灵活性会降低，拉架时操作较为复杂，所以现场一般不愿意安装，遇到倒架扶架需要稳架时才被动安装。但排头与排尾的 3～5 架支架均需要安装防倒防滑千斤顶，以保证排头排尾支架组的整体稳定。

(4) 采用大缸径侧调护千斤顶控制双侧调护板

支架在大倾角条件下，侧护板的作用不再只是狭义上的封闭相邻支架顶梁及掩护梁缝隙而不漏煤矸，其更重要的功能是预防支架倾倒或倾倒后调正支架。所以准确地讲，大倾角支架的侧护板应恰当地称为侧调护板。因此，要求侧调护板的控制千斤顶顶推调架力和行程均要足够大，应采用双侧双活箱形结构的侧调护板，如图 8-2 所示。还要相应地加大侧调护板、导向杆、弹簧筒、缸筒和连接耳销强度。这是致力于大倾角综采技术研究与实践 20 余载的最深刻的感悟。当初根据论证结果，绿水洞煤矿将侧调护千斤顶缸径加大到80 mm，王家山煤矿将侧调护千斤顶缸径加大到 100 mm，使得支架的侧推力增大，有利于支架调正，深受现场欢迎。加大支架侧调护千斤顶缸径已成为设计大倾角支架的基本准则。当初，缸径增大后导致千斤顶连接耳销损坏较多。试采初期的工作面（绿水洞煤矿 6134 工作面、王家山煤矿 44407 工作面等）液压支架侧调护千斤顶因镶嵌（封闭内置）于箱形顶梁和掩护梁内，出现故障后不能在井下更换，故障千斤顶调护功能丧失，大倾角支架便沦为普通支架，从而导致工作面无法调架，工作面推进艰难。在随后的东峡煤矿大倾角支架设计中，将侧调护千斤顶创新性地改为敞开（外置裸露）在顶梁和掩护梁下布置，一旦千斤顶发生故障就能在井下现场更换，从而解决了侧调护千斤顶不能在井下现场更换的技术难题，现场使用效果良好。目前，侧调护板存在的主要问题依然是长期悬而未决的伸缩不灵，即使单架地面试验，侧调护板伸缩时也有蹩卡，应从设计上攻关解决。

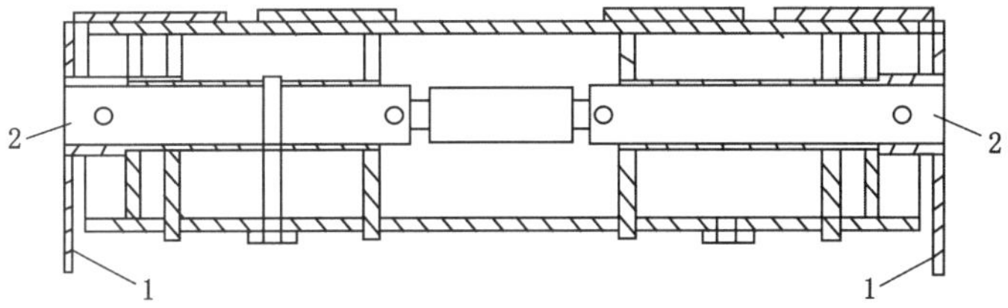

1—侧调护板；2—侧调护千斤顶。

图 8-2　双侧活动侧调护板

（5）加装底调装置

处于大倾角斜面上的支架的防滑是相对的，有时底板滑移及操作失误导致防不胜防。所以需要在支架底座上加装预防支架下滑及下滑后向上调整的底调装置。这是大倾角支架区别普通支架的最显著的标志。底调机构由导向杆和底调护千斤顶及其控制的横梁组成，如图 8-3 所示，底调护千斤顶和导向杆镶嵌在底座内。早期的横梁只能平行底座侧面伸缩，如图 8-3(a) 所示，不能满足尾部下摆支架的上调要求。后改为可非平行伸缩，如图 8-3(b)所示。底调机构随着使用损坏较多。遗憾的是，迄今底调护千斤顶依然不能在井下现场更换，已损坏的底调护千斤顶致使底调机构功能丧失直至支架升井到地面大修才能处理。为了增大支架后部底调能力和行程，将掩护梁的后部侧推千斤顶活塞杆头改为伸出侧调护板结构。

（6）邻架控制

为了确保支架工操作安全，拉架时需要降架，这时支架间漏煤矸及支架失稳概率增大，特别是支架倾倒后扶架或检修时，对支架工的安全威胁较大，所以就要利用处于稳定状态的上邻架的阀组控制下邻架降架、移架及调架。推移刮板输送机与放煤可本架操作。需要采用过管架连接邻架控制用的胶管，便于排查故障和检修。这是大倾角支架区别普通支架的又一特点。应当指出，初次使用时，有的支架工不习惯邻架操作，于是将邻架操作改为本架操作，从而导致支架工处于危险状态，应禁止这种改动。

（7）设置安全防护装置

大倾角支架经常受到飘飞煤矸击打，从而威胁人员安全，需要设置安全防护装置。通常

(a) 平行伸缩底调机构　　(b) 可非平行伸缩底调机构

①—导向杆；②—底调护千斤顶；③—横梁。

图 8-3　底调机构

采用柔性网或千斤顶控制的纵横向钢板(见图 8-4)或单向铁门防护装置。也有在支架顶梁上安装可旋转两级纵向防护板以阻止煤矸滚落的，从而保护机道行人及检修人员安全。

图 8-4　支架纵横刚性防护板

支架设千斤顶控制的纵横刚性防护板可解决煤矸下滚下窜伤人问题。一是安于工作面输送机上的架前(液压支架前)挡煤装置，二是安于液压支架上侧的架间挡矸装置。架前挡煤装置在每节输送机中部槽上安装一套，套与套之间形成搭接。每套设两根千斤顶，每套都升起时对工作面输送机及煤壁形成封闭，防止采煤机割下的煤和片帮煤窜入工作面人行道。千斤顶降下时方便人员观察工作面或检查处理采煤机、输送机等。架间挡矸装置的作用是防止工作面上方拉架和人员扰动等而下滚下窜的煤矸伤人。每道架间挡矸装置安于工作面液压支架上侧的底座与顶梁之间，既能上下升降，也能左右开关。关闭时挡住上方下窜的煤矸，打开时方便人员通行。一般每隔 5～8 架设一道横向保护门。

(8) 加装行人台阶和扶手

大倾角工作面人员在支架行人通道陡坡上行走，为便于行人安全可靠，需要设人行台阶和扶手。在支架底座前端顶面加焊行人防滑条，以便于人员在此行走。台阶要能调整角度和拆卸，以适应工作面角度变化和支架底座处检修。

(9) 加宽底座

随着工作面倾角加大，支架重力线超出底座下边沿，如图 8-5 所示，产生围绕 O 点的逆时针力矩而导致支架倾倒。适当加宽底座就可消除这一力矩，使支架适应更大的倾角。一般支架中心距为 1.5 m，大采高支架中心距为 1.75 m。加大支架中心距，就可加宽底座，从而提高支架的稳定性。大倾角支架也可采用更大的支架中心距，以加大支架底座宽度，提高支架的稳定性。

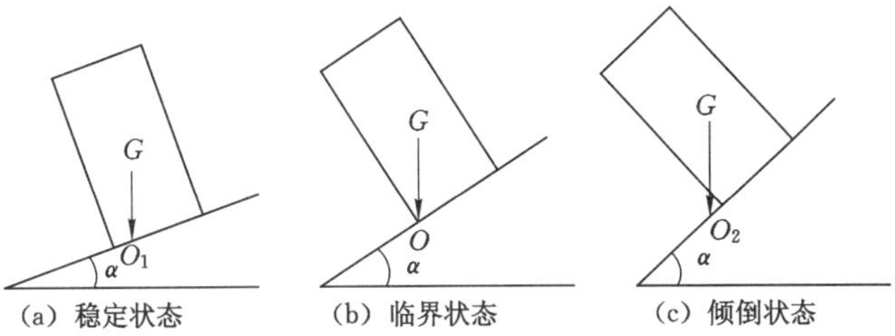

图 8-5　支架自重状态下在斜面的三种状态

(10) 增加耳销强度，缩小销轴孔间隙

处于大倾角斜面上的支架本身要受到较大的侧向力作用，耳销易损坏。所以在普通支架耳销强度基础上，需要再提高其强度。普通支架的销轴与销孔间隙较大，一般不受侧向力，可满足现场需要。但大倾角支架受较大侧向力，较大的销轴与销孔间隙会导致支架整体游动，偏载增大，从而影响支架稳定。所以要通过精加工缩小销轴与销孔间隙，还要通过热处理工艺提高销轴与销孔壁强度。

(11) 放顶煤支架尾梁加装侧调护板

王家山煤矿早期所用的大倾角放顶煤支架尾梁无侧调护板，导致相邻支架尾梁缝隙漏煤严重，清煤工不得不跪在尾梁下狭窄的空间内清浮煤。此处胶管多，清理量和难度均大，有力也使不上，还要受滑滚煤矸的威胁。后续使用的大倾角放顶煤支架的尾梁加装了侧调护板，极大地减少了漏煤矸量，减轻了清煤工的劳动量。同时，尾梁侧调护板能很好地上调支架尾部下摆，现场使用效果良好。

(12) 底座后部加装燕尾板

大倾角厚煤层综放工作面后部刮板输送机不像前部刮板输送机通过推移杆与支架相连，防滑相对不好解决。后部刮板输送机通过链条与拉后部输送机千斤顶相连，不具备防滑功能，一般采用支架底座上固定斜拉千斤顶和锚链与溜槽相连防滑。因支架后部空间小，锚链影响清浮煤，锚链的张弛易伤人，安全隐患大，经反复深入研究，创新性地在支架底座后部加装燕尾板以防后部输送机下滑，首次用于王家山煤矿 44407 综放工作面，如图 8-6 所示。使用中发现底板为泥岩，遇水泥化后，燕尾板下陷，防滑效果不佳或丧失，后改进加高溜槽的挡块以消除下陷造成的溜槽从燕尾板上滑脱，防滑效果良好。

(13) 底座加装顶推千斤顶

在支架底座前端加装防推移杆下摆与上调千斤顶，如图 8-7 所示，可有效抑制刮板输送机下滑或在刮板输送机滑移后将其上调。

此项技术解决了工作面输送机防滑问题。以工作面液压支架为依托，在液压支架底座前端设置顶推千斤顶，通过千斤顶向上顶推推移杆以防止工作面输送机下滑。该防滑装置

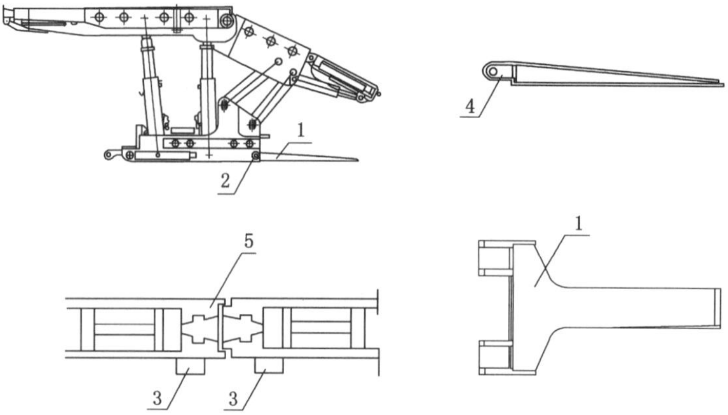

1—燕尾形防滑托板；2—连接耳座；3—限位导向槽；4—连接耳；5—后部刮板输送机溜槽。

图 8-6　液压支架燕尾板

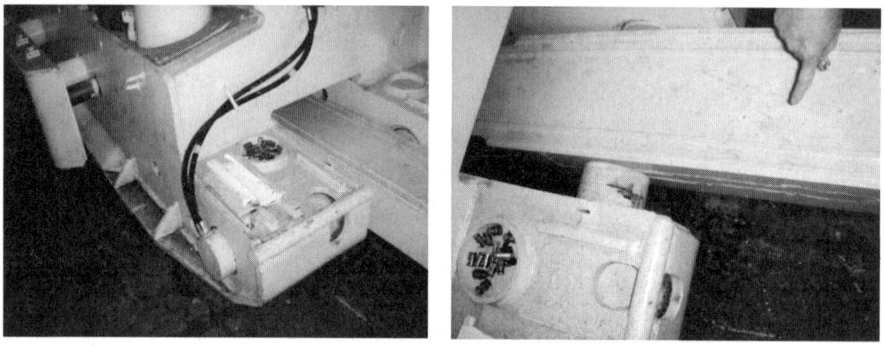

(a)　　(b)

图 8-7　支架底座前端内置的顶推千斤顶

每架液压支架上设置一套，除了移本支架的时间外，其余时间该装置都将输送机可靠地顶住防滑；移架时间若本节输送机中部槽微量(间隙)下滑，则支架移到位重新支撑好后，该装置能将其往上复位。

(14) 采用手动与电液控制一体化阀组

因大倾角煤层走向长壁综采液压支架操作复杂，为实现支架的精准操作，应采用手动与电液控制一体化阀组，进而实现支架的电液控制与手动控制相结合，为实现大倾角煤层走向长壁综采无人工作面奠定基础。新疆焦煤艾维尔沟 2130 煤矿在大倾角厚煤层大采高综采部分液压支架上进行电液控制阀与手动阀试验，取得了初步效果。重庆松藻逢春煤矿大倾角薄煤层综采液压支架采用电液控制阀实现支架操作精准控制。与近水平煤层综采无人工作面相比，大倾角煤层走向长壁综采无人工作面实现难度要大得多，可以说任重道远，需要不懈地研究攻关。

此外，顶梁与底座应加焊单体支柱柱窝，支架顶梁及四连杆处应加装拉钩或拉环以满足扶正倾倒支架时连接钢丝绳挂钩的需要。甘肃窑街长山子煤矿针对首采工作面扶架遇到的支架无合适的挂钩柱窝可利用的问题，在支架升井后自行对支架进行了这方面的改造。

综上所述，大倾角煤层走向长壁综采液压支架的关键技术的提升应着重关注以下几点。

① 大倾角煤层走向长壁综采液压支架应立足大倾角这个基本点，以“工作阻力适中化、抗倒滑可靠化、架重轻型化”的理念主导大倾角支架持续改进。

② 支架侧调护板及底调装置的可靠性是保障支架侧向稳定性的关键，大倾角支架持续改进的核心在于如何基于这一关键改善大倾角特殊困难开采条件下的支架侧向稳定性能，特别是底调护千斤顶能在工作面现场更换。

③ 应采用高强度材料和先进的制造工艺对大倾角支架主要承载部件从强度及精度上进行强化，以提升支架结构的可靠性。

④ 应继续进行适应大倾角支架的智能控制的研发与试验，以突破大倾角煤层走向长壁综采无人工作面的“瓶颈”。

⑤ 大倾角支架尚存在支架过重、侧调护板伸缩不灵、底调护千斤顶现场无法更换、不能带压移架、防护设置不尽完善以及相邻支架前探梁间隙过大等亟待解决的问题，还需要进一步从支架设计上创新解决。

⑥ 对掣肘大倾角支架持续改进的相关深层次问题(如按重计费、未经地面仿真试验就下井工业性试验)，希望引起广泛关注并尽早解决，当务之急是尽快建设大倾角支架综合试验中心，以促进支架关键技术的提升，使其日臻完善，向标准化方向发展。

8.2.1.2　采煤机

大倾角煤层走向长壁工作面所用采煤机的关键技术要求是，跨骑在处于大倾角斜面刮板输送机上的采煤机制动要可靠、牵引力要足、润滑效果要好、须遥控操作、装煤效果要佳。新一代国产 MG 系列采煤机采用多电机横向布置交流电牵引技术，为采煤机适应大倾角条件奠定了良好基础。与以前的电机纵向布置相比，电机横向布置可消除倾角对电机的影响。先进的液压制动系统制动力大、可靠性高，完全满足大倾角斜面上运行的采煤机制动要求。四象限运行的变频调速控制系统能将采煤机运行与制动很好地结合起来。采煤机在斜坡上从停机到启动，控制系统能同步解除制动器；反之亦然。即使采煤机从上行转变到下行，控制系统也能很好地实现过零保护而不使采煤机突然下滑。四川华蓥山广能集团嘉华机械有限责任公司还研制了采煤机二级防滑系统。摇臂的润滑，特别是大倾角条件下的上部摇臂润滑需要采取分腔或强迫形式。2015 年，四川华蓥山广能集团嘉华机械有限责任公司采用牵截合一在摇臂中用通轴取代多级齿轮传动，较好地解决了摇臂润滑问题。建议用链轮取代通轴进行试验，润滑效果会更好。

目前，大倾角采煤机的铭牌上所标的适应最大倾角在 40°，可实际应用时煤层倾角达 50 多度，甚至更大。结果发现，当采煤机在倾角为 50°的斜面上空载上行时，牵引力就显不足。绿水洞煤矿当时就要求厂家在功率不变时，对采煤机牵引齿轮传动比进行调整，以降低最大牵引速度来增大牵引力，运行效果良好。绿水洞煤矿在倾角为 60°的工作面中试验时，发现采煤机与销排啮合的齿轮断齿，这说明采煤机上牵的阻力很大，齿轮强度应提高。

大倾角采煤机的装煤效果比较差，特别是采煤机从下向上清浮煤时，刮板输送机下端头浮煤量较大；当倾角变得稍缓时，加之积水，浮煤量更大，推移刮板输送机困难，有时需要人工清理后才能推动刮板输送机。此处的清煤工受工作面上方飞矸威胁大。四川攀枝花花山煤矿 6143 大倾角大采高工作面为安全推移刮板输送机，下端头较大浮煤量采用高压水直冲取代人工清理。

采煤机自行装煤是靠弧形挡煤板配合滚筒上的多头螺旋叶片实现的。我国近水平煤层综采工作面弧形挡煤板因翻转或憋卡故障而废弃，装煤效果变差，浮煤量增大，但还可接受。美国的近水平煤层综采工作面采煤机依然在用弧形挡煤板，装煤效果好，推移刮板输送机顺畅，一步到位。甘肃靖远王家山煤矿首采大倾角煤层综放工作面采煤机出于避免清理刮板输送机机头端浮煤危及工人安全考虑，坚持加装了弧形挡煤板，装煤效果好。后因翻转弧形挡煤板的齿轮马达与支架顶梁干涉影响采煤机挑不上顶，再加上弧形挡煤板翻转不畅，将弧形挡煤板拆掉，并不是因为弧形挡煤板装煤效果不好而拆掉的。但在迅速发展的大倾角煤层综采工作面，采煤机装煤效果差的问题一直未解决。毕竟大倾角采煤机不是近水平采煤机，采煤机装煤效果差的问题必须解决，装煤与割煤是采煤工艺中相提并论的两个主要工序，既能割得快又能装得净，直接决定工作面的安全高效。

采煤机采用遥控操作，避免司机受飞煤矸的伤害。绿水洞煤矿 6134 工作面当初配了遥控器而未用，司机用木棍顶着按钮开采煤机，木棍常常被飞矸打断，有时还伤及人手臂。所以大倾角采煤机必须采用遥控操作。

大倾角煤层综采工作面底板起伏时有发生，需要经常提底或切底，司机很难掌握提底切底量，需要加装提底与切底量显示装置。

应在采煤机机身顶面增设活动挡煤板，以防止飘飞的煤矸或片帮煤和采煤机割下的煤滑落伤人、砸坏设备。

选用能够适应大倾角煤层的液压摆线轮销轨无链牵引采煤机。该采煤机采用牵截合一的组合方式，机身短、功率大、牵引力强、制动灵敏、操作方便、下切量大，易于适应和调整工作面采厚；其变频控制技术可有效解决采煤机上坡启动出现下滑的问题。

尽可能降低机身高度、增大过煤高度，以适应煤层变薄、缓解采落或片帮煤炭在采煤机机体上口拥堵的状况。

新型拖缆方式可解决过去采煤机管缆拖移中存在的问题。薄煤层工作面的电缆槽都很浅。而采煤机管缆存在叠三层的情况，叠三层时就会跨出电缆槽或挂电缆槽。因此，过去设专人看护电缆，效果仍不理想。用该拖缆装置后管缆不会叠三层，管缆不用专人看护，拖移顺畅。

设备可靠程度高。该设备由于功率大，部件设计寿命长，主要存在油封和轴承损坏后在井下更换较困难的问题，会耽误生产，最好多用优质密封件。

8.2.1.3 刮板输送机

大倾角煤层综采工作面刮板输送机以支撑采煤机行走轨道为主，运煤为辅，而且输送机溜槽要承受自身较大的下滑力，还要抑制支架的下滑。因此，刮板输送机的销排和销排座须用加强型的(见图 8-8)，溜槽上应采用加强型单耳与支架推移杆通过 Y 形连接件相连(见图 8-9)且强度高于 Y 形连接件，应保护单耳不被损坏，否则，溜槽就会报废。因工作面倾角在 35°以上，煤炭可自溜，刮板输送机仅限制煤炭自溜以均匀运出煤炭，宜采用准边双链，链条摩擦阻力小时更换也容易，单电机驱动就能满足要求。

溜槽宜采用全封底整体铸造，强度高。大倾角煤层工作面刮板输送机下滑上窜在所难免，恢复较困难，需要增加调节溜槽。增减调节溜槽，使刮板输送机机头与转载机搭接正常。

机尾应设排出回煤的窗口，必要时可打开，同时要加装防护罩。铲煤板应设起吊环，以便提溜。销排与销排座连接的固定纵横插销插取方便、更换容易。电缆槽应增设可翻转挡煤矸板或柔性带，减少割煤时煤矸涌入电缆槽。

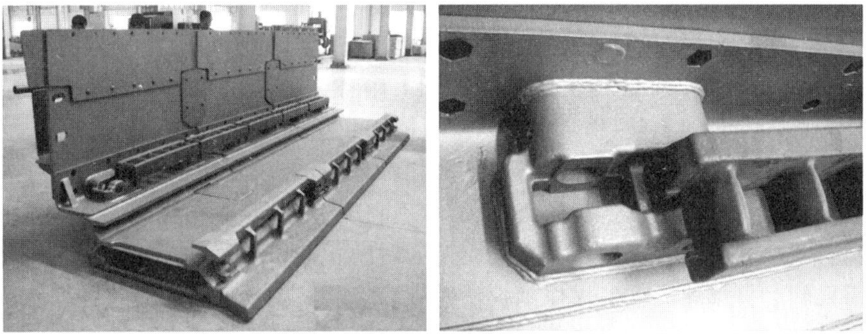

（a）溜槽　　　　（b）销排与销排座

图 8-8　加强型刮板输送机溜槽和销排与销排座

（a）单耳　　　　（b）损坏的Y形连接件

图 8-9　刮板输送机溜槽单耳与 Y 形连接件

为适应大倾角煤层软底工作面，刮板输送机采用框架式封底结构，变传统的刮板输送机仅有两条槽帮的线接触方式为大底座面接触方式，对煤层比压约减小 80%，从而避免刮板输送机钻底；刮板输送机采用反向铲煤板，以防止推移刮板输送机时的钻底现象；后部刮板输送机中部槽采用优质合金钢铸造铲板槽帮与高强度耐磨中板焊接而成的整体结构；改进推移刮板输送机千斤顶与刮板输送机连接十字头；前、后部刮板输送机除斜拉千斤顶防滑外，中部槽底部加设防滑块，在支架尾部专门设计特殊的燕尾形防滑装置与后部刮板输送机连接。

大倾角煤层综采工作面刮板输送机防滑是“三机”防滑的基础。原设计是在工作面液压支架底座上安装圆环链斜拉千斤顶防刮板输送机下滑，即约每隔 5 架液压支架设一根刮板输送机防滑千斤顶。实践证明，圆环链斜拉千斤顶防刮板输送机下滑的方法存在不少问题，比如圆环链断了弹起难免伤人；千斤顶置于工作面底板或液压支架底座上，使得供液管、管座、活塞杆都很难维护；每根千斤顶及圆环链斜置于 2～3 架液压支架底座前端，当固定该千斤顶的下一或两架液压支架前移时，若斜拉千斤顶处于拉紧状态，则往往因阻挡移架而被崩断，若处于放松状态，则又常被液压支架底座推到工作面刮板输送机下面去。由于存在这些问题，斜拉千斤顶几乎都是投产时安上，投产后很快就被取消。由于斜拉千斤顶不能用，各大倾角煤层综采工作面普遍被迫用将工作面布置成伪仰斜的方法来抵消工作面刮板输送机每循环的下滑量。工作面布置成伪仰斜防刮板输送机下滑的方法有不少负面影响：一是大倾角煤层工作面煤壁易片帮，布置成伪仰斜后就更易片帮，片帮后往往导致冒顶；二是伪仰斜工作面的片帮煤及采煤机割下的煤都易窜入工作面伤人；三是伪仰斜的度难以掌握，尽管工作面经常割斜刀、短刀调整，仍常常不是刮板输送机机头下去太多，就是刮板输送机机尾抵回风巷上帮甚至需要撤出液压支架；四是伪仰斜越多，液压支架间呈阶梯状的错距越大，工作面就越容易挤架等。总之，伪仰斜越大，越不利于安全生产。由于没有理想的工作面刮板输送机防滑技术，就一直靠工作面布置成伪仰斜防止刮板输送机下滑。当工作面倾角太大时，还需要辅以打单体支柱斜撑住刮板输送机。为了尽量减少刮板输送机下滑，工作面移刮板输送机时只好先移机头，每循环都把刮板输送机机头移过去固定好后再往上逐一推移；采煤机也只好下行割煤，因上行割煤时采煤机对刮板输送机向下的推力很大，刮板输送机就更难防滑。这样，煤炭产量就会受到很大影响。

电缆槽上应设千斤顶控制的纵向挡煤板，防止煤矸飞入行人通道。

总之，目前的大倾角煤层综采装备基本能满足生产需要，但仍存在许多有待持续改进的问题。当务之急是应尽快制定相应的标准，以规范装备的设计、制造和试验。应建立大倾角煤层综采装备的地面仿真联合试验中心。

8.2.2 “三机”选型配套关键技术

在大倾角煤层综采主要个体设备研制完成的同时，应对“三机”配套的主要参数进行合理设计与优化，使“三机”适应性好、配合紧凑、无相互干涉，落、装、运、支工艺流程衔接紧密，从而保证工作面顺利推进。

大倾角煤层综采工作面“三机”选型配套除满足普通综采工作面的“三机”选型配套要求外，还必须满足倾角增大带来的特殊要求。否则，就会出现采煤机滚筒与支架梁端干涉问题。这是大倾角煤层综采工作面“三机”配套必须考虑的特有关键技术，在具体配套时应充分考虑。

大倾角煤层综采工作面“三机”几何关系配套关键是，考虑处于大倾角斜面上的刮板输送机、采煤机和支架的相互配合尺寸，保证设备运行时相互不发生干涉，并使配套设备的效能最大限度地发挥，如图 8-10所示。

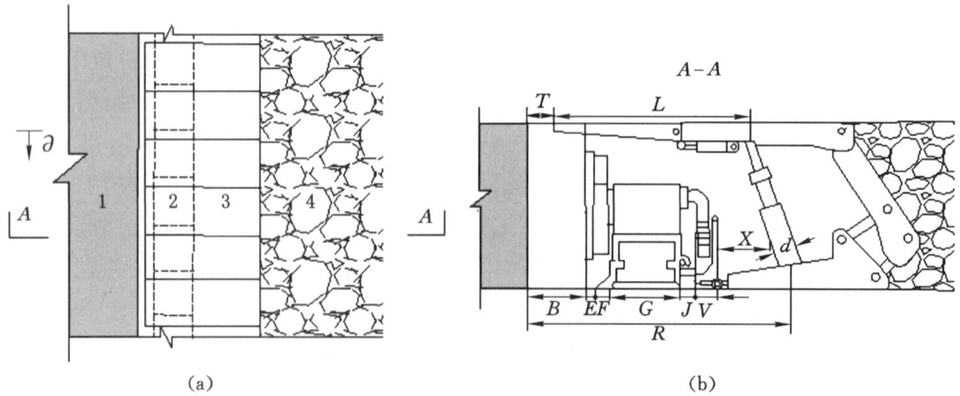

1—煤壁；2—刮板输送机；3—液压支架；4—采空区；∂—工作面倾角。

图 8-10　大倾角煤层综采工作面设备配套尺寸关系

从安全角度考虑，工作面无立柱空间宽度 R 应尽可能小，但其受设备配套限制，由图 8-10可知：

$$R = B + E + F + G + J + V + X + d/2 \tag{8-1}$$

式中 B——截深，mm；

E——煤壁与铲煤板间应留的间隙，mm；

F——铲煤板宽度，mm，一般为 150～240 mm；

G——刮板输送机中部槽宽度，mm；

J——导向槽宽度，mm；

V——电缆槽宽度，mm；

X——支架支柱与刮板输送机电缆槽间的距离，mm；

d——支架前立柱外直径，mm。

应当指出，上述“三机”配套图在实际配套时是严格依据支架与溜槽垂直且推移步距等于截深，配套尺寸按比例精确绘制的。但在大倾角煤层综采工作面中，由于支架重心偏后及支架掩护梁受采空区冒落矸石滑滚作用等，支架尾部下摆。综放支架尾梁受冒落煤块滑滚作用，且后部刮板输送机下滑会加剧支架尾部下摆。上邻支架尾部下摆，造成支架尾部挤紧，如图 8-11(a)所示；更为严重的是，掩护梁压在下邻架立柱上，如图 8-11(b)所示。

(a) 相邻支架尾部挤紧现象

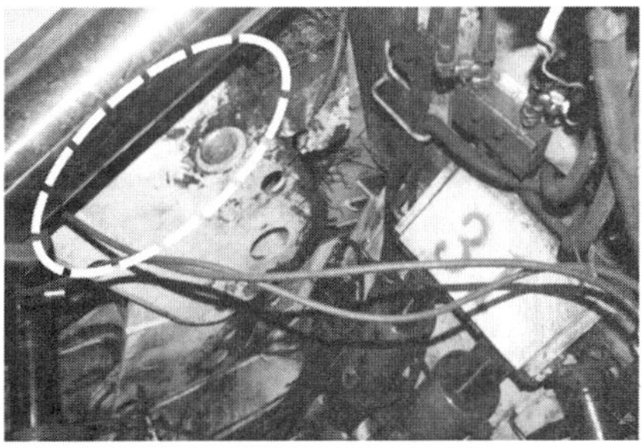

(b) 掩护梁侧调护板压下邻架立柱现象

图 8-11　支架尾部下摆现象

支架尾部下摆直接导致无立柱空间宽度 R、梁端距 T 变小，有效推移步距减小，从而导致采煤机滚筒与支架梁端出现干涉，如图 8-12 所示。这正是大倾角煤层长壁综采区别近水平或缓倾斜煤层长壁综采“三机”选型配套的最显著标志。

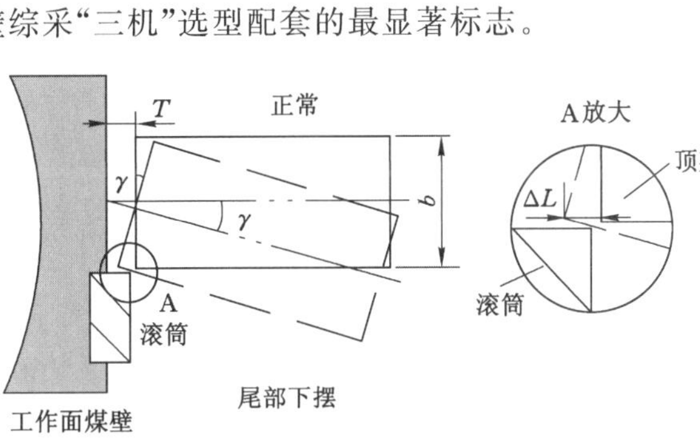

图 8-12　滚筒与支架梁端干涉现象

支架尾部下摆导致支架顶梁下端向煤壁前移(见图 8-12),前移量 ΔL 为:

$$\Delta L = \frac{1}{2}b\sin\gamma \tag{8-2}$$

式中 b——支架顶梁厚度,mm;

γ——偏斜角,(°)。

根据长期现场观测研究发现,大倾角煤层综采工作面支架尾部经常下摆,综放支架下摆更为严重,导致支架顶梁前沿与煤壁不平行,推移杆与溜槽不垂直,有效推移步距减小,最终造成滚筒与支架梁端干涉(见图 8-12)。这种现象在大倾角煤层综采工作面具有普遍性。

另外,大倾角煤层综采工作面未装弧形挡煤板的采煤机装煤效果较差,特别是沿真倾斜布置工作面自下向上割煤时装煤效果更差,导致浮煤量大,尤其刮板输送机下端头部和工作面凹陷段浮煤量更大。遇水泥化的浮煤在刮板输送机与煤壁处淤积,不易清理,推移刮板输送机受阻。推移刮板输送机后被挤压的浮煤(宽度为 L)导致刮板输送机推移步距不足截深,如图 8-13 所示。

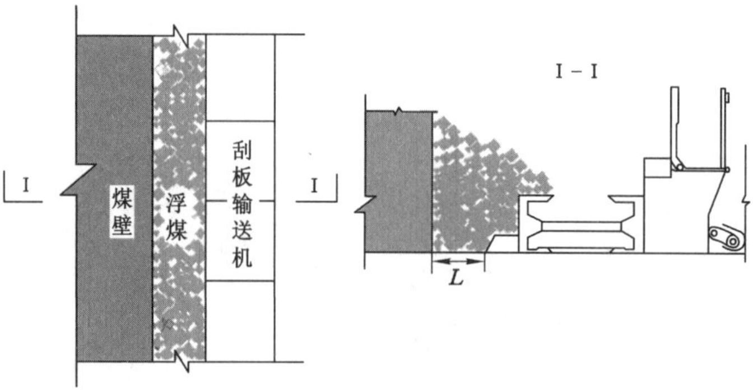

图 8-13 浮煤导致推移刮板输送机受阻现象

现场虽然采用挂线拉架,但仅仅是支架被拉成了一条线,刮板输送机并未挂线推移,有时拉架时又将推出的刮板输送机拉回一些距离。

基于上述分析,考虑在斜面上支架重心偏后导致支架尾部下摆,支架纵向轴线与刮板输送机或煤壁不垂直,以及浮煤量大且拉架时又将刮板输送机拉回少许距离,致使有效推移刮板输送机步距减小,大倾角煤层综采工作面实际出现滚筒与支架顶梁干涉现象。具体的解决办法是在所绘“三机”几何尺寸配套图的基础上,适当加大推移步距(稍超截深,一般取 100 mm)或适当加长(一般取 30～50 mm)推移杆增大端面距以消除这种干涉。绿水洞煤矿就采用加长推移杆 40 mm 的办法消除了这种干涉,效果良好。曾有矿井采用液压锁保证拉架时刮板输送机不被少许拉回,但因为液压锁易出故障而影响推移刮板输送机、拉架,并不受现场欢迎。

圆弧段布置“三机”选型配套:为了有效遏制大倾角特厚煤层走向长壁综放工作面开采设备的整体下滑和支架倾倒下滑,提高支护系统的稳定性,有的矿井(如靖远王家山煤矿和华亭东峡煤矿等)在工作面下部采用“水平—圆弧—斜线”过渡布置方式,简称圆弧段布置方式。由于工作面采用圆弧段布置方式,前部刮板输送机的上段处于斜面上,下段处于“圆弧—水平”面上,采煤机由斜面向“圆弧—水平”面运行时,其行走滚轮与销排未能最佳啮合;

当采煤机割煤运行至工作面的“圆弧—水平”段时，应适当挑顶切底，挑顶量和切底量应进行相应的调整，只有这样才能保持圆弧段的正常曲率半径，实现采煤机的行走滚轮与销排的良好耦合和所在位置基本不变。为此需要在采煤机上加装挑顶以及切底量显示装置，以提示采煤机司机恰当地挑顶与切底。同时，还须通过纵向配套尺寸检查图验证最小采厚时采煤机能否顺利通过圆弧段，如图 8-14 所示。这是大倾角煤层综放工作面圆弧段过渡布置与直线布置“三机”配套的显著区别。

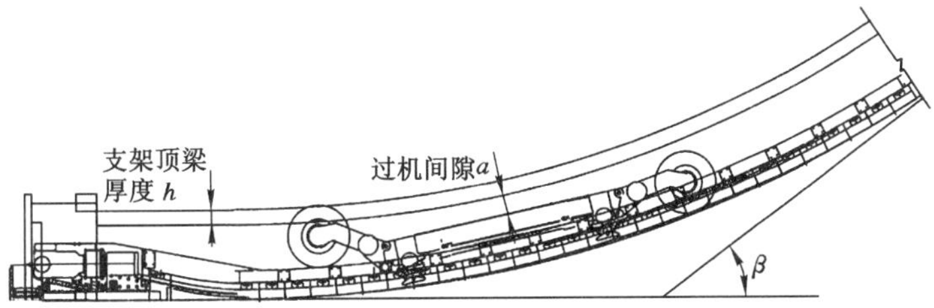

图 8-14　最小采厚时采煤机过圆弧段检查图

需要特别指出的是，依据图 8-14，采煤机在圆弧段割煤时，采厚不能低于过机高度，否则采煤机就会在圆弧段鳖卡。

圆弧段布置方式对支架的选型也有特殊要求。处于圆弧段的支架顶梁受挤压，支架顶梁间呈线接触，相邻支架底座间隙则较大，如图 8-15所示。

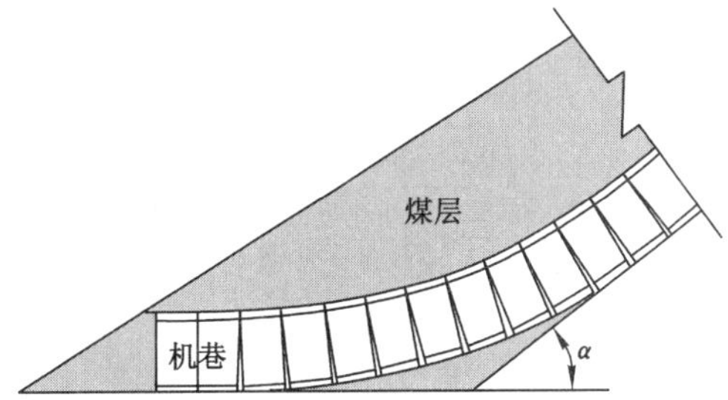

图 8-15　圆弧段支架布置图

由此可见，直线段的基本支架不尽适应圆弧段布置方式；建议将圆弧段支架设计为窄顶梁宽底座支架，以便能适应圆弧段曲率变化，将顶梁由线接触改良为面接触。

目前，刮板输送机的立面最大弯曲 3°，制约了圆弧段的曲率半径下限，使圆弧段布置方式适应煤层的厚度较大。建议适当增大刮板输送机的立面最大弯曲度，并统筹考虑采煤机与刮板输送机的耦合，降低圆弧段的曲率半径下限，使圆弧段布置方式适应较薄厚煤层大倾角综采工作面。

由于缺少大倾角煤层“三机”配套联合试运转的试验台，“三机”联合试运转通常在平面上进行，未能在地面(入井前)实现斜面试验台上的仿真试验。为了降低“三机”下井安装后生产时可能出现的配套上的风险，王家山煤矿和东峡煤矿大倾角煤层综采项目，当时就利用地面矸石山或山坡地形条件，对采煤机的爬坡与制动性能进行仿真试验。不可回避的是，井下首采工作面的初采阶段实质上是大倾角煤层“三机”配套地面仿真试验的延伸。受地面条件所限未能安装支架，没能对支架尾部下摆和大量浮煤聚积的影响进行试验，也就验证不了支架梁端与采煤机滚筒是否相互干涉，只好留在井下试验。就研究试验而言，生产单位承担了本不应承担的试验风险，需要改变这种不合理的现状。因此，为实现大倾角煤层“三机”在井上斜面上联合试运转，检验选型配套的合理性，建议建立大倾角煤层“三机”地面联合仿真试验台，以在井上通过仿真试验发现并解决“三机”选型配套可能出现的问题。

8.3 综采及综放开采工艺

大倾角煤层走向长壁综采及综放工艺与非大倾角煤层走向长壁综采及综放工艺的本质区别在于，前者必须充分考虑煤层倾角增大到 35°及以上后，割煤、装煤、拉架、推移刮板输送机以及放顶煤工序有了由上而下和由下而上之分。至于采用哪种顺序，均要以有利于支护系统的稳定为核心。这是编写针对性强、特色鲜明的大倾角煤层走向长壁综采与综放工作面《作业规程》的前提和基础。绿水洞煤矿首采的 6134 大倾角中厚煤层综采工作面和王家山煤矿首采的 44407 大倾角厚煤层综放工作面的《作业规程》就是按照《试验大纲》规定而非按照传统的要求编制的，严格立足大倾角这个基本点，按照保障工作面支护系统稳定这一核心编写，特别是按照圆弧段割煤工艺的计算机仿真结果编制圆弧段割煤工艺。

大倾角煤层走向长壁综采工艺区别于近水平煤层走向长壁综采工艺的鲜明特征在于割煤、装煤、拉架和推移刮板输送机都是在倾角较大的斜面上进行的，难度大，操作困难。其关键是要在割煤、装煤、拉架和推移刮板输送机的时空配合上确保支护系统的动态稳定。通常将割煤、装煤、拉架和推移刮板输送机的时空关系按一个完整的循环周期(不一定是一日)用规定符号绘制在工作面正规循环作业图表中。正规循环作业图表是表示工作面工序时空关系的图表，以时间为横轴，以工作面面长为纵轴。王家山煤矿 44407 综放工作面正规循环作业图表如图 8-16 所示。

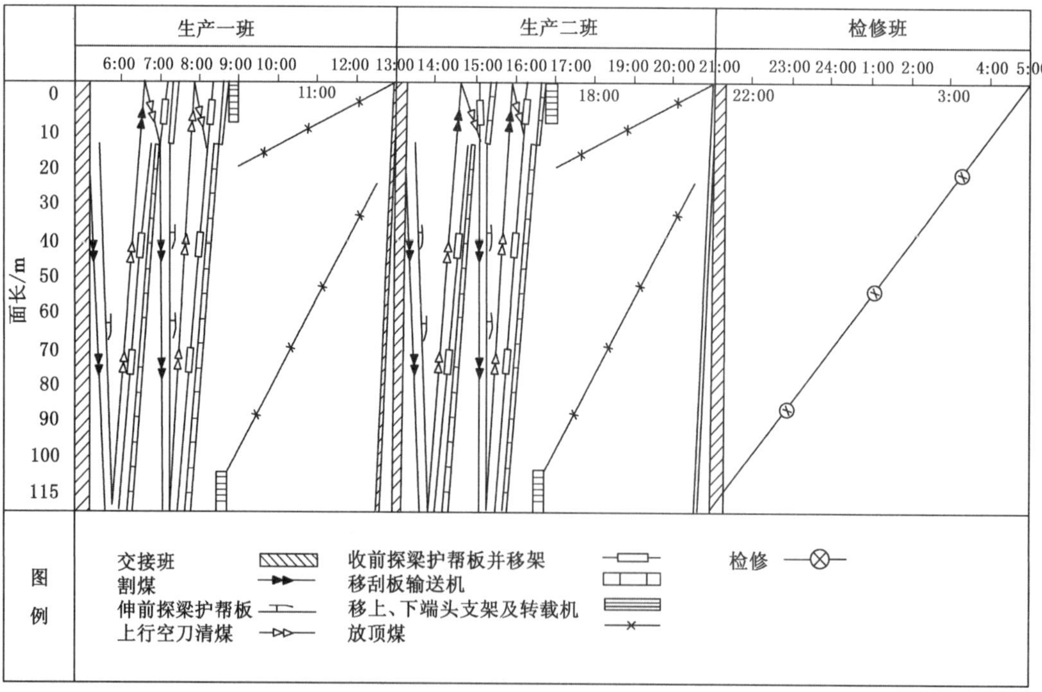

图 8-16 王家山煤矿 44407 综放工作面正规循环作业图表

王家山煤矿 44407 综放工作面进行了从上向下或相反或分段-顺序间隔-单轮或多轮-一采一放或两采一放或三采一放的多种放煤工艺试验。图 8-16 为从工作面上部 20 m 处分上下两段顺序放煤，主要考虑回风巷为沿空掘巷，防止已采过的 44405 工作面采空区矸石和黄泥浆涌出。试验结果表明，分段自上而下顺序多轮一采一放效果最好。

东峡煤矿首采的大倾角中硬较薄厚煤层（平均厚度为 4 m）综放工作面，采厚为 2.6 m，顶煤厚度为 1.4 m，由于支架的反复支撑，顶煤被挤压破碎，随采随放，几乎全部被回收。由此可见，大倾角中硬较薄厚煤层综放开采回收率最高。

8.3.1　割煤

大倾角煤层走向长壁综采工作面采煤机割煤是在陡坡上进行的，所以自上而下割煤和自下而上割煤的效果迥异。

自上而下割煤，首先要从工作面上端斜切（可留或不留上三角煤）进刀，进刀完成之后就开始自上而下割煤。其优点是割煤阻力较小，可防采煤机下滑；缺点是不能自下而上及时追机拉架、推移刮板输送机，前探梁伸出临时支护时间长。

留三角煤斜切进刀优点是采煤机不必反向，进刀时间短；缺点是上三角煤易片帮冒落，留三角煤段支架移不了。不留三角煤斜切进刀方式的优缺点与留三角煤斜切进刀方式的优缺点相反。

自下而上割煤与自上而下割煤相反，即首先要从工作面下端斜切（可留或不留上三角煤）进刀，进刀完成之后就开始自下而上割煤。其优点是能自下而上及时追机拉架、推移刮板输送机，时间短或不伸出前探梁直接拉架；缺点是割煤阻力较大，不能防止采煤机下滑。当煤层倾角增大到 45°及以上时，自下而上割煤前滚筒受割煤反力作用存在翻倒脱轨的重大隐患，因此，现场很少采用。

由于上端斜切不留上三角煤进刀及自上而下割煤具有明显优点，现场几乎都采用这种进刀割煤方式。所以大倾角煤层走向长壁工作面一般采用单向割煤，自上而下割煤，自下而上装浮煤，往返一次进一刀。

采煤机司机一定要掌握好挑顶与提底量，要循序渐进，切忌台阶式的急挑猛提。绿水洞煤矿首采工作面试采初期追求产量，工作面中部连着两刀下切量过大，导致支架不接顶而无法推移刮板输送机，工作面被迫停产一周进行处理，教训深刻。

采煤机在圆弧过渡段割煤时因后滚筒自行下切，需要提底以保持圆弧段曲率。尽管圆弧段布置形式将下端头布置简化为水平工作面的端头，且斜面排头支架以圆弧段上端点支架为稳定的依托，圆弧段对斜面支架的稳定性能较好地控制，但将简单的直线工作面变为复杂的曲线工作面，割煤工艺极其复杂。这也反映出现实系统复杂性不因人为简化而消失，而以另一种方式存在并显现的客观规律。所以在编制《作业规程》时要明确规定从几号支架开始逐渐提底，采煤机司机要在具体操作中边训练边体会以至熟练掌握。

为解决大倾角煤层综放工作面支架整体稳定性和下端头支护困难问题，综放工作面下段采用“倾斜—圆弧—水平”的布置方式，将复杂的下端头支护简化为水平煤层的下端头支护方式，简化下端头“三机”选型配套，消除下端头受工作面飞煤矸的威胁，确保下端头的行人安全。在生产实践中发现，采煤机在圆弧段割煤会出现自行切底留顶现象（见图 8-17）。随着留顶切底量的积累，圆弧段上端上移且圆弧段曲率增大，导致溜槽悬空以致无法正常割煤。要推导出圆弧段割煤的留顶切底量的精确解析函数难度极大。故采用 AutoCAD 和 Flash 软件集成的方法，动态仿真了圆弧段复杂的自行留顶切底割煤过程，直观表示出每割一刀煤自行留顶切底的微分量和多刀割煤自行留顶切底的积分量，定量分析了圆弧段割煤工艺的复杂性。仿真结果为大倾角特厚煤层综放工作面圆弧段割煤作业规程编制和采煤机司机培训提供了理论依据和可视化方法。

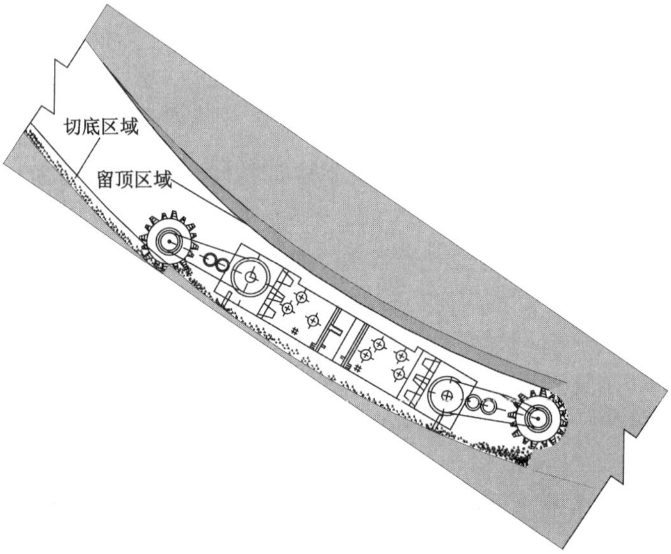

图 8-17　圆弧段采煤机割煤状态示意

圆弧段采煤机割煤动态仿真界面如图 8-18 所示。

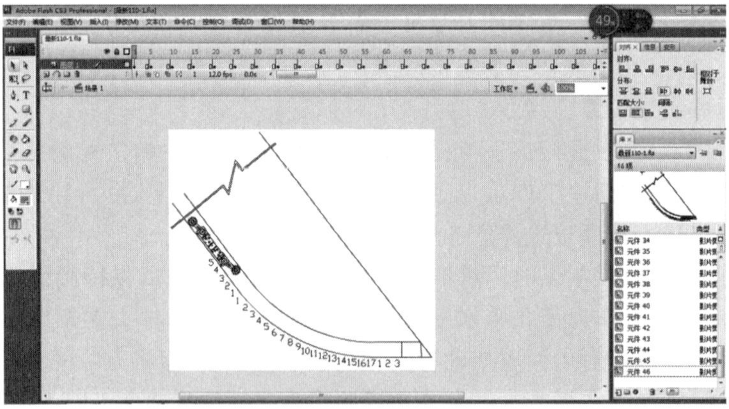

图 8-18　圆弧段采煤机割煤动态仿真界面

采煤机两次进刀留顶切底割煤后轨迹如图 8-19 所示。

8.3.2　装煤

与大倾角煤层工作面支架防倒防滑、采煤机牵引制动、刮板输送机销排及其支承座的强化等方面成果形成鲜明对照的是，采煤机装煤效果差一直未引起足够重视，现已成为制约大倾角煤层长壁综采技术发展与推广应用的“瓶颈”。

(1) 自上而下割煤时装煤

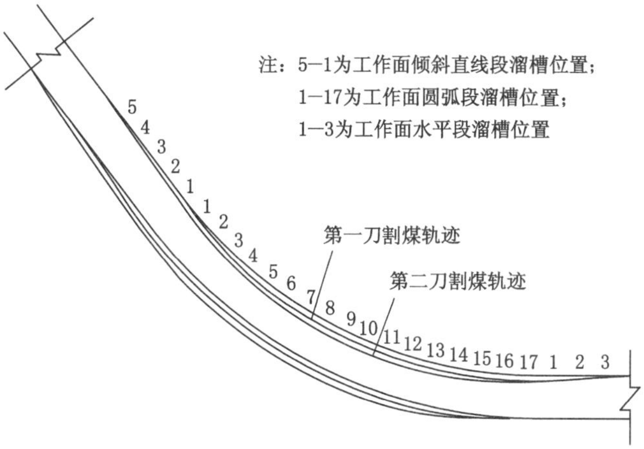

图 8-19　采煤机两次进刀留顶切底割煤后轨迹

下行割煤即从刮板输送机机尾向机头割煤。采煤机下行割煤时，下滚筒割顶煤，上滚筒割底煤，如图 8-20 所示。割煤过程中采煤机牵引阻力大幅度减小，下滚筒割落的煤也会向刮板输送机与煤壁之间抛射，但抛射煤量相对上行割煤锐减，并且沿滚筒轴向距端面最远处的螺旋叶片会阻止附近煤块下落，使得采煤机下滚筒割落的煤向上滚筒方向运动。靠近端面的落煤受到截割圆弧面的约束和螺旋叶片的作用，依靠滚筒旋推力，从滚筒附近滑落到刮板输送机上或暂时滞留在滚筒下部。

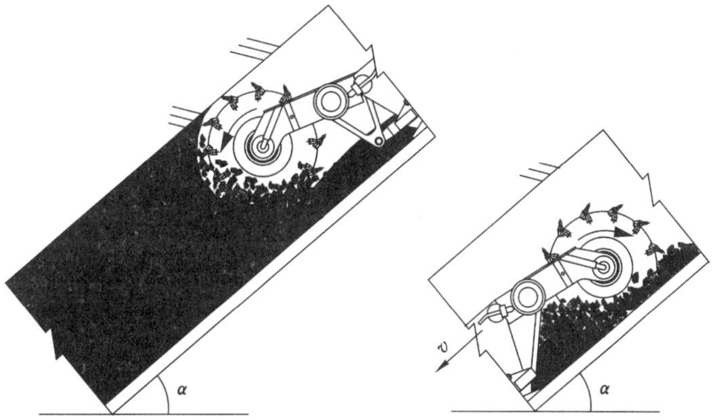

(a) 下滚筒割顶煤　　(b) 上滚筒割底煤

图 8-20　下行割煤示意

上滚筒割煤时，底煤高度相对下滚筒割的顶煤高度较低，部分割落的煤在截齿的作用下会朝下滚筒方向运动，最终堆到底板上或者采煤机机身后。其余部分和下滚筒割落的煤受弧形煤壁约束无法直接向下端头抛射，会顺着刮板输送机一侧滑落或者在螺旋叶片旋推作用下装入刮板输送机，有效缓解了落煤向液压支架及人行道抛射问题。通过及时伸出前探梁并打开护帮板，能有效支护顶板，割通运输平巷下帮后，采煤机上行清煤，安全性好。

据现场观察，浮煤多分布在机身附近的底板上，在一定程度上可减少割落煤块的下滑，缓解圆弧段处浮煤的堆积。因此，下行割煤对改善装煤效果较为有利。

下行割煤煤块抛向采空区侧的数量、速度及范围都远小于上行割煤。另外，下行割煤能耗较小且能防止制动失灵导致的采煤机下冲。所以，为了避免上行割煤的缺点，绿水洞煤矿6134工作面、王家山煤矿44407工作面、东峡煤矿37220工作面均采用下行割煤、上行清浮煤的单向割煤方式。目前，几乎所有的大倾角煤层走向长壁综采(或综放)工作面都采用这种自上而下的割煤方式。下行割煤进刀后反向上行割三角煤时，上行割煤的落煤抛撒、难以装入刮板输送机的问题依然存在，加装弧形挡煤板是解决此问题的最佳方法。

王家山煤矿首采的44407大倾角厚煤层综放工作面在采煤机订购时，就装煤问题与靖远煤业集团有限责任公司进行过专题研究，厂家在矿方坚持下加装了可360°机械翻转的弧形挡煤板。实际运行表明，装煤效果良好。后因翻转鳖卡及在摇臂上加装的翻转用的液压齿轮马达外壳与顶梁干涉影响采煤机挑顶而将弧形挡煤板拆除，之后装煤效果较有弧形挡煤板时的差。

应当指出，目前大倾角煤层走向长壁综采所用采煤机截割滚筒与普通综采所用采煤机截割滚筒毫无差异。这就必然造成大倾角煤层综采工作面下部浮煤堆积，导致推移刮板输送机步距不足(见图8-21)，有效截深减小，采煤机滚筒与液压支架梁端发生干涉。滚筒设计方应针对工作面倾角增大的具体情况，对滚筒螺旋叶片升角、叶片数和转速等参数进行优化，设计适合大倾角煤层走向长壁综采所用的装煤效果好的滚筒。

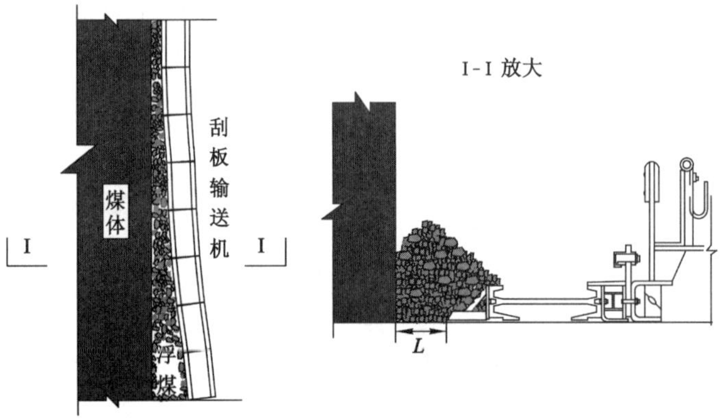

图8-21　下部堆煤导致推移刮板输送机步距不足状况

(2) 自下而上割煤时装煤

上行割煤即从刮板输送机机头向机尾割煤。采煤机上行割煤时，上滚筒割顶煤，下滚筒割底煤，如图8-22所示。上滚筒割落的部分顶煤由螺旋叶片带动，被甩向或者滑落到滚筒后下方而成为浮煤，仅有少部分煤被装入刮板输送机。下滚筒割底煤时，前方遗留的浮煤和部分底煤再一次被旋起。在未安装弧形挡煤板时，底板上的浮煤及割落的底煤被左螺旋逆时针旋转的下滚筒螺旋叶片旋起，至最高点后以初速度 v_0 向下做抛物线运动。

(3) 滚筒装煤运动学分析

与落煤抛射方向相反，采煤机以牵引速度 v_j 沿工作面倾斜上行，使被抛射的煤块落点上移。与近水平或缓倾斜煤层综采工作面相比，大倾角煤层综采工作面随着煤层倾角增大，不仅煤块落到底板上的点(触底点)下移(见图8-23)，而且落煤还要向下滑滚，这就导致刮板输送机机头处浮煤大量堆积。

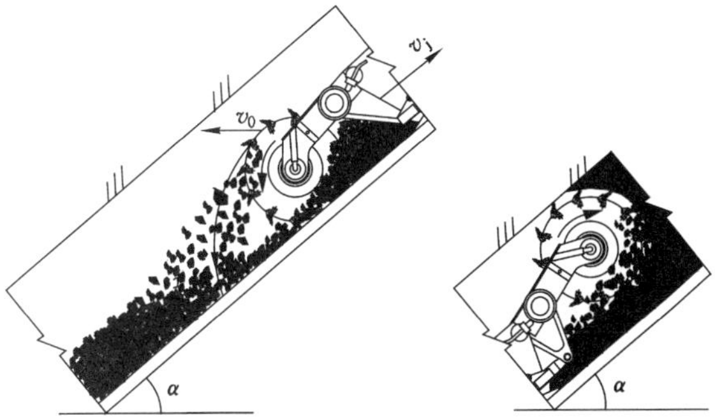

(a) 下滚筒割底煤　　(b) 上滚筒割顶煤

图 8-22　上行割煤示意

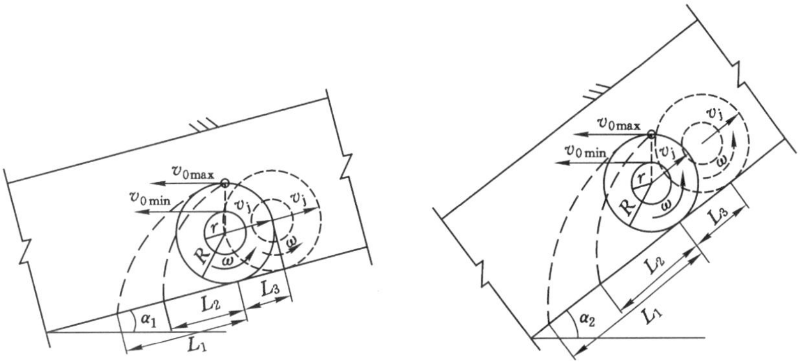

(a) 缓倾斜煤层落煤抛射　　(b) 大倾角煤层落煤抛射

图 8-23　落煤运动分析示意

当采煤机牵引速度 v_j 为零，即采煤机在原地装煤时，煤块会以初速度 v_0 向下端头方向抛射。若忽略煤流中煤块的相互作用，底板上的煤块受叶片旋转作用被旋抛起到图 8-22 所示位置时，初速度 v_0 可分解为沿煤壁平面的分量 v_{01} 和沿滚筒轴向的分量 v_{02}。其中，做圆周运动的初速度分量 v_{01} 为：

$$v_{01} = \lambda v_t \tag{8-3}$$

式中　λ——底板浮煤被螺旋叶片旋起后与螺旋叶片的相对运动速度系数，$\lambda \in [0,1]$，未被旋起时 $\lambda=0$，被旋起且与螺旋叶片无相对运动时 $\lambda=1$；

v_t—— t 时刻煤块在滚筒轮毂至螺旋叶片边沿间运动的线速度。

$$v_t = \omega R_t \tag{8-4}$$

式中　ω——滚筒转速，r/s；

R_t——t 时刻煤块在螺旋叶片上做圆周运动的圆周半径，$R_t \in [r,R]$（r 为滚筒轮毂半径，m；R 为滚筒半径，m）。

因此，滚筒旋转带动浮煤旋转的速度与滚筒转速、轮毂半径、螺旋叶片高度以及浮煤与滚筒的相对运动有关。当忽略浮煤与滚筒螺旋叶片之间的相对运动时：

$$v_{01\max} = \omega R \tag{8-5}$$

$$v_{01\min} = \omega r \tag{8-6}$$

由此可见,降低滚筒转速 ω、减小螺旋叶片高度(也就是减小滚筒半径 R)和轮毂直径(也就是减小轮毂半径 r),有利于降低浮煤向下抛射的初速度。

(4) 下端头浮煤堆积分析

图 8-24　工作面圆弧段机头处浮煤堆积状况

下端头靠近煤壁刮板输送机机头处三角煤主要靠下滚筒进行截割并装载。由于过渡槽高度相对标准槽升高,加之重力和煤层倾角的影响,下滚筒在截割过程中会将落煤向下端头抛撒,最终造成下端头处大量浮煤堆积。尤其当大倾角煤层综采工作面下段倾角变小(如绿水洞煤矿 6134 工作面下段倾角降为 28°左右)或采用圆弧段布置方式(如王家山煤矿 44407 工作面)时,浮煤在机头处堆积量更大(见图 8-24)。即使靠采煤机反复多趟装载,未加装弧形挡煤板的滚筒也难以将机头处堆积的浮煤装净,刮板输送机机头无法推移到位,必须人工清煤,劳动强度大,效率较低且存在工作面飞煤矸伤人的安全隐患。

特别是煤遇水泥化(如长山子煤矿大倾角煤层综放工作面的煤遇水严重泥化)后,与滚筒螺旋叶片黏结,会减小装煤有效容积。更为严重的是,煤泥淤积在刮板输送机机头与煤壁之间,随着抛撒量增加,越积越多。大量淤积浮煤直接导致刮板输送机机头不能推移到位,有时强顶硬推造成连杆与溜槽连接销被剪断,如图 8-25 所示。

(a) 浮煤阻碍推移刮板输送机状况

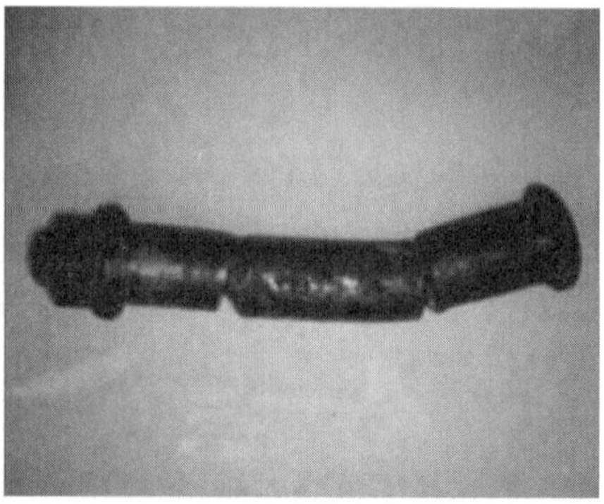

(b) 被剪断的连接销

图 8-25　浮煤导致连接销被剪断状况

综上所述,弧形挡煤板作为采煤机滚筒螺旋叶片装煤的一种配套装置,对提高装煤效率至关重要,国外不但未将之淘汰,反而在坚持使用。尤其在大倾角煤层综采工作面,采煤机仍然采用一般采煤机滚筒(并未针对大倾角煤层综采工作面专门设计),滚筒转速偏高,煤块滑滚和抛射导致装煤效率锐减。如何将抛射滑落的煤炭限制在装煤范围内是大倾角煤层综采工作面采煤机提高装煤效率的关键。王家山煤矿 44407 大倾角特厚煤层综放工作面采煤机加装弧形挡煤板后获得了良好的装煤效果。

由此可见,弧形挡煤板对改善大倾角煤层综采工作面装煤效果是必要的。应从设计制造方面解决弧形挡煤板蹩卡造成的翻转不畅的问题。

合理的滚筒参数会直接改善装煤效果。在大倾角煤层工作面，滚筒若能及时有效地把割落的煤装入刮板输送机里，抛撒滚落的煤量自然会减少。建议针对大倾角煤层综采工作面坡度大的特点，设计制造并试验低转速、小直径轮毂、四头叶片的专用滚筒，优化叶片高度、节距与叶片螺旋升角，并使采煤机牵引速度与滚筒转速相匹配，以期解决大倾角煤层综采工作面装煤效率低下的难题。

8.3.3　拉架

大倾角煤层走向长壁综采工作面拉架是最重要且最关键的工序，操作难度大，对支架工操作水平要求高。即使近水平煤层综采工作面的熟练支架工也难驾驭大倾角煤层综采工作面支架。移架操作不恰当就会出现支架下滑倾倒，下滑倾倒后复位难度更大。所以大倾角煤层综采工作面支架移架的关键是保证移架过程中支架的动态稳定，亦即支架的稳定性或稳定状态控制。

为了保证支架的动态稳定，采用自下而上的顺序移架。该移架方式的优点是上邻架控制下邻架，下邻架作为上邻架的稳定的辅助依托。

移架时首先要降架。降架时，支架工操作控制液压立柱的液压阀手把至降架位置，液压立柱下腔与回液管接通，立柱对顶板的支撑力在瞬间降至零，这时处在大倾角斜面上的支架从稳定状态演化为失稳状态；随着降架的持续，立柱下缩量增大，支架不接顶，这时处在大倾角斜面上的支架失稳达到最危险状态。若这时防倒防滑装置可靠，操作恰当，就能化险为夷，避免支架下滑倾倒。而近水平煤层综采工作面则不会出现这种情况。这正是大倾角煤层综采工作面支架降架操作的关键所在。

应当强调，移架时，其下邻架一定要处于稳定状态，才可伸出上侧调护板与待移支架的下侧调护板使支架动态稳定前移。最好在下邻架以下多架支架共同稳定前提下移架，以免下邻架被挤下滑。

在保证降架后支架不下滑倾倒的前提下，立即将支架一次拉到位并升架顶紧顶板至支架达到额定初撑力，该架移架结束。

上面已经阐明降架时立柱下腔与回液管接通，立柱对顶板的支撑力在瞬间降至零。矿压动态监测结果也清楚表明不能带压移架，如图 8-26 所示。有的《作业规程》或文献将“带压移架”修改为“擦顶移架”，但至于如何操作才能达到擦顶之效，并未阐述或未阐述清楚。

受某集团公司委托，在审查该公司某矿编写的《大倾角不稳定松散软煤综放工作面作业规程》时，将“带压移架”修改为“少降快拉”并被采纳。具体操作时要尽可能少降，最大限度地快拉，达到“擦顶移架”之效。“少降快拉”的具体操作方法是：移架前将待移架的拉架千斤顶液压控制阀手把置于拉架位置，再谨慎地将立柱控制液压阀手把打到降架位置，在拉动支架的瞬间将立柱控制液压阀手把打到零位（不升不降）。支架工熟练后可同时操作降架、拉架。这样的拉架操作正是大倾角煤层走向长壁综采工作面《支架操作规程》区别于普通综采工作面《支架操作规程》的鲜明特色。现场按照所述的“少降快拉”操作可使支架动态稳定性控制达到最佳效果。

拉架前要将支架处的浮煤清净。移架时禁止立柱前站人。支架工移架时要利用好侧调护板和底调护千斤顶的防倒防滑功能。若侧调护板和底调护千斤顶出现故障，要及时排除。

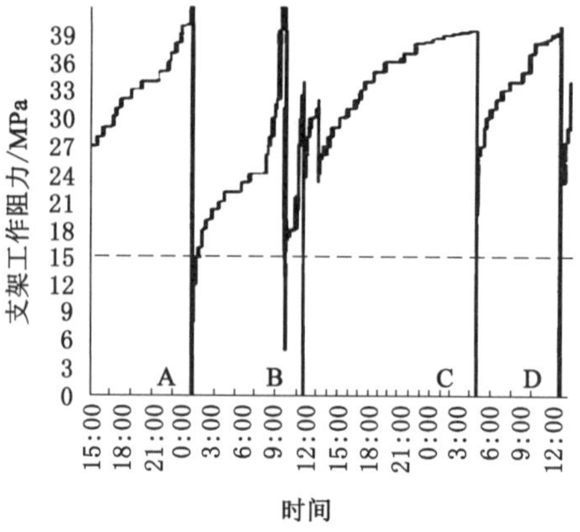

图 8-26　支架降架时立柱压力降为零状况

排除故障后才可拉架，否则不能拉架。目前，侧调护板伸缩不灵、底调护千斤顶损坏后不能现场更换直接影响拉架与调架正常进行，亟待从支架设计上解决。

支架拉到位后要随时调整支架使其顶梁平行顶板，尽量避免顶梁俯仰。顶梁俯斜架前易漏顶，而顶梁仰斜架后顶板易滑落，均会诱发支架失稳。一旦出现顶梁俯仰，调正难度很大。现场在顶梁出现俯仰后，调正时会加剧漏顶而导致支架失稳。

大倾角煤层综采工作面支架的防倒防滑是相对的，而支架下滑倾倒是绝对的。尤其在新投产的顶板破碎和松散煤层综放工作面，支架最容易倾倒。这种情况在东峡煤矿和长山子煤矿初采时都发生过。

8.3.4　推移刮板输送机

大倾角煤层综采工作面刮板输送机位于倾角较大的斜面上，它本身防滑能力差，全靠与支架连接的推移杆防滑，也可通过千斤顶斜拉连接刮板输送机的锚链辅助防滑。

推移刮板输送机时一般采用由下向上的顺序，这样每推移一次刮板输送机可使其上窜。若工作面采用机头超前机尾的伪仰斜布置（见图 8-27），超前量合适时，上窜量可抵消下滑量。因为伪仰斜布置存在煤壁易片帮、飞矸伤人和底板滑移的缺点，2012 年华蓥山广能集团李子垭南煤矿进行了伪俯斜布置工作面试验，支架前端改为斜边与工作面煤壁平行，刮板输送机整体推移以控制下滑，采煤机滚筒垂直钻入进刀。

调整工作面伪倾斜角度，解决工作面设备下滑与刮板输送机上窜问题。一般条件下，若刮板输送机下滑，则将工作面调整为伪仰斜的；若刮板输送机上窜，则将工作面调整为伪俯斜的。调整角度根据刮板输送机的实际下滑（上窜）量确定，但一般不超过 8°。

刮板输送机下滑量大造成机头与转载机搭接过多，煤落到转载机外；刮板输送机上窜过量造成机头搭接不上转载机，煤在机头前堆积，刮板输送机拉回煤，运行阻力大。一般采用减少（或增加）调节溜槽办法解决超（或欠）搭接问题，也可通过斜拉上提刮板输送机或自上向下推移刮板输送机使其下滑。

大倾角厚煤层综放工作面后部刮板输送机防滑主要靠千斤顶斜拉连接刮板输送机的锚链或下滑后上提。也可采用与支架底座连接的燕尾板防滑。当底板松软特别是遇水泥化时，燕尾板下陷，防滑效果较差。

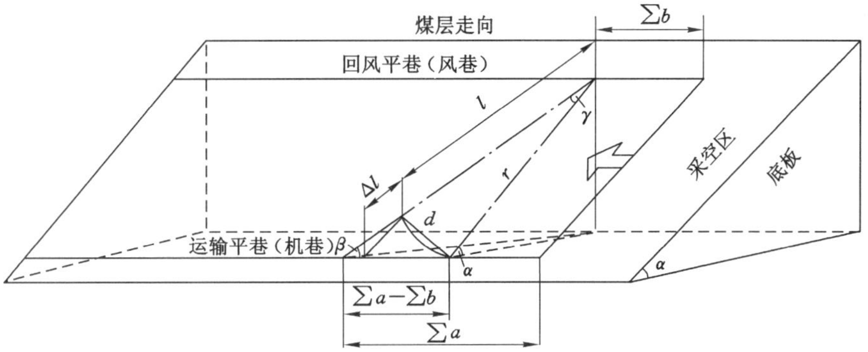

$\sum a$—工作面下端头累计推进距离；$\sum b$—工作面上端头累计推进距离；α—煤层倾角，β—工作面伪倾角。

图 8-27　工作面调伪仰斜示意

8.3.5　放煤工艺

大倾角厚煤层综放工作面放煤工艺宜采用边移架边放煤。否则，一部分煤就滑落到采空区而无法放出。伪仰斜布置工作面顶煤向采空区滑落，远离后部刮板输送机，不利于放煤。根据 2015 年以来的深入研究发现，以前对大倾角煤层综放工作面放煤影响支架稳定性的认识存在误区，即错误地认为放煤会导致支架倾倒。放煤只是放出落到底板和掩护梁上的破碎顶煤。支架上的顶煤滑落是支架降架过量造成的，而非放煤所导致的。若靠冒落下来并在采空区堆积的顶煤来限制支架上的顶煤滑落，则势必损失大量煤炭。要保持支架上顶煤滑落，则或少滑落，关键是要实现带压移架，顶梁要平行并紧贴顶板（煤），既不宜俯斜，也不宜仰斜。在无法带压移架时，要尽可能少降快拉擦顶移架。

从支架稳定性方面考虑，不宜用大倾角综放回采厚度较大的松散软煤层，宜采用大采高或分层开采。

通过大倾角冒落顶煤放出的相似模拟试验研究发现，自下而上放煤，放煤椭球体的长轴并不偏转（有的文献报道长轴向上及采空区偏转）；随着放煤的继续，放煤椭球体演化为放煤漏斗，漏斗的下部边界保持不变，而上部边界演化为坍塌的边坡，如图 8-28 所示，最下面的一个放煤口足以将坍塌的边坡煤全部放出。若采空区堆积的大量冒落顶煤确实起到了限制支架上顶煤滑落的作用，这时从支架稳定性方面考虑，宜采用自上而下的顺序适量放煤，但含矸率要比自下而上放煤的高。放煤时若支架稳定，可见矸关闭放煤口。否则，就要提前关闭放煤口。

根据“加大机采高度，减小放顶煤高度，以提高工作面采出率”“割煤与放煤平行作业，使完成一个采放循环的割煤时间与放煤时间相等或尽可能接近”“割煤与放煤协调进行，避免为了保证后部放煤而使完成一个采放循环的时间过长”等原则，研究了工作面不同区域“支架-围岩”系统稳定性和顶煤冒放性关系。根据工作面情况，确定 9～10 架支架的长度为不放煤的距离比较合理，提出了工作面“上少、中足、下尽（1∶3∶2）”的分区域顶煤放出量控制原则，确定了机采高度、放煤高度、采放比、放煤步距、放煤方式等主要回采工艺参数，以及采煤机割煤后先移架、待空刀返回后再推移刮板输送机，工作面切底需逐步过渡而不能一次提刀或降刀等基本回采工序。

(a) 自下而上放煤漏斗　　(b) 自下而上放煤漏斗向上扩展状况

图 8-28　大倾角煤层综放工作面自下而上放煤演变过程模拟结果

8.4　大倾角煤层开采问题分析

8.4.1　倾倒支架扶正

大倾角煤层走向长壁综采工作面顶板载荷与支架重力的切向分量随工作面倾角增加而增大，而顶板载荷与支架重力的法向分量变化规律却相反，从而造成支架在斜面上所处的力学环境复杂、稳态控制劣化。特别是采厚加大使支架重心增高、煤壁片帮加剧、架前冒顶频发，支架稳态控制难度加大甚至失效而导致支架下滑倾斜加剧或最终群体倾倒。支架倾倒后，就失去了对顶板的支撑作用。要恢复支架对顶板的支撑作用，就必须扶正支架。

8.4.1.1　支架倾斜度与偏斜度

大倾角煤层综放工作面支架易出现倾斜和偏斜现象。为了定量支架相对工作面倾斜面的倾倒程度和偏斜程度，在此定义支架倾倒程度判定参数为倾斜度 $\Delta\beta_\alpha$ 和偏斜度 γ。

(1) 支架倾斜状态。如图 8-29 所示，β 为工作面支架发生倾倒后的倾斜角，α 为工作面支架正常工作时的倾斜角。令 $\Delta\beta_\alpha=\beta-\alpha$，称 $\Delta\beta$ 为倾斜度。

当 $\Delta\beta_\alpha>0$ 时，支架倾倒；当 $\Delta\beta_\alpha=0$ 时，支架未发生失稳倾倒；当 $\Delta\beta_\alpha<0$ 时，支架上仰。根据支架倾倒程度不同，规定当 $|\Delta\beta_\alpha|\leqslant 5^\circ$ 时，支架发生轻微倾倒；$5^\circ<|\Delta\beta_\alpha|\leqslant 10^\circ$ 时，支架发生中等倾倒；$10^\circ<|\Delta\beta_\alpha|\leqslant 15^\circ$ 时，支架发生严重倾倒；$|\Delta\beta_\alpha|>15^\circ$ 时，支架发生特别严重倾倒。

(2) 支架偏斜状态。即支架倾倒的同时，发生下摆的现象。为了定量描述支架下摆程度，用支架的偏斜角定义支架在工作面底板上的偏斜度。设 γ 为支架下摆的偏斜角，如图 8-30 所示。

当 $\gamma>0$ 时，支架尾部下偏；当 $\gamma=0$ 时，支架未偏斜；当 $\gamma<0$ 时，支架尾部上偏。一般认为，当 $0<\gamma\leqslant 5^\circ$ 时，支架轻微偏斜；$5^\circ<\gamma\leqslant 10^\circ$ 时，支架中等偏斜；$10^\circ<\gamma\leqslant 15^\circ$ 时，支架严重偏斜；$\gamma>15^\circ$ 时，支架特别严重偏斜。

8.4.1.2　支架受力分析

对大倾角大采高支架受力进行分析。如图 8-31 所示，支架底座宽度为 B，支架高度为

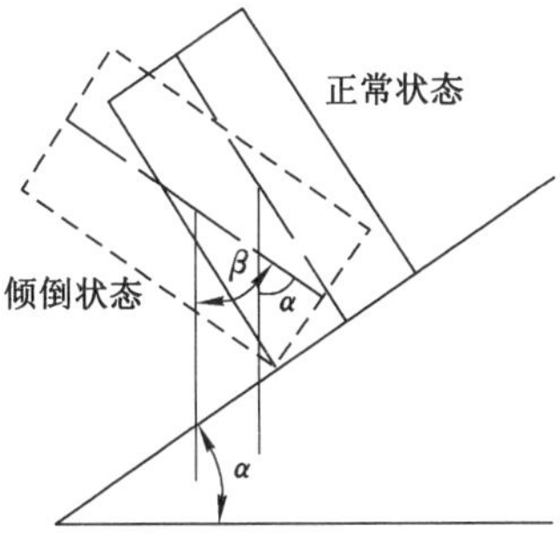

图 8-29　支架倾倒状态

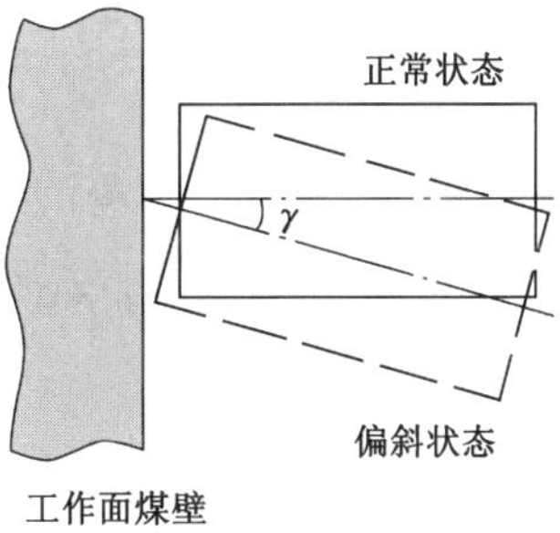

图 8-30　支架偏斜状态

H，支架重心 O 距底板垂直距离为 h(随支架的高度增加而增大)，顶板载荷为 p，支架重力为 G，初撑力反力为 p_1，底板反作用力为 p_2，上、下邻架对支架的作用力分别为 F_1、F_2，顶、底板对支架的摩擦力分别为 f_1、f_2。大倾角支架稳态控制有效时，支架在这组力的共同作用下处于稳定状态。

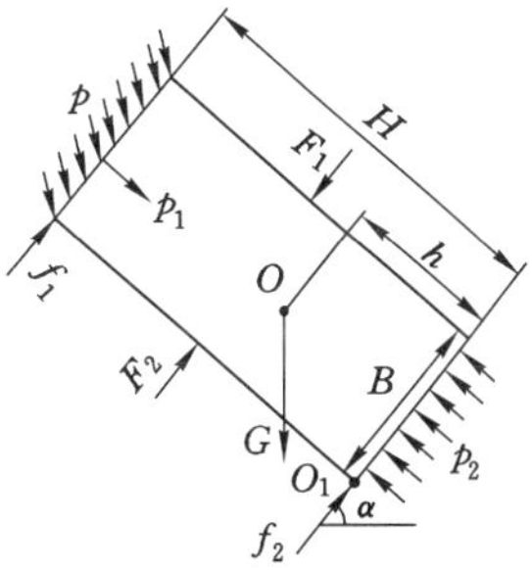

图 8-31　支架受力分析

为分析支架重力、支架重心高度、支架底座宽度和煤层倾角对支架稳定性的影响，这里仅考虑支架降架状态(失去顶板约束)并忽略其他作用力，支架重力对 O_1 点(支架底座下沿与底板接触点)的倾倒力矩 M 为：

$$M = G(h\sin\alpha - B\cos\alpha/2) \tag{8-7}$$

式(8-7)表明，支架倾倒力矩与支架重力、支架重心高度和煤层倾角成正比，而与支架底座宽度成反比。故增大支架底座宽度，降低支架重力，可以提高大采高支架的稳定性。

依据式(8-7)，M 与 h 成正比，即支架重心越高(采厚越大，支架重心越高)，支架倾倒力矩就越大。按花山煤矿所用的大采高支架，$G=392$ kN、$B=1.75$ m、$h=2.2$ m、$\alpha=35.5°$(6152 工作面平均倾角)，则 $M\approx221.55$ kN・m。由此可见，大采高支架降架时支架受更大的力矩作用而处于倒架状态，故支架的稳态控制难度加大。

仍依据式(8-7)，M 与 G 成正比，即支架越重，支架倾倒力矩就越大。当 $B=1.75$ m、$h=2.2$ m、$\alpha=35.5°$，而 G 从 196 kN(花山煤矿现用非大采高支架)增大到 392 kN 时，M 从 110.78 kN・m 增大到 221.55 kN・m，增大了 1 倍。由此可见，大采高支架过重，降架时较大重力产生的力矩作用会加重支架倒架状态，支架倾倒力矩增大，稳态控制难度加大。

8.4.1.3　支架倾倒分布特征

花山煤矿 6152 大倾角煤层大采高综采工作面发生过支架稳态控制失效而导致的支架严重倾倒且难以扶正的事故，工作面生产被迫中断，经济损失巨大。现场实测了支架与工作面倾角，并据此获得支架倾斜程度量化指标值——倾斜度。分析表明，支架群体倾倒主要是煤层倾角增加、采厚加大、支架过重、煤壁片帮、架前冒顶、侧调护板倒置与故障、未用防倒防滑装置、拉架操作不当等多因素共同交织作用所致。

为了定量表述支架倾倒状态，现场逐一量测 6152 工作面支架倾角和溜槽倾角，并计算支架的倾斜度(支架倾角与溜槽倾角之差)。依据量测与计算结果，绘制溜槽倾角、支架倾角和支架倾斜度曲线，如图 8-32 所示。

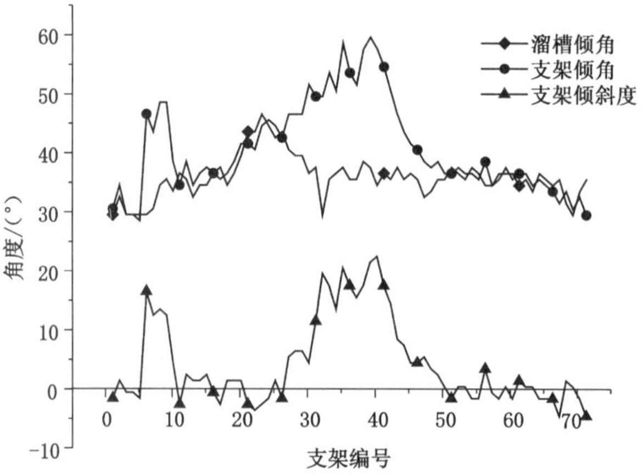

图 8-32 溜槽倾角、支架倾角和支架倾斜度曲线

当煤层倾角大于矸石自然安息角时，顶板破断岩石沿工作面向下滑落，沿工作面倾斜方向形成工作面下部填实、中下部填满、中上部填虚、上部悬空的采空区分区充填特征，如图 8-33(a)所示。

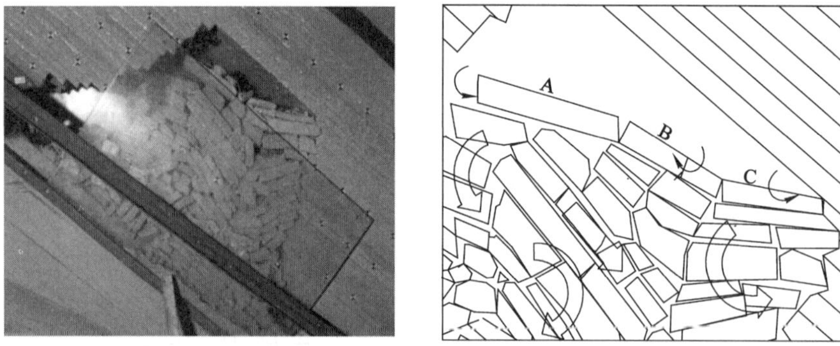

(a) 顶板垮落模拟试验　　(b) 岩块运动分析

图 8-33 顶板垮落模拟试验与基本顶断裂岩块运动分析

工作面上、下端头由于受煤柱支撑及顶底板钳制作用，顶板破断呈倒台阶状，如图 8-33(a)所示。沿倾斜方向直接顶(可视为斜向简支梁或简支板)未垮落前，工作面下部尚未被垮落岩块充填，顶板破断线位于中间偏下；直接顶垮落后，垮落岩块向下滑滚，工作面下部被垮落岩块充填，顶板破断线沿倾向向上偏移，直接顶断裂岩块做转动和沿倾向向下移动的复合运动(顶板断裂形成 A、B 与 C 岩块，岩块做转动和沿倾向向下移动的复合运动)，如图 8-33(b)所示；基本顶垮落岩块最终呈向背斜堆积状态[见图 8-33(a)]；顶板离层进一步沿法线向上发展，基本顶断裂沿倾向形成铰接岩块，基本顶断裂岩块做转动和沿倾向向下移动的复合运动。岩块的这种复合运动牵制支架沿倾向下滑并促使支架甩尾，加剧支架失稳，使支架稳态控制难度骤增以致失效。

当工作面面长较大时，沿倾向向上的悬臂岩梁断裂周而复始地出现，断裂的岩块仍做转动和向下移动的复合运动[见图 8-33(b)]。由于沿倾向垮落矸石的非均匀充填，上部未填满，基本顶断裂垮落岩块先顺时针旋转，垮落后又向下运动，触到垮落矸石堆后逆时针旋转，则形成背斜堆积状态，如图 8-33(a)所示。这种岩块的转动与沿倾向向下移动的复合运动迫使岩梁断裂处支架失稳并向上蔓延。故一般在工作面沿倾向中上部岩梁破断处多发生支架倾斜甚至倾倒。伴随垮落岩块转动与沿倾向向下移动的复合运动持续[见图 8-33(a)]至垮落岩块被压实，垮落岩块复合运动形成的向背斜曲率与倾斜或倾倒支架倾斜度均增大至趋于定值。

基于大倾角煤层走向长壁工作面矿压显现特征，初步解释了工作面群体支架倾斜度大致呈正态分布特征。

支架倾倒后要尽快扶正。扶架时，切忌原地静态扶架，否则，越扶倒得越快。其原因是，顶梁上的破碎顶煤和矸石随着扶架冒漏加剧并向上抽冒，不接顶的支架向上蔓延，导致"多米诺骨牌"式的连锁倒架。扶架一定要采用"动态四步法"，即"护-扶-移-稳"，扶的同时要拉架，这是动态扶架的关键。扶的目的是前移，使支架尽快进入实体煤。若支架无法前移，宁可不扶。"护-扶-移-稳"中的护是指扶架前要用铁丝网和半圆木及单体支柱护好架缝，减少漏煤矸，还要清净底座处，尤其是底座上侧底下的积煤；扶是指在已扶正稳定的上邻架操作待扶的下邻架降架，并用双速绞车配合远程操作的单体支柱拉顶支架；移是指将扶起的支架前移；稳是指采用千斤顶通过锚链上拉和戗柱下顶将扶起的支架稳固，所有单体支柱必须系牢保险绳或链扣。扶架前要挂好铁丝网、打好护帮锚杆并做好安全防护，切忌断绳崩链伤人，谨防冒漏煤矸掩埋采煤机、压死刮板输送机。扶架过程中要保持通信联络畅通，统一指挥，杜绝误操作，护好千斤顶以避免镀层受损；所有参与扶架人员都要处于安全位置，做好个体防护。

8.4.2　端头支护

对于大倾角煤层综采和综放工作面，工作面上、下两端头支护工作量约占整个工作面支护工作量的 30%，支护时间占工序时间的 50%左右，制约着大倾角煤层综采和综放技术的发展。

8.4.2.1　上端头支护

上端头是行人、通风、运料的咽喉，又称其为工作面的上部安全出口。上端头畅通是保证大倾角煤层综采、综放工作面安全、高效生产的关键。因此，选取合理的端头支护方式，对于降低劳动强度、改善上端头作业环境和安全状况，实现大倾角煤层工作面上端头的安全支护和工作面正常推进具有重要意义。

与近水平煤层综放工作面端头支护相比，在大倾角煤层综放工作面上端头，因工作面倾斜布置，在工作面排尾架与回风巷支架顶梁之间形成一个三角区，且随工作面推进此三角区范围并非恒定，因空顶顶煤极易冒落并向上方扩展，直接威胁人员安全，如图 8-34 所示。三角区顶板易滑移失稳以致冒落并向上扩展导致"围岩-支架"体系稳定性控制困难，严重制约综放工作面安全高效生产。

为支护大倾角特厚煤层综放工作面上端头三角区顶煤，王家山煤矿和东峡煤矿等矿井采用特殊端头支架支护，并将回风巷下切三角底板岩布置，使上端头支架处于平稳的平面底板上。

大倾角特厚煤层综放工作面上端头采用端头支架支护的关键是，解决顶板三角区支护和向工作面运输大尺寸物件(如采煤机滚筒)及通风所需的足够断面的难题。

(a) 模拟实验中的上端头

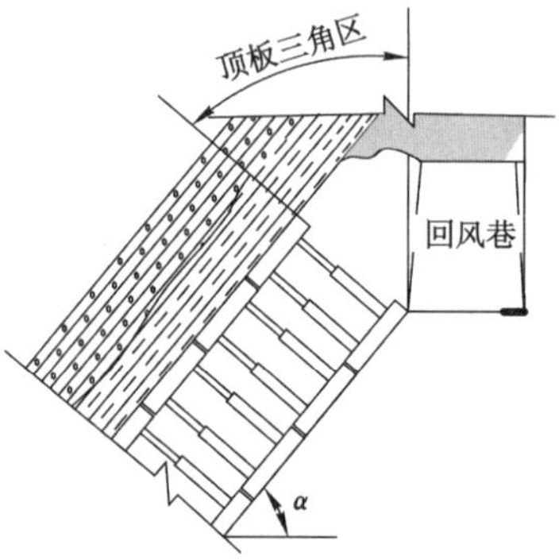

(b) 上端头素描

图 8-34　上端头特殊形式

王家山煤矿 44407 大倾角特厚煤层走向长壁综放工作面相关技术研究人员针对该工作面上端头存在的上述难题，经集中攻关，创新性地提出前副后主两架一组的端头支架支护方式，成功地解决了这一难题，如图 8-35 所示。

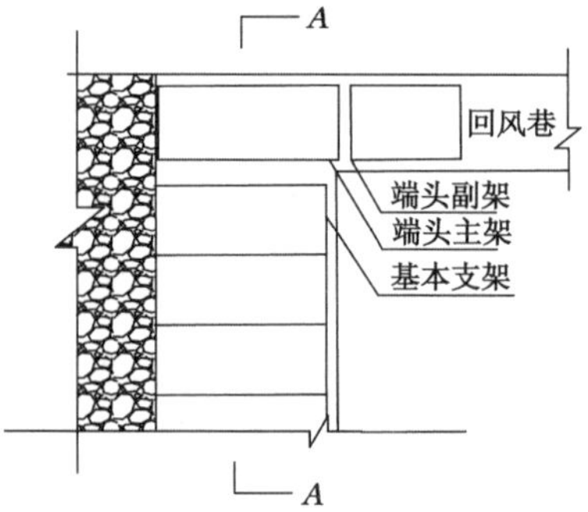

(a)

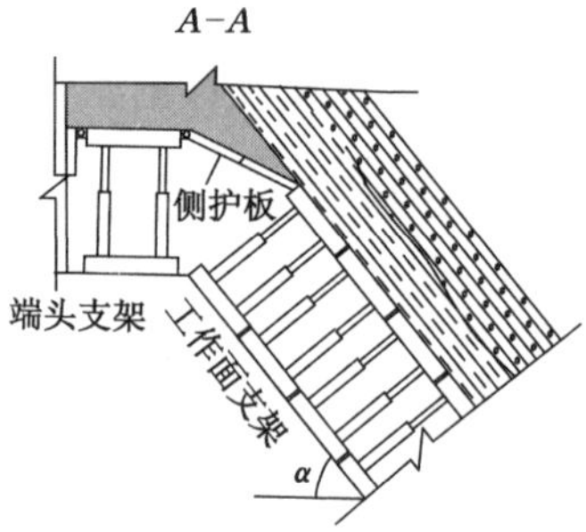

(b)

图 8-35　端头支架布置方式

该型端头支架由郑州煤机集团公司设计、平顶山煤矿机械有限责任公司制造，型号为 ZT9600/20/31，其主要技术参数如表 8-1 所示。

表 8-1　ZT9600/20/31 型端头支架主要技术参数

支架参数	单位	量值
支撑高度	m	2.0～3.1
额定初撑力	kN	7 912
额定工作阻力	kN	9 600
支护强度	MPa	0.44
质量	t	35.63

该型端头支架分为前副后主架布置在上端头，稳定性好。其最显著的特点是，主架（与

近水平煤层综放工作面下端头的三架一组的主架相同)顶梁一侧铰接有千斤顶控制的可上下转动并能伸缩的侧调护板,能有效适应上端头三角区顶煤的封闭性支护,保证上端头的通风断面和运输以及设备维护空间。当顶板三角区变大时,撑起翻转护板并伸出抽屉式护板,从而实现该三角区全封闭式支护,如图 8-36 所示。

(a) 支设中的上端头支架

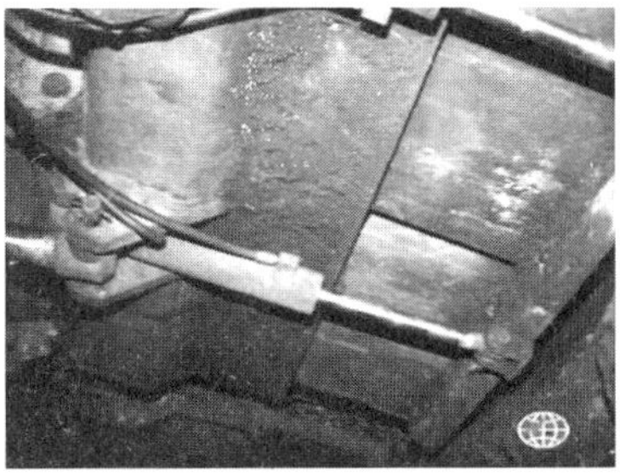

(b) 已伸出的封闭式护板

图 8-36　ZT9600/20/31 型端头支架与护板

为保证端头支架稳定性,副架掩护梁采用敞开式结构,主副架交替前移,中部具有 1 050 mm宽的通道,可很好地解决回风与向工作面运输大件的难题。

8.4.2.2　下端头支护

下端头是行人、通风、运煤的咽喉,又称其为工作面的下部安全出口。与近水平煤层综采工作面端头支护相比,大倾角煤层综采工作面下端头存在底板三角区,如图 8-37 所示。

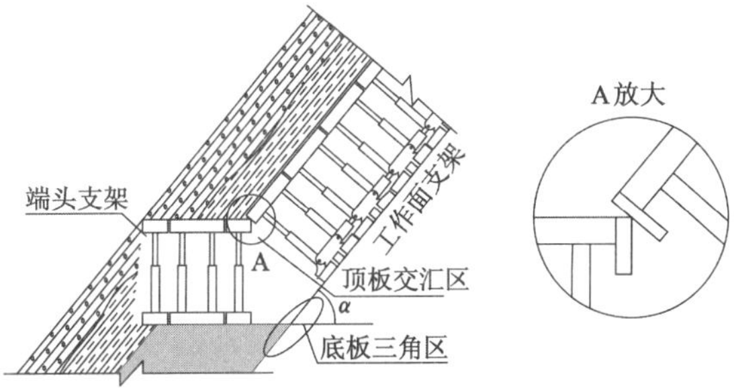

图 8-37　下端头支架布置示意

大倾角煤层走向长壁综采工作面下端头支护难度大且安全隐患多。大倾角中厚煤层综采工作面下端头采用全封闭的横式端头支架支护,可确保工作面下出口的行人安全。大倾角特厚煤层综放工作面下端头通过圆弧段布置方式转化为水平工作面下端头,可消除工作面下端头顶底板三角区和飞矸的冲击隐患;采用一主两副三架一组或前副后主两架一组或前两副后一主三架一组的端头支架支护,可有效遏制支架的倒滑和刮板输送机的整体下滑。工程实践表明,这三种端头支架的应用解决了大倾角煤层走向长壁综放工作面下端头支护技术难题,取得了良好的支护效果,确保了下端头的安全,提高了生产效率。

绿水洞煤矿大倾角中厚煤层综采技术研究是我国首个该领域由企业立项并投资的属生产性质的产学研用的校企联合攻关项目。1998 年,该矿 6134 试采工作面采用急倾斜综采下端头支架,支架型号为 ZTHJ11400/15/23,其主要技术参数如表 8-2 所示。

表 8-2 ZTHJ11400/15/23 型端头支架主要技术参数

支架参数	单位	量值
支撑高度	m	1.5～2.3
额定初撑力	kN	2 654～2 870
额定工作阻力	kN	3 487～3 778
支护强度	MPa	0.88～0.95
适应煤层倾角	(°)	35～60
质量	t	38

该型端头支架是由端头首架、端头中架和端头尾架组成的三架一组特殊端头支架，采用横向布置纵向前移的方式，形象地称其为“螃蟹支架”，如图 8-38 所示。这种端头支架顶梁倾斜度可调，能很好地适应工作面下端头的倾斜顶板，且可改善排头架稳定性控制状况(排头架的防滑通过防滑千斤顶与 3～5 架排头架组底座相连实现)；与支架顶梁铰接的抽屉式垂直升降机构能适应巷道高度变化；挡矸板将行人空间与工作面下端头隔开，保护行人不受飞矸威胁；三架一组交替前移。端头支架顶梁可随煤层倾角变化支撑顶板，且立柱行程与升降座千斤顶行程匹配，可使顶梁向上的摆角适应顶板倾角变化；采用行程为 100 mm 的伸缩梁和宽度为 500 mm 的接长梁有效支护工作面端头支架与工作面支架间的三角区顶板；为承受大倾角煤层复杂状态顶板压力，支架顶梁始终严实支撑顶板，且立柱随顶梁斜撑，支撑状态稳定。在移动过程中，支架工作阻力大，与工作面推进、液压支架推移、刮板输送机推移同步，交替迈步式前移。推前架时伸出侧调护板，拉后架时收回侧调护板，且伸、收应保持与推移端头支架的千斤顶同步，以防止矸石滚入架间影响移架操作。升降座代替四连杆，可增大支架后部空间，以便于行人并适应巷道高度变化；左、右双推移千斤顶以及顶调装置，使刮板输送机机头、转载机和端头支架同步协调前移。在该型端头支架上，设立了以全封闭端头支架为核心的工作面下出口安全防护区，加装了保护三角底板的高强度挡板。

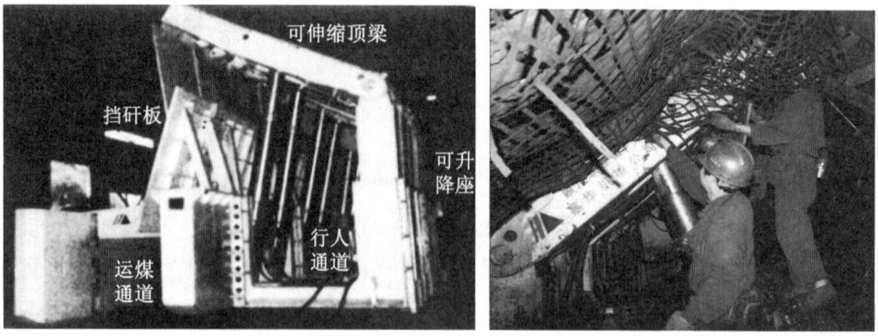

(a) (b)

图 8-38 横式端头支架

工作面上下端头支护，特别是下端头支护应采用端头支架，安全性好，劳动强度小。绿水洞煤矿工作面下端头采用横式端头支架(ZTHJ11400/15/23 型)支护，上端头采用基本支架配合抬棚支护；王家山煤矿采用圆弧段布置方式将工作面下端头简化为近水平煤层综采工作面的下端头形式，所以下端头就采用近水平煤层综采工作面的三架一组端头支架支护，上端头采用前副后主两架一组的端头支架支护，可封闭回风巷与工作面间的三角区，均获得了良好的支护效果。端头支架每次移架步距为 1.2 m，分两次移到位。

8.4.3 工作面设备安装

大倾角煤层走向长壁综采工作面设备安装要充分考虑煤层倾角大、安全隐患多的特点。辩证地看，煤层倾角大也有有利的一面。支架安装时可充分利用工作面坡度大、支架可以下滑的这一有利条件，采用横向下滑方式下放支架，省去支架在开切眼上部和安装位置两次调向。经绿水洞煤矿和王家山煤矿试验，横向下放安装支架既安全又高效，值得推广。开切眼施工时要采用锚网索加强支护，为横向下放支架创造条件。横向下放支架（自上而下或自下而上）过程中及到位后要谨防支架倾倒。当煤层倾角在 30°左右或滑道变形时，自上而下下放支架可能存在下滑受阻问题，采用自下而上横向拉架效果较好（王家山煤矿 47408 工作面大跨度开切眼内曾试过这种方式）。应安排好支架下井安装与开切眼掘进工序的最佳接续。现场常常是开切眼已掘成等待安装，支架迟迟不能交货，导致等待时间延长，开切眼变形量大，安装困难。应根据支架最大可能的交货期调整开切眼掘进速度。

四川攀枝花花山煤矿充分利用 6143 大倾角煤层大采高综采工作面开切眼倾角大支架可自滑及开切眼中撤除临时支柱的锚网索支护大空间条件，将传统的开切眼内纵向下放支架的安装工艺改为横向下放支架快速安装技术。液压支架在 6143 工作面回风巷旁的组装硐室组装好经平板车运至开切眼上端头，接着由 2# 副绞车牵引至装车机构，然后被顶入安装叉车并固定牢实，再由主绞车和 1# 副绞车牵引沿开切眼下放至预定位置进行安装。横向下放支架安装方式可避免传统的纵向下放支架安装方式必须将支架在开切眼上端头正向旋转 90°，然后待支架下放到安装位置处再反向旋转 90°的操作，即可消除支架一次平面正转和一次斜面反转操作，可简化安装工序，提高安装效率，改善操作人员安全状况，节省因转向所需的物力和人力。开切眼支架横向下放安装方法如图 8-39 所示。

用安装叉车将支架运送到安装地点上方 3.0 m 处；信号工联系绞车司机停稳主绞车后，将 1# 副绞车钢丝绳收紧拉稳支架，确认稳固后，首先伸出缓冲架，解锁支架（先收回安装叉车底座锁车装置，再解锁防倒装置），然后松开锁紧千斤顶，将推拉千斤顶伸出；信号工联系 1# 副绞车司机开动 1# 副绞车，配合推拉装置将支架下放至安装位置。支架到达预定地点后沿斜坡滑道卸车，如图 8-40 所示。

与传统的纵向下放支架安装方式（一般每日或一个圆班仅安装 1～2 架支架）相比，横式下放支架安装方式可消除正反转向操作，确保操作人员的安全，提高安装效率。即使在支架下放距离最长且耗时最多的开切眼下段，每小班仍可轻松安装 1 架支架。花山煤矿 6143 工作面开切眼安装历经 45 d，总共安全顺利地安装了 104 架支架。

8.4.4 大倾角煤层综采开切眼掘进

大倾角煤层综采开切眼掘进难度更大。一般先自下而上掘通小断面排渣巷，再自上而下扩掘。目前，大倾角煤层综采开切眼无法采用综掘掘进，而只能采用爆破扩掘。由于煤层倾角大，作业条件差，传统的钻爆法部分断面扩掘施工技术，存在人员操作困难，设备安装困难，煤壁易片冒，下滑的煤矸加速度大，出渣困难，安全堪忧等问题。华蓥山煤业股份有限公

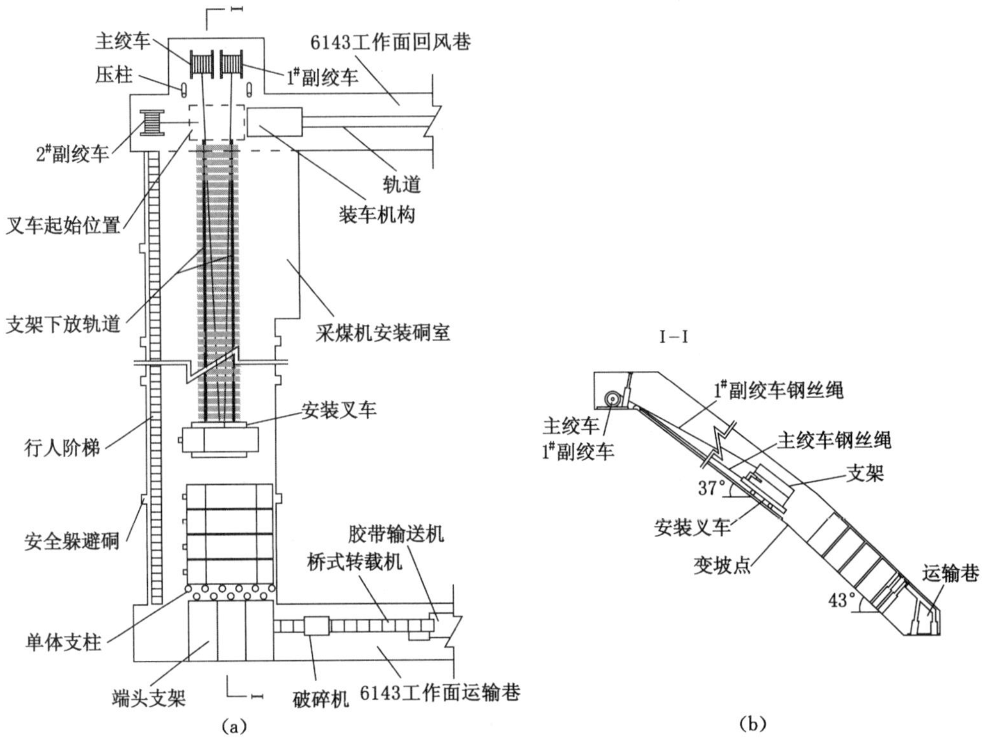

图 8-39　开切眼支架横向下放安装示意

司李子垭煤矿南二井曾进行过大倾角较薄软煤层开切眼反井钻机施工导孔试验，因导孔垮塌被迫中止，不得不后退留煤柱用传统的自上而下爆破法掘进，劳动强度大，效率低。东峡煤矿综放工作面煤层倾角大，通过采用反井钻机自下而上钻出排渣导孔再进行扩掘的开切眼掘进新工艺试验，并采取高预应力锚网索及单体液压支柱抬棚联合支护形式，开切眼实现了安全高效贯通。

东峡煤矿 37220-2 工作面煤层倾角大、厚度大。根据 37220-2 工作面地质条件，经充分论证确定开切眼按"近水平段—圆弧段—倾斜段"方式布置，即中上部倾斜段、下部圆弧段和下端部近水平段(见图 8-41)。采用反井钻机导孔与扩掘，锚网索及倾向抬棚联合支护方法，实现了开切眼安全快速贯通。

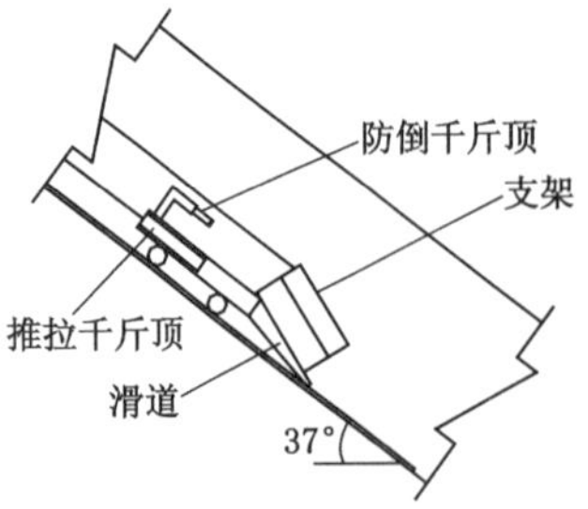

图 8-40　支架卸车示意

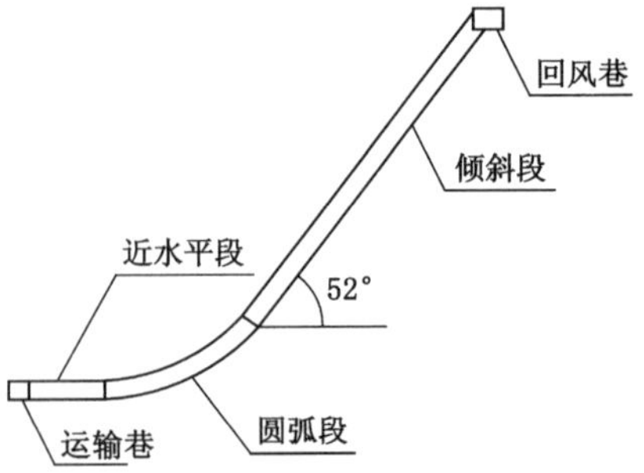

图 8-41　37220-2 工作面开切眼布置图

从运输巷开始自下而上掘进，近水平段采用综掘机全断面掘进 9.7 m。圆弧段采取小断面（上宽 2.6 m，下宽 2.6 m，高 2.7 m）钻爆方式掘进至煤层底板位置，再从上向下扩掘，达到开切眼设计尺寸。最后自上而下掘进倾斜段，先利用 LM-120 型反井钻机沿开切眼中心线位置形成一个直径为 1.2 m 的导孔[安装 LM-120 型反井钻机开孔，开口位置位于开切眼顶板中心线向下平移 1 m 处，倾角 64°（大于煤层倾角），用以平衡 5～15 m 段内的钻孔下沉偏移量，如图 8-42 所示；自上向下钻通一个直径为 244 mm 的导向孔，并采用高压水排渣。之后换上 ϕ1 200 mm 扩孔钻头，由下向上扩孔，形成一个直径为 1.2 m 的导孔]，为自上向下扩掘提供排渣、排水、通风通道，然后进行扩掘。

反井钻机施工结束后，在准备扩掘时，导孔内局部较软煤层段出现垮塌现象，开切眼下部形成一段冒落空洞区，变更原全断面钻爆法施工方案，改变炸药量和炮眼布置方式，如图 8-43所示。钻爆法导硐断面宽 4.0 m，高度小于 2.7 m 段整修至所需高度；高度大于 2.7 m段，根据现场实际高度沿顶板进行支护，若支护后的高度大于 3.5 m，则采用喷射混凝土的办法形成再生顶板。导硐落煤全部灌入导孔和下部冒落空洞内，煤体将空洞区充填严实。应尽可能使下口出煤量和上口扩掘出煤量相等，以保证空洞区充盈。导硐施工时，对顶板和采空区侧巷帮进行永久支护。继续采用钻爆法将开切眼扩掘至所设计的 8.3 m 宽。

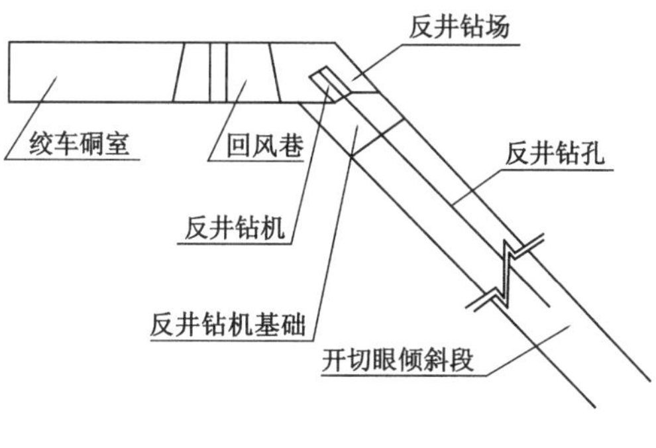

图 8-42　反井钻机施工钻孔位置图

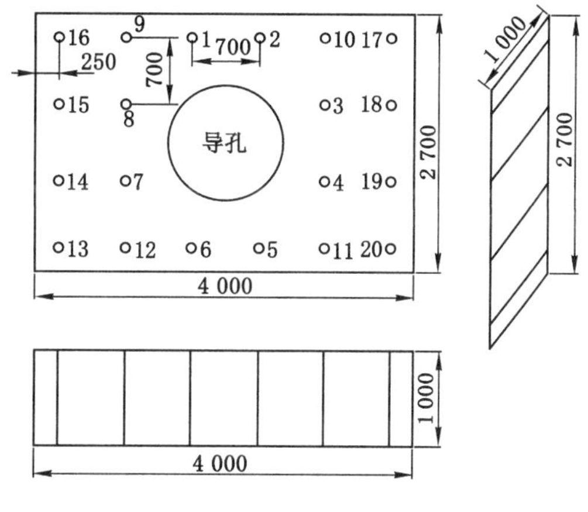

图 8-43　导硐掘进炮眼布置图

考虑人员行走安全，进行开切眼扩掘时，在开切眼两侧铺设自制特殊行人台阶和扶手，用钢丝绳连接牢固，每副长 1 m，共三个台阶，每掘进 1 m 铺设一个台阶，同时铺设麻绳用于防滑。开切眼掘进 10 m，开始在开切眼开口处全断面利用 ϕ50 mm 无缝钢管按“两横三纵”搭接并用双股 8# 铁丝绑扎成安全防护挡骨架，在骨架上利用焊接好的钢筋托梁绑扎成规格为 800 mm×800 mm 的网孔，用菱形金属网进行全断面封闭，形成可靠的上部安全防护挡，以防止上口大块煤矸或杂物坠落。然后每向前掘进 20 m 进行一次牢固设挡，同时在距工作面 3 m 处临时设挡。

工作面开切眼采用锚网索及单体液压支柱抬棚联合支护形式。导硐时，对顶板和采空区侧巷帮进行永久支护，靠工作面侧采用临时支护。扩掘时，顶板永久支护，两帮临时支护。临时支护采用工作面迎头打临时锚杆的方式，当顶板破碎压力大时，在工作面迎头打设 1～3 根临时锚杆，以控制顶板破碎而垮落。锚杆为 ϕ20 mm×2 200 mm 玻璃钢锚杆，采用一支 K2335 和一支 Z2360 树脂药卷锚固，锚固长度为 1 300 mm。开切眼永久支护，靠采空区侧

采用 ϕ20 mm×2 400 mm 左旋无纵筋螺纹钢锚杆，间、排距均为 800 mm；靠工作面侧采用玻璃钢锚杆；顶板采用 ϕ20 mm×2 400 mm 左旋无纵筋螺纹钢锚杆，间距为 720 mm，排距为 800 mm，采用一支 K2335 和一支 Z2360 树脂药卷锚固，锚固长度为 1 300 mm。托梁由 ϕ16 mm 钢筋焊接而成，顶板用 2 根长度为 3 700 mm、沿走向呈直线形的托梁支护，两帮分别用长度为 2 400 mm、垂直顶底板的托梁支护，托板为拱形高强度托板。网片采用规格为 1 000 mm×2 600 mm 的菱形金属网。锚索布置间距为 1 700 mm，排距为 800 mm，全部采用 ϕ18.78 mm×9 300 mm 七绞线锚索，采用规格为 300 mm×300 mm×12 mm 的高强度托盘，采用一支 K2335 和两支 Z2360 树脂药卷锚固，锚固长度为 1 500 mm。钻爆法导硐支护断面如图 8-44 所示。开切眼施工完成后，为抑制顶板下沉，采用单体液压支柱配合半圆木进行二次补强支护，柱距为 1.0 m，排距为 3.5 m。

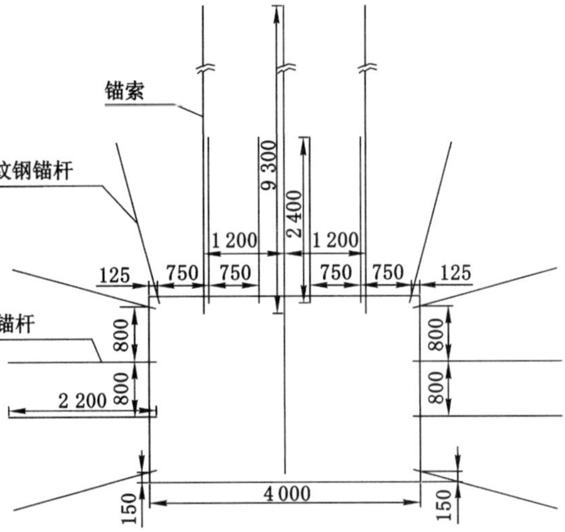

图 8-44　钻爆法导硐支护断面图

在大倾角厚煤层综采开切眼中，采用反井钻机所施工的导孔，可为从上向下扩掘开切眼提供排渣、排水和通风通道。这种施工方法效率高，安全可靠，劳动强度低，工程质量好。大倾角厚煤层综采开切眼扩掘过程所采用的高强度锚网索辅以抬棚联合支护方式的各参数合理，支护效果良好。根据大倾角煤层赋存特点，在煤层中施工大直径导孔，采用下行法掘进开切眼，不仅可以很好地解决大倾角松软突出煤层开切眼掘进中的防突问题，而且可以解决大倾角煤层巷道施工煤矸运输问题。东峡煤矿煤质较硬，有利于反井钻机施工导孔，但在软煤层中用反井钻机施工导孔，特别是扩孔时导孔易垮塌，有待研究解决。

8.4.5　制约工作面高产高效的主要因素

迄今，尚没有年产百万吨的大倾角煤层综采（或综放）工作面。制约工作面高产高效的主要因素有地质、设备、操作等三类。

(1) 地质因素

褶曲和断层构造发育，影响工作面正常布置，连续推进距离很难达千米，一般为 500 m 左右，有的还不足 300 m，造成工作面搬家频繁。沿走向推进的仰俯采和越过或穿过断层回采难度较大。遇到厚层砂岩夹矸时，采煤机截割难度更大，严重时会损坏滚筒或摇臂，更换困难，费时费力。

(2) 设备因素

目前适用于大倾角煤层的综采设备，基本是在适用于近水平煤层的综采设备基础上改进而成的，质量大，可靠性不高。支架的防倒防滑功能不好用，支架故障多、检修困难，特别是底调护千斤顶现场无法更换。采煤机装煤效果差，特别是靠机头一段浮煤量大，需要人工辅助装煤。

(3) 操作因素

大倾角煤层综采工作面对采煤机司机和支架工操作水平要求高。采煤机司机一定要将顶底板割平，特别是遇到顶底板起伏状况时要随时提底割顶或切底留顶。支架工要熟练掌握“少降快拉”擦顶移架技能并用好防倒防滑装置，还要随时调正支架；要根据现场顶底板和煤帮变化情况，随时拉架，谨防支架倾倒下滑；要用好前探梁和护帮板，严防架前（顶梁前端至煤壁）漏顶。一旦架前漏顶或（和）支架倾倒，处理难度相当大，且占用时间长。

总之，上述三类因素制约了大倾角煤层综采工作面开机率（平均不足 30%），导致工作面用人多、效率低。

目前，大倾角煤层走向长壁综采向着装备轻型化、可靠性高、配套能力大、智能化无人工作面、工作面面长和推进距离加大、实现条件更复杂（“三软”煤层、不稳定煤层、褶曲断层构造发育的煤层等）的安全高效开采方向发展。随着这一领域的智能化无人工作面技术的突破，大倾角煤层走向长壁工作面的安全性和单产及效率将大幅提高。

电子教案

第9章　深部煤层开采技术

9.1 概　　述

9.1.1 国内外深矿井开采的基本情况

地球深部是人类未来获取有价资源的主要区域之一。煤炭资源从浅部开采开始，随着开采规模扩大和机械化水平提高，开采空间的埋深增加，加速了生产矿井向深部发展。

目前，世界上主要矿业大国采深超过千米矿井已有100余处。其中，煤矿深井主要在德国、波兰、俄罗斯、英国等国家，最大采深逼近2 000 m。其中，德国煤矿平均采深约为947 m，最大采深达1 713 m；波兰煤矿平均采深为690 m，最深达1 300 m；英国煤矿平均采深为700 m，最深达1 100 m；俄罗斯仅顿巴斯矿区就有30处矿井采深超过了1 200 m，最深达1 400 m。

我国随着浅部煤炭资源的逐步开发与枯竭，深部开采亦将进入常态，采深以每年10～25 m的速度递增。从我国立井平均开凿深度来看，20世纪50年代不到200 m，20世纪90年代增加到600 m。2000年前后，新汶孙村煤矿的立井深度达1 000 m。2005年，我国国有重点煤矿的平均采深已增加至500 m左右，到2010年新汶孙村煤矿的采深已达1 400 m。据原国家煤矿安全监察局2015年调研，我国采深超过800 m的矿井有139处，超过千米深井有47处，最大采深达1 500 m。

9.1.2 深矿井开采出现的问题

随着煤炭开采向深部发展，矿井逐渐出现矿压显现强烈，冲击地压和煤与瓦斯突出危险加大，瓦斯涌出量增加，地温升高，通风、提升和勘探困难，开采条件恶化，生产技术效果和经济效益下降等问题，给生产和经营带来的困难不断增加，需要采取一系列对应的技术措施。

我国煤炭资源深部开采中，冲击地压、突水、地热等灾害出现频率显著增加。据不完全统计，2011年，150余处国有煤矿具有冲击地压记录，130余处大型煤矿中一、二级热害矿井超过43%。为解决深部安全高效开采遇到的理论与实践问题，前人系统研究了深部"三高一扰动"的复杂力学环境、岩体力学特性及工程灾害响应特点，深部岩石大变形和强流变特点，赋存深度对岩石力学行为的影响规律，动力失稳的能量特征与判别标准，由此提出和形成的深矿井开采技术，既是当前一些矿区和矿井面临的问题，也是我国煤炭工业在长远发展中需要十分重视和研究的问题。

9.1.3　深矿井的深度界定

由于不同采煤国家在煤层赋存的自然条件、技术装备水平和开采技术上的差异，以及在深部开采中出现问题的程度不同，国际上尚无统一和公认的根据采深划分深矿井的定量标准。不同国家对深矿井界定有所不同，英国和波兰定为 750 m，日本定为 600 m，苏联定为 800 m，德国把 800～1 200 m 定为深部开采，把 1 200 m 以深定为超深开采。

针对我国煤矿开采中遇到的灾害问题和采动效应影响，一些学者综合地质条件、采煤方法、支护方式等因素，提出深矿井、深矿井类型与临界深度，即深矿井的深度上限为 600～800 m，深矿井分为 800～1 200 m 和 1 200 m 以深两个亚类。

矿井的地质和开采技术条件不同，在向深部发展过程中所遇到的深矿井开采问题与采深的关系存在一定的差异。例如，冲击地压发生的临界深度在唐山煤矿为 520 m，在孙村煤矿为 720 m；瓦斯涌出量通常随采深增加而增加这一特点在新汶和徐州矿区则不明显；潘集煤矿在采深为 500～600 m 时便出现热害问题，而开滦矿区在采深为 900～1 000 m 时仍无热害问题。因此，深矿井开采技术的采用不能严格地局限于某一采深。

深部开采的界定方式应分别从地应力场特征深度、开采绝对深度、开采煤岩体地应力环境、开采引发的灾害程度和方式、巷道支护及维护成本和岩体力学状态等角度考虑，并提出与深部开采理论与实践相适应的解决方案。

9.1.4　我国深矿井的类型

我国已有的埋深超过 700 m 的深矿井，就其开拓系统受地形的影响和形成的过程不同，可以分成三类：

第一类，深矿井由开采浅部煤层开始逐渐通过井筒延深而形成。这类深矿井的开采水平在建巷道和生产环节较多，生产系统复杂，矿山压力、瓦斯和地温等问题随采深加大逐渐出现和发展。这类深矿井在我国比较多见。

第二类，深矿井是在深部新建的矿井。这类深矿井的第一开采水平深度就比较大，投产后就开始出现深矿井矿压和热害等开采问题，但矿井生产系统比较简单。

第三类，深矿井为地表地形复杂地区采用平硐开拓的矿井。这类深矿井的开采水平标高并不很大，但开采水平之上的覆岩较厚，使矿井的埋深很大。

9.2　深矿井矿压控制

9.2.1　深矿井巷道矿压显现与控制

9.2.1.1　*深矿井巷道矿压显现特征*

(1) 受采动影响的巷道围岩应力状态

未经采动的岩体，在巷道开掘以前通常处于弹性状态，其原始垂直应力 p 等于上覆岩层的重力 γH。巷道开掘后原岩应力重新分布，巷道围岩内出现应力集中现象。如果围岩应力小于岩体强度，则巷道围岩仍处于弹性状态。如果围岩应力大于岩体强度，则巷道围岩会产生塑性变形，从巷道周边向围岩深处扩展到一定范围，出现塑性变形区(见图 9-1)。

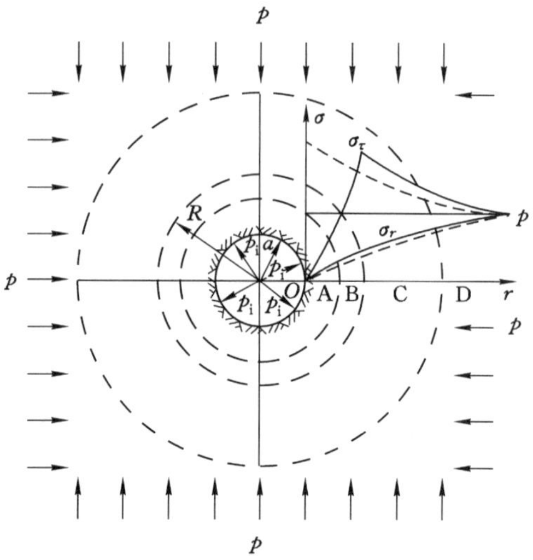

p—应力；σ_{τ}—切向应力；σ_r—径向应力；p_i—支护阻力；α—巷道半径；R—塑性区半径；

A—破裂区；B—塑性区；C—弹性区；D—原岩应力区。

图 9-1　圆形巷道围岩塑性变形区及应力分布

采深对巷道影响的本质是应力对巷道围岩的影响，原岩应力随采深的增加而增加。随着开采边界形成，巷道将受到不同程度的开采影响。

煤层开采过程破坏了原岩应力场的平衡状态，引起应力重新分布。对于受到采动影响的巷道，它的维护状况除了受巷道所处位置的自然因素影响以外，主要取决于采动影响。煤层开采以后，采空区上部岩层重力将向采空区周围新的支承点转移，从而在采空区四周形成支承压力带(见图 9-2)。工作面前方形成超前支承压力，它随着工作面推进而向前移动，称为移动性支承压力或临时支承压力。工作面倾斜方向及开切眼一侧煤体上形成的支承压力，在工作面采过一段时间后，不再发生明显变化，称为固定支承压力或残余支承压力。移动性支承压力对巷道围岩的影响是短时的和一次性的，固定支承压力对巷道围岩的影响是长时的和持久的。两种支承压力首先要对布置在本煤层中的回采巷道产生影响；其次，按照衰减和扩展的规律，这些支承压力还要在煤层底板岩层中传播，在底板岩层一定范围内重新分布(见图 9-3)，布置在煤层底板岩层中的多数巷道要承受支承压力不同程度的影响，这成为影响底板巷道布置和维护的重要因素。

巷道围岩的变形破坏除了取决于围岩的应力外，还取决于围岩的强度。在其他条件一定的情况下，围岩强度越高，巷道围岩变形破坏越不明显。此外，相邻巷道的应力分布及巷道间距、构造应力等因素也对巷道围岩的变形破坏具有重要的影响。

矿井浅部由于原岩应力较小，即使应力集中系数较大、围岩强度较小，围岩应力与围岩强度之比也较小，巷道变形并不明显。我国多数矿井浅部的上下山、大巷和斜井等开拓和准备巷道布置在煤层中，无论是跨采还是留煤柱保护，至今能保持完好。到了深部后，由于原岩应力本身较大，在不受采动影响下巷道围岩就存在变形破坏严重的问题；即使在应力集中系数较小的采动影响下，对于同一岩层来说，围岩应力与围岩强度之比也必然随采深的增加而增大。因此，各类巷道变形和破坏随采深增加而加剧是必然的。

(2) 深矿井巷道矿压显现特征

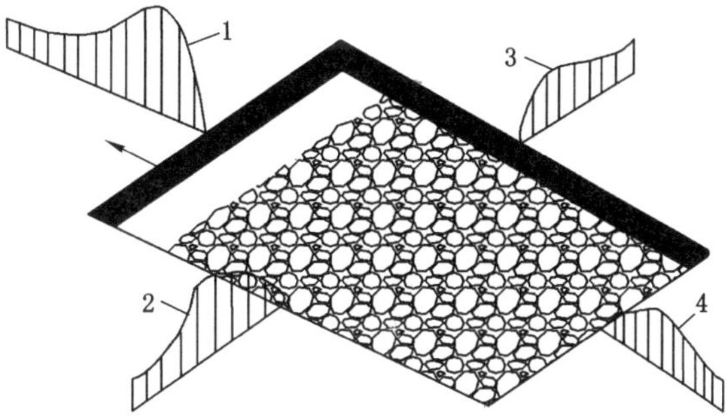

1—工作面前方超前支承压力；2，3—工作面俯斜、仰斜方向残余支承压力；
4—工作面后方采空区支承压力。

图 9-2　采空区应力重新分布概貌

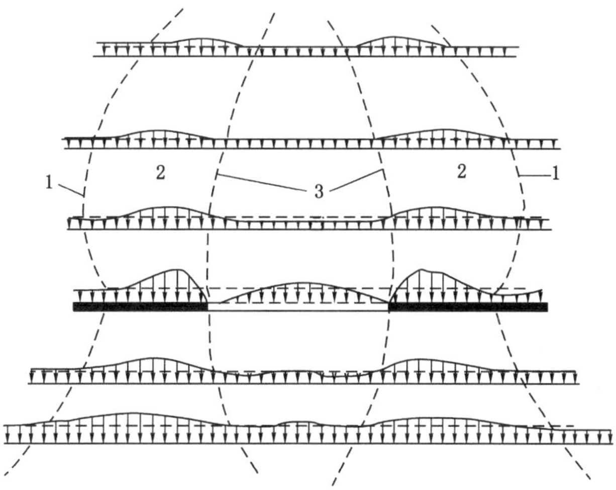

1—采动影响带边界；2—支承压力区；3—卸载区边界。

图 9-3　支承压力在被开采煤层顶底板中分布示意

巷道矿压显现程度随采深增加而增大。一般采深超过 600～700 m 后（软岩条件下采深在 500 m 左右），巷道开始出现深矿井矿压显现特征。随着采深增加，以下巷道矿压显现特征越加明显：

① 流变已成为深矿井巷道变形的主要特征。随着时间延续，深部煤柱下方的多数巷道围岩变形不止，流变速率与开采边界条件和岩性有关。

某矿埋深 800 m 的井底车场进车线及大巷流变速率与岩性和开采边界的关系如图 9-4 所示。由图 9-4 可知，布置在砂岩段中的巷道仍能保持良好的维护状态，但布置在泥岩段中的巷道处于流变状态；跨采结束后，位于采空区下方，布置在泥岩中的巷道同样能保持稳定。

② 采煤工作面开采加剧了巷道围岩变形。采深越大，开采影响范围和影响程度越大。

③ 巷道从使用期间维护困难发展到掘进期间维护困难，掘出后就不得不废弃的各类巷道都有增加的趋势。

④ 不同岩性导致巷道围岩变形的差异性明显，采深对软岩巷道、煤层巷道，尤其是“三软”煤层巷道影响强烈。

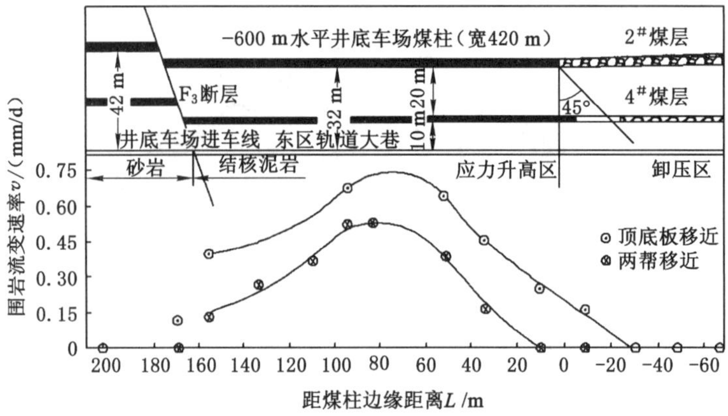

图 9-4 埋深 800 m 的井底车场进车线及大巷流变速率与岩性和开采边界的关系

⑤ 大多数留设的巷道保护煤柱无法起到保护巷道的目的,反而对巷道维护不利。

⑥ 巷道对支架的工作特性要求高。在现有支护条件下,无法完全依靠支架来阻止巷道围岩的变形。

图 9-5 为某千米深井软岩巷道出现的大变形和破坏情况。由图 9-5 可以看出,随着埋深的增加以及开采扰动的频繁作用,巷道变形和破坏渐趋严重。

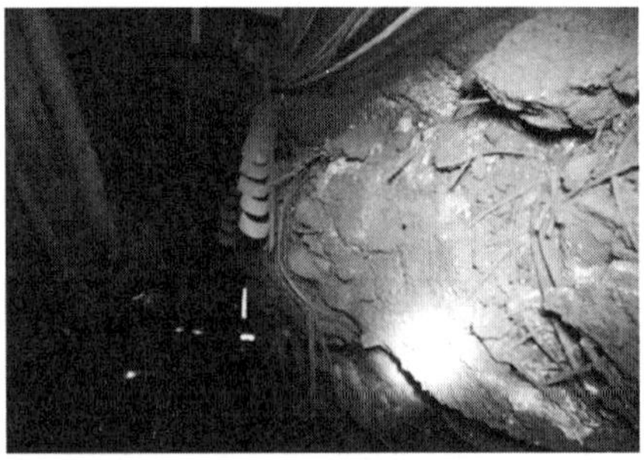

(a)

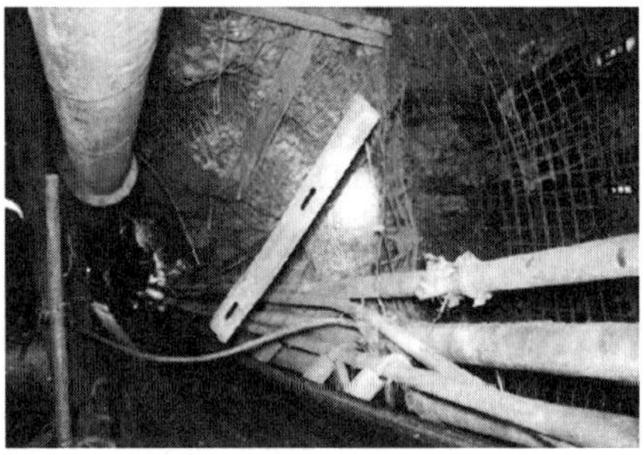

(b)

图 9-5 某千米深井软岩巷道支护结构失效及围岩大变形情况

9.2.1.2 深矿井巷道矿压控制

(1) 巷道围岩压力及影响因素

采掘活动引起巷道围岩应力集中和重新分布,使巷道周边岩体自稳能力显著降低,导致巷道周边岩体向巷道空间移动。为了防止围岩变形和破坏,需要对巷道围岩进行支护。这种围岩变形受阻而作用在支护结构上的挤压力或塌落岩石的重力,统称为围岩压力。根据成因,可将围岩压力分为松动围岩压力、变形围岩压力、膨胀围岩压力、冲击和撞击围岩压力。

影响围岩压力的因素基本上可以分为开采技术因素和地质因素两大类。在开采技术因素中,影响最大的是回采工作状况,即巷道与采煤工作面相对空间、时间关系,例如,巷道受一侧、两侧或邻近煤层采动影响,是受一次还是多次采动影响,采动影响已经稳定或正在采动过程中;其次是巷道保护方法,例如,巷道支护方式、巷道断面形状和大小、巷道掘进方法、巷道基本支护类型和参数等因素。地质因素主要有原岩应力状态、围岩力学性质、岩体结构、岩石组成和胶结状态、围岩中水分的补给状况等。

降低巷道围岩应力，提高巷道围岩稳定性以及合理选择支护方式是巷道围岩控制的基本途径。回采引起的支承压力不仅数倍于原岩应力，而且影响范围大。巷道受到回采影响后，围岩应力及变形会成倍甚至近十倍急剧增长。因此，巷道围岩控制手段的实质是利用煤层开采引起采场周围岩体应力重新分布的规律，正确选择巷道布置和护巷方法，使巷道位于应力降低区内，从而减轻或避免回采引起的支承压力的强烈影响，控制围岩压力。

(2) 巷道围岩控制原理和方法

① 巷道围岩控制原理

巷道围岩控制是控制巷道围岩的矿山压力和位移所采取措施的统称。人们根据巷道围岩应力、围岩强度以及它们之间的相互关系，选择合适的巷道布置和保护及支护方式，降低围岩应力，增加围岩强度，改善围岩受力条件和赋存环境，有效地控制围岩的变形和破坏。需要强调的是，受到采动影响的巷道，其围岩岩体结构、赋存条件在很大程度上受到回采工作的制约。因此，巷道围岩控制的效果，极大程度上取决于对回采活动影响巷道围岩控制的认识，即巷道围岩岩体力学模型、变形及破坏机制建立的正确性，以及对巷道围岩赋存条件和岩体力学性质掌握的程度。围绕降低围岩应力，增加围岩强度，改善围岩受力条件和赋存环境，巷道围岩控制方法可归结为巷道布置、巷道保护及支护两方面内容。

② 巷道布置

从巷道围岩控制的角度出发，布置巷道时应重视以下问题：

a. 在时间和空间上尽量避开采掘活动的影响，最好将巷道布置在煤层开采后所形成的应力降低区内。

b. 如果不能避开采动支承压力的影响，应尽量避免支承压力叠加的强烈作用，或尽量缩短支承压力影响时间，如跨越巷道开采，避免在遗留煤柱下方布置巷道等。

c. 在采矿系统允许的距离范围内，选择稳定的岩层或煤层布置巷道，尽量避免水与松软膨胀岩层直接接触。

d. 当巷道通过地质构造带时，巷道轴向应尽量垂直断层构造带或向斜、背斜构造。

e. 相邻巷道或硐室之间应留设合理宽度的岩柱。

f. 巷道的轴线方向尽可能与构造应力方向平行，避免与构造应力方向垂直。

③ 巷道保护及支护

巷道的保护及支护措施可以归纳为以下几点：

a. 在巷道围岩中钻孔卸压、切槽卸压、宽面掘巷卸压以及在巷旁留专门的卸压空间等，使巷道围岩受到不同程度的卸载，将本该作用于巷道周围的集中载荷转移到离巷道较远的支承区，从而达到降低围岩应力的目的。

b. 采用巷道围岩钻孔注浆、锚杆支护、锚索支护、周边岩体喷浆、支架壁后充填、疏干封闭等方法，提高围岩强度，优化围岩受力条件和赋存环境。

c. 架设支架对围岩施加径向力，既能支撑松动塌落岩石，又能加大巷道的围压，保持围岩处于三向受力状态，提高围岩强度，限制塑性变形区和破裂区的发展。根据巷道不同时期的矿压显现规律，可将巷道支护分为巷内基本支架支护、巷内加强支架支护、巷旁支护、联合支护四种形式。

关于支架-围岩的相互作用关系，可通过芬纳(Fenner)公式来说明。该公式认为，在巷道周围出现塑性松动圈的情况下，为了使松动圈内岩石保持塑性应力平衡，就需要在巷道周围施加一定的支护反力，而且围岩稳定时所形成的塑性圈半径 R 越大，所需提供的支护反力越小。同时，由于塑性圈半径 R 的大小表现为巷道周边径向位移 U 的大小，因此将巷道围岩保持稳定所需的支护反力（支架承载力）表达成巷道周边径向位移 U 的函数，函数曲线如图 9-6 中曲线 1。根据函数曲线 1[$p=f(U)$]可知，围岩达到稳定状态时巷道周边径向位移 U 越大，所需支护反力 p 越小；反之，U 越小，则 p 越大。当围岩不受阻碍达到最大移动量时，支架承受的载荷很小；然而在实际情况下，大多数巷道围岩在移动增大到一定程度时就开始松动、离散以致脱落，并对支架产生松动压力，即 U 增大到一定值后，曲线 1 不会按芬纳公式计算出的关系继续下降，而可能上升，如图 9-6 中的 CD 段。但欲将径向位移控制到零，则需要非常大的支护反力，这对普通支架而言是不现实的。因此，需要根据支架-围岩关系，既考虑支架承载能力又保证围岩不松动，选择适当的支架承载力，以保持围岩径向位移在允许范围，如图 9-6 中 A、C 点间的 E 点。

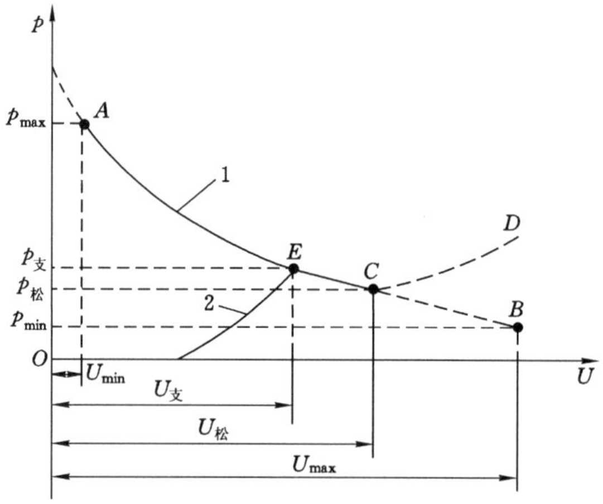

1—芬纳公式曲线；2—支架工作特性曲线。

图 9-6　支架-围岩相互作用原理示意

（3）回采巷道矿压控制

① 掘进与布置方式

回采巷道必须沿煤层掘进，无法选择围岩，也无法避开移动支承压力的作用。区段间采用下行开采顺序、用垮落法处理采空区的走向长壁工作面，其回风平巷还要承受固定支承压力作用，与运输平巷相比，维护要困难得多。

回风平巷单巷布置可以减少一次移动支承压力作用，但承受固定支承压力作用是不可避免的。减轻固定支承压力影响有两种途径：一是加大护巷煤柱宽度，这对深矿井非常有限的资源来说是不现实的；二是沿采空区边缘沿空掘巷，不留煤柱或只留 3～5 m 宽的窄煤柱，这是深矿井回风平巷护巷方式最好的选择。

在所有的护巷方式中，沿空留巷难度最大，其应用的比例远小于沿空掘巷，并有下降的趋势。沿采空区边缘由运输平巷保留下来的回风平巷要承受两次移动支承压力的作用，留巷期间巷道支架要承受裂缝带岩层取得平衡前的强烈下沉影响，由此引起的巷道顶底板移近量与采厚和巷道宽度成正比。直接顶越薄、顶板越坚硬、悬顶长度越大，沿空留巷越困难。

因而，在深部采用垮落法处理采空区的长壁工作面，若直接顶比较稳定、厚度较小，周期来压明显，采厚大，则不宜沿空留巷。此外，浅部尚未推广沿空留巷技术的煤层，到了深部以后建议对此种护巷技术慎重使用。

② 支护技术

在条件适合时，回采巷道应优先考虑锚杆、钢带、金属网和锚索联合支护方式（见图 9-7），以期达到增强围岩自身承载能力，提高掘进速度，加大净断面和减轻工人劳动强度的目的。施工期间要及时支护，并要保证锚杆安装时适当的预紧力。在必须使用棚子支护时，建议采用可缩性棚子。在回风平巷完全沿空掘巷，巷道的顶板和侧帮均比较破碎的情况下，还要求支架能把巷道围岩护好。工作面回采期间，要加大超前支护距离，并使支架初撑力满足要求。

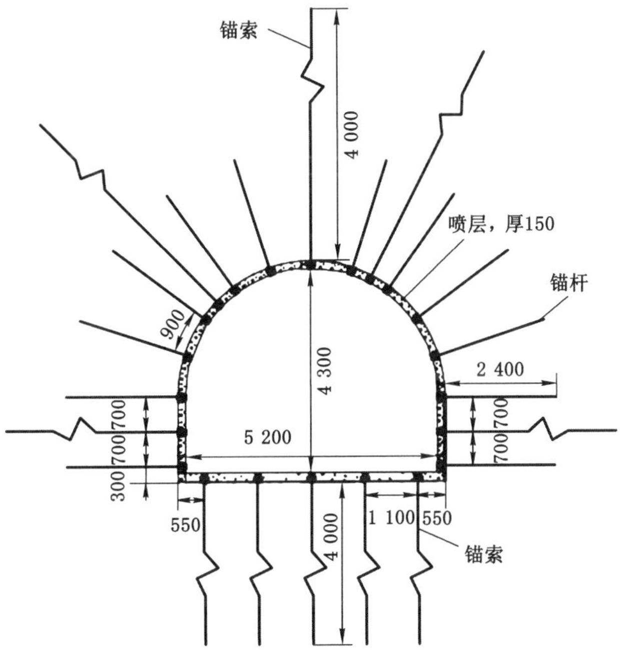

图 9-7　某矿－1 180 m 水平回风大巷“高预应力、强力锚索及注浆”联合支护布置图

③ 其他

加快采煤工作面推进速度、缩短回采巷道服务时间、适当加大巷道断面也是改善回采巷道维护状况、减少其维修次数的综合措施。另外，在满足层间距要求的条件下，深部煤层群间可考虑采用上行开采，先采巷道维护条件较好的煤层，再采岩性较差、巷道维护困难的煤层。

（4）开拓和准备巷道矿压控制

① 布置与保护方式

开拓和准备巷道的变形破坏既与布置方式有关，又与保护方式有关。开拓和准备巷道保护方式，可分为留煤柱保护、跨采保护和掘前预采保护三种。巷道层位选择决定巷道围岩强度，巷道与煤层底板的垂距、不跨采情况下与终采线或工作面煤壁的水平距离、跨采情况下是先跨采还是后跨采决定巷道位置处实体岩层中应力及其作用时间。

我国一部分矿井习惯上留煤柱保护斜井、井底车场、硐室、大巷和上下山，这些井巷经受一定程度的移动支承压力作用后还要经受固定支承压力的长期作用，两种支承压力对下方或前方井巷的影响程度取决于埋深和巷道位置处实体岩层中的应力集中系数。在其他条件一定的情况下，与煤层底板的垂距越大，与终采线或工作面煤壁的水平距离越大，巷道位置处实体岩层中的应力集中系数越小。

实践证明，采深达到一定值后留设煤柱对下方和前方的井巷维护是极不利的。在其他条件一定的情况下，与维护在采空区下方的井巷相比，深部维护在煤柱下方的井巷其变形量和维护费要高得多，甚至高达十几倍。为避免固定支承压力长期作用，我国一部分矿井采用跨采斜井、井底车场硐室、大巷和上下山的保护方式。跨采期间，这些井巷要充分经受移动支承压力作用。跨采后，位于采空区下方巷道位置处实体岩层中的应力集中系数最小，有利于巷道维护。

② 矿压控制措施

巷道布置以及保护方式对深部开拓和准备巷道的维护状况影响很大。合理布置巷道以充分利用围岩自身强度，可减小围岩应力集中系数；合理开采以改变巷道边界条件，可缩短固定支承压力作用时间。这是深部开采保护开拓和准备巷道的根本措施。

深部能够沿层布置的开拓巷道，如斜井、大巷、井底车场及各硐室应布置在强度高、厚度大和整体性强的岩层中，并要加大与首采煤层的垂距。进入深部开采后，布置在砂岩层中能够沿层布置的开拓巷道与首采煤层的垂距应加大到 35～40 m，随着采深加大或岩性变差，垂距还应加大。垂距达一定值后，当岩性和垂距不一致时，应优先考虑岩性因素。

对于预计要经受较大移动支承压力作用的采区上下山，其布置原则同开拓巷道的一致。因服务时间相对较短，对其与首采煤层的垂距和岩性的要求可适当放宽。

对于岩性无法选择，正常开掘后不采用特殊措施将产生较大变形破坏的重要井巷，应考虑采用掘前预采的技术措施。孙村煤矿在开拓延深的同时，对原生产系统进行了大规模技术改造，将煤柱下方的原生产系统报废，在采空区下方重新开掘巷道，形成了新的生产系统。由此简化了系统，显著改善了开拓巷道的维护状况。

对已有的具备跨采条件的开拓和准备巷道，可以考虑在两侧固定支承压力形成前将上部的煤层顺序采掉，使之在移动支承压力影响后不再承受固定支承压力而维护在采空区下方。

对于斜井、上下山等井巷，可采用在工作面开切眼附近就先跨采的技术，在工作面初次来压之前跨过这些井巷，以减小移动支承压力的影响。

新水平延深设计时，应充分考虑跨采的可能。

在支护方面，砌碹和刚性金属棚子支架已不适应深矿井巷道围岩变形特征，这类支架在深部不宜使用。锚网喷支护有较强的抗动压特性，深部巷道成巷时应优先考虑选用，并要提高锚杆的初锚力、长度和强度，相应的构件在力学性能方面要合理匹配。

9.2.2 深矿井采场矿压显现与控制

9.2.2.1 *采深对采场矿压显现的影响*

采深直接影响原岩应力，同时影响开采后巷道或工作面周围岩层内支承压力。从这个意义上讲，采深对矿山压力具有绝对的影响，但对矿压显现的影响则不尽相同。

采深对巷道矿压显现的影响可能比较明显，如在软岩层中开掘巷道，随着深度的增加，巷道围岩的“挤、压、鼓”现象将更为严重。据德国有关材料统计，当采深达 400 m 以上时，估计有 30%的巷道不能采用现有的维护方法。这是因为随着深度增加，巷道围岩的变形与支架上承受的压力都将增加。岩层受重力作用而变形，它所积聚的能量与深度的平方成正比。因此，对有冲击地压危险的矿井，随着深度的增加，发生冲击地压的次数与强度都将显著增加。国内外的经验都已证明，在一般条件下，一定的采深是出现冲击地压的一个必要条件。

采深对采场矿压显现的影响可能不明显，如采深对采场顶板压力的影响并不突出，直观地表现在较小的顶板下沉量上。这显然是由于采场顶板的挠曲情况及支架所受载荷与裂缝带形成“结构”的条件有关，应视煤层采厚以及直接顶和基本顶的力学性质、厚度等因素而定，而采深对这些参数的影响不会太大。在目前采深(600～800 m)条件下，实际观测表明，采场顶板下沉量与采深之间并无直接关系。例如，比利时的彼丘尔煤矿，采深已达1 415 m，工作面采用的是额定工作阻力为 350 kN 的金属支柱，仍然能把顶板管理得很好。

随着采深增加，支承压力必然增加，从而导致煤壁片帮及底板鼓起的概率增加，由此也可能导致支架载荷增加。

9.2.2.2　*采场上覆岩层结构判别*

采用垮落法管理顶板的长壁工作面回柱放顶或移架后，采空区上方的岩层依次垮落，在一定高度范围内形成垮落带和裂缝带。垮落带岩块间间隙较大，相互挤压不紧，不能形成传递水平力的力学平衡结构。垮落带之上的裂缝带岩层在断裂、旋转、下沉及触矸过程中，岩块间可以相互挤紧，能够形成在水平方向保持力的传递的平衡结构(见图 9-8)。

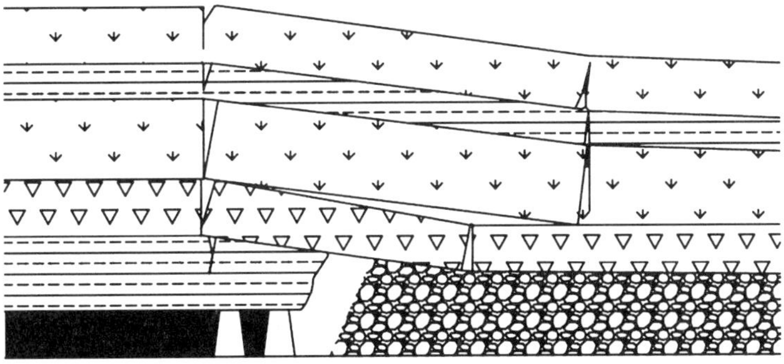

图 9-8　上覆岩层在工作面侧向的运动状况

对于倾角为 45°以下的煤层，当直接顶的厚度不能充填满采空区且基本顶的分层厚度小于 5～6 m 时，可用式(9-1)判别直接顶附近的基本顶各分层是处于裂缝带还是垮落带。

$$H_i \geqslant M - [\sum_{0}^{i-1} H_i(K_j - 1) + h(K_z - 1)] + 2 \tag{9-1}$$

式中　H_i——由下而上第 i 层基本顶的分层厚度，m；

M——采厚，m；

K_j——基本顶及附加岩层的碎胀系数，取 1.1～1.3；

h——直接顶厚度，m；

K_z——直接顶岩层的碎胀系数，取 1.3～1.5。

当式(9-1)成立时，说明第 i 层基本顶已进入裂缝带，之下的 $i-1$ 层基本顶处于垮落带。

垮落带之上的第一层裂缝带基本顶在触矸处的下沉量可由式(9-2)计算：

$$\Delta = M - [\sum_{0}^{i-1} H_i(K_j - 1) + h(K_z - 1)] \tag{9-2}$$

9.2.2.3 *采场覆岩的控制原则*

在采场上覆岩层结构判别的基础上，采场围岩控制的一般原则为：采场支架(柱)的支撑力要能支撑住垮落带岩层的重力，采场支架(柱)的可缩量要能适应裂缝带岩层的下沉。

由裂缝带和垮落带岩层的判别计算式、裂缝带基本顶触矸处的下沉量计算式及采场围岩控制的一般原则可知：垮落带岩层的高度与采厚、煤层附近岩层的碎胀系数和基本顶的分层厚度有关，与采厚成正比，与碎胀系数成反比。在这些参数一定的情况下，垮落带岩层的高度是一定的。因而，作用在支架上的垮落带岩层重力大致是一定的，而与采深无关。垮落带之上的第一层裂缝带基本顶在触矸处的下沉量也与采深无关。因而，裂缝带基本顶的下沉而引起的支架或末排支柱处的下沉量大致是一定的，也与采深无关。从支架(柱)承受的垮落带岩层重力和裂缝带岩层下沉量方面来说，采深对其没有影响。

另外，由于采煤工作面煤壁前方的煤体要承受裂缝带岩层传递来的一部分上覆岩层重力，长壁工作面煤壁前方不可避免地要形成超前支承压力，其绝对量随采深增加而增加。煤壁片帮和来自煤壁的冲击地压与超前支承压力直接相关，这是深部开采采场矿压显现的两个方面。

长期以来，我国把“三量”，即顶底板移近量、活柱下缩量和支柱载荷作为采场矿压显现的常规观测指标。另外，反映采场矿压显现的指标还有端面冒高、顶板台阶下沉量、支柱折损量、来压步距和煤壁片帮程度。

在较多的指标中，顶底板移近量是极为重要的指标之一。在地质条件、支护手段和支护质量基本不变的情况下，采场矿压显现的常规指标和其他指标中的多数指标与采深无关，而煤壁片帮程度和端面冒高与采深有关。

9.2.2.4 *深矿井采场矿压控制特点*

(1) 深矿井采场顶板岩性特点

深矿井开采的采场矿压控制特点由深部采煤工作面围岩特点和可能发生的冒顶事故类型所决定。

从已调查的新汶孙村煤矿、开滦林西煤矿和徐州旗山煤矿等深矿井的主采煤层顶底板情况来看，随着采深增加，顶板岩层有逐渐变碎和强度降低的趋势。这些矿井含煤地层中的岩层随着采深增加，断层、裂隙、层理和节理逐渐发育，弱面增多；同一层岩层，其分层厚度逐渐减小，粒径变小，强度有所降低。深部这种岩性变化使浅部为基本顶的岩层在深部逐渐变为直接顶，稳定的直接顶变为不稳定的直接顶，因而，周期来压变得不明显，直接顶由悬顶距较大变为没有悬顶，回柱后能立即垮落，部分工作面顶板变得十分破碎。

与浅部相比，深部岩层变破碎的另一个标志是向地面排放的矸石块度明显变小。

(2) 深矿井采场防治漏垮型冒顶事故的措施

在顶板变破碎和强度有所降低的情况下，深矿井采场出现漏垮型冒顶事故的可能性加大。因而，深矿井采场除了要防治压垮型和推垮型冒顶事故外，还必须加强对漏垮型冒顶事故的防治。

综采工作面防治漏垮型冒顶事故主要在于合理选择支架架型，要选用端面距不太大且能及时支护的支架。当垮落带只包含直接顶时，宜选用掩护式支架；当垮落带中既包含直接顶又包含基本顶时，宜选用支撑掩护式支架。

单体液压支柱初撑力高、工作特性好，能够防治复合顶板条件下的推垮型冒顶事故。因而，深矿井普采工作面应使用单体液压支柱支护并要保证支柱有足够的初撑力和支护系统刚度。

普采工作面防治漏垮型冒顶事故在于提高支柱密度，背严背实顶板，把直接顶护好。

在顶梁长度一定的情况下，支柱的密度由柱距而定，而防治漏垮型冒顶事故所需的柱距不能由计算而只能由经验得出。在顶板比较破碎的情况下，考虑背顶材料的强度，防治漏垮型冒顶事故所需的柱距不宜大于 0.7 m。

除了要缩小柱距外，还可以分别或同时采取下列措施：用撑棍和竹笆或荆条背顶，铺网，沿推进方向加 Π 型长钢梁配合单体液压支柱护顶，加贴帮柱，预掏梁窝，注浆加固煤壁前方的顶板。

防治漏垮型冒顶事故在很大程度上要预防局部冒顶。由于煤壁片帮深度和范围随采深增加而增加，深矿井长壁工作面煤壁附近无支护的机道上方和工作面上下出口处容易产生局部冒顶，这些地方更应护好。

9.3　深矿井冲击地压特征及防治

9.3.1　冲击地压现象特征

9.3.1.1　冲击地压的概念及现象

冲击地压指井巷或工作面周围煤岩体，由于弹性变形能的瞬时释放而产生突然剧烈破坏的动力现象，常伴有煤岩体抛出、巨响及气浪等，会造成煤岩体震动和破坏、支架与设备损坏、人员伤亡、部分巷道垮落破坏等，具有很强的破坏性。冲击地压还会引发其他矿井灾害，尤其是瓦斯与煤尘爆炸、火灾以及水灾，从而干扰通风系统，严重时造成地面震动和建筑物破坏等。对于冲击地压现象，世界各国以及不同的行业对其称谓是不一样的，常见的有“岩爆”“煤爆”“冲击矿压”“矿山冲击”等。冲击地压是煤矿的重大灾害之一。

例如，1974 年 10 月 25 日，北京矿务局城子煤矿在回采－340 m 水平 2 煤层大巷的护巷煤柱时发生一次严重冲击地压事故，里氏震级达 3.4 级。在冲击震动瞬间，煤尘飞扬，大量煤块从巷道一侧抛出，底板鼓起、支架折损、巷道堵塞，造成重大人员伤亡。又如 2018 年 10 月 20 日，山东能源集团龙郓煤业发生冲击地压事故，造成 21 人死亡；2019 年 6 月 9 日，吉林省煤业集团有限公司龙家堡煤矿发生冲击地压事故，造成 9 人死亡；2019 年 8 月 2 日，开滦(集团)有限责任公司唐山矿业分公司井下发生 1 起较大冲击地压事故，造成 7 人死亡。图 9-9 为彬长矿区高家堡煤矿于 2017 年 2 月 3 日发生冲击地压造成的巷道破坏照片。一盘区胶带大巷内，自 2 号联络巷门口向下 30～205 m 出现底鼓，底鼓高度 0.5～1.0 m，长度 100 m 范围内胶带移位。一盘区回风大巷内，从反风道门口向上 50 m 处开始，长度 30 m 范围内胶带和排水管路移位，底板部分区域鼓起 1 m 左右，部分顶板离层。一盘区辅运大巷内，自 2 号联络巷门口向下 20 m 至 101 工作面回风巷范围喷浆层掉落。

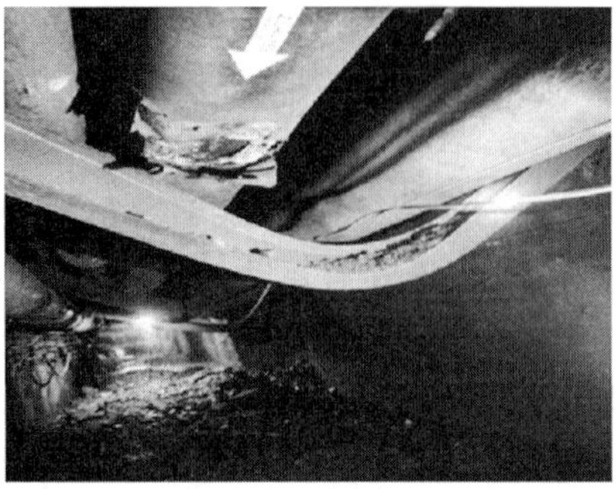

(a) 辅运大巷冲击现象

(b) 胶带大巷冲击现象

图 9-9　高家堡煤矿主采 4 煤层内巷道破坏照片

冲击地压作为煤岩动力灾害，自有记载的于 1738 年第一次发生在英国南史塔福煤田的冲击地压至今二百多年来，其危害几乎遍布世界各采矿国家。英国、德国、南非、波兰、苏联、捷克、加拿大、日本、法国以及中国等 20 多个国家和地区都记录有冲击地压现象。我国早在 1933 年就发生过冲击地压，而在 20 世纪 80 年代前后，因煤矿采深的增加，一些典型的硬煤、硬顶、硬底简称“三硬”条件的煤矿相继发生冲击地压。进入 21 世纪以后，在我国煤矿采深不断增加的同时，由于机械化水平的提高，煤矿开采强度显著加大，矿井井型由过去最大的 3 Mt/a 不断增大到 5 Mt/a、8 Mt/a、10 Mt/a，甚至 15 Mt/a，一些过去没有冲击地压危险的矿井也发生了冲击地压。同时，由于矿井设计理念的落后和设计标准的滞后，我国很多采深大于 500 m 的矿井在设计时根本没有考虑冲击地压问题，开拓部署不够合理，没有实施保护层开采，将大巷布置在冲击地压煤层中，另外由于留设不合理煤柱、跳采或孤岛开采，近 10 年来我国一些深矿井及新建矿井陆续发生冲击地压灾害，对我国煤矿安全生产造成了严重威胁。据统计，1985 年我国仅有 32 处矿井发生冲击地压，2019 年冲击地压矿井数量达 200 余处，随着政府化解煤炭过剩产能工作的推进，截至 2021 年，冲击地压矿井数量降至 144 处。截至 2011 年年底，有近 50 处矿井采深达到或超过 1 000 m，冲击地压发生频率和烈度均有显著增加。截至 2019 年 6 月，我国正在生产的冲击地压矿井数量及分布如表 9-1 所示。

表 9-1　我国正在生产的冲击地压矿井数量及分布（截至 2019 年 6 月）

所属省（市、区）	北京	河北	山西	内蒙古	辽宁	吉林	黑龙江	江苏	山东	河南	陕西	新疆	甘肃	贵州	总计
数量/处	1	2	3	10	8	2	11	6	40	4	13	9	10	3	122

9.3.1.2　冲击地压的特点

通常情况下，冲击地压会直接将煤岩抛向巷道，引起岩体强烈震动，产生强烈声响，造成岩体的破断和裂缝扩展。因此，冲击地压具有如下显现特征：

(1) 突发性。冲击地压一般没有明显的宏观前兆而突然发生，冲击过程短暂，持续时间几秒到几十秒，难以事先准确确定其发生的时间、地点和强度。

(2) 瞬时震动性。冲击地压发生过程急剧而短暂，像爆炸一样伴有巨大的声响和强烈的震动，电机车等重型设备被移动，人员被弹起摔倒，震动波及范围可达几千米甚至几十千米，地面有地震感觉，但一般震动持续时间不超过几十秒。

(3) 巨大破坏性。冲击地压发生时，顶板可能会瞬间明显下沉，但一般并不垮落；有时底板突然开裂鼓起甚至常常有大量煤块甚至上百立方米的煤体突然破碎并从煤壁抛出，堵塞巷道，破坏支架；从后果来看，冲击地压常常造成惨重的人员伤亡和巨大的经济损失。

(4) 复杂性。在自然地质条件上，除褐煤以外的各种煤种都记录到冲击现象，采深从150 m到1 400 m，地质构造从简单到复杂，煤层厚度从薄到特厚，倾角从近水平到急倾斜，顶板岩性包括砂岩、灰岩、油页岩等都发生过冲击地压事故。在生产技术条件上，炮采、普采、综采等各种采煤工艺，全部垮落法、水力充填法等采空区处理方法，壁式、柱式等采煤方法，都发生过冲击地压事故。

9.3.1.3　冲击地压的分类

可按冲击的显现强度、释放的能量等对冲击地压进行分类。根据冲击的显现强度，可将冲击地压分为四类：

(1) 弹射。发生弹射时，一些单个碎块从处于高压应力状态下的煤或岩体上射落，并伴有强烈声响，弹射属于微冲击现象。

(2) 矿震。它是煤、岩内部的冲击地压，即深部的煤或岩体发生破坏。发生矿震时，煤、岩并不向已采空间抛出，只有片帮或塌落现象，但煤或岩体产生明显震动，伴有巨大声响，有时产生煤尘。较弱的矿震称为微震，也称为“煤炮”。

(3) 弱冲击。发生弱冲击时，煤或岩石向已采空间抛出，但破坏性不是很大，对支架、机器设备基本无损坏，围岩产生震动，一般震级在2.2级以下，伴有很大声响，产生煤尘，在瓦斯煤层中可能有大量瓦斯涌出。

(4) 强冲击。发生强冲击时，部分煤或岩石急剧破碎，向已采空间大量抛出，出现支架折损、机器设备移动和围岩震动现象，震级在2.3级以上，伴有巨大声响，产生大量煤尘和冲击波。

根据震级，考虑抛出的煤量，可将冲击地压分为三级：

(1) 轻微冲击(Ⅰ级)。指抛出煤量在10 t以下，震级在1级以下的冲击地压。

(2) 中等冲击(Ⅱ级)。指抛出煤量在10～50 t，震级在1～2级的冲击地压。

(3) 强烈冲击(Ⅲ级)。指抛出煤量在50 t以上，震级在2级以上的冲击地压。

一般面波震级$M_s=1$时，矿区附近居民会有震感；$M_s=2$时，井上下会产生不同程度的破坏；$M_s=2.5$时，地面建筑物将出现破坏现象。

对于冲击地压类型，不同国家的分类依据和分类方法是不同的，通常考虑冲击的性质和开采条件。在美国，将冲击地压分为压力型和震动型两类，压力型冲击地压是高应力脆性煤柱的静态压力超过煤体的破坏强度引起的，而震动型冲击地压是上覆岩层应力分布的剧烈变化或顶板破断造成煤体动态加载引起的。在波兰，按破坏发生的位置，将冲击地压划分为煤层冲击地压、顶板冲击地压和底板冲击地压。

我国对冲击地压类型的划分目前还没有一个统一的标准，更多的是不同研究者从理论上给出冲击地压类型。比如，根据冲击地压发生位置是在煤层中还是在岩层中，将冲击地压分为煤层冲击地压和岩层冲击地压；根据应力种类和加载方式，将冲击地压分为重力型、构造型、震动型和综合型等四类；根据煤岩层失稳类型，将冲击地压分为煤体压缩型、顶板断裂型和断层错动型等三类;依据冲击力源条件,将冲击地压分为岩爆型、顶板垮落型和构造型等三类;根据材料与结构失稳的不同,将冲击地压分为材料失稳型、结构失稳型和滑移错动失稳型等三类;根据发生过程,将冲击地压分为集中静载荷型和集中动载荷型两类;根据煤层埋深,将浅部开采冲击地压分为静载型、动载型和叠加(或混合)型等三类,将深部开采冲击地压分为应变型、断层滑移型和坚硬顶板型等三类;等等。

9.3.2 冲击地压发生机理

9.3.2.1 冲击地压的影响因素

冲击地压发生的原因是多方面的,但总的来说可以分为三类,即自然地质因素、开采技术因素和组织管理措施。

自然地质因素中,最基本的因素是原岩应力,主要由岩体的重力和构造残余应力组成。井巷周围岩体的重力由采深决定,而构造残余应力则很难预计;断层附近会出现相当大的水平应力,褶曲附近也是。实践表明,在一定的采深条件下,比较强烈的冲击地压一般会出现在含煤地层中强度高的岩层内,特别是煤层顶板中有坚硬厚层砂岩的情况下。

冲击倾向性是由煤岩的特性决定的。总的来说,煤的强度大、弹性好,冲击倾向性就高。但并不是说,强度小和弹性差的煤层不会发生冲击地压。强度小、弹性差的煤层发生冲击地压的应力比强度大、弹性好的煤层大得多,且取决于加载方式和加载速度。

从发生冲击地压的开采技术因素来分析,首当其冲的是开采引起局部应力集中。其主要原因是开采系统不完善;或坚硬顶板条件下存在较大的悬顶;或开采历史造成煤柱停采线处应力集中,进而传递到邻近层。

从生产实践来看,生产的集中化程度越高,越容易发生冲击地压。开采设计不当或防治措施无法实现,是增加冲击地压危险的因素之一,这主要发生在多煤层开采情况下。另外,还会有多种自然灾害一起出现,如冲击地压、火、瓦斯等,但有时无法选择更有效的冲击地压防治措施。

组织管理措施主要是指生产作业和投资没有到位。如采矿作业规范没有到位,支架和技术装备没有到位,没有选择有效的冲击地压监测仪器和防治设备。

9.3.2.2 地质条件对冲击地压的影响

(1) 采深

随着采深的增加,煤层中的自重应力随之增加,煤岩体中积聚的弹性能也随之增加。为了便于分析采深的影响,只考虑围岩系统中煤层内所积聚的弹性能。

从理论上讲,煤层在采深为 H 且无采动影响的三向应力状态下,其应力近似为:

$$\sigma_1 = \gamma H \tag{9-3}$$

$$\sigma_2 = \sigma_3 = \frac{\mu}{1-\mu}\gamma H \tag{9-4}$$

则煤体中的体积变形积聚的弹性能为:

$$U_v = \frac{(1-2\mu)(1+\mu)^2}{6E(1-\mu)^2}\gamma^2 H^2 \tag{9-5}$$

形状变形积聚的弹性能为:

$$U_t = \frac{(1+\mu)(1-2\mu)^2}{3E(1+\mu)^2}\gamma^2 H^2 \tag{9-6}$$

假设煤层中的形变能全部用于煤体的塑性变形，体变能全部用于破坏煤体和使其运动。

设煤的单轴抗压强度为 σ_c，则破碎单位体积煤块所需能量 U_1 要大，现用一般性系数 K_0（$K_0>1$）来表达，则破碎单位体积煤块的能量 U_2 为：

$$U_2 = K_0 \frac{\sigma_c^2}{2E} \tag{9-7}$$

若 $U_v \geqslant U_2$，就可能发生冲击地压，这样就可求得发生冲击地压的初始深度 H_0：

$$H_0 \geqslant 1.73 \frac{\sigma_c}{\gamma} \sqrt{\frac{K_0}{c}} \tag{9-8}$$

式中

$$c = \frac{(1-2\mu)(1+\mu)^2}{(1-\mu)^2} \tag{9-9}$$

分析可知，采深越大，冲击地压发生的可能性越大。我国部分煤矿发生冲击地压的最小采深见表 9-2。

表 9-2　我国部分煤矿发生冲击地压的最小采深

矿井	门头沟	天池	抚顺	城子	大台	陶庄	房山	唐山
最小采深/m	200	240	250	370	460	480	520	540

（2）煤岩体的力学特征

生产实践与试验研究均表明：

① 在一定的围岩与压力条件下，任何煤层中的巷道或采场均有可能发生冲击地压。

② 煤的强度越高，引发冲击地压所要求的应力越小；反之，煤的强度越小，引发冲击地压所需要的应力越大。

③ 煤岩体的冲击倾向性是评价煤层冲击性的特征参数之一。这部分内容将在冲击地压预测中进行详细介绍。

（3）顶板岩层的结构特点

研究表明，顶板岩层结构，特别是煤层上方坚硬厚层砂岩顶板是影响冲击地压发生的主要因素之一，其主要原因是坚硬厚层砂岩顶板容易积聚大量的弹性能。在坚硬顶板破断过程中，大量的弹性能突然释放，形成强烈震动，导致顶板煤层型（冲击压力型）冲击地压或顶板型（冲击型）冲击地压的发生。厚大的坚硬岩层顶板更容易诱发冲击地压。大同和京西矿区都有十分坚硬的厚层砂岩顶板，采后形成大面积悬顶，是发生冲击地压的典型条件。

煤层厚度对发生冲击地压也有影响。煤层越厚，发生冲击地压越多，也越强烈。据波兰 1952—1957 年的统计资料，厚 4～8 m 的煤层比厚 1～2 m 的煤层发生冲击地压的次数多 6 倍，不过其中也有采煤方法等因素的影响。我国抚顺矿区的煤层特别厚，虽然顶板为几百米厚的油页岩、绿色页岩和松软的冲积层等软岩层，但同样会发生冲击地压。

煤的湿度对冲击地压也有影响作用。煤层含水后，其脆性程度减小，强度降低，塑性增加，从而能减小发生冲击地压的危险。

（4）地质动力因素

地层的动力运动形成各种各样的地质构造，这样的构造如断层、褶曲等对煤矿冲击地压的发生有较大的影响。实践表明,冲击地压经常发生在向斜轴部、断层附近、煤层倾角变化带等区域。褶曲是岩层在水平应力挤压下形成的,大部分在沉积岩层中形成。一般情况下,巷道和工作面在褶曲的各个部位出现的危险性是不一样的。如图 9-10 所示,Ⅰ区为褶曲向斜部分,其垂直应力为压力,水平应力为拉力,最容易发生冒顶和冲击地压,为最大矿山压力区和最大冒顶危险区;Ⅱ区为褶曲翼部,其垂直应力和水平应力均为压力,最易发生冲击地压,为最大冲击地压危险区;Ⅲ区为褶曲背斜部分,其垂直应力为拉力,水平应力也为拉力,这部分也是最大矿山压力区。

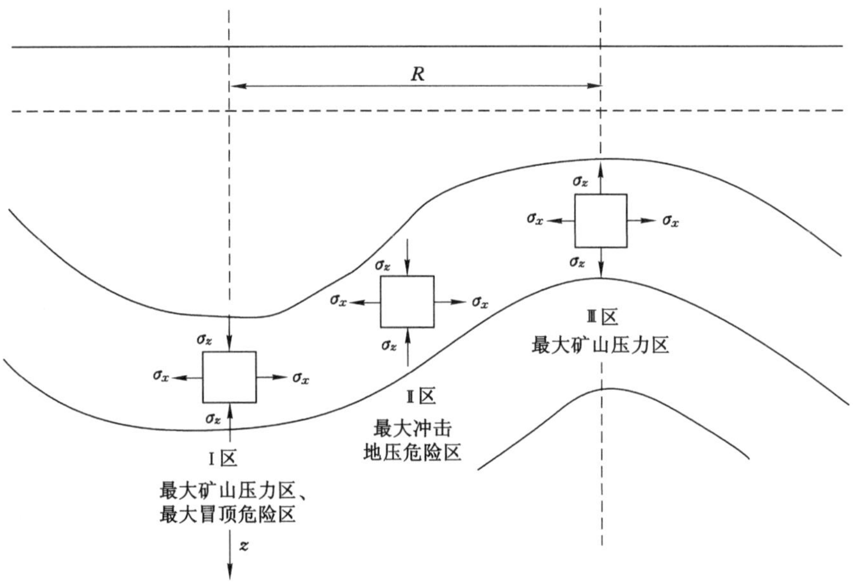

图 9-10　褶曲部分的受力状态及危险性

9.3.2.3　开采技术对冲击地压的影响

除地质因素以外,开采技术也是冲击地压很重要的影响因素。冲击地压大多发生在巷道,而很少发生在采场。但在有些情况下,冲击地压同时在巷道和采场内发生。

(1) 开采设计和开采顺序

当在几个煤层中同时布置几个工作面时,工作面的布置方式和开采顺序将强烈影响煤岩体内的应力分布。

冲击地压经常发生在工作面向采空区推进的过程中,在距采空区 15～40 m 的应力集中区内掘进巷道时,或两个工作面相向推进时,再或者两个近距离煤层中的两个工作面同时开采时。

(2) 上覆煤层工作面终采线和煤柱

上覆煤层工作面的终采线和煤柱形成的应力集中对下部煤层会造成很大的威胁,使冲击地压危险性大大增加。

(3) 采空区

当工作面接近已有的采空区,距离为 20～30 m 时,冲击地压危险性随之增加。如果工作面旁边有上区段的采空区,该采空区会使冲击地压危险性增加,最大冲击危险位置距煤柱

10 m 左右。当工作面接近老巷，距离为 15 m 左右时，冲击地压危险性最大。

(4) 开采区域

在煤层开采面积增加的情况下，岩体的震动能量随之增加。研究表明，当开采面积为 30 000 m^2时，释放的单位面积的震动能量最大。

9.3.2.4　冲击地压的机理和判据

冲击地压发生机理，是冲击地压研究中最主要、最根本的内容，也是冲击地压灾害评价、预测及防治的前提和理论基础。所谓冲击地压发生机理，即冲击地压发生的原因、条件、机制和物理过程。有关冲击地压发生机理，最早是由库克于 1951 年提出的强度理论，之后相继出现了刚度理论、能量理论、冲击倾向性理论、组合理论、“三准则”理论、失稳理论和“三因素”理论等。下面对强度理论、能量理论、冲击倾向性理论、组合理论、失稳理论作简要介绍。

(1) 强度理论

早期的强度理论着眼于煤岩体的破坏原因，认为井巷和采场周围产生应力集中，当应力达到煤岩体的极限强度时，煤岩体发生突然破坏形成冲击地压。

近代强度理论则注重矿体-围岩力学系统极限平衡条件的分析和推断，具有代表性的是夹持煤体理论。该理论认为，较坚硬的顶底板可将煤体夹紧，煤体夹持阻碍深部煤体自身或煤体-围岩交界处的卸载变形；煤体夹持带不仅产生高度的应力集中和储存相当高的弹性能，而且高压带和高弹性能积聚区就位于煤壁附近，承载能力储备小，一旦高应力突然加大或系统阻力突然减小，煤体可产生突然破坏和运动，抛向已采空间，形成冲击地压。因此，发生冲击地压的强度条件是煤岩体应力要等于或大于煤岩体系统的强度。

(2) 能量理论

能量理论认为，发生冲击地压需要大量能量，不仅矿体释放能量，围岩也释放能量。随着采掘范围的不断扩大，当矿体-围岩系统所处的力学平衡状态破坏时，若可释放的能量大于消耗的能量，冲击地压便会发生。

(3) 冲击倾向性理论

冲击倾向性理论把煤岩介质具有冲击破坏的能力称为冲击倾向性，煤岩介质的冲击倾向性通过试验和实测得到的力学特性指标或指标组来度量，这些指标反映煤岩介质发生冲击地压的可能程度。发生冲击地压的条件是煤岩介质实际的冲击倾向性大于或等于规定的极限值。

(4) 组合理论

组合理论把强度理论作为强度条件，把能量理论和冲击倾向性理论作为突然破坏条件，认为只有 3 个条件同时满足，才会发生冲击地压。

(5) 失稳理论

失稳理论认为：根据岩石压缩全应力-应变关系曲线(见图 9-11)，在上凸的硬化阶段，岩石抗变形能力增大，介质是稳定的；在下凹的软化阶段，由于外载超过岩石的峰值强度，裂纹迅速传播和扩展，产生微裂纹密集而连通的现象，岩石抗变形能力降低，在这个阶段介质是非稳定的。在非稳定的平衡状态中，当遇到外界微小扰动时有可能失稳，从而在瞬间释放出大量能量，发生急剧猛烈的破坏。

进入 21 世纪后，我国学者又先后提出了强度弱化减冲理论、应力控制理论、冲击启动理论和冲击扰动响应失稳理论等。除上述冲击地压发生机理外，我国一些学者还通过研究冲

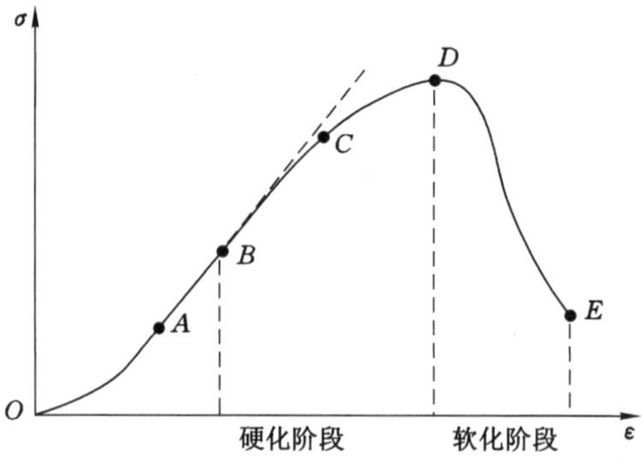

图 9-11　岩石压缩全应力-应变关系曲线

击煤岩的分形、断裂、损伤和突变等特征，对冲击地压发生机理进行了有益的探索。

冲击地压是一个十分复杂的矿山压力动力问题，上述理论都需要进一步完善和深入研究。无论用什么样的理论解释冲击地压发生机理，冲击地压都是在高应力条件下发生的，这是冲击地压发生的外部条件。积聚大量的弹性能是发生冲击地压的动力源；煤岩具有储存能量的能力，并在破坏时能够瞬时释放是冲击地压发生的内部条件。因此，影响冲击地压发生的自然条件是采深和地质构造，以及煤层和顶底板岩石的物理力学特性。

9.3.3　冲击地压的预测

冲击地压的预测是采取防治冲击地压技术措施的依据，它要求查明有冲击地压危险的煤层和可能发生冲击地压的地点，包括在实验室对煤岩的力学特性和冲击倾向性进行评价，以及在采掘过程中对冲击危险程度进行鉴别。采掘工作面的支承压力带、地质构造应力带和与采掘活动有关的残留煤柱边缘区应是现场预测的主要地点。

9.3.3.1　煤岩冲击倾向性评价

（1）常用的煤岩冲击倾向性指标

煤岩冲击倾向性试验研究主要判别煤岩是否积聚大量能量，并分析其在破坏瞬间能量释放的基本属性。

我国常用的煤层冲击倾向性指标有 4 种，顶板岩层冲击倾向性指标有 1 种，各指标的界限值见表 9-3 和表 9-4。

表 9-3　煤层冲击倾向性评价指标

类别	Ⅰ类	Ⅱ类	Ⅲ类
冲击倾向性	无	弱	强
弹性能量指数 W_{ET}	$W_{ET}<2$	$2\leqslant W_{ET}<5$	$W_{ET}\geqslant 5$
冲击能量指数 K_E	$K_E<1.5$	$1.5\leqslant K_E<5$	$K_E\geqslant 5$
动态破坏时间 DT/ms	DT>500	50<DT≤500	DT≤50
单轴抗压强度 σ_c/MPa	$\sigma_c<7$	$7\leqslant \sigma_c<14$	$\sigma_c\geqslant 14$

表 9-4　顶板岩层冲击倾向性分类

类别	Ⅰ类	Ⅱ类	Ⅲ类
冲击倾向性	无	弱	强
弯曲能量指数 U_{WQS}/kJ	$U_{WQS} \leqslant 15$	$15 < U_{WQS} \leqslant 120$	$U_{WQS} > 120$

① 动态破坏时间。动态破坏时间，是指煤试件在单轴压缩状态下，从极限强度到完全破坏所经历的时间。在材料实验机上放入煤样标准试件并加载，利用数据采集处理系统实时采集煤样的破坏信号，以 0.5～1.0 MPa/s 的速率加载直至煤样破坏。根据试验测得的数据，绘出煤样的动态破坏时间曲线，得到煤样标准试件精确的动态破坏时间(DT 值)，如图 9-12 所示。

② 弹性能量指数。弹性能量指数，是指煤试件在单轴压缩状态下，当受力达到某一值时(破坏前)卸载，其弹性变形能与塑性变形能(耗损变形能)之比。在材料实验机上测量试件承受的载荷，实验机以 0.5～1.0 MPa/s 的速率对试件加载卸载，直至试件破坏。根据测试的数据绘出弹性能量指数计算图，再由积分得到煤样标准试件的弹性应变能和总应变能，最终计算得到煤样的弹性能量指数，如图 9-13 所示。

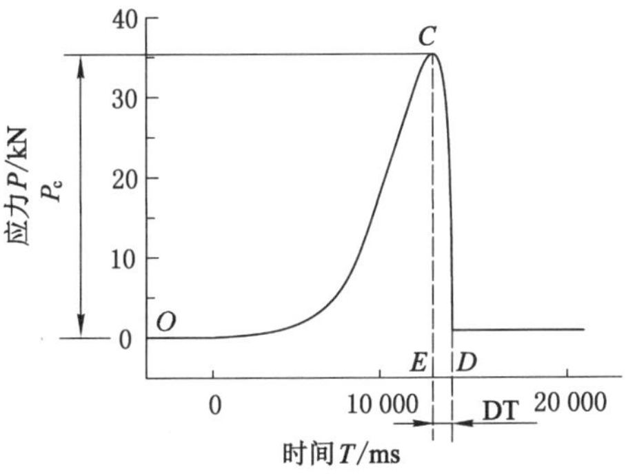

OC—加载过程；ED—破坏时间；CD—破坏过程。

图 9-12　煤的动态破坏时间曲线

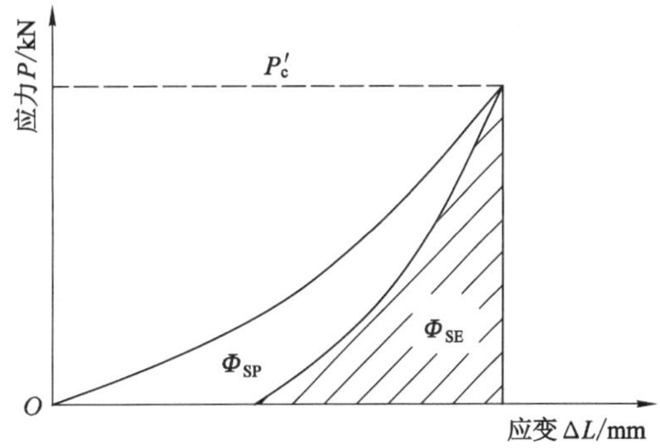

图 9-13　弹性能量指数计算示意

弹性能量指数按式(9-10)和式(9-11)计算：

$$W_{ET} = \frac{\Phi_{SE}}{\Phi_{SP}} \tag{9-10}$$

$$\Phi_{SP} = \Phi_C - \Phi_{SE} \tag{9-11}$$

式中　W_{ET}——弹性能量指数；

Φ_{SE}——弹性应变能，其值为卸载曲线下阴影部分的面积；

Φ_{SP}——塑性应变能，其值为加载曲线和卸载曲线所包络的面积；

Φ_C——总应变能，其值为加载曲线下的总面积。

③ 冲击能量指数。冲击能量指数，是指煤试件在单轴压缩状态下，在应力应变全过程曲线中，峰值前积聚的变形能与峰值后耗损的变形能之比。采用实验机按给定的轴向变形速率对试件加载至极限载荷，用计算机采集测得的数据，画出试件的全应力应变曲线图，通过积分得到煤样破坏峰值前积聚变形能和峰值后耗损变形能，最终计算得到煤样的冲击能

量指数，如图 9-14 所示。

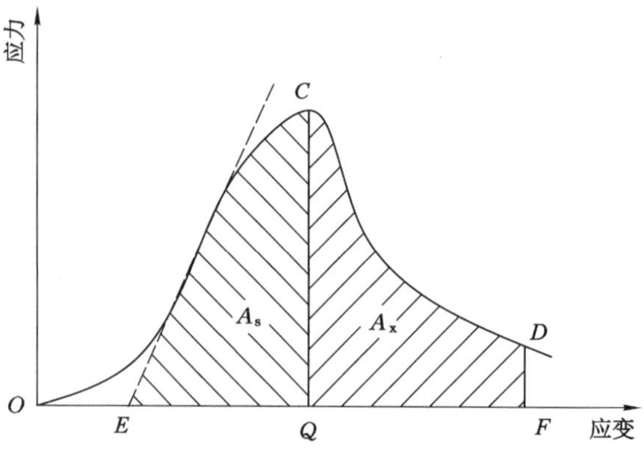

图 9-14　冲击能量指数计算示意

冲击能量指数按式(9 12)计算：

$$K_E = \frac{A_s}{A_x} \tag{9-12}$$

式中　A_s——峰值前积聚的变形能，其值等于 OC 曲线下的面积；

A_x——峰值后损耗的变形能，其值等于 CD 曲线下的面积；

K_E——冲击能量指数。

④ 单轴抗压强度。单轴抗压强度，是指在实验室条件下，煤的标准试件在单轴压缩状态下承受的破坏载荷与其承压面面积的比值。在实验机上测量试件承受的载荷，用计算机数据采集处理系统实时采集煤样的破坏信号，直至试件破坏。根据试验测得的载荷数据与其承压面面积的比值，最终计算得到煤样的单轴抗压强度。

单轴抗压强度按式(9-13)计算：

$$\sigma_c = \frac{P}{F} \times 10 \tag{9-13}$$

式中　σ_c——试件单轴抗压强度，MPa；

P——试件破坏载荷，kN；

F——试件初始承压面积，cm^2。

⑤ 弯曲能量指数。弯曲能量指数，是指在均布载荷作用下，单位宽度岩梁达到极限跨度时积聚的变形能。依据顶板岩层的岩性、厚度、密度、抗拉强度及弹性模量，计算其弯曲能量指数及复合顶板弯曲能量指数，从而判定顶板岩层的冲击倾向性。

a. 自煤层顶板起，自下而上，单位宽度上覆岩层载荷 q 按式(9-14)计算：

$$q = 10^{-6} \frac{E_1 h_1^3 g(\rho_1 h_1 + \rho_2 h_2 + \cdots + \rho_n h_n)}{E_1 h_1^3 + E_2 h_2^3 + \cdots + E_n h_n^3} \tag{9-14}$$

式中　q——单位宽度上覆岩层载荷，MPa；

$E_i(i=1,2,\cdots,n)$——上覆各岩层的弹性模量，MPa；

$h_i(i=1,2,\cdots,n)$——上覆各岩层的厚度，m；

$\rho_i(i=1,2,\cdots,n)$——上覆各岩层的密度，kg/m^3；

g——重力加速度，m/s^2。

当第 $n+1$ 层对第 1 层的载荷小于第 n 层对第 1 层的载荷时，计算终止，取第 n 层的计算结果。

b. 单一顶板弯曲能量指数按式(9-15)计算：

$$U_{WQ} = 102.6 \frac{(\sigma_t)^{\frac{5}{2}} h^2}{q^{\frac{1}{2}} E} \tag{9-15}$$

式中　U_{WQ}——单一顶板弯曲能量指数，kJ；

σ_t——岩石试件的抗拉强度，MPa；

h——单一顶板厚度，m；

E——岩石试件的弹性模量，MPa。

c. 复合顶板弯曲能量指数按式(9-16)计算：

$$U_{WQS} = \sum_{i=1}^{n} U_{WQi} \tag{9-16}$$

式中　U_{WQS}——复合顶板弯曲能量指数，kJ；

U_{WQi}——第 i 层弯曲能量指数，kJ；

n——顶板分层数，复合顶板厚度一般取至煤层上顶板 30 m。

(2) 煤岩冲击倾向性的其他评价指标

① 能量指数 P_{es}——波兰矿山研究总院对煤岩试件进行单轴抗压及加载-卸载变形试验，按式(9-17)计算 P_{es} 值：

$$P_{es} = 500 \frac{\sigma_c^2}{E_s} \tag{9-17}$$

式中　P_{es}——能量指数，即单位体积岩石或煤样储存的应变能；

σ_c——煤岩试件的单轴抗压强度；

E_s——煤岩试件的卸载模量。

波兰矿山研究总院根据 P_{es} 值对煤岩冲击倾向性进行分类，结果如表 9-5 所列。

表 9-5　根据能量指数 P_{es} 值进行的煤岩冲击倾向性分类

无冲击倾向性	中等冲击倾向性	强烈冲击倾向性	极强烈冲击倾向性
$P_{es}<50$	$50 \leqslant P_{es}<100$	$100 \leqslant P_{es}<200$	$P_{es} \geqslant 200$

② 有效冲击能量指数 η——通过刚性实验机进行单轴压缩试验，测得煤样破坏时碎片水平抛掷距离和质量，从而求得总能量 Φ_k，同时测量试件破坏前的最大轴向应变 ε_u，计算出最大弹性应变能 Φ_0：

$$\Phi_0 = \sigma_u \varepsilon_u / 2 \tag{9-18}$$

式中　σ_u——极限应力；

ε_u——相当于 σ_u 时的应变。

用 Φ_k 与 Φ_0 的比值表示有效冲击能量指数 η：

$$\eta = \frac{\Phi_k}{\Phi_0} \times 100\% \tag{9-19}$$

式中　Φ_k——碎片抛掷能量，即总能量。

η 值越大，表示煤的冲击倾向性越大。根据有效冲击能量指数 η 值对煤的冲击倾向性进行分类，结果如表 9-6 所列。

表 9-6　根据有效冲击能量指数 η 值进行的煤的冲击倾向性分类

无冲击倾向性	中等冲击倾向性	强烈冲击倾向性
$\eta<3.2\%$	$3.2\%\leqslant\eta<4.0\%$	$\eta\geqslant4.0\%$

③ 脆性系数 K_u——表示煤岩的脆性有很多方法，从变形角度出发，可用应力-应变曲线中煤岩破坏前的总变形 u 与永久变形 u_1 之比确定煤岩的脆性。

$$K_u = \frac{u}{u_1} \tag{9-20}$$

根据脆性系数 K_u 值对煤岩冲击倾向性进行分类，结果如表 9-7 所列。

表 9-7　根据脆性系数 K_u 值进行的煤岩冲击倾向性分类

无冲击倾向性	弱冲击倾向性	中等冲击倾向性	强烈冲击倾向性
$K_u\leqslant3.5$	$3.5<K_u\leqslant5.0$	$5.0<K_u\leqslant7.0$	$K_u>7.0$

④ 弹性变形指数 K_i——苏联矿山测量研究总院提出，在载荷不小于峰值强度 80% 的条件下，用反复加载和卸载循环得到的弹性变形量与总变形量之比，可作为衡量冲击倾向性的指标，其表达式和界限值为：

$$K_i = \varepsilon_{0i}/\varepsilon_i \geqslant 0.7 \tag{9-21}$$

式中　ε_{0i}——第 i 次循环后试件的弹性变形量；

　　　ε_i——第 i 次循环后试件的总变形量。

该指标与弹性能量指数 W_{ET} 有相同的物理意义。

9.3.3.2　冲击地压的现场预测

(1) 钻屑法

钻屑法是通过在煤层中钻小直径(42～52 mm)钻孔，根据打钻至不同深度时排出的煤粉量及其变化规律和有关动力现象，来判断煤体内应力集中情况和冲击危险的一种方法。钻屑法的原理是：当钻孔进入煤体高应力区域时，单位长度上排出的煤粉量大于正常排粉量，钻屑粒径增大。当单位长度上排出的煤粉量大于标定值时，表示高应力和冲击危险状态。

用体积或质量均可表示煤粉量值。另外，在钻孔时出现的声响、微冲击、夹钻和煤炮等动力现象也可作为判别冲击危险的参考指标。钻屑法操作方便，设备简单，结果直观可靠，但监测不连续，占用人力和时间较多。

根据钻屑法预测冲击地压危险时，常采用钻出煤粉量与正常排粉量之比作为衡量冲击危险的指标。该比值用体积或质量比表示，又称钻屑量指数，可表示为：

$$K^* = \frac{V_b}{V_z} \tag{9-22}$$

式中　K^*——钻屑量指数；

　　　V_b——钻出煤粉量；

　　　V_z——正常排粉量。

除煤粉量指标外，还应考虑动力效应。动力效应是反映冲击倾向性的一个直观指标，如钻杆卡死、跳动、出现震动或声响等现象。通过记录钻孔时所发生的动力效应，可更加准确地判断危险位置。表 9-8 所列为判别冲击倾向性的钻屑量指数。

表 9-8　判别工作地点冲击倾向性的钻屑量指数

钻孔深度/煤层厚度	1.5	1.5～3	3
钻屑量指数	1.5	2～3	≥4

(2) 微震法

① 震动与冲击地压

震动是地下开采引起的，是岩体断裂破坏的结果。与大地地震相比，震动的震源浅、强度小。震动的频率高，影响范围小，故称之为微震。采矿微震震动能量小，从 10^2 J(很弱)到 10^{10} J(很强)，对应地震里氏震级 0～4.5 级；振动频率低，大约为 0～50 Hz；振动范围宽，从弱的几百米到强的几百千米，甚至几千千米。

相对来说，采矿微震是一种高能量的震动，而较弱一些的如声响、煤炮、小范围的变形卸压，则是声发射研究的范围。

冲击地压是煤岩体结构突然、猛烈破坏的结果。冲击地压将破裂的煤岩体抛向工作面和巷道，造成人员的伤亡和工作面、巷道的破坏，这是煤岩体中积聚的弹性能释放动力冲击导致的。冲击地压可能出现在震源处，但若在震源处没有发生动力过程，则不会在震源处发生冲击地压，而在有动力过程的地点发生，即冲击地压发生的地点可能是震源处，也可能是距震源很远的地方。

从冲击地压与岩体震动的关系来看，发生冲击地压的最低能量为 1.0×10^3 J，大部分是从 1.0×10^5 J 开始的。

② 冲击地压危险微震监测

微震法通过记录采矿震动的能量、确定和分析震动的方向、对震中定位来评价和预测动力现象。具体地说，就是记录震动的地震图，确定已发生的震动参数，例如震动发生的时间、震中的坐标、震动释放的能量，特别是震中的大小、地震力矩、震动发生的机理、震中的压力降等，以此为基础，进行震动危险的预测预报，如预报震动能量大于给定值的平均周期，在时间 t 内震动能量小于或等于给定值的概率，该区域内震动的危险性及其他参数。

微震监测系统的主要功能是对全矿范围进行微震监测。它自动记录微震活动，实时进行震源定位和微震能量计算，为评价全矿范围内的冲击地压危险提供依据。其原理是利用拾震仪站接收的直达 P 波起始点的时间差，在特定的波速场条件下进行二维或三维定位，以判定破坏点，同时利用震相持续时间计算所释放的能量和震级，并标入采掘工程图和速报显示给生产指挥体系，以便及时采取措施。图 9-15 为红庆河煤矿井下微震监测台网布置方式以及井下微震监测时微震事件倾向剖面图。

微震监测已成为矿山地震预报的重要手段。目前，南非、波兰、捷克和加拿大等国家已形成国家型矿山微震监测网，并在冲击地压预测预报中得到了广泛应用。在我国，采用微震预测冲击地压尚处于试验研究阶段。门头沟煤矿对 1986—1990 年记录的 6 321 次微震进行分析，归纳出以下冲击地压前兆的微震活动规律：a. 微震活动的频率急剧增加；b. 微震

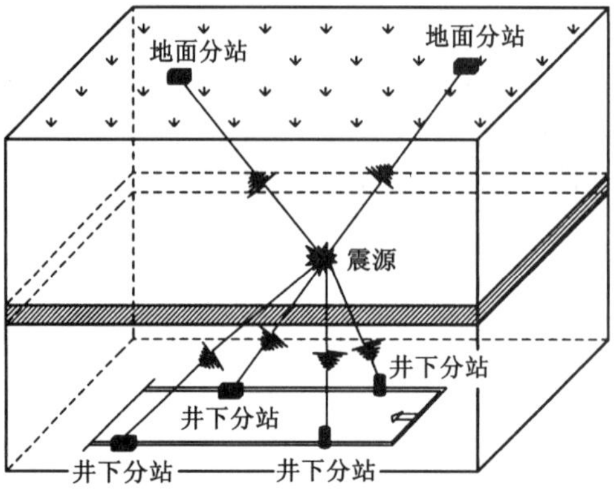

(a) 井上下微震监测台网示意

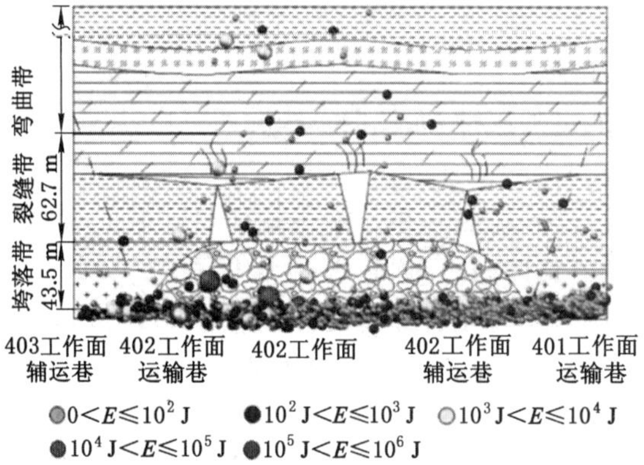

(b) 井下微震监测时微震事件倾向剖面图

图 9-15　井上下微震监测台网示意及井下微震监测时微震事件倾向剖面图

总能量急剧增加;c. 爆破后,微震活动恢复到爆破前微震活动水平所需时间增加。该矿大量的监测实践表明,根据微震活动的变化、震源方位和活动趋势可以评价冲击地压危险。

(3) 地音法

采矿活动引发的动力现象分为两种:强烈的,属于采矿微震的范畴;较弱的,如声响、煤炮、卸压等则为采矿地音,也称为岩石的声发射。

对岩石声发射现象的研究从 20 世纪 30 年代开始。首先是由欧伯特(Obert)在锌矿和铅矿测量地震波传播时进行的,其后在美国的密歇根州铜矿进行。随后岩石声发射研究在日本、南非、波兰、德国、俄罗斯、捷克等国家展开。

地音法是指以脉冲形式记录弱的、低能量的地音现象。其主要特性是振动频率从几十赫兹到 2 000 Hz 或更高;能量低于 10^2 J,下限不定;振动范围小到几米,大到约 200 m。

地音法采用的监测方法主要有站式的连续地音监测和便携式的流动地音监测,用来监测和评价局部震动的危险状态及随时间的变化情况。地音法主要记录声发射频率(脉冲数量)、一定时间内脉冲能量的总和、采矿地质条件及采矿活动等。

对冲击地压危险性的评价,主要根据记录到的岩体声发射的参数与局部应力场的变化情况来进行。岩石破坏的不稳定性是岩石中裂缝扩展的结果，而声发射现象则是微扩张超过界限的表征，该现象的进一步发展即岩石的最终断裂。在矿山压力作用下，断裂最终引发高能量的震动，对巷道的稳定形成威胁，也可能引发冲击地压。

（4）电磁辐射法

岩石破裂电磁辐射的观测和研究是从地震工作者发现震前电磁异常后开始的。苏联和我国是在这方面开展研究较早的国家，日本和美国等国家也开展了这方面的研究工作。在近25～30年内，岩石破裂电磁辐射效应的研究，无论是在理论方面还是在应用方面都取得了飞速发展，特别是在地震预报方面。

电磁辐射可用来预测煤岩灾害动力现象，其主要参数是电磁辐射强度和脉冲数。电磁辐射强度主要反映煤岩体的受载程度及变形破裂强度，脉冲数主要反映煤岩体变形及微破裂的频次。此外，电磁辐射还可用于检测煤岩动力灾害防治措施的效果，评价边坡稳定性，确定采掘工作面周围的应力应变，评价混凝土结构的稳定性等。

掘进或回采空间形成后，工作面煤体失去应力平衡，处于不稳定状态，煤壁中的煤体必然要发生变形或破裂，向新的应力平衡状态过渡，这种过程会引起电磁辐射。由松弛区到应力集中区，应力越来越高，因此电磁辐射信号也越来越强。在应力集中区，应力达到最大，因此煤体的变形破裂过程也较强烈，电磁辐射信号最强。进入原岩应力区，电磁辐射强度会有所下降，且趋于平衡。采用非接触方式接收的信号主要是松弛区和应力集中区中产生的电磁辐射信号的总体反映(叠加场)。

电磁辐射和煤的应力状态有关，应力高时电磁辐射信号强，电磁辐射频率高；而应力越高，冲击危险越大。电磁辐射强度和脉冲数这两个参数综合反映煤体前方应力的集中程度，因此可用电磁辐射法进行冲击地压预测预报。

实验室研究及现场研究测定、理论分析表明，煤岩冲击变形破坏的变形值、释放的能量与电磁辐射的幅值、脉冲数成正比。具体地讲，煤岩体在发生冲击性破坏以前，电磁辐射强度一般在某个值以下；而在冲击破坏时，电磁辐射强度突然增加。煤岩体电磁辐射的脉冲数随着载荷的增大及变形破裂过程的增强而增大。载荷越大，加载速率越大，煤岩体的变形破裂越强烈，电磁辐射信号越强。冲击地压发生前的一段时间，电磁辐射连续增长，或先增长后下降之后又增长。这反映煤岩破坏发生、发展的过程。煤岩体的损伤速度与电磁辐射脉冲数、电磁辐射事件数成正比，与瞬间释放的能量、变形速度亦成正比。因此，可采用电磁辐射的临界值法和偏差方法对冲击地压进行预测预报。

（5）计算机数值模拟方法

多年的采矿实践证明，分析冲击地压区域内的应力分布状态是防治冲击地压的基础。一般情况下，应力高的区域更容易积聚弹性能。因此，在一定的采矿区域，分析和确定应力分布状态，就可以分析出冲击地压危险程度，为开采时冲击地压的防治打下基础。

随着计算机技术的发展，可采用数值模拟方法确定采矿区域内的应力分布状态和其他参数。目前，世界上比较通用的数值模拟程序有FLAC、UDEC、PFC、ANSYS等，其采用的方法主要是有限元法、边界元法、离散元法、有限元/离散元耦合法等。

计算机数值模拟方法的主要优点是可提前确定冲击地压防治的重点区域，对于任意地点，特别是未开采区域，可提前预测冲击地压危险状态，可得出大范围内的空间信息，可确定在工作面回采过程中出现最大应力的时间和地点，可预测开采空间大小、开采参数、开采历史对冲击地压的影响。这种方法的缺点主要是对煤岩体进行了简化处理，对于模拟中的煤岩体特性，特别是弹性模量和泊松比没有考虑局部非均质性和各向异性。因此，数值模拟方法只能作为一种近似方法使用，多年实践证明数值模拟结果对于确定冲击地压危险区域是有效的。

(6) 经验类比法

经验类比法是指根据已发生的冲击地压规律，对待开采区域的地质和生产条件进行类比分析，由实际经验判断待开采区域的冲击地压危险程度。常用该类方法圈定重点监测区域和指定监测范围。

(7) 综合预测方法

由于冲击地压的随机性和突发性，以及破坏形式的多样性，冲击地压的预测工作变得极为困难复杂，单凭一种方法是不可靠的，必须将冲击地压危险的区域预报与局部预报相结合、早期预报与及时预报相结合。因此，应该根据具体情况，在分析地质开采条件的基础上，采用多种方法进行冲击地压的综合预测。

一般来说，首先分析地质开采条件，根据冲击倾向性和计算机数值模拟结果，预先划分出冲击地压危险及重点防治区域，提出冲击地压的早期区域性预报。在上述分析的基础上，采用微震监测系统，对矿井冲击地压的危险性提出区域和及时预报；采用地音法、电磁辐射法等地球物理监测手段，对矿井采掘工作面进行局部地点的预测预报。然后，采用钻屑法对冲击地压危险区域进行监测和预报，同时对危险区域和地点进行处理。显然，采用上述所有的方法进行综合预测是不可能的，也是不必要的。应该在试验的基础上，采用冲击倾向性分析方法进行早期预报，采用微震监测系统进行区域预报，采用地音法或电磁辐射法进行局部及时预报，再加上钻屑法，就可以构成简单易行、行之有效的预测方法。

9.3.4 冲击地压的防治

对于有冲市倾向的煤层，防治冲击地压应采取综合技术措施，所有的技术措施都应围绕以下目的：

(1) 降低应力集中程度或使应力峰值向煤体深部转移；

(2) 改变煤岩的力学性能，削弱其积蓄和骤然释放弹性能的能力；

(3) 减轻冲击地压的危害程度。

9.3.4.1 冲击地压防治的根本措施

根本措施是战略性的，旨在消除产生冲击地压的条件。所有的有冲击地压危险的矿井，必须实施合理开采部署这一根本措施；冲击地压严重的矿井，尤其是深矿井，还必须采取开采保护层的方式联合防范。

(1) 合理开采部署

合理的开拓布置和开采方式对于避免应力集中和叠加、防治冲击地压关系密切。大量实例证明，多数冲击地压是开采技术不合理造成的。不正确的开拓、开采方式一经形成就难以改变，临到煤层开采时，只能采取局部措施，而且耗费巨大，效果有限。因此，合理的开拓布置和开采方式是防治冲击地压的根本性措施。

深矿井中新采区或新区段的投产要保证合理的开采顺序，避免形成多侧采空的煤柱后再回收。

深矿井采煤工作面的回风平巷要完全沿空掘巷。在采煤过程中当回风平巷不能满足生产要求时，重新掘巷的位置应选在煤体边缘，杜绝在超前支承压力和侧向支承压力峰值叠加区中补掘巷道。

首采煤层或上部煤层应尽量多采，不留或少留煤柱。在没有进行有效的处理前，避免在侧向支承压力峰值区中开掘本煤层的巷道或在同组底部煤层中开掘巷道。

深部开采中，应尽量布置岩石上下山，并对这些上下山进行跨采，避免留设两侧采空甚至三侧采空的上下山保护煤柱；在上下山附近杜绝两侧同时开采而使保护煤柱变得越来越小。

深矿井中不宜采用柱式体系采煤法，杜绝采用房柱式采煤法回收已留的煤柱。

(2) 开采保护层

开采保护层是防治冲击地压的有效和带有根本性的区域性防范措施。一个煤层(或分层)先采，能使邻近层得到一定时间的卸载，这种卸载开采称为开采保护层。先采的保护层，必须根据煤层赋存条件选择无冲击倾向性或弱冲击倾向性的煤层。实施时必须保证开采的时间和空间的有效性。不得在采空区内留煤柱，以使每一个先采煤层的卸载作用能依次地使后采煤层得到最大限度的“解放”。保护层开采后，采空区垮落的矸石或充填料，随着时间的延长逐渐被压实，同时采空区和围岩中的应力相应地逐渐增加，趋于原岩应力水平，所以保护层的作用是有时间性的，卸压作用和效果随时间的延长而减小。因此，开采保护层的间隔时间不能太久。一般卸压有效期限为：用全部垮落法时为 3 年，用全部充填法时为 2 年。保护层开采时的前、后支承压力产生的加载和卸载交替作用，在很大程度上可改变下部煤层的结构和层间岩石的性质，特别是可改变它们的孔隙率和透气性，改变煤岩结构和属性，释放煤岩潜在的弹性能，从而消除或减缓冲击地压危险。

9.3.4.2　冲击地压的解危措施

解危措施是战术性的，旨在对已经形成冲击地压危险或可能具有冲击危险的地段进行解危处理。

(1) 震动爆破

震动爆破是一种特殊的爆破，它与爆破落煤不同。震动爆破是指在应力集中区中借助爆震波的作用，人为诱发强度较小的冲击地压，从而避免发生危害程度较大的冲击地压。放震动炮的主要任务是靠爆破炸药形成强烈的冲击波，使得岩体震动。放震动炮要使震动范围最大，甚至达整个工作面长；在装药量一定的情况下，达到震动效果最好。

震动爆破有震动卸压爆破、震动落煤爆破、震动卸压落煤爆破和顶板爆破四种。

① 震动卸压爆破

在工作面及其上、下两巷，震动爆破能最大限度地释放积聚在煤体中的弹性能，在工作面附近及巷道两帮形成卸压破坏区，使压力升高区向煤体深部转移。震动卸压爆破的合理布置及合理的装药量，不仅形成岩体震动，在一定程度上形成煤体的松动带，而且落煤方便。

合理的钻孔布置应使炸药爆破后形成的弹性波以合理的方向传播，使得炸药爆炸形成的压力与开采形成的压力叠加，超过岩体极限状态，从而使岩体卸压或引发冲击地压，这样，震动卸压爆破的效果最好。

在钻孔中合理布置炸药，可有效、经济地释放爆炸能量，并最大限度地将其传播给周围岩体，以达到卸压、将应力集中区向深部转移的目的。炸药应从煤层内应力最高点开始向里布置，而外部全部用炮泥封孔。因应力集中地点煤层的密度最大，这样可扩大塑性区，将应力最高点向深部转移。

在人员撤离的情况下，震动卸压爆破除引发冲击地压外，还可将高的应力集中区转移到煤体深部，形成松动带。

② 震动落煤爆破

震动落煤爆破是在人员撤离的情况下，引发冲击地压，减小或消除深部煤体或采煤机截深范围内的支承压力区。这种爆破要求炮眼全长爆破，使下一个截深范围内应力释放。这种情况下，采煤机几乎仅起装煤作用。

③ 震动卸压落煤爆破

这种爆破组合了震动卸压爆破和震动落煤爆破两种爆破。震动卸压落煤爆破既可用于工作面前方，也可用于巷道掘进，其参数根据具体条件而定，但卸压长钻孔爆破后，应避免在同眼位布置落煤爆破孔。

④ 顶板爆破

煤层顶板是影响冲击地压发生的重要因素之一。顶板爆破就是将顶板破断，降低其强度，释放因压力而积聚的能量，减少对煤层和支架的冲击震动。而这种震动可使处于极限应力状态的煤岩体应力超限，引发冲击地压。

顶板爆破的方法有两种：短钻孔爆破与长钻孔爆破。短钻孔爆破有带式的、阶梯式的和扇形的三种。爆破后，在顶板中形成条痕，当顶板弯曲下沉时，在条痕处形成拉应力而使顶板断裂。这种情况就像金刚石划破厚玻璃出现的条痕一样。而长钻孔爆破是在工作面或两巷中钻眼，利用爆破来破坏顶板或者引发冲击地压的。在选择参数时应以不损坏支架为准。顶板爆破可减少顶板对支架和煤层的压力。当煤层有冲击危险时，顶板爆破后，工作人员的等待时间应等于或大于煤层放震动炮的时间。

(2) 松动爆破

松动爆破是指利用炸药爆炸的能量增加和扩大煤岩体的裂隙，从而改变煤岩体的力学特性。

(3) 煤层注水

煤层注水的作用在于改变煤体的结构，软化煤层，增加煤体塑性变形，使煤体的强度和积蓄弹性能的能力下降，使煤层冲击倾向性减弱。多数煤层注水后，冲击倾向性要降低一个等级。同时，注水可以使支承压力峰值降低，使峰值位置向煤体深部转移，从而达到改变煤体(或局部煤体)应力状态的目的。

① 短钻孔注水法

短钻孔注水法的钻孔通常垂直煤壁，且在煤层中线附近。注水时，依次在每一个钻孔中放入注水枪，水压通常为20～25 MPa。比较有效的注水钻孔间距为6～10 m，注水钻孔深度不小于10 m，注水钻孔的直径应与注水枪相适应，且放入注水枪后能自行注水，封孔要封在破裂带以外。

该方法的优点是：容易实施；可在煤层的任意部分进行注水；可在难打长钻孔的薄煤层中进行注水；可在其他不方便的条件下注水。

该方法的缺点是：注水工作须在机道进行，影响采煤；注水工作须在冲击最危险的区域进行；注水范围小。

② 长钻孔注水法

长钻孔注水法通过平行工作面的钻孔对煤体进行高压注水，钻孔长度应覆盖整个工作面范围。注水钻孔的间距应为 10～20 m，取决于注水时的渗透半径。

工作面区域内的注水应从两巷相对的两个钻孔进行，从靠工作面最近的钻孔开始，一直持续到整个工作面范围。注水枪应布置在破碎带以外，深度视具体情况而定。一般情况下，注水应在工作面前方 60 m 外进行。

长钻孔注水法的最大优点是工作面前方区域内的注水是均匀的，注水工作在两巷进行，不影响采煤作业。注水的超前时间不宜过早，因为随时间的推移，注水效果就会降低。实践证明，注水的有效时间为 3 个月。这种方法可最大限度地使用机械，且注水工作可在冲击危险区域外进行。其缺点是某些情况下很难进行钻孔作业，特别是薄煤层更加困难。

③ 联合注水法

联合注水法是上述两种方法的综合，工作面部分区域采用长钻孔注水，部分区域采用短钻孔注水。注水水压不小于 10 MPa，当水压降至 5 MPa 时，认为该钻孔已注好水。在有些情况下，注过水的煤壁会滴水。在采用长钻孔注水法或联合注水法注水的情况下，为了预防早期注过水的煤层干燥，用高压设备注水结束后，可将注水钻孔和消防龙头相连。

(4) 大直径钻孔卸压

煤层大直径钻孔卸压方法作为冲击地压的局部解危方法，主要目的是通过在煤体中实施卸压钻孔，使各钻孔周围卸压区相互连接、贯通，形成弱化带，从而降低煤层的承载能力，使高应力作用下的煤体应力重新分布、应力峰值位置向煤体深部转移，改善巷道支护区域围岩应力环境，降低煤岩体的冲击危险性，防止冲击地压的发生。其原理示意如图 9-16 所示。

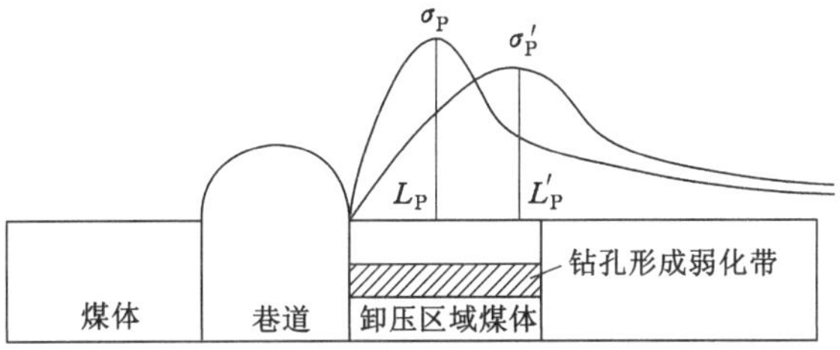

σ_P，σ_P'——卸压前与卸压后支承压力峰值；

L_P，L_P'——卸压前与卸压后支承压力峰值位置与煤壁的水平距离。

图 9-16　煤层大直径钻孔卸压原理示意

(5) 定向裂缝

① 定向水力裂缝法

定向水力裂缝法是指人为地在岩层中预先制造一个裂缝，在较短的时间内，采用高压水将岩体沿预先制造的裂缝破裂。在高压水的作用下，岩体的破裂半径范围可达 15～25 m，有的甚至更大。采用定向水力裂缝法可简单、有效、低成本地改变岩体的物理力学性质，故这种方法可用于降低冲击地压危险性，改变顶板岩体的物理力学性质，将坚硬厚层顶板分成几个分层或破坏其完整性；维护平巷，将悬顶挑落；在煤体中制造裂缝，以利于瓦斯抽采；破坏煤体的完整性，减少开采时产生的煤尘等。

定向水力裂缝法有两种：周向预裂缝法和轴向预裂缝法。研究表明，要使形成的周向预裂缝达到较好的效果，周向预裂缝的直径至少应为钻孔直径的 2 倍以上，且裂缝端部要尖。高压泵的压力应在 30 MPa 以上，流量应在 60 L/min 以上。而轴向预裂缝法沿钻孔轴向制造预裂缝，并沿裂缝将岩体破断。图 9-17 为大同矿区水压致裂现场施工系统示意。

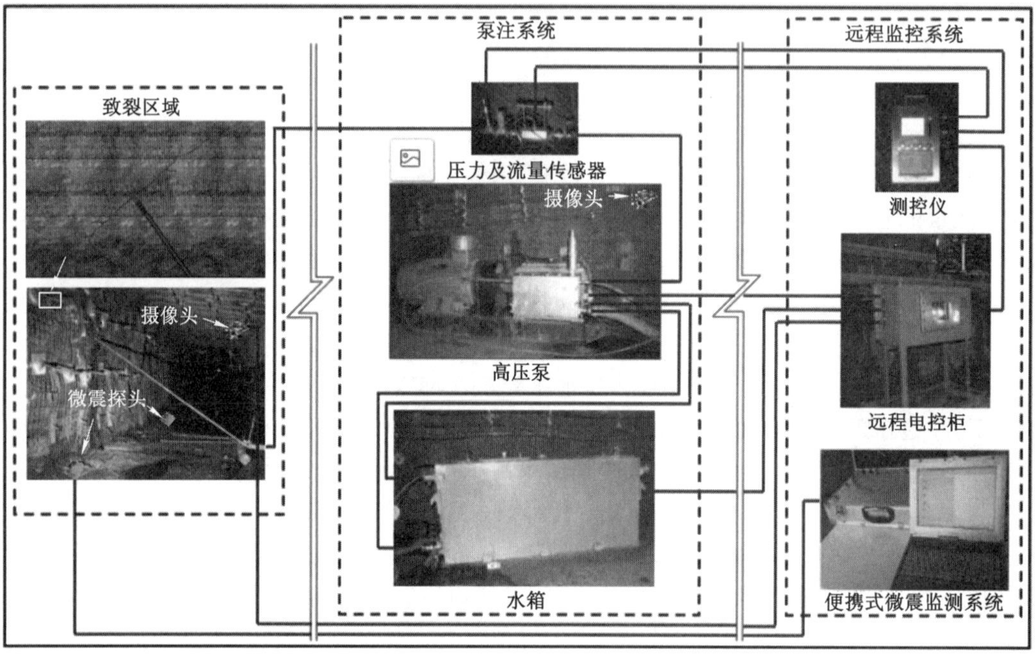

图 9-17　大同矿区水压致裂现场施工系统示意

② 定向爆破裂缝法

定向爆破裂缝法的原理与定向水力裂缝法的相同，不同之处只是将高压水换成了炸药。其预裂缝也有周向和轴向之分。制造的周向预裂缝可以在钻孔的底部，也可以在钻孔中部形成几个预裂缝。

定向爆破裂缝法的钻孔长度、钻孔布置方式、制造预裂缝的数量和形式等均取决于井巷支护形式、要破坏岩体的力学性质以及破裂的目的，这需要根据生产实际进行设计。

9.3.4.3　冲击地压的防护措施

防护措施是被动的，目的是在发生小规模冲击地压时，尽量避免损坏和减轻危害程度。在有冲击地压危险的深矿井工作面，有条件时应采用综采工艺，普采工作面宜使用单体液压支柱，且应加强切顶排支护。巷道应有足够的断面，以适应中等以下冲击变形的要求；并采用高强度可缩性整体支架支护，以适应大变形的要求。

在我国过去的冲击地压研究中，对冲击地压条件下巷道的支护问题关注不多，更多的只是从刚性支护或柔性支护角度建立起冲击地压巷道支护理念，即冲击地压防治相关规定中只是表明冲击地压条件下巷道不能使用刚性支护，其他关于冲击地压巷道支护的要求几乎没有。

近年来，国内外学者逐渐发展了锚网＋锚索＋工字钢拱形支架联合支护技术、O 型钢棚封闭支护技术、锚杆＋金属网＋喷混凝土＋O 型钢棚复合支护技术，并进一步提出了吸能支护技术、刚-柔耦合支护技术、“三级支护”理念等，这些技术和理念在国内一些冲击地压矿井得到了良好的应用。

防范冲击地压，尤其是防范深矿井中的冲击地压必须采取根本措施；由于地质条件和生产技术条件的复杂性，更主要的是由于目前的技术还不能确切掌握发生冲击地压的时间和地点，不可避免地要形成一些具有冲击危险的地段，因而解危和防护措施也是必不可少的。

9.4　深矿井开采热害治理

9.4.1　地温问题

随着煤矿采深的增加和机械化程度的提高，矿井高温热害问题越来越严重。20 世纪 50—60 年代，国外一些深矿井已显现出较严重的热害问题；到了 20 世纪 70 年代，矿井热害问题更加突出，有从局部现象发展成普遍现象的趋势。据初步统计，在国外，南非西部矿井在深度 3 300 m 处气温达 50 ℃；日本丰羽铅锌矿由于受热水影响，在深度 500 m 处气温高达 80 ℃。

我国矿山的恒温带深度大都在 20～30 m，个别矿区为 30～50 m，地温梯度为 1.8～4.8 ℃/hm。地温随采深增加而增大，到了一定深度后地温成为多数深矿井的自然灾害。如兖矿集团东滩煤矿在采深为 710 m 时，地温为 33～35 ℃；徐州三河尖煤矿在采深为 737 m 时，地温为 37.2 ℃。这两个矿井在建井期间或在投产初期就出现了高温热害问题。新汶孙村煤矿埋深 800 m 的－600 m 水平平均岩温为 34.9 ℃，部分采掘工作面风温达 30～32 ℃。

统计表明，我国存在热害问题的矿井有 140 多处，矿井采掘工作面风流最高温度可达 42 ℃，相对湿度几乎达 100%。采深超过 1 000 m 的矿井，其原始岩温高达 40～45 ℃，工作面温度达 34～36 ℃，大部分矿井将进入一、二级热害区。煤矿高温热害严重危害矿工的身心健康，会降低劳动效率，并加快井下电气设备的老化，容易引发煤矿事故，因此，采取行之有效的热害治理技术是非常值得研究的问题。

一般来讲，深矿井高地温同时存在高湿度作业环境。高温高湿作业环境对井下作业人员安全、健康和矿井生产经营都有较大影响。

(1) 降低劳动效率

在高温潮湿的环境中作业，矿工的中枢神经将受到抑制，大脑皮层兴奋过程减弱，条件反射潜伏期延长，容易出现注意力不易集中和嗜睡等现象，肌肉工作能力下降，作业的准确性及协调性降低，反应速度变慢。这些将导致采煤工作面产量或掘进工作面进度降低。苏联学者指出，矿井气温超过标准温度 1 ℃，工人的劳动效率要降低 6%～8%。

(2) 危害工人身心健康

随着温度增高，当班作业人员在高温环境中的生理机能逐渐由渗汗散发体温、心跳加快、血液循环加速、蒸发汗水散发热量，发展到急促喘气和心跳加速，甚至出现头昏眼花和站立不稳的现象。

在高温环境中长期工作，工人身体会受到严重伤害，健康状况一般较差，常感头晕、胸闷、燥热、干渴，出现吐酸水、昏倒、体重减轻、心率增高和发高烧现象。

(3) 增加生产经营成本

生产过程中需要增加通风降温费用、机械制冷降温费用和高温补助费用，由此会增加矿井生产经营成本。

(4) 影响机电设备运行

机械设备长期在高温环境中运行，其性能会受到一定影响，可以概况为以下三个方面：① 长期在高温环境下工作，机械零件在加工制造过程中提高金属材料强度的各种强化措施如变形强化、固溶强化等所取得的强化效果会逐渐失去，从而造成机械设备的零部件即使在远小于屈服应力状态下也会产生明显的塑性变形，形状、尺寸发生变化甚至损坏等，会引发重大事故；② 机械设备散热能力差，长期在高温环境下运行容易发生过热现象，造成机械故障，停止运行；③ 高温环境容易使机油抗氧化安定性遭到破坏、出现变质。此外，机油温度过高，其黏度下降，容易引起泄漏，影响润滑效果，加速机械磨损。

(5) 对围岩的影响

千米深的井下，地温达 35～50 ℃。温度每变化 1 ℃可以产生 0.4～0.5 MPa 的地应力变化，因此岩体在深部条件下表现出的力学性质与浅部有着明显的区别，概括起来主要有以下 3 个方面：岩体的流变特性，岩石强度降低和吸附气体溢出效应。因此，地温会间接地影响井下支护效果。

9.4.2 深矿井高温热源分析

深矿井气温升高的热源根据产热方式可分为 3 类：化学热源、物理热源和生理热源。化学热源主要有煤岩体氧化放热、支护材料氧化放热等；物理热源主要有围岩散热、机电设备放热、空气自压缩热、电缆及电线散热、地表大气温度的日变化及季节性变化等；生理热源有人体散热。

根据热源的散热量与周围气温的影响程度又可分为绝对热源与相对热源。绝对热源受周围气温的影响较小，主要有机电设备放热、空气自压缩热、地表大气温度的日变化及季节性变化、煤岩体氧化放热等；相对热源受周围气温的影响较大，如围岩散热、热水散热、人体散热等。

(1) 围岩散热

围岩散热是造成深矿井高温的主要热源，其来源大致分为 2 类：① 地球内部是一个巨大的热源，主要以热传导的方式向地球表层散发热量，围岩体越靠近地球内部温度越高；② 地表温度场的分布对围岩体热量产生影响，而影响地表温度场分布的主要因素有地表温度梯度、太阳辐射热等，其通过与围岩体热交换对深矿井产生影响。

(2) 空气自压缩热

风流沿井筒向井下流动时，产生气柱压力，在位能转化成焓过程中使井下风流温度升高。通过计算，风流在纯自压缩状态下，当高差为 1 000 m 时，其温升可达 9.76 ℃。然而用于水分蒸发和巷道围岩的吸热和散热，抵消了一部分因风流自压缩的焓增，造成井下风流温度因季节不同而不同。例如，在夏天，由于围岩吸热，风流温度要比平均值低 7 ℃；在冬天，由于围岩放热，风流温度要比平均值高 13 ℃。所以空气自压缩热也是影响深矿井温度的主要因素。

(3) 机电设备放热

在现代化矿井中，随着煤矿机械化程度的不断提高，井下装机容量的急剧增加，机电设备放热已成为井下不容忽视的热源。总结机械设备热源，可概况为以下 3 种：① 采掘设备的放热，如采煤机、掘进机、液压支架等放热；② 提升运输设备的放热，如提升设备、输送机等放热；③ 其他设备的放热，如风机、灯具等放热。机电设备做无用功的那部分电能会以热的形式散失。虽然机电设备放热对于深部地热总体影响较小，但某些大功率机械设备集中的区域（如采煤工作面、掘进头等）如果不能将设备散热及时排出，就会导致该区域热害加剧。

(4) 地表大气温度

风流自地表进入与井下空气混合，因此地表大气温度的日变化和季节变化必然影响井下环境温度。地表大气温度的日变化和季节变化的幅度较大，但是当风流进入到井下时，由于受到围岩吸热和散热的调节作用，风流温度和巷壁温度达到平衡，井下风流温度变化的幅度逐渐衰减，趋于稳定。所以地表大气温度对深部地热总体影响较小。

(5) 其他热源

除上述几种影响因素以外，运输中的煤和矸石的氧化放热、井下大量热水涌出时放热、井下爆破放热、电缆电线放热、井下大量工作人员生理放热等也会对井下环境温度产生不同程度的影响。

9.4.3　热害等级划分及相关规定

《煤炭资源地质勘探地温测量若干规定》指出：平均地温梯度不超过 3 ℃/hm 的地区为地温正常区；超过 3 ℃/hm 的地区为高温异常区。原始岩温高于 31 ℃的地区为一级热害区，原始岩温高于 37 ℃的地区为二级热害区。

《煤矿安全规程》规定："当采掘工作面空气温度超过 26 ℃、机电设备硐室超过 30 ℃时，必须缩短超温地点工作人员的工作时间，并给予高温保健待遇。""当采掘工作面的空气温度超过 30 ℃、机电设备硐室超过 34 ℃时，必须停止作业。""新建、改扩建矿井设计时，必须进行矿井风温预测计算，超温地点必须有降温设施。"

9.4.4　深矿井开采热害控制技术

9.4.4.1　常规降温方法

(1) 非人工制冷降温技术

① 控制热源降温。控制热源降温主要包括隔离热源和控制机电设备散热两个方面。对于热源来自高温岩层的地热型热害矿井，主要采取向岩壁喷涂隔热物质的方法，选取比围岩传热系数小的隔热物质来喷涂岩壁，阻止围岩传热。控制机电设备散热旨在选择功率适当的矿用机电设备，将其安装在回风巷或其他易于散热的位置，由风流带走部分热量。

② 通风降温。通风降温可以从三方面考虑：a. 适当增加进风量，加大风量是降低工作面气温的主要措施，在一定范围内，深矿井气温随进风量的增加而减小；b. 改造通风系统，降低风阻，减少漏风，提高通风能力；c. 选择合理的通风方式，提高工作面有效风量，但由于受进风及围岩温度的影响，其降温幅度有限。

③ 采用合理的开拓方式和采煤方法降温。大量生产实践表明，开拓方式的选取与岩温密切相关。分区式开拓可以极大地缩短进风路线的长度，有利于减小风流到达工作面前的温升；改变单巷掘进为双巷掘进、多巷掘进，也有利于降温。采煤方法的改变对煤巷降温效果明显；综采工作面配合喷淋设备进行集中降温，可有效控制温度。

④ 个体防护降温。对个别气候条件恶劣且工人分散的井下高温作业地点，当不便采取

集中降温措施时，矿工可采取个体防护降温。其主要措施是，矿工穿上轻便、冷却背心或冷却服，其作用是防止环境热对流和热辐射对人体的侵害，同时使人体自身的产热量传给冷却服中的冷媒。个体防护的制冷成本仅为其他制冷成本的 20%左右。国内外已先后研制出多种矿工冷却服，在煤矿井下试用效果良好。

⑤ 充填法降温。采用全部充填法管理采空区，采空区漏风量大大降低，可减少采空区岩石氧化散热的影响。同时，在充填物中还可掺杂适量吸热材料，如硬脂酸/二氧化硅复合相变储热材料等，可起到冷却采煤工作面空气的作用。

⑥ 预冷煤层降温。在采煤工作面附近的巷道中布置钻孔，通过这些钻孔将温度较低的冷却水注入即将回采的煤层中，水在煤体裂隙中渗流、扩散等而增加煤体水分，使周围煤岩体冷却。实践证明，在一定条件下预冷煤层要比采用制冷设备降温更为经济有效，同时还可起到降尘的作用。

⑦ 局部措施降温。作为整体降温的有力补充，局部降温有时可以起到经济实用、除热降温的效果。对采掘工作面采用湿式喷水来预冷风流，在进风巷内放置冰块；煤层注水预冷煤体，使用压气引射器加大风速，加强空气流动和冷热交换，改善工作面温度；局部安装喷头或安设大喷雾装置，进行喷淋冷却，同时加大风流，多项措施并举降低温度。

(2) 人工制冷降温技术

当矿井采深较大、热害较为严重时，采用一般降温技术尚难达到预期效果，就要加装制冷设备，进行人工制冷。冰冷降温系统和空调制冷降温系统是目前较为常用的人工制冷降温系统。冰冷降温系统以冰为媒介，通过运输系统将冰块运到地下，借助制冷设备进行强制降温。空调制冷降温系统以冷冻水供冷、空冷器冷却风流为主，通过冷热交换，实现气液循环转变，抑热输冷，周而复始地进行围岩降温。

9.4.4.2 新型降温方法

(1) 利用地热能降温技术

地热是矿井热害的主要热源，但在一定条件下，地热又可作为能源加以利用。国内外开发的增强型地热系统普遍存在热交换面积小，地热开发成本高的缺点，从而导致地热开发能力极为有限。利用地热能的工作面降温装置是指针对深矿井高温问题研发出来的降温产品。在深矿井开采过程中，采用热交换技术，对岩层中地热资源加以开发利用，将深矿井采矿和深部地热资源开发相结合，可大幅度降低降温综合成本，同时可以将深部地热资源进行有效回收。该方法为深矿井降温找到一条具有颠覆性的经济有效的技术途径。

(2) 热电冷联供技术

热电冷联供系统是一种建立在能量梯级利用概念基础上，以天然气为一次能源，产生热、电、冷的联产联供系统。热电冷联供技术应用于煤矿旨在利用抽采的瓦斯发电，将电能及瓦斯发电机的余热能供井下降温系统制冷，治理热害，同时降低井下降温系统的运行成本、减少温室气体排放、节约能源。热电冷联供降温系统如图 9-18 所示。

热电冷联供系统包括瓦斯输配系统、瓦斯发电系统、余热利用系统、地面制冷系统、井下供冷系统，以及为上述各系统配套的基础设施。热电冷联供技术应用于煤矿以来降温效果显著，无论是从安全方面还是从经济效益方面考虑都有着广泛的实用价值与应用空间，将成为倡导节能减排、能源综合利用的现代化矿井的降温项目。

(3) HEMS 深矿井降温系统

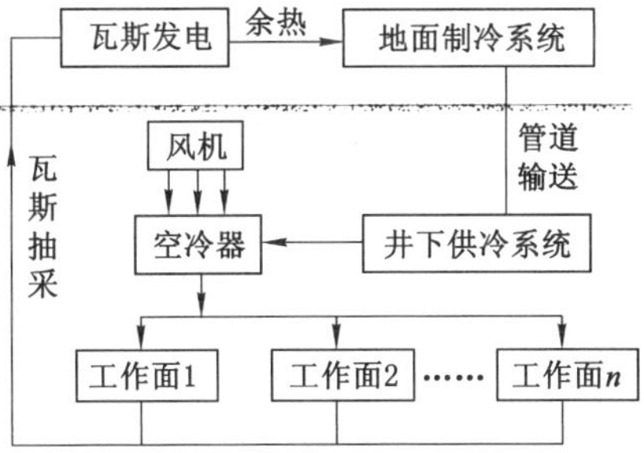

图 9-18 热电冷联供降温系统

该系统利用制冷工作站从矿井各水平涌水中提取冷能，供给制冷系统输出冷冻水，通过风循环系统和空冷器制成冷风供给各工作面，降低工作面的环境温度；同时，将置换出的热量作为地面供暖及洗浴的热源（见图 9-19）。

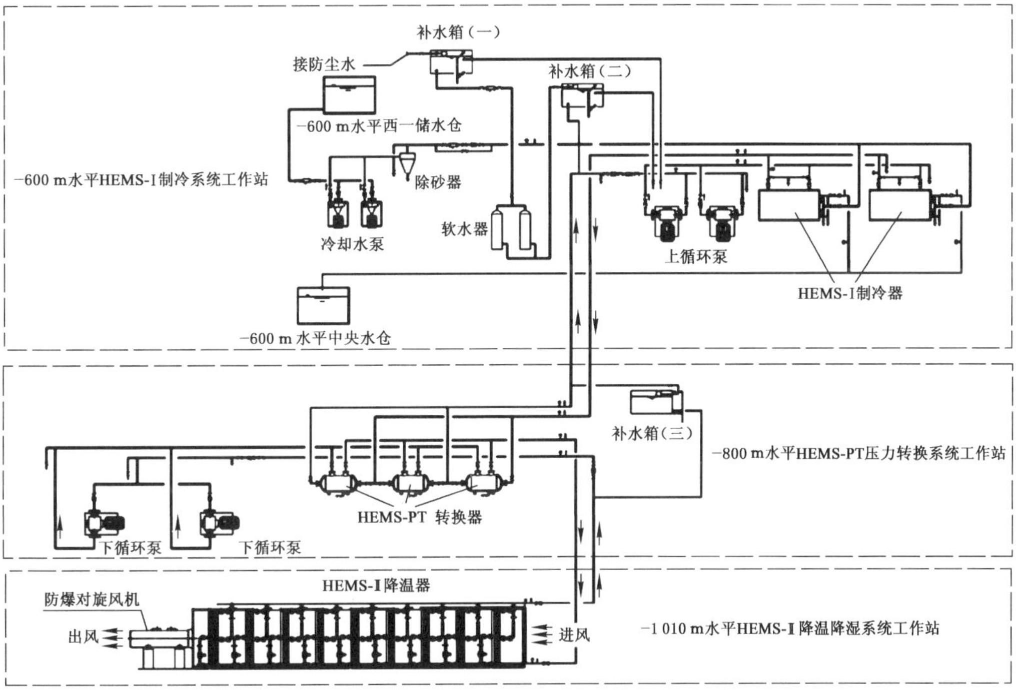

图 9-19 HEMS 深矿井降温系统流程

第10章　煤与瓦斯共采技术

电子教案

瓦斯(煤层气)与煤炭同源共生,均是宝贵能源。我国煤层气资源丰富,地质资源量达 $3.68\times10^{13}\ m^3$,而煤炭消费多年来在我国一次能源消费结构中一直居主导地位。煤炭开采能够显著提高煤层气抽采效率,而煤层气高效抽采又能减少矿井瓦斯灾害的发生和温室气体的排放,因此,煤层气开发与煤炭开采密切相关。虽然我国煤层气资源分布特征对煤矿区煤层气开发十分有利,但由于高瓦斯突出矿区约占煤矿区总数的55%,这给煤矿安全生产带来了巨大压力。2013年,国务院发布的《国务院办公厅关于进一步加快煤层气(煤矿瓦斯)抽采利用的意见》提出加快煤层气抽采,并对促进煤矿安全生产形势持续稳定好转提出更高要求。煤矿区煤层气与煤炭的协调开发是我国煤矿瓦斯防治和煤层气产业化发展新形势下资源利用、安全生产与环境保护的必然需求。

10.1　矿井瓦斯

矿井瓦斯是从煤层及煤层围岩中涌出的,以及在煤矿生产过程中产生的各种气体的统称。矿井瓦斯成分很复杂,其主要成分是甲烷(CH_4),其次是二氧化碳(CO_2)和氮气(N_2),还含有少量或微量的重烃类气体(乙烷、丙烷、丁烷、戊烷等)、氢气(H_2)、一氧化碳(CO)、二氧化硫(SO_2)、硫化氢(H_2S)等。由于甲烷(俗称沼气)是矿井瓦斯的主要成分,因而人们习惯上所说的瓦斯,通常指甲烷。

瓦斯是无色、无味、无臭的气体,但有时可以散发类似苹果的香味,这是由于芳香族的碳氢化合物气体和瓦斯同时涌出。瓦斯对空气的相对密度是0.544,在标准状态下瓦斯的密度为0.716 kg/m^3。所以,它常积聚在巷道的上部及高处。瓦斯的渗透能力是空气的1.6倍,瓦斯难溶于水,不助燃也不能维持呼吸,在空气中达到一定浓度(5%～16%)时遇火能燃烧或爆炸。煤矿采掘过程中,满足一定条件时,会发生瓦斯突出(喷出),产生严重的破坏作用,甚至造成巨大的财产损失和人员伤亡。瓦斯爆炸、瓦斯突出是矿井的主要灾害。

10.1.1　瓦斯的成因

煤矿井下的瓦斯主要来自煤层和含煤地层,关于它的成因学说多种多样。而目前国内外多数学者认为煤中的瓦斯是在成煤的煤化作用过程中形成的,即有机成因说。有机成因说认为,煤的原始母质沉积以后,一般经历两个成气阶段:从植物遗体到泥炭为生物化学成气阶段;在地层的高温高压作用下,从褐煤到烟煤,直到无烟煤为煤化变质作用成气阶段。而实际上,瓦斯的生成和煤的形成是同时进行的,且贯穿整个成煤过程的始终。

在成煤作用的第一阶段(泥炭化阶段)即能产生瓦斯。在这一阶段的早期,植物遗体暴露在空气中或处于沼泽浅部富氧条件下，遭受氧化和分解，生成的气态产物主要是二氧化碳、一氧化氮(NO)等。在这一阶段的晚期，地壳下降、沼泽水面上升和植物遗体堆积厚度的增加，使正在分解的植物遗体逐渐与空气隔绝，从而出现弱氧环境或还原环境；在缺氧条件下，因细菌作用分解出甲烷、重碳氢化合物、氢气及其他气体。泥炭化阶段所生成的瓦斯，由于接近地表，大部分已扩散到空气中，保存在泥炭中的很少。

成煤作用的第二阶段(煤化作用阶段)，在温度、压力作用下，泥炭物质产生热分解，引起一系列的物理化学变化，使泥炭转变为褐煤，进一步可转变为烟煤和无烟煤。在这一过程中，可生成大量的以甲烷为主的气态产物。

许多研究者采用试验方法对不同煤种的产气量进行了测试和计算。据苏联和美国的一些研究结果：生成 1 t 褐煤可产生 68 m^3 瓦斯；生成 1 t 肥煤可产生 230 m^3 瓦斯；进入无烟煤时，产生的瓦斯总体积超过 400 m^3，见表 10-1。这些研究结果都说明，煤层瓦斯绝大多数是在煤化作用过程中产生的。而现今煤层中所含的瓦斯只占生成量的很小部分，这是煤层中的瓦斯在长期的地质历史变迁中运移的结果。

表 10-1　生成 1 t 煤的产气量

煤种	褐煤	肥煤	瘦煤	无烟煤
产气量/m^3	68	230	330	>400

10.1.2　瓦斯在煤体中的赋存状态

10.1.2.1　煤体瓦斯赋存状态

瓦斯在煤体中一般有吸附和游离两种赋存状态。煤对瓦斯的吸附作用是瓦斯分子和碳原子相互吸引的结果，如图 10-1 所示。在吸附瓦斯中，通常又将进入煤体内部的瓦斯称为吸收瓦斯，将附着在煤体表面的瓦斯称为吸着瓦斯，吸收瓦斯和吸着瓦斯统称为吸附瓦斯。在煤层赋存的瓦斯量中，吸附瓦斯量通常占 80%～90%，游离瓦斯量占 10%～20%；在吸附瓦斯量中，又以煤体表面吸着的瓦斯量占多数。

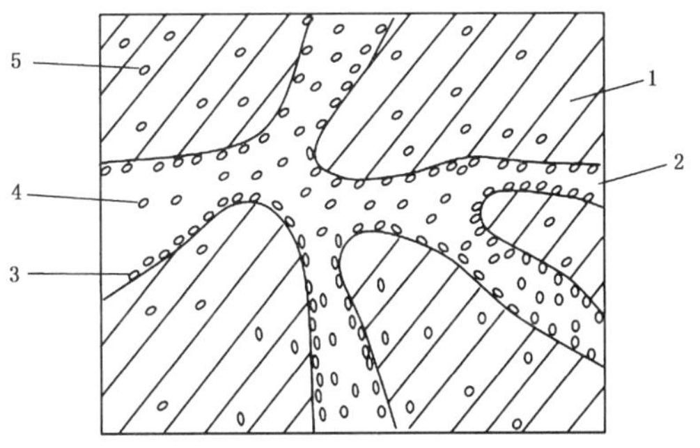

1—煤体；2—煤中孔隙；3—吸着瓦斯；4—游离瓦斯；5—吸收瓦斯。

图 10-1　瓦斯在煤体中的赋存状态

在煤体中，吸附瓦斯和游离瓦斯在外界条件不变的条件下处于动平衡状态，吸附状态的瓦斯分子和游离状态的瓦斯分子处于不断的交换之中。若外界压力降低或温度升高，或给予冲击和震荡时，影响了分子的能量，则会破坏其动平衡，吸附瓦斯可变为游离瓦斯，产生新的平衡状态。这种由吸附瓦斯转变为游离瓦斯的现象，称为解吸。

10.1.2.2　影响煤体瓦斯赋存的主要因素

瓦斯是地质作用的产物，瓦斯的形成、保存、运移与富集同地质条件有密切关系，瓦斯的赋存和分布受地质条件的影响和制约。同时，瓦斯地质条件对煤气共采有重要影响。现将影响瓦斯赋存的主要地质因素分述如下。

(1) 煤变质程度

煤化作用过程中不断地产生瓦斯，煤化程度越高，生成的瓦斯量越多。因此，在其他因素相同的条件下，煤变质程度越高，煤层瓦斯含量越大。

煤变质程度不仅影响瓦斯的生成量，还在很大程度上决定着煤对瓦斯的吸附能力。在成煤初期，褐煤的结构疏松，孔隙率大，瓦斯分子能渗入煤体内部，因此褐煤具有很强的吸附能力。但该阶段瓦斯生成量较少，且不易保存，煤中实际所含的瓦斯量一般不大。在煤的变质过程中，由于地压的作用，煤的孔隙率减小，煤质渐趋致密。长焰煤的孔隙较少、比表面积较小，吸附瓦斯的能力大大降低，最大吸附瓦斯量在 20～30 m^3/t。随着煤的进一步变质，在高温、高压作用下，煤体内部因干馏作用而生成许多微孔隙，比表面积到无烟煤时达到最大。据实验室测定，1 g 无烟煤的微孔比表面积可达 200 m^2 之多。因此，无烟煤吸附瓦斯的能力最强可达 50～60 m^3/t。但是当由无烟煤向超无烟煤过渡时，微孔又收缩、减少，煤的吸附瓦斯能力急剧减小，到石墨时吸附瓦斯能力消失，如图 10-2 所示。

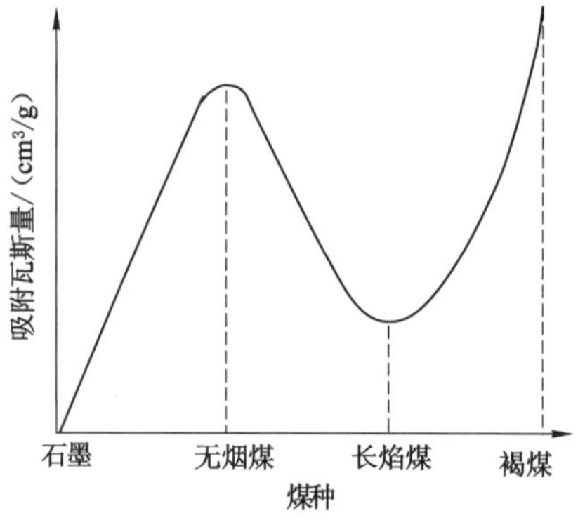

图 10-2　煤的吸附瓦斯能力

(2) 围岩条件

煤层围岩是指煤层直接顶、基本顶和直接底等在内的一定厚度范围的岩体。煤层围岩对瓦斯赋存的影响，取决于它的隔气、透气性能。

一般来说，当煤层顶板为致密完整的岩石，如页岩、油母页岩时，煤层中的瓦斯容易被保存下来；为多孔隙或脆性裂隙发育的岩石，如砾岩、砂岩时，瓦斯容易逸散。例如，北京京西煤矿，不论是下侏罗统还是石炭二叠系的煤层，尽管煤种为无烟煤，但由于煤层顶板为 12～16 m 厚的中粒砂岩，透气性好，煤层瓦斯含量小，矿井瓦斯涌出量低。

(3) 地质构造

地质构造对瓦斯赋存的影响，一方面是造成了瓦斯分布的不均衡，另一方面是形成了有利于瓦斯赋存或有利于瓦斯排放的条件。不同类型的构造形迹，地质构造的不同部位、不同的力学性质和封闭情况，形成了不同的瓦斯赋存条件。

① 褶曲构造

当煤层顶板岩石透气性差，且未遭构造破坏时，背斜有利于瓦斯的储存，是良好的储气构造，背斜轴部的瓦斯会相对聚集，瓦斯含量增大。处于向斜构造盆地的矿区，当顶板封闭条件良好时，瓦斯沿垂直地层方向运移是比较困难的，大部分瓦斯仅能沿两翼流向地表。紧密褶皱地区往往瓦斯含量较高。因为这些地区受强烈构造作用，应力集中；同时，发生褶皱的岩层往往塑性较强，易褶不易断，封闭性较好。

② 断裂构造

地质构造中的断层破坏了煤层的连续完整性，使煤层瓦斯运移条件发生变化。有的断层有利于瓦斯排放；也有的断层对瓦斯排放起阻挡作用，成为瓦斯逸散的屏障。前者称为开放型断层，后者称为封闭型断层。

不同类型的断层，形成了不同的构造边界条件，对瓦斯赋存产生不同的影响。湖南涟邵洪山殿矿区是一个严重的煤与瓦斯突出矿区，矿区内各生产矿井均发生过煤与瓦斯突出。但该矿区内的洪山煤矿鲤鱼塘矿井不仅瓦斯含量小，而且很少发生突出，这与该井田范围内发育一系列通达地表的中型断层有关。

③ 构造组合与瓦斯赋存的关系

控制瓦斯分布的构造形迹的组合类型，可大致归纳为以下几种。

逆断层边界封闭型：压性、压扭性逆断层常作为矿井或区域的对边边界，断层面一般相背倾斜，使整个矿井处于封闭的条件之下。如内蒙古大青山煤田南北两侧均为逆断层，断层面倾向相背，煤田位于逆断层的下盘，在构造组合上形成较好的封闭条件。该煤田各矿井煤层的瓦斯含量，普遍高于区内开采同时代含煤岩系的乌达煤田和桌子山煤田。

构造盖层封闭型：盖层条件原指沉积盖层，从构造角度，也可指构造成因的盖层。如某一较大的逆掩断层，将大面积透气性差的岩层推覆到煤层或煤层附近之上，改变了原来的盖层条件，同样对瓦斯起到了封闭作用。

断层块段封闭型：该类型是由两组不同方向的压扭性断层在平面上组成的三角形或多边形块体，块段边界为封闭型断层所圈闭。

(4) 煤层埋深

在瓦斯风化带以下，煤层瓦斯含量、瓦斯压力和瓦斯涌出量都与埋深有一定的比例关系。

一般情况下，煤层中的瓦斯压力随着埋深的增大而增大。随着瓦斯压力的增大，煤岩中游离瓦斯量所占的比例增大，同时煤中的吸附瓦斯逐渐趋于饱和。因此从理论上分析，在一定深度范围内，煤层瓦斯含量亦随埋深的增大而增加。但是如果埋深继续增大，瓦斯含量增加的速度就会减慢。表 10-2 是苏联学者黎金于 1962 年做的一个计算实例，从表中可以看出煤层中甲烷含量以及游离瓦斯量所占比例随埋深增大而增加的情况。

个别矿井的煤层，随着埋深的增大，瓦斯涌出量反而相对减小。例如，徐州大黄山煤矿属于低瓦斯矿井，位处较浅的有限煤盆地，煤层倾角大，在新老不整合面上有厚层低透气性盖层，瓦斯主要沿煤层向上运移。由于煤盆地范围小，深部缺乏足够的瓦斯补给，当从盆地四周由浅部向深部开采时，瓦斯涌出量随着采深增加而减小（见图 10-3）。

表 10-2　甲烷含量与埋深的关系

埋深/m	温度/℃	压力/MPa			煤的孔隙在压力作用下降低系数	煤的孔隙体积/(m³/t)	煤层中甲烷含量/(m³/t)			岩层中甲烷含量/(m³/t)			煤孔隙中游离瓦斯量所占比例/%	比值 $\frac{q_1}{q_2}$
		地层静压力 p_1	瓦斯压力 p_2	$p=p_1-p_2$			吸附	游离	总计 q_1	孔隙中	分散有机质中	总计 q_2		
100	11	2.4	0.1	2.3	0.91	0.118	—	—	—	—	—	—	—	—
200	14	4.8	0.2	4.6	0.84	0.109	5.7	0.2	5.9	0.1	0.1	0.2	3	30
300	17	7.1	0.7	6.4	0.82	0.107	12.9	0.7	13.6	0.4	0.1	0.5	5	27
400	20	9.4	1.3	8.1	0.80	0.104	17.0	1.3	18.3	0.9	0.2	1.1	7	17
500	23	11.7	2.1	9.6	0.78	0.101	19.0	2.0	21.4	1.4	0.2	1.6	9	13
600	26	14.1	3.0	11.1	0.77	0.100	20.4	2.8	23.2	2.0	0.2	2.2	12	11
700	29	16.4	4.0	12.4	0.76	0.099	21.0	3.7	24.7	2.6	0.3	2.9	15	9
800	31	18.7	5.0	13.7	0.75	0.098	21.4	4.7	26.1	3.4	0.3	3.6	18	7
900	34	21.1	6.1	15.0	0.74	0.096	21.6	5.7	27.3	4.1	0.3	4.4	21	6
1 000	37	23.4	7.1	16.3	0.73	0.095	21.7	6.5	28.2	4.8	0.3	5.1	23	6
1 100	40	25.7	8.2	17.5	0.72	0.094	21.6	7.4	29.0	5.5	0.3	5.8	26	5
1 200	43	28.1	9.4	18.7	0.71	0.092	21.5	8.3	29.8	6.3	0.3	6.0	28	5

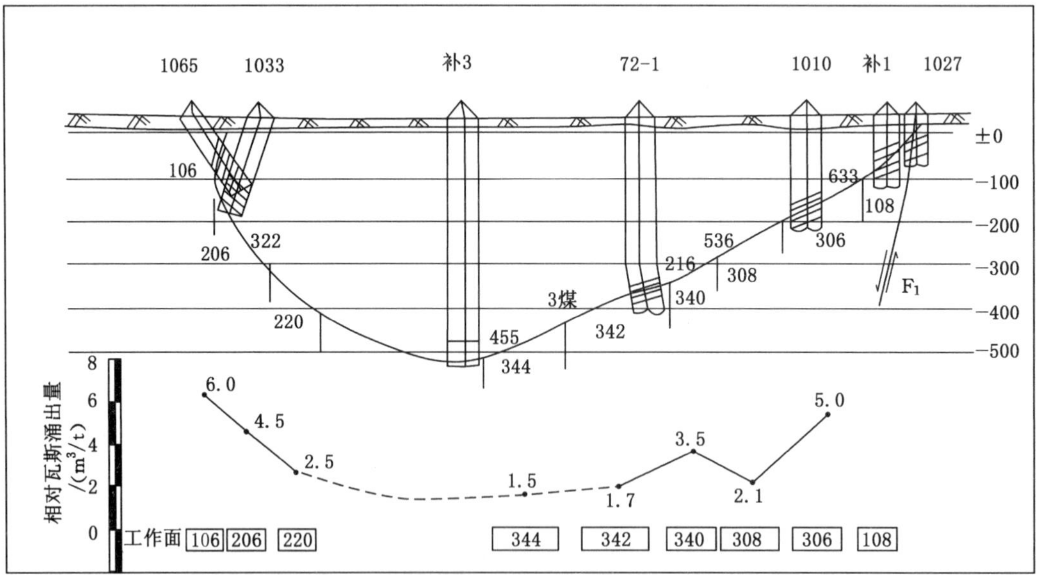

图 10-3　大黄山煤矿瓦斯地质剖面图

(5) 煤田的暴露程度

暴露式煤田，煤系出露于地表，煤层瓦斯往往沿煤层露头排放，煤层瓦斯含量大为减少。隐伏式煤田，如果盖层厚度较大，透气性又差，煤层瓦斯常积聚储存；反之，若盖层透气性好，煤层中的瓦斯易缓慢逸散，煤层瓦斯含量一般不大。

在评价一个煤田的暴露情况时，不仅要注意煤田当前的暴露程度，还要考虑成煤后整个地质时期内煤系的暴露情况及瓦斯风化过程的延续时间。

例如，红阳煤田红阳三井开采石炭二叠系煤层，煤层露头上部有巨厚的侏罗系及古近系、新近系、第四系沉积地层覆盖，13 煤隐伏露头的埋深达 700～1 100 m。尽管埋深如此之大，但是接近露头部分的煤层瓦斯含量很小，存在一定宽度的瓦斯风化带。自 778 孔向西至隐伏露头，煤层瓦斯含量均在 2 m^3/t 以下，而向东至 856 孔，煤层瓦斯含量增大至 15 m^3/t。造成这种情况的原因是，在晚侏罗世地层覆盖之前，从晚古生代到中生代晚侏罗世之间的漫长地质时期内，区内地壳上升，含煤地层出露地表，遭受强烈的瓦斯风化作用。晚期地层的覆盖，只是保存了早期存在的瓦斯分布状态(见图 10-4)。

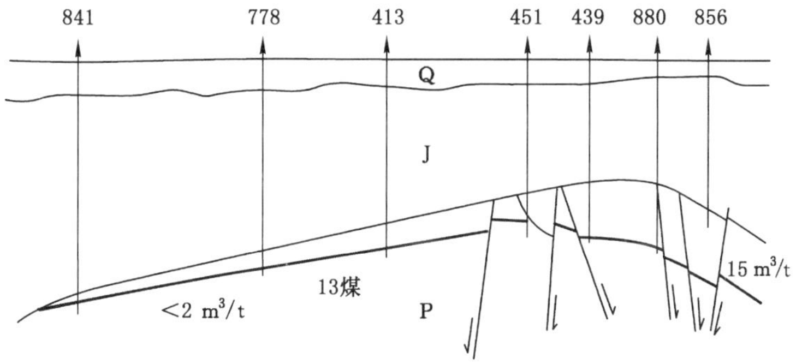

图 10-4　红阳三井地质剖面图

(6) 水文地质条件

地下水与瓦斯共存于煤层及围岩之中，其共性是均为流体，运移和赋存都与煤岩层的孔隙、裂隙通道有关。地下水的运移，一方面驱动着裂隙和孔隙中瓦斯的运移，另一方面又带动溶解于水中的瓦斯一起流动。尽管瓦斯在水中的溶解度仅为 1%～4%，但在地下水交换活跃的地区，水能从煤层中带走大量的瓦斯，使煤层瓦斯含量明显减少。同时，水吸附在裂隙和孔隙的表面，还会减弱煤对瓦斯的吸附能力。因此，地下水的活动有利于瓦斯的逸散。地下水和瓦斯占有的空间是互补的，这种相逆的关系，常表现为水大地带瓦斯含量小，反之亦然。

(7) 岩浆活动

岩浆活动对瓦斯赋存的影响比较复杂。岩浆侵入含煤岩系或煤层，在岩浆热变质和接触变质的影响下，煤变质程度升高，煤层的瓦斯生成量和对瓦斯的吸附能力增大。在没有隔气盖层、封闭条件不好的情况下，岩浆的高温作用可以强化煤层瓦斯排放，使煤层瓦斯含量减小。岩浆岩体有时使煤层局部被覆盖或封闭，成为隔气盖层。但在有些情况下，岩脉蚀变带裂隙增加，造成风化作用增强，可逐渐形成裂隙通道，从而有利于瓦斯的排放。所以说，岩浆活动对瓦斯既有促进生成、保存的作用,在某些条件下又有促使逸散的可能性。因此,在研究岩浆活动对煤层瓦斯的影响时,要结合地质背景作具体分析。

总的来看,岩浆侵入煤层有利于瓦斯生成和保存的现象比较普遍。但在某些矿区和矿井,由于岩浆侵入煤层,亦有造成瓦斯逸散或瓦斯含量降低的情形。如福建永安矿区属暴露式煤田,岩浆岩呈岩墙、岩脉侵入煤层,对煤层有烘烤、蚀变作用。岩脉直通地表,巷道揭露时有淋水现象,这说明裂隙通道良好,有利于瓦斯逸散。该矿区煤层瓦斯含量普遍很小,均为低瓦斯矿井。

10.1.3 瓦斯在煤层和围岩中的运移流动

瓦斯在煤层中的运移流动是一个相当复杂的过程,其复杂性主要表现在两个方面:一方面是煤体结构的复杂性;另一方面是瓦斯在煤层中赋存状态的复杂多变性。一般情况下,可以认为煤层大体上是由孔隙介质的煤块和裂隙系统所组成的孔隙-裂隙结构;孔隙结构一般是煤中挥发分在成煤过程中转化为固定碳时,由形成的许多微小气孔所组成的,当然,煤层中的孔隙结构的形成还有其他因素。但是,从目前来看,无论煤层中的孔隙结构是如何形成的,成煤过程中生成的微孔总是一部分是相互沟通的,而另一部分则是封闭的,并且其中都含有瓦斯,这也导致煤层瓦斯运移的复杂化。

从宏观来看,瓦斯主要以吸附和游离状态赋存在煤层中,其中,游离瓦斯一般以自由气体分子状态存在于煤层孔隙和裂隙空间,而吸附瓦斯则以固体分子状态附着在煤体表面和煤体结构内部。在煤层中,一般情况下,游离瓦斯和吸附瓦斯分子之间总是处于不断交换的动平衡状态,这种状况也进一步加剧了实际煤层中瓦斯运移状态的复杂多变性。瓦斯分子的直径约为 0.414 nm,它可以在煤层孔隙和裂隙中运移。根据目前的研究结果,当裂隙宽度大于 10^{-7} m 时,煤层中瓦斯的运移主要呈层流运动;当然,这种层流运动是在变化的,这是因为瓦斯在煤体内运移的孔道本身就是弯曲的而断面又是变化的,加之煤体内孔隙的大小、形状以及裂隙的张开程度等又受控于地应力的作用。当裂隙宽度小于 10^{-7} m 时,一般情况下,瓦斯分子不能自由运动,即煤体中瓦斯的运移一般不取决于压力差,而决定于浓度差,呈扩散运动。

10.1.4 矿井瓦斯对煤炭开采的影响

矿井瓦斯对煤炭开采有害:可造成瓦斯窒息事故(瓦斯浓度>43%时造成人员呼吸短促,>57%时造成人员即刻昏迷);可酿成瓦斯燃烧事故(瓦斯浓度<5%或>16%且存在火源);引起瓦斯爆炸事故(瓦斯浓度为 5%~16%且存在火源);产生煤与瓦斯突出事故。

同时,矿井瓦斯也是一种清洁能源。瓦斯(煤层气)按燃烧热值计算:1 m^3 瓦斯相当于 1.25 kg 标准煤、1 kg 燃油、接近 1 m^3 天然气;按热效率计算:1 m^3 瓦斯相当于 4 kg 标准煤。其可广泛应用于城镇煤气、用作锅炉和窑炉燃料、用于瓦斯发电、作为机动车燃料和用作化工原料和化工产品等,如图 10-5 所示。

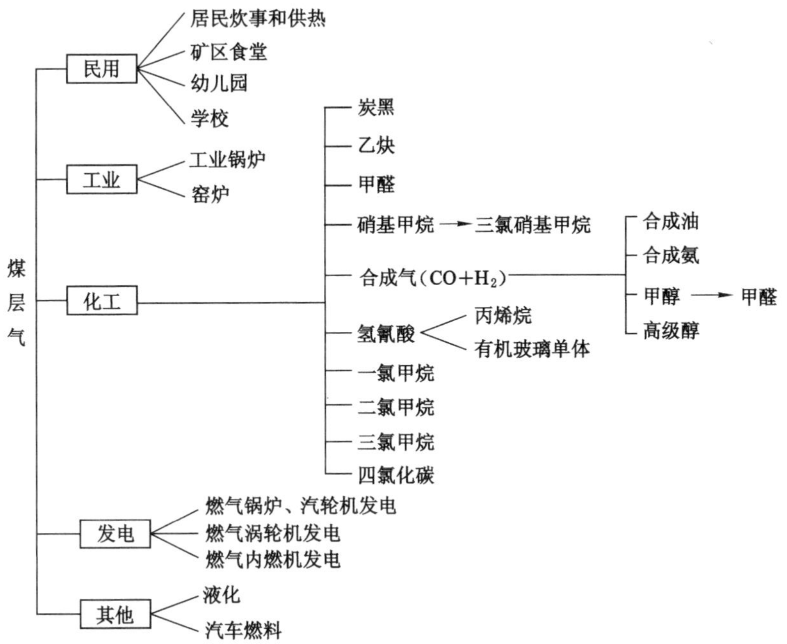

图 10-5　瓦斯(煤层气)利用

10.2　煤矿井下瓦斯抽采方法

10.2.1　矿井瓦斯抽采方法的分类与选择

10.2.1.1　*矿井瓦斯抽采方法分类*

矿井瓦斯抽采经过几十年的不断提高和发展,根据不同地点、不同煤层条件及巷道布置方式,形成了多种多样的抽采方法。但是,到目前为止,还没有统一的分类方法。尽管如此,为了便于瓦斯抽采技术的发展和加强管理,各国均相应提出了各种各样的瓦斯抽采方法,其名称大体相似,一般按不同的条件进行分类,主要有以下几种。

(1) 按抽采瓦斯来源可以分为本煤层瓦斯抽采、邻近层瓦斯抽采、采空区瓦斯抽采和围岩瓦斯抽采。

(2) 按抽采煤层是否卸压可以分为未卸压抽采和卸压抽采。

(3) 按抽采瓦斯时间可以分为采(掘)前预抽、边掘边抽、边采边抽和采后抽采。

(4) 按采集瓦斯的方式可以分为钻孔抽采法、巷道抽采法和钻孔巷道混合抽采法。

西欧各国根据开采关系划分的瓦斯抽采方法主要有煤层预抽瓦斯、工作面抽采瓦斯、采空区抽采瓦斯和地面钻孔抽采煤层瓦斯。

10.2.1.2　*矿井瓦斯抽采方法选择依据*

尽管人们提出了各种各样的瓦斯抽采方法,但是,在实际应用中应如何选择呢?一般在选择抽采方法和形式时,要考虑瓦斯来源、煤层状况、采掘条件、抽采工艺等因素。

(1) 如果瓦斯来自开采层本身,可采用钻孔抽采、巷道抽采、地面抽采井抽采等形式直接把瓦斯从开采层中抽出，且多数采用钻孔预抽法。

(2) 如果瓦斯主要来自开采层的顶底板邻近层，则可在巷道中打一些穿至邻近层的钻孔，或在地面施工抽采井抽采邻近层中的瓦斯。

(3) 如果在采空区或废弃巷道内有大量瓦斯积聚，则可采用采空区瓦斯抽采方法。

(4) 如果在煤巷掘进时就有严重的瓦斯涌出，而且难以用通风方法加以排除，则需要采用钻孔预抽或巷道边掘边抽的方法。

(5) 如果是低透气性煤层，则在采取正常的瓦斯抽采方法的同时，还应当采取人工增大煤层透气性的措施(如水力压裂、水力割缝等)，以提高煤层瓦斯抽采效果。

总之，在选择瓦斯抽采方法时，应综合考虑，既要考虑煤层条件、瓦斯赋存状况、开拓开采及巷道布置条件，又要考虑抽采设备的能力及经济条件，以求达到最佳抽采效果。

10.2.2 本煤层瓦斯抽采

10.2.2.1 本煤层瓦斯抽采方法

开采层(本煤层)瓦斯抽采一般可分为两种：一种是预抽，即在煤层开采之前，采用巷道或钻孔抽出煤层中的瓦斯；另一种是采煤工作面的边采边抽，或掘进工作面的边采边抽，目的是降低煤层中的瓦斯含量，减少采掘过程中瓦斯涌出量，防止瓦斯浓度超限。

本煤层预抽瓦斯方法有巷道法预抽瓦斯和钻孔法预抽瓦斯两种。钻孔法预抽本煤层瓦斯具有施工简便、成本低、抽采浓度高的优点，在我国煤矿得到了广泛应用。钻孔法预抽本煤层瓦斯可采用穿层钻孔布置或顺层钻孔布置。当采用穿层钻孔预抽时，钻场可设在底板岩石巷道或邻近层巷道中，向开采层打穿层钻孔，经过抽采后再进入煤层进行采掘，从而可以解决掘进和回采过程中的瓦斯问题，如图 10-6 所示。当采用顺层钻孔布置方式时，则一般利用提前开掘出的采煤工作面煤巷，沿煤层打顺层钻孔，经过抽采后再进行回采，以解决回采过程中瓦斯涌出问题，见图 10-7。

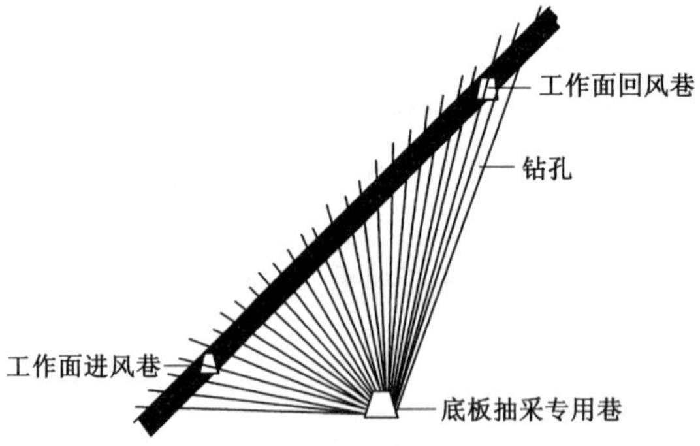

图 10-6 穿层钻孔预抽布置形式

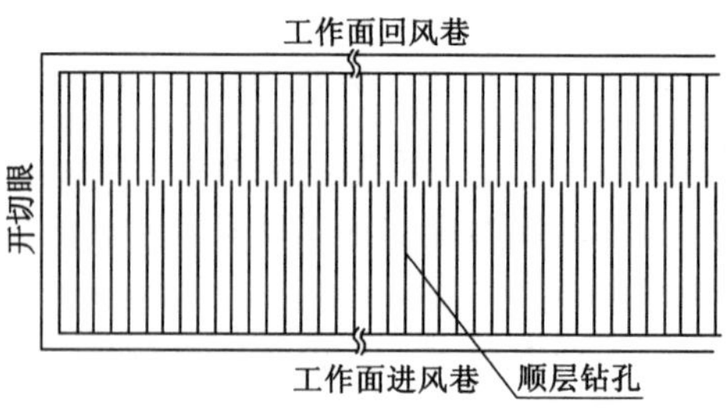

图 10-7 顺层钻孔预抽布置形式

边采边抽或边掘边抽开采层瓦斯是在未经预抽或预抽时间不足的条件下，解决开采层采掘过程中的瓦斯问题的一种有效办法。如采煤工作面布置的顺层预抽瓦斯钻孔，在工作面开始回采后，其前方的钻孔仍可继续抽采，此时可视为边采边抽，并且往往会有一段钻孔瓦斯涌出量因卸压而显著增加的情况。

10.2.2.2　本煤层瓦斯抽采方法工程实例

(1) 赵庄煤矿基本情况

晋城矿区赵庄煤矿位于沁水盆地东南部，为高瓦斯矿井，井田面积为 112.3 km^2。其主要可采煤层为 3#、15# 煤层，目前开采的 3# 煤层属二叠系下统山西组，赋存较稳定，埋深为 750 m，平均厚度为 4.7 m，采用一次采全高采煤方法。矿井最大绝对瓦斯涌出量为 193 m^3/min，配备 2 个地面永久抽采泵站，总装机能力为 6 900 m^3/min。目前，矿井日瓦斯抽采纯量约为 139 m^3/min，其中，高负压系统瓦斯抽采纯量为 87.2 m^3/min，低负压系统瓦斯抽采纯量为 51.8 m^3/min。矿井煤层瓦斯基础参数见表 10-3。

表 10-3　赵庄煤矿煤层瓦斯基础参数

原始瓦斯含量 /(m^3/t)	原始瓦斯压力 /MPa	煤层平均坚固性系数 f	瓦斯放散初速度 ΔP/mmHg	透气性系数 /[m^2/(MPa^2·d)]	百米钻孔初始流量 /[m^3/(min·hm)]	钻孔瓦斯流量衰减系数/d^{-1}
4.5～20.0	0.38～1.52	0.3～0.8	14.3～32.0	0.011 6～0.052 0	0.060 5～0.085 1	0.110 1～0.466 0

(2) 底板梳状定向钻孔布置施工

赵庄煤矿煤层具有松软低透气性特点，采用底板岩巷穿层钻孔消突为主、本煤层顺层钻孔消突为辅的瓦斯治理方法。但底板岩巷穿层钻孔存在工程量大、施工周期长及成本高等缺点，本煤层顺层钻孔存在钻孔抽采不均匀、钻孔覆盖密度不足等技术缺陷，因此，提出了底板梳状定向钻孔工艺。为考察效果，在赵庄煤矿 1307 工作面试验对比底板梳状定向钻孔与底板岩巷穿层钻孔的抽采效果。区块 A 的 320 m 范围煤体采用顺层钻孔＋底板梳状定向钻孔的瓦斯抽采方法，区块 B 的 320 m 范围煤体采用顺层钻孔＋底板岩巷穿层钻孔的瓦斯抽采方法，在其他影响因素相同的情况下，对比考察底板梳状定向钻孔和底板岩巷穿层钻孔的抽采效果，如图 10-8 所示。

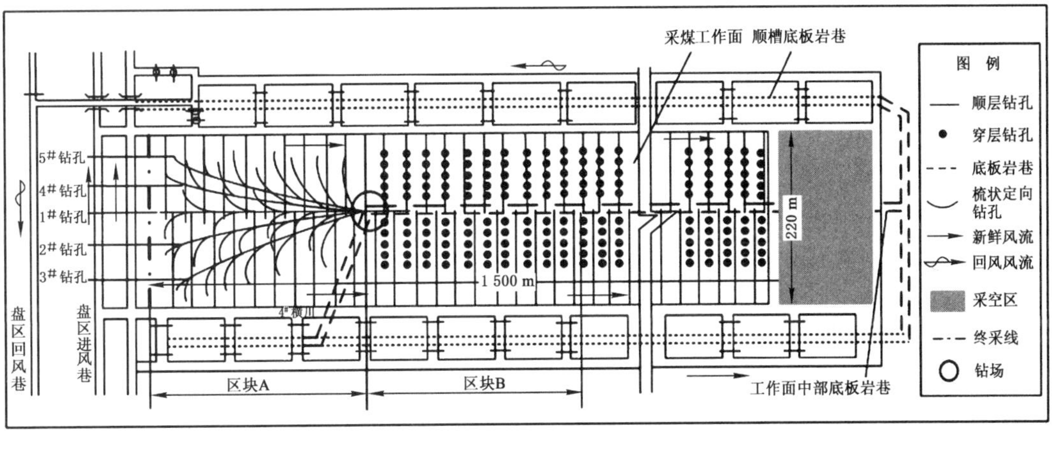

图 10-8　1307 工作面瓦斯治理措施

底板梳状定向钻孔开孔高度在底板岩巷底板上方 2 m，主孔位于 3# 煤层底板以下 3 m 左右，平缓钻进，保持主孔和煤层底板走向基本一致。为避免孔内积水影响后期抽采，钻孔施工不宜出现较大的负角度。底板梳状定向钻孔工程设计如图 10-9 所示。底板梳状定向钻孔主孔长度达到 340 m 以上，每隔 30～40 m 施工分支孔，实现对 310 m 中部底板岩巷穿层钻孔未覆盖区域的全覆盖抽采。

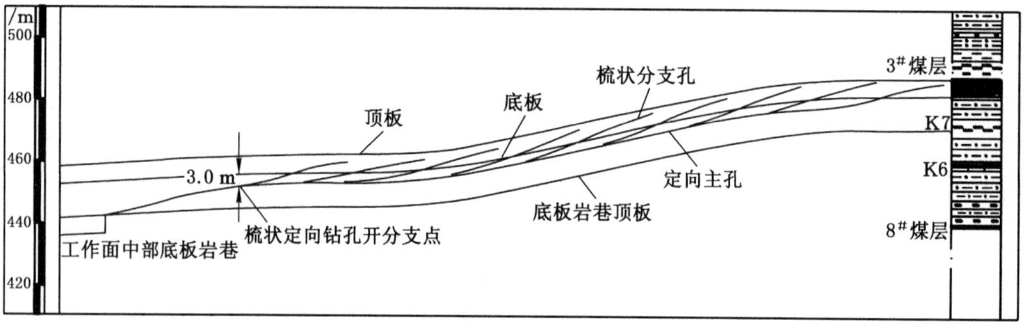

图 10-9　底板梳状定向钻孔抽采示意

(3) 底板梳状定向钻孔抽采效果分析

为了考察钻孔抽采效果，在 5 个底板梳状定向钻孔中均安装自动测量装置，每 7 d 对钻孔瓦斯抽采参数进行检测。瓦斯抽采情况如表 10-4 所示。

表 10-4　底板梳状定向钻孔瓦斯抽采情况统计

钻孔号	最大瓦斯体积分数/%	最大瓦斯抽采纯量/(m^3/min)	瓦斯抽采总量/($\times 10^4$ m^3)	稳定抽采时间/d
1#	84.6	10.60	45.86	355
2#	82.7	4.15	43.67	350
3#	78.3	2.20	28.73	351
4#	72.4	5.16	32.68	342
5#	75.8	9.64	40.17	338

由于 A 和 B 两个区块施工的顺层钻孔个数和抽采总量基本相同，故忽略两区块范围内顺层钻孔的抽采效果，仅对区块 A 施工的底板梳状定向钻孔和区块 B 施工的底板岩巷穿层钻孔的抽采效果进行对比，结果如表 10-5 所示。

表 10-5　工作面 320 m 范围不同抽采措施效果对比

区块	施工措施	钻孔类型及数量	钻孔总进尺/($\times 10^4$ m)	抽采瓦斯总量/($\times 10^4$ m^3)	抽采前瓦斯储量/($\times 10^4$ m^3)	原始瓦斯含量/(m^3/t)	残余瓦斯含量/(m^3/t)	抽采率/%	成本/万元
A	底板梳状定向钻孔，掩护 320 m	定向钻孔 5 个	0.29	191.1	1 415	10.5	7.86	25.1	92.8
B	底板岩巷穿层钻孔，掩护 320 m	普通穿层钻孔 770 个	1.54	253.4		11.6	7.53	28.6	317.6

结果表明：在抽采条件和抽采范围相同条件下，5 个底板梳状定向钻孔的瓦斯抽采总量占底板岩巷穿层钻孔瓦斯抽采总量的 75.4%，而底板梳状定向钻孔的成本仅占底板岩巷穿层钻孔成本的 29.2%。由此得出，研究区底板梳状定向钻孔替代底板岩巷穿层钻孔的瓦斯抽采技术是可行的。

10.2.3　邻近层瓦斯抽采

10.2.3.1　邻近层瓦斯抽采方法

在煤层群中，受开采层采动影响，开采层上部或下部的煤层卸压并发生膨胀变形，透气性大幅度提高，邻近层瓦斯向开采层采掘空间运移(涌出)。为了防止和减少邻近层的瓦斯通过层间裂隙大量涌向开采层，可采用抽采的方法处理这一部分瓦斯，这种抽采方法称为邻近层瓦斯抽采。

邻近层瓦斯抽采钻孔的布置方式主要有两种：① 由开采层内巷道打钻，进入邻近层抽采瓦斯(见图 10-10)；② 在开采层外巷道中打钻，进入邻近层抽采瓦斯(见图 10-11)。

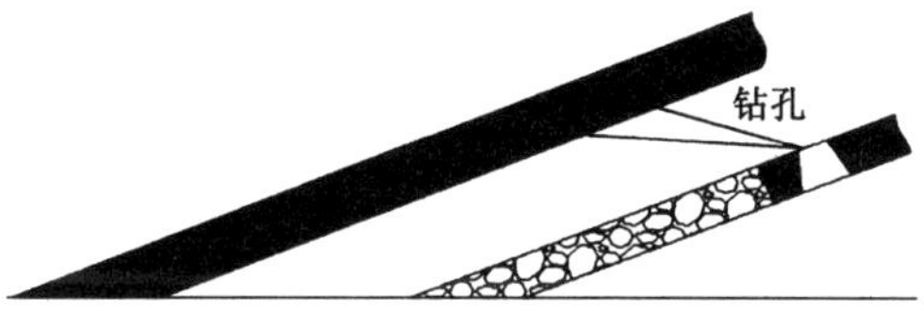

图 10-10　钻场布置在开采层内抽采上邻近层瓦斯示意

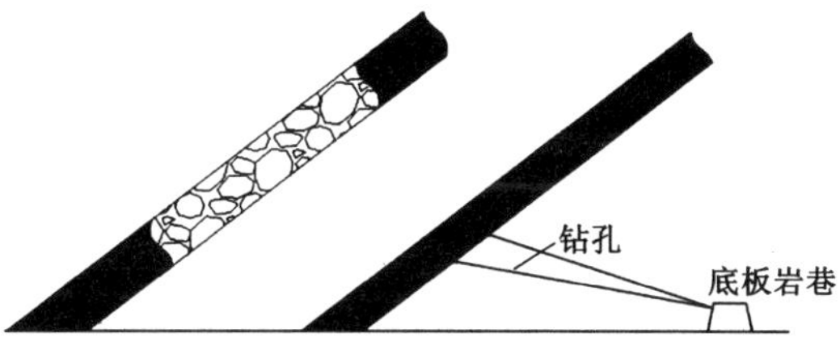

图 10-11　钻场布置在开采层底板岩巷内抽采下邻近层瓦斯示意

10.2.3.2　邻近层瓦斯抽采方法工程实例

淮南矿区各煤组、各煤层之间距离、岩性差别较大，除了对开采层上部的上卸压层进行瓦斯抽采以外，下部还有近、中、远距离的 4～6 层可采煤层。这些煤层的瓦斯含量大、透气性低，直接预抽的难度非常大，因而对瓦斯涌出量较小的 B8 煤层(称开采层或上保护层)进行开采，利用对下部煤层的卸压、增透作用，改善下部煤层(称下卸压层)的瓦斯抽采效果。实现这一技术的途径有两个方面，一是要开采对下部有卸压影响的煤层，二是应根据各卸压层的不同卸压效果设计不同的抽采方式、参数和抽采时机，以便使抽采工程既能满足瓦斯治理的要求，又经济合理。图 10-12 给出了开采近距离煤层下向多重卸压瓦斯抽采工程布置，利用 B6、B4 煤层之间的岩石巷道向上打钻孔，穿过 B6 煤层到达 B7 煤层；同时，在补充的一条瓦斯抽采巷道内同时向上部的 B6、B7 煤层和下部的 B4 煤层打钻孔；而利用 B4 煤层底板的岩石巷道向B4煤层打少量钻孔，以控制下部范围的B4煤层。

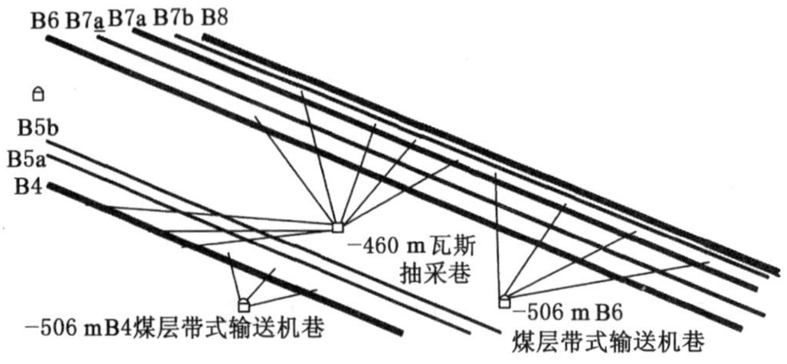

图 10-12　开采近距离煤层下向多重卸压瓦斯抽采工程布置示意

表10-6给出了B8煤层开采前、后下部煤层的瓦斯参数。根据现场钻孔的观测数据，在B8煤层开采后，其下部煤层的钻孔瓦斯流量随着与B8煤层间距的减小而增大。其中，B7煤层钻孔瓦斯流量增大了31.0～39.0倍，B6煤层钻孔瓦斯流量增大了26.5～28.4倍，B4煤层钻孔瓦斯流量增大了16.1倍。这说明层间距越大，卸压效果越差。B8煤层开采后，其下部煤层的残余瓦斯压力随着与B8煤层间距的减小而降低，下部各煤层的透气性系数显著增大。由表10-6所示的下部卸压层透气性系数的变化可见，在B8煤层开采后，下部卸压层的透气性系数均增大了300倍以上。尽管仅由这些数据并没有显示出其与层间距的关系，但卸压层透气性的急剧增大是显而易见的。

表 10-6　B8煤层开采前、后下部煤层的瓦斯参数

卸压煤层名称	到B8煤层垂距/m	钻孔瓦斯流量/(m^3/min)		瓦斯压力/MPa		透气性系数/[m^2/(MPa^2·d)]		瓦斯含量/(m^3/t)	
		B8煤层开采前	B8煤层开采后	B8煤层开采前	B8煤层开采后	B8煤层开采前	B8煤层开采后	B8煤层开采前	B8煤层开采后
B7煤层	7.72	0.009～0.010	0.320～0.360	1.9	0～0.1	0.058 6	18.321 0	9.43	0.58
B6煤层	22.09	0.009～0.010	0.248～0.294	3.25～3.6	0.2	0.044 5	22.216 0	9.26	1.44
B4煤层	62.30	0.008～0.009	0.145 5	3.0～3.6	1.5～2.0	0.041 1	13.314 0	11.65	1.64

10.2.4　采空区瓦斯抽采

10.2.4.1　采空区瓦斯抽采方法

在开采高瓦斯煤层，特别是开采厚煤层和煤层群时，从邻近层(包括围岩和煤线)、煤柱及采掘空间丢失的煤中向开采层采空区大量涌出瓦斯，对矿井安全生产造成很大威胁，对该部分瓦斯进行抽采称为采空区瓦斯抽采。

采空区瓦斯涌出在矿井瓦斯来源中占有相当大的比例，目前采空区瓦斯抽采已成为主要抽采方法之一。目前，国内外采空区瓦斯抽采的方法大致如图10-13所示。

10.2.4.2　采空区瓦斯抽采方法工程实例

潞安集团余吾煤业有限责任公司主采煤层为二叠系山西组煤，煤层平均厚度为6.1 m，倾角为5°～10°，可采储量为6.79亿吨，采用放顶煤技术，割煤高度为3.1～3.3 m，放煤高

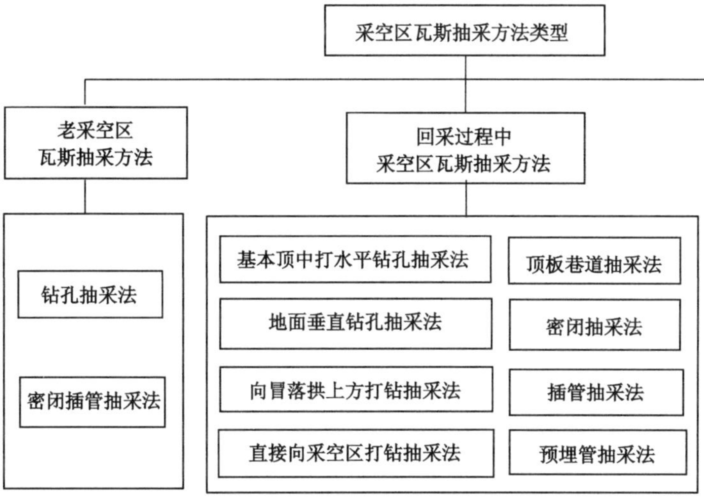

图 10-13　采空区瓦斯抽采方法

度为 3.0 m 左右，产量为 6 Mt/a，绝对瓦斯涌出量为 64.75 m^3/min。S2206 工作面位于井田南二采区的下部，煤层底板标高为＋395～＋427 m，对应地面标高为＋970～＋997 m。工作面走向长度为 1 736.73 m，面长为 245.50 m。基本顶为细粒砂岩，厚度为 4.0 m；直接顶为砂质泥岩，厚度为 5.0 m；伪顶为砂质泥岩，厚度为 0.6 m。工作面采用双 U 形两进两回通风方式，并在外侧 U 形的瓦斯抽采巷向煤层顶板打倾斜钻孔，以便在回采过程中抽采采空区的瓦斯，保证正常生产。

针对 S2206 工作面采空区的瓦斯治理，原先的布置方式为：在瓦斯抽采巷中向工作面上覆岩层中打扇形钻孔，由于都是直孔，不能随着岩层变化，抽采的范围较小，抽采效果不太理想，瓦斯浓度一直居高不下。由于定向钻机具有可以随着岩层起伏变化定向打钻孔的优势，为了更好地抽采瓦斯，引进了 VLD-1000 型定向钻机。在瓦斯抽采巷钻场中顺着煤层的起伏在煤层顶板裂缝带的岩层（位于煤层顶板上方 25～30 m 处）中向工作面打瓦斯抽采钻孔，使钻孔终孔位置大部分落在采空区瓦斯的富集区。S2206 工作面定向钻机 2 号钻场、3 号钻场钻孔布置如图 10-14 所示。

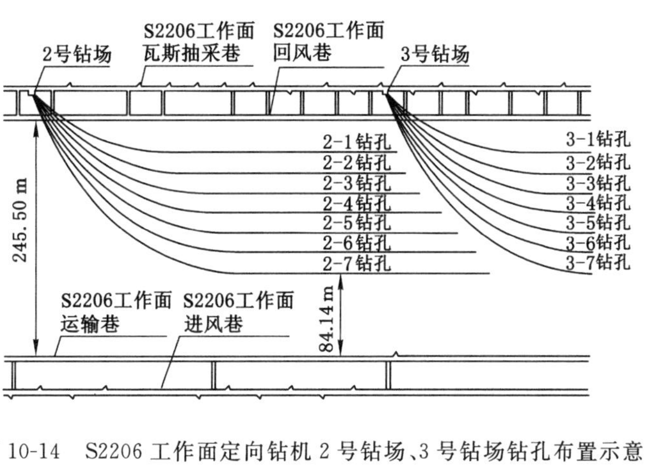

图 10-14　S2206 工作面定向钻机 2 号钻场、3 号钻场钻孔布置示意

两个钻场的距离在 500 m 左右，钻孔倾角在 5°～11°之间，当打到煤层顶板上方 25～30 m处(裂缝带位置)时，就平行打钻。其中，2 号钻场定向钻孔参数见表 10-7。

表 10-7　2 号钻场定向钻孔参数

钻孔号	开孔点距底板高度/m	开孔倾角/(°)	开孔方位角/(°)	设计长度/m	距回风巷的水平距离/m	钻孔末端距 3 号钻场3-7 钻孔的距离/m
2-1	1.8	5	213	540	32.73	25
2-2	1.8	7	219	576	54.12	30
2-3	1.8	8	224	596	74.19	30
2-4	1.8	8	228	625	93.98	28
2-5	1.8	11	233	660	114.63	35
2-6	1.8	11	237	699	134.48	51
2-7	1.8	5	241	729	156.11	132

钻孔位置的合理布置，获得了较好的抽采效果，提高了采空区瓦斯抽采率，防止了采空区瓦斯向工作面涌入。其抽采量可以达到工作面瓦斯涌出量的 20%～30%。正常情况下工作面的绝对瓦斯涌出量为 64.75 m^3/min，采用定向钻机在煤层顶板打瓦斯抽采钻孔抽采后，工作面抽采瓦斯纯量为 12.23～17.32 m^3/min，从而使工作面及其上隅角的瓦斯浓度基本上保持在 1%以下，取得了很好的效果，提高了割煤速度和正规循环率，工作面最高日产达 26 000 t。

10.2.5　低渗透性煤层强化抽采瓦斯方法

10.2.5.1　低渗透性煤层强化抽采瓦斯方法

钻孔抽采煤层瓦斯效果差，主要表现在煤层瓦斯抽采率低。而影响煤层瓦斯抽采效果的主要因素除了煤层自身含瓦斯情况外，还取决于煤层透气性及钻孔抽采工艺参数。因此，提高钻孔抽采煤层瓦斯效果的技术途径主要从两个方面着手考虑：其一是改进钻孔抽采工艺参数；其二是设法增大煤层透气性。

从改进钻孔抽采工艺参数方面考虑，目前可采取的主要技术途径有增加布孔密度、确定合理钻孔间距、改进布孔方式、合理确定钻孔位置、提高抽采负压等，但这些途径并不是提高煤层瓦斯抽采效果的根本措施，最为根本的途径是增大煤层透气性。

煤层透气性可用煤层透气性系数反映，透气性系数越大，则煤层透气性越好，越有利于瓦斯抽采。煤层透气性系数主要与地压和煤层内的裂隙有关。

(1) 地压

实验室测定的煤样透气性系数与煤样负荷压力存在下面的关系：

$$\lambda = \lambda_0 e^{-b\sigma} \tag{10-1}$$

式中　λ——煤样上压力为 σ 时的透气性系数，D[1 D=4.2×10^4 m^2/(MPa^2 · d)]；

λ_0——无负荷条件下，即 $\sigma=0$ 时煤样的透气性系数；

σ——煤样上的负荷压力，MPa；

b——与煤的性质有关的常数。

可见，煤层透气性系数与负荷压力成反比关系。因此，减小煤层上的地层压力，即卸压，能增加煤层透气性系数，遂能很好地增加瓦斯抽采量。

(2) 煤层内的裂隙

反映裂隙大小与透气性系数之间关系的表达式如下：

$$\lambda = alb^3 \qquad (10\text{-}2)$$

式中　λ——煤层透气性系数，D；

l——裂隙的比长度，mm/mm^2；

b——裂隙的平均宽度，mm；

a——量纲换算系数，当 λ、l 及 b 值采用上述单位时，$a=8.5\times10^7$。

根据式(10-2)可知：

在 1 m^2 面积内，当裂隙的流动长度为 1 m，即裂隙的比长度 $l=0.001\ mm/mm^2$ 时，如果裂隙的平均宽度 $b=1$ mm，则该面积范围内的煤层透气性系数 $\lambda=85\ 000$ D；当 $l=0.001\ mm/mm^2$，$b=0.1$ mm 时，$\lambda=85$ D。

众所周知，目前已知的煤层透气性系数最大的只有几至几十毫达西(mD)，因此如能在煤层内形成一条具有一定宽度的畅通裂隙通道，则煤层的透气性就会提高很多，整个煤层的流动性质就会发生质的变化。

煤层卸压增透方法见图 10-15。

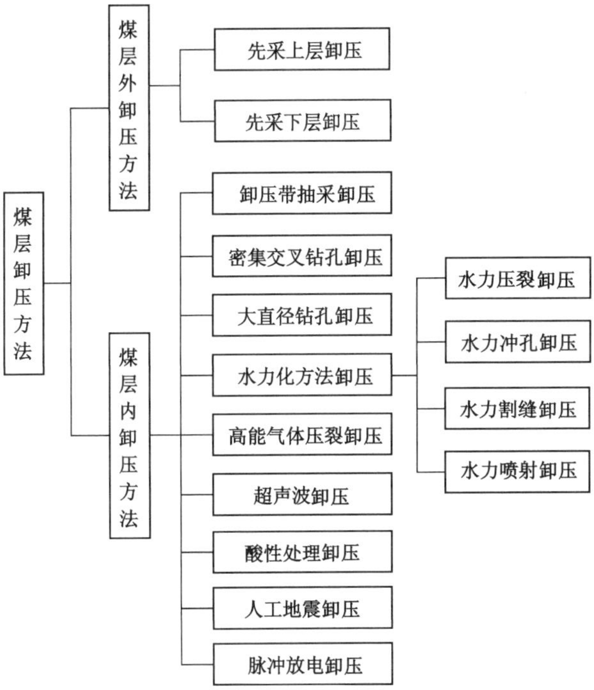

图 10-15　煤层卸压增透方法

10.2.5.2　工程实例——水力压冲增透抽采瓦斯工艺

(1) 工艺简介

水力压裂在软煤中无法有效地开启、延伸和沟通裂缝，表现为穿刺和挤胀，难以形成有效的卸压空间，而在硬煤中能够较好地开启、延伸、沟通裂缝。水力冲孔效果最为关键的考核指标为单孔或单位孔长的出煤量，软煤的力学强度小，在一定的压力作用下呈离散状，较易冲出，硬煤却相反。水力压裂比水力冲孔施工困难，但其影响范围大；水力冲孔施工较容易，但其卸压范围局限于单孔周边较小范围。

结合水力压裂"欺硬怕软""卸压范围大"和水力冲孔"欺软怕硬""卸压范围小"的特点，提出了"单元水力压裂缝网增透、单孔水力冲孔出煤卸压"的煤层强化抽采工艺。即根据煤体结构、破裂压力、煤层渗透率等划分单元，在单元内布置一个压裂钻孔，通过钻孔定位及注水，压裂有效范围覆盖整个单元，之后，在单元内均匀布置抽采钻孔，并从中均匀选取抽采钻孔使用水力作业机进行连续冲孔作业，冲孔完成之后，对所有的钻孔进行联管带抽。

(2) 压冲设备

水力压裂设备使用宝鸡航天动力泵业有限公司生产的 HTB500 型变排量泵(见图 10-16)，该泵最高压力为 70 MPa，最大流量为 1 100 L/min，能够满足井下水力压裂要求。水力冲孔设备使用"水力作业机"，其采用连续油管输送高压水，能够通过远程控制调节喷嘴在钻孔内的位置、冲孔压力、流量，使冲孔效率最大化；其最高压力为 45 MPa，最大流量为 200 L/min，如图 10-17 所示。

图 10-16　HTB500 型水力压裂泵组

图 10-17　矿用水力作业机

(3) 强化钻孔布置

选取新河煤矿 12091 工作面上顶抽巷进行常规钻孔、水力压裂、水力冲孔、水力压冲对比试验，每个钻场作为一个试验单元。其中，水力压裂单元及水力压冲单元的压裂孔均布置于控制范围中央，水力压冲单元中 8 个冲孔均匀分布于单元内部，具体参数见表 10-8。

表 10-8　作业基本参数

	常规钻孔	水力压裂	水力冲孔	水力压冲
钻孔总数/个	73	25	32	41
压裂孔孔数/个	0	1	0	1
冲孔孔数/个	0	0	32	8
钻孔总长度/m	2 475.7	803	1 360	1 780.5
煤段总长度/m	924.9	278.5	406	515
倾向宽度/m	54	54	54	54
走向长度/m	20	20	20	20

表 10-8(续)

	常规钻孔	水力压裂	水力冲孔	水力压冲
控制煤厚度/m	6	5.5	6.1	6
瓦斯储量/($\times 10^4$ m^3)	19.2	17.6	19.2	19.6

(4) 水力压冲实施

钻孔水力压冲实施工艺如图 10-18 所示。

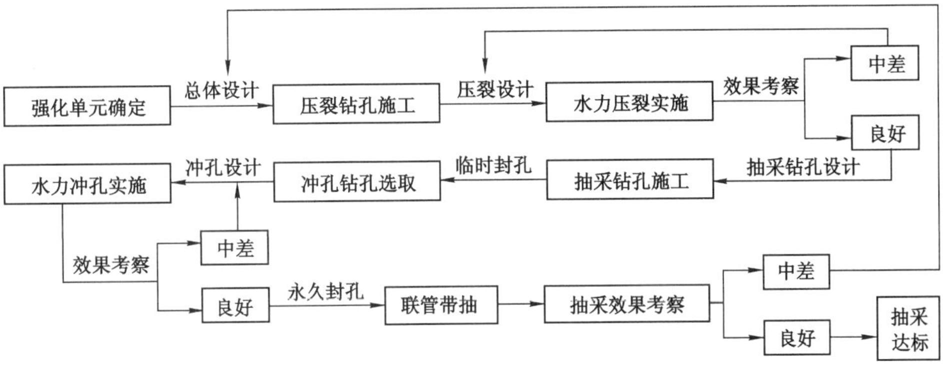

图 10-18　水力压冲实施工艺

(5) 抽采效果检验及分析

在新河煤矿 12091 工作面上顶抽巷分别进行了水力压裂、水力冲孔、水力压冲等煤层强化抽采试验，试验效果如图 10-19 所示。

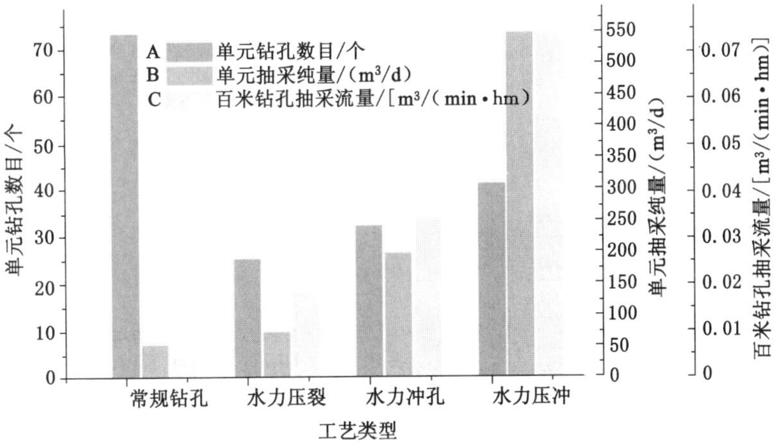

图 10-19　试验效果对比情况

统计各单元有效抽采时间 3 个月内的瓦斯抽采参数，对比单元日抽采纯量，水力压冲分别是常规钻孔、水力压裂、水力冲孔的 10.6 倍、12.0 倍、2.78 倍；对比百米钻孔抽采流量，水力压冲分别是常规钻孔、水力压裂、水力冲孔的 18.5 倍、4.1 倍、1.95 倍。水力压冲出煤量是单独冲孔出煤量的 1.6～2.0 倍。

由此可知，水力压冲在实施钻孔数目不增加的情况下，能够更加有效地对煤层进行增透作业，同时，在造缝及出煤卸压的双重作用下，瓦斯抽采流量衰减相对较小，瓦斯抽采钻孔有效使用寿命较长，是常规钻孔的1.8倍。在连续观察的3个月内，水力压冲塌孔、堵孔钻孔仅有7个，有效提高了钻孔的抽采效率。

10.3 地面煤层气开采关键技术

地面瓦斯抽采的基本流程为：钻井、测井、固井、压裂、排采、集输。

10.3.1 钻井

钻井是指利用机械设备(钻机)，主要通过回转和加压，将地层钻成具有一定深度的圆柱形孔眼(井)的工程。开采煤层气常用的布井方式有三种，即针对煤层的垂直井、水平井和针对采空区的钻井。

垂直井：从地面打钻穿过煤层进行采气，是目前主要的钻井方式(见图10-20)。这种开采方式产气量大，资源回收率高，机动性强，可形成规模效益。但它要求有利的地形条件，以及厚度较大、渗透性较好的煤层或煤层群条件。

水平井：有两种，一种是从巷道打的水平抽采瓦斯井；另一种是从地面先打直井再造斜，沿煤层钻水平井(排泄井或称丛式井)，在煤层内打若干水平分支时，又称为分支水平井或羽状水平井(见图10-21)。水平钻井的方向与面割理方向垂直，适于厚度大于1.5 m的厚煤层，成本较高。

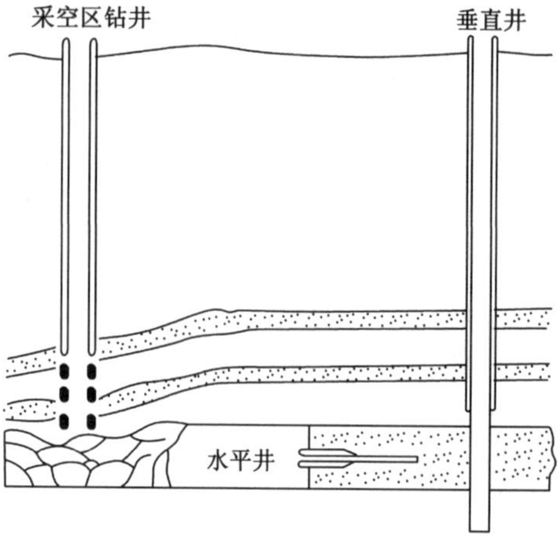

图10-20 煤层气井类型

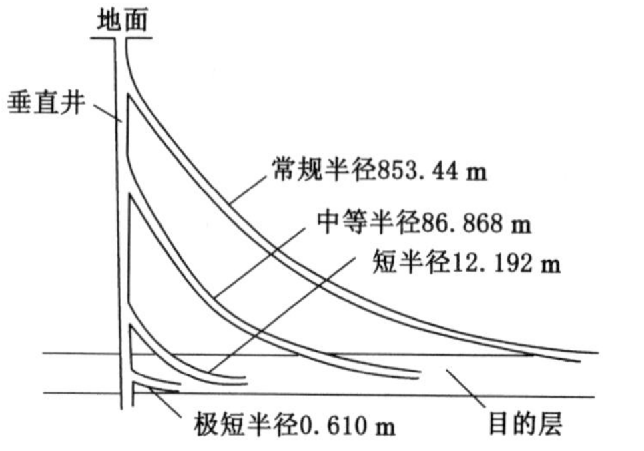

类型	半径/m	造斜	弯曲长度/m
极短	0.610		0.914 4
短	12.192	1.5°/0.304 8 m	19.202 4
中等	86.868	20°/304.8 m	137.16
常规	853.44	2°/304.8 m	1 341.12

图10-21 排泄井钻井工艺

采空区钻井：从采空区上方由地面钻井到煤层上方或穿过煤层进入采空区(见图10-20)。采空区顶板因巷道支柱前移而坍塌，产生新的裂缝使瓦斯从井中涌出。如果采空区顶部还有煤层并成为采空区的一部分，则瓦斯涌出量更大。产出气体中混有空气，热值降低。由于产出气体中含氧量高，不宜用管道输送，产量下降较快的井宜就地利用。

依据钻井目的不同，可将其分为四种类型，即取心资料井、测试试验井、生产井和观测井。

在新勘探区，为建立地质剖面、掌握煤层及围岩的地质资料、估算资源量，就必须布置取心井，采取岩心和煤心样进行化验分析，特别是煤层顶底板附近的岩心，应了解其力学性质及封闭性能，同时采集煤心样进行含气量、渗透率测定以及常规工业分析、煤岩分析等。煤心样对于了解煤层埋深、厚度、吸附气体含量以及测定煤层吸附等温线和确定煤层解吸时间等至关重要。为了满足煤心含气量测试的要求，常常采用绳索半合式取心装置，以缩短取心和装罐时间，减少气体散失。

对于选定的试验区，要进一步了解围岩的地应力和煤层的渗透性，掌握煤层的延伸压力(岩石扩张裂隙的最小应力)、闭合压力(岩石的最小水平应力)和小型压裂压力，选择压裂方向，进行压裂设计，就需要有试验井。由于地应力测试是在裸眼井条件下进行的，所以试验井的钻井，必须保证井壁的稳定性，防止煤层有较大的扩径。为此，应采用平衡钻井工艺。

为开采煤层气，就必须打生产井。打生产井是为了稳定产层，减少储层污染伤害。因此，在生产井钻进时，应严格操作标准，采用平衡-欠平衡钻井工艺，使用低 pH(pH 为5.5～7.5)的非活性泥浆，或采用雾化空气、地层水钻进，尽量减少对煤的基质和矿物成分的影响，确保煤层割理(或裂隙)系统的清洁、畅通。

在生产开发区，为获取储层参数、掌握煤层气井的生产动态，还需要设置观测井。这类井常采用平衡钻井工艺和稳定的裸眼完井技术。

煤层气井的井孔设计应尽可能相互兼顾，做到一井多用，以降低费用。

10.3.2　测井

测井是指井中的一种特殊测量，这种测量作为井深的函数被记录下来。它常常指井深函数的一种或多种物理特性的测量，然后从这些物理特性中推断出岩石特性，从而获得井下地质信息。但是，测井结果也并非仅限于岩石特性的测量，其他类型的测井实例尚有泥浆、水泥固结质量及套管侵蚀等。

测井一般可分为电缆测井和无电缆测井，本章重点介绍电缆测井。在煤层气工业中，要评价煤层的产气潜力，首先应了解煤的储层特性和力学特性，这些特性的获得主要有三种途径：① 钻取煤心作室内测试；② 利用测井进行数据分析；③ 进行试井。评价储层特性的测井资料来源见表10-9。

表10-9　评价储层特性的测井资料来源

储层特性	裸眼井测井	下套管井测井
煤层识别	密度测井	中子(脉冲或补偿)测井
	伽马射线测井	
纯煤厚度	高分辨率密度测井	中子(脉冲或补偿)测井
工业分析	高分辨率密度测井	无
	补偿中子测井	
	能谱密度测井	
	声波测井	

表 10-9(续)

储层特性	裸眼井测井	下套管井测井
渗透率(定性评价)	双侧向测井	无
	微电极测井	
	电阻率测井	
	自然电位测井	
割理方向	地层显微扫描器	无
力学特性	体积密度测井	无
	全波形声波测井	

煤心、测井和试井数据的综合运用,可以增加数据可靠性,提高资源评价精度。煤层厚度、煤质(工业分析)、吸附等温线、含气量和渗透率,对以储层模拟为基础的产量预测有重大影响。有关煤心的分析通常用来确定吸附等温线、含气量和煤质;测井数据用来确定煤层厚度;确定煤层渗透率的最可靠的方法则是试井作业的试验数据分析。这些方法通常被看作确定储层特性的基础或"依据准则"。但是,由于某些煤心和试井数据带来的误差,煤心测试程序缺乏标准化,特别是取心和试井费用昂贵,人们希望能有一种确定储层特性的替代方法,通过这种替代方法可获得关键储层的特性,并校正那些不一致的或错误的试验数据。目前,测井作业被认为是最具前途的一种手段。一旦用煤心数据标定了测井记录数据,技术人员就可以单独利用测井记录数据精确估计补充井的储层特性(见表 10-10)。

表 10-10 用于煤层气地层评价的测井资料

测井类型	目 的	重要性
岩性测井		
泥浆测井(3)	对比、岩性	第二位
光电系数(2)	岩性、灰分和气体含量	第二位
自然电位(1)	岩性、对比	第三位
伽马射线(2)	岩性、对比	第二位
自然伽马光谱(2)	岩性、黏土铸模	第三位
地球化学、碳氧比测井(1)	岩性、黏土铸模	第三位
孔隙率测井		
中子(2)	岩性、对比	第二位
高分辨率密度测井(2)	灰分、含气量、孔隙率	第一位
标准声波测井(1)	孔隙率	第三位
电阻率测井		
双(相矢量)感应(2)	砂层烃饱和度	第三位
双侧向测井(1)	砂层烃饱和度	第三位
球面聚焦(2)	砂层烃饱和度	第三位
微球形聚焦(1)	砂层烃饱和度	第三位

表 10-10(续)

测井类型	目　的	重要性
微电极测井(2)	渗透率	第一位
测斜仪、地层微扫描仪(1)	沉积环境	第三位
电磁传播(1)	砂层烃饱和度	第三位
声波测井		
各种波形长远距(4)	力学性质、渗透率	第二位
钻井电视(1)	裂隙识别	第三位
钻进状况测井		
井径(2)	钻井几何形态	
电缆张力(2)	数据质量检查	第三位
压力测井		
绳索地层试验器(1)	压力、渗透率	第二位

注:(1) 建议只用于煤评价;(2) 用于煤和砂层评价;(3) 用于取心时;(4) 用于原岩应力评价。

10.3.3　完井与固井

10.3.3.1　完井

煤层和砂岩储层的最大区别是气体存储和产出机理不同。对常规砂岩储层,气体存储在孔隙空间,通过孔隙和孔隙喉道流入水力裂缝和井筒。对煤层储层,大多数气体吸附在煤表面,为了采出这些气体,必须降低储层压力,使气体从煤基质中解吸、扩散进入煤层的割理系统,然后气体通过煤层割理系统进入水力裂缝和井筒。因此,煤层气井常常需要独特的完井技术和强化措施,以便在井筒和储层间建立有效的联络通道,使煤层内部的气体解吸并流向井筒,以获取工业性产气量。煤层气井完井方法的选择及效果直接影响煤层气的后期排采。

煤层气井的完井目的有以下几点:

(1) 使井筒与煤中裂隙系统相连通。这种连通常用裸眼完井、套管射孔或割缝来实现,且往往要进行强化处理。

(2) 用于储层强化控制。在进行多煤层完井时,必须选择一种能够控制各煤层强化作业的完井方法。

(3) 降低钻井污染,提高产气量。钻井作业产生的钻井污染可导致近井地带气、水流动受到限制,为连通钻井与原始储层,必须消除这种流动限制。通过消除或绕过污染可以克服钻井污染问题。

(4) 防止井壁坍塌,封堵出水地层,保障煤层气井的采气作业和长期生产。

(5) 降低成本。为确保煤层气井的经济开发,必须严格控制完井成本,使用相对低廉的完井方法。在设计完井工艺时,必须选择那些不会限制多煤层产气量的套管尺寸。

煤层气井的完井方法由常规油气井的完井实践演化而来。尽管地层类型不同,但应用了许多相似的储层工程原理,有些常规技术可以直接利用,而有些技术则需要改进,以适应煤储层的独特性能。

目前，已用于煤层气井的完井方法可归纳为以下三类，见表10-11。

表10-11　煤层气井的完井方法

裸眼完井						套管完井		套管-裸眼完井
裸眼			洞穴			射孔	割缝	
裸眼	砾石充填	筛管	自然造穴	动力造穴	水力切割	包括层间射孔	喷射开槽	

10.3.3.2　固井

套管固井的种类和方法很多，总的原则是：能够保证隔离生产层，限制地层水涌入，封堵漏失层，并且尽可能降低水泥对煤层的伤害。

水泥对煤层的伤害，主要是指水泥浆液柱压力大于煤层压力所引起的高侵入速度和侵入半径以及水泥中微颗粒对煤中裂隙的充填堵塞。由地面到井底的全井段固井，水泥柱形成的井底压力还有可能超过煤层的破裂压力而引起煤层破碎。因此，固井时必须选择合适的水泥或水泥添加剂以及注水泥技术，以防止水泥柱重力大于煤层破裂压力而引起的煤层伤害。

煤层气井通常采用的固井方法有四种：低密度水泥固井、常规水泥控制返高固井、分级注水泥固井、绕煤层固井。此外，还可采用不固到地面的办法使水泥柱对煤层的压力减到最小限度。

低密度水泥固井是低压低渗透性储层常用的固井方法，旨在降低水泥浆液柱对储层的压力。就煤层气井常用的低密度水泥而言，有氮泡沫水泥、火山灰水泥、硅质岩水泥和玻璃珠水泥。

常规水泥控制返高固井是一种具有普遍适用性的固井方法。美国常用水泥为A级波特兰水泥，配制密度一般为1.44～1.79 g/cm^3，即使用火山灰、水泥各占50%混合，其密度仍在1.44～1.68 g/cm^3。为降低水泥浆液柱对煤层的压力，水泥返高是按煤储层压力与水泥浆液柱压力大致相同来设计的，即严格控制水泥返高。

分级注水泥固井是一种避免井底产生高压引起煤层压裂导致地层污染而采用的分为两级或多级泵入水泥的固井方法。这种方法可以降低水泥柱的静水压力，它是通过封隔器或分级注水泥工具完成的。

绕煤层固井是指在注水泥过程中，当水泥返到目的煤层底部时，利用套管柱上安装的绕煤层固井工具将水泥浆引入井内，在非目的煤层部位又将水泥浆引到环空。这种方法使水泥浆不与煤层接触，可避免水泥浆渗入煤层而对煤层造成伤害。对于单一煤层或主煤层较厚的多煤层，采用绕煤层固井是一种较好的方法。

套管固井时的水泥环厚度也是一个值得注意的问题。由于煤层的力学强度低，钻孔总会有不同程度的扩径现象，所以在煤层段固井时总会产生较厚的水泥环；地层进入通常采用射孔或割缝方式，射孔的有效穿透能力一般在25～38 cm之间，因此，固井水泥环过厚有可能造成射孔失败。

总之，在选择固井方法时，通常的做法是先确定或估算目标煤层的破裂压力梯度，然后以此计算作业允许的最大压力，最后选择既能满足最大压力要求又能适合作业者经济预算的方法。

10.3.4 试井

试井是煤层气储藏工程的主要手段之一，是煤层气井生产潜能和经济可行性评价的重要途径。通过试井可获得以下资料：储层压力、渗透率、井筒污染情况、井筒储集状况、孔隙率和压缩系数的积（储存系数）以及压裂井裂缝长度和裂缝导流能力等。其中，储层压力和渗透率是关键参数，前者影响煤层气的吸附与解吸，后者影响煤层气的运移和产出。

试井是一种以渗流理论为基础的技术。根据渗流理论，可将储层内流体的渗流区分为三种流态：稳态、准稳态和非稳态。稳态是指储层内任一部位的流体压力不随时间和累计产量的变化而变化，准稳态是指储层内流体压力随时间和流体产量呈线性变化，非稳态是指流体压力随时间和产量呈非线性变化。显然，实际储层不可能出现稳态流，但稳态流奠定了线性渗流定律——达西定律的基础，所有试井分析都建立在这一基础之上。

实际工作中一般采用的是压力不稳定试井，具体可分为七类：钻杆法、段塞法、压力恢复法、压降法、注水压降法、干扰法和产能法。具体到煤层气井，由于煤层气的赋存与常规天然气有别，要在试井时获取单相水流状态最好采用钻杆法、段塞法、注水压降法和干扰法试井。

10.3.5 生产储层强化

与常规油气储层相比，煤层气储层以低孔隙性、低渗透性为特征。为更有效、更快速地开发煤层气，就必须对其储层进行强化处理，以改善其物性条件。目前，在煤层气储层中得到成功运用的增产强化措施有两种：裸眼洞穴法完井和压裂完井。这两种方法具备各自的适用对象和强化机制，见表10-12。煤层压裂是目前煤层气开发活动中应用最为广泛的强化措施。

表10-12 煤层压裂与裸眼洞穴法完井比较

完井方法	压裂	裸眼洞穴法
使用范围	普遍适用	高渗透性、高压储层
诱导裂隙	方向单一	多方向
裂隙支撑	加支撑剂支撑	自我支撑
强化机制	单一	多种
储层伤害	易造成储层伤害	不存在伤害
成本	较高	较低

10.3.6 生产

煤层气主要以吸附状态存在于煤基质的微孔隙中，其产出过程包括煤基质孔隙的表面解吸，通过基质和微孔隙扩散到裂隙中，以达西流方式通过裂隙流向井筒运移三个阶段。上述过程发生的前提条件是，煤储层压力必须低于气体的临界解吸压力。在煤层气生产中，该条件是通过排水降压来实现的。因此，在实际的煤层气生产井中，气体是与水共同产出的，煤层流体的运移可分为单相流阶段、非饱和单相流阶段及两相流阶段等三个阶段。

煤层流体的运移规律决定煤层气的生产特点。图10-22为典型的煤层气生产井的气、

水产量变化曲线,可分为如下三个阶段:

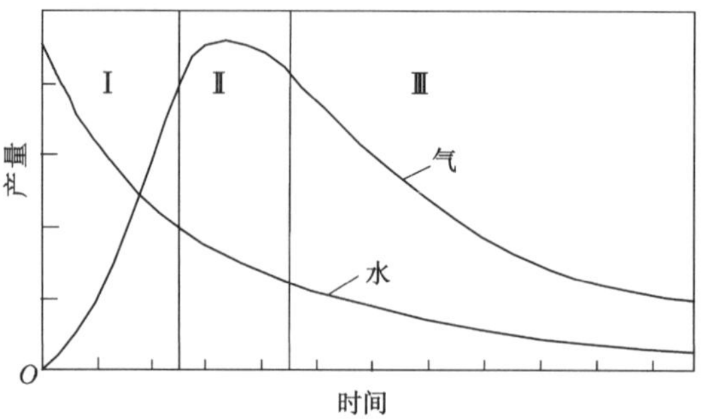

图 10-22　煤层气生产井的气、水产量变化曲线

(1) 排水降压阶段。排水作业使井筒水柱压力下降,若这一压力低于临界解吸压力后继续排水,气饱和度将逐渐升高、相对渗透率增高、产量开始增加,水相对渗透率相应下降、产量相应降低。在储层条件相同的情况下,这一阶段所需的时间取决于排水的速度。

(2) 稳定生产阶段。继续排水作业,煤层气处于最佳的解吸状态,气产量相对稳定而水产量下降,出现高峰产气期。产气量取决于含气量、储层压力和等温吸附的关系。产气速率受控于储层特性。产气量达到高峰的时间一般随着煤层渗透率的降低和井孔间距的增加而增加。在黑勇士盆地,许多生产井的产气高峰出现在 3 年或更长的时间之后。

(3) 气产量下降阶段。随着煤内表面煤层气吸附量的减少,尽管排水作业继续进行,但是气和水产量都不断下降,直至产出少量的气和微量的水。这一阶段延续的时间较长,可达 10 年以上。

可见,煤层气生产的全过程都需要进行排水作业,这样不仅可降低储层压力,也可降低储层中水饱和度,提高气体的相对渗透率,从而增强解吸气体通过煤层裂隙系统向井筒运移的能力,有助于提高产气量。

煤层气生产主要包括排采、地表气水分离、气体输送前加压、生产水的处理与净化四个环节。

10.4　煤与瓦斯共采模式

瓦斯抽采的关键因素是煤层渗透率,而应力对煤岩体的渗透率有控制性作用。根据应力对煤岩体渗透率的影响特征,煤层瓦斯的抽采类型可以分为两大类:① 未卸压煤层瓦斯抽采。这是在煤层原始渗透率条件下进行的瓦斯抽采,在这种情况下,煤岩体产生弹性变形,煤层的透气性主要受地应力、瓦斯压力和温度的影响,煤层的渗透率变化较小。② 卸压煤层瓦斯抽采。这种抽采方法是在采动应力影响下煤层渗透率发生巨大变化条件下进行的,这种情况下,受采动应力影响煤体产生塑性变形和松动,煤体的裂隙网络扩大与连通,煤层透气性急剧增加,从而使瓦斯的抽采量大大增加。

10.4.1　单一低渗透性突出煤层底抽巷煤与瓦斯共采模式

底抽巷煤与瓦斯共采模式要根据采煤工作面的应力及渗透性分布规律来确定:在单一

突出煤层的底板掘进一条底板巷道，通过底板巷道分别向煤层不同区域施工抽采钻孔实现瓦斯的抽采，即在应力集中区和原岩应力区通过水力化措施从煤体中抽采瓦斯、在卸压区和卸压稳定区直接抽采瓦斯。该煤与瓦斯共采模式通过应力集中区和原岩应力区的水力化措施及时消除采煤工作面前方的煤层突出危险性，又通过卸压区和卸压稳定区的瓦斯抽采减少回采期间绝对瓦斯涌出量，瓦斯抽采与采煤在空间和时间上相互协调、相互融合。单一低渗透性突出煤层底抽巷煤与瓦斯共采模式见图 10-23。

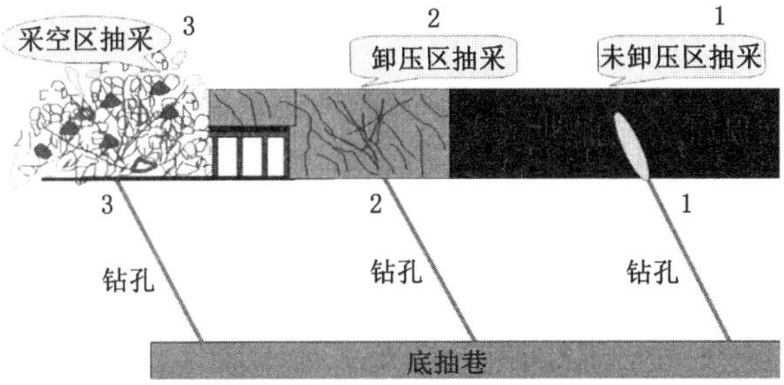

图 10-23　单一低渗透性突出煤层底抽巷煤与瓦斯共采模式

10.4.1.1　未卸压区穿层钻孔水力冲孔卸压增透消突技术

以底抽巷岩柱为安全屏障，向突出煤层施工穿层钻孔，钻孔布置如图 10-24(a)所示。通过冲孔钻头的切割和高压水射流的冲击破碎钻头周围煤体，煤与瓦斯经过孔道向外排出；冲出煤体的同时，释放大量瓦斯，孔洞周围的煤体向钻孔方向移动，卸压大幅度增加煤层的透气性。水力冲孔的实质就是以岩柱作为安全屏障，用高压水冲击钻孔周边煤体，诱导小型的、可控制的煤与瓦斯突出。冲孔到返清水时停止，封孔，注入 18 MPa 的高压水对煤体进行水力压裂，进一步卸压，增加煤层的透气性，提高煤体塑性，增加煤体强度，再经过一定时间(30 d 以上)的高负压抽采，达到快速消除工作面内部突出危险性的目的。

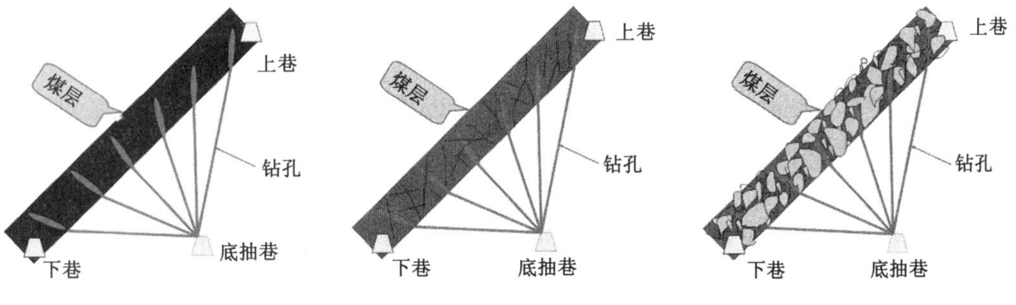

图 10-24　单一低渗透性突出煤层煤与瓦斯共采钻孔布置示意

10.4.1.2　卸压区抽采

经过一段时间抽采后，在确认消除工作面突出危险后，穿层钻孔由消突阶段进入防治工作面瓦斯超限阶段。随着采煤工作面的推进，穿层钻孔将逐步进入采煤工作面应力集中区及卸压区。为避免卸压区瓦斯大量涌入工作面，造成工作面瓦斯超限，需要提前对穿层钻孔进行捅孔(二次套孔)和增加部分钻孔，使穿层钻孔见煤段充分与卸压区煤层裂隙连通，最大限度地对卸压区瓦斯进行抽采，以降低工作面瓦斯涌出量，保证工作面的安全生产[见图 10-24(b)]。

10.4.1.3 采空区抽采

随着采煤工作面的不断推进，卸压区内的抽采钻孔将暴露于工作面。为了避免钻孔进入工作面后吸进风流，影响其他钻孔的抽采效果，需要提前关闭将要进入工作面的穿层钻孔的控制阀门，等钻孔进入采空区 2 m 后，再打开钻孔控制阀门进行采空区抽采，直至钻孔抽采瓦斯浓度彻底衰竭为止[见图 10-24(c)]。

10.4.2 “三区联动”立体化煤与瓦斯共采模式

晋煤集团研究的“三区联动”立体化煤与瓦斯共采模式(见图 10-25)初步实现了煤炭和煤层气(瓦斯)两种资源共同开发，基于矿区的规划区、准备区、生产区分别采用地面钻井抽采、井上下联合抽采和本煤层钻孔抽采等技术确保煤层气抽采和煤炭开发协调有序进行。根据煤矿生产、接替及规划的周期，将井田划分为未采区(5 年以后煤炭开采区域)、采动区(正在生产及 5 年以内煤炭生产接替区域)、已采区(已开采的密闭稳定区域)，对不同区域分别采用不同的抽采技术和抽采方式，实现高瓦斯矿井采煤采气一体化协调开发。

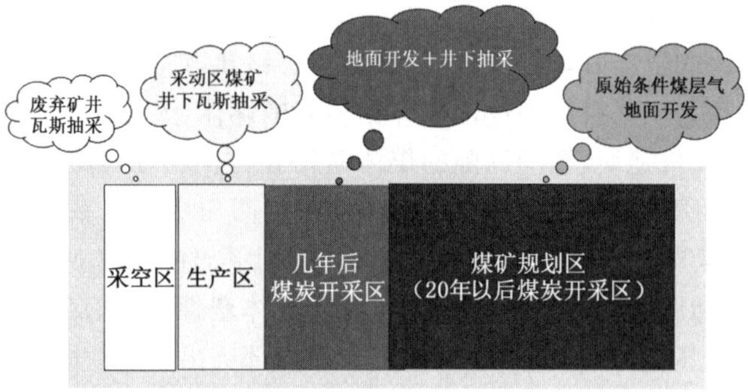

图 10-25 “三区联动”立体化煤与瓦斯共采模式

“三区联动”立体化瓦斯抽采的特点可以概括为“三结合”，具体体现为空间概念上井上下结合，即地面与井下瓦斯抽采相结合；在时间上体现为与煤矿开采衔接完全一致，煤矿规划区实施地面预抽、煤矿准备区实施井上下联合抽采、煤矿生产区实施井下瓦斯抽采，保证每一区域都得到充分的抽采；在方式上体现为多种抽采方式相结合，即地面抽采、定向钻孔抽采和顺层钻孔抽采方法相结合。

“三区联动”立体化瓦斯抽采采用递进式抽采方式，在掘进多条巷道布置采煤工作面时，在外侧巷道内提前向下一个邻近工作面施工定向钻孔，其长度能覆盖下一个工作面两侧的巷道，在掘进布置本工作面期间就提前对下一个工作面的掘采区域进行抽采，保证下一个工作面有 1～3 d 的抽采时间；保证下一个工作面的巷道掘进在已抽采过的区域内进行，确保采煤工作面瓦斯含量降到较低水平，如此递进式向前推进，保证抽、掘、采的接替正常。“三区联动”立体化瓦斯抽采利用采动卸压作用，提高煤层渗透性，最大限度抽采煤矿瓦斯，可解决松软构造煤层渗透性差、瓦斯难以抽采、工作面上隅角瓦斯超限难治理、抽采瓦斯浓度偏低等问题，从而解决瓦斯抽采投入大、瓦斯浓度低于 10%难利用问题，有利于实现矿区瓦斯抽采最大化和矿区瓦斯“零排放”目标，克服单一井下抽采瓦斯造成煤炭生产接续紧张的局限性。同时，晋煤集团将页岩气大规模开发技术引入煤层气的开发利用中，采用 U 形井实施分段压裂，单井日产气量突破 6 000 m^3，是同一地区同等条件矿井的 9～10 倍。现已在废弃矿井和煤矿采空区试验 17 口井，单井平均日产气量超过 2 500 m^3。山西省有开发利用价值的废弃矿井采空区面积约为 2 052 km^2，预测残余煤层气资源量约为 7.26×10^{10} m^3。截至 2021 年 8 月，山西省废弃矿井采空区已累计施工抽采井 100 余口，抽采利用煤层气 1.28×10^{8} m^3，相当于减排二氧化碳 192 万吨。

10.4.3　煤层群开采条件下煤与瓦斯共采模式

两淮矿区基于煤层群开采和强突出特点，结合煤层气地面井开发技术，充分发挥井下采动卸压瓦斯高效抽采优势，建立了以保护层卸压开采为核心的煤与瓦斯共采机制，开发了保护层卸压抽采、无煤柱煤与瓦斯共采等关键技术，形成了煤矿区保护层卸压井上下立体抽采瓦斯开发模式（简称“两淮模式”）。

10.4.3.1　开采保护层卸压增透抽采瓦斯技术

开采保护层是增加被保护层透气性的有效手段，在淮南矿区的煤层赋存条件下，通过理论分析和现场试验，研究成功开采远距离煤层上向卸压、开采近距离煤层下向多重卸压和开采急倾斜煤层平行卸压等一系列卸压增透技术；通过施工穿层钻孔抽采卸压瓦斯，消除了煤层发生突出的危险性，降低了煤层的瓦斯含量。在层间距近 70 m，相对层间距（层间距与开采煤层采厚之比）达 35 倍的条件下，通过现场考察，得出了卸压煤层远程卸压及瓦斯抽采相关参数的变化规律。首次观测到被保护层的透气性增大 2 880 倍，发现卸压瓦斯流动存在活跃期，应在卸压瓦斯流动活跃期尽可能多抽采。钻孔瓦斯抽采量随抽采时间的变化曲线如图 10-26 所示。

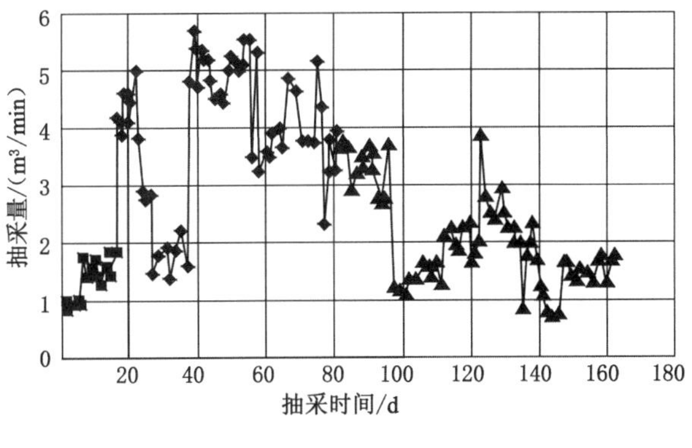

图 10-26　钻孔瓦斯抽采量随抽采时间的变化曲线

从图 10-26 中可明显地看出煤层应力变化与卸压瓦斯流动之间的关系。前 20 d 为煤层卸压应力活动加剧期，瓦斯抽采量增加；20～80 d 为煤层卸压应力活动稳定期，透气性系数达最大，瓦斯抽采量相对稳定，平均单孔抽采量在 1.0 m^3/min 以上；80 d 以后煤层逐渐被压实，透气性系数下降，瓦斯抽采量呈负指数规律下降。当多重开采上部煤层时，下部的煤层经过多次卸压（尽管卸压并不一定充分），瓦斯得到多次释放，煤层的残余瓦斯压力将比开采单一上部煤层时的常规情况要低。据实际考察，在与 B4 煤层距离分别为 62.3 m、

52.58 m、37.3 m 的 B8、B7、B6 等上部煤层开采后，B4 煤层的残余瓦斯压力实际值为 0.2 MPa，比单一开采保护层卸压计算出的 0.554 MPa 低了很多。相应地，理论计算的 B6 煤层开采后 B4 煤层钻孔瓦斯抽采量增大的倍数为 23.4 倍，而实际为 50.5 倍。这表明多重开采上部煤层比开采单一煤层卸压效果更好。

10.4.3.2　*无煤柱沿空留巷钻孔法抽采卸压瓦斯原理*

根据煤层赋存条件，如图 10-27 所示，首采关键卸压层，沿采空区边缘沿空留巷实施无煤柱连续开采。通过快速机械化构筑高强支撑体将回采巷道保留下来，沿空留巷与综采工作面推进同步进行，在留巷内布置上(下)向高(低)位钻孔，抽采顶(底)板卸压瓦斯和采空区富集瓦斯，在工作面埋管抽采防止采空区瓦斯向工作面大量涌出。以留巷替代多条岩巷抽采卸压瓦斯，可大大减少岩巷和钻孔工程量，实现煤与瓦斯安全高效共采。

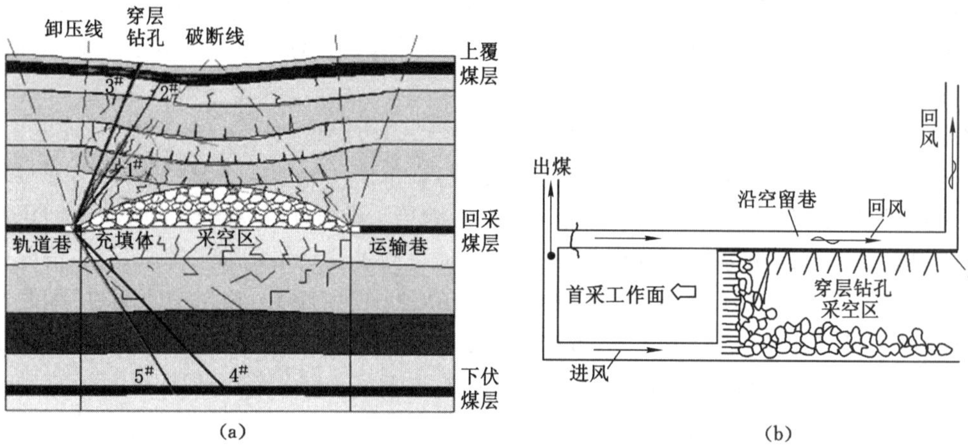

图 10-27　无煤柱沿空留巷钻孔法抽采卸压瓦斯原理

(1) 留巷钻孔法瓦斯抽采技术

低位钻孔抽采采空区富集瓦斯技术，在沿空留巷中设置抽采瓦斯管道，各倾向抽采瓦斯钻孔与抽采瓦斯管道连通，采空区上部及环形裂隙圈内的解吸游离瓦斯通过倾向抽采瓦斯钻孔，并由抽采瓦斯管道进入瓦斯抽采系统。中近距离保护层开采工作面，由留巷回风巷中施工的抽采瓦斯钻孔可直接穿过上保护层，进行被保护层卸压瓦斯抽采。

(2) 高位钻孔抽采顶底远程卸压层瓦斯技术

淮南矿区煤层赋存为煤层群，主要为 A、B、C 三组煤层群，组间间距超过 70 m，实践表明：淮南矿区首采关键卸压层后，老区开采上卸压层倾向卸压范围($K<1.0$)向底板方向发展的深度达 100 m，新区开采上卸压层倾向卸压范围向底板方向发展的深度达 80 m；老区开采下卸压层倾向卸压范围($K<0.9$)向顶板方向发展的高度达 130 m，新区开采下卸压层倾向卸压范围向顶板方向发展的高度达 150 m。若远程卸压层与首采卸压层中间具有致密隔气性较好的泥岩，远程卸压层中的高压瓦斯不能通过中间卸压层流入首采关键卸压层的采动空间。传统的远程卸压层瓦斯卸压抽采方法是在首采卸压层开采前，在远程卸压层底板布置走向岩石巷道，在底板巷中每间隔一定距离设置钻场，在钻场中成组布置上向穿层瓦斯抽采钻孔，利用采动卸压进行远程卸压层瓦斯高效抽采的。沿空留巷 Y 形通风方式的留巷为远程卸压层提供了瓦斯抽采钻孔的布置空间，在留巷内布置上向穿层钻孔抽采上部远

程卸压层瓦斯，布置下向穿层钻孔抽采下部远程卸压层瓦斯。

10.4.3.3　应用效果

淮南矿区无煤柱留巷卸压煤与瓦斯共采试验表明，首采层沿空留巷采场内增压区位于采煤工作面前方 5～50 m，卸压区位于采煤工作面后方 40～150 m(应力值降至原岩应力的 91%)，应力恢复区位于采煤工作面后方 150～500 m 以远；采煤工作面后方 50～300 m、顶板向上 5～40 m 环形竖向裂隙圈内瓦斯浓度为 10%～40%。卸压瓦斯分布规律：首采层采空区顶板瓦斯富集区，抽采瓦斯浓度为 10%～30%，单孔抽采流量为 0.2～1.3 m^3/min，钻孔有效抽采区域为垂直煤层顶板向上 4.0～12.2 倍采厚(8.0～36.6 m)范围，留巷内钻孔有效抽采长度为 500～600 m。远程上向卸压层有效抽采瓦斯区，抽采瓦斯浓度为 60%～95%，单孔抽采流量为 0.25～1.50 m^3/min；钻场有效抽采卸压瓦斯的走向长度超过 200 m (约 40 d)，相当于 3 倍的层间距，钻孔有效抽采区域左侧角度小于 75°，顶板方向发展高度超过 130 m。远程下向卸压层有效抽采瓦斯区，抽采瓦斯浓度为 85%～100%，单孔抽采流量为 0.12～0.98 m^3/min；留巷下向钻孔有效抽采卸压瓦斯的走向长度为 120～150 m (40～50 d)，钻孔有效抽采区域左侧角度小于 85°，底板方向发展深度达 100 m。现场试验表明：上向卸压层经钻孔连续抽采(采煤工作面后方 0～300 m)，顾桥煤矿 13-1 煤层实现单面日产气 30 946 m^3，日产煤 16 426 t，抽采率达 72%；新庄孜煤矿 B11b 煤层瓦斯预抽率达 72.4%。下向卸压层经钻孔连续抽采，新庄孜煤矿 B8 煤层瓦斯预抽率达 56%。

10.4.4　"一孔多用"煤与瓦斯共采模式

在围岩抽采层中施工钻孔，可克服在软煤中施工本煤层钻孔的局限性。如图 10-28 所示围岩抽采层钻孔(在煤层顶板中，从回风下山向工作面开切眼方向打钻孔)，可以在采前作为地质探孔，通过水力压裂等增透措施既可为采前预抽瓦斯服务，提高抽采效率，实现区域消突，最大限度降低瓦斯灾害，也可以在采中和采后阶段继续抽采瓦斯，实现一孔四用。

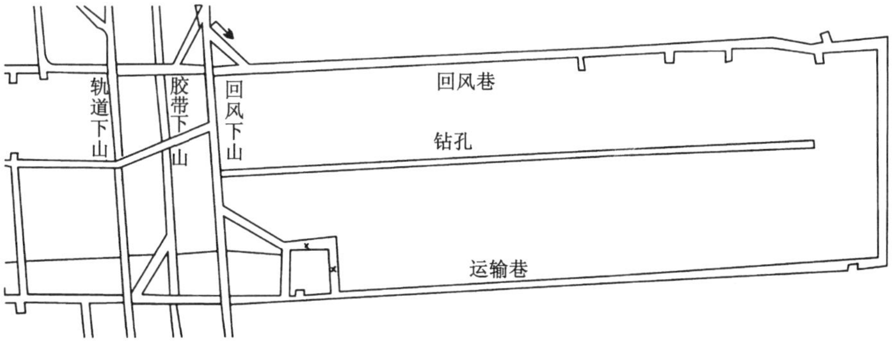

图 10-28　围岩抽采层钻孔示意

(1) 地质探孔

煤层掘进和回采前，应了解清楚采区地质、煤层赋存等条件，采前在煤层顶底板中施工钻孔，可以作为地质探孔超前探测掘进头或工作面前方的地质情况，如断层、陷落柱、褶曲的发育及煤层厚度变化等情况；同时，还可以对矿井水作一个超前探测，这对掘进头的安全掘进具有重要意义。但此孔施工后必须进行钻孔轨迹测量，否则会造成地质解释的偏差。

(2) 采前预抽孔

本煤层瓦斯预抽是目前防治掘进工作面和采煤工作面瓦斯突出、涌出的主要措施之一。顶底板围岩抽采层钻孔经水力强化，形成相互连通的裂缝网络，从而可增大瓦斯流出通道，提高瓦斯的抽采效率，实现采前预抽(见图 10-29)。

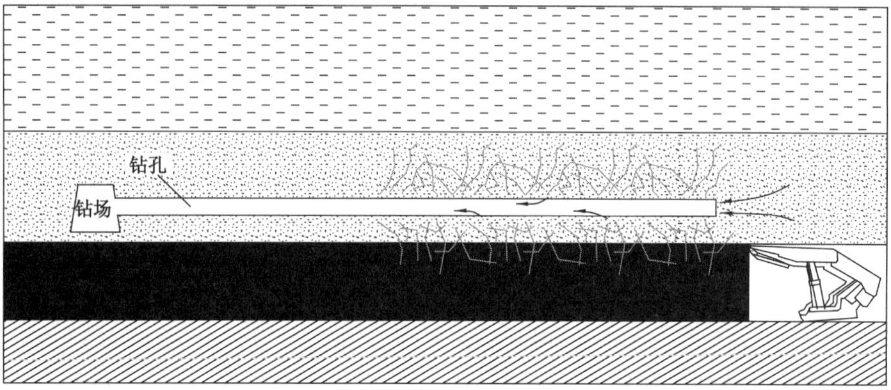

图 10-29　围岩抽采层压裂抽采孔采前预抽瓦斯机理

(3) 采中抽采孔

在煤层掘进和回采过程中，顶底板岩层产生一定程度的变形，形成一定范围的卸压区，煤岩体原有应力遭到扰动，在煤壁前方的煤体内形成 3 个应力区：应力降低区(卸压区)、应力增高区和原岩应力区(见图 10-30)。卸压区的存在，一定程度上可扩大原有水力强化产生的裂缝范围，裂缝进一步延伸，抽采面积扩大。采中阶段由于围岩和煤层的渗透性进一步增强，瓦斯抽采量大幅度上升。

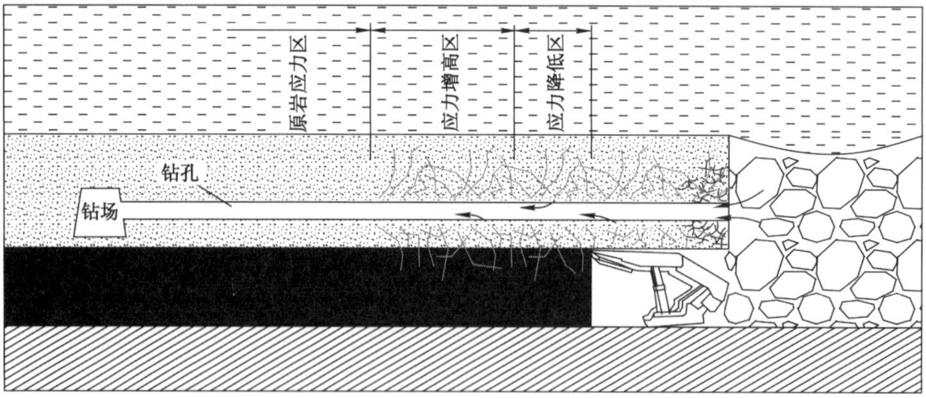

图 10-30　围岩抽采层压裂抽采孔采中抽采瓦斯机理

(4) 采后抽采孔

采煤工作面回采结束后会形成采空区，采空区上覆岩层移动过程中，根据各岩层运动性质的不同从下至上可以划分为“三带”：垮落带、裂缝带和弯曲带(见图 10-31)。

上覆岩层在形成“三带”过程中会产生大量裂隙，因瓦斯密度小于空气密度，在采空区覆岩“三带”形成的多孔介质空间中，下部的垮落带瓦斯浓度较低并有大量工作面漏风，高浓度

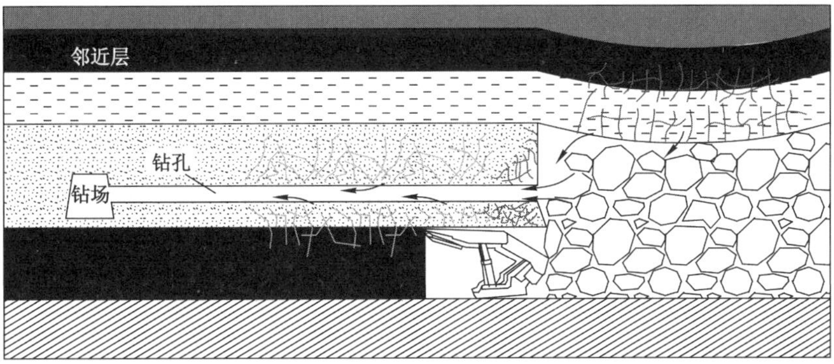

图10-31　围岩抽采层压裂抽采孔采后抽采瓦斯机理

瓦斯主要集中于垮落带顶部和裂缝带中下部。因此，利用顶板水力压裂钻孔可以抽采采空区瓦斯。

水力压裂等方法所形成的裂隙与采空区覆岩“三带”的裂隙贯穿，形成较大的裂隙区域，随着工作面的推进，采空区上覆垮落带和裂缝带也跟随工作面向前发育，裂隙范围越来越广，通过负压抽采可将顶板高浓度瓦斯积聚区的瓦斯抽出。

(5) 截流围岩及邻近层瓦斯

在煤层顶底板围岩抽采层中施工钻孔并进行水力压裂可以有效地抽采煤层、围岩及邻近层的瓦斯(见图10-31)。

在围岩抽采层中施工钻孔容易，抽采过程中钻孔的维护简单，不宜塌孔堵塞。更为重要的是，在软煤储层中无法实现本煤层水力压裂的情况下，实施围岩抽采层钻孔强化无疑是一条重要途径。这一技术的突破使钻孔取代岩巷成为现实，可大大降低瓦斯区域消突的成本、显著缩短工程施工时间、提高采掘效率。同时，合理的围岩抽采层布孔，可实现煤矿井下一孔多用。

第 11 章 煤炭地下气化技术

电子教案

11.1 煤炭地下气化技术发展概况

关于把煤炭在地下进行直接气化的这一设想是德国化学家威廉·西蒙斯在 1868 年最早提出来的，这是为了改善当时工业城市的烟尘污染状况。20 年后，著名的俄国化学家门捷列夫也给出了同样的概念并阐述了煤炭地下气化(underground coal gasification，UCG)的诸多优点。1910 年，美国工程师贝特斯因提出三种煤炭地下气化方案，分别获得美国、加拿大和英国的专利权。英国科学家威廉·拉姆塞于 1912 年做了有井式煤炭地下气化的尝试，1933 年苏联取得了试验性成功并相继在俄罗斯和乌兹别克斯坦等地建成数个相当规模的气化站。根据煤炭地下气化资源评估(2005 年)，煤炭地下气化技术的使用可能会增加世界潜在的煤炭资源储备量达 6 000 亿吨，如图 11-1 所示。

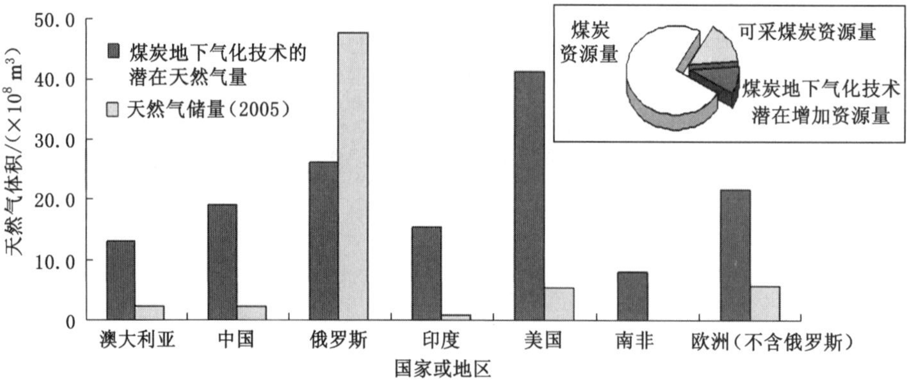

图 11-1 煤炭地下气化技术潜在利用资源量

20 世纪 40—50 年代，美国、波兰、捷克、日本等国家进行了煤炭地下气化的试验和研究。我国于 20 世纪 50 年代末 60 年代初，在黑龙江鹤岗、辽宁抚顺、吉林蛟河和山西大同等矿区进行过煤炭地下气化试验，并取得一定成果。60—90 年代，煤炭地下气化进入低谷期，但仍然有很多国家的一些机构进行了相关的研究。世界上的主要采煤大国或工业发达国家都进行了煤炭地下气化试验，但成效并不显著。1979 年，联合国“世界煤炭远景会议”指出，煤炭地下气化是从根本上解决传统煤炭开采和使用方法存在的一系列技术和环境问题的重要途径。1988 年，6 个欧共体成员国组织成立了一个欧洲煤炭地下气化工作小组，提出了一个新的发展计划建议书；在西班牙的阿尔科里萨进行了现场联合试验，采用定向钻孔以及后退进气系统，总共气化了 301 h。试验结果表明：在欧洲的中等深度(500～700 m)煤层中进行煤炭地下气化是可行的，采用定向钻井技术可成功地建立煤层气化通道，在中深部煤层中高压力下点火和实施气化是有效的。进入 21 世纪以后，世界煤炭地下气化在技术、成本、环境影响方面都有了许多新的进展和认识。随着煤炭地下气化技术的不断发展，越来越多的国家已经认识到，通过煤炭地下气化可以将煤转变成清洁的、廉价的、环境友好的绿色能源。近年来，煤炭地下气化技术在中国再度受到重视并有了很大进展。图 11-2 所示为世界范围内主要的煤炭地下气化试验的目标煤层平均埋深和厚度，与美国和澳大利亚相比，欧洲的煤炭地下气化项目主要集中在深部的薄煤层中。

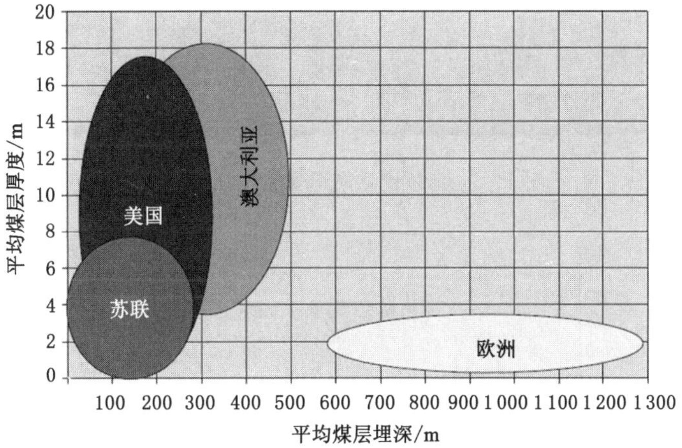

图 11-2　世界煤炭地下气化试验目标煤层埋深和厚度

11.1.1　国外煤炭地下气化技术的发展

(1) 苏联煤炭地下气化项目

苏联所建立的南阿宾斯克气化站和安格连斯克气化站，都采用无井式气化工艺。苏联的试验性气化站生产的煤气热值低，产量不稳定，成本高。南阿宾斯克气化站位于俄罗斯库兹巴斯矿区，气化煤层厚度为 2～9 m，倾角为 55°～70°，埋深为 50～300 m；到 1991 年累计产气 9.0×10^9 m^3，煤气平均热值为 3.82 MJ/m^3。安格连斯克气化站位于乌兹别克斯坦，气化煤层厚度为 4～24 m，于 1961 年投产(见图 11-3)。1997 年，安格连斯克等气化站被关闭。安格连斯克气化站气化褐煤，1987 年恢复后至今仍在运行，是目前世界上最大的煤炭地下气化站。该气化站的主要作用是把该地的地下褐煤气化成为动力煤气，供给安格连热力发电站发电使用。图 11-4 所示为安格连热力发电站两个年度分别使用附近露天矿开采出来的煤炭和安格连斯克气化站生产的煤气进行发电的成本比较情况，可以看到煤炭地下气化经济效益是相当可观的。

1982 年，莫斯科矿业学院总结以往地下气化经验，提出用煤炭地下气化工艺回收被传统煤炭开采所遗弃的资源。80 年代末期，苏联进行了一系列工业性试验，欲将煤的能量转化为热能(热水与蒸汽)，以供民用或工业使用，使煤炭资源利用率提高到 90%。为了更充分利用地下煤炭资源，苏联曾计划今后的煤炭开发方向是将预抽瓦斯、采煤、气化三大工艺结合起来。苏联煤炭地下气化技术走过了几十年的发展历程，应该说，苏联煤炭地下气化技术发展至此，工艺技术已基本过关，达到了工业生产水平，特别是利用这种煤气发电，生产正

图 11-3　乌兹别克斯坦安格连斯克气化站

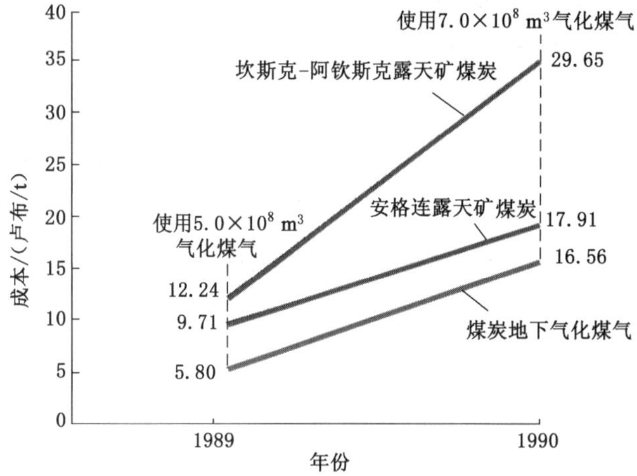

图 11-4　安格连热力发电站两年度发电煤炭成本比较情况

常稳定，取得了很好的经济效益和社会效益。苏联经过长期实践揭示了煤炭地下气化过程的规律，气体的热值随着煤层厚度减小而降低，目标煤层中存在过多的地下水对煤炭地下气化的效果是不利的。

澳大利亚林茨能源有限公司将安格连斯克气化站收购以后，当时每天提供 1.0×10^6 m^3 的合成气供给安格连热力发电站发电使用。煤炭地下气化技术的许多优点超过了井工和露天采煤方法，建设煤炭地下气化站与露天开采和井工开采相比，按照当时测算，投资降低约 70%；劳动生产率与露天开采的相当，而比井工开采的高 4 倍，最终生产成本与露天开采的相当，比井工开采的低 75%～80%；生产过程能够完全实现机械化和自动化控制，劳动强度大幅度降低；省去了煤的运输、装载和卸载工序，且没有煤灰污染；无须建设占用大面积土地的废物垃圾场，且可能把废物转换成固体肥料；土地复垦的成本比常规煤炭开采方法的低约 83%。煤炭地下气化开采方法可以将不适合井工或露天开采的煤炭资源开发利用。安格连斯克煤炭地下气化产业是当今世界煤炭地下气化技术成功的范例，值得我国的能源和相关行业的决策者关注。

（2）美国煤炭地下气化项目

美国煤炭地下气化试验始于 1946 年，在亚拉巴马州的浅部煤层中进行，煤气热值达0.9～5.4 MJ/m^3。美国煤炭地下气化研究试验投入大量资金。劳伦斯-利弗莫尔、桑迪亚国家实验室等研究机构应用高新技术进行煤炭地下气化的实验室研究和现场试验。到 20 世纪 80 年代中期，共进行 29 次现场试验，累计气化煤炭近 4 万吨，煤气最高热值达 14 MJ/m^3。劳伦斯-利弗莫尔国家实验室开发成功的受控注入点后退（CRIP）气化新工艺，是煤炭地下气化技术的一项重大突破，使美国煤炭地下气化技术居世界领先地位。美国煤炭地下气化试验，证实了煤炭地下气化技术的可行性，但产气成本远高于天然气，据美国能源部 1986 年评估报告，煤炭地下气化成本为 4.8 美元/MBtu，而天然气井口价仅 1.7 美元/MBtu，汉那商业性地下气化站设计预估成本高达 10.4 美元/MBtu。（Btu 为英制热量单位，1986 年，1 MBtu 相当于 28 m^3 天然气的热量）

劳伦斯-利弗莫尔国家实验室 1976 年开始研究煤炭地下气化，在模拟研究和实验室研究的基础上，1976—1979 年在怀俄明州吉利特附近进行了 6 次现场试验，先后采用爆炸破碎、反向燃烧和定向钻孔贯通技术，注入空气和氧气/蒸汽。这些试验除爆炸破碎效果不佳外，煤气热值都超过 4 MJ/m^3，最高达 10.3 MJ/m^3，但都发生冒顶、漏气和水流入等问题。为解决这些问题，提高气化效率，该实验室研究开发出受控注入点后退气化新工艺。这种新工艺把定向钻进和反向燃烧结合在一起，定向钻进先打垂直注入孔和产气孔，到达煤层后，从注入孔沿煤层底板继续打水平孔，直到与产气孔底部相交。

1983 年，在美国华盛顿州森特勒利亚附近的韦特柯煤矿进行首次全规模现场试验。气化煤层厚度为 11 m，气化上部的 6 m 煤层，煤种为高灰分（20%）、低渗透性次烟煤。试验历时 30 d，开始注入空气和蒸汽，第 14 天注入氧气和蒸汽，气化煤量为 1 814 t，煤气热值为 9.5 MJ/m^3。受控注入点后退气化新工艺的最大优点是气化过程能够得到有效控制，且产气量大，还有可能回收因发生大冒顶从旁路逸出的煤气。受控注入点后退气化新工艺的主要缺点是点火操作比较复杂。受控注入点后退气化新工艺在美国试验成功以后，国外几乎所有无井式地下气化试验或可行性研究项目都采用这种新工艺。

（3）澳大利亚煤炭地下气化项目

澳大利亚具有丰富的煤炭资源，煤炭地下气化的合成气价格低廉，可用作天然气发电厂的燃料。在澳大利亚石油资源自给程度逐渐下降的情况下，煤炭地下气化商业化前景广阔。1999—2003 年期间，林茨能源有限公司在昆士兰钦奇拉取得西方世界第一个煤炭地下气化项目的半商业化成功。2006 年后，相继有碳能源公司和美洲豹能源公司分别在红木溪（见图 11-5）和金格罗伊开展煤炭地下气化，2010 年自由资源有限公司在昆士兰秀拉特盆地、丹尼森凹地、加利利盆地等 19 块含煤地区获得勘探许可。

2009 年以后，除昆士兰以外，先后在西澳大利亚的东哥拉、维克多利亚的吉普斯兰盆地，南澳大利亚的瓦洛威盆地、圣文森特盆地、阿恰林嘎盆地及悉尼以东近 6 000 km^2 近海海上地区等至少 12 个煤炭地下气化点开展项目。林茨能源有限公司采用 Exergy UCG 技术。该公司是一家从事油、气、煤炭资源开发，煤炭地下气化以及合成油和发电的上市公司；入股并运行全球运行时间最长的商业化煤炭地下气化站（乌兹别克斯坦，安格连斯克气化站）；全球合作项目涉及亚洲、非洲、美洲；2003 年开始在钦奇利亚进行了商业示范，如图 11-6 所示。2009 年 5 月，林茨能源有限公司获得在美国第 1 个开展煤炭地下气化项目的租赁地（横穿

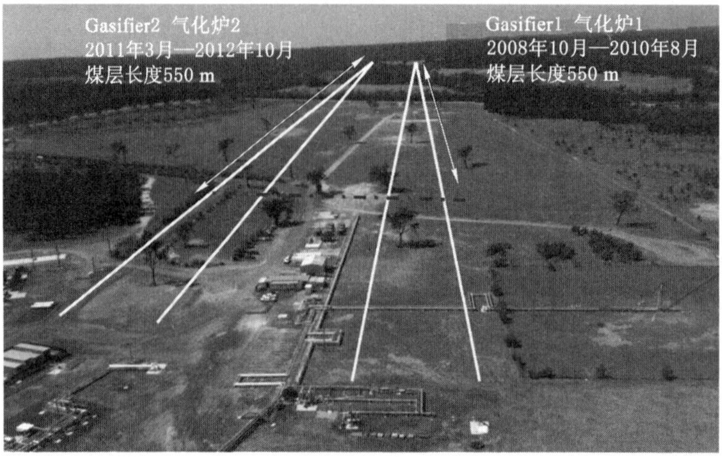

图 11-5　澳大利亚碳能源公司红木溪煤炭地下气化项目

蒙大拿州)，同年 9 月在北达科他州获得另外 1 个。2010 年 3 月，林茨能源有限公司签署了在阿拉斯加州考克湾盆地的租赁地协议。

图 11-6　澳大利亚林茨能源有限公司钦奇利亚煤炭地下气化项目

(4) 比利时煤炭地下气化项目

20 世纪 70 年代，比利时在波利纳日煤田的图林进行了煤炭地下气化试验，这是比利时和德国的深部煤层地下气化试验合作项目。气化煤层厚度为 4 m，埋深为 860 m，煤种为瘦煤。1978—1980 年打了 4 个钻孔，呈星形布置，2 号钻孔居中，1、3、4 号钻孔沿圆周布置，与 2 号钻孔相距 35 m。第一阶段采用反向燃烧法进行贯通试验，由 1 号钻孔注入高压空气(最大压力为 26 MPa)。由于地层压力高达 20 MPa，煤层刚被烧通，周围煤体即在高压作用下产生蠕动，将通道封死，注入孔底附近的煤层发生自燃，试验失败。

1983 年，改用小曲率半径定向钻进技术进行贯通试验。采用多节挠性钻管，依靠钻孔中的导向装置导向，使垂直注入孔逐渐转向，进入煤层中继续钻进，钻到距垂直生产孔 2～4 m处停止，用 17.5 MPa 高压水打通，完成贯通，曲率半径仅为 15 m。1986 年，定向钻孔顺利完成。气化试验采用美国的受控注入点后退气化新工艺。为适应深部煤层，对该工艺作了一些修改。气化剂采用氧气和二氧化碳，不用蒸汽。因为蒸汽要在 250 ℃下输送，成本高，而且在到达气化带前会因岩层的热交换而冷凝。采用氧气和二氧化碳，注入孔不用绝热，孔径可减小 35%。

(5) 日本煤炭地下气化项目

日本由于煤炭储量少，而且地层条件又极其恶劣，难以用传统工艺开采，因此对煤炭地下气化十分重视。前期的煤炭地下气化试验在自然条件下进行，第一次试验气化 200 h，试验基本成功；第二次试验气化 126 h，气化煤量约为 135 t，获得 6.7×10^5 m^3 煤气，其热值为 2.6～4 MJ/m^3。

日本东京大学针对煤炭地下气化开展了技术和经济方面的研究，并代表日本新能源产业技术综合开发机构(NEDO)对煤炭地下气化技术进行了系统调研。日本的丸红商社曾准备与澳大利亚林茨能源有限公司、越南阔民公司和松红能源公司在越南兴安省合作开展煤炭地下气化项目。2011 年，日本三菱公司、日立公司与中国的新奥气化采煤有限公司在煤炭地下气化项目的开展方面进行了交流。

近年来，日本室兰工业大学与北海道大学、九州大学就煤炭地下气化技术合作开展了一系列研究工作。2016—2017 年间，煤炭地下气化小组在日本北海道三笠市进行了无井式同轴型煤炭地下气化技术的试验。此次试验地点位于三笠市露天煤矿附近的浅埋煤层中，如图 11-7 和图 11-8 所示，气化目标煤层为急倾斜薄煤层。在煤炭地下气化试验过程中，采用煤层激光点火系统，气化煤气的热值为 4.2～6.8 MJ/m^3。试验中对地下水的温度、pH 和溶氧量等进行取样测量，未发现明显改变；并在试验前后对煤炭地下气化场地周围进行了植被调查，也未发现对周围植被产生明显影响。

图 11-7　日本三笠市无井式同轴型煤炭地下气化项目现场

(6) 西班牙煤炭地下气化项目

1988 年，6 个欧共体成员国组织成立欧洲煤炭地下气化工作小组，进行欧洲典型煤层地下气化可行性的商业规模示范验证。项目选定西班牙特鲁埃尔矿区中等深度煤层进行现场

图 11-8 日本三笠市无井式同轴型煤炭地下气化项目点火成功现场

试验。

该项目实施时间为 7 年零 3 个月，从 1991 年 10 月到 1998 年 12 月。气化煤层煤种为次烟煤，厚度约为 2 m，埋深为 500～700 m，硫分高达 7.26%。试验采用受控注入点后退气化新工艺。用潜孔钻机进行小孔径定向钻进，注入孔和生产孔相距 150 m，注入管和点火器与图林项目的基本相同，在地面用特制的滚筒使其在注入孔内移位。气化试验从 1997 年 6 月 30 日开始，共进行 3 次(即注入点后退 3 次)，到 10 月 6 日结束。气化剂为氧气和蒸汽。气化过程中对气化剂流量、产气孔压力、煤气流量和组分等进行监测和分析。根据参与气化的元素质量平衡测量气化煤量、煤气损失量和地下水涌入量，用示踪气体氦气监测煤层空穴的扩展动态。

气化试验完成后，在地面钻孔并取心，勘测气化空穴的形状和气化残留物；对气化区周围地下水中的污染物以及煤气输送管道的腐蚀情况进行取样分析。试验结果表明，定向钻孔适于建立气化通道，受控注入点后退气化新工艺效果良好，运行顺利；煤气产出率随注氧量增加而增大，反应灵敏，这对发电很有利；煤气热值达 10.9 MJ/m^3，与地面气化相当，约为天然气的 1/3。

这次试验解决了一系列技术问题。如果现有的技术问题得以解决，并证明经济合理，则煤炭地下气化可在短期内实现商业化，这是欧洲利用自有煤炭资源发电的战略选择。此外，欧洲煤炭地下气化技术还有良好的出口前景，包括钻井、完井所用特种钢，气化工程技术等。通过此次项目也发现，还需要进一步研究煤炭地下气化过程的控制技术；需要采取安全措施防止钻井垮塌；通过地下气化可减少 CO_2 排放，具有重要的环保意义，但仍需进一步研究气体和液体向周围地层的扩散特性。

(7) 英国煤炭地下气化项目

英国自 1912 年进行煤炭地下气化试验，在中断 30 多年后，于 1949 年恢复试验。英国 1949 年在德比郡的纽曼灌木林，1950 年在乌斯特郡的启杰建立煤炭地下气化试验站。截至 1956 年，先后共进行过 6 次试验。英国曾进行了 U 形炉火力、电力和定向钻进贯通试验及单炉、盲孔炉等试验，积累了丰富的资料；曾用有井式盲孔炉组成复合炉，一次气化 20 万吨煤炭，煤气直接用于一个 500 kW 的电厂发电。英国计划用地下气化技术开采 1 000 m 以下的深部煤炭和海下煤炭资源。1988 年起，英国参与了欧共体在西班牙进行的联合试验，该试验于 1998 年 12 月完成。在此基础上，英国于 1999 年在 67 号能源报告中提出了其地下煤气化战略。

英国贸易与工业部 1999 年发表能源白皮书，后在苏格兰福斯湾试点，2004 年发表蓝皮书，总结煤炭地下气化在英国的可行性，并以政府文件的形式提出 CO_2 的俘获、利用、储存的概念。英国贸易与工业部 2005 年又发表了有关发展碳消除技术的文件，2006 年发布了福斯湾的研究结果，2009 年在英国海岸四周批准了 5 个煤炭地下气化试点项目。

11.1.2　国内煤炭地下气化技术的发展

我国开展煤炭地下气化技术研究工作较世界上其他一些国家晚，在 20 世纪 50 年代末 60 年代初的中苏友好时期，在学习苏联煤炭地下气化技术的基础上，我国开始了煤炭地下气化技术的研究，1958—1962 年，我国在鹤岗、抚顺、蛟河、大同等矿区进行了自然条件下煤炭地下气化的试验，取得了一定的成果。鹤岗煤炭地下气化试验是在 1960 年进行的，首先用电贯通方法建立一个 10 m 长的通道，然后通过火力渗透，建立一个 20 m 长的通道(包括电贯通的 10 m)，并连续采用此通道气化 20 余天，生产出可燃煤气，但受当时技术、经济条件的限制，未能将这一工作持续下去。

我国针对能源供应紧张、矿井遗弃煤炭资源多以及传统的煤炭资源开采、运输、使用过程中环境污染较大的问题，提出了利用煤炭地下气化技术开采传统煤炭开采技术难以开采或开采经济性、安全性差的煤层的技术路线，并成立了煤炭工业地下气化工程研究中心，开始对无井式、有井式地下气化进行深入的研究。

80 年代末，我国在徐州马庄煤矿遗弃煤柱中进行了现场试验，由此提出了适用于我国矿井煤炭地下气化的“长通道、大断面、两阶段”地下气化新工艺，并先后进行了一系列煤炭地下气化试验探索(见图 11-9 和图 11-10)。首先进行了江苏省“七五”攻关项目——徐州马庄煤矿煤炭地下气化试验，即无井式火力渗透贯通，空气介质煤炭地下气化试验，气化通道长 32 m，生产出热值为 2.52 MJ/m^3 的煤气。国家“八五”重点科技攻关项目——徐州新河二号井煤炭地下气化半工业性试验，在井下煤柱中采用长通道大断面工艺进行了半工业性试验，气化通道长 168 m，稳定生产煤气 96 d，日产煤气 3.6×10^4 m^3，共产煤气 3.45×10^6 m^3，气化煤量 1 152 t，煤气热值为 5 MJ/m^3。河北省重点科技攻关项目——唐山刘庄煤矿煤炭地下气化工业性试验，选择急倾斜煤层(气煤)，采用长通道、大断面、两阶段气化工艺，生产热值为 4.2～5.7 MJ/m^3 的空气煤气，日产可达 1.0×10^5～1.2×10^5 m^3；同时生产了水煤气和半水煤气，热值可达 15 MJ/m^3，日产达 5.0×10^4 m^3。1997 年 9 月，在黑龙江依兰煤矿，利用矿井式煤炭地下气化技术进行了两个多月的试验，生产出热值为 5 MJ/m^3 的煤气。2000 年，河南新密下庄河煤矿进行了三个月试验，生产空气煤气、水煤气，用富氧作为介质生产高热值煤气。山东新汶孙村煤矿的煤炭地下气化技术研究与应用项目，生产出平均热值为 10.54 MJ/m^3 的煤气，并进行了民用及内燃机发电。2001 年，山东肥城曹庄煤矿在含硫煤层中进行煤炭地下气化试验，生产出高硫煤气，热值为 6.28 MJ/m^3。2001 年，山西昔阳煤炭化学工业有限总公司首次在无烟煤煤层中采用“长通道、大断面”工艺进行煤炭地下气化试验并取得成功，生产出热值为 5.7 MJ/m^3 的煤气。

“长通道、大断面、两阶段”地下气化工艺原理与传统的无井式气化方法基本相同。不同的是，其采用人工方法加长气化通道(长度为 100 m 以上)，加大气化断面(断面积为 4 m^2 左

图 11-9　唐山刘庄煤矿煤炭地下气化项目

图 11-10　山西昔阳煤炭地下气化项目

右);两阶段是指参与气化的介质不同,间歇替换地鼓入空气(或氧气)和水蒸气。结果是,该地下气化工艺反应断面大、气化通道长、产气量多、延续时间长,可以生产高热值的煤气,为大规模工业化利用打下了基础。

从 20 世纪末开始,我国在总结国内外地下气化研究实践的基础上,探索和发展了欧美的"受控注气法"地下气化工艺,并结合我国煤层地质条件和开采工艺特点,提出并实践了"煤炭地下导控气化开采"新工艺。该工艺以导控燃烧理论为基础,采用条带炉导流燃控技术、炉体围岩稳定性和密闭性岩控技术、燃空区清洁处理污控技术等新技术,对地下气化过程的火焰工作面推进位态进行有效的导引控制,使得地下燃烧蔓延的方向路径可导、强度位态可控,达到产气热值高、稳定性强并可规模化生产的效果。2002 年国家高技术研究发展计划(863 计划)——"煤炭地下气化稳定控制技术的研究"项目,对不同煤种(褐煤、烟煤、无烟煤)、不同厚度(薄、中厚、厚)、不同倾角(近水平、缓倾斜、急倾斜)的煤层进行了试验研究。

2007 年 4 月开始,我国在乌兰察布弓沟煤田进行煤炭地下气化现场试验系统建设,2009 年 6 月成功产气发电,日产气量达 3.0×10^5 m^3,累计发电超过 4.7×10^6 kW·h。该技术已实现空气和富氧二氧化碳连续稳定气化，实现 30 个月连续生产，气化炉产气规模可调，单炉产能可达 5.0×10^5 m^3/d 以上，煤气热值根据产品用途的不同在 356～816 kJ/m^3 间可调，煤炭能量转化效率达 60%。贵州盘江矿区山脚树煤矿煤炭地下气化项目，开始于 2015 年 11 月，2018 年 10 月点火成功，先后攻克了地下气化炉的新型结构和导向钻孔建炉新工艺、火焰工作面的定向推进燃烧导控新工艺及其组合装置等技术难题。

2015 年 12 月，新疆化石能源联合开采低碳循环利用产业化试验示范项目，就煤炭地下气化以及 CO_2 联产驱油技术等在乌鲁木齐市进行了可行性专家论证。新疆地区煤层和油层的赋存特点是煤油互存，即煤层在上部，埋深大部分在 400～1 500 m，油层在下部，埋深大部分在 2 500～3 000 m。因此，该项目在上部煤层利用钻井或废油井构建地下气化炉，采用煤炭地下气化技术气化煤炭资源，将煤气分离成 CO_2、CH_4、CO＋H_2，CH_4 液化后生产液化天然气(liquefied natural gas，LNG)，CO＋H_2 用于发电，CO_2 注入下部的油层驱油，在提高油田采收率的同时 CO_2 被封存，以实现煤炭的低碳循环开采，可获得更好的经济效益。

内蒙古的中为能源鄂尔多斯唐家会矿区煤炭地下气化(简称 ISC)技术工业化示范项目于 2018 年开工建设，并在 2019 年 10 月点火成功(见图 11-11)。该气化项目旨在实现实时自动化监控、在线分析，采用纯氧气化及多功能注入井和高温产品井技术，并实现连续、稳定生产煤气。

图 11-11　鄂尔多斯唐家会矿区煤炭地下气化项目

立足我国国情，特别是煤炭资源整合后，各大煤业集团都步入“大矿时代”，部分经济性、开采安全性差的薄煤层、急倾斜煤层、深部煤层、“三下”压煤以及高硫、高灰、高瓦斯煤层煤炭资源被废弃。我国学者一直以来致力于开发一种基于化学开采理论的最适合目前中国国情的新型高效煤炭地下气化(NE-UCG)工艺方法，该方法可有效开发此类煤炭资源，提高资源利用率，推动经济资源结构转型。

11.2　煤炭地下气化原理

煤炭地下气化是一种煤炭原位化学开采方法，是采用化学手段提取出深部原位煤炭中能量，将固体煤炭资源流态化开采的一种煤炭绿色开采新技术。国务院印发的《“十三五”国家科技创新规划》提到要构筑国家先发优势，围绕“深空、深海、深地”，发展保障国家安全和战略利益的技术体系。其中，深地包括地球深部的矿产资源、能源资源的勘探开发，“深地”战略的目标是争取到2030年成为世界地球深部探测领域的“领跑者”。

煤炭地下气化从根本上改变了煤炭的开采与利用方式，它是将地下赋存的煤在煤层中进行有控制的燃烧、通过热作用及化学作用产生可燃气体（CO、CH_4、H_2等）、综合开发清洁能源的过程。煤炭地下气化是集建井、采煤、转化工艺为一体的，融合多学科的开发清洁能源与化工合成气的新技术。目前，国外主要采用的无井式煤炭地下气化方式，即在一定距离的煤层上方地面打钻孔，一个进气孔，一个排气孔，并将两个钻孔在目标煤层内贯通，也可以在两孔中间特定位置打辅助孔与气化通道连接。其工艺是在进气孔与煤层贯通孔（气化通道）交叉处将煤炭点燃并适量鼓入气化剂，煤炭经氧化产生 CO_2 并放出热量，随着气化向排气孔方向流动，整个气化通道被加热干馏，CO_2 与碳发生还原反应生成 CO 和少量 H_2，最后在排气孔形成含 CO、H_2、CH_4 以及 N_2 等混合组分的可燃煤气。

图 11-12 为一个典型的煤炭地下气化系统示意。它包括一个目标煤层和两个由地面向煤层钻入的垂直或有一定角度的定向钻孔，其中一个钻孔用于注入气化剂（空气、氧气、富氧空气或水蒸气等），在点火成功后与煤发生类似地表气化炉的化学反应，产生的可燃气体通过另一个钻孔传出地表并被回收和净化利用。煤炭地下气化技术将传统的物理采煤变为化学采煤，将气化后产生的灰渣滞留地下，并省去了煤炭开采、运输、分选等过程，具有安全、环保、经济效益好的优势，减少了在煤炭生产和使用过程中造成的环境破坏，极大地提高了煤炭资源的利用率。另外，煤炭地下气化技术也可以回收传统采煤法开采不经济和因为埋藏地质条件复杂而无法开采的煤炭资源。

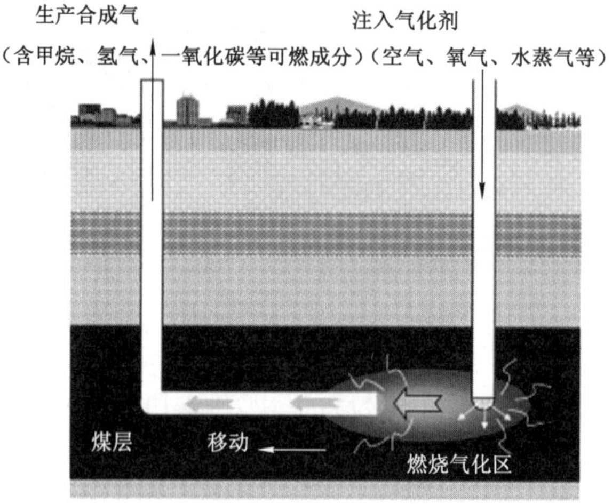

图 11-12　煤炭地下气化系统示意

煤炭地下气化是煤层与气化剂（空气、氧气、水蒸气、二氧化碳或这些气体的混合物）在高温条件下发生化学反应，煤中的可燃部分转化为气体燃料的过程。煤炭气化的本质是将煤中有效的高分子固态物质转化为低分子气态物质，即改变煤中碳氢比的过程。生产可燃煤气是煤炭地下气化的最终目的，煤气的有效成分是 CO、H_2 和 CH_4 等可燃气体。

就整个气化过程而言，煤炭地下气化既不同于焦化，也不同于燃烧。首先，煤层在脱出挥发分过程中生成的挥发分和焦炭，均可进一步转化为气态产物，直至最后剩下既不能参与气化，又不能被氧化的灰渣；其次，煤炭地下气化是一个不完全燃烧过程，其目标产物是 CO、H_2 和 CH_4，而完全燃烧的产物是 CO_2 和 H_2O，但气化过程中的基本反应与燃烧过程中的化学反应有类似之处。

整个煤炭地下气化区域可以分为氧化区、还原区和干馏干燥区，如图 11-13 所示。

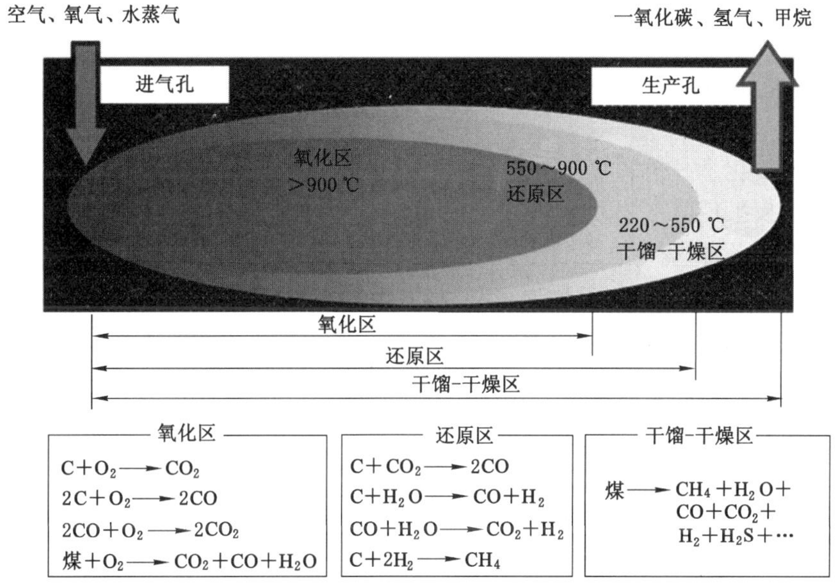

图 11-13　煤炭地下气化原理示意

(1) 氧化区

在氧化区中，主要是气化剂中的氧与煤层中的碳发生多相化学反应，产生大量的热。由进气孔鼓入气化剂[空气、O_2 和 $H_2O(g)$]，并在进气侧点燃煤层，在气化通道的起始段内，煤中的碳和氢与空气中的氧发生化学反应，生成一氧化碳、二氧化碳和水蒸气[$C+O_2 \longrightarrow CO_2$、$2CO+O_2 \longrightarrow 2CO_2$(燃烧反应)，$2C+O_2 \longrightarrow 2CO$(不完全燃烧反应)，$2H_2+O_2 \longrightarrow 2H_2O$ 等]。在化学反应过程中，同时产生大量热量，温度高于 900 ℃，致使附近煤层炽热。

(2) 还原区

在还原区中，主要反应为 CO_2、$H_2O(g)$ 和炽热的碳相遇，在足够高的温度下，CO_2 还原成 CO，H_2O 分解为 H_2 和 CO。气流沿气化通道向生产孔方向流动，当气流中的氧已基本耗尽而温度仍在 800～900 ℃以上时，二氧化碳与炽热的煤相遇，吸热并还原为一氧化碳($CO_2+C \longrightarrow 2CO$)。同时，空气中的水蒸气与煤中的碳起反应，生成 CO 和 H_2 以及少量的烷族气体($4C+3H_2O \longrightarrow CH_4+3CO+H_2$)。

(3) 干馏-干燥区

还原反应过程要吸收一部分热量，因此气流的温度会逐渐降低到 550 ℃以下，以致还原反应停止。此时燃烧中的碳不再进行氧化，而只进行干馏，放出许多挥发性的混合气体，有氢气、甲烷和其他碳氢化合物。这段称为干馏-干燥区的干馏部分。

在干馏之后是脱水干燥。混合气体此时仍有很高的温度可气化其中的水分，混合气体干燥后，最后可得到CO_2、CO、O_2、H_2、CH_4、H_2S和N_2等的混合气体，其中CO、H_2、CH_4等是可燃气体，它们的混合物就是气化煤气产物。

从化学反应角度来讲，三个区域没有严格的界限，氧化区、还原区也有煤的热解反应，三个区域的划分只反映在气化通道中氧化、还原、热解反应的相对强弱程度。经过这三个反应区以后，生成了含可燃组分主要为H_2、CO、CH_4的煤气，气化反应区逐渐向出气口移动，从而保持了气化反应过程的不断进行。

11.3 煤炭地下气化影响因素

煤炭地下气化是一个非常复杂的物理化学过程，影响气化煤气产量和热值的因素很多，既有地下气化所采用的工艺方法，又有目标煤层自身的特性及煤层顶底板的赋存状态。煤种及煤层的赋存条件（煤中灰分含量、煤层厚度、煤层倾角、断层区域及围岩性质等）、煤层含水量及涌水量、气化炉结构与气化通道参数（通道类型及断面）、气化剂成分及浓度、鼓风速率及压力、气化区温度场等都是影响气化效率和气化过程稳定性的重要因素。

11.3.1 气化剂成分和鼓风速率

气化过程中，不同气化剂成分[空气、O_2、$H_2O(g)$和CO_2等]及其混合比例对气化效率和生成的气化煤气成分有很大的影响。用空气做气化剂，生产空气煤气，成分以CO为主，H_2较少，热值较低。用富氧或纯氧做气化剂，煤气成分以CO为主，H_2较多，热值中等。用水蒸气做气化剂，生产水煤气，成分以CO、H_2为主，有少量CH_4，热值较高。

地下气化的效率受鼓风速率和鼓风量影响很大。气流运动速率越大，扩散速率也越大，煤的气化强度增大。鼓风速率增加，初级产物一氧化碳的燃烧可以部分避免，而从氧化区被带走，一定条件下，提高鼓风速率可以相应地提高煤气热值。

煤层中水的涌入速率很难控制，但通过改变鼓风速率可以在一定程度上抑制水涌入所造成的影响。在相同涌水速率的情况下，鼓风速率越高，气化区温度越高，煤气中水的含量越少。

正常情况下，煤气热值随着鼓风速率的增加而增大，但鼓风速率的增加是有限的，过高时系统压力会增大。鼓风速率超过一定数值，部分气化剂将不经过氧化区而到达还原区，这会导致部分气化产物被燃烧，煤气热值反而降低，二氧化碳含量增加。因此，鼓风速率的合理选择，与目标煤层的埋藏条件和煤的物理化学性质有关，并可以由前导性试验进行确定，同时受鼓风压力、气化通道断面等系统设计参数的限制。

因此，在整个煤炭地下气化过程中，鼓风速率不是一成不变的，而要根据气化煤气成分的变化和气化通道的演化实时调整，从而获得稳定的、高热值的煤气。

11.3.2 气化区温度场

煤炭地下气化是一个自热平衡的过程，通过煤的氧化燃烧，地下气化区能够维持足够高的温度，进而进行还原反应和热解反应等，产生气化煤气。研究表明，煤的碳转化率随反应时间增加而增大；随气化温度的增高，煤焦转化率增加，气化速率增大。

地下气化过程的稳定性主要决定于单位时间内参与气化反应的碳量，这与气化区的温度有关。不同的气化温度对应着不同的气化产物组成，温度增高不仅能加速煤的气化，减少残炭和灰渣，也可促使 CO_2 还原，使 CO 的含量增加，提高煤气的热值。

地下气化区的温度增高也可促进水蒸气分解，从而提高气化煤气中可燃气体成分 H_2 的含量；并且较高的温度，可以提高煤层热分解的程度以及热解煤气的产量。

11.3.3　气化区涌水速率

煤炭地下气化过程中，影响气化区涌水速率的因素包括煤层围岩的含水量、地下水涌入量、人为注水量、目标煤层自身的含水量和在热解反应中产生的水量等。

气化区涌水速率是由围岩的渗透率和目标煤层的静水压力所决定的。通常条件下，静水压力随时间变化缓慢，基本上是稳定的。判明水涌入的实际轴向分布范围一般比较困难，而其分布情况对煤气组成有很大影响。

地下气化区存在适量的水，对气化过程是有利的。在高温下水被分解，参与气化反应后，可增加煤气中 CO 和 H_2 的含量，同时又能适当降低煤的燃烧温度，进而降低煤灰的熔融温度，保证良好的析气条件。如果水涌入速率较大，当超过一定的限度时，高温气流的冷却作用及 CO/CO_2 平衡转换占优势，可燃气体成分相对减少，煤气的热值会降低。当水涌入速率过大时，一般采取提高鼓风压力和维持足够高的温度的措施，以蒸发涌入气化区的水，从而加强水与煤层的反应，并相应提高煤气的热值。

气化区的涌水量对地下气化通道的贯通和气化效率有很大的影响。在气化通道形成初期，通道空间小，内部表面积不大，只有较少的水涌入通道，影响不大；但在气化通道贯通以后，随着煤层气化，气化的空间迅速增大，进入地下气化区的水量也增大，将严重影响气化过程的进行。当煤层中的水分含量超过一定限度时，还原带的温度及气化过程受到很大的影响，同时反应区中燃料的燃烧热分配不当，化学热降低而物理热升高，从而造成很大的热损失。

11.3.4　气化通道参数

气化煤气中可燃气体成分的产生在气化通道中经历了三个不同的反应区，当气化通道较长时，氧化区、还原区、干馏-干燥区均能得到充分发育，这有利于一些可燃气体生成反应的进行，使煤气中的 H_2、CO、CH_4 等成分的含量增加，煤气热值提高。若气化通道过短，只有氧化区和还原区得到发育，干馏-干燥区很短或消失，这样煤的热解反应减弱，煤气中 CH_4 含量降低，煤气热值亦降低。因此，一个稳定高效的地下气化过程需要建立足够长的气化通道。

通常情况下，地下气化通道的断面适当增大，可以改善气化煤气的质量，使煤气中可燃成分大幅度增加，从而提高煤气的热值。首先，在较长的气化通道中，煤层燃烧后形成大而稳定的高温场，氧化带和还原带的范围扩大，可燃组分增多，从而使煤气热值提高；其次，由于通道长、断面大，干馏煤气产量大，CH_4 含量高；再次，较长的干馏-干燥带，使得煤气热量多用于加热煤层，因而热效率高。这些都为煤炭地下气化创造了良好的条件。

然而，过长的地下气化通道和过大的通道断面，在一定程度上会导致高温气化煤气冷却，CO 与 CO_2 的含量比降低，CH_4 生成速率减小。因而，对于某一特定的目标煤层，应设计合理的气化通道参数。

11.3.5 目标煤层赋存条件

(1) 煤种与围岩条件

气化反应过程与煤的性质和组成有着密切的关系，又与煤层情况和地质条件有关。例如，无烟煤由于透气性弱，气化活性差，脆性很高，在外力作用下容易分解，一般不适于地下气化；而褐煤最适于地下气化，褐煤具有机械强度差、易风化、难于保存、水分大、热值低等特点，不宜于直接开采，而其透气性好、热稳定性差、没有黏结性、较易开拓气化通道，故有利于地下气化。

影响气化过程稳定性的因素还有许多，如围岩受热变形、塌裂、扩展状况，煤质及煤层赋存条件等。这些因素对气化区的选择和气化系统的构建过程影响较大，而对于气化过程控制煤气成分和热值的影响不大。煤层顶底板岩层的性质和结构对地下气化有重要影响，要求邻近岩层完全覆盖气化煤层。当气化过程进行到一定程度时，顶板往往在热力、重力和压力等作用下破碎并垮落，造成煤气泄漏，影响气化过程的有效性和经济性。

对煤炭地下气化会产生影响的构造主要为断层、陷落柱和岩浆侵入体。断层和陷落柱会破坏煤层的连续性，且构造区域的围岩破碎，易沟通含水层；而岩浆侵入煤层，将其切割、穿插、蚕食或吞蚀，不仅影响煤层连续性，而且会改变周围煤层厚度，并提高煤中的灰分含量。煤炭地下气化技术的优点之一是可用于开采那些结构复杂的煤层，但要求连续的煤层至少可以布置一个火焰工作面，并留有足够的隔离煤柱，防止气流泄漏。

(2) 煤层厚度

在煤炭地下气化过程中，气化区和气化煤气不仅因水的涌入而被冷却，而且其中一部分热量散失到煤层和围岩(底板、顶板等)中去。当煤层厚度较小时，围岩的冷却作用的剧烈变化对煤气热值影响甚大。对于较薄煤层，增加鼓风速率或富氧鼓风可以提高煤气热值。煤层的倾角对其地下气化也有影响，一般情况下，急倾斜煤层更适宜地下气化。

11.4 地下气化煤气的综合利用前景

煤炭地下气化所生产煤气的有效利用取决于煤气的成分组成及热值。气化目标煤层的地质赋存条件、煤种和气化工艺方法直接影响气化煤气的成分及热值。

煤炭地下气化煤气具有成本低、质量高等优点，而合理利用地下气化煤气，是进一步提高煤炭地下气化经济效益的重要途径。根据煤气成分和应用条件，地下气化煤气经处理后，可用于联合循环发电、提取纯 H_2 以及用作化工原料气、工业燃料气、城市民用煤气等。地下气化煤气综合利用途径如图 11-14 所示。

11.4.1 化工合成联产

煤炭气化是煤炭转化的重要形式之一，它在各类生产过程中起着承前启后的作用。煤制化工合成原料气在煤化工中有着重要的地位。国内外正在把煤化工发展成为以煤炭气化为基础的“C1 化学”[以分子中只含一个碳原子的化合物(如 CO_2、CH_4 等)为原料来合成一系列化工原料和燃料的化学]工业，使煤化工由能源型转向化工型。煤气化制得的合成气用作化学工业的基本原料，在与石油化工的竞争中不断发展和提高。但煤化工要与石油化工

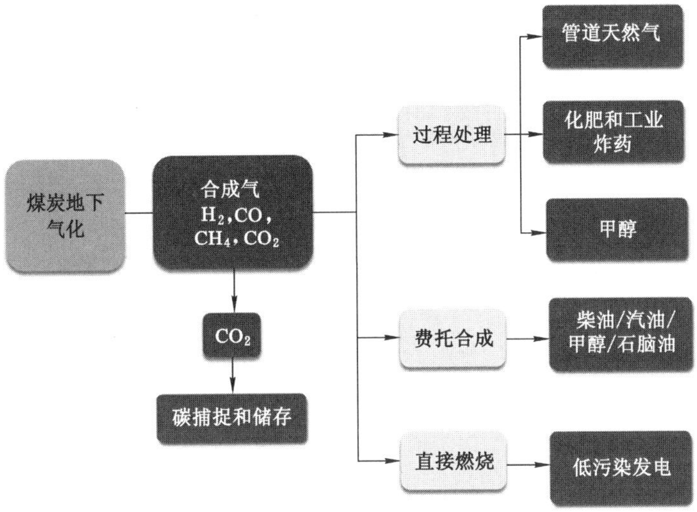

图 11-14　地下气化煤气综合利用途径

和以天然气为原料的化工合成相竞争，必须有能耗低、投资小的气化技术作为基础。而煤炭地下气化技术正具有这样的特点，通过煤炭地下气化生产合成气，可以充分发挥煤炭地下气化的技术优势，为煤化工的发展提供新的扩展空间。

在利用地下气化煤气合成化学产品的工艺流程中，原料煤无须处理，煤气出口温度一般较低，整个合成路线趋于简化。但大部分煤种气化后甲烷含量较高，需要经过富集及变换处理，使之转化为有效组分。由于煤层赋存条件不同、煤种不同及地下气化工艺不同，地下气化煤气的组成有一定差别，因此在工业生产中，需要根据具体情况调整工艺参数，优化工艺流程，保证地下气化煤气中 CO 和 H_2 的含量，且使其比例符合具体的化工合成要求。

11.4.2　合成氨

合成氨是一项成熟的煤气化及化工合成联产项目。但传统的煤气化工艺普遍采用常压固定床间歇气化法，成本高，技术落后，企业效益差，急需改造。我国先后引进了鲁奇炉、德士古炉、U-GAS 炉，但这些目前较先进的气化技术又存在投资大、运行费用高等缺点，从而导致氨及后续化工产品缺乏市场竞争力。若煤炭地下气化采用富氧-水蒸气做气化剂，则可以获得合格的合成氨原料气，并可使产品成本大大降低。

11.4.3　合成液化天然气

液化天然气的主要成分是甲烷。液化天然气无色、无味、无毒且无腐蚀性，其体积约为同量气态天然气体积的 1/625，质量仅为同体积水的 45%左右。

丹麦托普索公司推出的一种煤制天然气 TREMP 技术，采用托普索的专用催化剂，可将煤炭或生物质转化为天然气。其工艺过程是：将煤炭先转化为合成气（主要成分是 H_2 + CO），再经过一个耐硫的脱酸性气体装置去除 H_2S 和过量的 CO_2。

一般来说，液化天然气产业链包括液化、运输、气化，然后由管网输送给用户。图 11-15 所示为煤炭地下气化联合液化天然气产业链示意。

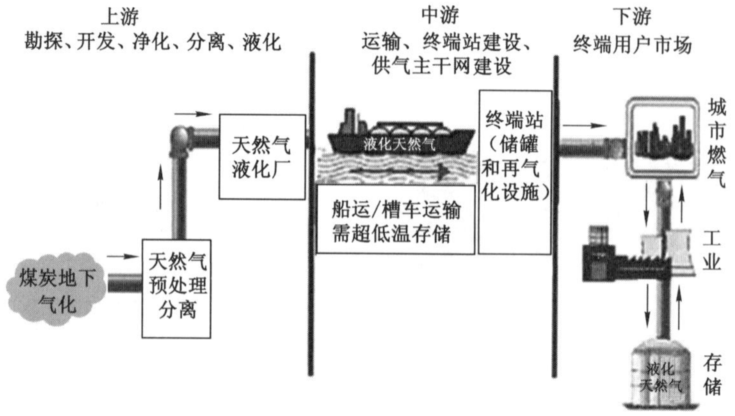

图 11-15　煤炭地下气化联合液化天然气产业链示意

11.4.4　合成二甲醚

二甲醚作为清洁能源已引起人们的普遍关注。二甲醚具有许多独特的性质，在制药等化学工业中有许多独特的用途。它可以替代氟利昂用作气溶胶喷射剂和制冷剂；高浓度的二甲醚可用作麻醉剂，也可以作为化工和燃料电池的原料。此外，二甲醚还可作为优质的民用燃料及车用燃料。随着工业和科学技术的发展，二甲醚的用途越来越广泛，需求量越来越大。新型的一步法合成二甲醚可以显著降低生产成本，使其在市场中具有竞争性。

二甲醚合成气要求 H_2 与 CO 的含量比值为 1.5～2.0，水煤气消耗定额为 4 500 m^3/t。地下气化模型试验表明，采用富氧-水蒸气气化工艺，可以生产廉价的合成气，为煤炭转化及二甲醚合成开创新的途径。

11.4.5　合成油

以气体原料合成油技术(煤的间接液化)在世界许多国家都已经进行了工业化生产，合成工艺包括费托(F-T)直接合成工艺及美孚(Mobil)工艺(通过甲醇间接合成)。其中的地面煤气化通常采用鲁奇炉或温克勒法。采用煤炭地下气化工艺只需要将合成气的供给来源由地面气化变为地下气化，而其他成熟技术都可以保持不变。研究表明，以纯氧-水蒸气为气化剂的煤炭地下气化方法所得煤气可以作为合成油原料气。

11.4.6　提取纯氢

氢能源是替代现有能源的一种绿色能源。氢能源燃烧后只生成水，对环境没有污染，且不影响大气中 CO_2 的循环。目前，氢气已被广泛应用于石油化工业、电子工业、冶金工业及用作高能燃料等。基于燃料电池的氢能发电及民用是氢气的未来市场。

煤气经过净化、脱硫后，可通过变压吸附法(pressure swing adsorption，PSA)进行氢气提纯。目前国内以氢气为原料的镍氢电池已开发成功，并通过国家鉴定进入生产阶段，氢气作为洁净的替代能源，将会得到广泛的应用。氢的能量密度是油的 2～3 倍，是人类的终极能源。与一般电动汽车相比，氢燃料电池汽车加氢过程仅需几分钟，且一次加氢的续航里程可达 500～700 km。目前，国家能源集团正在加快布局从制氢到建设加氢站的氢能利用全产业链，并参与氢燃料电池的研制与开发。

虽然目前燃料电池尚没有利用煤炭地下气化生产的煤气提取氢气做燃料的先例，但是以氢气为燃料的燃料电池已经在实际中获得应用。从技术上看，利用煤炭地下气化生产的煤气提取氢气的技术是可行的。

11.4.7　联合循环发电

地下气化煤气用于燃气-蒸汽联合循环发电是合理使用地下气化煤气热能的有效途径。自 20 世纪 50 年代实现燃气-蒸汽联合循环发电以来，联合循环获得了突飞猛进的发展，特别是近年来发展的趋势更加明显。整体煤气化燃气-蒸汽联合循环发电（简称 IGCC）是在 70 年代西方国家石油危机时期开始研究的一种洁净煤发电技术，其技术要领和路线是：使煤在气化炉中气化成为中热值或低热值煤气，然后经过处理，把粗煤气中的灰分、含硫化合物（主要是 H_2S 和 COS）等有害物质除净，供到燃气-蒸汽联合循环中去做功，借以达到以煤代油（或天然气）的目的。这样，就能间接地实现在供电效率很高的燃气-蒸汽联合循环中燃用固体燃料煤的愿望。

煤炭地下气化产生煤气发电，在俄罗斯已应用近 50 年。俄罗斯先后在莫斯科近郊等煤田建立 5 座地下气化站，生产 2 929～4 184 kJ/m^3 的低热值煤气用来烧锅炉或发电，积累了丰富的经验。我国的新汶孙村煤矿、新密下庄河煤矿、义马北露天矿、甘肃华亭矿区等，都试验用地下气化所产煤气发电，均获得了成功。

从目前地下气化煤气的生产状况来看，低热值空气煤气的生产最为普遍，但其应用明显受局限。因此，采用富氧-水蒸气气化工艺生产中热值煤气用于燃气轮机发电是地下气化煤气发电应用的必然途径。燃气轮机属于高技术、高精密设备，为保证其使用寿命，对煤气的净化度要求比较苛刻，同时希望煤气供应量和煤气组分稳定，含水量少。

总体来看，目前还很难预测煤炭地下气化的全面商业化前景，国外大多数国家仍把它看作中长期的目标，关键在于能否和何时解决技术上存在的问题（包括气化工艺和环境损害防治），以及何时能够同石油天然气相竞争，政府的政策也是一个重要因素，各国的情况是不同的。

第12章 煤矿智能化开采技术

电子教案

21世纪，互联网、人工智能技术飞速发展，给许多传统行业都带来了颠覆性变革。煤矿智能化开采正是在这样的背景下提出和快速发展起来的。

煤炭资源开采是人类在地下进行的生产活动。矿山地质条件复杂多变，为创建适于设备运行与人员工作的安全可靠的开采环境，井下需要同时运行勘测、通风、排水、防火、供电、工作面开采、运输等多达90多个子系统。这些子系统就像人体的器官，共同形成一个大规模复杂运行体系。经过多年发展，这一体系先后经历了机械化、单机自动化、综合自动化、数字化等阶段。目前，国有煤矿矿井系统的机械化程度达90%以上，单机自动化也日趋完善，建成了一批千万吨级矿井群，并开发了数字矿山综合自动化系统。然而，煤矿总体的信息化程度还有待进一步提高，生产过程中的各种数据和信息还无法实现有效关联，还缺乏“智慧的大脑”对所有子系统实施协调、联控，因而生产的过程控制、设备健康管理、安全风险防控、生态环保等还没有实现最优化的管控。

近10年来，智能化开采技术与装备的创新研发，突破了多项关键核心技术，在薄和较薄煤层智能化综采、大采高和超大采高智能化综采、特厚煤层智能化综放开采等方面取得了重要成果。我国已在黄陵、陕北、神东等矿区一些矿井实现了自动化、少人化开采，为全面推进煤矿智能化发展积累了宝贵的经验。

12.1 智能化煤矿技术发展概况

煤炭行业自实现综合机械化开采以来，已经逐渐普及自动化开采，并进入智能化开采阶段，同时，智慧煤矿和智能化矿井概念逐步清晰，标准规范逐步完备，为大规模推广应用奠定了基础。

近年来，我国相继发布了《全国矿产资源规划（2016—2020年）》《煤炭工业发展“十三五”规划》《安全生产“十三五”规划》《能源技术革命创新行动计划（2016—2030年）》《国务院关于印发新一代人工智能发展规划的通知》《煤矿机器人重点研发目录》等相关文件，设定了煤矿智能化开采目标，为煤矿智能化开采指明了发展方向。

在标准规范层面，2013年山东省率先发布了《智慧矿山建设规范》（DB37/T 2322—2013），2017年国家标准《智慧矿山信息系统通用技术规范》（GB/T 34679—2017）发布，2018年国家标准《煤炭工业智能化矿井设计标准》（GB/T 51272—2018）发布，智慧矿山物联网开放平台研发成功并应用，这些规范标准的发布实施，为煤矿智能化开采的快速发展创造了条件。

我国陆续建立了一系列创新联盟，如智慧矿山产业技术创新战略联盟（简称：智慧矿山产业联盟）、煤矿智能化开采技术创新中心、中国智慧矿山协同创新联盟（简称：中国智慧矿山联盟)、中国矿业大学(北京)智慧矿山与机器人研究院、煤矿机器人协同推进中心、山东省煤矿智能开采工程实验室、煤矿智能化创新联盟等,对我国煤炭行业智能化开采技术推广和智能化矿井建设起到了积极推动作用。

12.1.1 智能化开采发展及应用现状

智能化开采的底层设备是电液控制系统。在20世纪90年代,我国先后于1991年和1996年进行研发投入,分别由北京煤机厂和郑州煤机厂、煤炭科学研究总院太原分院进行电液控制系统的研发,虽取得一定的成绩,但是由于各种原因没有进行大规模推广应用。2001年7月,北京天地玛珂电液控制系统有限公司成立,从最初为国外公司提供售后服务,到逐步走向自主研发,于2005年完成电液控制系统控制器研制,2008年完成工业性试验并通过鉴定;2007年,四川神坤装备股份有限公司的电液控制系统研制项目验收合格;2009年,郑州煤矿机械集团股份有限公司的电液控制系统完成井下工业性试验并通过技术鉴定;2009年10月,山西平阳广日机电有限公司也完成液压支架电液控制系统研制。

在国外,自20世纪90年代开始,德国、美国、澳大利亚等国家先后提出了相应的智能化开采技术方案,依赖工业自动化基础,结合远程可视化监控,实现对采煤机、液压支架、刮板输送机等装备的控制。1990年,德国推出了以"装备程序化控制"为特点的综采电液控制自动化系统;2000年之后,澳大利亚联邦科学与工业研究组织(CSIRO)开发了LASC长壁自动化系统,该系统以设备定位技术为核心;另外,美国久益公司推出虚拟采矿方案,实现地面远程监控;德国艾柯夫公司对具有防碰撞、智能控制以及记忆截割模板等功能的智能采煤机进行研发。

电液控制系统仅可为综采工作面液压支架的自动化控制提供便利,综采工作面的采煤机、刮板输送机、转载机、破碎机、带式输送机等均需要实现自动化控制。经过国内煤炭行业的共同努力,这些单机设备的自动化与集控水平实现较大的提升,已经具备整个工作面综采自动化的基本要求。

综采自动化系统是在综采工作面单机设备自动化基础上建立的一套以监控中心为核心,以工作面视频、以太网、音频、远程控制为基础的集中自动化控制系统。该系统把人的视觉、听觉延伸到工作面,将工人从危险的工作面解放到相对安全的巷道监控中心,实现在巷道监控中心对系列综采设备进行远程操控。

2011年,北京天地玛珂电液控制系统有限公司的SAM综采自动化系统取得安全标志,并开始推广应用,至今已推广应用150余套,大幅促进了智能化开采技术的创新发展。2017年9月,郑州煤矿机械集团股份有限公司的综采自动化系统开始工业性试验应用。

2013年,国家高技术研究发展计划(863计划)项目"煤炭智能化掘采技术与装备"立项,其课题"综采智能控制技术与装备",自主创新研究综采工作面的智能控制技术和研制智能控制装备,重点突破综采设备姿态定位、综采设备安全感知防碰撞、工作面自动找直控制、视频图像拼接处理等综采智能关键技术,重点开发一套集监测、控制、视频、音频、通信于一体的综采工作面智能控制装备,形成综采智能化技术体系。

2017年,国家重点研发计划项目"煤矿智能开采安全技术与装备研发"获批,项目围绕智能化开采及安全生产,开展工作面开采条件实时预测与处置技术、煤岩界面实时识别技术、地理信息系统和设备定位技术与装置、智能开采控制技术及装备、工作面智能化超前支护装备及辅助作业平台、无人工作面巡检机器人、基于大数据的智能开采效能和安全分析决策系统的研究，并在高瓦斯煤层、薄及中厚煤层、大采高工作面三类典型地质条件下开展智能开采安全技术集成与示范。

2018 年，国家重点研发计划项目“千万吨级特厚煤层智能化综放开采关键技术及示范”获批，在特厚煤层自动化放煤与采放协调控制机理、群组放煤理论与智能放煤方法、煤矸精准识别技术与装置、智能化放煤控制技术与装备等方面进行系统研究。

截至目前，国内智能化开采实现了“液压支架电液控制、采煤机记忆截割与可视化远程干预控制”，攻克了液压支架自适应控制、工作面“三机”协调联动、自动化放煤等关键技术，建设了一批智能化开采示范项目。智能化开采先后在神东煤炭集团、宁煤集团、中煤集团、陕煤化集团、同煤集团、阳煤集团、平煤集团、晋煤集团、峰峰集团等的 40 多个矿区进行试验与生产。

(1) 示范项目一：滨湖煤矿薄煤层。2016 年以来，滨湖煤矿先后在 16108、16115、12210 等工作面，采用 SAC 型液压支架电液控制系统、TDECS 型采煤机记忆截割系统与工作面视频监测系统，实现了薄煤层条件下综采自动化结合远程可视化干预的智能开采。以 16108 工作面为例，煤层厚度为 1.25～1.50 m，采厚为 1.35 m，工作面面长为 139 m、走向长度为 953 m。通过将液压支架电液控制系统、采煤机记忆截割系统、工作面视频监测系统采集到的数据和影像上传到位于巷道的监控中心，操作人员能够在监控中心内实现对工作面回采的远程控制，工作面月均生产原煤 10.5 万吨，达到单班日平均进 7 刀以上生产能力，工作面生产人员由原来的“2 名采煤机司机跟机操作、6 名支架工分段跟机拉架”变成“1 人远程操控、2 人工作面巡视”。

(2) 示范项目二：黄陵中厚煤层简单地质条件。2014 年，黄陵一号煤矿 1001 工作面率先应用综采智能控制系统(SAM 型)进行智能化开采，至今保持少人常态化运行。1001 工作面煤层厚度为 1.10～2.75 m，平均采厚为 2.22 m，为中厚偏薄煤层，工作面面长为 235 m、走向长度为 2 280 m。控制系统配套使用液压支架电液控制系统(SAC 型)和采煤机自动化控制系统，实现了“无人操作、1 人巡视”可视化远程干预型智能化开采，达到了“工作面运输巷监控中心 2 人可视化远程干预控制，工作面内 1 人巡视”常态化运行的效果，月产量达 17.03 万吨，年生产能力达 200 万吨以上，生产效率提高了 25%，工作面内生产作业人员由 11 人递减至 3 人，年节约人工成本 700 多万元，安全生产水平获得较大提升。

(3) 示范项目三：红柳煤矿中厚煤层复杂地质条件。2017 年以来，红柳煤矿先后在 I010305、I040301、I010403 等工作面实施中厚煤层复杂地质条件的智能化开采应用。以 I010305 工作面为例，应用国产电液控制系统结合 LASC 系统，实现了综采工作面直线度控制，达到了智能化连续开采。该工作面最大煤层厚度为 3.8 m，最小煤层厚度为 2.7 m，平均煤层厚度为 3.38 m，面长为 220 m，走向长度为1 910 m。采煤机通过 SPMS 系统实现 2～3 cm 精度的三维空间定位，综合钻孔地质勘测与掘进数据实现截割滚筒高度的自动或远程人工干预调整。利用 LASC 系统进行工作面直线度检测，检测精度达 10 cm。利用电液控制系统对工作面直线度进行控制，工作面直线度平均偏差小于 424 mm。工作面直线度控制与视频监控、集中控制等技术相结合，可以实现复杂地质条件下“以采煤机记忆截割＋支架全工作面跟机自动化＋工作面自动找直控制为主；2～3 人巡视，1 人远程指挥为辅”的常态化生产模式。

(4) 示范项目四:巴彦高勒厚煤层大采高综采。自 2014 年以来,巴彦高勒煤矿先后在 311101、311103、311102、11201 等工作面实施大采高智能化开采。该矿工作面涌水量大、顶底板破碎,采用国产成套装备,实现了从传统开采方式每班 12 人以上,转变为"采煤机司机 2 人、支架工 1 人、巡检工 1 人、远程监控人员 1 人"的生产方式,作业人数减少约 60%。

12.1.2　智能化开采的发展阶段

根据煤炭行业发展的特点,结合 2030 年重点煤矿区基本实现工作面无人化的智能化开采目标,将智能化开采划分为以下 4 个阶段(见图 12-1)。

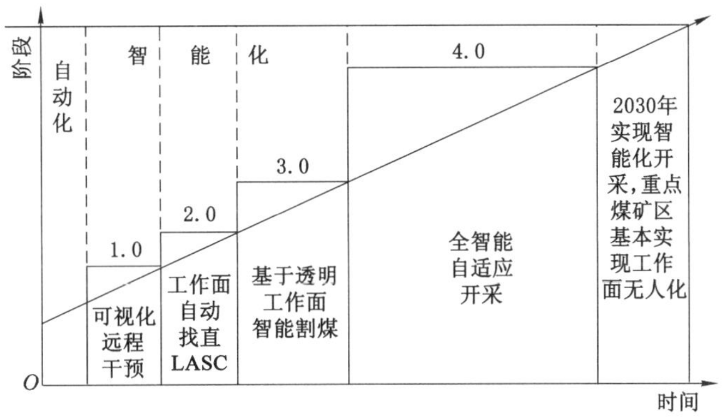

图 12-1　智能化开采的阶段划分

智能化开采 1.0 阶段:以"可视化远程干预"为特点,这一阶段攻克了可视化远程采煤等技术难题,提出了"自动控制+远程干预"的智能开采模式,以采煤机记忆截割、液压支架自动跟机及可视化远程监控为基础,以生产系统智能化控制软件为核心,实现在地面(巷道)综合监控中心对综采设备的智能监测与集中控制,确保工作面割煤、推移刮板输送机、移架、运输、灭尘等智能化运行,达到工作面连续、安全、高效开采。

智能化开采 2.0 阶段:以工作面自动找直为特点,在这一阶段,采用引进的 LASC 技术研发了设备运行轨迹检测技术,以此为基础,可实现综采工作面直线度的有效控制,为综采工作面的连续顺利推进创造条件,随着控制精度的提高,依托惯性导航系统的采煤机具有更高的控制精度,可在复杂条件下实现工作面自动化生产模式常态化运行。

智能化开采 3.0 阶段:以透明工作面为特点,这一阶段通过精准地质信息的应用,实现地球物理数据和综采工作面回采数据的自动采集、处理和解释,建立精准四维动态地质,基于透明工作面,综采工作面所有运行设备信息展示于一张图上,综采工作面智能开采系统具备自动分析优化回采方案以及根据相关信息动态调整综采工作面产量的能力。

智能化开采 4.0 阶段:全智能自适应开采阶段,这一阶段各项技术提升至全新的水平,通过感知技术形成对环境、装备状态的全面认知,通过系统集成控制技术达成对执行装备的操控。基于透明工作面条件下的智能化开采大数据,通过不断进行深度学习,形成"感知—分析—决策—控制"全智能化开采策略;采用机器视觉、多源信息融合与三维物理仿真等技术对所采集数据进行智能分析,使系统能够自主认知并理解工作面环境与装备的实际状态,在此基础之上通过采煤机滚筒自适应调高、直线度控制与上窜下滑控制等智能决策控制技术进行开采决策与执行控制，从而实现真正的智能化开采。

12.1.3 智能化开采存在的问题

12.1.3.1 智能化开采的制约因素

（1）成套装备的稳定性、可靠性有待进一步提升。在执行层、感知层、装备层、系统层4个层面上，成套装备的稳定性、可靠性均存在一定的局限，对综采智能化开采的支撑不够，造成了当前智能化开采项目问题暴露较多、实际效果参差不齐。

（2）智能化开采技术适应性问题。围岩结构和矿压显现规律不清楚，无有效实时预测与处置技术，不能保障安全连续推进。煤岩层空间信息不精准，无实时高精度感知方法和手段，不能实现精确控制。综采装备控制与煤层信息不关联，无法及时响应煤层动态变化，不能自适应割煤。

（3）智能化开采观念、思想、管理模式有待进一步提升。对综采自动化、智能化开采的发展趋势要有清晰、明确的认知：当前正处在建设智慧矿山的进程中，自动化是基础，智能化是核心，无人化是目标。智能化开采仍缺少统一标准，继续加强智能化开采技术顶层设计势在必行。

矿方、区队在综采智能化项目管理上要由过去粗放型模式向精细化模式转变，同时综采智能化项目需要知识型、技能型、创新型人才作为支撑，高素质队伍建设需求迫切。

12.1.3.2 智能化开采对策

应对智能化开采进行顶层设计，对装备提出明确要求。针对智能化开采项目进行总体设计，以智能化开采为目标，进行成套化设计，“三机”配套逐步转变为包含智能化开采系统的“四机”配套。在设备制造层面，要实现主体装备与关键传感元件的一体化设计，实现液压系统特性匹配，以满足以智能化开采产能与效率为目标的总体装备动力系统设计。

应逐步突破应用各项关键技术，提升设备信息化程度。以智能化控制软件为核心，以采煤机记忆截割、液压支架跟机自动化与可视化远程干预为基础，实现煤流负荷反馈采煤控制，实现开采人员在地面或巷道监控中心对综采装备的远程智能监控，确保开采工艺中割煤、推移刮板输送机、移架、运输、降尘等操作智能化运行，实现工作面连续、安全高效开采。

液压支架是综采工作面与围岩相互作用的主要设备，应完善液压支架姿态自适应技术。安装护帮板行程传感器以实现对液压支架护帮姿态的检测，检测护帮板打出时是否到位，实现对煤壁护帮的有效作用，防止或减少工作面片帮；安装倾角传感器实现液压支架姿态检测，保证工作面液压支架姿态正常，实现液压支架对顶板的有效支撑；安装测高传感器实现对液压支架高度精准测量，避免液压支架顶梁错茬咬架，对工作面采厚进行有效监控；对平衡千斤顶的动作监测与控制，并进行适时调整，保证液压支架姿态与围岩特性相匹配。

采煤机是综采工作面的落煤装备，应基于工作面地质探测数据以及惯性导航、三维激光扫描等技术，实现工作面开采条件感知，构建工作面开采模型。基于透明工作面模型，进行数字化割煤，采煤机智能调高，实现工作面无人巡视、远程干预作业应用的探索。通过安装惯性导航装置，建立工作面高精度惯性导航系统，基于惯性导航装置对工作面直线度进行检测，达到对工作面三平两直状态的有效评估及反馈控制，实现对工作面直线度控制。

建立辅助巡检平台，搭载巡检机器人，承担综采工作面巡检职责，可为综采“无人巡视、无人操作”的智能化生产模式提供强有力技术支撑；巡检机器人作为搭载平台，可集成三维激光扫描设备、惯性导航设备、红外成像仪、高清摄像仪等装置，为智能化开采控制水平提升提供运载平台。

建立以太网通信网络平台及标准协议，工作面工业以太网具备 1 000 MB/s 以上带宽通信能力，可实现视频、数据高速传输；建立覆盖工作面的无线通信网络平台，可实现工作面内移动终端设备快速、稳定无线接入；配备统一的网络型控制器及针对矿山机电设备建立标准 EtherNet/IP 传输协议，实现综采工作面各装备间的无缝网络协议转换。

12.1.4　智能化开采发展展望

12.1.4.1　智能化开采阶段评述

从严格意义上讲，智能化开采 1.0 阶段并未完全实现工作面无人化开采，工作面综采自动化结合远程可视化干预的技术模式为无人化开采提供了一条切实可行的技术途径。监控中心远程采煤成为现实，可以常态化生产；地面采煤成为可能，在条件许可的情况下间歇式连续生产；工作面内可以做到无人操作，必要时，人员进入工作面巡视。在智能化开采 1.0 阶段，可达到以下两点效果：一是将工人从操作工变成巡检工，由设备的自动化替代人工劳动，大幅降低了工人的劳动强度；二是将工人从危险的工作面解放到相对安全的巷道监控中心，在监控中心对设备进行远程操控，提高了工人的安全系数。

在智能化开采 2.0 阶段，积极开展装备顶层设计，提升成套性能；自主开发、攻克薄煤层工作面高效生产技术；引进高端采煤机，自主开发与之配套的刮板输送机、液压支架和自动化系统；引入工作面直线度检测技术，为“可视化远程干预型”无人化开采模式提供更加有效的综采工作面管控手段。在这一阶段，开始重视智能供液系统一体化设计，实现成套装备的水处理系统、冷却系统、喷雾系统与介质清洁度保障系统一体化设计，攻克了 630 L/min 电磁卸荷阀、适用于纯水介质的高强度整体式不锈钢泵头、陶瓷柱塞等关键元部件技术瓶颈，打破了国外的技术垄断；成功研制出国内首台具有自主知识产权的 630 L/min、40 MPa 五柱塞乳化液泵站。逐步推广应用千兆工业以太网通信网络平台及标准协议，建立了覆盖工作面的无线通信网络平台。

在智能化开采 3.0 阶段，从以工作面自动找直技术为代表的自适应智能化开采阶段，向基于透明工作面的智能化开采阶段发展。这一阶段，许多新技术被引入应用，许多新装置得以研发应用。依托国家重点研发计划项目“煤矿智能开采安全技术与装备研发”，开展基于“透明工作面”的智能开采技术研究与装备的研制，实现“透明采煤”目标。煤矿智能化无人开采技术与装备研发的关键内容包括：① 工作面装备位姿检测及多信息驱动的三维场景实时再现；② 围岩-装备耦合自适应协同控制系统研发；③ 智能装备关键元部件及可靠性技术研发；④ 煤流及两巷辅助作业智能化系统研发。

在智能化开采 4.0 阶段，随着各项先进技术的应用，制约智能化开采的各项技术逐步解决，智能化开采在更大范围内实现深度应用。目前，正处于向智能化开采 3.0 阶段过渡的过程中。

12.1.4.2　智能化开采技术展望

根据多年来对业界智能化无人开采技术的持续关注，李首滨教授提出了一种智能自适应无人开采技术模式下的控制理论模型，如图 12-2 所示。

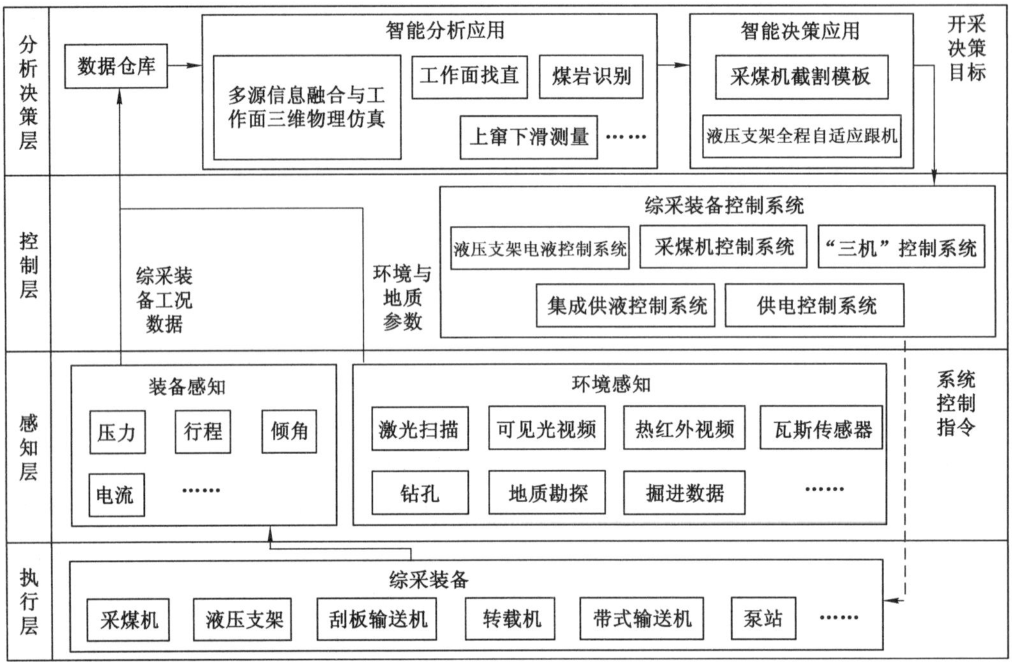

图 12-2 智能自适应无人开采控制模型

智能自适应无人开采控制模型以综采成套装备为执行系统，通过大量传感器感知综采装备的工作状态；以激光扫描、可见光/热红外视频、瓦斯传感器、随采物探等多种传感手段，辅以钻孔、地质勘探、掘进数据，形成对工作面地质环境状态的感知；将大量的传感数据汇集存储到统一的数据仓库中，通过多源信息融合与工作面三维物理仿真的手段在计算机空间内为工作面建立三维物理模型，使机器认知并理解工作面环境与装备的实际状态；在此基础上应用机器视觉、三维物理计算等智能化方法有针对性地对煤岩识别、工作面找直、上窜下滑量测量等关键问题进行智能化分析；在分析结果的基础之上，通过人工智能机器学习的方法自主决策制定采煤机截割模板与液压支架全程自适应跟机计划；最后，通过系统集成控制技术，将控制指令下发给各综采装备控制系统，监控生产过程，形成“感知—分析—决策—控制”闭环。

在智能化开采 3.0 阶段，许多新技术将被引入并进行应用，提升智能化开采技术水平。

(1) 三维激光扫描技术。三维激光扫描技术可以作为井下环境与装备的三维轮廓感知与定位的重要手段。北京天地玛珂电液控制系统有限公司已经与澳大利亚联邦科学与工业研究组织就井下三维激光扫描设备——ExScan 在井下的应用研究展开合作，该项技术将在井下环境建模与定位测量领域发挥至关重要的作用。

(2) 随采物探装备技术。随采物探装备技术将广泛用于开采阶段的工作面地质环境感知，以作为引导采煤机滚筒截割的重要支撑数据来源，也可作为综采工作面煤岩分界的一种辅助手段。UWB 地质雷达因结构小巧及灵活的井下环境适应性，成为随采物探装备的首选。

(3) 机器人技术。机器人技术将广泛应用于井下工作面巡检与数据采集，以形成重要的感知平台。煤矿井下机器人将广泛搭载由惯性导航与无线定位技术相结合的复合导航定位技术，但在此前，信号干扰、基站移动重定位等核心问题仍待解决。目前在第一代巡检机器人的基础上，正在研制井下工作面轨道式巡检机器人并开展工业性试验，该机器人运行在刮板输送机电缆槽一侧的轨道上，能够搭载惯性导航装置、三维激光扫描装置、高清/红外摄像头等多种传感器，以实现工作面快速巡检与跟机作业。

此外，还有许多其他重要技术也能够被用于智能化开采。大量基于人工智能的计算技术将应用于智能自适应开采模式中，如通过机器视觉分析工作面煤壁高清图像以获取煤岩分界线的煤岩识别技术；由热红外与可见光图像融合的机器视觉分析技术，用于采煤机滚筒截割过程分析，为开采过程中滚筒的自适应在线控制提供重要决策依据；而机器学习则能够被广泛应用于各种开采操作与故障、事故分析决策场景中。

12.2 煤矿智能化的总体要求

12.2.1 煤矿智能化相关术语定义

(1) 煤矿信息化，是指对煤矿地质、生产、安全、设备、管理和市场等信息进行采集、传输处理、应用和集成，从而为煤矿各生产环节实现互联互通提供支持。

(2) 煤矿数字化，是指将海量异质的矿山信息资源进行全面、高效和有序的管理、整合，将煤矿复杂多变的信息转变为可以度量的数字、数据，为实现煤矿综合管控的计算机化和网络化提供支撑；煤矿数字化以煤炭科学技术、信息科学、人工智能和计算科学等为理论基础，建立煤矿各环节的数学模型、力学模型或信息模型等，实现计算机化管控和多维表达，为煤矿各系统整体协调优化奠定基础。

(3) 煤矿智能化，是指煤矿开拓设计、地测、采掘、运通、分选、安全保障、生产管理等主要系统具有自感知、自学习、自决策与自执行的基本能力。煤矿信息化和数字化是实现煤矿智能化的基础和支撑，煤炭开采的最终目标是实现智能化开采。

(4) 智能化煤矿，是指基于现代煤矿智能化理念，将物联网、云计算、大数据、人工智能、自动控制、移动互联网、机器人化装备等与现代矿山开发技术深度融合，形成矿山全面感知、实时互联、分析决策、自主学习、动态预测、协同控制的完整智能系统，实现矿井开拓、采掘、运通、分选、安全保障、生态保护、生产管理等全过程的智能化运行。

(5) 煤矿机器人，是指可以在煤矿井下自动完成特定工作的机器装置。煤矿机器人以特种作业机器人联合作业，实现机器人群的协同智能联动，以振动、温差、风力等自发电及馈电管理等能量产生及回收技术为续航保障，以避障、自建图和路径规划等技术为其灵活运动的支撑，实现井下机器人群的协同开采。

(6) 4D-GIS，是指全面整合三维数字模型、三维高程模型、三维景观建模、三维地质构模，并在生产过程中实时更新、修正形成动态四维模型，与实际空间物理状态保持一致，可随时针对某一变量、特征查询其历史变化过程。

(7) 煤矿八大智能系统，从核心技术发展及应用角度，智能化煤矿应建设一个统一的管控平台，承载生产运行系统的八大智能系统。其包括智能化煤矿大数据中心及综合管控平台，煤矿安全高效信息网络及精准位置服务系统，4D-GIS 透明地质模型及动态信息系统，智能快速掘进系统，智能化无人工作面协同控制系统，煤矿井下环境感知及安全管控系统，矿井全工位设备设施健康智能管理系统，地面选运销智能化控制系统。

12.2.2 煤矿智能化发展目标与任务

12.2.2.1 煤矿智能化发展的目标

煤矿智能化发展的目的是解放生产力，改变煤炭生产方式，将煤矿工人从井下繁重、艰苦、危险的作业环境中解放出来，让煤矿工人更体面、更有尊严地工作，让煤炭行业成为年轻人喜欢的职业。为了实现上述目标，基于我国煤矿智能化发展趋势，确定煤矿智能化发展的阶段性目标如下：

(1) 到 2021 年建成 100 个智能化示范矿井，初步形成煤矿开拓设计、地质保障、生产、安全等主要环节的数字化传输、自动化运行技术体系，基本实现掘进工作面减人提效、综采工作面内少人或无人操作、井下固定岗位的无人值守与远程监控。

(2) 到 2025 年，大型煤矿基本实现智能化，形成煤矿智能化建设技术规范与标准体系，实现开拓设计、地质保障、采掘运通、分选物流等系统的智能化决策和自动化协同运行，井下重点岗位机器人作业，促进煤炭工业高质量发展。

(3) 到 2035 年，全面实现煤矿智能化开采，构建多产业链、多系统集成的煤矿智能化系统，建成智能感知、智能决策、自动执行的智慧煤矿体系，实现煤炭工业绿色清洁可持续发展。

12.2.2.2 煤矿智能化发展的主要任务

基于我国煤矿智能化发展的阶段性目标，充分结合煤矿智能化发展现状与趋势，我国煤矿智能化建设将在以下方面进行突破：

(1) 基于国家能源发展中长期规划，开展煤矿智能化顶层设计，加大引导和统筹力度，增强推动煤矿智能化发展的整体合力。科学制定煤矿智能化发展的总体目标、技术体系、系统架构、实施路径等，营造煤矿智能化发展的创新生态环境，积极推进煤炭产业高质量发展。

(2) 建立健全煤矿智能化标准体系，强化基础性、关键共性标准的修订，加快煤矿智能化建设术语、通信传输协议、数据存储、数据融合管理等领域的技术规范与标准制修订。加强相关专业领域标准之间、行业标准与国家标准之间的协调。加强煤矿智能化系统、产品和服务的行业准入管理，建立煤矿智能化标准一致性、符合性检测体系和技术平台，形成标准制修订、宣贯应用、咨询服务和执行监督的闭环管理体系。

(3) 大力推进矿山地质信息化建设，鼓励创新智能化矿山地质工作模式，提升基础地质数据与地质信息的服务能力；提升煤矿智能化设计理念和煤矿智能化设计水平，提高新建和在建矿井的智能化标准；鼓励煤炭企业开展智能化煤矿建设，重视智能化煤矿顶层设计，加强总体技术架构与实施路径的规划，统筹规划煤矿建设、地质安全保障、生产运营和管理服务体系的智能化、数字化建设，实现一网到底、互通互联、数据共享。

(4) 加强生产矿井的地质补充勘探与基础地质信息服务能力，优先推进井下固定作业岗位的智能化、无人化改造，鼓励开展生产系统与辅助系统的智能化升级，推动实现井上下生产系统与辅助系统的"无人值守、有人巡视"作业，切实提高煤矿采掘、运输、分选等环节的智能化水平；大力支持煤矿开展智能化安控系统建设，全面提升煤矿安全管理水平。

(5) 加快推进井工煤矿智能化建设，鼓励创新井工煤矿智能化开采模式，实现薄、中厚、厚和特厚煤层的智能化开采全覆盖；持续推进巷道快速掘进智能化升级，鼓励煤炭企业开展智能化巷道快速掘进工艺与装备的示范与应用，大幅提高巷道掘进速度与智能化水平；鼓励开展井上下智能化主辅运输系统建设，实现井上下主辅运输过程的无人值守与经济协同运行；推进井下供电、供液、通风、排水等系统的智能化建设，实现固定岗位的远程可视化操控与无人值守；鼓励开展智能化分选系统建设，大幅降低分选作业人员数量与劳动强度；鼓励开展精益生产运营管理信息系统和智慧场区建设，建设以智能物联网、大数据中心和企业云为支撑的集中监控指挥中心。

(6) 推进井工煤矿综采(掘)工作面超前精准探测技术发展，鼓励研发物探、化探、钻探为一体的矿山地质综合探测技术，推动“透明矿山”建设；加强巷道掘-支-锚协同快速推进技术攻关，切实解决煤矿采掘失衡造成的生产接续问题；积极发展综采装备群智能协同推进技术，提高智能化综采成套装备对复杂煤层条件的适应性，全面提升综采技术的智能化水平与应用范围；积极构建煤流运输系统的智能化、无人化运行模式，加快开发适用于不同运输场景的智能辅助运输系统，实现主辅运输系统的智能化、无人化运行。

(7) 鼓励煤炭生产企业建立安全、开放、数据易于获取和高效处理的智能化煤矿大数据共享与应用云服务平台，实现矿井(区)多源异构数据的深度融合处理与高效利用，统筹建设地方政府信息管理云服务平台，支持将辖区内各煤炭企业的云服务平台接入政府信息管理云服务平台，并进行统一管理，实现地方政府与煤炭生产企业的信息共享与协同管控，提高地方政府对煤炭生产企业的管控能力与服务水平；推进国家级煤矿智能化信息云服务平台建设，实现对全国煤矿运营信息的统一协调管理。

(8) 针对我国不同矿区典型煤层赋存条件，选择建设基础好、积极性高、符合煤矿智能化建设条件的矿井，从建设理念、系统架构、智能技术与装备、综合管理、经济投入等方面，全面开展智能化煤矿示范工程建设。加强对智能化示范矿井建设的指导，在政策实施、项目建设、体制创新等方面给予积极支持。凝练出一批可供复制推广的智能化开采模式、技术装备、管理经验等，向类似条件矿井进行推广应用，以点带面推进我国煤矿智能化建设全面发展。

12.3　智能化巷道快速掘进成套技术

掘进作业是煤炭开采中极重要的前端生产环节之一。随着煤炭开采深度和巷道掘进量越来越大，掘进工作面冒顶、突水、瓦斯突出等灾害现象越来越严重。同时，掘进巷道恶劣环境(高温、高湿、高噪声及高浓度粉尘)极大地威胁着井下工人的身体健康。解决这些问题的有效途径是推动巷道掘进自动化与智能化，这也是煤炭行业转型升级的必然选择。《中国制造 2025—能源装备实施方案》和《煤炭工业发展“十三五”规划》均把巷道高效快速掘进列为重点发展目标。

巷道掘进机作为综掘工作面机械化掘进的关键设备，承担煤岩截割、装载、转运等重要任务，其技术及装备水平直接关系到煤矿巷道掘进的效率和安全。目前，巷道掘进机自动化与智能化程度仍然偏低，导致采掘比例失衡，严重影响煤炭开采效率。

巷道掘进机主要作业内容包括前向掘进、摆动截割、后退收煤等，整个过程涉及前行-纠偏-掏槽-定位-截割-刷帮-扫底-收煤等环节。巷道掘进机智能化的目标是结合智能感知技术与自适应作业实现巷道断面自动精确成形，其技术构架如图 12-3 所示。智能感知包括位姿感知、成形感知、状态感知，自适应作业包括自适应纠偏、自适应截割、自适应诊断。

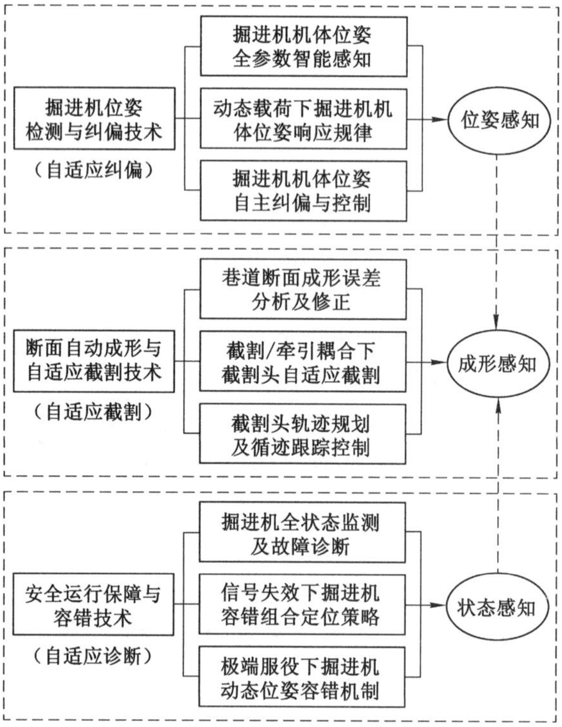

图 12-3　巷道掘进机智能化关键技术构架

位姿感知是巷道掘进机智能化的关键，包含掘进机机体位姿全参数智能感知、动态载荷下掘进机机体位姿响应规律及掘进机机体位姿自主纠偏与控制。在掘进机机体位姿全参数智能感知方面，利用组合定位算法，通过对捷联惯性导航位姿解算误差及测量误差的补偿与修正，实现位姿全参数精确感知。在动态载荷下掘进机机体位姿响应规律方面，建立掘进机截割过程中位姿的动力学模型，掌握截割载荷、截割臂摆角及巷道倾角等因素对位姿变化的影响规律。在掘进机机体位姿自主纠偏与控制方面，针对不同掘进机位姿，研究定向行走及俯仰位姿纠偏控制方法，实现掘进机机体位姿自主纠偏与控制。

成形感知是巷道掘进机智能化的核心，包括巷道断面成形误差分析及修正、截割/牵引耦合下截割头自适应截割和截割头轨迹规划及循迹跟踪控制。在巷道断面成形误差分析及修正方面，基于激光测距技术和数字测角技术，检测断面各特征点位置，构建巷道成形断面与标准断面误差模型，获取断面轮廓误差及位置，实现巷道断面成形精确检测。在截割/牵引耦合下截割头自适应截割方面，建立截割系统状态空间模型，研究截割头自适应截割控制策略，在线调整截割运动参数，实现截割头自适应截割。在截割头轨迹规划及循迹跟踪控制方面，以煤岩识别为基础，以先截割软岩后截割硬岩为策略，进行截割路径规划，提出掘进机循迹跟踪控制与位姿自适应调整策略，实现巷道断面精确自动成形。

状态感知是巷道掘进机智能化的安全保障，包含掘进机全状态监测及故障诊断、信号失效下掘进机容错组合定位策略及极端服役下掘进机动态位姿容错机制。在掘进机全状态监测及故障诊断方面，构建多传感信息模型，对截割系统、行走系统、位姿系统进行监测，实现掘进机全状态监测。在信号失效下掘进机容错组合定位策略方面，研究导航定位技术在巷道复杂环境中的影响因素，进而探寻定位过程中出现的误差及数据丢失情况，实现信号失效情况下的掘进机稳健定位。在极端服役下掘进机动态位姿容错机制方面，研究系统失稳因素，建立系统失稳风险评价规则，提出容错控制方案，分析容错机制的鲁棒性，实现极端服役下掘进机的安全保障。

12.3.1　巷道掘进机智能化技术研究现状

12.3.1.1　位姿检测与纠偏技术

掘进机作业是在地下受限空间中进行的，其定位检测技术属于室内导航定位领域。根据检测信号的不同，常用定位技术包括机器视觉定位技术、超声波定位技术、无线电定位技术、激光标靶定位技术、惯性导航定位技术等。

受巷道环境及掘进机运动复杂性的影响，单一定位技术无法满足掘进机定位检测精度要求，更无法实现掘进机位姿自动检测。国内外学者开展了掘进机组合定位检测技术的相关研究，其中捷联惯性导航/UWB(ultra wideband，超宽带)组合定位技术不会产生累积误差，在受限空间中具有较强的适用性。图12-4给出了捷联惯性导航/UWB组合定位原理。该定位系统由4个移动UWB基站、4个固定UWB基站及安装在掘进机机身上的捷联惯性导航组成。选取模拟巷道坐标系原点，固定掘进机后方4个模块并进行三维坐标标定，同时利用激光测距仪标定机身模块坐标值，建立位姿估算方程，结合掘进机机身节点坐标解算出掘进机位姿。

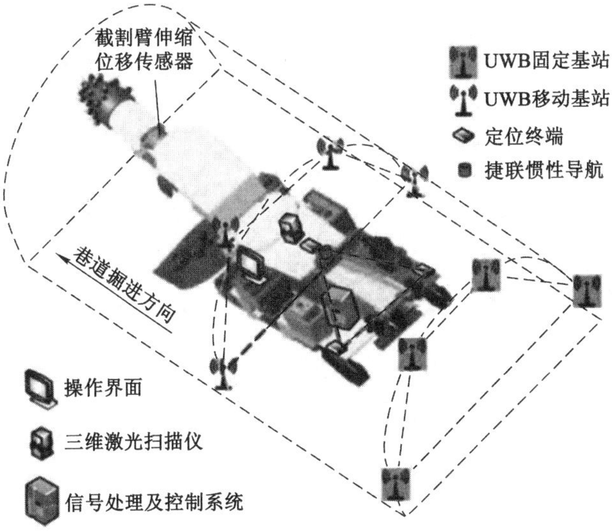

图12-4　捷联惯性导航/UWB组合定位原理

巷道掘进机位姿偏差对断面成形质量有重要影响，在行走和截割过程中若发生偏差，应在后续作业中进行纠偏。目前，巷道掘进机位姿纠偏研究多集中于不同截割载荷下掘进机位姿响应、掘进机俯仰位姿纠偏及定向行走等方面，其中，俯仰位姿偏差可通过调节前铲板液压缸和后支撑液压缸来消除，定向行走可通过调节履带液压马达来实现。但是在巷道掘进机行走位姿控制及纠偏方面，仍然存在行走位姿控制误差大、纠偏准确性差等问题。

12.3.1.2 巷道断面成形与自适应截割技术

巷道断面形状通常设计为矩形、梯形或半拱形，为了在保证断面形状的前提下提高工作效率，一般将截割头的截割路径设计为类S形。巷道断面自动成形原理如图12-5所示，根据掘进机机体绝对位姿状态推算断面检测系统在巷道坐标系中的相对位置，在线规划断面成形云图并进行误差分析，进而规划截割轨迹与行走轨迹，实现断面自动成形。断面截割工艺包含扫底、类S路径截割及刷帮。其中，扫底是为了便于掘进机行走及断面截割，减小因底板煤岩累积而产生的偏差；类S路径截割需要保证截割断面宽度和高度，将误差控制在成形质量标准范围内；刷帮是为了修整断面，提高成形质量。

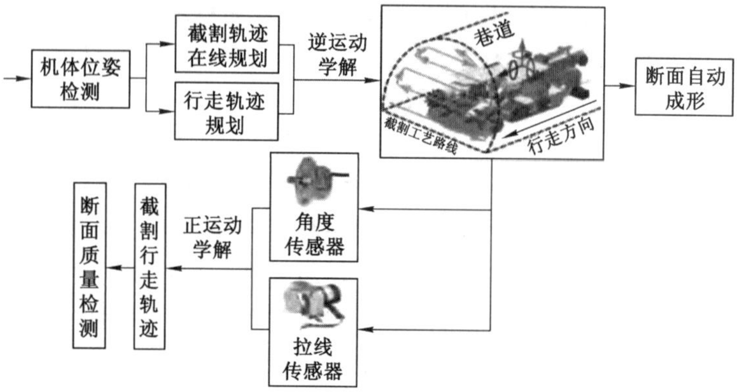

图12-5 巷道断面自动成形原理

在巷道断面自动成形技术方面，包括巷道断面自动截割成形与自动刷帮的控制方法，掘进机记忆截割控制系统，可满足巷道横截面精度和质量要求的自动截割路径规划系统。在自适应截割研究方面，为了实时调整截割参数以保证截割载荷的平稳性，基于人工神经网络的截割头自动调速控制、基于PID神经元网络的截割自适应控制等方法得到了应用。由于巷道断面含有煤矸石等，在截割过程中会产生载荷突变。对于含有小面积煤矸石的巷道断面，可以通过改变截割速度或横摆速度来实现自适应截割；而对于含大面积煤矸石的巷道断面，则应避开煤矸石带，先截割其余煤岩。这种将大面积煤矸石带避开的截割方法为自适应截割提供了一种新的思路，但是煤矸石带位置的确定及该种方法在实践中的应用效果有待进一步研究。

12.3.1.3 安全运行保障技术

巷道掘进机安全运行保障技术包含远程监测与故障诊断两方面。在掘进机远程监测技术方面，掘进机远程监测系统实现了掘进机掘进过程定向、定位和定形的可视化远程控制及掘进机运行状态参数实时监测与显示，具有远程故障诊断和报警等功能，应用效果良好。在掘进机故障诊断技术方面，实现方法包括声发射法、主成分分析法、神经网络法、故障树法等。多数方法针对掘进机单一部件和机构故障都有较好的诊断效果，在故障对象确定、故障原因清晰的情况下具有一定适用性。但掘进机结构复杂，各零部件之间相互关联，故障原因复杂多样，故障间相互影响，且无法用精确的数学模型描述，难以进行准确有效的故障诊断。

12.3.2　巷道掘进机智能化技术突破方向

（1）巷道掘进机位姿参数的自动测量与获取已基本实现，但现有的机器视觉、激光标靶、惯性导航等定位技术受巷道粉尘、噪声环境及安装方式等因素的影响，测量精度仍然较低。因此，研究一种检测精度高、干涉少、跟随适用性优的导航定位方法是巷道掘进机智能化技术的一个重要研究方向。

（2）通过导航定位技术可减小巷道掘进机初始位姿偏差，通过调节履带、前铲板、后支撑腿等也可实现初始位姿纠偏。但截割过程中产生的动态位姿纠偏策略有待进一步研究。在截割过程中，可通过截割机构对掘进机机体位姿偏差进行动态补偿。

（3）通过对自动截割、断面自动成形等技术的研究，理论上已实现截割过程中截割臂摆速、截割头转速与截割路径的动态调整，但不同性质的煤岩与最佳截割参数之间匹配关系仍未建立，同时截割过程中煤岩特性变化的智能感知尚未实现。为此，必须加快研究掘进过程的作业感知，建立煤岩特性与最佳截割参数匹配模型。

（4）巷道掘进机截割过程中需要监测的数据较多，软件失效及软硬件交互故障是巷道掘进机控制系统的主要故障，现有基于硬件状态的监测机制无法实时感知系统状态。获得掘进机传感信息，构建可靠的软件分析及硬件实时响应系统，从而实现巷道掘进机全状态监测，是巷道掘进机智能掘进的重要保障。

此外，掘进工艺一体化、掘进作业机器人化、掘进过程自动灭尘等技术的发展对实现巷道智能掘进均有重要作用。

12.4　综采工作面智能化开采技术

智能化综采技术是指采用具有感知能力、记忆能力、学习能力、决策能力的液压支架、采煤机、刮板输送机等装备，以自动化控制系统为核心，以可视化远程监控为手段，实现综采工作面采煤全过程智能化安全高效的开采技术。扫描右侧二维码可获取智能化综采工作面系统配置图。

12.4.1　采煤机智能化技术

12.4.1.1　采煤机状态感知技术

（1）采煤机定位定姿技术

采煤机的行走轨迹是刮板输送机导轨空间走向，直接影响液压支架的自动调直控制，决定工作面煤壁的截割直线度，也是截割滚筒自动调高的参考基准。因此，采煤机在地质空间的三维定位是实现综采工作面智能化的关键技术。目前，可用于采煤机的定位原理包括：红外线定位、无线传感网定位、里程计定位、激光定位、超声波定位、惯性导航定位。

基于 GIS 的采煤机定位定姿的目标是将采煤机定位到工作面煤层中，确定采煤机及其截割滚筒与工作面煤层顶底板的位置关系。为了与工作面煤层数据库匹配，采煤机定位坐标系与工作面煤层数据库坐标系使用同一坐标系，即以开采起始点为原点的“东北天”坐标系，因此采煤机定位定姿算法要实时解算出采煤机机身、截割滚筒在“东北天”坐标系下的坐标。图 12-6 为采煤机定位定姿技术方案与采煤机坐标系。该方案利用机载具自动寻北功能的惯性导航装置测量采煤机机身的运行方位与姿态，利用安装于摇臂与机身铰接轴处的轴编码器测量摇臂相对采煤机机身的旋转角度，利用安装于采煤机行走部的轴编码器测量采煤机的行走速度(标量，行走方向由惯性导航装置确定)与距离。具体流程如图 12-7 所示。

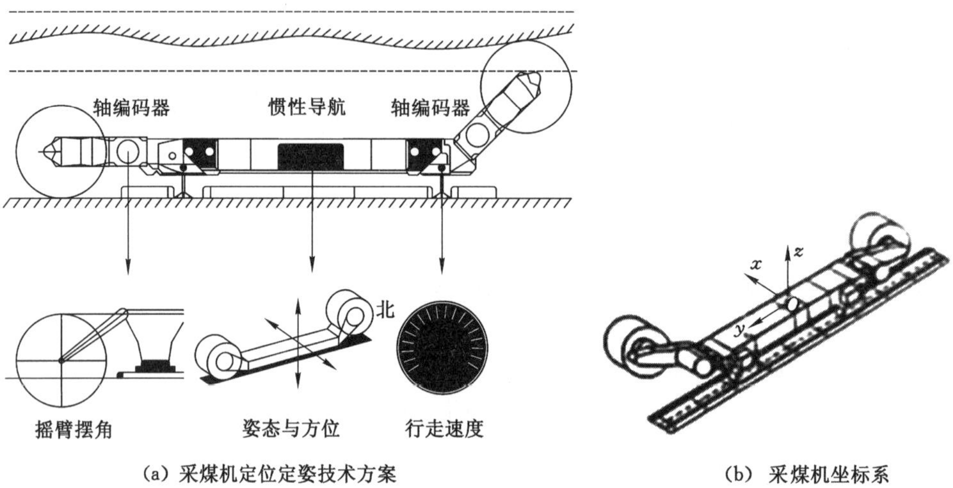

图 12-6　采煤机定位定姿技术方案与采煤机坐标系

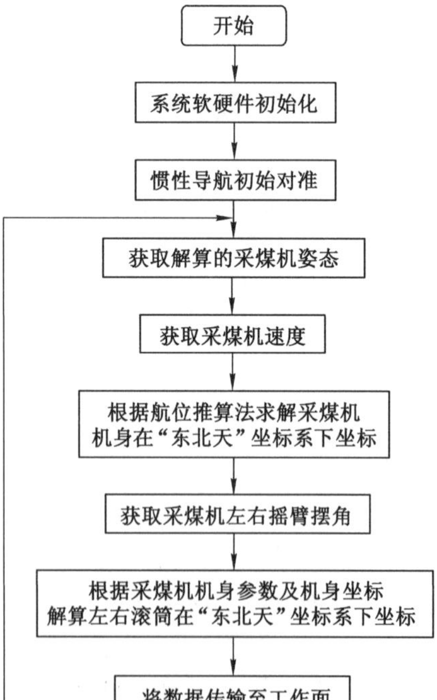

图 12-7　采煤机定位定姿算法主要流程

(2) 煤岩界面自动识别技术

煤岩界面自动识别技术是实现综采工作面智能化的关键技术之一。该技术通过提取煤岩特征，建立相应的识别系统，自动识别煤层与岩层；采煤机根据识别结果，自动调节滚筒高度，正常割煤，可防止误割岩石，改善煤质，提高采煤效率与安全系数。根据采煤机是否需要截割岩石，将煤岩界面自动识别技术分为非接触式煤岩界面自动识别技术和接触式煤岩界面自动识别技术。非接触式煤岩界面自动识别技术，如机器视觉技术、探地雷达探测技术、声波探测技术、伽马射线探测技术等；接触式煤岩界面自动识别技术，如振动探测技术、声压探测技术、扭矩探测技术、温度检测技术等。

① 非接触式煤岩界面自动识别技术

非接触式煤岩界面自动识别技术可应用于煤岩坚固性系数接近的情况，采煤机无须截割岩层，具有刀具不易损坏、设备振动小等特点，但识别精度易受作业环境影响。

a. 机器视觉技术：机器视觉技术即利用光源改善光照条件，利用工业相机获取煤岩图像，再采用各类特征提取方法和识别算法对煤岩界面进行识别。实现该技术的关键：图像增强技术、特征选择和提取技术以及图像识别算法。

b. 探地雷达探测技术：探地雷达探测技术是一种可有效探测地下目标的无损探测技术，具有探测速度快、探测过程连续、分辨率高、操作方便灵活、探测费用低等优点，已广泛应用于煤矿探测领域。其局限性：识别精度易受天线放大器溢出、数据解释方法不准确等影响；计算复杂，存在时间域问题，影响识别速度。

c. 声波探测技术：声波在煤层与岩层中具有不同的传播特性，采用声波仪采集声波回波的能量参数可识别煤层厚度。该技术可用于煤层断层等条件，适用范围广、抗干扰能力强、识别精度高，但识别系统不够成熟。

d. 伽马射线探测技术：利用射线传感器提取射线强度信号来推测煤层厚度。伽马射线探测技术的优点：适用于高瓦斯矿区，扩大了适用范围；自然辐射，不需要提供放射源；射线探测范围较大，顶煤厚度可控制在 500 mm 内。其局限性：要求顶底板必须含有放射性元素；精确度易受矸石影响，若煤层夹矸太多，识别精度会随之降低；要留有一定厚度的顶煤，回采率低。

② 接触式煤岩界面自动识别技术

a. 振动探测技术：振动探测技术依据采煤机在截割岩石时的振动特征相比截割煤层时的明显，通过安装在滚筒上的振动传感器采集截割煤岩时的振动信号来识别煤岩界面。振动探测技术可避免光照、粉尘对识别精度的影响，但识别精度易受机械振动（如自身抖动）等影响。该技术存在的主要问题：提取参数过多，反应有迟滞性，识别速度慢；对复杂煤层，如含夹矸煤层等处理较难；传感器抗干扰能力不强，影响识别精度；机械振动影响识别精度。

b. 声压探测技术：该技术采用声压传感器提取采煤机截割煤岩时的声压信号，通过计算机对信号进行数据处理后实现煤岩界面识别。该技术存在的主要问题：获得有价值数据的速度慢；对电气、生产作业等噪声处理不够成熟。

c. 扭矩探测技术：煤岩坚固性系数不同，截割时的扭矩信号不同。扭矩探测技术采用主成分分析法提取扭矩信号的最大值、最小值、均值、方差参数以及这 4 个参数的融合参数，通过 BP 神经网络实现识别，可实现噪声消除和数据降维，减少运行时间。

d. 温度检测技术：采煤机截割煤与岩石时，煤壁温度存在差异，温度检测技术通过红外测温仪提取采煤机截割煤岩后煤壁温度数据来识别煤岩界面。该技术的优点：原理简单，易于管理；反应速度快，只需要检测温度；可穿透粉尘，温度检测精度为 0.01 ℃。该技术的局限性是易受干扰因素如喷水除尘等影响。

(3) 采煤机故障诊断技术

由于恶劣工作环境、超重负载工况和超长工作时间,采煤机在工作过程中故障频发,且故障类型呈现多样性和随机性的特点。传统的采煤机故障诊断方法一般依赖现场维修人员的专业知识和经验,通常具有滞后性和不确定性。

① 现有故障感知技术

这种方法依据采煤机的系统组成原理,从出现的故障明显部位着手,对该局部故障的所有依赖性元器件和系统进行分析排查,直至找出出现故障的症结。在采煤机发生故障后,对故障产生的过程进行细致排查,得出最终诊断结论,将这些结论有效地集中归纳后,便可以形成一个故障诊断集。当再次出现相同的故障现象后,便可通过查找上次的诊断路径对故障进行诊断和处理。这种方法纯粹地依赖历史诊断经验,其优点是在故障现象相同的情况下能够比较快捷地定位;缺点是在故障出现的系统复杂、种类趋多情况下,对故障诊断的经验记录过于庞杂,诊断效率低下。

② 温度、压力在线监测诊断法

利用轴承和齿轮传动箱等部位的温度、压力传感器,可以定点在线监测采煤机相关的温度和压力参数。如当采煤机截割滚筒内轴承损坏发生严重摩擦时,滚筒温度会急剧上升,通过其上面的温度传感器监测便可显示出来,这样就可以准确快速地定位故障部位。连续地对这些部位进行监测并记录历史变化数据,能够快速、直观地反映采煤机的工况状态,还能及时发现故障和预测故障的状态和发展趋势。温度、压力在线监测诊断法是一种普遍的监测诊断手段,它的优点是能正确、快速和灵敏地反映设备的工况;缺点是对于电气系统的故障诊断具有局限性,且对传感器的设计和安装提出了很高的要求。

③ 采煤机故障诊断专家系统

采煤机故障通常具有复杂性和隐蔽性,采用传统的诊断方法难以快速、准确地诊断。而专家系统能够综合运用领域专家的经验和专业知识,模拟专家的思维过程,对故障进行分析求解,得出可靠的诊断结论。

12.4.1.2 采煤机智能截割技术

通过研发相应模块实现采煤机基于记忆截割的自动化工作,利用综采工作面的通信网络系统实现采煤机在工作面巷道和地面的远程监控,并通过工作面巷道集控中心控制系统实现采煤机与液压支架和刮板输送机的协同集中监控。通过采集采煤机的工况参数,并利用二次传感和融合技术,实现采煤机工作状态的准确判断,进而实现采煤机的可靠远程监控。

(1) 采煤机记忆截割技术

自适应记忆截割控制流程主要包括路径记忆及数据处理、自适应调高和人工修正三个阶段。路径记忆及数据处理阶段实现截割参数的采集、记忆和处理。在自动截割时,采煤机根据记忆的工作路径进行自动行走和截割运动,当煤层地质条件发生变化,造成实际的煤层参数和记忆的截割参数不一致时,将基于人工免疫理论实现截割滚筒的自适应调高,以适应煤层地质条件的变化。为了保证安全生产,当煤层地质条件变化非常剧烈,采煤机无法正确地自适应处理时,操作人员可以远程引导采煤机的截割运动,对其运动轨迹进行人工修正。采煤机记录下本次修正结果,当再次运行到该位置时,将采用记忆的截割高度和截割参数进行工作。

在采煤机的记忆截割过程中，首先由操作工人操作采煤机沿工作面进行第 1 次截割，采煤机记忆行走路线以及相应位置的截割参数；然后，采煤机根据记忆的工作位置以及相应的截割参数进行自动截割。在人工示教过程中，记忆位置被分为常规点和关键点，采煤机每隔 0.2～1.0 m 对各传感器采样 1 次，记录下相关信息并添加到记忆集中，这些位置称为常规点。由于采煤机路径记忆过程中所采集的数据量大，不可能也没有必要记录截割路径中所有点的数据，除了常规点之外，只是根据需要相隔一段距离采集 1 次数据，这些数据采集点称为关键点。如当操作人员发现采煤机截割到岩石时，必须采取相应的操作，升高或降低截割滚筒的高度，这些位置即关键点。采取常规点和关键点相结合进行记忆的策略，可以提高记录的精度，为后续的记忆截割过程提供可靠的数据。

图 12-8　采煤机记忆截割的关键点

采集到的关键点是离散的，必须处理为连续曲线以便于引导采煤机行走。因此，需要对采煤机的记忆路径进行拟合，并且要求该路径可以根据实际的运行情况进行修正。例如，在图 12-8 中，采煤机按记忆路径(实线表示)截割煤层，当采煤机运行到 A 点和 B 点时截割到了岩层，因此需要降低摇臂的高度，此时，应根据新的离散点数据重新规划出采煤机的截割路径。

从采煤机的截割路径自动控制看，这是截割路径规划的一个优化问题。从自动控制系统角度看，截割路径规划是与变频牵引、液压调高、行走姿态控制、负载截割等单元相关的非线性系统控制问题，需要综合考虑牵引单元、液压调高机构、行走姿态和截割负载等方面的变化对截割路径规划的影响。

(2) 采煤机自适应调高控制技术

采煤机作为综采工作面的关键设备，其自动化一直是实现综采工作面自动化的重点和难点，而采煤机自动化的关键是实现截割滚筒的自动调高。国内外学者提出利用小波神经网络、自适应 PD 控制以及模糊控制等方法实现采煤机滚筒的自动调高。滚筒自动调高的最大难题是如何使采煤机滚筒自动适应煤层顶板的起伏变化。为了准确判断顶板煤层厚度或进行煤岩界面识别，国内外学者进行了大量研究，采用人工 γ 射线、自然 γ 射线等方法对顶板煤层厚度进行测量，利用应力截齿分析、振动测试及雷达测试等方法进行煤岩界面识别。由于煤矿环境的复杂性以及缺少可靠的顶板煤层厚度测量和煤岩界面识别的传感器，顶板煤层厚度测量和煤岩界面识别成为技术难点。目前，为了实现采煤机截割滚筒的自动调高，国内外均选择具有记忆切割功能的采煤机作为技术突破口，该方法避免了顶板煤层厚度测量和煤岩界面识别的难题。

(3) 采煤机自适应牵引控制技术

采煤机的自适应牵引控制是指当截割环境、截割阻力或者截割状态发生变化时，采煤机自适应调节牵引速度，以实现稳定工作，并保证滚筒有足够的时间和空间进行高度调节，从而更好地适应截割条件变化。

基于粒子群算法与 T-S 云推理网络的采煤机自适应牵引控制技术，将采煤机左右牵引电流、采煤机左右截割电流、刮板输送机机头电流、刮板输送机机尾电流、采煤机运行状态等参数作为采煤机调速效果的指标，通过算法获得最优规划速度。

(4) 采煤机自动纠偏技术

采煤机自动纠偏技术的实施步骤如下。

① 建立局部地理坐标系下采煤机截割轨迹的数学模型与工作面煤层断层、褶曲等复杂地质构造的数学描述模型。

② 利用三次样条插值算法得到褶曲顶底板煤岩界面曲线，以获得的顶底板曲线为参照，利用循环坐标变换算法对采煤机的截割路径进行规划，可获得采煤机每一刀卧底量的调整量和俯仰采角度的计算方法。

③ 将断层地质构造的特征参数作为输入量，准确表示断层带的整体构造，以实现最大回采率和最少割岩量为目标，综合考虑设备的通过能力、前后 2 刀截割的连续性等约束条件，对采煤机截割轨迹进行规划。

④ 根据采煤工艺要求，建立基于插值算法和循环坐标变换算法的采煤机理论规划路径的修正方法，由此实现采煤机在复杂地质构造下的自动纠偏。

12.4.1.3 采煤机远程可视化监控技术

(1) 采煤机远程控制系统

① 采煤机远程控制功能

采煤机远程控制功能包括采煤机状态远程监测、采煤机行走电机与截割电机启停控制、采煤机参数化控制、采煤机截割路径规划、采煤机传感信息融合和本地远程控制器同步互锁等。采煤机远程控制能实现各控制单元的运行参数、保护、报警事件的监测。

② 采煤机远程控制工作原理

采煤机远程控制工作原理如图 12-9 所示。机载控制器负责传感信息的采集、本地操作信号的响应、逻辑控制单元的操控、数据通信和同步互锁等工作。机载控制器通过工作面通信网络平台与远程控制系统及各传感器连接。

工作面通信网络平台将采煤机的工作状态数据上传到工作面巷道集控中心，将工作面巷道集控中心的控制指令下发到采煤机机载控制器，将远程地面调度中心的设置参数和远程干预信息传输到采煤机控制系统，实现实时可靠的数据传输、信息互联互通。工作面巷道集控中心监控系统提供远程人机操作交互界面，负责采煤机的远程操控、逻辑控制单元管理、截割路径执行、传感信息的融合与预警、报警故障事件信息响应、数据归档等工作。

(2) VR(虚拟现实)数字化平台技术

① 采煤机远程控制可视化平台工作原理

为了真实再现采煤机的工作状态，建立基于 3DVR 技术的采煤机远程控制可视化平台，其工作原理如图 12-10 所示。利用实时数据归档技术将采煤机的状态参数保存在归档数据库中，3DVR 平台通过调用归档数据库中的采煤机参数，实现采煤机三维虚拟样机模型的实时驱动，并可以实现控制指令的下发；通过归档数据库、监控软件系统以及远程控制器，将控制指令传输到采煤机的机载控制器，实现采煤机的可视化远程控制。

② 采煤机远程控制可视化平台界面

采煤机远程控制可视化平台界面有 4 个功能区：采煤机工作状态真实再现区、采煤机工作参数显示区、采煤机远程控制区及采煤机故障显示区。其中，工作状态真实再现区主要实现采煤机的虚拟现实场景，让操作者有身临其境的感觉；工作参数显示区主要显示采煤机位

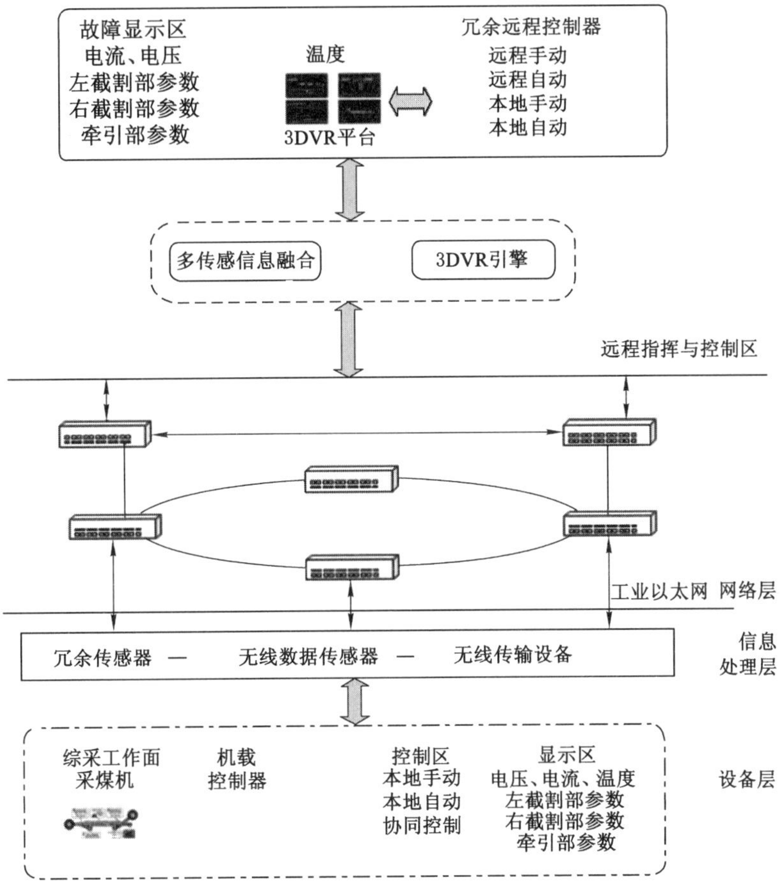

图 12-9　采煤机远程控制工作原理

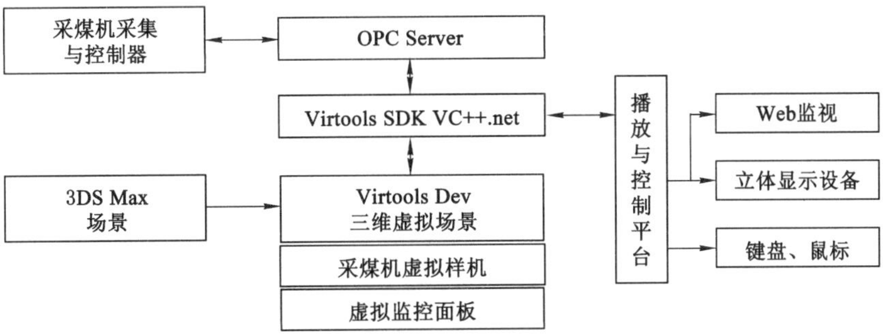

图 12-10　采煤机远程控制可视化平台工作原理

置、左右摇臂高度状态、滚筒转动状态、内部关键部位传动状态、油温、水温及其他辅助状态；远程控制区设置有不同作用的功能按钮及控制参数输入列表框，实现牵引部前进、后退，左右摇臂的上升、下降，以及检修、急停和故障报警等。

在远程控制可视化平台上再现的采煤机实时状态有采煤机位置、采煤机沿工作面的行走状况、采煤机内部关键部位传动及左右滚筒旋转情况、采煤机摇臂连杆机构驱动状况、采煤机关键部位温度、采煤机落煤场景以及视频图像信息等。

视频图像监控作为远程可视化监控的重要组成部分，包括前端的除尘摄像机、通信网络和展示平台。系统以采煤机位置为坐标，实现对采煤机的视频自动跟踪切换。工作面视频监控图像通过无线网络实现信息回传，视频展示软件具有单画面、多画面和全屏等多种显示方式。

12.4.2 液压支架智能化技术

液压支架控制方式分为手动控制、自动控制两种。手动控制方式有本架控制、单向邻架控制、双向邻架控制等。手动控制支架推移速度慢，不能保证支架的初撑力，工人劳动强度高。自动控制方式有分程序控制、先导式程序控制、遥控等。自动控制支架推移速度比手动控制的提高了 3～5 倍，能保证支架的初撑力。自动控制可明显改善支架对顶板的支护效果，易于实现带压移架，可降低工人的劳动强度，改善劳动条件，实现综采工作面完全自动化。

12.4.2.1 液压支架电液控制技术

液压支架电液控制技术是融合计算机技术、监测技术、控制技术和液压技术等为一体的新技术，是近年来煤矿综采装备发展的重要方向之一。使用液压支架电液控制技术可以大大提高支架的动作速度、自动化程度和安全保障功能，同时减轻操作人员的劳动量和劳动强度，提高生产效率。其自主动作、实时监测等功能，可避免因操作人员的误动作而带来的不必要的人员和财产损失。

液压支架监控系统具有采集、显示和传输支架控制参数和各种传感器数据(包括立柱压力、推移行程、采煤机位置和动作状态)的功能，操作者可以在任何一个支架上查看到本支架的信息，同时可以对整个工作面的参数进行查看和修改；同时具有信息共享及矿压分析功能。通过液压支架监控系统，用户可实现对液压支架本身和支架控制器运行状况的实时监控和远程控制，对综采工作面智能化开采相关参数的设置，以及对各种历史数据的查询。

12.4.2.2 液压支架电液控制系统组成原理和网络系统

(1) 单个液压支架电液控制系统

单个液压支架电液控制系统主要由本安型直流稳压电源(以下简称电源或电源箱)、支架控制器(也称为支架控制箱)、电磁阀驱动器、电液控制阀、行程传感器、压力传感器、红外线接收传感器、倾角传感器(也称为姿态传感器或角度传感器)，以及连接电缆等组成，主要部件的连接及安装位置如图 12-11 所示。电磁阀驱动器是支架控制器的扩展附件，用一根 4 芯电缆(2 根电源线、2 根数据线)与控制器相连；用数根 4 芯电缆分别与相应的电磁阀相连，为电磁阀线圈提供电源。驱动器接受控制器的控制命令，实现对每个电磁线圈通/断的控制，使相对应的液控主阀通/断，实现支架的各个动作。驱动器带有“看门狗”系统，用来监测电源、驱动器与控制器之间数据传输的工作状态。支架控制器、电磁阀驱动器、电液控制阀、红外线接收传感器安装在液压支架的专用安装架上，行程传感器安装在推移千斤顶内，压力传感器安装在立柱下腔体外面，倾角传感器安装在顶梁、掩护梁和四连杆上。

(2) 工作面液压支架电液控制系统

图 12-12 为工作面液压支架电液控制系统组成和通信网络系统连接图。整个系统由工作面支架控制系统、巷道监控系统、地面数据分析与信息发布系统 3 个层次组成。各支架控

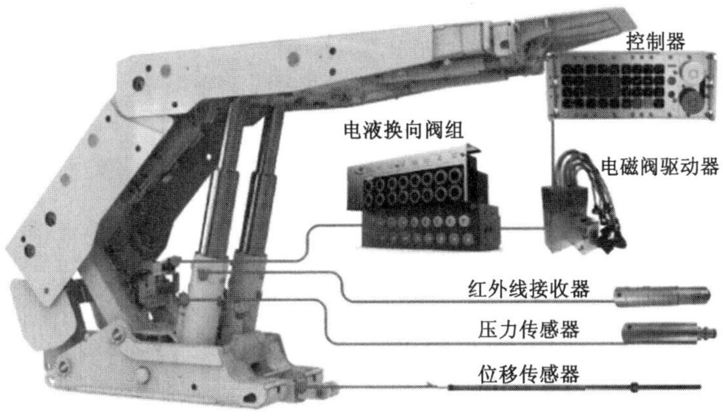

图 12-11　单个液压支架的电液控制系统主要部件

制器通过电缆及电缆连接器串联，再通过服务器、网络变换器接入井下防爆计算机（监控主机），形成完整的网络系统。网络系统接入井下光纤交换机，通过光缆将工作面信息传输到地面监控站（计算机），实现地面集中管理。

服务器安装在靠近刮板输送机机头（或机尾）处，外观和支架控制器相同，其功能是处理工作面所有支架控制器的数据，并把数据通过网络变换器传输给井下防爆计算机。当工作面与井下防爆计算机断开时，服务器仍能保证工作面液压支架的控制不受影响。若不配备井下防爆计算机，只设服务器，就形成简易的电液控制系统。

网络变换器可实现工作面端头服务器与巷道集控中心防爆计算机之间的数据通信，完成支架电液控制系统数据的上传、下达。由于端头支架到巷道集控中心的设备不断移动，管线之间相互挤压，通信电缆防护难度大，线路经常发生故障，通信易中断，因此逐渐由有线通信向无线通信过渡。

主控计算机也称为井下监控主机、井下防爆计算机，主要用来接收工作面网络变换器通过数据转换器传送的工作面支架电液控制系统数据，对工作面支架电液控制系统实施集中监测监控，并将工作面数据通过井下交换机传送到地面计算机。主控计算机是具备隔爆兼本安特性的工业控制计算机（以下简称工控机），其内部构造与普通 PC 机基本相同，除具有一般 PC 机的特点外，还具有优越的系统性能、灵活的扩展性及特殊的监控功能，普遍适用于各种工业场合，特别是对功能和操作可靠性有严格要求的场合。主控计算机主要技术指标有：防爆类型为隔爆兼本质安全型，采用 CAN、RS-485/422、USB、RS-232、以太网等接口，操作系统为 Linux 或 Windows。

支架控制器是硬件与软件兼备的微型计算机，是整个电液控制系统的核心部件，完成所有支架动作控制、数据采集等功能。每个支架控制器都有固定的网络地址，易于实现工作面通信。行程传感器、压力传感器等将工作参数等信息传输给计算机，以便进行数据分析与运算。计算机根据生产工艺要求，对支架控制器、电液控制阀进行控制，实现液压支架的自动推移刮板输送机、自动放煤、自动移架、自动喷雾等多架或单台控制，即自动跟机技术。同时，支架动作过程可以通过压力、行程和角度等传感器进行监测，从而实现支架动作的闭环控制。各种动作管理及实时调度由系统软件中的内嵌操作系统来完成；通过检测装置定位采煤机，实现工作面的液压支架动态跟进，形成高效、安全的自动化生产控制系统。

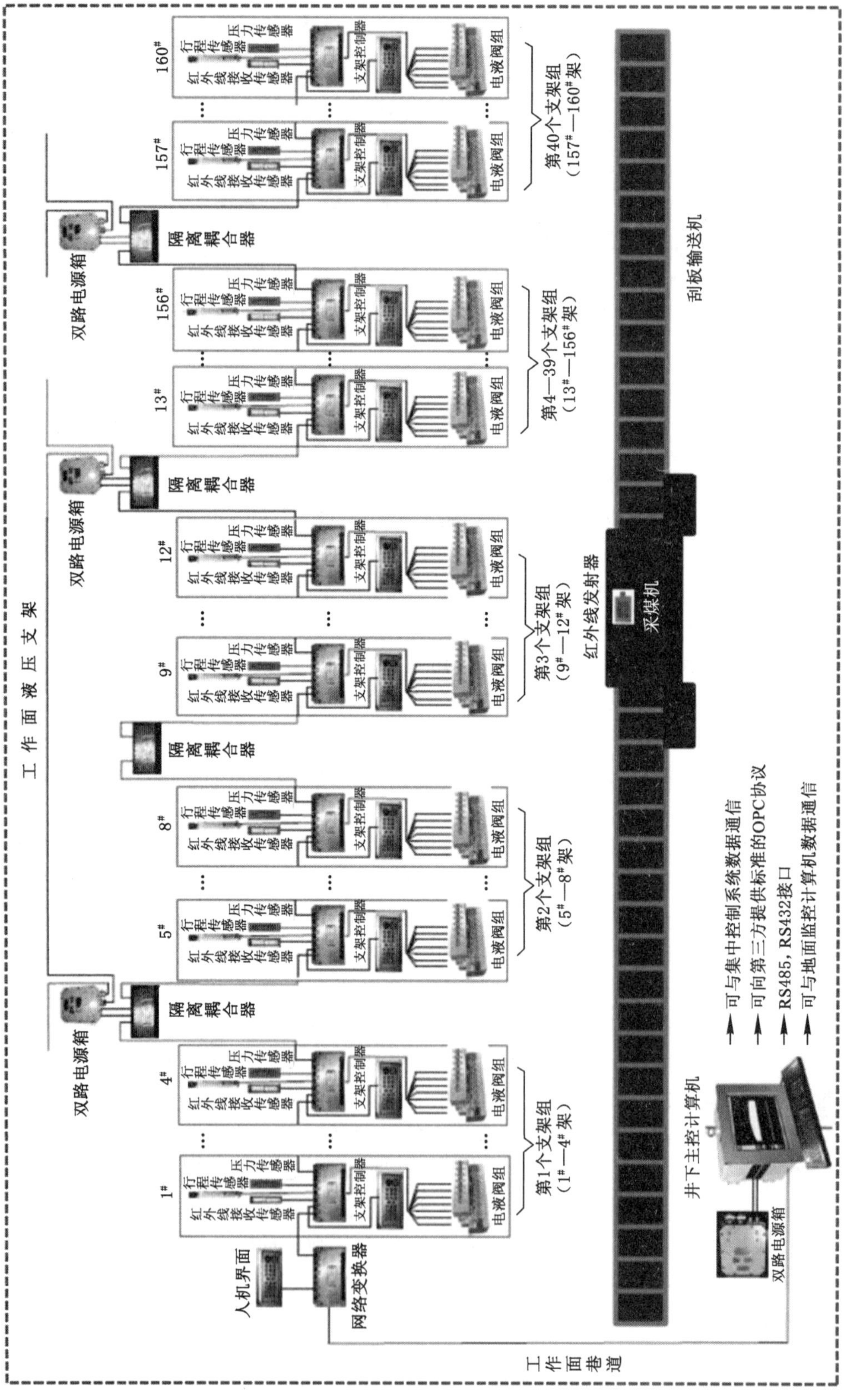

图12-12 工作面液压支架电液控制系统组成和通信网络系统连接图

12.4.2.3　液压支架跟机自动化采煤技术

综采工作面跟机自动化采煤技术是指依据回采工艺与作业规程，采用集中控制的方法来协调采煤机、液压支架和刮板输送机三种设备的动作关系，使之能够满足采煤工艺的要求，达到安全、高效、自动化采煤的目的。

液压支架跟机自动化以采煤机的位置和牵引方向为主要输入参数，输出参数则为液压支架的动作，从而自动地完成综采工作面液压支架和刮板输送机跟随采煤机行走的所有功能动作，如自动移架、自动推移刮板输送机、自动收或伸护帮板、自动收或打出伸缩梁等。具体操作如下：按照采煤工艺，在采煤机前方收回煤壁支护的支架护帮板，然后采煤机割煤，割煤后应及时伸出支架伸缩梁支护顶板，在采煤机后方应及时移架，实现对割煤后悬空顶板及煤壁的支护；完成移架后的支架，进行推移刮板输送机作业，为下一刀割煤做好准备工作。整个跟机自动化程序可以将操作人员在不同部位的操作动作形成标准化流程，编入程序进行支架自动控制，同时进行支架护帮板动作执行情况的跟踪，依据压力传感器控制支架降、升动作，依据行程传感器控制支架推移动作等。液压支架跟机自动化控制的目标是实现工作面采煤设备自动迁移，并保证采煤机与液压支架互不干涉；使刮板输送机保持良好的运行姿态，并保证其直线度；对工作面顶板、煤壁进行有效管理，保证液压支架达到设定的初撑力。

跟机自动化关键元部件有：支架控制器、传感器（压力传感器、行程传感器、倾角传感器等）、采煤机位置检测装置（如红外传感器等）、电液控制阀等。目前，我国液压支架跟机自动化功能仍然没有作为液压支架的主要操作方式持续使用。主要问题是跟机自动操作依赖的控制系统程序相对固定，工作面机头机尾位置、采煤机进刀方式等难以满足现场使用要求。另外，智能化控制系统根据煤层地质条件、液压支架状态、泵站流量、采煤机速度、煤流系统、人员位置等自我调节能力较弱，传感器精度有待提高，工艺参数变化与系统响应速度存在矛盾。

12.4.3　工作面运输三机智能化技术

工作面运输三机包含刮板输送机、转载机和破碎机，其中，作为长壁工作面的主要运输设备，刮板输送机成套装备的整体技术水平影响着工作面的安全、产量和开采效率。为了满足“一矿、一井、一面”安全高效年产千万吨矿井开采需要，年过煤量千万吨的重型、智能化刮板输送机已经成为国内外刮板输送机成套装备的发展趋势。目前，国内已自主研发了槽宽（内宽）为 1 350 mm、1 400 mm、1 500 mm，装机功率为 3×1 000 kW、3×1 500 kW、3×1 600 kW 等系列的重型、超重型刮板输送机成套装备。但是，在向大型化发展的同时，设备自动化、智能化程度亟待提高。软启动、工作面运输系统均衡调节、链条张力自动控制与故障诊断、远程工况监测诊断与控制等机电液一体化技术的应用，将成为重型刮板输送机智能化的重要标志。

12.4.3.1　软启动技术

大功率刮板输送机以带载启动为主，负载量大且运距长。现阶段刮板输送机系统面临的三大问题：停车随机、负载变化无规律等造成的启车问题；松弛状态刚性链启动瞬间造成的强烈机械冲击问题；堆煤、重载启动时，电网冲击大、设备易损坏等问题。基于此，刮板输送机软启动装置必须符合以下特点：电动机无负载启动；使用多个驱动时，按照顺序进行启动;在多电动机情况下,需使负载处于平衡状态,且具有能快速平稳地产生扭矩、良好的防爆性能和较强的适应环境能力等特点。

近年来,刮板输送机向大功率、大运量方向发展,其驱动方式随着装机功率的增大,经历了由单机驱动、双机驱动到T形布置的多机驱动方式的发展阶段,驱动传动方式也由电动机直接驱动发展到电动机+限矩液力耦合器驱动(用于小功率刮板输送机)、双速电动机+摩擦限矩器(也称为限矩摩擦耦合器)驱动。855 kW 以下的刮板输送机多采用双速电动机+摩擦限矩器驱动方式,双速电动机驱动可解决刮板输送机带载启动时电流过大、对设备和电网冲击大的问题,但当设备功率进一步增大时,双速电动机驱动会出现无法重载启动的问题,软启动技术及装置能有效地解决该问题。目前,已研制出的各种可控驱动装置解决了多机驱动刮板输送机重载启动困难及负荷不均问题。重型刮板输送机应用的软启动方式主要有三种:① 电动机+CST(可控启动传输装置);② 电动机+阀控充液式液力耦合器;③ 变频调速(变频器+电动机+减速器、变频一体机+减速器)。其他软启动系统还有基于电气控制原理的斩波调压软启动系统和可控硅软启动系统等。

12.4.3.2 工作面运输系统均衡调节技术

在采煤过程中,工作面运输系统并不是时刻都需要满负荷运行的,因此应根据不同的负荷情况自动调整运行速度,实现采煤机与刮板运输系统载荷联动,从而降低刮板输送机的磨损及功耗。目前有以下两种自动调速方式。

(1) 以煤量扫描仪为主的煤量监测调速系统

煤量扫描仪由煤量监测传感器和主机组成。传感器安装在工作面巷道输送带入口的上方,在扫描范围内,监测每个断面各测量点与传感器的距离,据此计算出输送带上煤层断面积,并获得外形轮廓和坐标定位等信息,再引入运行速度就可以计算出煤流的体积,从而得出实时的煤流量。根据煤量扫描仪监测到的煤量,结合采煤机的工况,调节采煤机的采煤量;工作面运输系统根据负荷自动调节运行速度,全范围连续长时间变速运转,达到节能降耗的效果。

(2) 以电动机电流为主的自动调速

实时监测刮板输送机工作电流的状况,结合采煤机在工作面的位置信息、运行方向和工作状态,当负荷较大时,集控系统能够自动减慢采煤机的牵引速度,减少落煤量;当刮板输送机负荷超过设定上限时,自动停止并闭锁工作面采煤机。控制策略是电动机电流大,输出功率大,则刮板输送机负载大,需增大转速。当采煤机行走方向与煤流同向时(由机尾向机头),电流应逐渐减小;当采煤机行走方向与煤流相反时(由机头向机尾),电流应逐渐增大;采煤机截割速度越大,电动机转速越大,反之亦然。依据电动机电流的变化曲线,结合采煤实际,实现刮板输送机主动适应、分区分档调速的自主调速功能。

12.4.3.3 链条张力自动控制与故障诊断技术

采煤机往复割煤,刮板输送机的负载周期性变化;当发生煤壁片帮时,刮板输送机的负荷瞬间增大。这两种情况均会导致链条张紧程度发生变化。链条过紧会加剧链条和压链板的磨损,过松会产生堆链现象,影响链条与链轮的啮合,从而导致跳链、断链事故。合理控制链条的张紧力,可以减少磨损,提高链条的使用寿命和可靠性。一旦链条发生断链、跳链等故障,就必须及时采取相应措施,否则会影响安全生产。国内外普遍采用自动伸缩机尾,根据负载的周期性变化情况,调整链条张紧程度,实现链条张力的自动控制。

(1) 链条张力调节控制

刮板链(链条)是刮板输送机的牵引机构,也是刮板输送机中最易磨损和损坏的部件。断链故障是刮板输送机较常见的故障之一,链条过松或过紧及刮板输送机的过载运行与启动,都是导致断链的直接原因。研制能监控链条运行工况,使链条张力可以随刮板输送机弯曲、载货多少以及采煤机位置自动调节的自动调链装置,便能有效地改善链条的受力状态,提高刮板输送机的运载能力、运输效率及工作可靠性。20 世纪中后期,英国、德国等国家的科研设计部门和生产厂家都致力于刮板输送机链条张力自动调节控制装置的研究。1988 年,德国 DDM 研究中心首先研制成功了 AVK 自动紧链装置;美国久益公司随后也研制出了 ACTS 装置。这两种装置均采用可伸缩式机尾,以自动张紧或松弛链条,使之保持在给定的张力范围内。两者均是通过液压缸推动活动机尾架及链轮轴水平移动的。在机头链轮下方设传感器以测底链松弛度及悬垂度,在机尾链轮前设传感器以测上链松紧度,并通过由微处理机控制的电液控制阀组调节液压缸压力,以操纵机尾架的伸缩移动,保持链条的张紧力,从而避免机头悬链和机尾堆链及链条过紧过松而造成的事故,使链条张力处于合理状态。

(2) 链条故障诊断技术

① 链条疲劳裂纹的检测

链条疲劳裂纹检测主要使用无损检测技术,目前常用的无损检测技术有渗透探伤技术、磁粉探伤技术和超声波探伤技术。

渗透探伤技术是早期采用的一种检测方法,它是利用毛细现象检查材料表面缺陷的一种无损检验方法。渗透探伤操作简单,缺陷显示直观,具有相当高的灵敏度,能发现宽度 1 mm 以下的缺陷。这种方法由于检验对象不受材料组织结构和化学成分的限制,可以很方便地应用于刮板输送机链条探伤检测;同时,渗透探伤检测的缺点也很明显,只能检测表面开口性缺陷,对于内部裂纹无法检测。

磁粉探伤技术应用时将链条置于强磁场中,若链条表面或近表面附近有缺陷存在,由于缺陷是非铁磁性的,磁力线在这些缺陷附近就会产生漏磁。当将磁粉施加在磁化后的链条上时,缺陷附近的漏磁场就会吸住磁粉堆积形成可见的磁粉痕迹,从而把缺陷显示出来。

超声波探伤技术利用超声能透入链条深处,当超声波束自链条表面由探头通至金属内部,遇到缺陷或链条底面时发生反射,在荧光屏上形成脉冲波形,根据这些脉冲波形来判断缺陷位置和大小。超声波探伤检测链条的优点是可以检测链条内部缺陷,并对缺陷深度、大小作出判断;缺点是受链条形状和链条表面的限制,尤其是对圆环链检测和链条弯曲部分检测,容易漏检或误判。

② 链条故障诊断方法

目前,主要有两种链条故障诊断方法。第一种链条故障诊断方法如图 12-13(a)所示,正常情况下,经过链轮的刮板带动固定轴舌板绕固定轴不停地摆动。当固定轴舌板与霍尔传感器正对时,输出低电平;否则输出高电平。刮板输送机正常运行时,霍尔传感器会不断地输出标准脉冲信号。若发生断链或堵转故障,霍尔传感器将一直输出低电平。若发生断刮板故障,霍尔传感器将输出较长一段时间的低电平(时间大于一个标准脉冲周期)。若设备为双边链,可设置两个霍尔传感器,当发生跳链故障时,两个霍尔传感器输出的脉冲信号会产生一定的相位差。利用分析仪测量霍尔传感器输出的脉冲信号,就可以判断是否发生断链、断刮板、堵转、跳链等故障。

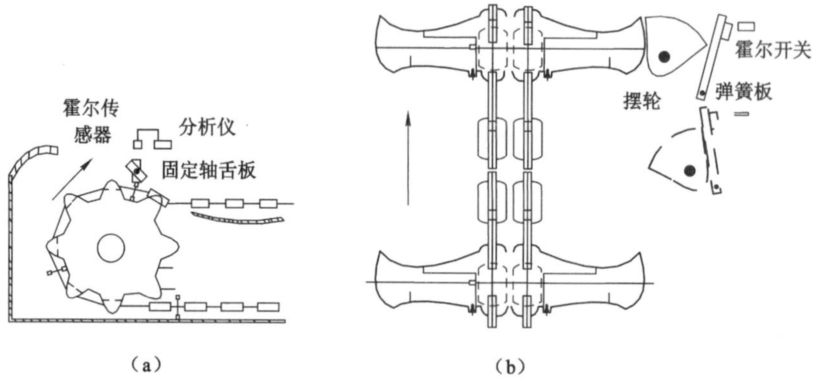

图 12-13 链条故障诊断方法

第二种链条故障诊断方法如图 12-13(b)所示,刮板在链条的带动下会均匀地通过摆轮,将摆轮压出推动弹簧板至接近霍尔开关,霍尔开关输出低电平。当刮板离开时,摆轮、弹簧板复位,远离霍尔开关,霍尔开关输出高电平。正常情况下,霍尔开关输出标准脉冲信号。若发生断链、断刮板、堵转、跳链故障,输出脉冲信号特征同第一种方法的。

12.4.3.4 远程工况监测诊断与控制技术

远程工况监测诊断与控制系统由井下监控系统、地面调度室集控平台和异地远程监控诊断平台组成(见图 12-14)。

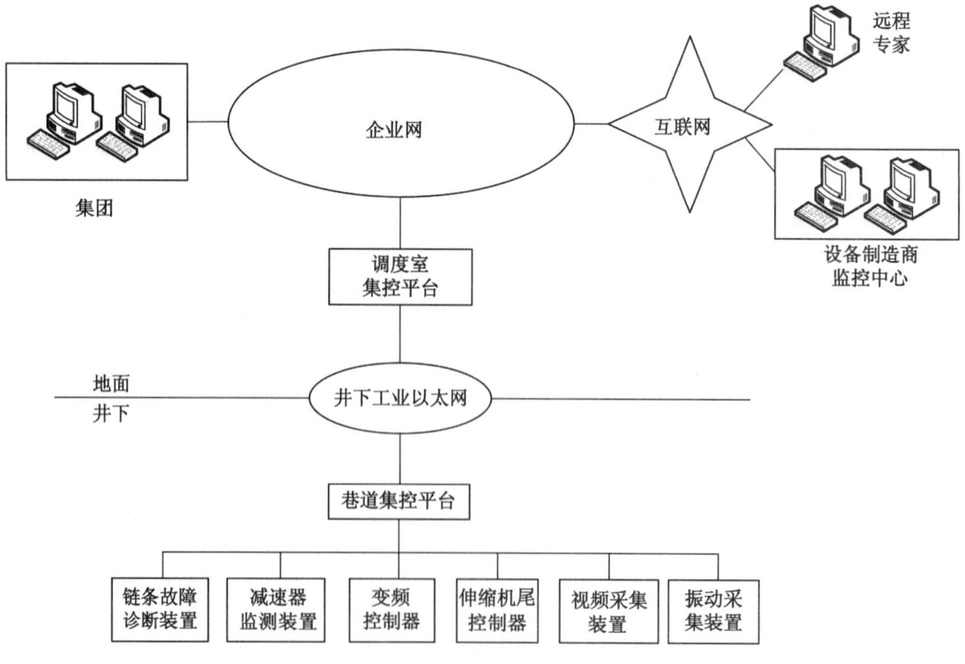

图 12-14 远程工况监测诊断与控制系统结构示意

（1）井下监控系统

井下监控系统由链条故障诊断装置、减速器监测装置、变频控制器、伸缩机尾控制器、视频采集装置、振动采集装置、巷道集控平台组成。其中，减速器监测装置实时采集减速器输入输出轴的温度，冷却水的压力、流量和温度，润滑油的液位、温度和污染度等级。巷道集控平台作为上位机，读取所有工况数据。电压、电流等电量参数可直接从开关上读取。在巷道集控平台上，可根据视频等信息操控成套输送设备的启停、推移刮板输机、拉架等，实现工作面无人或少人。所有数据通过巷道集控平台经井下工业以太网上传至地面，由调度室集控平台接收、处理。

① 刮板输送机的运行工况监测与控制

刮板输送机的运行工况监测与控制技术、重型刮板输送机的电动机和减速器运行参数的监测及控制技术是刮板输送机自动化、智能化控制领域较为成熟的技术之一。刮板输送机的运行工况监测与控制技术将在线监测、数据采集及传输等技术结合起来，通过把各种电压、电流、速度及温度传感器安装于组合开关箱、电动机和减速器上，实现电压、电流、速度及电动机和减速器温升等在线监测及数据采集功能。通过现代化的数据对比分析及传输系统，将工作面刮板输送机的运行情况以模拟曲线或数字形式反馈至井下巷道集控平台和地面调度室的计算机上。

② 减速器油质监测

减速器油质监测广泛采用的方法是在井下减速器内取样，离机检验。若能在减速器油路上安装在线油液监测传感器，则可实现油质的在线连续自动化、智能化监测。其工作原理是，应用铁谱分析技术将由齿轮摩擦副产生的磨粒经过由高梯度的磁场装置和沉淀管、流量控制器及表面感应电容传感器等构成的检测装置从润滑油中分离出来，分析大、小磨粒浓度及磨粒尺寸分布状况，从而判断减速器磨损和润滑油油质情况。对减速器等传动机构振动的监测，可通过传感器采集振动信号并传输给控制器，由控制器对该信号进行分析判断。

③ 输送平衡控制技术

为达到采运平衡，需要实时监测刮板输送机的煤流量，将输送系统的实时负荷传输给控制中心，控制中心经过实际负荷和理论负荷的比较，自动调节割煤速度以控制落煤量。

④ 多传感器融合技术的应用

尽管现有的测量方法可满足使用要求，但由于煤层赋存及井下环境的不确定性，以及智能化工作面的数据采集量大，某种传感器阶段性失效概率或者漂移率增加，因此要综合运用多传感器融合技术，建立可靠的优化模型，提高系统运行的冗余性能。

（2）异地远程监控诊断平台

异地远程监控诊断平台将设备制造方、矿方和行业专家紧密联系起来，实现设备全寿命周期的管理，保证设备在井下稳定运行，保障煤矿安全高效生产。设备制造方在公司内部设置监测中心，主动掌握销售出的任一台成套刮板输送设备的运行信息，同时利用这些信息，为矿方提供更好的服务（及时准备易损件、提供技术服务）。同时，行业专家可利用该平台对设备健康状况进行会诊，及时诊断，辅助决策。

（3）自动化软件平台

采用高速、高稳定性、抗电磁干扰能力强的网络通信传输平台，建立组件式或组态式软件平台，实现对工作面管理监控系统、数据库、采煤训练模拟系统等信息的管理及共享，避免出现信息孤岛。

(4) 运输系统三机集控系统和协同作业

① 运输系统三机集控系统

工作面运输三机易发生堵塞、断链等事故,必须对刮板输送机、转载机、破碎机构成的工作面运输系统进行实时的监控,保障系统平稳、可靠运行。其集控系统框图如图12-15所示,该集控系统可对工作面破碎装置、自动伸缩机尾、输送带自移装置进行控制;对电动机、减速器、冷却水、链轮、链条等主要零部件的状态实时监测,全面感知设备运行工况。该集控系统具有智能软启动、智能调速、功率平衡、自动润滑、协同工作、数据存储、故障诊断及预警等功能。

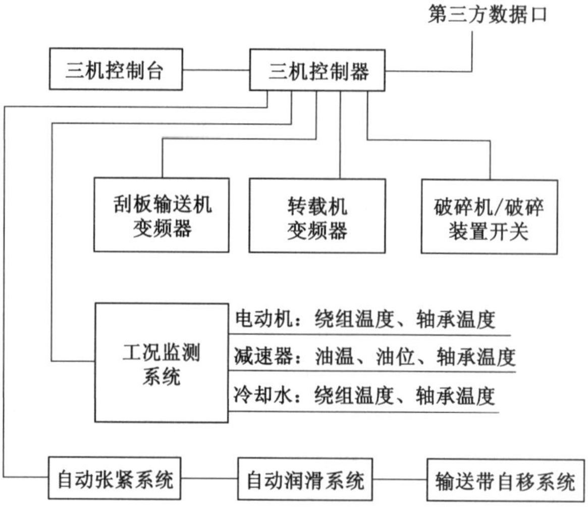

图 12-15　工作面运输三机集控系统示意

② 采、运设备双向协同作业

采煤机、刮板输送机、转载机和带式输送机之间通过信息互通接口实时进行信息交换,下一级设备(依次为采煤机、刮板输送机、转载机和带式输送机)可以根据前级设备的工况(运行状态、向下级传递物料的量)调整自身运输能力或给出上下级设备运行建议,从而做到各级设备能力的匹配,使得采煤机在速度允许范围内达到最优控制,进而提高生产效率。

12.4.4　综采工作面通信网络平台

12.4.4.1　智能化综采工作面通信网络平台的要求

(1) 通信带宽高。随着综采工作面智能化要求的不断提高,工作面需要视频监控的点不断增加,这就要求通信的带宽快速提升。通信网络平台不仅要满足每台设备数据采集与控制的要求,还要满足图像、语音的传输能力,因此要求有足够的带宽承载所有信息的传输。

(2) 实时性强。智能化综采工作面具有远程遥控的功能,从集控中心发出的控制指令和设备执行的状态反馈信息,需要通信网络平台完成相应的数据传输;信息的延迟与滞后将使远程遥控无法完成,甚至会造成生产与安全事故。

(3) 可靠性高。智能化综采工作面的生产作业是多个设备的协同作业,任何一台设备的通信中断，都会造成采煤作业的停止，甚至造成设备的失控，以致安全事故或者设备损坏，因此通信网络平台应具有很高的可靠性。

(4) 抗干扰能力强。采煤机、刮板输送机电动机功率的不断增大，以及广泛采用的变频调速技术，对电源和电缆周围的电磁干扰越来越强，只有提高通信网络平台的抗干扰能力，才能适应现场实际环境的应用。

(5) 多网融合。智能化综采工作面不仅有图像信息，也有设备控制指令数据信息，还有压力、温度、姿态等低功耗传感器的物联网数据信息，这就需要宽带无线网络、窄带传感器无线自组网络与光纤骨干环网实现多网融合、多种信息的一网传输。

(6) 与矿山通信骨干环网系统无缝对接。综采工作面是矿山生产的重要场所，其所有的生产与安全信息都需要上传到调度中心实现集中管控，智能化综采工作面的通信网络平台需要与矿山通信骨干环网实现互联互通、无缝对接。

(7) 可维修性好。采煤过程中频繁停机会极大地影响生产效率，通信设备或者链路一旦中断，就会导致故障停机，需要尽快修复，这就要求通信网络平台尽量缩短故障修复时间，可维修性好。

12.4.4.2 智能化综采工作面通信网络技术难点

综采工作面设备多，环境复杂，设备会随着工作面的推进而不断移动，通信网络平台的建设受到多方面因素的影响，其技术难点主要体现在以下五个方面：

(1) 通信电缆防护难度大。综采工作面的采煤机、液压支架在行走与推移过程中，经常会造成通信电缆挤压受损伤与断线。对于大采高工作面，大块的片帮煤有时也会砸坏通信设备与电缆，造成通信中断，因而通信电缆防护难度大。

(2) 受空间限制设备安装与维护困难多。工作面的通信设备通常安装在采煤机与液压支架上，而经过“三机”配套精确计算后的空间往往很有限，尤其是薄煤层工作面，通信设备和电缆往往会占用有效空间，造成设备相互干涉，而且工作面空间狭小给设备的安装和维护带来诸多不便。

(3) 煤尘大、淋水多，设备要求防护等级高。在采煤过程中会产生较大的煤尘，为了减少煤尘，通常采用喷雾降尘措施，这就导致工作面所有设备要求较高的防护等级，既要防尘还要防水。

(4) 动力电缆和通信电缆空间距离近，电磁干扰强。电缆作为通信线，最容易受到电磁干扰的影响，因此往往将通信电缆和动力电缆分开敷设，并保持一定的安全距离。但是由于综采工作面实际环境的限制，通常将动力电缆和通信电缆沿着刮板输送机的电缆槽敷设，两者距离很近，无法避免电磁干扰的影响。

(5) 综采工作面内的空间与设备姿态一直在动态变化，导致无线信号覆盖受影响。无线通信虽然对移动设备具有一定的优势，但是综采工作面空间狭窄，在工作面推进过程中，受地形变化、设备姿态变化和采煤机位置不同的影响，工作面的空间一直跟着变化，安装在工作面内的天线角度也会跟着不断变化，从而使无线信号的覆盖效果变得不稳定，影响通信质量；另外，周围金属支架、粉尘、水雾对无线信号的影响也不容忽视。

12.4.4.3 智能化综采工作面常用的通信技术

在综采工作面的数据通信发展过程中，根据设备种类和业务需求的不同，多种通信技术被分别应用在不同的场所，主要包括以下通信技术。

（1）光纤以太网。随着可视化工作面的发展，监控摄像机应用越来越多，因此对通信带宽的要求也更高了。光纤由于其独有的抗干扰能力和通信带宽的优势被作为首选通信介质。

（2）LTE-4G 无线通信网络。LTE-4G 无线通信网络是第四代移动通信技术，带宽高，通信速率达 100 Mb/s，覆盖距离远，采用两个基站可覆盖 300 m 长的工作面，实现对液压支架、采煤机、转载机的视频传输、语音通话、工作面设备数据无线采集、视频分发、远程监控、紧急报警等功能。

（3）Zig Bee 自组网。Zig Bee 技术是一种短距离、低功耗的无线通信技术。作为工作面低功耗的传感器网络，Zig Bee 自组网能够实现工作面设备温度、压力、倾角等数据的监测与传输。

（4）电力载波通信。电力载波通信主要用于采煤机的远程遥控与数据采集，利用采煤机供电电源线作为通信电缆。

（5）CAN 总线。CAN 总线作为支架电液控制系统的数据总线，承担多个支架控制器的数据交换任务。

（6）4～20 mA 电流环通信。4～20 mA 电流环通信具有抗干扰能力强的特点，但是通信速率低，主要应用于刮板输送机机头、机尾站之间的数据通信。

（7）WLAN 无线局域网。WLAN 无线局域网作为工作面的无线覆盖网络，用于工作面的数据、语音、图像传输，单个基站覆盖距离短，一般在 30 m 左右，一个 300 m 长的工作面需要十多个 Wi-Fi 基站级联。

（8）红外遥控。红外遥控主要用于采煤机的无线遥控通信。

（9）泄漏电缆通信。泄漏电缆是一种专门用于泄漏通信的高频电缆。采用泄漏电缆作为工作面覆盖天线，可实现工作面无线信号的均匀覆盖。

12.4.4.4 LTE-4G 无线网络通信技术在综采工作面的应用

目前，矿用综采自动化工作面 LTE-4G 无线网络通信技术已在阳煤一矿 S8310 工作面成功应用，实现了综采工作面 4G 网络无线覆盖。该通信技术通过数据传输分站实现工作面区域视频数据、控制数据、监测数据的无线上传；通过 4G 智能手机终端实现作业人员的可视化无线通信，4G 智能手机终端还具有视频监控、视频对讲、集群对讲、广播、语音通信的多种功能，可实现工作面语音、视频、集群通信。在工作面机头、机尾及转载机等重点区域布控窄带无线网络，在设备机身安装无线传感器，实现刮板输送机电动机及减速器、破碎机电动机及减速器、转载机电动机及减速器工况数据的无线采集。该系统的投入使用，大大提高了矿井生产的信息化和自动化水平。

针对工作面的需求和设备不断推移的特殊环境，通信电缆越多，故障率越高，维护难度越大，因此有线通信网络有着无法克服的缺点。无线通信无须敷设电缆，可有效避免工作面通信电缆造成的故障，因此无线通信将是综采工作面通信网络未来主要发展方向。将光纤骨干环网、宽带无线网络与窄带低功耗无线网络融合的异构网络，组成智能化综采工作面的通信网络平台，是未来的发展趋势。

12.4.5 综采工作面智能化协同控制技术与应用案例

煤矿综采工作面采煤工艺复杂、设备数量多，设备之间相互制约、相互协调，任何一个设备都无法脱离其他设备独立完成任务，同时这些设备的动作还受地质条件、环境条件的制约。智能化综采工作面要统筹规划，将综采工作面采煤机、液压支架、运输系统、供电系统、供液系统等单机设备统一管控，将综采工作面采煤装备看作一个大型装备，每个单机设备都是这个大型装备的一个部件，通过集控中心实现对工作面各个单机设备的统一管控。集控系统按照控制权限和功能分为三级控制。

第一级：本地跟机操作，采煤机司机手持红外遥控器，跟着采煤机移动，在其视觉范围内，根据现场作业环境变化情况，结合自身经验，通过操作遥控器的按键开关来控制采煤机完成采煤作业，这种模式具有最高操作权限。

第二级：远程可视化操作，工作人员在巷道集控中心，通过人机界面或者本安操作台结合采煤机数据信息和视频监控系统，完成对采煤机的远程可视化操作，控制权限仅次于本地跟机操作。

第三级：智能化控制，巷道集控中心根据采煤工艺段将各个系统协调调度运行，在采煤过程中操作人员可通过可视化远程或者本地手动干预运行，控制权限最低。

智能化综采工作面控制系统由一个通信网络平台和多个子系统组成，可实现对工作面液压支架、采煤机、刮板输送机、转载机、破碎机、带式输送机、乳化液泵站、电力负荷系统的协调联动控制；对主要生产设备工况进行实时在线监测，及时发现故障隐患，提高设备开机率；先将工作面所有关键设备信息传输到巷道集控中心，然后通过工业以太环网将数据上传至地面分控中心，地面分控中心将数据融合到基于物联网技术的综采设备智能化管理系统，再通过云平台发布到手机上，实现数据共享、远程管理和深度利用。

综采工作面巷道集控中心是综采工作面智能化采煤的核心，如将整个智能控制成套装备看作一个大型的采煤机器人，集控中心则是这个大型采煤机器人的大脑，是操作人员的人机接口与监控平台，通过建立统一的数据传输接口和通信规约，实现与各个子系统的数据通信。根据采煤工艺要求，将采煤工艺分为多个工艺段，如端头斜切进刀段、扫底煤段、中间割煤段等，每个工艺段有着不同的作业要求，各个设备执行相应的动作。集控中心将工艺段状况、采煤机位置、采煤机的行走方向等信息传输给各个单机设备控制单元，采煤机、液压支架、刮板输送机等单机设备将自身的工作状态信息实时反馈到集控中心，实现相互之间的协调控制，完成采煤作业；当发生异常状况时，能够立即暂停当前采煤作业，并进行核心设备的保护性停机和系统停机。多机协同使得综采工作面各个相关设备之间建立联系，实现信息互通、共享；可提高各个设备之间的自动协同能力以及整个综采工作面的生产效率，实现节能降耗、安全生产。近几年在智能化综采工作面建设方面，各地积极推进，有多个成功案例，在行业中起到示范和引领作用。

2007—2013 年，黄陵一号煤矿 1.4～2.2 m 较薄中厚煤层首次实现了工作面常态化 1 人巡视、地面调度中心或巷道集控中心监控的智能化开采，实现了煤炭无人开采技术的新突破。

2013—2014 年，在山西西山晋兴能源有限责任公司斜沟煤矿实施了国家智能制造专项，即煤炭综采成套装备智能系统，由井下巷道集控中心、综采工作面有线/无线全覆盖网络、设备远程控制与语音通信系统、工作面视频监控系统、数据采集存储系统、工作面设备姿态检测系统以及转载机、破碎机、泵站、带式输送机的连锁控制系统等组成自动控制平台，实现了工作面液压支架、大型采煤机、刮板输送机的协调控制，以及综采工作面生产过程的自动化控制，提高了生产效率。该系统可对主要生产设备工况实时在线监测，对工作面的相关信息进行分类整理，通过骨干环网将数据上传至地面调度中心。

2018 年 3 月，神东煤炭集团世界首个智能超大采高工作面在上湾煤矿投入试生产，并取得成功。工作面面长为 299 m，推进长度为 5 254.8 m，采厚为 8.6 m，采用国产化设备，并引入了数字化、智能化技术。该工作面是目前世界上采高最大的采煤工作面。

12.4.6 综采工作面智能化技术未来发展方向

实现综采工作面智能控制，还需要一些关键技术的突破。随着科学技术的发展，先进和适用的技术用于综采工作面成为智能控制的关键，以下列举了几种适用于综采工作面的关键技术。

12.4.6.1 煤矸自动识别及煤岩分界技术

(1) 煤矸自动识别技术

采用放顶煤工艺的综采工作面，煤矸放落自动识别是实现整个工作面智能化的瓶颈，通过研究煤矸放落的数学模型和识别控制算法有望实现自动化放煤。

(2) 煤岩分界技术

煤岩分界是实现智能截割的关键。目前，已有 20 余种煤岩分界传感系统，诸如记忆程序控制系统、振动频谱传感系统以及天然 γ 射线、测力截齿、同位素、噪声红外线、紫外线、超声波、无线电波、雷达探测系统等。由于井下煤层和围岩条件十分复杂，难以准确、可靠地判断煤岩分界面，这些技术还都未成功地应用于实际生产，因此研制出工作可靠、有一定分辨率的煤岩分界识别传感器是实现采煤机滚筒自动调高的关键。

12.4.6.2 刮板输送机直线度检测与控制

综采工作面是一个狭长的物理空间，受煤层的起伏变化和地质环境的限制，工作面所分布设备的相对位置成为非可视测量的技术难题，再加上粉尘的影响，常规的激光定位与测距技术都无法使用。在这种位置不断变化的恶劣环境中，设备间相对角度定位精度要达到 $0.01°$以上，这对测量定位技术提出了很高的要求，需要使用 MEMS 陀螺仪、高精度角度传感器等新型传感设备，监测相邻液压支架或者相邻刮板输送机间的相对位置。在工作面连续推进过程中，使工作面不断地趋于平直，以实现工作面调直的目标。

12.4.6.3 可交互多视窗的可视化平台

可交互多视窗的可视化平台以综采工作面“三机”设备——采煤机、刮板输送机和液压支架为研究对象，为获得整个工作面的全景动态画面，利用工作面设备运行状态的远程动态监测、故障的预测预报以及“三机”远程同步自动控制技术，对综采工作面场景中所有的采集视频图像进行智能实时拼接，提升综采工作面系统的柔性生产能力和指挥调度系统的应变能力。围绕开采工艺流程分析及模型建立、生产过程决策及可视化控制、生产过程动态数据管理及分析、网络管理、视频控制等需求，平台未来的发展方向是，开发综采工作面智能控制软件，建立具有生产过程数据、语音数据、图像数据、3D 数据、管理数据等存储功能的可视化平台。

12.4.6.4 虚拟现实技术

虚拟现实系统是一种实时地对真实世界加以模拟的计算机系统，由硬件和软件两部分构成。硬件部分包括快速通用处理器、专用图像处理器、输入设备和输出设备。软件部分具有产生虚拟世界图像和进行目标处理的功能。虚拟现实技术为人们探索宏观世界和微观世界中由于种种原因不便于直接观察的事物的运动变化规律提供了极大的便利。近年来，虚拟现实技术不断发展且其优点愈加明显，在煤矿开采中逐渐有所应用。

12.4.6.5　采煤机器人技术

随着智能化技术的发展，机器人被广泛应用在各行各业，但是煤矿井下作业环境特殊，通用机器人无法满足煤矿现场生产需求。因此，需要开发适用于煤矿作业的特种采煤机器人，以便在综采工作面生产工艺复杂与地质条件多变的场合代替采煤工人完成采煤作业。同时，应提升采煤机、液压支架、刮板输送机等装备的单机智能化水平，单机装备朝着机器人化的方向迈进，集控平台利用其强大的计算资源协调各个单机装备与机器人群的运行，全面实现综采工作面无人化生产。

参考文献

[1] 蔡美峰. 岩石力学与工程[M]. 北京：科学出版社，2002.

[2] 常庆粮，周华强，柏建彪，等. 膏体充填开采覆岩稳定性研究与实践[J]. 采矿与安全工程学报，2011，28(2)：279-282.

[3] 戴华阳，郭俊廷，阎跃观，等. "采-充-留"协调开采技术原理与应用[J]. 煤炭学报，2014，39(8)：1602-1610.

[4] 杜计平，汪理全. 煤矿特殊开采方法[M]. 2 版. 徐州：中国矿业大学出版社，2011.

[5] 范京道. 智能化无人综采技术[M]. 北京：煤炭工业出版社，2017.

[6] 冯光明，孙春东，王成真，等. 超高水材料采空区充填方法研究[J]. 煤炭学报，2010，35(12)：1963-1968.

[7] 符如康，张长友，张豪. 煤矿综采综掘设备智能感知与控制技术研究及展望[J]. 煤炭科学技术，2017，45(9)：72-78.

[8] 郭惟嘉，陈绍杰，王海龙，等. 矿井特殊开采方法[M]. 北京：科学出版社，2016.

[9] 郭文兵，杨治国，詹鸣. "三软"煤层开采沉陷规律及其应用[M]. 北京：科学出版社，2013.

[10] 郭文兵，白二虎，杨达明. 煤矿厚煤层高强度开采技术特征及指标研究[J]. 煤炭学报，2018，43(8)：2117-2125.

[11] 郭文兵. 煤矿开采损害与保护[M]. 3 版. 北京：应急管理出版社，2019.

[12] 郭文兵，娄高中. 覆岩破坏充分采动程度定义及判别方法[J]. 煤炭学报，2019，44(3)：755-766.

[13] 郭文兵，白二虎，赵高博. 高强度开采覆岩地表破坏及防控技术现状与进展[J]. 煤炭学报，2020，45(2)：509-523.

[14] 胡炳南，张华兴，申宝宏. 建筑物、水体、铁路及主要井巷煤柱留设与压煤开采指南[M]. 北京：煤炭工业出版社，2017.

[15] 何满潮，徐敏. HEMS 深井降温系统研发及热害控制对策[J]. 岩石力学与工程学报，2008，27(7)：1353-1361.

[16] 胡振琪. 应用工程测量学[M]. 北京：煤炭工业出版社，2008.

[17] 黄艳利. 固体密实充填采煤的矿压控制理论与应用研究[D]. 徐州：中国矿业大学，2012.

[18] 康红普，徐刚，王彪谋，等. 我国煤炭开采与岩层控制技术发展 40 a 及展望[J]. 采矿与岩层控制工程学报，2019，1(1)：1-33.

[19] 李首滨. 智能化开采研究进展与发展趋势[J]. 煤炭科学技术，2019，47(10)：102-110.

[20] 李涛，高颖，艾德春，等. 基于承压水单孔放水实验的底板水害精准注浆防治[J]. 煤炭学报，2019，44(8)：2494-2501.

[21] 李永恩，马念杰，马骥，等. 深部承压水上底抽巷围岩破坏特征及合理位置[J]. 煤炭学

报,2018,43(9):2491-2500.
[22] 刘淑琴,师素珍,冯国旭,等.煤炭地下气化地质选址原则与案例评价[J].煤炭学报,2019,44(8):2531-2538.
[23] 煤炭工业太原设计研究院.煤矿采空区建(构)筑物地基处理技术规范:GB 51180—2016[S].北京:中国计划出版社,2016.
[24] 缪协兴,张吉雄,郭广礼.综合机械化固体废物充填采煤方法与技术[M].徐州:中国矿业大学出版社,2011.
[25] 潘俊锋,齐庆新,刘少虹,等.我国煤炭深部开采冲击地压特征、类型及分源防控技术[J].煤炭学报,2020,45(1):111-121.
[26] 彭赐灯,杜锋,程敬义,等.美国长壁工作面自动化发展[J].中国矿业大学学报,2019,48(4):693-703.
[27] 齐庆新,李一哲,赵善坤,等.我国煤矿冲击地压发展70年:理论与技术体系的建立与思考[J].煤炭科学技术,2019,47(9):1-40.
[28] 钱鸣高,石平五,许家林.矿山压力与岩层控制[M].2版.徐州:中国矿业大学出版社,2010.
[29] 钱鸣高,许家林.煤炭开采与岩层运动[J].煤炭学报,2019,44(4):973-984.
[30] 秦勇,袁亮,胡千庭,等.我国煤层气勘探与开发技术现状及发展方向[J].煤炭科学技术,2012,40(10):1-6.
[31] 山西省交通规划勘察设计院.采空区公路设计与施工技术细则:JTG/T D31-03—2011[S].北京:人民交通出版社,2011.
[32] 宋文成,梁正召.承压水上开采倾斜底板破坏特征与突水危险性分析[J].岩土力学,2020,41(2):624-634.
[33] 苏现波,马耕.煤矿井下水力强化理论与技术[M].北京:科学出版社,2014.
[34] 孙希奎,王苇.高水材料充填置换开采承压水上条带煤柱的理论研究[J].煤炭学报,2011,36(6):909-913.
[35] PENG S S. Surface subsidence engineering:theory and practice[M].[S. l.]:CSIRO Publishing,2020.
[36] 谭毅,郭文兵.条带式 Wongawilli 采煤技术及其应用[M].北京:科学出版社,2017.
[37] 谭云亮,郭伟耀,赵同彬,等.深部煤巷帮部失稳诱冲机理及"卸-固"协同控制研究[J].煤炭学报,2020,45(1):66-81.
[38] 铁道第一勘察设计院.铁路线路设计规范:GB 50090—2006[S].北京:中国计划出版社,2006.
[39] 王国法,刘峰,孟祥军,等.煤矿智能化(初级阶段)研究与实践[J].煤炭科学技术,2019,47(8):1-36.
[40] 王金华,黄乐亭,李首滨,等.综采工作面智能化技术与装备的发展[J].煤炭学报,2014,39(8):1418-1423.
[41] 王忠宾,徐志鹏,董晓军.基于人工免疫和记忆切割的采煤机滚筒自适应调高[J].煤炭学报,2009,34(10):1405-1409.
[42] 伍永平,刘孔智,贠东风,等.大倾角煤层安全高效开采技术研究进展[J].煤炭学报,

2014,39(8):1611-1618.

[43] 谢和平,周宏伟,薛东杰,等.我国煤与瓦斯共采:理论、技术与工程[J].煤炭学报,2014,39(8):1391-1397.

[44] 徐刚,陈法兵,张振金,等.井上下微震联合监测震源垂直定位精度优化研究[J].煤炭科学技术,2020,48(2):80-88.

[45] 徐永圻.煤矿开采学[M].徐州:中国矿业大学出版社,1999.

[46] 贠东风,伍永平.大倾角煤层综采工作面调伪仰斜原理与方法[J].辽宁工程技术大学学报(自然科学版),2001,20(2):152-155.

[47] 贠东风,刘柱,程文东,等.大倾角特厚易燃煤层倾斜分层走向长壁综采技术[J].煤炭科学技术,2015,43(10):7-11.

[48] 袁亮.煤矿总工程师技术手册[M].北京:煤炭工业出版社,2010.

[49] 袁伟昊,袁树来,暴庆保,等.充填采煤方法与技术[M].北京:煤炭工业出版社,2012.

[50] 张吉雄.矸石直接充填综采岩层移动控制及其应用研究[D].徐州:中国矿业大学,2008.

[51] 张吉雄,缪协兴,郭广礼.固体密实充填采煤方法与实践[M].北京:科学出版社,2015.

[52] 张建民,李全生,张勇,等.煤炭深部开采界定及采动响应分析[J].煤炭学报,2019,44(5):1314-1325.

[53] 张荣立,何国纬,李铎.采矿工程设计手册[M].北京:煤炭工业出版社,2003.

[54] 朱铭,徐道一,孙文鹏,等.国外煤炭地下气化技术发展历史与现状[J].煤炭科学技术,2013,41(5):4-9.

[55] 朱卫兵,许家林,赖文奇,等.覆岩离层分区隔离注浆充填减沉技术的理论研究[J].煤炭学报,2007,32(5):458-462.

[56] 邹友峰,邓喀中,马伟民.矿山开采沉陷工程[M].徐州:中国矿业大学出版社,2003.

[57] GUO W B,ZHAO G B,LOU G Z,et al. A new method of predicting the height of the fractured water-conducting zone due to high-intensity longwall coal mining in China [J]. Rock mechanics and rock engineering,2019,52(8):2789-2802.

[58] KLIMENKO A. Early ideas in underground coal gasification and their evolution[J]. Energies,2009,2(2):456-476.

[59] PENG S S. Coal mine ground control[M]. [S. l. :s. n.],2008.

[60] PENG S S. 长壁开采[M].郭文兵,等译.2版.北京:科学出版社,2011.

[61] PERKINS G. Underground coal gasification:part Ⅰ:field demonstrations and process performance[J]. Progress in energy and combustion science,2018,67:158-187.